Colours in Culture and Science

Anonymous: Colour Circle with 12 Colours, wrongly attributed to CLAUDE BOUTET
(fl. 1679–1708): *Traité de la peinture en mignature: pour apprendre aisément à
peindre sans Maître* (The Hague 1708)

Cf. Kuehni, Rolf G. (2010): Who wrote Traité de la Peinture en Pastel? A speculative essay.

Nuncius Hamburgensis

Beiträge zur Geschichte der Naturwissenschaften
Band 22

Gudrun Wolfschmidt (ed.)

Colours
in Culture and Science

Hamburg: tredition 2011

Nuncius Hamburgensis
Beiträge zur Geschichte der Naturwissenschaften

Hg. von Gudrun Wolfschmidt, Universität Hamburg,
Geschichte der Naturwissenschaften, Mathematik und Technik
(ISSN 1610-6164).

Diese Reihe „Nuncius Hamburgensis"
wird gefördert von der Hans Schimank-Gedächtnisstiftung.
Dieser Titel wurde inspiriert von „Sidereus Nuncius"
und von „Wandsbeker Bote".

Wolfschmidt, Gudrun (ed.): Colours in Culture and Science.
200 Years Goethe's Colour Theory. Proceedings of the
Interdisciplinary Symposium in Hamburg, Oct. 12–15, 2010.
Hamburg: tredition (Nuncius Hamburgensis –
Beiträge zur Geschichte der Naturwissenschaften; Band 22) 2011.

Front cover and title page: Goethe Colour Circle (1810)

Frontispice: Colour Circle with 12 Colours, wrongly attributed to Claude Boutet

Back cover: Colours for KPM porcelain (Photo: Gudrun Wolfschmidt in Berlin, 2009)

Geschichte der Naturwissenschaften, Mathematik und Technik, Universität Hamburg
Bundesstraße 55 – Geomatikum, D-20146 Hamburg
http://www.math.uni-hamburg.de/spag/ign/w.htm

Dieser Band wurde gefördert von der Schimank-Stiftung und der Andrea von Braun Stiftung.

Verlag: tredition GmbH, Mittelweg 177, 20148 Hamburg
ISBN 978-3-8424-9468-8 – ©2011 Gudrun Wolfschmidt. Printed in Germany.

Contents

Vorwort

Farben spielen in unserem täglichen Leben eine große Rolle (Computer, Fernsehen, Film, Fotografie, Drucktechnik, Mode). Farbenlehre ist ein komplexes Wissensgebiet. Man denkt zunächst an alle Bereiche der Kunst, Archäologie usw., aber man kann auch fragen, wie Farben psychologisch auf den Betrachter wirken oder wie das Auge physiologisch den Farbeindruck verarbeitet. Natürlich ist die Grundlage der Farbenlehre in der Physik zu suchen, zu erklären als elektromagnetische Schwingung. Mit Hilfe der Chemie läßt sich ergänzend zu den natürlichen Farbstoffen auch eine große Vielfalt künstlicher Farbmittel herstellen.

Die modernen Naturwissenschaften machen das Licht beherrschbar und die Vielfalt seiner Farben messbar, reproduzierbar und verfügbar für technische Anwendungen. Das ermöglicht neue optische Schlüsseltechnologien wie u. a. die Solartechnik, Glasfaser- und Lasertechnik, Nano-Technologie und neue bildgebende Verfahren in der Diagnostik wie den Röntgenlaser sowie in der Informationstechnik die Entwicklung des Quanten-Computers.

Die Optoelektronik prägt auch im Alltag zunehmend unsere Umwelt und schafft eine Kultur des Lichtes und der Farbe, die als Signal- und Zeichen-Welt auf unsere Wahrnehmung wirkt und in der Interpretation ihrer Bedeutung auch in den Geistes- und Kulturwissenschaften mehr denn je zum Gegenstand interdisziplinärer Forschung wird. Neue Experimente in den Neurowissenschaften weisen dabei über die traditionelle Farbenlehre im Sinne Newtons hinaus und wecken Zweifel an der Gleichsetzung von gemessener Wellenlänge und gesehener Farbe. Demzufolge wäre unser subjektives Farberleben artspezifisch, d. h. genetisch abhängig von unserem neuroanatomischen „Bauplan" im Sinne Jakob von Uexkülls.

Wird Goethes Farbenlehre dadurch bestätigt? Goethe selbst war von der großen Bedeutung seiner Farbenlehre überzeugt.

> „Auf alles, was ich als Poet geleistet habe, bilde ich mir gar nichts ein. Es haben treffliche Dichter mit mir gelebt, es lebten noch trefflichere vor mir, und es werden ihrer nach mir sein. Dass ich aber in meinem Jahrhundert in der schwierigen Wissenschaft der Farbenlehre der einzige bin, der das rechte weiss, darauf tue ich mir etwas zugute . . . ."

Johann Wolfgang von Goethe an Johann Peter Eckermann
(19. Februar 1829).

Charakteristisch für die unterschiedlichen Auffassungen der Natur- und Geisteswissenschaftler ist der Streit über die Farbentheorien von Newton und Goethe; sind das zwei unvereinbare Weltanschauungen?[1]

So sind im Symposium *Colours in culture and science – Farben in Kulturgeschichte und Naturwissenschaft* – anläßlich von 200 Jahre Goethes *Farbenlehre* – die verschiedenartigsten Aspekte zum Thema „Farben" zur Sprache gekommen, unter Einbeziehung der Farbenforschung in den Kulturwissenschaften, u. a. der Archäologie und der Kunst- und Kulturgeschichte. Auch die Bedeutungen der Farben in der Zeichentheorie (Semiotik) sowie in den verschiedenen Bereichen der Naturwissenschaften (Astronomie, Physik, Neurophysiologie, Chemie und Biologie) und der Technik wurden behandelt, um dem Phänomen Farbe sowohl unter geistes- als auch unter naturwissenschaftlichem Aspekt gerecht zu werden. Interessanterweise hatte die Goethesche Farbentheorie (mit dem Farbkreis und der Idee der Polarität, Gegenfarbentheorie) sogar eine große Wirkung insbesondere auf die Kunst (z. B. Turner, van Gogh, Bauhaus), aber sie lieferte auch diverse Anregungen für die Philosophie, die Physiologie (die Theorie der Farbwahrnehmung) und die Ordnung von Farbräumen (die Farbmetrik).

„Für das Auge, unseren Apparat zur Wahrnehmung leuchtender Wellen, ist die Farbe – ob sie durch farbiges Material, durch Ausstrahlung oder Projektion entsteht – zugleich der Kosmos, die Materie, die Energie der Atmosphäre. Durch die Bewegung erwirbt der Charakter dieser Farben eine Kraft, die weit über statische Harmonien hinausgeht. In der Dynamik vereint sich die Farbe mit dem Rhythmus. Sie hört auf, nur ein Beiwerk der Objekte zu sein und wird zu ihrem Inhalt, zur Seele selbst der abstrakten Form."

Abbildung 0.1:

Léopold Survage (1879–1968), Rhythme coloré (1913) und Farbkreisel

Photo: Gudrun Wolfschmidt in Hamburg (2010) und in Florenz (2010)

---

1 Vgl. den Beitrag von Susanne M. Hoffmann and Timo Engels: *... und die Welt wird bunt! Thesen und Analysen zum inter- und transdisziplinären Diskurs beim Hamburger Farbensymposium, 12.–15. Oktober 2010*, Kap. 43, S. 577.

Eine Erforschung des Themas Farben kann nur in einem interdisziplinären Ansatz erfolgen. Wir danken in diesem Zusammenhang der *Andrea von Braun Stiftung*, München, die sich der Förderung der interdisziplinären Zusammenarbeit und gegenseitigen Befruchtung unterschiedlicher Fach- und Wissensgebiete widmet, für die großzügige Unterstützung des Symposiums. Die *Andrea von Braun Stiftung* hat sich dem Abbau von Grenzen zwischen Disziplinen verschrieben und fördert insbesondere die Zusammenarbeit von Gebieten, die sonst nur wenig oder gar keinen Kontakt miteinander haben. Grundgedanke ist, dass sich die Disziplinen gegenseitig befruchten und bereichern und dabei auch Unerwartetes und Überraschungen zu Tage treten lassen.

Das Tagungsthema „Farben" spiegelt die Interdisziplinarität[2] unseres Instituts für Geschichte der Naturwissenschaften wider, das im Jahr 2010 sein 50jähriges Bestehen an der Universität Hamburg feiert – und damit eines der ältesten Institute dieser Art ist.

Die Entwicklung der Naturwissenschaften erfolgt nicht unabhängig vom jeweiligen kulturhistorischen Kontext, sondern in Wechselwirkung mit wissenschaftsexternen Faktoren. Die Geschichte der Naturwissenschaften ist diejenige Disziplin, die diese Interdependenzen und Interaktionen zwischen den Naturwissenschaften und der Gesellschaft an Hand der historischen Entwicklung der Naturwissenschaften untersucht und aufzeigt. Damit kommt der Geschichte der Naturwissenschaften eine besondere Brückenfunktion zwischen den Natur- und Geisteswissenschaften zu und ist auf diese Weise in der Lage, das interdisziplinäre Denken und Verstehen in besonderem Maße zu fördern.

Im Symposium konnten Forscher aus unterschiedlichen Disziplinen, aus vielen Bereichen – nicht nur der Naturwissenschaften (Astronomie, Physik, Chemie, Biologie), sondern auch der Geisteswissenschaften, besonders aus Archäologie, Kunst- und Kulturgeschichte, Musikwissenschaft, Philosophie, Ethnologie und Neurowissenschaften, – zusammengebracht werden und eine fruchtbare Diskussion dieser verschiedenen Aspekte des immer aktuellen Themas Farben geführt werden. Die Ergebnisse des Symposiums wurden in diesem Proceedings-Band zusammengefaßt und der Öffentlichkeit vorgestellt.

Gudrun Wolfschmidt

---

2 Vgl. den Beitrag von Harald Goldbeck-Löwe: *Interdisziplinarität und Transdisziplinarität in der Geschichte der Naturwissenschaften*, Kap. 44, S. 593.

Figure 1.1:
Hans Steinbrenner: Composition 22 / 2000, Acryl auf Leinwand, 92 × 63.

The Locus of Colours

Jakob Steinbrenner (München)

For the man in the street, it seems to be obvious that colours are visible properties of objects. For philosophers, however, this is anything but clear. Accordingly, the positions held in philosophy range from denying the existence of colours to the idea that colours exist only in our minds, and to the view that colours are certain surface structures. In this talk, I want to give a brief and critical overview over the various positions.

Denizens of deserts in general and Aborigines in particular are known for their sense of direction. What is not known quite so well is that the Aborigines' language does not contain synonyms for our expressions "front", "behind", "left" and "right". In a nutshell, our egocentrically oriented spatial specifications are not known in the culture of the Aborigines.[1]

Recently I told a friend who is a scientist that I deal with colours professionally. He was surprised that there even is a philosophical problem here. Isn't colour measurable, namely in the form of light waves? By reference to colour constancy and the problem of metamers,[2] however, I could convince him to acknowledge that naturalising colours is not that easy after all. This also becomes obvious if we turn to the history of colour theory in the wake of Descartes. We find the following strategies:[3]

Colour is construed as surface structure. This, however, leads to the unwanted conclusion that the surface structures responsible for our colour sensations are actually invisible to the human eye. What, then, is colour of which we, after all, believe that we perceive it with our eyes? Various options are open here. Either colour is the disposition of objects to reliably cause certain colour perceptions in appropriate observers under appropriate conditions or,

---

1 See the Interview with Deutscher 2010, p. 28.
2 Cf. Hansen / Gegenfurtner 2007, p. 279.
3 In what follows I am oriented towards Perler 2007.

alternately, the objects themselves are colourless – physics, for instance, does not speak of colours – and colour only exists as an experience of colour perception in the observer. Both alternatives, for reasons that I will come back to, are not very attractive. Before going on, however, let me bring up a further finding from linguistics.

Many languages do not have a term for 'blue'. The reason for this is that in many languages there is only a distinction between 'black', 'white' and 'red'. Consequently, in these languages the sky is 'black'.

What can we draw from this? In this context, two philosophical positions are of relevance. To pinpoint this distinction in an exaggerated manner, we can say that while one position assumes that our perceptions respectively our perceptual experiences have nothing to do with our language and other means of communication (gestures, pictures etc.), the other position holds that our communicative means and especially language are the foundation of the qualities of our perception respectively our perceptual experiences. Let us call the former position realist and the latter relativist. Applied to colours, this would entail that the realist assumes that our colour experiences are independent of our cultural practices, whereas the relativist claims that they are dependent only on them. Which of the two positions is correct is debatable – in my opinion this is similar to the question in how far certain psychological properties are innate or conditioned socially. That is, both positions will contain a kernel of truth. There are numerous examples of perceptual distinctions that can only be made by people with a certain socialisation. Think of differences in the sound of a language that only a native speaker can detect. On the other hand, we conclude from eyewitness reports that things occurred in such and such a manner and don't assume that the perceptual abilities of the observer are fundamentally different from ours.

But let us return to the hard facts of natural science. As already hinted, in physics no mention is made of colours. In this vein, Descartes assumes only geometrical properties and denies the existence of qualitative properties:

> *"For I openly acknowledge that I know of no kind of material substance other than that which can be divided, shaped, and moved in every possible way, and which Geometers call quantity and take as the object of their demonstrations. And [I also acknowledge] that there is absolutely nothing to investigate about this substance except these divisions, shapes, and movements ; and that nothing concerning these can be accepted as true unless it is deduced from common*

notions, whose truth we cannot doubt, with such certainty that it must be considered as a Mathematical demonstration."[4]

In Descartes' view, his predecessors, the Aristotelians do not take into account what recent physics has shown when they talk about colours as real properties. For really there and empirically provable is only the concrete extension and motion of objects – more precisely: the specific arrangement and positional changes of the individual corpuscles of which material objects consist.

The Aristotelians are furthermore mistaken if they assume that the perceptual sense adjusts to a property. Descartes stresses that there is no qualitative change here, but only a complex causal process. If I, for instance, am looking at lemons, rays of light are reflected by these objects. These hit my eyes and stimulate optic nerves. The stimulus is then passed on to my brain, where a particular configuration of particles manifests. This, in turn, causes the mind to bring forth a certain state, in which the lemons appear yellow to me. How this causal process is to be adequately described is, of course, a tricky question that Descartes examines in detail in his writings on optics and physiology. This process is so hard to describe for Descartes not least because of his dualism that entails a strict division between the mental and the physically extended world.

Regardless of the complexity of the Cartesian position, in what follows, I want to briefly sketch it, because, in my opinion, most philosophical theories of colour do not move beyond the Cartesian position in certain basic tenets, even though they often attempt to either reduce the physical properties to the mental or the mental to the physical.

As mentioned, two basic assumptions are here pivotal for Descartes:

First, colours are no real properties that are somehow added on to the geometrical properties of objects, but are themselves geometrical properties.

Second, The perception of colours does not require the transfer of real properties to perceiving person, but merely that rays of light meet the eyes of such a person; this initiates a causal chain, from which sensual perception results ultimately.

> In so doing we refer with our colour terms to the *"various arrangements {of the size, figure, and motions of the parts} of these objects which make it possible for our nerves to move in various ways, {and to excite in our soul all the various feelings which they produce there}."*[5]

---

4 Descartes 1983, II, 64, p. 77.
5 Descartes 1983, IV 198, p. 282.

What is now decisive for Descartes is that our brain states caused by coloured objects need not be like these, that is, they need not be images of the objects but merely need to be caused in the right way.

According to Descartes, this configuration from a "coloured" object to a certain representation in the <u>brain</u> is determined by God. But only for humans, as creatures with mental abilities, is it possible to have <u>mental</u> images of these representations in their brain. Descartes' decisive step, then, is that he no longer assumes an isomorphism of the properties of objects and their physiological or mental representations. For what follows, it is important to keep in mind that, for Descartes, our colour terms refer to the surface structure of objects and not to properties of our ideas, i.e. our mental representations. Exactly at this juncture the position of the sensualists differs from that of Descartes. For John Locke, for instance, we do not denote a property of an object, but a property of an idea with the expression 'yellow'. A reason in favour of Locke's position is, for instance, that under the microscope blood is no longer red or that if one comes in from the cold an object seems warm, whereas an object with the same temperature will seem cold if one was previously exposed to heat. Properties that are observer-dependent in this sense are what Locke calls secondary qualities and which are to be distinguished from primary qualities, amongst which he counts spatial, temporal and those of consistency. Let us leave aside the question of in how far the observer-dependence of colour sensations forces one to give up the Cartesian Model. What is of importance for my considerations is the shift in the reference of colour terms. This takes me to the central point of my talk, namely the justification of philosophical and scientific theories.

If we take a look at the debate about colour in philosophy, we find the same situation as for most philosophical considerations, i.e. they have to justify themselves vis-à-vis two fields, namely the general scientific theories of their time and observation made in the everyday life world. This pressure to justify can be illustrated in the case of John Locke's theory.[6]

As we have seen, a criticism of the Cartesian position on colours led to Locke's theory. A further reason can be seen in Newton's essay "On Colour", which later became the basis for his seminal work "Opticks or a treatise of the reflections, refractions, inflections and colours of light". His contemporary theories of colour brought Locke to the conviction that the external world is colourless and that colour is merely a property of our ideas. Accordingly he assumed that colour terms do not really refer to objects in the external world, but to mental representations.

---

6 Steinbrenner 2007.

But what are the implications of such a position for our linguistic behaviour? Do we use the term 'red' to falsely refer to a property of an object and additionally an inner sensation? The absurdity of such a position is brought to the fore in the following quote by Wittgenstein:

> *"What am I to say about the word „red"? – that it means something 'confronting us all' and the everyone should really have another word, besides this one, to mean his own sensation of red? Or is it like this: the word "red" means something known to everyone; and in addition, for each person, it means something known only to him? ... It is as if when I uttered the word I cast a sidelong glance at the private sensation, as it were in order to say to myself: I know all right what I mean by it."*[7]

A reason why this absurdity arises is that this inner sensation of seeing to which the expression 'red' is supposed to refer is by definition only accessible to the speaker and two people could never know whether the other means the same thing by 'red'. The absurdity is underlined, because it is obvious that we can only learn a language publicly and therefore nobody can learn to denote something that they can impossibly experience.

But what charges can be levelled against explaining to someone what red means by standing in front of a red object and saying "red" denotes the visual experience that you are having if you look at this object. In this case we can never know whether the object itself is red, but, in general, we can infer from a red experience that an object is red.

A position of this type leads to what Oswald Hanfling calls a biconditional argument.[8] The biconditional in this argument reads as follows:

X is red iff X appears red to normal observers in normal conditions.

From this conditional it follows that if X is red it will appear to observers as such and if it thus appears it follows that it is red. From this argument it is supposed to follow that appearance and reality mutually depend on one another, such that the reality of colours at least isn't observer-independent.

But this biconditional is misleading, because a fundamental difference between its two parts remains hidden. The first part is true, because "X is red" is the <u>reason</u> why X appears to be red. The question "Why does X appear to be red to the observers?" can be answered as follows: "Because X <u>is red</u>." The second part, however, is of a different kind; for the reason why X is red

---

7 Wittgenstein 1953 §§273f.
8 Hanfling 2007.

is not that it appears to be red. The question "Why is X red?" cannot be responded to by "Because X appears to be red". A suitable answer here would be "Because X was painted red.". The answer "Because X appears to be red would be suitable for other kinds of questions, for instance, "Why do you think that X is red?". The crucial point here is that appearing to be red depends on reality, but not the other way round. What is based on appearing red is not the redness of X, but merely the belief in it.

This objection against the biconditional argument is also reflected in the acquisition of colour terms. A child first learns which items are red and only much later does it learn phrases of the kind "X appears to be red to me.".

In order not to leave you with a false impression, I, at this point, do not want to deny that surface structures, the reflected light perceived by us and various physiological processes in our brain are empirically necessary conditions of seeing; but from this it does not follow – and this, for me, is the decisive point – that colours consist of these processes or parts of these processes. In everyday language, on the other hand, we say that the tomato is red and not that the rays of light reflected by the tomato appear to be red etc. As such, the locus of colours in everyday language differs from that in science and a scientist should be aware in which respects their use of colour terms differs from everyday language.

The contribution that I, as a philosopher believe to be able to make to an interdisciplinary discourse on colours consists in pointing out that the context in which we use colour terms, in each case, leads to different meanings of colour terms. This holds true for various areas of the use of colour terms in everyday language, but even more so for the use of colour terms in the sciences. Here we might use the same expressions, for instance "red", but from this it does not follow that the expressions denote the same thing in different contexts of use. For this reason, we should always be aware of the place where we use colour expressions, so that no confusions arise as to the locus of colours.[9]

1.1 Bibliography

DESCARTES, RENÉ: *Principles of philosophy.* Trans. by V. R. MILLER AND R. P. MILLER. Dordrecht, Holland 1983.

DEUTSCHER, GUY: "Schwarz wie der Himmel." In: *Frankfurter Allgemeine Sonntagszeitung*, 26. September 2010, Nr. 38, p. 28.

HANFLING, OSWALD: ""Ich weiß schon, was ich damit meine" Wittgenstein und das Wort „rot"." In: STEINBRENNER, J. AND ST. GLASAUER (ed.): *Farben: Be-*

---

[9] For translating this essay I would like to thank Rudolf Owen Müllan (Hughes).

trachtungen aus Philosophie und Naturwissenschaften. Frankfurt: Suhrkamp 2007, pp. 182–194.

HANSEN, THORSTEN / GEGENFURTNER, KARL R.: "Farbwahrnehmung – Color Vision." In: STEINBRENNER, J. AND ST. GLASAUER (ed.): *Farben: Betrachtungen aus Philosophie und Naturwissenschaften.* Frankfurt: Suhrkamp 2007, pp. 277–291.

PERLER, DOMINIK: "Descartes über Farben." In: STEINBRENNER, J. AND ST. GLASAUER (ed.): *Farben: Betrachtungen aus Philosophie und Naturwissenschaften.* Frankfurt: Suhrkamp 2007, pp. 17–39.

STEINBRENNER, JAKOB: "Lockes Porphyrbeispiel." In: STEINBRENNER, J. AND ST. GLASAUER (ed.): *Farben: Betrachtungen aus Philosophie und Naturwissenschaften.* Frankfurt: Suhrkamp 2007, pp. 42–63.

WITTGENSTEIN, LUDWIG: *Philosophical Investigations.* Ed. by G. E. M. ANSCOMBE AND R. RHEES. Trans. by G. E. M. ANSCOMBE. Oxford: Blackwell 1953.

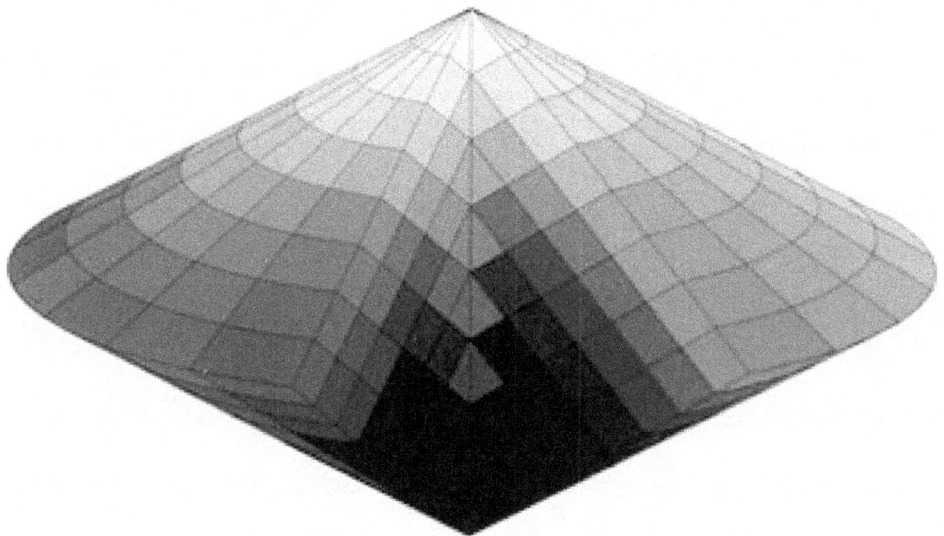

Figure 2.1:
Ostwalds Farbsystem

Colors from a logical point of view

Timm Lampert (Berlin)

This paper presents a philosophical and logical investigation of colours, in contrast to other kinds of colour analysis, such as physical, physiological, chemical, psychological or cultural analyses. Neither philosophical nor logical analysis of colours concerns specific aspects of colours. Rather, these kinds of colour analysis concern what one might call "logical foundations of colour theory". I will illustrate such a basal approach to color analysis first by completing a philosophical and then a logical analysis of colours.

2.1 Philosophical Analysis

Philosophical analysis of colours concerns the question: What are colours (i. e., to what category do colours belong)? A philosophical analysis intends to mitigate intellectual confusions, such as solipsism. The method of philosophical analysis consists in analysing the meaning of propositions rather than purporting or explaining the truth of certain propositions. Thus, a philosophical colour analysis does not intend to assert anything about colours or to provide a causal explanation of colours. Instead, it is confined to the analysis of color propositions, which is prior to or implied by colour theory.

Basically, the philosophical discussion offers three answers to the question of what colours are: sensations, dispositions, and properties of bodies.

2.1.1 Sensations

According to causal theories, such as physical or physiological theories, colours are not properties of bodies but sensations caused by light (or firing neurons). Colours are secondary qualities; they seem to be qualities of bodies, but, in fact, they are qualities of subjects (cf. figure 2.2, p. 30). According to the tenets of causal theory, one might suggest the following analysis of colour propositions:

(A): "The table is red" = "Someone looking at the table has a red-sensation caused by light of long wavelengths reflected by the table."

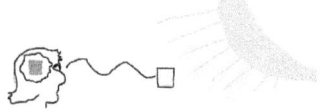

Figure 2.2:
Colours as Sensations

The explication of colours as sensations is full of philosophical traps, ending with solipsism and scepticism. Clarifying the actual use of colour propositions is the primary step to resolve these intellectual confusions.

The main differences between sensations, such as pain, and colours are the following: (i) We do not identify our own pain; we express it, e. g., by saying, "I have pain" (or by screaming). Yet, we do not express colours; we identify them by looking at bodies. (ii) We might compare the colour of a body to colour paradigms if we are unclear about the exact colour attribution. Yet, there are no "pain paradigms" that might be used for comparison while doubting which kind of pain one has. (iii) We do not attribute pain to bodies. We say, "I have pain", but not, "The needle has pain". Yet, we attribute colours to bodies and not to ourselves. We say, "The table is red", but not, "I am red" (unless I want to indicate the colour of my body or some part of it, e. g., due to a sunburn). (iv) We distinguish between colour-attributions and our perception of colours. Thus, it makes sense to state, "The table is red although I do not see it." But we do not distinguish between pain and our sensation of it. It does not make sense to say, "I have pain although I do not feel it". (v) It does not make sense to doubt or investigate one's own pain. Yet, we can doubt the colour of a body, and we can methodically investigate it. (vi) We define colours by ostensive definition to colour paradigms. We might explain the meaning of the colour attribution in "The table is red" by saying, "The colour of the table is this ↗", thereby referring to a red-paradigm. Yet, we do not define pain by pointing to pain paradigms. We cannot explain the meaning of "He has headache" by saying, "He has this ↗", while we point to some pain-paradigm. Instead, we refer to the behaviour of beings to identify their sensations. This does not mean that we identify pains with such behaviour. A person suffers because of pain, not because of pain-behaviour. Yet, we basically look at bodies to identify their colour, and the colour is nothing but what we see while looking at those bodies.

Thus, colour-words have a completely different logical grammar than sensation-words. According to pure analysis of the use of colour propositions, colours are not sensations but properties of bodies.

2.1.2 Dispositions

However, the analysis of the ordinary use of colour propositions seems to conflict with a common view of colour causation. According to the identity criteria of our ordinary use of colour words, colours are properties of bodies and not properties of the mind. Yet, according to common contemporary theory of colour causation, colours are the final links of a causal chain ending in our mind. The analysis of colours as dispositions offers a solution to this problem. Colours are said to be dispositions of bodies that cause certain sensations given standard conditions. On the one hand, one wants to do justice to the attribution of colours to bodies. On the other hand, one insists that this attribution is due to the fact that colours cause sensations of colours in our minds. According to this point of view, colour propositions are analysed as follows:

(B): "The table is red" = "The table has the disposition to cause a red-sensation" = "Given day light (more precisely, standard-conditions) and a non-colour blind person (more precisely, a standard-observer) the table causes a red-sensation in that person."

However, nothing really changed compared to the sensualistic paradigm. The lack of change becomes evident by the fact that the dispositional theory of colours is in harmony with figure 2.2. As in the case of sensualistic analysis, providing a causal story analyses the meaning of colour propositions. The same applies for similar approaches that identify colours not with dispositions but with disjunctions of physical properties to cause colour-sensations (cf. e. g., Jackson 1996) or with something between physical properties and dispositions (cf. Campbell 1993).

To categorise colours as dispositions is a misleading attempt to resolve the mentioned conflict between the ordinary use of colour propositions and a theory of colour causation. Taken as an analysis of the meaning of colour propositions, the dispositional theory of colours is full of circularities and categorical confusions. First of all, the concepts of a standard-observer and of standard-conditions are usually defined by assuming colour attribution and not vice versa (compare Hacker 1987, p. 127). A standard-observer is a person who perceives that body X has colour Y if body X has colour Y. Thus, to identify colour-blind persons, we may ask the person to distinguish red and green objects. If he or she is not able to do so, we identify the person as red-green blind. Standard-conditions are conditions in which a body X looks as having colour Y if body X has colour Y. Thus, darkness is not a standard condition because we are unable to identify the colours of objects at night. These ordinary definitions are not open to dispositionalism because dispositionalism becomes circular if it assumed those definitions. However, even if dispositionalism defines "standard-observer" and "standard-conditions" otherwise and non-circular, a dispositional analysis of colour propositions still refers to "colour-sensations". Thus, for example, in the mentioned analysis of the proposition "The table is red", dispositionalism must refer to "red-sensation". This is obviously circular because the meaning of "red" is defined by using the word "red". If the dispositionalist (as well as anyone explaining colours either as causes of colour-sensations or as colour-sensations themselves) tried to avoid circularity by defining a red-sensation as the effect of wavelengths (or, more generally, by some physical or physiological cause), he or she would not be permitted to refer to perception as a criterion for correlating certain colours with certain wavelengths (or certain physical or physiological causes). Yet, then the dispositionalist has no reason to correlate, for example, long wavelengths with a "red-sensation". Furthermore, the dispositionalist is unable to justify that red is more similar to violet than to green or that the same colour can be caused by many different wavelengths (e. g., white). In short, the dispositionalist would lack the prior identity criteria to judge the correlation of physical (and physiological) causes and colour perception. Finally, classifying colours as dispositions is a category-mistake because it makes no sense to replace "I see a red table" with "I see the disposition of the table to cause my red-sensation." Contrary to colours, dispositions are not visible, only their manifestations might be visible. However, unlike the circularity-problems, referring to physical properties, instead of dispositions, solves this problem.

From a philosophical point of view that takes into account an analysis of ordinary colour propositions, a dispositional theory of colours is as problematic as a sensualistic theory. Colours are neither sensations nor causes of sensations.

2.1.3 Properties of Bodies

Thus, if one refers to the ordinary use of colour propositions as a criterion to answer what colours are, the answer can only be that colours are, roughly, properties of bodies (see section 2.2.2 for more details). Colours are ostensively defined and perceived by us if we look at bodies. Analysis of the meaning of a colour attribution refers to a colour paradigm presented in standard-situations, i.e., at standard conditions (daylight) to a (non-colour blind) standard observer.

(C): "The table is red" = "The colour of the table is this $\nearrow$".

This is not an explicit definition that defines colour words by other expressions, such as "standard-conditions", "standard-observer" or "red-sensation". We do not come to learn colour-words by explicit definitions (at least if we are not colour-blind or blind) but by ostensive definition, which define expressions implicitly.

Implicit definitions "define" primitive expressions without presuming the knowledge of the meaning of other expressions. Ostensive definitions only explain the meaning of expressions given certain conditions. To understand the meaning of colour-words by ostensive definition, one must, for example, be capable of distinguishing colours from other sorts of things, such as the shape or density of bodies, and one must be able to distinguish between different colours. This ability, in turn, presupposes certain objective conditions, such as sufficient brightness, and certain subjective conditions, such as the constitution of one's eyes. Satisfaction of these conditions cannot be taken for granted, which becomes clear in the case of infants or colour-blind or blind persons. Infants first have to become familiar with basic differences in the world by experience and primitive education to correlate primitive expressions. A red-green blind person is not able to understand the meaning of "red" or "green" by ostensive definition. For such people, the colour words "red" and "green" are not defined implicitly but explicitly, e.g. by the following definition: "red is the colour of those things that non colour-blind persons call 'red' and not 'green'" (and one might add "although I do not perceive any difference"). This definition is not an implicit, ostensive definition. Thus, the distinction between "'red" and "green" is not primitive in the language of a colour-blind person.

However, one must not confuse conditions of a successful application of ostensive definitions with parts of the meaning of the so-explained expressions. The reference of an ostensive definition gives meaning to colour-words. Only coming to know this meaning by such a definition implies certain objective and subjective conditions. However, colour propositions, such as "The table is red", refer to paradigms as criteria of colour attributions. For daily use, it suffices to refer to vague paradigms of typical objects ("clean snow is white", "cloudless sky is blue", "ripe tomatoes are red", "ripe bananas are yellow", etc.). If a more precise praxis of colour attributions is necessary, classification systems are introduced, which make precise and ordered discriminations available, e. g., by a catalogue of colour paradigms. Such a catalogue can be used to identify colours of objects, placing the object and the catalogue side by side. Sensations or their invisible causes cannot serve as identity criteria in this or any other way.

The question is how to harmonise this understanding of the meaning of ordinary colour propositions with a causal explanation of colours that depends on our eyes and brains reacting to light waves (or photons). The key to answer this question is already apparent in the question itself: One must carefully distinguish between the *analysis of the meaning* of colour-words involving the explication of identity criteria of colour propositions from the *causation of colour perception and its explanation*. Standard conditions, standard observers, and standard causal settings condition possibilities of identifying and defining colours. Thus, one might say that the meaning of colour propositions and the possibility to identify colours implies certain causal regularities (whether one knows about them or not). However, the possibility of using meaningful propositions and the application of identity criteria are, in turn, prior to providing causal explanations. Only in consequence of identifying certain correlations between the perception of red objects and certain physical or physiological cause is one justified to say, "This table looks red *because* it reflects waves of a certain length falling on the retina of some standard observer in standard conditions." However, from that statement it by no means follows that "This table is red" or even the proposition "This table looks red" *is identical in meaning* with a causal explanation of perceiving a red table. Figure 2.3 shows how to harmonise causal analysis and analysis of meaning in contrast to the attempt illustrated by figure 2.2, p. 30.

S.O.   S.C.

Figure 2.3:
Colours properly defined and explained

Compare the following analogy to astronomy: To explain what we see in the night sky, we must be able to identify the position of the sun and other stars before we explain those positions. Thus, the proposition (S) "The sun rises" is prior to any geocentric or heliocentric world-views that attempt to explain the rising of the sun. However, the meaning of (S) presupposes certain regularities of the world, e. g., those assumed by a heliocentric world-view. Completely irregular movements and intensities of the stars would it make impossible to establish identity criteria for stars and their positions. Such irregularities would not only rule out the possibility of explaining the movements of stars but also the possibility of identifying and speaking meaningfully about stars.

Defining colours as sensations or in terms of dispositions or physical properties causing colour-sensations confuses causal explanation of colour perception with analysis of the meaning of colour propositions. The latter is prior to the former and must not be disregarded by answering what colours are.

2.1.4 The Fallacy of Solipsism

Insisting that colours are properties of bodies does not mean to deny colour illusions. A correct philosophical analysis of colour illusions clarifies the meaning of propositions, such as the following statement, which might be given in a situation of complementary after-images:

(D) "It looks like there is a green square in the middle of the white paper, although there is only a white sheet of paper".

In case (D), we do not explain what it means "to look like a green square without being one" by ostensive definition. Instead, we are able to explain (D) by referring to other expressions, such as "standard conditions", "'standard observer" or "being a green square on a white sheet of paper". The meaning of (D) implies the following statements: (i) what is seen is similar to what is seen when a standard observer looks at a green square on a white sheet of paper under standard conditions, (ii) the situation under consideration is not a standard situation and (iii) under standard conditions, a standard observer would perceive a white sheet of paper without a green square in the middle.

Thus, contrary to the analysis of an ordinary colour proposition in terms of (C), analysis of propositions about colour illusions, such as (D), implies a reference to standard conditions and standard observers. Propositions about colour illusions, such as (D), distinguish between standard and non-standard situations, and they already presume successful colour attributions. To identify an illusion means to identify some difference to a reliable perception of a colour. According to the terminology of Wittgenstein, the possibility of distinguishing how colours appear and how they are and, thus, to identify illusions is a "secondary language game", which is based upon the primary language game of attributing colours to bodies, cf. e. g., Wittgenstein 1972, p. 370f. This distinction refers back to the distinction between explicit and implicit definitions that is already prominent in Wittgenstein's *Tractatus*, cf. Wittgenstein 1994, remark 3.263. Implicit definitions are the foundation of any understanding of language, which, in turn, presume certain correlations to the world that are not open to doubt if understanding language should be possible.

Solipsism or scepticism commits a fallacy by concluding from the possibility of illusions that *all* vision might be an illusion. Solipsism is not refuted by rejecting that colour vision causally depends on our eyes and brains or by insisting that we often seem to agree on colour attributions. Instead, the fallacy of solipsism is induced by disregarding that the possibility of identifying colours is prior to their causal explanation. The correct reaction to the position of solipsism is that it does not take into account the conditions of the possibility of meaningful colour propositions. The meaning of colour propositions presupposes the possibility to establish a standard for colour attributions. Such a standard is not open to doubt because it primarily establishes the possibility to doubt. The possibility of meaning of propositions, such as (D), and, therefore, the possibility to identify colour illusions, relies on the possibility of successful colour attribution, which is based on ostensive definition. Ostensive definitions, in turn, establish what a certain colour *is* by referring to a colour paradigm. Coming to understand the meaning of colour words by such definitions presupposes standard situations. Thus, the possibility of *some* colour illusions due to non-standard situations relies on the fact that *not all* vision is an illusion.

2.1.5 Conclusion

According to a philosophical analysis of colours, which relies on the analysis of colour propositions, colours are neither sensations nor (invisible) causes of colour-sensations. Instead, colours are visible properties of bodies. This analysis refers to the fact that our meaningful discussion about colours is based upon ostensive definitions. It follows from this analysis that solipsism ends with nonsense: Maintaining that the world, as we see it, is a complete illusion contradicts the conditions of the possibility to identify colour-illusions.

2.2 Logical Analysis

A logical analysis of colours considers the question of an adequate formal representation of colour propositions. The method of a logical analysis of colours constructs a proper formal language for colour representation. A logical analysis of colours intends to express necessary features of the meaning of colour propositions by syntactic features. Thus, for example, colour-exclusion, i.e., the impossibility of two colours occupying the same place at the same time, must follow from a proper formal representation of colour propositions. Likewise, it should follow from the formal representation of colour propositions (i) that colours relate internally to each other and (ii) that colours relate internally to the surfaces of bodies.

In the following, I argue that formalising colour propositions within first-order logic does not satisfy the aims of a logical analysis of colours. Instead, I will provide principle ideas of an alternative formal analysis. However, it should be noted that I abstain from all kinds of subtleties regarding (i) the concept of a body and the related concept of (visible) matter as well as (ii) colour analysis stemming from *theories* of colours, such as physical, chemical or physiological colour theories. Concerning the concept of a body, I use "body" in a broad, pre-theoretical, naive sense, meaning visible matter distinguishable from its surroundings. *Visible* matter does not imply properties as density, inertia or being compound of elements. Thus, for example, clouds and even blue sky are bodies in this sense, without implying any theory about the elements that make up those bodies. With regard to theories of colours, it makes, for example, good sense to state that two colours are at the same place at the same time in so far as simple and compound colours are distinguished. Similarly, one may speak of "red light" within a physical theory of colour, although the light itself is not meant to be red and in chemical theory, pigments, rather than surfaces of bodies, are coloured. However, this section only concerns principles of a logical analysis of an ordinary understanding of colour propositions, independent of any sophisticated theory of colours and matter. The means of a logical analysis are, of course, not "unsophisticated" or "pre-theoretic". Yet, the meaning of the colour propositions to be analysed is that of a more or less "brute force" understanding of propositions, such as "This ball is red".

2.2.1 Against first-order formalisation

Let me begin by considering how to formally represent the predicate "x is a colour". One might suggest representing this ordinary language predicate by a propositional function within first-order logic. However, this results in ambiguous formalisations. Consider, the following two arguments.

	Argument 1		Argument 2
P1	This table is red.	P1	This table contains all colours.
P2	Red is a colour.	P2	Red is a colour.
C	This table is coloured.	C	This table is red.

To prove the validity of both arguments within first-order logic, the second premise must be formalised differently. Thus, the following logically valid formalisations are suggested (cf. Brun 2004, p. 335):

	Argument 1		Argument 2
P1	Rt	P1	$\forall x(Cx \to Tx)$
P2	$\forall x(Rx \to Cx)$	P2	Cr
C	Ct	C	Tr

The two formalisations refer to the following legends:

Legend Argument 1		Legend Argument 2	
t:	this table,	r:	red,
Rx:	x is red,	Tx:	x is a table,
Cx:	x is coloured.	Cx:	x is a colour.

This ambiguity is avoided if the second premise of both arguments, "Red is a colour", is analysed as a pseudo-proposition in terms of "Red is a value of the formal concept of colour". It is impossible to represent such pseudo-propositions within first-order logic because no material property is attributed to an individual. A formal concept does not state anything about individuals but specifies values of a variable. Whereas material properties might be formalised by propositional functions within first-order logic, formal properties are depicted by variables. Failing to distinguish between formal and material concepts was one of the main objections of Wittgenstein against Frege's and Russell's use of first-order formalism, cf. Wittgenstein 1984, remark 4.1271f.:

> Every variable is the sign for a formal concept. [... The formal concepts] are represented in conceptual notation by variables, not by functions or classes (as Frege and Russell believed).

Analyzing "x is a colour" as a formal concept that is to be represented by a variable results in the following formalisations of the two arguments:

	Argument 1		Argument 2
P1	Rt	P1	$\forall CCt$
P2	–	P2	–
C	$\exists CCt$	C	Rt

C is used as a variable of colours, whereas R is a value of this variable. t is a constant (name) for this table. Like R, t can be conceived as a value for a variable of bodies. However, I will consider a more detailed analysis of depictions of colours, bodies and their relation in the following section. For now, it suffices to simplify matters and indicate colours and bodies by constants that I shall not, for now, further analyse. The given formalisation is valid on the basis of existential introduction and universal quantifier elimination.

This kind of formalisation already departs from a common understanding of first-order logic because it does not distinguish a priori between individuals and properties. Instead, it simply distinguishes between the constant parts and the variable parts of a proposition. Thus, being red is not essentially a property and "this table" does not necessarily refer to an individual. The distinction between individuals and properties has no ontological basis. It is simply due to a distinction between constant and variable parts of a proposition (cf., Wittgenstein 1994, remarks 5.522f., Ramsey 1954, p. 271, for more details Lampert 2000, chapter 5). In consequence, when I described colours as "properties of bodies", I did not mean to imply any ontological distinction between properties and individuals. Instead, it only meant that colour propositions combine colour-words with words referring to bodies (unlike, for example, expressions of sensations: "I have pain" is, roughly speaking, similar in meaning to "it hurts"). Classifying colours as properties of bodies does not make a claim about the specific ontological status of colours other than their necessary connection to physical bodies.

The common logical notation of first-order logic, with its distinction of function and argument and set-theoretical semantics, does not only lead to ambiguous formalisations. Also, logical analyses in line with first-order logic neither solve the problem of colour-exclusion nor depict (i) the internal relation of colours and (ii) the internal relation of colours and bodies.

First-order logic does not reduce colour exclusion to a type of logical impossibility. Instead, even a straightforward formalisation, in terms of a conjunction of two atomic propositions, allows for stating the impossible within the language of first-order logic.

(E): "This spot s is red (R) and green (G) at the same time t." $= R(s,t) \land G(s,t)$

$R(s,t) \land G(s,t)$ is no contradiction within first-order logic. According to the common set-theoretical interpretation of first-order logic, there is no syntactic criterion to identify colour exclusion.

Formalising "x is a colour" in terms of a propositional function does allow for representing pseudo-propositions, such as "Red is a colour", in terms of meaningful propositions. Classifying "Red is a colour" as a meaningful proposition also shows that such an analysis allows for meaningful colour propositions without attributing colours to physical bodies. Furthermore, formalising colour-predicates in terms of propositional functions and colour propositions in terms of $f(x,y)$ does not preclude syntactically the articulation of meaningless propositions, such as "1 is red at 1 o'clock."

Finally, whereas propositional functions identify *sets* of arbitrary elements that are not internally related, formal concepts apply to values of systems. Colours are an example of internally related elements of a *system*. One prominent outstanding issue of a logical foundation of colour theory is a formal theory of possible colour systems. However, it would take me too far here to consider this issue. Instead, I only want to point out that any understanding of colours as sets represented by propositional functions does not do justice to the internal relations between colours. A proper formal representation of colours should depict these internal relations by syntactic properties of colour symbols. One should be able to identify the location of a colour in a system due to its symbol. One possibility for doing so is by representing colours by tuples of coordinates that identify a position in a colour space. I will come back to this possibility in the next section.

I conclude that first-order logic is not a proper logical notation for satisfying the aims of a logical analysis of colours. On the contrary, applying this formalism to colour propositions on the basis of its set-theoretical interpretation induces logical confusions. In the following, I will sketch an alternative formal representation of colour propositions that refers to the ideas of Wittgenstein in the period between 1927 to 1934 (for a different approach of the early Wittgenstein that still makes use of the language of first-order logic cf. Wittgenstein 1994, remark 6.3751 and Lampert (2000), chapter 4).

2.2.2 A Wittgensteinian Alternative

Colour, space and time form systems of internally related elements. Coordinates that reveal a position within the respective system identify internally related elements. That is why symbols, in terms of tuples of coordinates, identify the internal relation to other elements of the system based on syntactic properties. There is no need to refer to the meaning (reference) of symbols, such as $< 1, 1, 1 >$, $< 2, 1, 1 >$, $< 3, 1, 1 >$, to derive that the second symbol identifies an element that is "in between" the elements symbolised by the first and third symbols. Names within first-order logic symbolise individuals that are not essentially related to each other. Propositional functions put together the isolated individuals. Thus, it can be asserted that individuals form the elements of a set. In contrast, symbols in terms of coordinates symbolise *positions* within ordered systems.

Colour propositions result from a combination of elements of different systems that together form a logical space, i. e., a space of possible states of affairs. Any combination of coordinates of different systems identifies a logical place, i.e., a possible state of affairs. Unlike symbolising a state of affairs by an atomic proposition of form $f(x), f(x,y), \ldots$ within first-order logic, the combination of coordinates does not essentially distinguish function and argument; all coordinates are on the same logical level. There is no need for functions that put together certain individuals by asserting that they satisfy some property or relation. Instead, the combined coordinates identify a logical space. Any type of coordinate essentially connects with the other type of coordinate. A meaningful attribution of colour, thus, implies the combination of colour coordinates with some other type of coordinates. Colour propositions, which identify possible states of affairs, can be represented by such combinations of different coordinates.

Let us illustrate this kind of analysis in more detail. The logical space of colour propositions already presumes a naive physical space (= physical$_n$ space), in which visual bodies are located at certain areas of space-time. Thus, one may conceive the physical$_n$ space as a combination of systems of space, time and visual matter (= matter$_v$). Any point in the physical$_n$ space depicts the possibility of matter$_v$ occupying a space-time point. I call bounded areas of space-time occupied by matter$_v$ "bodies" and the two-dimensional bounded area of bodies "surface". I abbreviate bodies by $< M_v, |S|, |T| >$, which symbolises a combination of matter$_v$ with intervals of space-points and time-points (= areas of space-time). I introduce the index $_S$ to indicate those space-time points that mark the surface of a body: $< M_v, |S_S|, |T_S| >$. Thus, referring to a surface of a body already implies complicated propositions about the boundaries of matter$_v$ occupying space-time points.

Colour propositions can be formalised as combinations of coordinates that symbolise positions within the colour space with parts of surfaces. Let us, for short, assign tuples of colour coordinates as values of the variable C and let us conceive parts of surfaces as intervals within intervals. Thus, the form of colour propositions is $< C, < M_v, ||S_S||, ||T_S|| >>$. Contrary to any first-order analysis of the form of colour propositions in terms of atomic propositional functions, this analysis guaranties that any colour proposition identifies a possible state of affairs. Thus, it is impossible to construct meaningless propositions, such as "1 is red at 1 o'clock", because the analysis ensures that coordinates of the colour system combine with coordinates of the system of physical$_n$ space. Furthermore, this analysis reveals that colour propositions are complex, rather than atomic, propositions, implying propositions asserting that matter$_v$ occupies points of space-time.

Of course, this analysis of colour propositions abstains from the details and anomalies of colour attributions. However, the purpose of this paper is to illuminate the basic principles of an alternative to first-order formalisations that does justice to the mentioned aims of logical analysis. For this purpose, it suffices to refer to the mentioned analysis as a paradigm of a logical analysis of colour propositions.

Finally, the representation of colour propositions as combinations of coordinates of a different type of systems solves the problem of colour-exclusion, too. For the sake of simplicity, let us (i) abstain from visual matter, (ii) symbolise colours by referring to a one-dimensional colour space (e. g., the spectrum) and by signifying colours with only one discrete coordinate, (iii) refer to a two-dimensional circle as a surface that is defined by a radius r and a centre, which is defined by the coordinates $< a, b >$, (iv) combine the coordinates of the different dimensions in a two-dimensional representation that signifies a certain combination of coordinates of different scales by adjusting a pointer and (v) represent a combination of coordinates at a certain time by just one such adjustment. We then get the following logical analysis:

(F): "The spot with radius $r = 4.9$ at position $< a, b >=< 2.7, 7.7 >$ is at a certain time green (= colour 3.1)." = Figure 2.4

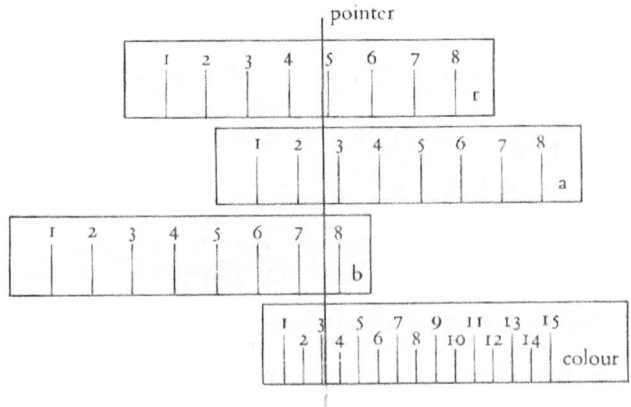

Figure 2.4:
Logical Analysis of a colour proposition, taken from Wittgenstein 1975, p. 112.

Within the syntax of the representation in figure 2.4, it is impossible to represent a surface being green and red at the same time because the pointer can only signify *one* combination of colour coordinates with the coordinates identifying a surface. Thus, impossibility is not expressed by stating the impossible within a formalism but by the impossibility of representing the impossible within a proper notation: "[...] it is impossible to set one scale simultaneously at two graduation marks" (Wittgenstein 1975, p. 112).

2.2.3 Conclusion

First-order logic, with its distinction between function and argument and its set-theoretical semantics, does not provide the means for an adequate formal representation of colour propositions. Instead, an adequate formal representation represents colour propositions in terms of a combination of coordinates of different systems that together denote a point in logical space. The syntax of such a representation solves the problem of colour exclusion and represents the internal relations between colours and between colours and parts of surfaces of bodies.

2.3 Bibliography

BRUN, GEORG: *Die richtige Formel.* Frankfurt: Ontos 2003.

CAMPBELL, JOHN (1993): "A Simple View of Color", in: Haldane & Wright (ed.) *Reality, Representation, and Projection.* Oxford: University Press, p. 257–268.

HACKER, PETER MICHAEL STEPHEN: *Appearance and Reality.* Oxford: Blackwell 1987.

JACKSON, FRANK: "The Primary Quality View of Color." In: *Philosophical Perspectives* **10** (1996), p. 199–219.

LAMPERT, TIMM: *Wittgensteins Physikalismus.* Paderborn: Mentis 2000.

RAMSEY, FRANK PLUMPTON: "Universals", in: Braithwaite (ed.), *The Foundations of Mathematics.* London: Routledge 1954, p. 112–135.

WITTGENSTEIN, LUDWIG: *Philosophical Remarks.* Chicago: The University of Chicago Press 1975.

WITTGENSTEIN, LUDWIG: *Tractatus Logico-Philosophicus.* London: Routledge 1994.

WITTGENSTEIN, LUDWIG: *On Certainty.* New York: Harper 1972.

Figure 3.1:
Piece of ochre from the Grotte des Fées (Châtelperron, France), 35–34 ka BP.

Musée d'archéologie nationale et Domaine national de Saint-Germain-en-Laye.
Photo: Michael A. Rappenglück

The Palaeolithic Colour Palette and Charm of Hues: Pigments in Earlier Prehistory (800 ka–10 ka BP)

Michael Rappenglück (Gilching)

The earliest use of colours by man can be traced back to the Middle Palae-olithic (ca. 300,000–30,000 BP[1]) and to the Lower Palaeolithic (ca. 800 ka BP). Colours served practical, symbolical, and ritual purposes. The know-how of archaic people concerning selection, acquisition, processing, and application of pigments was partially very sophisticated.

3.1 Lower Palaeolithic (2.5 Ma – 300 ka BP)

Exploitation, processing, and application of pigments were among the earliest specific human abilities: Ochre was intentionally used (Lorblanchet 1999: 103–104; Bednarik 2003: 95–97) at Wonderwerk Cave (South Africa), >780 ka BP, Kathu Townlands IB (South Africa), >ca. 700 ka BP, Kathu Pan 1 (South Africa), 540 ka BP, Nooitgedacht 2 (South Africa), >200 kyr BP, Canteen Koppie and Pniel 6 (South Africa), ca. 303–244 kyr BP, Ambrona (Spain), 350–470 ka BP and at GnJh–15 (Kenya), 509 ± 9 Ka to 285 ± 12 ka BP. At Terra Amata (France), 380 ± 80 ka BP (Lorblanchet 1999: 104) yellow limonite was changed into red ochre by burning (calcination). A figurine from Tan-Tan (Morocco), ca. 500–300 ka BP, shaped by nature, but slightly artificial modified to emphazise anthropomorphism, shows microscopic traces of red ochre and manganese (Bednarik 2003).

---

1 BP = Before Present (1950), calBP = calibrated calendar years (e.g. with CalPal http://www.calpal.de.

The calcination reveals not only the interest of early humans in an extended color range, but also their understanding that matter can be altered properly by fire. The application of red pigments on a figurine indicates a symbolic value.

3.2 Middle Paleolithic (300–40 ka BP)

Pigments, earth colours or soot and charcoal, were exploited, processed (grinded, calcinated), and applied. People identified and selected raw colorants according to at least shade, intensity, and texture. They prospected easy to exploit localities. The basic raw material, providing black, gray, brown, yellow, red, white, and even a blueisch shade, consisted of hematite (Fe_2O_3), magnetite (Fe_3O_4 [$FeO \cdot Fe_2O_3$]), pyrolusite (manganese dioxide; MnO_2), goethite (α-FeO(OH)), lepidokrocite (γ-FeO(OH)), charcoal, porcellanite, kaolin. People shaped crayons from the raw stones and probably produced paints using binders like fat, blood, urine or water.

Numerus examples of pigment usage are known from campsites, caves, and burial in Africa, Eurasia, and Australia (Marshack 1981; 1989: 3, 12–14; Bednarik 1992, 1993, 1997: 147, 155, 157, 159, 163; Barham 2002; Lorblanchet 1999: 103–110; Watts, 2002; Klein et al. 2004: 5710; Zilhão 2007; Langley et al. 2008: 293–299; D'Errico et al. 2009: 22–23; Weisgerber 2009; Wadley 2005, 2010). The most important findings are mentioned: At the campsite of Bečov I (Czech Republic), ca. 220–200 ka BP, people picked up many pieces of weathered very hard whitisch porcellanite (Šajnerová-Dušková et al. 2009), having shades of yellow, orange, red, too. They were special heat-treated, probably to soften the stones. Also a used red ochre piece was discovered and the camp ground turned out to be stained by red ochre powder (Marshack 1981). At Ede II (Netherlands), ca. 230 ka BP, not only red and yellow ochre, black manganese, but also white chalk and kaolin have been found (Franssen and Wouters 1983). At Tabaterie (France), Mousterian layers revealed intentionally used white kaolin (Lorblanchet 1999: 106). Ochre was calcinated for colour change at Pech de l'Azé I (France), ca. 65 ka BP (Lorblanchet 1999: 106–109), at Pinnacle-Point PP13B (South Africa), 164 ± 12 ka BP (Marean et al. 2007), at Es-Skhul 1, 2 and 4 (Israel), 150–135 ka BP (D'Errico et al. 2010) and at Qafzeh (Israel), 97–87 ka BP (Bar-Yosef Mayer et al. 2009). Neanderthal groups used advanced pyrotechnology for colouring (Courty 2010: 11, 17). Crayons decorated with geometric patterns, eventually indicating ownership, have been found at Blombos Cave (South Africa), 100 ka BP and ca. 79–71 ka BP (D'Errico et al. 2009: 27–29). There also ochred clamshells dated 75 ka BP

(D'Errico et al. 2009: 33–34). Mussels were used as tiny pigment containers at Qafzeh Cave (Israel), 97–87 ka BP (Bar-Yosef Mayer et al. 2009), at the caves of Los Aviones and Antón (Spain), >50 BP (Zilhão et al. 2010) and Sibudu (South Africa), >58 ka BP (D'Errico et al. 2009: 34). At the cave of Pigeons (Morokko), ca. 82 BP, perforated clamshells, probably part of a necklace and originally attached to ochred leather or skin, bear red pigment traces (D'Errico et al. 2009). At Qafzeh Cave (Israel), 97–87 ka BP (Zilhão 2007: 7) and at Lake Mungo 3 (Australia), 68–56 ka BP, buried corpses are intenionally ochred (Habgood and Franklin 2008: 192, 202). Pebbles from Apollo Cave (Namibia), >48 ka BP and a mammoth shoulder blade from the campsite of Molodova I (Ukraine), > 44 ka BP show painting remains (Lorblanchet 1999: 104, 106). Lion Cave (South Africa), the hitherto oldest proven ocher mine, >43.2 ka to 21 ka BP, illustrates the high efforts of early humans to gain pigments.

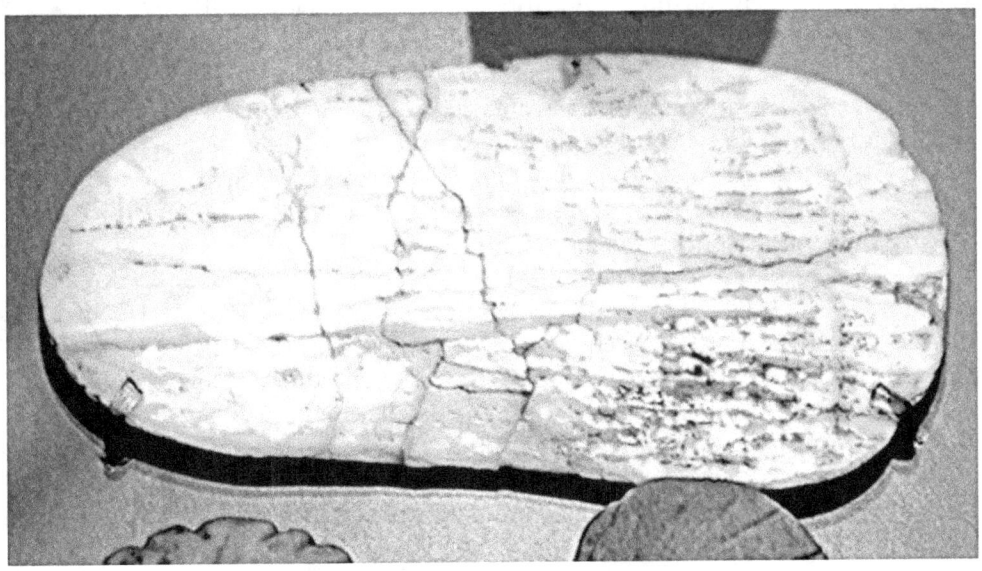

Figure 3.2:
The morsal surface of a mammuth molar, completely polished and ochred from the campsite of Tata (Hungary), 101–120 ka BP.

Budapest, National Museum. Photo: Michael A. Rappenglück.

3.3 Upper Palaeolithic (40–10 ka BP)

Processing and usage of pigments and paintings are present worldwide (Schmandt-Besserat 1980: 129–139; Stern and Marshall, 1993; Zilhão 2007: 30; Habgood and Franklin 2008; Weisgerber 2009; D'Errico et al. 2009: 25–27; fig. 3.1). Painting of rock shelters and caves started at the Aurigancian (45–35 ka BP) with Carpenter's Gap (Australia), 42.8–33.6 BP (Habgood and Franklin 2008: 197), Fumane (Italy), 35–30 ka BP (Broglio et al. 2006) and Chauvet (France), 32.9 ± 0.49 ka BP (Clottes 2003: 32) and outside of caves, e. g. the rock shelter of Roc-aus-Sorcies (France), 14.160 ± 0.080 ka BP (Pinçon 2008).

Processing pigments as well as producing and applicating paints was very sophisticated (Couraud 1983; Ruspoli 1986; Bahn and Vertut 1997: 112–119; Lorblanchet 2000: 67–74, 143–156; Clottes 2003: 152–161, 200–214; Chalmin et al. 2006; De Balbín Behrmann and González 2009; Menu 2009). The artists played with colours, mixtures, binders, extenders, matrices, and recipes to achieve the most beautiful, applicable, and stable shades. Binder in cave art mostly was calcite saturated water, but for painting on bones and stones urine, animal fat, marrow, blood, albumin, and also plant saps can not be excluded. Cave paintings were done monochromatic, bichromatic und trichromatic and black and white had been recognized chromatically. At Lascaux the range of colours consisted of 25 different hues of black, red, yellow and white are known. Magnesite ($MgCO_3$) was heated up (250–800°C) to get white magnesia. Bones and tooths were burnt to achieve first calcium pyrophosphate ($Ca_2O_7P_2$). A mixture of this matter and additional calcite ($CaCo_3$), was calcinated (ca. 1000°C) to white calciumphosphate ($Ca_3(PO_4)_2$). Ochre was heated up (450°–500°C) to change the yellow-brown from yellow to brownish yellow, to red, and then to puple. Raw sienna (limonite clay) and umbra (brown clay) were calcinated to either get burnt sienna or burnt umbra. They also applied up to 1000°C to change red into black ochre. After having heated up of magnesite (900°–1000°C) to get manganese(II)oxide (MnO), they probably applied a second calcination to achieve blackish or grayish Hausmannite (Mn_3O_4), a very rare mineral, which they also could have acquired ca. 250 km away at a natural outcrop (Chalmin et al. 2006).

Cave art, e. g. at Lascaux (France), sometimes required the organization capacity of a mega-project: Access to the walls by ladders and scaffolds was enabled. Sufficient lighting, mostly done by numerous fat lamps, was needed. Thereby people played with light effects caused by the flickering fat lamps, which set rocks and paintings into life – an impression lost mostly today, because of illuminating caves by artifical light. The artists prepared the rock panels by flatten them. They appplied engraved tracings, used schablons, wooden rulers, and the chalk line. Different procedures for painting were used, often including fresco technique. The artists sprayed watery pigment powder, probably with the help of a hollow bone, a reed or a similiar tool upon the surface. They applied crayons and had brushes, made of animals' hairs, mosses, and fans of feathers or of small twiggs for extensive dabbing on fluid paint. Using the balls of hands, fingertips or pads of lichen and moos paint was smeared intentionally. They also used the background colour of the rocks, especially the whitisch moon milk as in the cave of Chauvet (France). They colourised engravings as in the cave of Fontanet (France), >12.77 ±0.42 ka BP (Fritz and Tosello 2009: 370–372). Pigments were mixed up to paint in clamshells and transported in hallow bones, stone bowls, mussels, and probably leather bags. Sometimes the artists used sample boards, e. g. in the cave of Lascaux. They applied perspectivic elements, among which colours were important, too. Finally coloured images seem to follow certain distributions.

3.4 Mining of Pigments

The hitherto oldest pigment mining evidence comes from Lion Cave (Kingdom of Swaziland), ca. 43.2 +1350/−1200 ka BP (perhaps even 70–120 ka BP) to 21 ka BP (Dart und Beaumont, 1971: 10; Bednarik, 1992: 15). The pitmen digged a tunnel – 10 m deep, 8.25 m wide and 6.7 m high – into a 500 m high hematite rich cliff face to exploit specularite. At ca. 40 ka BP, people mined red hematite, goethite, kaolinite and white-yellow huntite ($Mg_3Ca(CO_3)_4$) at Wilgie Mia (Clarke 1976) and ochre at Karrku quarry, 32–13 ka BP (Habgood and Franklin 2008: 191–193), and at Rydno (Poland), ca. 12.29 ±0.21 BP (Schild and Królik 1981). The Rydno pigment was distributed up to 800 km (Burdukiewicz 1987: 12, 14, 17–18). There are some hints on a local mining ownership and settlement. At Tzines on the island Thasos (Greece) ochre mining, partially done underground, started 20 ka BP to 10 ka BP (Koukouli-Chrysanthaki and Weisgerber 1995). At the caves of Lovas (Hungary), ca. 12–11 ka BP (Dobosi 2006) or perhaps ca. 37 ka BP, yellow-brown limonite was exploited (Meszaros and Vertes 1955). Clovis Paleoindians mined ochre at Sunrise Mine, Powars II in Wyoming (USA), 9050–8850 calBP (Stafford 2003).

3.5 Special implementations

Ochre was used for smoothing down and polishing objects (fig. 3.2): At the campsite of Tata (Hungary), 101–120 ka BP, the morsal surface of a mammuth molar was completely polished and ochred (Marshack 1989: 13–14). Natives

Figure 3.3:

Because of his protective properties ochre as used as a waterproof drying for preserving tents and other objects. Reconstruction of an amply tent from the campsite of Le Cerisier, near Saint-Front-de-Pradoux, France, 18–15,5 ka BP.

Parc de la Préhistoire de Tarascon-sur-Ariège. Photo: Michael A. Rappenglück.

used ochre, because of his protective properties, as a waterproof drying paint for canoes (Stafford 2003: 85), for preserving leather, clothing, tents, and wood (Legros 2007: 240, 366). This may explain (ill. 3) the ochre coated ground of Paleolithic dwellings (Schmandt-Besserat 1980: 129, 138), e. g. at Arcy-sur-Cure (France), 31.5 ±0.4 ka BP or Pincevent (France), 11.310 ±0.33 ka BP and the ochre traces on jewellery, indicating a pigment coating of leatherdress (Marshack 1994: 387).

Ochre was included as an ingredient in special adhesive agents for tools and weapons (Marshack 1994: 387; Williamson, 2005; Lombard 2007; Wadley 2005, 2010a, 2010b; D'Errico et al. 2009: 23). At Sibudu Cave (South Africa), >61 ka BP, at Rose Cottage and Umhlatuzana, 40 and 35 ka BP (Lombard 2007: 407–408), at Enkapune Ya Muto (Kenya), ca. 40 ka BP, and at other Paleolithic sites in France (Lombard 2007: 414) people added ochre for improving different binder mixtures of wax with mastic gum for quartz or nonquartz tools and its hardening. Sibudu people sometimes used ochre as a soft hammer fabricator during lithic reduction (Soriano et al. 2009). Moreover ochre was found adherent to scrapers, occasionally used for treating hides (Williamson 2005), a technique, which is well-known from later times (Ibáñez, González Urquijo, and Rodríguez Rodríguez 2007: 157; Legros 2007: 240, 366).

The burial Villabruna 1 (Italy), 14,160–13,820 calBP, revealed a globule, mixed from ochre and propolis (Vercellotti et al. 2008: 144). Propolis is well-known for its antibiotic, antifungal, antimicrobial, dental antiplaque effects, and its influence on the immune system, the hearth, and the lense of the eye. It can be used to cure inflammations, different types of ulcers, minor burns and scalds, viral infections, oral and eye diseases. Ochre is deodorizing, antihaemorrhagic, antiseptic, astringent, and antiviral. Australian Aborigines used red ochre, water, and cold ashes for healing burns (Velo 1984). Chinese medicine applied red ochre, after reducing the toxic arsenic proportion by calcination and additional treatments, for curing expectoration of blood from the gastrointestinal or respiratory tract or from the nose, for accelerating the production of red blood cells, against asthma, headaches, nausea, vertigo, and tinnitus (Yu et al. 1995: 47, 53). Humans also stained their bodies because of hygiene, protection (e. g. as sunblocker), and skin care (Koerper and Strudwick 2006: 4).

3.6 Symbolic and ritual communication with pigments

At least since the Middle Paleolithic people supposably used colourants also for symbolic and ritual communication like signalling, indexing, badging or decoration (Watts 1999: 128, 137; Knight et al. 1995). With respect to ethnographic records (Koerper and Strudwick 2006: 4) it is probable that they may have also marked tools, weapons, places and pathways, to identify them, to indicate possible dangerous use or to empower them.

At Blombos Cave (South Africa), 70 ka BP (Henshilwood et al. 2009), Pinnacle Point (Marean et al. 2007), ca. 40–25 ka BP, Klein Kliphuis (South Africa), BP, (Mackay and Welz 2008), Piekary II (Poland), 40 ka BP, and in the cave du Renne (France), 49–21 ka BP, (Zilhão 2007: 30) people decorated ochre pierces with notchings and geometric patterns. During the Upper Paleolithic bones and stones are painted with ochre designs (Schmandt-Besserat 1980: 131–132; Abramova 1995: 61–63; Bahn and Vertut 1997).

Pigments, especially red and black, were applied on mobile art engravings improving their visibility (Marshack 1981: 189; D'Errico et al. 2011: 680). Human body parts may have been coloured to flag an individuum or a bracket (D'Errico et al. 2009: 23) or tatooed (Stafford 2003: 84; Cains and Byard 2008: 199), perhaps for facilitating social converse. At the cave of Mas D'Azil (France), ca. 12 ka BP, a 'tool kitt' was excavated, which probably served for puncturing the skin of an animal or man (Péquart 1962: 211–214). The female human animal hybrid of the Lion-Man (Germany), 32 ka BP (Bosinski and Wehrberger 1994: 36–37), showing seven cuts on one of his arms could be the oldest example for tattooing. Ca. 3300 BC, the Ötzi (Austria/Italy) shows similiar tattoos on his body, interpreted inter alia as signifying essential therapeutic acupuncture points (Cains and Byard 2008: 199–200). Probably some of the engraved patterns on anthropomorph artwork from the Upper Paleolithic must be interpreted as tattoos. Moreover ethnographic records suggest the assumption that Paleolithic people coloured their skin, nails, head hairs, and beards to achive a striking, powerful, sexual attractive, or even aggressive and dangerous-looking appearance (Knight et al. 1995; Koerper and Strudwick 2006: 3–4; Legros 2007: 240–241, 353; Petru 2008: 229–230). Attested are perforated and ochred shells at Qafzeh (Israel), 90 ka BP (Bar-Yosef Mayer et al. 2009) at the cave of Pigeons (Morocco), ca. 82 ka BP (D'Errico et al. 2009), which may have been parts of accessories to skin or clothing. At Blombos, 77 ka BP (Botha 2008: 199, 201), at Sibudu Cave (South Africa), > 70 ka BP (D'Errico et al. 2009), and at the caves of Los Aviones and Antón (Spain), >50 ka BP (Zilhão et al. 2010) ochred perforated shells, probably remains of a jewellery, had been excavated. At Riwi Cave (Australia), 29–42 ka BP, beads, some ochred, and a fiber fragment, probably remains of a necklace, had been found (Habgood and Franklin 2008: 194). Thus it is higly probable that also clothing to some extend was colored. At Sunghir (Russia), 25.7–20.8 ka BP, burials revealed black and red pigments, which possibly had been applicated to decayed clothing (Abramova 1995: 178). A white crayon and powder from the cave of Bedeilhac (France), 16.5 ka BP, was used on clothing or for body-painting (Hovers et al. 2003: 515).

Natives thought that pigments serve to empower things and creatures and indicate indicate their essential properties (Lewis-Williams 1995: 147; Wallis and O'Connor 1998; Zedeño 2009). While red coloration of objects already is already present at 500–300 ka BP (Bednarik 2003), it is intensely used on mobile art, half reliefs, rock shelters and rock faces in caves, musical instruments (bullroares, bone and stone idiophones) during the Upper Paleolithic (Müller-Karpe 1977: 249; Stockmann 1985: 23, 27; Bisson and Pierre 1994; Lorblanchet 2000; Bahn and Vertut 1997; Caldwell 2010; fig. 3.4).

The deliberately breaking objects, especially anthropomorphic figurines, which had been stained (mostly ochred) before, is well known from Neolithic cultures

Figure 3.4:
Painted pebbles from Le Mas-d'Azil (Mas-d'Azil, France), 12.3 to 9.6 ka BC.
Musée d'archéologie nationale et Domaine national de Saint-Germain-en-Laye.

Photo: Michael A. Rappenglück.

and from Natives (Loze 2006:162–166; Nunez 1986:25–26). The aim was to exclude persons from society temporarily (e. g. menacing women, pubescent youths, outlaws) or after death finally. This casts light on the pebbles of Birseck-Eremitage cave (Germany), 11.4–9.6 ka BP, which were intentionally broken, after having been painted (Floss et al. 2009: 315–316).

In many cultures red, ochre, blood, and humans, especially womans are closely related (Knight et al. 1995). Red paint indicates, enables and accompanies passages of psychosomatic development, important times of change and initiation, like birth, adolescence, marriage, old age, death, and transition to other worlds or rebirth (Lewis-Williams 1995: 146; Wallis and O'Connor 1998; Koerper and Strudwick 2006: 4; Zagorski 2008: 123; Zedeño 2009: 412–413). The medical effects of red ochre and his analogy to blood, both promising life and surviving, probably motivated Paleolithic people to ritually use red ochre for preparing the ground of the grave, sprinkling over the complete corpse or parts of the body, for coating the burial and for special rituals (Binford 1968: 146; Schmandt-Besserat 1980: 131–132; Vanhaeren and d'Errico 2005: 122; Hapgood and Franklin 2008: 201–202, 212; Duarte 2009; Belcastro et al. 2010). Black and red pigments are present in the Mesolithic/Neolithic Zvejnieki burials, often intensively combined in one grave (Zagorska 2008: 119–120).

3.7 Blood in the womb of Mother Earth

Man emphasized the female creativity of caves, e. g. at Chauvet (France), 33.4–20.4 ka BP, Arcy-sur-Cure (France), 28.7–26.2 ka BP, Ségognole 3 (France), 18–12 ka BP, El Linear (Spain), 14 ka BP, and at rock shelters, e. g. Roc-aux-Sorcies (France), 14.2 ka BP, recognizing the entrance or the crevices as female genitals and by representing paintings, engravings or bas-reliefs of a woman's body or her vulva in the cavern (Rappenglück 2007: 64–65; Caldwell 2010: 53, 55–56, 64). Frequently full or half reliefs of women's bodies or genitals in parietal or mobile art are stained by ochre or related to a red pigment's deposit (e. g. Weinberg caves, Germany [28 ka BP], fig. 3.5), probably indicating the vivifying power Mother Earth's blood of life within the caves (Schmandt-Besserat 1980: 132; Bisson and Bolduc 1994: 463, 465; Marshack 2000: 154; Caldwell 2010: 54–55, 62). Moreover at Tito Bustillo (Spain), ca. 13–11 ka BP, the entry to the Gallery of Bisons and at Lloseta (Spain), ca. 19–17 ka BP, a vulva like natural rock and certain speleothems had been ochred (De Balbín Behrmann 2003: 96–97, 115, 120, 127, 129, 130, 139, 141, 144). Red ochre was ritually deposited in the cave Trois-Frères (France), 15 ka BP (Fritz and Tosello 2009: 381–382). According to Natives ochre symbolizes female earthly power (Taçon 1991: 204–205) and grows like an embryo in the earth's womb (Stafford 2003: 85–86). The preparation of paint by mixing pigments with a fluid, notably water as a symbol of life, activates female potency. The coupling of paint (female) with objects (male) vivifies these and energizes the power of ancestors therein. The context of red ochre, blood, woman, fertility, menstruation is deeply rooted in human mind (Knight et al. 1995). A relation to lunar cycles and gestation is evident in the Abri of Laussel (France), 29–21 ka BP, originally showing among others the ochered half-reliefs of three pregnant women, including the "Venus of Laussel", each holding up a horn (Rappenglück 2008a: 185–186). For the San (South Africa) pigment production was like the menstrual cycle and the lunation (Lewis-Williams 1995: 146). The calcination of pigments needed special rituals. A woman should heat up the pigments just at Full Moon until the shades changed into red. Natives assigned red to fire, light, heat and the hearth as the special place for transformation of matter and mind (Knight et al. 1995; Koerper and Strudwick 2006: 4; Petru 2006: 205–207; Caldwell 2010). Examples from the Mesolithic and Neolithic (Loze 2006:162–166) confirm these ideas. The symbolism of deer and red color, which connects solar-cosmic, biological and shamanistic aspects (Rappenglück 2008b), is notable: In the cave of Nahr Ibrahim (Lebanon; Solecki 1982), 60 ka BP, a fallow deer was ritually interred and ochred. In the cavern of El Juyo (Spain), 13.92 + 0.24 ka BP, deer bones were buried in white and red pigment filling, with an antler tip, vertically plugged in (Freeman and Echegaray 1981). A small mound of mostly red, yellow or green matter, arranged in series of rosettes, covered the interment. During Upper Paleolithic rituals ochre was also applied to other animals, e. g. bears (Germonpré and Hämäläinen 2007).

The symbolism and importance of red colour makes clear why early Australians, 40 ka BP, acquired high quality ochre from locations of minimal 100–200 km and later, 25–20 ka BP, from at least 300 km distance (Habgood and Franklin 2008: 189; Creagh, Kubik, and Sterns 2007: 721–722).

3.8 Black

Because black colour (charcoal) was easy to get, the peculier symbolic value (Chevallier and Gheerbrant 1996: 92–96) is not really identifiable. Neanderthal people liked the dark manganese dioxides (Klein et al. 2004: 5710; D'Errico et al. 2008). Certain distributions of black and red are observable in cave art (Bahn and Vertut 1997: 169). At Chauvet the red paintings are placed in the sections of the entry area, while the black depictions are located in deep galleries and side corridors (Clottes 2003: 200–214). At La Vache (France), 12.54 ±0.105 ka BP, red and black pigments were used to paint bone objects (Buisson et al. 1989). At La Salpetrière (France), 19.65–18.97 ka BP, the oval floor of a tent, localized at the cave entrance, is divided into a red and a black area, according to the east and the west section (Schmandt-Besserat 1980: 132). Thus the dichotomy of red and black may be related to certain shamanstic concepts and rituals, which attribute both colors to life and death, and rites de passage. In this regard it is remarkable that ancient Egyptians used black, white, and red for denoting terrestrial and celestial realms, and the transition between them (Spence 1999).

White
White denotes passage and initiation, the beginning and ending of spatiotemporal cycles, of birth and death, of joy and mourning (Chevalier and Gheerbrant

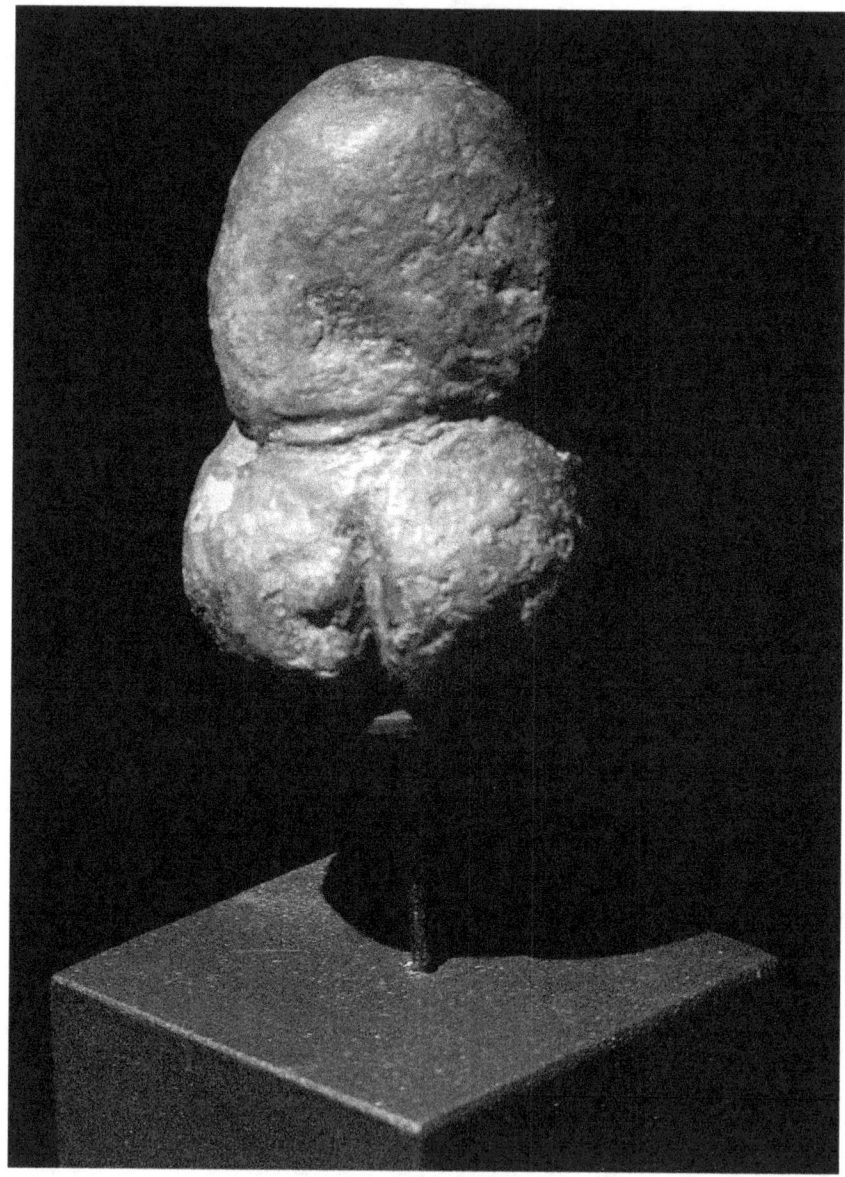

Figure 3.5:
"The Red of Mauern", androgyne figurine made of limestone and ochred
from Weinberg caves, near Mauern, Germany, ca. 28 ka BP.

Munich, Bavarian State Archaeological Collection, Inv.-No. 1949, 557.
Photo: Michael A. Rappenglück.

1996: 1105–1108). In African natives initiation rites young man at the age of puberty signified their retreat from society for some time by painting the face with white color. Their return is indicated by a red makeup. Widows in Africa and New Guinea put on a white makeup to document being temporarily excluded from society. Natives used white clay for body painting to be prepared for ritual dances (Koerper and Strudwick 2006: 4, 5), but also as a soap, remedy, and magical substance (Koerper and Strudwick 2006: 7). Comparative usage can be suggested for Paleolithic time (Hovers et al. 2003: 515; Franssen and Wouters 1983; Šajnerová-Dušková et al. 2009, Lorblanchet 1999: 106). In those days people collected pasty white calcite deposits, moonmilk, from cave walls and speleothems (Rappenglück 2007: 65, 75–76). Ancient cultures considered these creamy rock secretions to be caused and influenced by the moon cycle or the heaven and to be a fertilizing female 'milk' or masculine 'sperm' of the cavern, which can be used cathartically, therapeutically, and as a prophylactic. Suckling or collecting the vital milky liquids from the breast (stalactites) of the world mother's cave womb should increase woman's milk or empower shamans and rulers.

The archaic three: red, black, and white

The material used for Upper Paleolithic human statuaries was very probably selected considering red, black, and white (Müller-Karpe 1977: 249). Stencils of negative or positive handprints, sometimes with attached arms, mostly in red and black, sometimes in white and yellow, can be found in Eurasian, Australian/ Tasmanian, and South American cave art (Schmandt-Besserat 1980: 132–133; Bahn and Vertut 1997: 29, 119–121; Cosgrove 1999: 369–370; fig. 3.6). From Geißenklösterle (Germany), ca. 32.3–33.7 ka BP, comes a limestone painted with red, yellow, and black (Floss and Conard 2009: 303). At Krems-Wachtberg (Austria), ca. 27 ka BP, newborn babies had been buried in an ochred hollow together with pigments of red chalk, black graphite, and white shell muschelkalk (Einwögerer et al. 2006). The Khanty (Siberia) refer whithin a cosmological model black to desease and death, red to life, rebirth, renewal, and white to the spritual realm (Zagorska 2008: 117). The ancient Egyptians used a tricolour scheme of black, white, and red, denoting a two cosmic spheres and the transition between them (Spence 1999). Red, black, and white were the main pigments used by native people for face and body painting, especially in ritual dances (Koerper and Strudwick 2006: 4, 5). A late reflection of such ideas combined with psychological aspects can by find in alchemy, e. g. the Graeco-Roman version (Priesner 1998: 131–133): melanosis/nigredo (blackening), leukosis/albedo (whitening), xanthosis/citrinitas (yellowing), and iosis/rubedo (reddening).

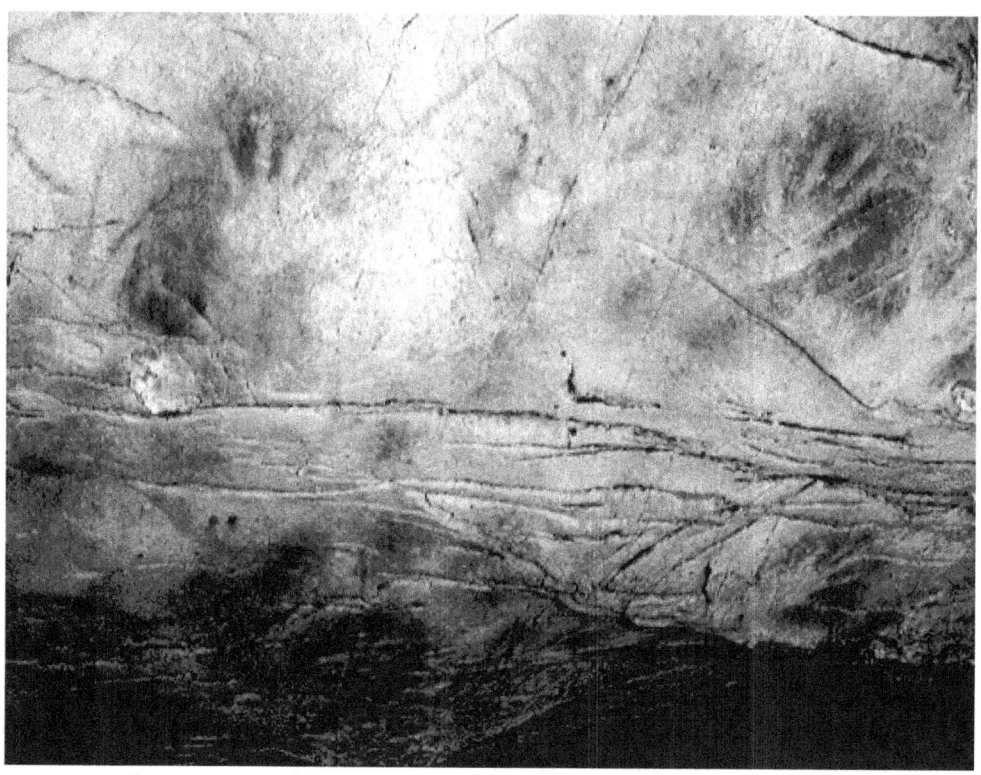

Figure 3.6:
Detail of the "Frieze of Hands", Cave of El Castillo (Spain), 17.1–10.1 ka BP.

Photo: Copyright Takeo Fukazawa &Texnai, Inc., University of Cantabria, IPA.

3.9 Future researches will affort surprises . . .

Though still debatted (Wierzbicka 2008), the naming of the colours red, black,
and white probably belong to the oldest levels of languages (Kay et al. 1997;
Kay and Regier 2009) and perhaps is fixed as neurophysical universals. The
tricolor scheme was thought to be the only one present at Paleolithic time, but
recent research gives evidence that more extendet colour systems with respect
to coloured fabrics and textile clothing might have existed. In the Dzudzuana
cave (Georgia) plant pigments had been used for dying cords of partially spun
wild flax fibers (Kvavadze et al. 2009), which may have served for fastening
stone tools and for weaving baskets and clothes. Pigments in shades of black

to grey, cyan, and even pink had been dated from 32–11 ka BP (36–13 ka calBP). Future researches will affort surprises . . . .

3.10 Bibliography

ABRAMOVA, ZOYA. A.: *L'art paléolithgique d'Europe orientale et de Sibérie*. Grenoble: Jérôme Millon 1995.

BAHN, PAUL G. AND VERTUT, JEAN: *Journey through the Ice Age*. London: Weidenfeld Nicolson 1997.

BAR-YOSEF MAYER, DANIELA E. ET AL.: Shells and ochre in Middle Paleolithic Qafzeh cave, Israel: indications for modern behavior. In: *Journal of Human Evolution* **56**:3 (2009), p. 307–314.

BARHAM, LAWRENCE S.: Systematic Pigment Use in the Middle Pleistocene of South-Central Africa. In: *Current Anthropology* **43**:1 (2002), p. 181–190.

BARHAM, LAWRENCE S.: Backed tools in Middle Pleistocene central Africa and their evolutionary significance. In: *Journal of Human Evolution* **43** (2002), p. 585–603.

BEDNARIK, ROBERT G.: Mehr über die rote Farbe in der Vorgeschichte. In: *Almogaren* **23** (1992), p. 179–189.

BEDNARIK, ROBERT G.: The global evidence of early human symboling behaviour. In: *Human Evolution* **12**:3 (1997), p. 147–168.

BEDNARIK, ROBERT G.: The Earliest Evidence of Palaeoart. In: *Rock Art Research* **20**:2 (2003), p. 89–135.

BELCASTRO, MARIA GIOVANNA ET AL.: Funerary practices of the Iberomaurusian population of Taforalt (Tafoughalt, Morocco, 11–12,000 BP): the case of Grave XII. In: *Journal of Human Evolution* **58** (2010), p. 522–532.

BISSON, MICHAEL S. AND BOLDUC, PIERRE: Previously Undescribed Figurines From the Grimaldi Caves. In: *Current Anthropology* **35**:4 (1994), p. 458–468.

BOTHA, RUDOLF: Prehistoric shell beads as a window on language evolution. In: *Language & Communication* **28** (2008), p. 197–212.

BUISSON, D. ET AL.: Les objets colorés du Paléolithique supérieur cas de la grotte de La Vache (Ariège). In: *Bulletin de la Société Préhistorique Française* **86**:6 (1989), p. 183–191.

BROGLIO, A. ET AL.: The Aurignacian paintings of the Fumane Cave (Lessini Mountains, Venetian Prealps). The territory, the site, Aurignacian frequentations. In: *INORA* **44** (2006), p. 1–8.

CAINS, GLENDA E. AND BYARD, ROGER W.: The Forensic and Cultural Implications of Tattooing. In: *Forensic Pathology Reviews* **5** (2008), p. 197–220.

CALDWELL, DUNCAN: Supernatural Pregnancies Common Features and New Ideas concerning Upper Paleolithic Feminine Imagery. In: *Arts & Cultures* 2010 (Barbier-Mueller Museum), p. 52–75.

CHALMIN, E. ET AL.: Minerals discovered in paleolithic black pigments by transmission electron microscopy and micro-X-ray absorption near-edge structure.
In: *Appl. Phys. A* **83** (2006), p. 213–218.

CHEVALIER, JEAN AND GHEERBRANT, ALAIN: *Dictionary of Symbols.* London:
Penguin 1996.

CLARKE, JOHN D.: Two Aboriginal Rock Art Pigments from Western Australia:
Their Properties, Use, and Durability. In: *Studies in Conservation* **21**:3 (1976),
p. 134–142.

CLOTTES, JEAN: *Return to Chauvet Cave: Excavating the Birthplace of Sart: The
First Full Report.* London: Thames & Hudson 2003.

COSGROVE, RICHARD: Forty-Two Degrees South: The Archaeology of Late Pleistocene Tasmania. In: *Journal of World Prehistory* **13**:4 (1999), p. 357–402.

COURAUD, CLAUDE: Pour une étude méthodologique des colorants préhistoriques.
In: *Bulletin de la Société préhistorique française* **80**:4 (1983), p. 104–110.

COURTY, MARIE-AGNÈS ET AL.: Microstratigraphic and multi-analytical evidence
for advanced Neanderthal pyrotechnology at Abric Romani (Capellades, Spain).
In: *Quaternary International* **xxx** (2010), p. 1–19.

DART, R. A. AND P. BEAUMONT: On a Further Radiocarbon Date for Ancient
Mining in Southern Africa. In: *South African Journal of Science* (1971), p. 10–
11.

DE BALBÍN BEHRMANN, RODRIGO AND ALCOLEA GONZÁLEZ, JOSÉ J.: Les colorants
de l'art paléolithique dans les grottes et en plein air. In: *L'anthropologie* **113**
(2009), p. 559–601.

DE BALBÍN BEHRMANN, RODRIGO ET AL.: El macizo de Ardines, un lugar mayor
del arte paleolítico europeo. In: *El Arte Prehistórico desde Los Inicios del
Siglo XXI* Ed. by R. DE BALBÍN BAHRMANN AND P. BUENO RAMIREZ (eds.).
Ribadesella: Gráficas Covadonga 2003, p. 151.

DOBOSI, V.: Lovas (Hungary) ochre mine reconsidered. In: *Der Anschnitt* **19**
(2006), p. 29–36.

D'ERRICO, FRANCESCO ET AL.: From the origin of language to the diversification of
languages: What can archaeology and palaeoanthropology say? In: *Becoming
Eloquent: Advances in the emergence of language, human cognition, and modern cultures* Ed. by F. D'ERRICO AND J.-M. HOMBERT (eds.). Amsterdam:
John Benjamins Publishing Company 2009, p. 13–68.

D'ERRICO, FRANCESCO ET AL.: Pigments from the Middle Palaeolithic levels of Es-
Skhul (Mount Carmel, Israel). In: *Journal of Archaeological Science* **37** (2010)
p. 3099–3110.

D'ERRICO, FRANCESCO ET AL.: Identification of a possible engraved Venus from
Předmostí, Czech Republic. In: *Journal of Archaeological Science* **38** (2011),
p. 672–683.

Duarte, Cidália et al.: The early Upper Paleolithic human skeleton from the Abrigo do Lagar Velho (Portugal) and modern human emergence in Iberia. In: *Proceedings of the National Academy of Sciences* **96** (1999), p. 7604–7609.

Einwögerer, Thomas et al.: Upper Palaeolithic infant burials. In: *Nature* **444** (2006), p. 285.

Floss et al.: Bemalte Steine. Die Kunst des Azilien. In: *Eiszeit. Kunst und Kultur*, Stuttgart, Thorbecke 2009, p. 312–316.

Floss, Harald and Conard, Nicholas J.: Lascaux auf der Alb. Hinweise auf Höhlenkunst im deutschen Südwesten. In: *Eiszeit. Kunst und Kultur*, Stuttgart, Thorbecke 2009, p. 303–306.

Franssen, C. and Wouters, A.: De Heidelbergcomponent vam jet CCC in de stuwwallen en het CCC in het algemeen. In: *Archaeologische Berichten* **13** (1983), 18–141.

Freeman, L. G. and Echegaray, J. González, El Juyo: A 14,000-Year-Old Sanctuary from Northern Spain. In: *History of Religions* **21**:1 (1981), p. 1–19.

Fritz, Carole and Tosello, Gilles: Le Tuc d'Audoubert et sa place dans la culture magdalénnniene. In: *Le Sanctuaire des bisons* Ed. by R. Bégouën et al.. Paris: Somogy éditions 2009, p. 349–392.

Germonpré, Mietje and Hämäläinen, Riku: Fossil Bear Bones in the Belgian Upper Paleolithic: The Possibility of a Proto Bear-Ceremonialism. In: *Arctic Anthropology* **44**:2 (2007), p. 1–30.

Harrold, Francis B.: A Comparative Analysis of Eurasian Palaeolithic Burials. In: *World Archaeology* **12**:2 (1980), p. 195–211.

Henshilwood, Christopher S. et al.: Engraved ochres from the Middle Stone Age levels at Blombos Cave, South Africa. In: *Journal of Human Evolution* **57** (2009), p. 27–47.

Hovers, Erella et al.: An Early Case of Color Symbolism. Ochre Use by Modern Humans in Qafzeh Cave1. In: *Current Anthropology* **44**:4 (2003), p. 491–510.

Ibáñez, González Urquijo, and Rodríguez Rodríguez: The evolution of technology during the PPN in the Middle Euphrates: A view from use-wear analysis of lithic tools. In: *Systèmes techniques et communautés du Néolithique précéramique au Proche-Orient*. Ed. by L. Astruc et al.. Antibes: Éditions APDCA 2007, p. 153–165.

Kay, P. et al.: Color naming across languages. In: *Color categories in thought and language*. Ed. by C. L. Hardin and L. May. Cambridge UK:, Cambridge University Press 1997.

Kay, Paul and Regier, Terry: Language, thought, and color: Whorf was half right. In: *Trends in Cognitive Sciences* **13**:10 (2009), p. 439–446.

Klein, Richard G.: The Ysterfontein 1 Middle Stone Age Site, South Africa, and Early Human Exploitation of Coastal Resources. In: *Proceedings of the National Academy of Sciences of the United States of America* **101**:16 (2004), p. 5708–5715.

KNIGHT, C. ET AL.: The Human Symbolic Revolution: A Darwinian Account. In: *Cambridge Archaeological Journal* **5** (1995), p. 75–114.

KOERPER, HENRY C. AND STRUDWICK, IVAN H.: Native Employment of Mineral Pigments with Special Reference to a Galena Manuport from an Orange County Rock Art Site. In: *Pacific Coast Archaeological Society Quartely* **38**:4, 2006, p. 1–20.

KOUKOULI-CHRYSANTHAKI, CH. AND G. WEISGERBER: *Prehistoric Ochre Mines on Thasos, Thasos Matieres Premieres et Technologie de la Prehistoire a nos Jours.* Actes du Colloque International, Limenaria, Thasos, 26–29/9 (1995), p. 129–144.

KVAVADZE, ELISO ET AL.: 30,000 Years old wild flax fibers – Testimony for fabricating prehistoric linen. In: *Science* **325** (2009), p. 1359.

LANGLEY, MICHELLE C. ET AL.: Behavioural Complexity in Eurasian Neanderthal Populations: a Chronological Examination of the Archaeological Evidence. In: *Cambridge Archaeological Journal* **18**:3 (2008), p. 289–307.

LEGROS, DOMINIQUE: Oral History as History: Tutchone Athapaskan in the Period 1840–1920, Part 2. *Occasional Papers in Yukon History* **3**:2 (2007), p. 237–414.

LEWIS-WILLIAMS, J. D.: Society Modelling the Production and Consumption of Rock Art. In: *The South African Archaeological Bulletin* **50**:162 (1995), p. 143–154.

LOMBARD, MARLIZE: The gripping nature of ochre: The association of ochre with Howiesons Poort adhesives and Later Stone Age mastics from South Africa. In: *Journal of Human Evolution* **53** (2007), p. 406–419.

LORBLANCHET, MICHEL: *La Naissance de l'art. Genèse de l'art préhistorique dans le monde.* Paris: Editions Errance 1999.

LORBLANCHET, MICHEL: *Höhlenmalerei.* Stuttgart: Jan Thorbecke [2]2000.

MACKAY, ALEX AND WELZ, AARA: Engraved ochre from a Middle Stone Age context at Klein Kliphuis in the Western Cape of South Africa. In: *Journal of Archaeological Science* **35** (2008), p. 1521–1532.

MAREAN, CURTIS W. ET AL.: Paleoanthropological investigations of Middle Stone Age sites at Pinnacle Point, Mossel Bay (South Africa): Archaeology and hominid remains from the 2000 Field Season. In: *PaleoAnthropology* (2004), p. 14–83.

MARSHACK, ALEXANDER: On Palaeolithic Ochre and the Early Uses of Colour and Symbol. In: *Current Anthropology* **22**:2 (1981), p. 188–191.

MARSHACK, ALEXANDER: Rydno a Final Paleolithic Ochre Mining Complex. In: *Przeglgd Archeologiczny* **29** (1991), p. 53–100.

MARSHACK, ALEXANDER: Comment on 'Symboling and the Middle-Upper Palaeolithic Transition: A Theoretical and Methodological Critique (A. Martin Byers)'. In: *Current Anthropology* **35**:4 (1994), p. 386–387.

MENU, MICHEL: L'analyse de l'art préhistorique. The analysis of prehistoric art. In: *L'anthropologie* **113** (2009), p. 547–558.

MESZAROS, G. AND L. VERTES: A paint mine from the early Upper Palaeolithic age near Lovas (Hungary, County Veszprem). In: *Acta Archaeologica Academiae Scientiarum Hungaricae* **5** (1955), p. 1–34.

MÜLLER-KARPE, HERMANN: *Handbuch der Vorgeschichte. Band I: Altsteinzeit.* München: C. H. Beck (2. Auflage) 1977.

PÉQUART, MARTHE: Grotte du Mas d'Azil (Ariége). Une nouvelle galerie magdalénienne. In: *Annales de Paléontologie* **48** (1962), p. 167–296.

PETRU, SIMONA: Red, black or white. The dawn of colour symbolism. In: *Documenta Praehistorica* **XXXIII** (2006), p. 203–208.

PETRU, SIMONA: Colour, form, animals and deception in the ice age. In: *Praehistorica* **XXXV** (2008), p. 227–235.

PINÇON, GENEVIÈVE: Chronologie pariétale des œuvres magdaléniennes du Roc-aux-Sorciers (Angles-sur-l'Anglin, Vienne): entre tradition et innovation. In: *Situ* **9** (2002).

PRIESNER, CLAUS AND FIGALA, KARIN (eds.): *Alchemie. Lexikon einer hermetischen Wissenschaft.* München: C. H. Beck 1998.

RAPPENGLÜCK, MICHAEL A.: Tracing the celestial deer – An ancient motif and its astronomical interpretation across cultures. In: *Archaeologia Baltica* **10** (2008a), p. 62–65.

RAPPENGLÜCK, MICHAEL A.: „Astronomische Ikonographie"' im Jüngeren Paläolithikum 35.000–9.000 BP. In: *Acta Praehistorica et Archaeologic* **40** (2008), p. 179–203.

RAPPENGLÜCK, MICHAEL A.: Copying the cosmos. The archaic concepts of the sacred cave across cultures. In: *Symbolon* **16**. Ed. by H. JUNG AND M. RAPPENGLÜCK. Frankfurt am Main: Peter Lang 2007, p. 63–84.

ŠAJNEROVÁ-DUŠKOVÁ, ANDREA ET AL.: Pitted and grinding stones from Middle Palaeolithic settlements in Bohemia: a functional study. In: *Non-flint Raw Material Use in Prehistory: Old Prejudices and New Directions* (= BAR International Series S1939). Ed. by F. STERNKE ET AL.. Oxford: Archaeopress 2009, p. 1–10.

SCHMANDT-BESSERAT, DENISE: Ochre in Prehistory: 300,000 Years of the Use of Iron Ores as Pigments. In: *The Coming of the Age of Iron*. Ed. by TH. A. WERTIME AND J. D. MUHLY. New Haven and London: Yale University Press 1980, p. 127–150.

SPENCE, KATE: Red, White and Black: Colour in Building Stone in Ancient Egypt. In: *Cambridge Archaeological Journal* **9**:1 (1999), p. 114–117.

STAFFORD, MICHAEL D. ET AL.: Digging for the Color of Life: Paleoindian Red Ochre Mining at the Powars II Site, Platte County, Wyoming, U.S.A. In: *Geoarchaeology: An International Journal* **18**:1 (2003), p. 71–90.

STERN N. AND B. MARSHALL: Excavations at Mackintosh 90/1 in western Tasmania: a discussion of stratigraphy, chronology and site formation. In: *Archaeoleogy in Oceania* **28**:1 (1993), p. 8–17.

STOCKMANN, DORIS: Music and Dance Behavior in Anthropogenesis. In: *Yearbook for Traditional Music* **17** (1985), p. 16–30.

TAÇON, PAUL S. C.: The power of stone: symbolic aspects of stone use and tool development in western Arnhern Land, Australia. In: *Anitiquity* **65** (1991), p. 192–207.

VANHAEREN, MARIAN AND D'ERRICO, FRANCESCO: Grave goods from the Saint-Germain-la-Rivière burial: Evidence for social inequality in the Upper Palaeolithic. In: *Journal of Anthropological Archaeology* **24** (2005), p. 117–134.

VELO, J.: Ochre as medicine: A suggestion for the interpretation of the archaeological record. In: *Current Anthropology* **25** (1984), p. 674.

VERCELLOTTI, GIUSEPPE ET AL.: The Late Upper Paleolithic skeleton Villabruna 1 (Italy): a source of data on biology and behavior of a 14.000 year-old hunter. In: *Journal of Anthropological Sciences* **86** (2008), p. 143–163.

WADLEY, LYN: Putting ochre to the test: replication studies of adhesives that may have been used for hafting tools in the Middle Stone Age. In: *Journal of Human Evolution* **49** (2005), p. 587–601.

WADLEY, LYN: Cemented ash as a receptacle or work surface for ochre powder production at Sibudu, South Africa, 58,000 years ago. In: *Journal of Archaeological Science* **37** (2010a), p. 2397–2406.

WADLEY, LYN: Some combustion features at Sibudu, South Africa, between 65,000 and 58,000 years ago. In: *Quaternary International* **xxx** (2010b), p. 1–9.

WATTS, IAN: Ochre in the Middle Stone Age of Southern Africa: Ritualised Display or Hide Preservative? In: *The South African Archaeological Bulletin* **57**:175 (2002), p. 1–14.

WATTS, IAN: The origin of symbolic culture. In: *The Evolution of Culture.* Ed. byR. DUNBAR ET AL.. Edinburgh: Edinburgh University Press 1999, p. 113–146.

WEISGERBER, GERD: Zur Entdeckung der Farben Rot, Grün und Blau. In: *Historia archaeologica*, Festschrift für Heiko Steuer zum 70. Geburtstag. Ed. by SEBASTIAN BRATHER ET AL.. Berlin, New York: Walter de Gruyter 2009, p. 1–40.

WIERZBICKA, ANNA: Why There Are No 'Colour Universals' in Language and Thought. In: *The Journal of the Royal Anthropological Institute* **14**:2 (2008), p. 407–425.

WILLIAMSON, B. S.: Subsistence strategies in the Middle Stone Age at Sibudu Cave: the microscopic evidence from stone tool residues. In: *From Tools to Symbols from Early Hominids to Modern Humans.* Ed. by F. D'ERRICO AND L. BACKWELL. Johannesburg: Witwatersrand University Press 2005, p. 493–511.

WRESCHNER, ERNST E. ET AL.: Red Ochre and Human Evolution: A Case for Discussion. In: *Current Anthropology* **21**:5 (1980), p. 631–644.

YU, WEIDONG ET AL.: Discovering Chinese Mineral Drugs. In: *Journal of Orthomolecular Medicine* **10**:1 (1995), p. 31–58.

ZAGORSKA, ILGA: The Use of Ochre in Stone Age Burials of the East Baltic. In: *The materiality of death: bodies, burials, beliefs.* (= BAR International Series 768). Ed. by F. Fahlander and T. Oestigaard. Oxford: Archaeopress 2008, p. 115–124.

ZILHÃO, JOÃO: The Emergence of Ornaments and Art: An Archaeological Perspective on the Origins of 'Behavioral Modernity'. In: *J. Archaeol. Res.* **15** (2007), p. 1–54.

ZEDEÑO, MARÍA NIEVES: Animating by Association: Index Objects and Relational Taxonomies. In: *Cambridge Archaeological Journal* **19**:3 (2009), p. 407–417.

ZILHÃO, JOÃO ET AL.: Symbolic use of marine shells and mineral pigments by Iberian Neandertals. In: *Proc. Natl. Acad. Sci.* **107** (2010), p. 1023-1028.

Ulrike Schuh
Vor- und Frühgeschichte,
Universität Hamburg

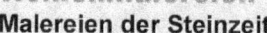 **Höhlenmalereien**
Malereien der Steinzeit

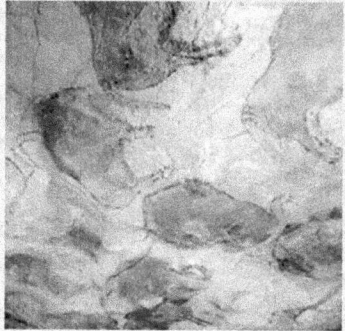

© Thomas Seilnacht

Deckenmalerei der Höhle von Altamira (Spanien/ MUSEO DE ALTAMIRA)

Wisent aus der Höhle von Altamira (www.seilnacht.com)

Höhlenmalereien gehören zu den ältesten Belegen für den Umgang des Menschen mit Pigmenten und Bindemitteln. Die meisten Fundorte in Europa liegen in Frankreich, Spanien und Italien, aber auch außerhalb Europas gibt es wichtige Fundstellen, wie in Afrika und Australien. Allein in Europa sind über 300 Bilderhöhlen aus der Zeit des Jungpäläolithikums (Jüngere Altsteinzeit) um 35.000 bis um 12.000 v. Chr. bekannt.

Zu den ältesten Bildern gehören die der Grotte Chauvet (Frankreich) und die der Grotta di Fumane (Italien). Die Themen der Malereien sind Tiere, Menschen und (symbolische) Zeichen. Bei den Tierdarstellungen überwiegen Pferd, Wisent und Ur. Die Interpretationen dieser Malereien sind vielfältig und reichen von der „L'art pour l'art" („Kunst um der Kunst willen") über Jagdmagie und Initiationsriten bis zum Schamanismus.

Die Geschichte der Höhlenkunst beginnt 1879, als Marcelino Sanz de Sautuola mit seiner kleinen Tochter Maria die Deckenmalereien in der Höhle von Altamira in Spanien entdeckte. Allerdings weigerte sich die Fachwelt damals diese Malereien als prähistorisch anzuerkennen und hielt sie für eine Fälschung. Man traute den Menschen der Steinzeit nicht zu, solche Bilder gemalt zu haben. Erst nach der Entdeckung weiterer Bilderhöhlen wurden sie als echt anerkannt.
Heute werden die Malereien i.d.R. den anatomisch modernen Menschen zugeschrieben, die in einer Umgebung aus Steppe und Eis als Jäger und Sammler lebten.

Marcelino Sanz de Sautuola mit Tochter Maria
(Bertrán u.a.: Altamira, 1998)

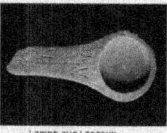

Höhle von Lascaux (Frankreich/ www.lascaux.culture.fr.)

Stier in Lascaux (www.lascaux.culture.fr.)

Lampe aus Lascaux
(www.lascaux.culture.fr.)

Wichtige Eisenerze

schwarzer Hämatit   roter Hämatit

Magnetit   Limonit

(www.seilnacht.com)

Einige Bilder wurden in die Höhlenwände geritzt. Bei der schwarzen Farbe handelt es sich meist um Holzkohle oder Manganoxid, das im Freien gefunden wurde. Mit Holzkohle gemalte Bilder sind heute mit Hilfe der C-14-Methode (Radiokarbonmethode) datierbar.

Rot-, Gelb- und Braun kommt von Eisenoxiden, besonders wichtig ist Hämatit. Die Stücke wurden zu Pulver gemahlen, v.a. mit Wasser angerührt und mit den Händen, Pinseln, Blasrohren oder dem Mund auf die Höhlenwände aufgetragen bzw. aufgesprüht.

Pigmentfarben

(www.seilnacht.com)

Literatur: Bosinski,G.: Eiszeitliche Höhlenkunst. 2004. / Floss,H.: Die Kunst der Eiszeit in Europa. 2005.

Figure 4.1:
Cave art in Stone Age

Poster made by Ulrike Schuh.

Colours in Stone Age – Cave Art and Tattoos

Ulrike Schuh (Hamburg)

4.1 Cave painting

Cave paintings document the human use of pigments and adhesive agents. Most places of discovery in Europe are in France, Spain and Italy, but other continents also have important discovery sites.[1]

In 1879 Marcelino Sanz de Sautuola and his daughter Maria discovered the cave paintings of the Altamira Cave in Spain. At first, however, they were not accepted as prehistoric, only after more of these wall images had been discovered. In the meantime there are more than 300 of those caves known in Europe. Their pictures are dated from about 35,000 to 12,000 BC, thus in the Upper Palaeolithic (last part of the Old Stone Age).[2] At the moment the oldest known pictures are to be found in the Chauvet Cave in France[3] and the Fumane PlaceTypeCave in Italy.[4]

The pictures were applied in different ways. On walls with hard surfaces they were engraved by stone tools.[5] So a difference of colour developed.[6] On walls with soft surfaces they were drawn with sticks or fingers. In some caves there are also paintings on the clay of the ground. Concerning the colour pictures, black is from charcoal or manganese dioxide. Red, brown and yellow is from iron oxides, especially hematite is important. The colour of the iron oxides

---

1 Welsch / Liebmann 2003.
2 Bosinski 2004.
3 Bosinski 2004.
4 Floss 2009.
5 Bosinski 2004.
6 Lorblanchet 1997.

can be varied through burns. Paintings with charcoal can be determined by radiocarbon dating.[7]

Lines were drawn with fingertips, brushes or the pigment as a kind of pencil. Even through lining up dots, which were made by stamps, fingers or by blowing (with the mouth).[8] The motives were filled by rubbing the pigments, which were mixed with water and then applied to the wall by brushes, blowing tubes or directly by spitting through the mouth. Sometimes also other objects were dipped into colour and pressed on the walls.[9]

Most of the pictures consist of mono-coloured outlines, but some of them are also partly or completely painted. Also the relief of the cave walls was often integrated in the compositions. The necessary lighting came from little fire places beneath the pictures or from lamps.[10]

Common themes are animals, humans and signs. The most frequent animals are the horse, the European bison and the aurochs. The mammoth, the woolly rhino, the reindeer and the deer appear less frequently. Other animals, especially carnivores, are rare. Nevertheless there are caves in which exactly these animals prevail. The animals are drawn near-naturally and usually immediately recognizable.[11] Humans and humanlike figures are very rare and mostly drawn in a simplified way. Illustrations of women dominate, often reduced to symbols of a sexual kind. The human handprints found are divided into so-called negative (hands were put on the wall and then sprayed with paint) and positive images (painted hands were put on the wall; more rarely). There are negative images with missing or incomplete fingers. They used to be regarded as aspects of mutilations, but now it appears more likely that they show usual gestures of this time. Lastly, the signs are an important group.[12]

This Palaeolithic cave art, which also entails portable art like little figurines, is normally attributed to anatomically modern humans. They lived in an environment made of steppe and ice as hunters and gatherers. There are widely differing theories to explain this kind of art: from pure aesthetics to erotic and sexuality to hunting magic to shamanism.[13]

---

7 Bosinski 2004.
8 Floss 2005.
9 Bosinski 2004.
10 Bosinski 2004.
11 Bosinski 2004.
12 Bosinski 2004.
13 Floss 2005.

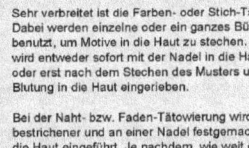
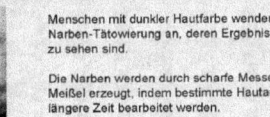

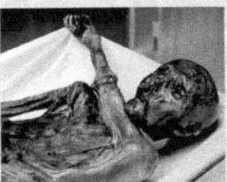
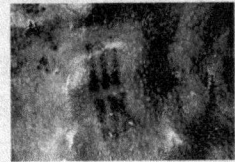

Ulrike Schuh
Vor- und Frühgeschichte,
Universität Hamburg

Die Kunst der Tätowierung (Tatauierung)

Tätowierung, wissenschaftlich Tatauierung, kommt vom polynesischen „ta tatau". Dies bedeutet soviel wie „richtiges/ ordnungsgemäßes schlagen", vielleicht auch „verwundet/ Wunden schlagen".

1769 wurde „ta tatau" von James Cook beim Versuch den Begriff ins Englische zu übernehmen in „tattow" umgewandelt. Dieses Wort, aus dem später „tattoo" entstand, wurde etwas verändert in viele europäische Sprachen übernommen.

Im Deutschen entwickelten sich daraus Tätowierung und Tatauierung und ersetzten zuvor übliche Bezeichnungen, denn Tätowieren war weltweit schon lange bekannt. Im Laufe der Geschichte kam es aber immer wieder zum Verbot.

Maori ca. 1870 fotografiert
(http://de.wikipedia.org/wiki/Tätowierung)

Sehr verbreitet ist die Farben- oder Stich-Tätowierung. Dabei werden einzelne oder ein ganzes Büschel Nadeln benutzt, um Motive in die Haut zu stechen. Der Farbstoff wird entweder sofort mit der Nadel in die Haut gebracht oder erst nach dem Stechen des Musters und gestillter Blutung in die Haut eingerieben.

Bei der Naht- bzw. Faden-Tätowierung wird ein mit Farbe bestrichener und an einer Nadel festgemachter Faden in die Haut eingeführt. Je nachdem, wie weit er unter ihr vorgeschoben wird, entstehen verschieden lange Strichmuster.

Bild einer verheirateten Grönländerin von 1654
(http://de.wikipedia.org/wiki/Qilakitsoq)

Menschen mit dunkler Hautfarbe wenden die Narben-Tätowierung an, deren Ergebnisse besser zu sehen sind.

Die Narben werden durch scharfe Messer, Haken oder Meißel erzeugt, indem bestimmte Hautareale über längere Zeit bearbeitet werden.

Durch regelmäßiges Erneuern bestimmter Schnitte und absichtliches Verunreinigen wird die natürliche Wundheilung verzögert.

Narbenverzierungen als Fruchtbarkeitszeichen (Zaire)
(Gröning,K. Geschmückte Haut, 2001)

Der Anfang der Tätowierkunst kann jedoch weder zeitlich noch geografisch genauer bestimmt werden.

An einigen weiblichen Idolen des Jungpaläolithikums (Jüngere Altsteinzeit) aus Europa und Sibirien finden sich bereits Einschnitte und Einkerbungen, die als Tätowierungen diskutiert werden.

Da eindeutige Beweise fehlen, könnte es sich aber ebenso um Kleidung oder andere Verzierungen in Form von Körperbemalung, Brandnarben oder Schnittwunden handeln.

Bevor Ende des 19. Jahrhunderts elektrische Geräte eingesetzt wurden, verwendete man z.B. Dornen, Fischgräten, Knochen- oder Metallnadeln, Messer bzw. Klingen aus Feuerstein, Obsidian oder Metall und spitze Bambusstäbchen.

Die bevorzugte Farbe war Schwarz. Der Farbstoff wurde aus Ruß, Holzkohle, Graphit oder Kobaltsalzen hergestellt und häufig noch mit Ölen oder Fetten gemischt. Heute wird vor allem schwarze Tinte/ Tusche verwendet.

Zum Teil werden blau-schwarze Farbpigmente in die Wunden gerieben, um die Narben noch auffälliger zu gestalten.

Dadurch kommt es schließlich zu gut erkennbaren Schmucknarben von runder bis länglicher Form.

Älteste Nachweise

Der bisher älteste tätowierte Leichnam kommt aus Peru. Der im Oberlippenbereich tätowierte Mann soll vor ca. 6000 Jahren gelebt haben.

Der älteste Fund aus Europa stammt aus den Ötztaler Alpen. 1991 wurde dort die frostkonservierte Leiche eines 40-50- jährigen Mannes aus der Jungsteinzeit gefunden. Nach C-14-Datierungen lebte dieser Mann, auch unter dem Namen „Ötzi" bekannt, zwischen 3350 und 3100 v. Chr.

Der Mann aus dem Eis (www.iceman.it)

Auf der Haut seines Rückens, der Beine und des linken Handgelenks finden sich 59-60 Striche (davon 2 Kreuze), die auf 18 Strichgruppen verteilt sind. Im Gegensatz zu modernen Tätowierungen entstanden sie nicht mit Hilfe von Nadeln, sondern durch Schnitte, in die später Holzkohle eingerieben wurde.

Wahrscheinlich hatten diese Tätowierungen eine therapeutische Funktion. Es könnten Schmerzen im Bereich der Sprunggelenke, der Knie und der Wirbelsäule behandelt worden sein. Ein anderer Grund kann aber nicht ausgeschlossen werden.

Tätowierungen des „Ötzi" (www.iceman.it)

Literatur: Kory,R.: Tätowierung. 2007. / Fleckinger,A.: Menschen aus dem Eis. 2007.

Figure 4.2:
Tattoos

Poster made by Ulrike Schuh.

4.2 Tattoos

Tattoo comes from the Polynesian word "ta tatau". In placeTahiti it described the practice of applying permanent body designs. In 1769 James Cook changed the word to "tattow", which later became "tattoo". However, even though tattoos had been known much longer before, the beginning of tattooing cannot be determined more exactly. There are special cuts on some female human figurines of the Upper Palaeolithic (last part of the Old Stone Age) from Europe and Siberia, which are sometimes discussed as permanent body pictures. As there are no clear proofs, they could also represent other ornaments like body painting or even cut wounds. Especially from the Neolithic (New Stone Age) there are a lot of objects with those kinds of decorations. Sure proofs are from tattooed mummies, which allow backtracking only just until approximately 4000 BC.[14]

Mainly on account of ethnological studies different methods of tattooing are known. Light-skinned people use needles to prick marks into the skin or threads attached to a needle, to create motives underneath the skin. People with dark skin prefer scarification, the results of which are much better to be seen. Regular renewing and polluting the cuts delays the heeling process. Sometimes bluish pigments are rubbed into the wounds. What's more, there is proof for tattooing by fine incisions into which a colourant was rubbed.[15] In the course of history things like thorns, fish bones, bone or metal needles and blades/knives were used. The preferred colour was black, made for example of soot, charcoal or graphite. Today mainly black ink/Indian ink is used. Other colours or coloured tattoos seem to have been less important for a long time.[16]

The oldest known body is supposed to be 6000 years old and is that of a man from Peru. He is thought to be tattooed in the upper lip range.[17] The oldest known find from Europe comes from the Ötztal Alps. It is the so called "Ötzi", the Iceman, an approximately 40–50 year-old man from the Neolithic. According to C-14 analysis he lived between 3350 and 3100 BC. His skin is covered in nearly 60 lines.[18] They were made by incisions and later charcoal was rubbed in. Probably they had a therapeutic function, but other reasons cannot be excluded.[19]

---

14 Kory 2007.
15 Kory 2007.
16 Kory 2007.
17 Kory 2007.
18 Kory 2007.
19 Fleckinger 2007.

4.3 Bibliography

BOSINSKI, GERHARD: Eiszeitliche Höhlenkunst. In: HAINZL, MANFRED (Hg.): *Zeichen an der Wand. Höhlenmalerei – Felsbilder – Graffiti*. Sonderausstellung Wels 2004, 13–29. http://lebensspuren.at/fileadmin/Media/Download/Zeichen_an_der_Wand.pdf [1.8.2010].

CLOTTES, JEAN: Paleolithic Cave Art in France. http://www.bradshawfoundation.com/clottes (7.3.2011).

FLECKINGER, ANGELIKA: Menschen aus dem Eis. In: WIECZOREK, ALFRIED; TELLENBACH, MICHAEL UND WILFRIED ROSENDAHL (Hg.): *Mumien. Der Traum vom ewigen Leben*. Mainz a. R. 2007, S. 35–52.

FLOSS, HARALD: Die Kunst der Eiszeit in Europa. In: SCHÜRLE, WOLFGANG UND NICHOLAS J. CONARD (Hg.): *Zwei Weltalter. Eiszeitkunst und die Bildwelt Willi Baumeisters*. Bonn 2005, S. 8–69.

FLOSS, HARALD: Die frühesten Bildwerke der Menschheit. Das Phänomen Eiszeitkunst. In: *Eiszeit: Kunst und Kultur. Begleitbuch zur Großen Landesausstellung Eiszeit, im Kunstgebäude Stuttgart, 18.9.2009 bis 10.1.2010*. Hg. vom Archäologischen Landesmuseum Baden-Württemberg. Redaktion Susanne Rau. Ostfildern 2009, S. 228–241.

JUNKER, HOLGER: *Aussagemöglichkeiten zu Tätowierungen aus vor- und frühgeschichtlicher Zeit*. Magisterarbeit, Universität Hamburg 2008.

KORY, RAIMAR: Tätowierung. In: BECK, HEINRICH; GEUENICH, DIETER UND HEIKO STEUER (Hg.): *Reallexikon der Germanischen Altertumskunde*, Band 35. Berlin, New York 2007, S. 56–69.

LEROI-GOURHAN, ANDRÉ: *Préhistoire de l'art occidental*. Paris 1965. *Prähistorische Kunst. Die Ursprünge der Kunst in Europa*. Freiburg, Basel, Wien: Herder 1971.

LORBLANCHET, MICHEL: *Höhlenmalerei: ein Handbuch*. Sigmaringen 1997.

OETTERMANN, STEPHAN: *Zeichen auf der Haut: die Geschichte der Tätowierung in Europa*. Hamburg 1994.

SCHUH, ULRIKE: Farben in der Steinzeit – Höhlenmalerei und Tätowierung. In: WOLFSCHMIDT, GUDRUN (Hg.): *Farben in Kulturgeschichte und Naturwissenschaft*. Begleitbuch zur Ausstellung in Hamburg 2010–2012 zum 50jährigen Jubiläum des IGN. Hamburg: tredition science (Nuncius Hamburgensis – Beiträge zur Geschichte der Naturwissenschaften; Band 18) 2011, S. 18/19–31.

SÜDTIROLER ARCHÄOLOGIEMUSEUM, BOZEN:
http://www.iceman.it/de/oetzi-im-museum (25.08.2010).

WELSCH, NORBERT UND CLAUS CHR. LIEBMANN: *Farben. Natur, Technik, Kunst*. Heidelberg, München, Berlin: Spektrum Akademischer Verlag 2003.

Figure 5.1:
Kolorieren einer griechischen Statue in der Antike
(Fresko des 17. Jahrhunderts in der Eremitage in St. Petersburg)

Photo: Gudrun Wolfschmidt in St. Petersburg, Eremitage (2010)

Pigments in the Ancient World – Coloured Statues and Reliefs

Heidi Tauber (Hamburg)

5.1 Abstract

The word *Pigment* is derivable from the Latin word *pigmentum* which means colour. In the ancient world persons use pigments which they have produce from extracts of animals, plants and minerals. Ancient authors and remains of work of art answer the question which extracts are known.

The famous pigment of an animal, a snail, is purple. The resin of the *Rotangpalme* gives a red pigment and from the plant *Indicum* the humans get a blue colour. Painters have used for their work of art primarily minerals such as yellow and red ochre, clay and worthy stones *(Lapis lazuli, Malachite)*. By crushing the minerals the pigment was produced.

In excavations at the Acropolis in Athen in the 19 century, coloured statues were found. Very important was the discovery 1887 in Sidon. Osman Hamdy Bey had found in a Hypogäum several burial chambers with coloured sarcophagi. The coloured high relief of the so-called Alexander sarcophagus was published after the found. The Museum of Istanbul, where today one can see the sarcophagus, has given the permission for the examination of the colours in the year 2006 to Vinzenz Brinkmann (München). 22 different colours could be proved at the reliefs.

Bereits in der Antike färbten die Menschen ihre Kleidung. Sie versahen Gegenstände mit denen sie sich umgaben oder den Göttern opferten mit Farben und schmückten Tempel und Wände ihrer Häuser mit Malereien. Die Farbtöne gewannen sie aus vielerlei Pigmenten. Quellen und Reste von Farben auf Kunstwerken geben uns Antwort auf die Frage, welche bekannt waren.

5.2 Pigmente

Der Name Pigment leitet sich vom lateinischen *pigmentum* ab und bedeutet Farbe, womit gemalt und gefärbt wird. In der Antike gewannen die Menschen Pigmente sowohl aus tierischen, pflanzlichen als auch aus mineralischen Substanzen.

5.2.1 Tierische Pigmente

Bekannte Pigmente aus Tierprodukten sind Purpur und Karmesin.

Purpur

Purpur[1] ist eine seit alter Zeit bekannte tierische Substanz, die zum Färben von Stoffen benutzt wird. Es wird aus der Trompeten- und Purpurschnecke gewonnen.[2] Aus den lebenden Tieren wurde die Hypobranchialdrüse, welche das farbhaltige Drüsensekret enthält, heraus geschnitten und anschließend behandelt.[3] Die Purpurschnecke liefert einen rötlichen, die Trompetenschnecke einen violetten Saft.[4] Der griechische Name, der in Quellen benutzt wird, *Phoinix* für Purpur, deutet darauf hin, dass die Phönizier die Farbe und ihren Gebrauch entdeckt haben.[5] In der Nähe von Tyros[6] und Sidon,[7] ehemalige phönizische Handelsstädte, wurden haufenweise Schalenreste der Schnecken gefunden.[8]

Homer berichtet in seinem Werk *Ilias* aus dem 8. Jh. v. Chr., dass ausströmendes Blut aussieht wie *phoiniki*, Purpur, die Farbe mit der eine karische Frau Elfenbein färbt, das die Backenstücke der Pferde ziert.[9] Im AT wird bei Ezechiel 27, 7 über Tyros berichtet:

> „[...] *Dein Segel war beste bunte Leinwand aus Ägypten als dein Kennzeichen, und deine Decken waren blauer und roter Purpur aus Elischas [...].*"[10]

---

1 Griech. porphyra, lat. purpura.

2 Plin. nat. 9,130. Trompetenschecke: bucinum minor concha, Purpurschnecke: purpura.

3 Blümner 1912, S. 236–241. Plin. nat. 9,125–127.

4 Krause, C.: Farben, in: LAW (Lexikon der Alten Welt) Augsburg 1965, Sp. 946.

5 Liddell, Henry George and Scott, Robert: Greek-English Lexicon. Oxford: Clarendon Press 1948, 1996.

6 Tyros wurde um 1200 v. Chr. eine der führenden Städte der Phönizier. Rölling, W.: Tyros, in: LAW (Lexikon der Alten Welt) Augsburg 1965, Sp. 3144.

7 Sidon ist seit 1370 v. Chr. bezeugt. Rölling, W.: Sidon, in: LAW (Lexikon der Alten Welt) Augsburg 1965, Sp. 2793.

8 Braunert, H.: Purpur, in LAW (Lexikon der Alten Welt) Augsburg 1965, Sp. 2483.

9 Hom. Il. 4, 140ff.

10 Gradwohl 1963, S. 67 f. Ezechiel lebte im 6. Jh. v. Chr.

Nicht nur an der phönizischen Küste gab es eine Purpurproduktion. In der Südtürkei wurden im Jahr 2003 in der ehemaligen römischen Hafenstadt Andriake in Lykien Schalenreste der Purpurschnecke entdeckt.[11]

Fang und Verarbeitung der Schnecken wurde in der Antike als Erwerbsquelle angesehen. Der Geschichtsschreiber Herodot (ca. 484–430 v. Chr.) erwähnt einen Purpurfischer *(porphureis)* auf Kreta.[12] In dem Buch *Geographica* des Geographen Strabon (63 v. Chr.–ca. 26 n. Chr.) werden an der Libyschen Küste am See Zuchis, in der Nähe der Stadt Leptis, Purpurfärbereien genannt.[13] Über die Purpurfärberei in Tyros schreibt Strabon, dass auch noch in römischer Zeit die Einwohner von der Färberei sehr gut lebten.

> *„Denn der tyrische Purpur ist als der schönste von allen erprobt, auch der Fang der Purpurschnecken nahe und alles Übrige zum Färben Erforderliche reichlich vorhanden. Zwar macht die große Anzahl der Färbereien die Stadt für den Aufenthalt unangenehm, aber reich durch solche mannhafte Tätigkeit."*[14]

Karmesin

Die hochrote Karmesinfarbe wurde in der Antike aus dem Kermeswurm gewonnen. Bei dem „Wurm" handelt es sich um die Schildlaus, die an der strauchartigen Kermeseiche *(Quercus coccifera L.)* lebt.[15] Der Farbstoff wird aus den Körpern und Eiern der Laus gewonnen. Kleidung, die mit Karmesin gefärbt worden war, kostete auf Grund der geringeren Produktionskosten weniger als Gewänder aus Purpur. Im AT beschreibt der Prophet Nahum bei seiner Prophezeiung des Untergangs der Stadt Ninive in 2,4 die Kleidung und die Schilde der Feinde derart:

> *„Die Schilde seiner Starken sind rot, sein Heervolk glänzt in Purpur (in coccineis)· · ·"*[16]

---

11 Hierüber berichtete mir der Archäologe Dr. M. Bulba. http://www.kemer-tr. info/Bilder-Allg/Antike-Staetten/Andriake/Andriake-Purpur/slides/ 10-11-18Andriake-F-027-s.html, 28.03.2011. Hier sind Aufnahmen der Ausgrabungsfunde in Andriake zu sehen. PURPLE-DYE PRODUCTION IN LYCIA-RESULTS OF AN ARCHAEOZOOLOCICAL FIELD SURVEY IN ANDRIAKE, in: http://onlinelibrary.wiley.com/doi/10.1111/j.1468-0092.2007.0028.x/full, 30.03.2011. Hier kann der Artikel über die Purpurgewinnung von Gerhard Forstenpointer und Mitarbeitern nachgelesen werden.

12 Hdt. 4, 151. Der Fischer erhält seinen Namen nach der Purpurschnecke, die er fängt.

13 Strab. 835.

14 Strab. 757.

15 Blümner 1912, S. 248.

16 Gradwohl 1963, S. 73f, S. 75, S. 76. Der zoologische Name des Kermeswurms ist coccus ilicis L.

Weitere rote Farbstoffe stellten sich die Menschen aus Pflanzen her.

5.2.2 Pflanzliche Pigmente

Ein rotes Pigment wurde aus dem Harz und der Frucht der Rotangpalme, *Calamus Draco L.*, gewonnen. Es war bei den Römern unter *Cinnabaris*, indisches Drachenblut, bekannt.[17] Einen weiteren roten Farbstoff lieferten die Wurzeln der Färberröte (Krapp), *Rubia tinctorum L.*, die in Syrien, Palästina und Ägypten wuchs.[18]

Als Blaufärbemittel nennt Plinius (23–79 n. Chr.) in seinem Buch *Naturalis historia* 35, 30 *Indicum* (Indigo), das aus Indien bezogen wurde. Eine dem Indigo ähnliche blaue Farbe wurde aus den Blättern des Färberwaids, *Isatis tinctoria L.*, hergestellt.[19] Schwarze Farbe wurde durch Verkohlung von Traubenkernen erhalten.[20]

5.2.3 Aus Mineralien erhaltene Pigmente

In der Malerei verarbeiteten die Menschen im Altertum als Farben hauptsächlich Naturprodukte, die Ocker, rote Erden, Tone und Kreiden lieferten. Diese unterschieden sich nach solchen, die sie an ihrem ursprünglichen Standort fanden und denen, nach welchen sie graben mussten.[21]

Weiße Farbe lieferte die weiße Tonerde (*creta*) aus Melos, *Melinum* genannt.[22] Sie wurde in einem Bergwerk abgebaut.[23] Eine weitere weiße kreideartige Tonerde kam aus Eretria, *Eretria creta*.[24] Das Paraetonische Weiß, ein Kalkkarbonat wurde als Grundierung verwendet.[25] Seinen Namen erhielt es nach dem Ort Paraetonium in Ägypten. Strabon schreibt, dass zwischen Paraetonium und Alexandria eine Landspitze liegt, die aus weißer Erde besteht.[26]

Für die gelbe Farbe war der Grundstoff natürlicher Ocker, Berg- oder Erdgelb, *Ochra* (griech.) oder *Sil* (lat.) genannt. Es gab Abstufungen von zartem gelb über goldgelb bis hin zu rotgelb. Nach seinem Vorkommen wurde unterschieden nach: Attischem und Skyrischen, *sil pressum*,[27] Gallischem, *sil luci-*

---

17 Berger 1904, S. 261. Blümner 1889, S. 495f.
18 Gradwohl, 1963, S. 79, S. 80. Kittel 1960, S. 418.
19 Berger 1904, S. 262. Kittel 1960, S. 417.
20 Berger 1904, S. 262.
21 Blümner 1887, S. 467.
22 Melos ist die südwestlichste Insel der Kykladen.
23 Blümner 1887, S. 468.
24 Eretria ist eine Stadt auf der Insel Euböa. Blümner 1887, S. 469.
25 Berger 1904, S. 260.
26 Blümner 1887, S. 470. Strab. 799.
27 Skyros ist die südlichste Insel der nördlichen Sporaden.

Abbildung 5.2:
Antike Pigmente:

Oben: Goldocker, Auripigment, roter Ocker,
Mitte: Zinnober (*Minium*), Krapp (Färberröte), Haematit,
Unten: Chrysokoll (Berggrün, Malachit), Ägyptisch Blau, Azurit.

Foto: Gudrun Wolfschmidt im Museum für Kunst und Gewerbe Hamburg (2007)

dum, Lydischem, und *sil marmorosum*.[28] Das Attische wurde zusammen mit Silber in den attischen Minen abgebaut. Die Farbe des Skyrischen war dunkler. Marmorosum hatte seinen Namen erhalten, weil es körnig war.[29] In Italien wurde im Römischen Reich Ocker im Gebirge in der Nähe von Rom gewonnen.[30]

Zu den ältesten roten Farben gehört das Berg- oder Erdrot, Rötel, *Rubrica*. Die beste Erde kam aus der griechischen Kolonie Sinope am Pontos, *Sinopis Pontica*. Die sinopische Erde erhielt ihren Namen nicht nach ihrem Fundort in den Röthelgruben in Kappadokien, sondern nach der Stadt Sinope, in der sie verkauft wurde.[31] Auf der Insel Lemnos wurde einmal im Jahr an einem religiösen Fest nach der Erde *Sinopis Lemnia* gegraben. Sie wurde mit einem halbmondförmigen Stempel versehen und dann verkauft. Aus Nordafrika kam *Sinopis Africana*. Die Rubrica und Sinopisarten bestehen aus einer Verbindung aus reinem Ton mit Eisenoxyd.[32]

Ein weiteres rotes Pigment, *Sandaraca*, wurde in Paphlagonien, eine Landschaft an der Nordküste Kleinasiens, durch Anlegen von Schächten gewonnen. Sehr wahrscheinlich handelte es sich um rotes Schwefelarsenik.[33] Von Strabon liegt eine Beschreibung zur Gewinnung von Sandaraca vor:

> „[...] *in Pompeiopolis befindet sich die berühmte Sandarachgrube. Jene Sandarachgrube ist ein durch das Erzgraben ausgehöhlter Berg, indem die Arbeiter ihn mit großen Erdgängen durchzogen haben. Staatspächter bearbeiteten die Grube, indem sie sich der wegen Verbrechen verkauften Sklaven als Erzgräber bedienten; denn außer der Beschwerlichkeit der Arbeit soll auch die Luft in den Gruben wegen der Schädlichkeit des Gestanks der Erzschollen unerträglich und tödlich gewesen sein, so dass die Leute frühzeitig sterben.*"[34]

Über eine nicht alltägliche Verwendung dieser Farbe lässt sich bei Herodot nachlesen. Er schreibt im 1. Buch seines Geschichtswerkes, dass die Meder eine große, stark befestigte Stadt bauten, Ekbatana. Sie lag auf einem Hügel und war von sieben Mauerringen umgeben. Am äußersten waren die Brustwehren weiß (*leukoi*), am zweiten schwarz (*melanes*), am dritten purpurn (*phoinikioi*), am vierten blau (*kuaneoi*), am fünften sandarachfarben (*sandarakinoi*). Am

---

28 Berger 1904, S. 261.
29 Blümner 1887, S. 475.
30 Blümner 1887, ebd.
31 Blümner 1887, S. 479. Diosk. V, 111.
32 Berger 1904, S. 261. Blümner 1887, S. 482. Ytantidis 1984, S. 138.
33 Berger 1904, S. 261. Blümner 1889, S. 484. Kittel 1960, S. 396f. Brinkmann 2004, S. 240. Ytantidis 1984, S. 138.
34 Bümner 1889, S. 485. Strab. 562.

vorletzten waren sie versilbert (*katarguromenoi*) und am letzten vergoldet (*katarchrusomenoi*).[35]

Minium, Zinnober, wurde im römischen Reich in Gruben in der römischen Provinz Hispania Baetica abgebaut. Sie waren Eigentum des Staates. Das gewonnene rote Mineral wurde nach Rom gebracht und dort verarbeitet.[36]

Die Farbe Blau wurde durch Zerreiben des Steines *Lapis Armenius* gewonnen. Daher kommt der Name für die Farbe armenisch Blau, *Armenium*.[37] Die Farbe *Caeruleum*, Himmelblau, liefert der Lasurstein *Caeruleum Scythikum* (Lapislazuli). Er wurde in Skythien, Zypern und Ägypten gefunden.[38]

Auch die grüne Farbe Chrysocolla, Berg- oder Kupfergrün, wurde durch Zerreiben eines Steines, dem Malachit, hergestellt. Dieser wurde in Spanien, Makedonien, Zypern und Armenien gefunden. In der Nähe von Athen wurde er in den Kupferlagerstätten im Lauriongebirge abgebaut.[39] Außerdem gab es zur Herstellung der Farbe grüne Kreide, *Creta viridis*, die aus Smyrna, einer Stadt an der Küste Kleinasiens, kam.[40]

Dioskurides (1. Jh. n. Chr.) schreibt zur Herstellung der grünen Farbe aus Malachit, dass der Stein zuerst in einer Schale zerkleinert werden muss. Dann wird Wasser dazu getan und alles erneut zerrieben. Anschließend wird die Lösung durch ein Sieb gegossen. Das ganze wird sooft wiederholt bis die Masse klar ist. Zum Schluss wird der Brei in der Sonne getrocknet.[41]

5.2.4 Künstliche Pigmente

Neben den natürlich vorkommenden Pigmenten wurden in der Antike von den Menschen künstliche Pigmente hergestellt. Dazu gehört die Farbe Schwarz, *Atramentum*, die durch Verbrennen von harzigen Hölzern erhalten wurde. Kernschwarz sollen die Menschen durch Verkohlen von Traubenkernen erhalten haben. Kohlenschwarz wurde aus verkohlten zarten Hölzern hergestellt. Der Maler Apelles, der im 4. Jh. v. Chr. lebte, soll die schwarze Farbe, aus gebranntem Elfenbeinabfällen hergestellt haben. *Atramentum sutorium*, Schusterschwärze, ist Kupfervitriol und wurde wie der Name sagt von den Schustern zum Färben von Ledern benutzt.[42]

---

35 Redard, R.: Ekbatana, in: LAW (Lexikon der Alten Welt) Augsburg 1965, Sp. 793f. Hdt. 1, 98.
36 Berger 1904, S. 261. Blümner 1889, S. 489. Ytantidis 1984, S. 138.
37 Berger 1904, S. 261.
38 Berger 1904, S. 262. Blümner 1889, S. 499.
39 Berger 1904, S. 262. Blümner 1889, S. 508. Kittel 1960, S. 238f. Lermann 1907, S. 89.
40 Berger 1904, S. 262. Blümner 1889, S. 511.
41 Blümner 1889, S. 508, Anm. 4. Diosk. V 104.
42 Berger 1904, S. 262. Blümner 1889, S. 511.

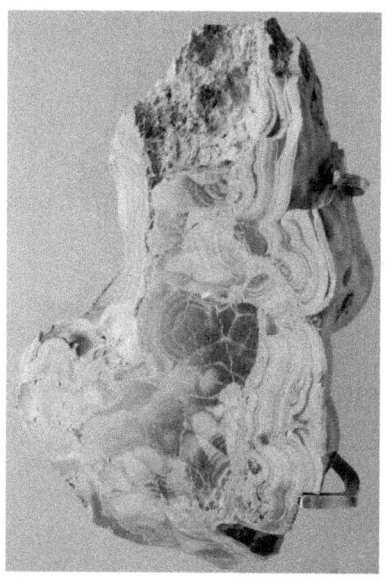 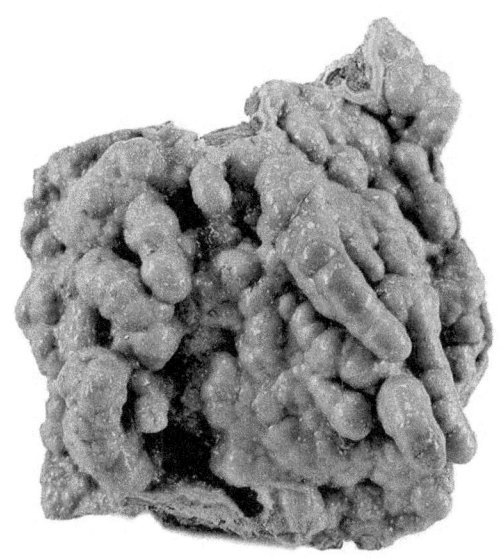

Abbildung 5.3:
Links: Malachit (Ural), rechts: Chrysokoll, auch Goldleim, Kieselkupfer, (Kongo)

Foto: Gudrun Wolfschmidt im Bergbaumuseum Bochum (2010), Wikipedia

Künstliches Weiß, *Cerussa*, bekannt unter dem Namen Bleiweiß, entstand aus Blei und Essig.[43] Durch Zufall wurde bei einem Brand entdeckt, dass *Cerussa* sich gelb färbte. Gebranntes Bleiweiß ist unter dem Namen *Cerussa usta* bekannt. Bei weiterem Erhitzen geht es in die rote Farbe Mennig über.[44] Eine rote Mischfarbe *Sandyx* entstand durch Rösten von gleichen Teilen *Rubrica* und *Sandaraca*. *Syrium* war eine Mischung aus *Sinopischer Erde* und *Sandyx*.[45]

5.2.5 Enkaustik

Die Pigmente mussten von den Menschen um sie in der Malerei zu nutzen, speziell bearbeitet werden. Damit Stein oder Marmor bemalt werden konnte, wurde das enkaustische Verfahren angewendet. Unter Enkaustik wird eine

---

43 Berger 1904, S. 260. Blümner 1889, S. 471.
44 Berger 1904, S. 261. Blümner 1889, S. 485.
45 Berger 1904, S. 261.

widerstandsfähige Maltechnik verstanden.[46] Die Maler der Antike haben Farben in Wachs (Bindemittel) gelöst und dann vermittels Wärme heißflüssig mit einem heißen Werkzeug auf den Malgrund wie Elfenbein, Stein und Marmor aufgetragen.[47] Plinius berichtet in seinem Buch *Naturalis historia* XXXV, 49 das Farben wie z. B. Purpur, Indigo und Melisches Weiß mit Wachs gemischt werden, um trockene Untergründe zu bemalen, da sie sich auf feuchten nicht auftragen lassen. Die Wachsfarben mussten wie Plinius in XXXV, 149 schreibt beim Malen durch Feuer flüssig gehalten werden, um sie mit dem Pinsel auf das zu bemalende in einen dünnflüssigen Zustand auftragen zu können.[48]

Bei dem Wachs handelt es sich um normales Bienenwachs und nicht um das Punische Wachs, cera Punica. Zu dessen Herstellung wurde geschmolzenes Wachs abwechselnd der Luft ausgesetzt und mit Meerwasser und einem Zusatz von Soda (*nitrum*) gekocht. Die genaue Bearbeitung dieses besonderen Wachses beschreibt Plinius im Buch XXI, S. 83 ff. Das Punische Wachs ist sozusagen eine Politur, die auf bemalten Gegenständen aufgetragen, einen festen Überzug bildet. Seine Anwendung erfolgt durch ein Verfahren das als Ganosis bezeichnet wird.[49]

5.2.6 Ganosis

Der Ausdruck Ganosis kommt aus dem griechischen und bedeutet Politur aus Wachs und Öl, so schreibt Vitruv (1. Jahrhundert v. Chr.). Die Herstellung und Verwendung des Wachses beschreibt Vitruv in seinem Buch *De architectura* in VII 9,3.[50] In diesem Abschnitt empfiehlt er eine mit Zinnober gefärbte Wand nach dem Trocknen wegen der besseren Haltbarkeit der Farbe mit Hilfe eines Pinsels, mit Punischem Wachs zu überziehen. Dieses Wachs muss erwärmt und mit Öl gemischt werden, um gebrauchsfähig zu sein. Anschließend soll ein mit glühenden Kohlen gefülltes Becken an die Wand gehalten werden, damit das aufgetragene Wachs durch die Erwärmung zum Schwitzen gebracht wird, um eine gleichmäßige Oberfläche zu erhalten. Anschließend wird die Fläche mit Tüchern bearbeitet. So entsteht nach Vitruv ein schützender Panzer aus Wachs,

---

46 Enkaustik kommt aus dem griechischen Wort enkaio einbrennen. Das lateinische Verb heißt inuro. Die Enkausten kennzeichneten ihre Werke mit diesen Verben. Plin. nat. XXXV 122.

47 Enkaustik. In: LAW Augsburg 1965, Sp. 813.

48 Berger 1904, S. 186, S. 187.

49 Berger 1904, S. 99, S. 101. Plin. nat. 21, 83 ff. Berger erklärt den Zusatz „punisch" damit, dass das verwendete Soda wahrscheinlich aus Carthago stammte, dessen Umgebung reich an mineralischem Soda war.

50 Vitruvs genaue Lebensdaten sind unbekannt; er gab sein Werk *De architectura* um 25 v. Chr. heraus.

der es nicht zulässt, dass weder der Glanz des Mondes noch die Strahlen der Sonne die aufgetragene Farbe ausbleicht.[51]

Die Wachsfarben mussten wie Plinius XXXV, S. 149 schreibt beim Malen durch Feuer flüssig gehalten werden, um sie mit dem Pinsel auf das zu bemalende in einen dünnflüssigen Zustand auftragen zu können.[52]

Abbildung 5.4:
Römische Wandmalerei in Pompeji, Mysterienvilla, 80 v. Chr.

Wikipedia

5.2.7 Farbenfunde in Pompeji

Beachtenswert ist ein Farbenfund aus dem Jahr 1851 in der Strada Stabiana in Pompeji. In einem Raum wurden in größerer Menge Farben in ungebrauchtem Zustand gefunden. Außer weißen Kreiden und Erdfarben – gelber und brauner Ocker – befanden sich dort eine grünliche Mineralfarbe, künstliches Blau (*Armenium*), Gelb (*Arsenicum, Sandaraca?*) und violetter Purpur. Außerdem gab es Fundstücke aus Pech und Harz. Aufgrund der gefundenen Objekte, wie die kostbare Purpurfarbe, das Blau und Kupfergrün, schließt Berger eine An-

---

51 Berger 1904, S. 101.
52 Berger 1904, S. 186, S. 187.

streicherwerkstatt aus und hält den Raum für einen Laden in dem Farben und dazugehörige Materialien verkauft wurden.[53]

5.3 Farbige Statuen und Reliefs

Wie schon 1968 Gisela Richter in ihrem Buch *Korai* schreibt, ist die Polychromie von griechischen Statuen zu dieser Zeit allgemein anerkannt.[54] Sie berichtet in ihrem Buch, dass bei Ausgrabungen im Jahr 1886 auf der Akropolis in Athen in einer Grube nordwestlich vom Erechteion 14 Koren gefunden wurden.[55] Die Statuen waren, wie auch noch später entdeckte Koren, bemalt (vgl. Abb. 5.5, S. 84 und Abb. 5.9, S. 90). Die Hauptfarben waren rot und blau, außerdem gelb, braun, schwarz, weiß und grün.

Im Sommer 2007 wurden Farbreste einer Kore, der Peplos-Kore, einer Untersuchung nach der UV-VIS Spektroskopie unterzogen.[56] Dabei wurde festgestellt, dass zur Bemalung Naturpigmente verwendet wurden, die den Farbmittel der Antike entsprachen. So wurde für die grüne Farbe die *Grüne Erde* verwendet und zwar für die äußeren Bänder des Gürtels, das senkrechte Schmuckband am Kleid und für das Halsband. Am mittleren Band ließen sich Reste von *Malachit* nachweisen.[57]

Die Ausstellung *„Bunte Götter"* von 2003/04 in unterschiedlichen Museen bis 2010 in Deutschland brachte das Wissen von langjährigen Forschungen um die farbige Welt der Griechen, insbesondere die Farbigkeit auf Statuen und Reliefs, unter die Bevölkerung.[58]

5.3.1 Der sog. Alexandersarkophag

Bereits Ende des 19. Jahrhunderts haben sich Archäologen wie Osman Hamdy Bey und Franz Winter mit der Farbigkeit von Reliefs beschäftigt. Im Jahr 1887 wurden in Saida, der von den Phöniziern unter dem Namen Sidon gegründeten Hafenstadt, bei Ausgrabungen unter der Leitung von Osman Hamdy Bey in

---

53 Overbeck 1866, S. 300. Berger 1904, S. 299 und Anm. 44.

54 Richter 1968, S. 14.

55 Richter 1968, S. 5. Die Koren werden in die 2. Hälfte des 6. Jh. v. Chr. datiert.

56 Näheres zu der Untersuchungsmethode im Kapitel zum „Alexandersarkophag".

57 Brinkmann 2010, S. 84–93. H. Piening untersuchte anhand von 95 Messungen die Farbreste der Kore, ebd., S. 89.

58 Bunte Götter 2004, Ausstellungskatalog Glyptothek München. München war die erste Stadt mit der Ausstellung der Skulpturen. Neue Ergebnisse stehen im Katalog *Bunte Götter* (2010), eine Ausstellung der Antikensammlung, Staatliche Museen zu Berlin in Kooperation mit der Liebighaus Skulpturensammlung, Frankfurt am Main und der Stiftung Archäologie München, im Pergamonmuseum auf der Museumsinsel Berlin.

Abbildung 5.5:
Links: Peplos-Kore von der Athener Akropolis, um 530 v. Chr., bemalter Gipsabguss
Rechts: Stele des Aristion, Athen, um 510 v. Chr., bemalter Gipsabguss

Foto: Gudrun Wolfschmidt im Museum der Universität Tübingen (2010)

einem Hypogäum Sarkophage gefunden, die noch Reste von Farbigkeit aufwiesen.[59] Großes Interesse riefen damals nach der Entdeckung der Grabkammern die farbigen Hochreliefs hervor, die sich auf dem *Großen Sarkophag*, so wird er in den Aufzeichnungen von Hamdy Bey genannt, befanden.[60] Der Sarkophagkasten wurde aus einem Marmorblock hergestellt, aus einem zweiten der Deckel in Form eines Daches mit zwei Giebeln. Der Sarkophag wird um 330 v. Chr. datiert.[61] Er steht seit der Überführung durch Hamdy Bey von Sidon nach Konstantinopel, heute Istanbul, im Archäologischen Museum in Istanbul.[62] Der Ausgräber Hamdy Bey ließ bereits 1892 Farbtafeln der Funde anfertigen und veröffentlichte sie.[63]

Zwei Themen bestimmen die an allen vier mit Hochreliefs ausgearbeiteten Seiten des Sarkophagkastens und die beiden Giebelseiten des Deckels: Kampf zwischen Makedonen und Persern und Jagd auf einen Löwen, Hirsch und Panther.[64] Das Relief auf der einen Langseite des Kastens zeigt eine Löwenjagd, die andere Seite ein Schlachtenbild.

Das Schlachtenbild stellt eine allgemeine Kampfszene dar. Die kämpfenden Perser unterscheiden sich von den Griechen durch ihre Kleidung: Ärmelchiton, Hosen und Schuhe. An der linken Ecke des Reliefs ist Alexander der Große (356–323 v. Chr.) an seinem Attribut dem Löwenhelm zu erkennen. Aufgrund dieser Darstellung ist der *Große Sarkophag* als sog. *Alexandersarkophag* in der Wissenschaft bekannt.

Die Figuren des Hochreliefs auf den vier Seiten des Sarkophagkastens und den zwei Giebelseiten des Deckels wurden bei der Herstellung des Sarkophages um ca. 330 v. Chr. mit großer Sorgfalt exakt ausgearbeitet. Die Farben waren durch die Dunkelheit der Grabkammer geschützt und zersetzten sich erst, nachdem der Sarkophag dem Licht ausgesetzt wurde. Hamdy Bey ließ 1892 farbige Bilder zur Dokumentation des Fundes malen.[65] Winter nahm im Jahr 1910 eine Neuaufnahme der farbigen Reliefs im Museum in Konstantinopel/Istanbul vor.[66]

---

59 Ein Hypogäum ist eine unterirdische, durch Gewölbe gesicherte Grabanlage. Andresen, C.: Hypogäum, in LAW (Lexikon der Alten Welt) 1965, Sp. 1348.
60 Hamdy Bey 1892, S. 55.
61 Berger, E: Alexandersarkophag, in: LAW (Lexikon der Alten Welt) Augsburg 1965, Sp. 111 f.
62 Langer-Karrenbrock 2000, S. 16. Aufbewahrungsort: Arch. Mus. Istanbul, H. 1,95 m, L. 3,18 m, Br. 1,67 m, Nr. 68. Die Grabkammer gehörte wahrscheinlich Abdalonymos, der von Alexander als Satrap in Sidon eingesetzt wurde.
63 Hamdy Bey 1892, Planches, Pl. XXIII–XXXVII (Fotografien, farbige und einfache Zeichnungen).
64 Brinkmann 2004, S. 167.
65 Winter 1912, S. 7.
66 Winter 1912, S. 8.

Abbildung 5.6:
Oben: Der Große Sarkophag
Unten: Perserschlacht, linke Hälfte der Langseite

Hamdy Bey 1892, Pl. XXV,1 und Hamdy Bey 1892, Pl. XXXV,2.

Als Hauptfarben nennt er in seiner Beschreibung in seinem Buch *Der Alex-andersarkophag aus Sidon* Violett, Rot, Gelb und in begrenztem Umfang Blau. Die Farben Weiß und Schwarz wurden nur wenig verwendet. Gelb und Blau kommt nur in einer Farbe vor: Gelb als lichter Ocker und Blau in hellem Ton, ähnlich dem Kobalt und dem Kupferblau. Durch Oxidation ist es teilweise ins grünliche umgeschlagen. Rot und Violett kommt in mehreren Farbnuancen vor. Und zwar Rot als leuchtendes Rot als Mischung zwischen Kamin- und Zinnober-rot, dunkles Rot als Purpurrot, einem gebrannten Ocker ähnliches Rotbraun und ein rötliches Goldbraun. Von Violett gibt es ein reines Blauviolett, ein zweifach abgestuftes Rotviolett, ein Braunviolett, das aus einer Mischung von Karminrot und Kobaltblau entstanden ist, dem gebrannter Ocker und Neutral-tinte zugesetzt wurde.[67]

Winter schreibt, dass das Haar bei allen Figuren eine rotbraune Färbung hat. Mit Farbe versehen sind auch die Akrotere (Giebelbekrönungen), Antefixe (Giebelschmuck) und der umlaufende Weinrankenfries am Sarkophagdeckel. Der Reliefgrund ist wie alle architektonischen Gliederungen und Zierleisten unbemalt.[68]

Abbildung 5.7:
Alexander der Große auf dem Alexandersarkophag
(rechts kolorierter Kunststoffabguß) – Ausscnitt von Abb. 5.6

Winter 1904, Taf. 1. Foto: Gudrun Wolfschmidt im Museum für Kunst und Gewerbe Hamburg (2007)

---

67 Winter 1912, S. 9.
68 Winter 1912, S. 9, S.10.

Zusammenfassend ist festzustellen, dass aufgrund der frühen farbigen Aufzeichnungen der Reliefs, die nach der Entdeckung des Sarkophages hergestellt worden sind, zu sehen ist, dass es bereits in der Antike ein Spektrum an Farben gegeben hat, mit denen sich wie im Schlachtenbild Besonderheiten heraus heben ließen. Auch wenn die Farben durch die Aussetzung an der Luft begonnen haben sich zu zersetzen, ist dieses deutlich zu erkennen.

5.3.2 Farbanalyse

Im Jahr 2006 erlaubte die Direktion des Archäologischen Museums in Istanbul Vinzenz Brinkmann und seinen Kollegen die Farbreste auf dem Alexandersarkophag nach der berührungs- und zerstörungsfreien Analysenmethode UV-VIS (visionär) der Absorptionsspektroskopie zu analysieren. Dabei wird sich zunutze gemacht, dass jedes farbige Material bestimmte Bereiche des weißen Lichtes absorbiert. Es entstehen charakteristische Spektren. Diese werden mathematisch aufbereitet und mit gesichertem Referenzmaterial verglichen.[69] Unter den 350 Messungen an der Lang- und Schmalseite des Sarkophages ließen sich 22 unterschiedliche Farbpigmente nachweisen. Davon allein 10 verschiedene Ockererden von gelb bis dunkelbraun, rote, blaue und violette und schwarze Pigmente. Für weiße Details wurde Bleiweiß festgestellt.[70] Die Glasvitrine, die den Alexandersarkophag im Museum in Istanbul schützt, wurde zu den Messungen und Untersuchungen nicht entfernt. Sie lässt sich aber an einer Schmalseite öffnen und gewährt einen Umlauf in einer Breite von 40 cm.[71]

Abformung des Sarkophages

Seit seiner Entdeckung wurde der Sarkophag nicht abgeformt, um die Bemalungsreste zu schützen. 2006 wurde den Wissenschaftlern gestattet mit Hilfe der optischen, dreidimensionalen Digitalisierung eine exakte Abbildung der figürlichen Darstellungen aufzunehmen ohne sie zu schädigen. Zum ersten Mal gelang eine Vermessung auch durch eine Verglasung.[72] In einem komplizierten Verfahren lieferte das Ergebnis mit Hilfe von flüssigem Kunststoff ein dreidimensionales Model.[73] Anschließend wurde eine dünne, fein geschliffene Mar-

---

69 Kader 2008, S. 17, Abb. 319.Die Untersuchungen wurden mit Unterstützung der Bayerischen Schlösser- und Seenverwaltung durchgeführt. Piening 2010, S. 190–194. Vergleichsspektren: S. 204, Abb. 238a, S. 205, Abb. 238b.
70 Kader 2008, S. 17, S. 16, Abb. 3.19.
71 Kader 2008, S. 35, S. 16, Abb. 3.19.
72 Kader 2008, S. 35.
73 Kader 2008, S. 37, S. 36, Abb. 3.59–3.61.

morstuckschicht auf den Kunststoff aufgetragen. Der anschließende Farbauftrag
zeigt eine ähnliche Qualität, wie am Original.

Abbildung 5.8:
Giebelseite des Alexander-Sarkophags, um 320/300 v. Chr.
(bemalter Kunststoffabguss) – Alexander der Große im Kampf mit den Persern

Foto: Gudrun Wolfschmidt im Museum für Kunst und Gewerbe Hamburg (2007)

5.4 Schlussbetrachtung

Aufgrund von schriftlichen Quellen, von Homer (8. Jh. v. Chr.) bis Plinius
(1. Jh. n. Chr.), lassen sich die verschiedenen Farbpigmente, die in der Antike bekannt waren, in der heutigen Zeit erfassen. Damit die Menschen die
Pigmente in der Malerei verarbeiten konnten, wurden sie von ihnen bearbeitet.
Die Herstellung lässt sich bei Vitruv, Dioskurides und Plinius, deren Schriften
aus dem 1. Jh. n. Chr. erhalten sind, nachlesen. Mit den heutigen Analysenme-
thoden, wie der UV-VIS-Absorptionsspektroskopie können die Farbpigmente
auf Statuen und Reliefs, die zum Bemalen von den Menschen in der Antike benutzt wurden, nachgewiesen werden. Die Ergebnisse wurden von 2004 bis 2010
in der Ausstellung *„Bunte Götter"* in Museen in verschiedenen Großstädten
Deutschlands der Bevölkerung präsentiert.

5.5 Quellen und Literatur

Quellen

Des Pedanios Dioskurides aus Anazarbos Arzneimittellehre. Übers. von Prof. Dr. J. BERENDES. Stuttgart: Verlag von Ferdinand Enke 1902, Nachdruck, Darmstadt: Sonderausgabe der Wissenschaftlichen Buchgemeinschaft 1970.

DIE BIBEL. Nach der Übersetzung MARTIN LUTHERS. Stuttgart: Württembergische Bibelanstalt 1972.

HERODOT: *Historien.* Übers. von A. Horneffer, neu hrsg. und erläutert von H. W. HAUSSIG. Stuttgart: Alfred Körner Verlag 1971.

PLINIUS D. Ä.: *Naturkunde. Lat.-deutsch.* Buch XXXV, hrsg. und übers. von RODE-RICH KÖNIG. Darmstadt: Wissenschaftliche Buchgesellschaft 1978.

STRABO: *Geographica.* Übers. von Dr. A. FORBIGER. Marix Verlag Wiesbaden 2007.

VITRUVIUS: *Vitruvii de architectura libri decem.* Übers. von Dr. CURT FENSTER-BUSCH. Darmstadt: Wissenschaftliche Buchgesellschaft 1976.

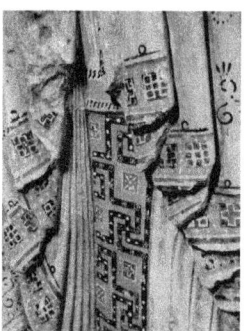

Abbildung 5.9:
Peplos-Kore von der Athener Akropolis (bemalter Gipsabguss) und Details

Foto: Gudrun Wolfschmidt im Universitätsmuseum Gustavianum in Uppsala (2010)

Literatur

BERGER, ERNST: *Die Maltechnik des Altertums.* München: Verlag von Georg D. W. Callwey 1904.

BLÜMNER, HUGO: *Technologie und Terminologie der Gewerbe und Künste, Bd. 4.* Leipzig 1874, Nachdruck Hildesheim 1969.

BRINKMANN, VINZENZ: Die blauen Augen der Perser. In: *Bunte Götter*. Ausstellungskatalog Glyptothek München 2004, S. 166–179.

BRINKMANN, VINZENZ: Farben und Maltechnik. In: *Bunte Götter*. Ausstellungskatalog Glyptothek München 2004, S. 239–243.

BRINKMANN, VINZENZ: Mädchen oder Göttin? Das Rätsel der Peploskore von der Athener Akropolis. In: *Bunte Götter*. Eine Ausstellung der Antikensammlung Staatliche Museen zu Berlin in Kooperation mit der Liebighaus Skulpturensammlung, Frankfurt am Main und der Stiftung Archäologie München, im Pergamonmuseum auf der Museumsinsel Berlin. Berlin: Staatliche Museen zu Berlin, Stiftung Preußischer Kulturbesitz und München: Hirmer Verlag 2010, S. 85–93.

FORBES, R. J.: *Studies in Ancient Technology, Vol. IV*. Leiden 1956.

GRADWOHL, ROLAND: *Die Farben im Alten Testament*. Berlin: Verlag Alfred Töppelmann 1963.

HAMDY BEY, OSMAN AND THEODORE REINACH: *Une Necropole Royale a Sidon*. Paris: Ernest Leroux, Editeur 1892.

HAMDY BEY, OSMAN/ REINACH, THEODORE: *Une Necropole Royale a Sidon. Fouilles de Hamdy Bey. Planches*. Paris: Ernest Leroux, Editeur 1892.

KADER, INGEBORG (Hg.): *Begegnung in bunt. Die Farbrekonstruktion des „Alexandersarkophages"*. Bd. 2. Druck BluePrintGroup 2008.

KITTEL, HANS: *Pigmente*. Stuttgart: Wissenschaftliche Verlagsgesellschaft 1960.

LANGER-KARRENBROCK, MARIE-THERES: *Der lykische Sarkophag aus der Königsmetroploe zu Sidon*. Münster 2000.

LERMANN, WILHELM: *Altgriechische Plastik*. München: Becksche Verlagsbuchhandlung 1907.

OVERBECK, JOHANNES: *Pompeji in seinen Gebäuden, Altertümern und Kunstwerken*. Bd.1: Allgemeines, die öffentlichen Gebäude und Wohnhäuser enthaltend. Leipzig 1866.

RICHTER, G. M. A.: *Korai, Archaic Greek Maidens*. London: Phaidon Press LTD 1968.

WINTER, FRANZ: *Der Alexandersarkophag aus Sidon*. Strassburg: Karl J. Trübner 1912.

YTANTIDIS, K.: *Die Polychromie der klassischen Plastik*. Mainz 1984.

Figure 6.1:
Naturalis Historiae of Pliny the Elder (23–79 AD)

(Wikipedia)

Colours in Pliny's *Naturalis Historia*

Solveig Binder (Hamburg)

Pliny the Elder living from 23/24 to 79 AD and wrote one of the most extensive ancient encyclopaedias called *Naturalis Historia*, which contains 37 books. The books 33 to 37 are mainly about mineralogy, but about colours as well, as in the Ancient World most pigments were extracted from different kinds of ore. Pliny deals with the tones white, black, blue, green, yellow and red and describes their deposit, mining and range of application.

6.1 Bibliography

Binder, Solveig: Farben bei Plinius. In: WOLFSCHMIDT, GUDRUN (Hg.): *Farben in Kulturgeschichte und Naturwissenschaft*. Begleitbuch zur Ausstellung in Hamburg 2010–2012 zum 50jährigen Jubiläum des IGN. Hamburg: tredition science (Nuncius Hamburgensis – Beiträge zur Geschichte der Naturwissenschaften; Band 18) 2011, S. 52/53–69.

HAASE, M.: *Der Neue Pauly (DNP)*. Hg. von HUBERT CANCIK. Stuttgart: Metzler 1996–2003, Band **9** (1999), S. 427ff. s.v. Farben.

KÖNIG, DR. R. UND J. R. GEIGY: Zur Geschichte der Pigmente: Plinius und seine Naturalis Historia. In: *Fette, Seifen, Anstrichmittel* **62** (1960), S. 629–637.

KROLL, W.: *Reallexikon für Antike und Christentum (RE)*, Band **XXI**, 1 (1924), S. 271–439 s.v. Plinius.

C. PLINII SECUNDI *Naturalis Historiae*, herausgegeben und übersetzt von RODERICH KÖNIG in Zusammenarbeit mit GERHARD WINKLER. Darmstadt: Wissenschaftliche Buchgesellschaft 1978.

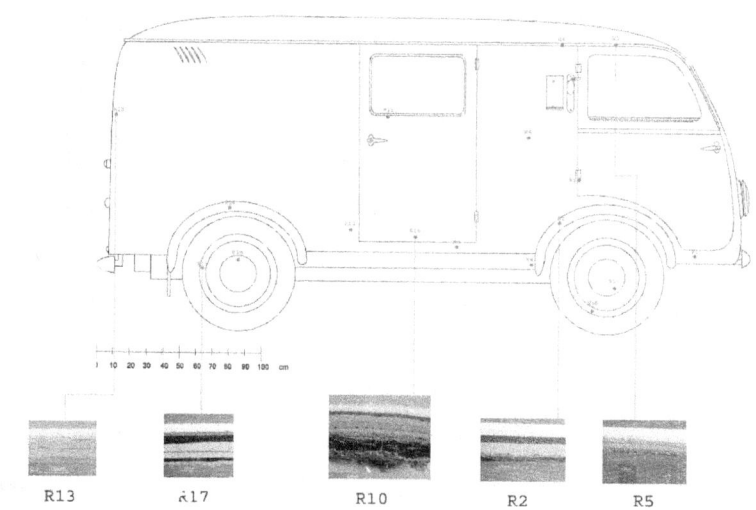

R13   R17   R10   R2   R5

Figure 7.1:
Der Gutbrod Atlas 800

Oben: Der Gutbrod Atlas 800, ein Restaurierungsprojekt der HTW Berlin in Kooperation mit der Stiftung Deutsches Technikmuseum Berlin; Beifahrerseite mit Tür für die Fahrgäste, Zustand vor der Restaurierung. Unten: Kartierung Lackschliffe; die Abfolge der Lackschichten ließ sich ermitteln: ein bis zwei hellblaue Schichten über der ehemaligen Seitenlinie, darüber die helle Farbe, die noch am Dach erhalten ist, darüber das aktuelle helle Graugrün.

Oben: Foto: Hilsky. Unten: Zeichnung Schulz, Hilsky und Mittmann.

Farben an Technischem Kulturgut – Bedeutung und Restaurierung

Ruth Keller und Beatrix Alscher (Berlin)

7.1 Abstract: Colour in the Field of Conservation of Objects of Technical and Industrial Heritage

When we notice an object with our eyes, its surface appearance becomes the first information carrier and has certain values attached. Colour and shape generate an aesthetic quality, not only in the field of art, but also in the design of technical and industrial objects. To preserve an aged surface coating a scientific analysis is necessary to identify the surface coating system or to define the composition of its layers. Further it is necessary to create a conservation concept and to perform a series of tests aiming at the specific conservation method.

The lecture covers a short history of coating systems developed during 19th and 20th century. It will also show the importance of professional conservation and explain how relevant coating preservation is for maintaining an object's authenticity.

Examples experienced at the degree programme of Conservation of Modern Materials and Technical Heritage at the University of Applied Sciences in Berlin, demonstrate different conservation-methods and some typical surface phenomena in the field of lacquer conservation.

7.2 Zusammenfassung

Technische Objekte werden nur vereinzelt als Kulturgut identifiziert; sie stammen aus einem bestimmten Kontext der Nutzung, gehen am Ort ihrer Aufbewahrung in einen anderen über und verweisen dort stellvertretend auf eine gesamte Objektkategorie und deren gesellschaftliche Bedeutung. Entsprechend sorgfältig ist die Art ihrer Erhaltung zu planen.

Diese technischen Artefakte weisen spezifische Farben auf, die ihren Alterswert deutlich machen und, zeithistorisch vielfältig verknüpft, eine wesentliche Quelle für die historische Erforschung der technischen, wirtschaftlichen und soziokulturellen Umstände ihrer Herstellung und Nutzung darstellen. Es wird hier versucht, die komplexen Zusammenhänge von der farblichen Erscheinung und Wahrnehmung von Oberflächen über deren materialtechnische Identifikation und den daraus sich ableitenden Bedeutungsebenen hin zum Konzept ihrer Erhaltung, in den Kontext der Restaurierung zu stellen.

7.3 Einleitung

Für die Orientierung in der Welt spielen Farben eine wesentliche Rolle. Durch unser Sehvermögen beeinflussen sie wie andere sinnliche Wahrnehmungen unser Fühlen, Denken und Handeln. Wo immer wir unsere Umgebung gestalten oder ordnen, werden Farben gegeneinander abgewogen oder bewusst eingesetzt, so etwa bei der Auswahl von Kleidern oder für Orientierungssysteme.

In Werken der Bildenden Kunst sind sie in Museen Gegenstand der Betrachtung und kulturhistorischer Auseinandersetzungen. Im Gegensatz dazu finden Farben und Formen historischer Objekte des Alltags und der Technik in der historischen Forschung kaum Beachtung. Sie bilden jedoch bei der Wahrnehmung von derlei Artefakten im meist musealen Kontext die Kontaktflächen der Rezipienten mit anderen Zeiten, Lebensweisen und Bedürfnissen, öffnen so dem Betrachter den Raum zu zeithistorischen Dimensionen, zu einer über den Alltag hinausgehenden Erweiterung des Daseins.

Der Restaurator übernimmt in diesem Rahmen der Kulturarbeit die Aufgabe, Maßnahmen für die Erhaltung der farblichen Erscheinungen durchzuführen. Er befreit die Oberflächen von störenden, nicht zu den Bedeutungsebenen des Objekts gehörenden Einflüssen und beachtet feine, von Dritten kaum zu bemerkende Nuancen der farblich erscheinenden Lichtreflexionen an und in den Oberflächen von Objekten.

Es geht bei der Restaurierung darum, vermittels der vorhandenen, durch Alterung und Spuren der Nutzung überlagerten materiellen Substanz, mit den Objekten verbundene Bedeutungsebenen wahrnehmbar zu machen: Durch die in der Fachsprache als „Tangibles", als das „Anfassbare" genannte Substanz, werden die „Intangibles", die mit dem Objekt verbundenen, hinter, über, neben und in ihm vorhandenen, nicht materiellen Werte nonverbal vermittelt.

Die Konservierung und Restaurierung von Kulturgut hat sich von einem aus der handwerklichen Tradition kommenden Restauratorenberuf zu einem komplexen Fachgebiet der anwendungsorientierten Wissenschaft gewandelt.[1] Das Aufgabenspektrum erfordert eine höchst disziplinierte Methodik bei der Erfassung kulturhistorisch wertvoller Gegenstände. Naturwissenschaftliche Untersuchungen führen zu materialtechnischen Erkenntnissen der Zusammensetzung oder des Alterungszustands eines Stoffes. Die Interpretation von Oberflächenphänomenen kann auf Herstellungstechniken hinweisen und in Form einer sogenannten „Gebrauchsspur" Indiz für die Art und Weise der Nutzung eines Gegenstandes sein. Diese kriminalistisch identifizierten Spuren, verbunden mit historischen Erkenntnissen, befähigen den Restaurator ein Konzept für die Erhaltung eines Objekts zu formulieren und praktische Maßnahmen zu planen.

Sachzeugnisse der Industriekultur als historische Objekte zu erhalten, entstand als gesellschaftlicher Bedarf erst mit der allmählichen Deindustrialisierung in den alten Industrienationen. Im traditionellen Kanon restauratorischer Spezialisierungen hatte es die Fachrichtung nicht gegeben. Sie konnte erstmals weltweit zu Beginn der 90er Jahre an der Berliner Hochschule für Technik und Wirtschaft als Studienrichtung angeboten und in Theorie und Praxis entwickelt werden. Sie ist darauf ausgerichtet, die vielfältigen Aspekte der „Intangibles" der industriellen Produkte und Produktionsmittel als Kulturgut für die Zukunft zu erhalten. Die farblichen Prägungen der Oberflächen spielen dabei eine herausragende Rolle und fordern von der Restaurierung eine komplexe Methodik der Dokumentation und Identifikation sowie von sensiblen Erhaltungsmaßnahmen.

Farben und OberflächenMaterialtechnisch durch Pigmente oder Farbstoffe erzeugt, spielt die Farbe genau wie der akustische Klang im Leben des Menschen eine für die Orientierung in der Natur und entlang der Leitsysteme moderner Städte, für die Kommunikation und emotional eine wichtige Rolle. Diese kann mehr umschrieben als sprachlich genau erfasst werden und wird trotz ihrer Bedeutung wenig diskutiert.

Farben und Klang sind physikalisch betrachtet Wellen, die durch Schwingungen erzeugt, von unseren Sinnesorganen aufgenommen werden können. Beide nehmen wir, soweit sie nicht zu Sprache und Schrift geformt sind, auf einer nicht sprachlichen Ebene wahr und ordnen sie aufgrund unserer im Laufe des Lebens erworbenen Erfahrungen bestimmten Phänomenen zu. Die zwei Ohren machen das Hören des Klangs im Raum, die beiden Augen das räumliche Sehen möglich. Kaum bewusst ist uns, wie sehr auch feinste Strukturierungen unsere Wahrnehmung einer Fläche beeinflussen und wie exakt wir Farbschattierungen

---

1 Janis 2005, S. 9–11.

differenzieren können. Das Farberinnerungsvermögen dagegen ist in den westlichen Industrienationen wenig ausgebildet, da es für das Überleben und den Erfolg im Leben keine nennenswerte Rolle spielt.

Das menschliche Auge nimmt bestimmte Wellenlängen als rote, gelbe, blaue oder grüne Farbe wahr. Das Sehvermögen kulminiert im grünen Bereich und fällt zum blauen und violetten auf der einen und zum rot, orange und gelben auf der anderen Seite des Farbspektrums ab. Wird das Licht der Sonne oder ihrem Spektrum ähnlicher anderer Lichtquellen von einer Materialoberfläche komplett reflektiert, sehen wir weiß. Ein traditionelles weißes Pigment ist das heute nicht mehr zulässige Bleiweiß, ein noch besser und erst seit dem ersten Drittel des 20. Jahrhunderts eingesetztes weißes Pigment ist das Titanweiß.

Werden Anteile dieses Lichtspektrums in der molekularen Struktur des Materials absorbiert, sehen wir den reflektierten anderen Anteil als Farbe: Es ist das weiße Licht abzüglich der absorbierten Strahlung. In einer blauen Fläche werden die orangen, aber auch die meisten roten und gelben Anteile absorbiert und damit die verbleibenden blauen reflektiert. Lapislazuli und Azurit sind Mineralien, die nach entsprechender Präparation in frühen Kulturen die farblich blaue Gestaltung von Kunstobjekten möglich gemacht haben. Seit dem 19. Jahrhundert kann das im europäischen Mittelalter zeitweise gegen Gold ausgewogene Ultramarinblau industriell hergestellt werden. Wert und Wertschätzung der blauen Farbe haben sich dadurch verändert.

Ist eine Oberfläche feinst strukturiert, entsteht eine diffuse Reflexion, die matt erscheint, meist mit einem weißlichen Anteil; ist die Oberfläche geschlossen, entsteht ein Glanz. Dazwischen liegt eine große Variationsbreite der Oberflächentektonik und des Tiefenlichts. Die Oberflächenerscheinungen werden über „glänzend" hinaus heute mit in der Lackindustrie gängigen Begriffen wie „halbmatt" und „seidenmatt" umschrieben. Ein Tiefenlicht entsteht durch transparente Anteile von der Oberfläche nahem Material. Es können die Materialien selbst farberzeugende Substanzen sein, sowie Pigmente selbst transparent oder halb transparent sein können; oder aber das umgebende Material, das Bindemittel oder gesinterte Anteile des Porzellans weisen eine bestimmte Transparenz auf. Eine farbliche Erscheinung ist eine Materialeigenschaft, die per se vorhanden ist oder entsteht, die aber auch bewusst auf oder in einen Werkstoff auf- oder eingebracht werden kann. Brennt man zum Beispiel einen bestimmten Ton, wird er durchgehend rötlich. Um eine andere Farbe zu erzielen, können entweder die Bedingungen des Brandes von oxidierend zu reduzierend verändert werden oder glasig farbige transluzide Schichten, Glasuren, aufgebrannt werden.

Die Färbung eines Textilfadens oder von Haaren erfolgt, indem eine das Lichtspektrum partiell absorbierende Substanz auf das Fasermaterial aufgezo-

gen und daran fixiert wird. Diese Aufnahme von Energie in Form von Lichtstrahlen, die ja Voraussetzung für eine farbige Reflexion des Lichts ist, birgt
aber gleichzeitig die Gefahr, dass in Farbe oder Fasermaterial Abbauvorgänge
initiiert werden.

Beschichtungen schützen die zu Artefakten geformten Werkstoffe vor Um-
welteinflüssen; sie dekorieren sie zugleich und versehen sie mit einem an zeit-
typische Gegebenheiten gebundenen farblich gestalteten kulturellen Gehalt.

Wo Farbe bewusst als Beschichtung aufgebracht wird, haben wir es in der
Regel mit einem System von Pigmenten, feinteiligen farblich reflektierenden oft
kristallinen Substanzen, und einem diese zusammenhaltenden Bindemittelsy-
stem zu tun. Zusätzlich können Füllstoffe einem Beschichtungssystem deckende
Eigenschaften verleihen, also die Lichtreflexion vom Innern der Beschichtung
mehr zur Oberfläche hin verschieben. Es können auch Bindemittelsysteme gefärbt werden, so dass transparente farbige Oberflächen entstehen, wie sie insbesondere von asiatischen Lackarbeiten bekannt sind.

7.4 Identifikation: Erfahrung

Wir nehmen die Oberfläche und damit die Farbigkeit eines Gegenstandes mit
den Augen wahr und, aufgrund unseres visuellen Erfahrungsschatzes, sind wir
in der Lage uns indirekt eine Vorstellung von dessen Oberflächencharakter zu
machen. Häufig ordnen wir den Gegenstand einer bestimmten Materialgruppe
zu. Wo die Phänomene der Gewohnheit widersprechen, lassen wir uns täuschen.
Van de Wetering erzählt die Geschichte des die Straße hinunter rollenden Balls,
den er zu kennen glaubt, der sich aber als Eisenkugel erweist. Die Tatsache,
dass der „Ball" auf der Straße rollte und rund war, verleitete ihn dazu, ihn
als Gummiball zu sehen und alle weiteren Materialeigenschaften, wie z. B. das
polternde Geräusch das der „Ball" gemacht haben muss, einfach nicht wahrzu-
nehmen.[2]

Das Phänomen, dass Oberflächen aufgrund ihres Aussehens Materialien zugeordnet werden, ist für die Arbeit des Restaurators wesentlich. Der Mensch ist
aufgrund seiner Erfahrungen mit den natürlichen Alterungserscheinungen von
Materialien vertraut: „Es sind gerade diese natürlichen Alterungserscheinungen
und Gebrauchsspuren, die, ohne dass wir uns dessen bewusst sind, wichtige Informationen über den Stoff verschaffen, aus dem das Ding besteht. Sie erzählen
auch ganz geschwind über die Bedeutung des Gegenstandes, die Art und Weise,

---

2 Van de Wetering 1982, S. 98.

wie er benutzt wird, sogar, in welchem Maße er geliebt – oder vernachlässigt wird."[3]

Aufgabe des Restaurators ist es daher, die natürlich gealterte Oberfläche zu erhalten und somit die Authentizität des Gegenstandes zu wahren. Van de Wetering weist darauf hin, welcher Mangel entsteht, wenn dieses Prinzip durchbrochen wird: *„Viele sorgfältig konservierte Objekte haben eine Oberflächenbehandlung bekommen, durch die entweder die Aussage über die Art des Materials gestört wurde oder der Zugang zur Brücke in die (vergangene) Zeit blockiert wurde."*[4]

Erst vermittels der Erhaltung von Alterungs- und Gebrauchsspuren kann die Oberfläche den Betrachter hineinführen in die Beschäftigung mit der Geschichte von Menschen, die diesen Gegenstand benutzt haben. Ein Beispiel einer natürlich gewachsenen Patina an einer Bronzefigur möge dies illustrieren: Der schwarz-grün Kontrast vermittelt uns augenscheinlich das typische Bild gealterter Bronze, die Griffpatina zeigt, wie das Denkmal auch von der Bevölkerung „benutzt" wird (siehe Abb. 7.2, S. 100, Griffpatina an einer Bronzeskulptur).

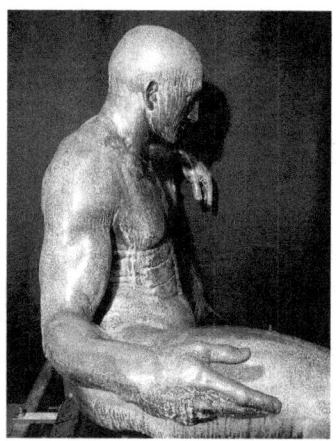

Abbildung 7.2:
Verschiedene Patina Bereiche einer Bronze-Skulptur.
Durch regelmäßiges Berühren des Denkmals hat sich an Arm, Hand, Schulter, Oberschenkel und Fuß eine braune, glatte „Griffpatina" entwickelt.

Skulptur „Mann mit Seehund" des Mönckebergbrunnens in Hamburg.
Foto: Beatrix Alscher (2009).

---

3 Van de Wetering 1982, S. 99.
4 Van de Wetering 1982, S. 99.

7.5 Identifikation: Naturwissenschaftliche Methodik

Mit Hilfe von taktilen und akustischen Phänomenen und mit Hilfen für die optische Vergrößerung sucht der Restaurator den visuellen Eindruck zu verifizieren. Erfahrung und eine Reihe von Testmethoden unterstützen die Vermutung; vieles bleibt aber besonders bei den modernen Bindemittel- und Pigmentsystemen bei einer Vermutung, falls nicht labortechnische Möglichkeiten für die Identifikation zur Verfügung stehen. Fundierte Ergebnisse, die materialtechnisch sowohl für die Objektforschung als auch für die Erhaltung der Objekte wesentlichen Fragestellungen beantworten, werden im Zuge der Dokumentation eines Objekts an den Oberflächen und ihren farblichen Erscheinungen oder durch Entnahme kleiner Proben untersucht.

Strukturen in der Oberfläche lassen sich stereomikroskopisch differenzieren. Sie verweisen auf bestimmte Herstellungstechniken. Obwohl dieselbe Pigmentmischung vorliegt, lässt sich auch über 70 Jahre nach der Lackierung eines Lastwagens an der Technik des Auftrags differenzieren, welche Lackpartie vom Lastwagenbauer und welche von der Karosseriefirma aufgetragen worden ist. Nur der Erhalt der Oberflächen garantiert die Bewahrung einer solchen Information (siehe Abb. 7.3, S. 102, Strukturen in der Oberfläche).

Farbveränderungen in Form von zum Beispiel photochemischen Abbauprozessen der farbgebenden Substanz oder von Verdunklungen des Bindemittels werden während der Dokumentation festgehalten, wo sie im Vergleich zu verdeckten, vor Lichtstrahlen geschützten Bereichen identifizierbar sind .

Erstellt man fotografische Aufnahmen einer Oberfläche im unsichtbaren Spektralbereich, in dem für uns nicht sichtbaren nahen Bereich der ultravioletten (UV) und infraroten (IR) Strahlung, so können für unser Auge nicht sichtbare Phänomene erkennbar werden und bei der Identifikation von Pigmenten, Bindemitteln und auch Untermalungen behilflich sein.

Eine Kamera mit Empfindlichkeit für die dem optischen Licht nahen IR-Strahlen kann je nach Dichte eines untere Schichten überdeckenden Pigment-Bindemittelsystems, Strukturen wie Zeichnungen und Schriften unterhalb der obersten Lackschicht sichtbar machen (siehe Abb. 7.3, S. 102, IR- Aufnahme einer Beschichtung mit verdeckter Beschriftung).

Auch können mittels thermischer IR-Strahlung kalte und warme Stellen eines Objekts farblich charakterisiert werden und damit einen Hinweis auf die Wärmeleitfähigkeit der Materialien und auf Unterschiede in der Materialstruktur geben.[5]

---

5 Mairinger 2003, S. 58.

Abbildung 7.3:

IR-Aufnahme

Eine unter der Deckbeschichtung liegende Beschriftung wird inklusive ihrer Ober-
flächentextur sichtbar. Detailaufnahme gelb markiert. Laufspuren und Pinselstriche,
Merkmale für unterschiedliche Applikationsverfahren, sind rot markiert.

IR-Aufnahme an der Hecktür eines Elektro-Lastwagens der Maschinenfabrik Esslingen,
dem „Wittler-Brotwagen", Baujahr 1942. Restaurierungs-Projekt in Kooperation
mit der Stiftung Deutsches Technikmuseum Berlin und der HTW-Berlin.
Foto: Andreas Ohde (2011).

Im ultravioletten Licht unterschiedlicher Wellenlängen können Bindemittel
und oberflächennahe Pigmente differenziert werden. Schellack zum Beispiel reflektiert im ultravioletten Licht orange und das häufige Pigment Zinkweiß zeigt
eine gelbgrüne Farbe.

Die historische Zuordnung eines im Laufe der Zeit entstandenen Beschichtungssystems kann mittels naturwissenschaftlicher Analyse durch die Entnahme von kleinen, die gesamten Schichten umfassenden Proben gewonnen werden.
Durch Einbettung der Probe in Kunstharz und ihrem Anschliff lässt sich ein
deutliches mikroskopisches Bild der Schichtabfolge erstellen. So können die zu
unterschiedlichen Zeiten aufgebrachten Beschichtungen identifiziert und differenziert werden. Durch auf große Flächen verteilte systematische Probeentnah-
men lassen sie die Abfolgen von Ergänzungen und Neulackierungen eruieren.
Darüber hinaus werden Bau und Ersatzteile, die von einem anderen Objekt
desselben Typus stammen, identifiziert (siehe Abb. 7.1 unten, S. 94, Kartie-

rung von unterschiedlichen Schichtabfolgen an den Oberflächen des Gutbrod Atlas 800).

Pigmente können an den Schliffen durch UV-Anregung oder strukturell unter dem Mikroskop erkannt werden. Vom oben bereits erwähnten Pigment Zinkweiß lassen sich unter UV-Anregung die deutlich fluoreszierenden Pigmentkörner identifizieren (siehe Abb. 7.4, S. 103, Querschliff unter UV-Anregung).

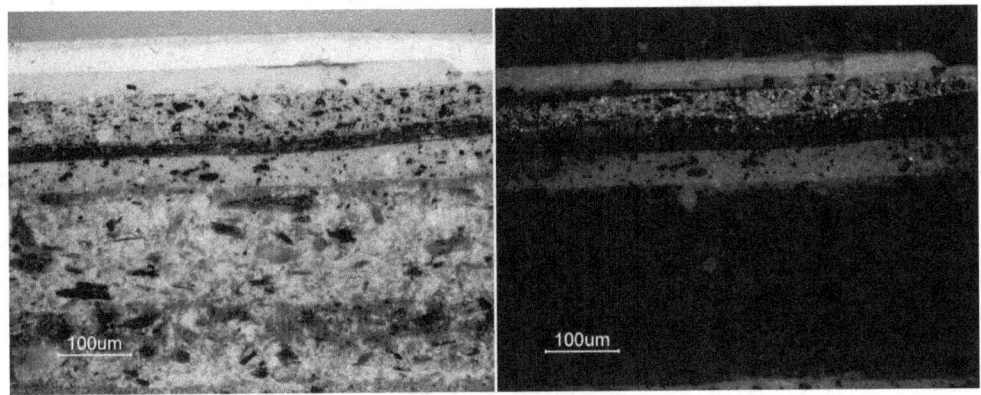

Abbildung 7.4:
Beispiel für den Querschliff / Anschliff einer Beschichtungsprobe;
rechts unter UV-Anregung deutlich zu erkennen
die fluoreszierenden Pigmentkörner des Zinkweiß.

Querschliff-Probe des 1 m-Spiegelteleskops der Hamburger Sternwarte.
Foto: Beatrix Alscher (2005).

Durch die Entnahme winziger Proben eines Pigments oder Bindemittels für mikrochemische Testreaktionen erhält man Hinweise auf deren Substanzgruppe oder Zusammensetzung. Nicht selten bieten diese Tests anhand eines Farbumschwungs für eine bestimmte Gruppe von Substanzen eindeutige Ergebnisse. So verfärbt sich etwa das davor schon erwähnte alte Pigment Bleiweiß bei der Zugabe von Natriumsulfid schwarz. Oft genug erscheint es aber durch schweflige Umweltgase verändert per se oberflächlich schon schwarz. Aus den umfangreichen Möglichkeiten, ein Bindemittel einer chemischen Gruppe zuzuordnen, sei hier der Nachweis für einen CN-Lack mit einer Diphenylaminlösung erwähnt: Die Probe wird in die Lösung gezogen; verfärbt sich diese dabei blau, ist ein Cellulosenitrat als Bindemittel zu vermuten. Des Weiteren gibt es die Möglichkeit, Bindemittelsysteme durch ihre Reaktion auf histochemische Anfärbungen zu differenzieren.

Zusätzlich zu diesen Methoden bieten zahlreiche analytische Geräte, die zum Beispiel die Transmission oder Reflexion von auf eine Substanz einwirkenden Strahlen oder Energien messen, Aufschluss über die chemische Struktur von Pigmenten, Bindemitteln und Füllstoffen. In der Zusammenarbeit von einem auf die Erhaltung von Kulturgut spezialisiertem Naturwissenschaftler und einem Restaurator, die beide mit Erfahrung und gezielten Fragestellungen eine Analyse durchführen, können so die beteiligten Materialien mit hoher Wahrscheinlichkeit korrekt identifiziert werden.

7.6 Bedeutungsebenen

Der Gehalt an „Intangibles" den eine gealterte Oberfläche zu bieten hat, lässt sich vom Betrachter häufig nur erahnen. Daher ist es für ein Konzept der Erhaltung, in dem alle Bedeutungsebenen am Objekt verdichtet wahrnehmbar sind, essentiell, dass die unterschiedlichen Bedeutungsebenen eines Gegenstandes präzise identifiziert werden und jederzeit abrufbar und deutlich formuliert vorliegen.

Die „besondere Bedeutung" gilt es mit definierten und doch für spätere neue Erkenntnisse offenen Inhalten zu füllen, damit eine konzeptionell und ästhetisch vielschichtige Restaurierung durchführbar ist, die nicht in diffusen Romantizismen versinkt.

Abschließend kann am Beispiel des 1 m-Spiegelteleskops der Hamburger Sternwarte die Relevanz solcher Bedeutungsebenen gut veranschaulicht werden:

An dem in den Zehnerjahren des 19. Jahrhunderts erbauten Präzisionsinstrument lassen sich heute viele Zeitschichten nebeneinander finden. Hieraus lassen sich verschiedene Bedeutungsebenen erschließen, die anhand von „Gebrauchsspuren" nachvollziehbar werden. Solche Gebrauchsspuren im Sinne einer „Brücke zur Vergangenheit"[6] bilden besonders die Um- und Anbauten, die das Instrument im Rahmen seines wissenschaftlichen Einsatzes erfahren hat. Sie vergegenwärtigen den Anspruch astronomischer Forschung an die Teleskop-Technik im Allgemeinen und an die Teleskop-Optik im Speziellen. Astronomische Technikgeschichte wird somit inklusive deren individueller Umsetzung am Instrument nachhaltig veranschaulicht (siehe Abb. 7.5, S. 105, Um- und Anbauten am 1 m-Spiegelteleskop).

Spuren des Gebrauchs geben Aufschluss über eine spezielle Benutzung oder eine Eigenart des Benutzers. All diese Indizien finden wir vorwiegend an der Oberfläche der Objekte, z. B. als Abrieb intensiv genutzter Stellen, als Einker-

---

6 Kühn 1989, S. 116.

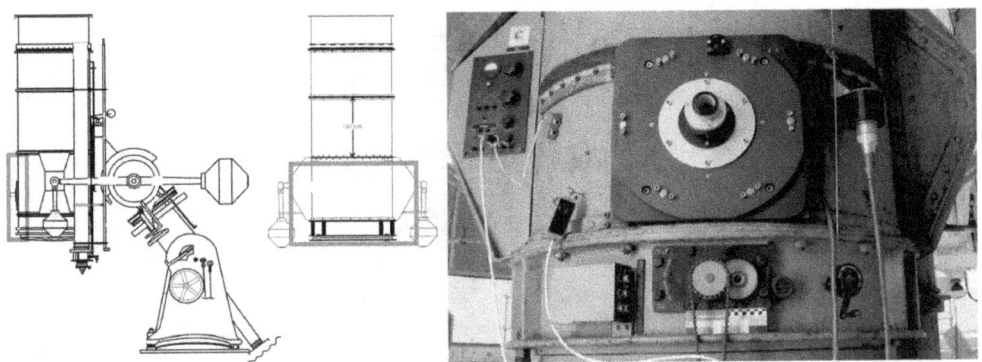

Abbildung 7.5:
Das 1 m-Spiegelteleskop der Hamburger Sternwarte.
Um- und Anbauten bieten einen geschichtlichen Transfer
von astronomischer Forschungsgeschichte.

Querschliff einer Beschichtungsprobe des 1 m-Spiegelteleskops der Hamburger Sternwarte.
Foto: Beatrix Alscher (2005).

bungen die als Hilfsmarkierungen dienten oder in bereits beschriebenen Um- und Anbauten (siehe Abb. 7.6, S. 106, Gebrauchsspuren).

Zu den Gebrauchsspuren gehören auch die während der Einsatzzeit erfolgten Ausbesserungsarbeiten an der Oberfläche des Teleskops, und die daraus resultierenden Überlackierungen. Die „Jahresberichte der Hamburger Sternwarte" belegen als historische, literarische Quelle eine bestimmte Pflegetradition. Der jetzige Zustand der Oberfläche repräsentiert jedoch auch die Vernachlässigung dieser Pflege in den letzten 30 Jahren.

In dem breit gefächerten Aufgabenfeld der Restaurierung muss diese Zustandssituation genauestens „durchleuchtet" werden, um anhand von historischer Recherche, naturwissenschaftlichen Untersuchungen, Klärung der Herstellungstechniken etc. ein dem Objekt gerechtes und seinem Aussagegehalt angepasstes Konzept der Erhaltung zu erarbeiten.

Das 1 m-Spiegelteleskop der Hamburger Sternwarte erfüllt die von der UNESCO-Welterbekommission geforderten Voraussetzungen der „Einzigartigkeit, der Authentizität (historische Echtheit) [und] Integrität (Unversehrtheit)".[7] Das Konzept der Erhaltung folgt daher den Forderungen der UNESCO-Welterbekommission „Authentizität und Integrität" zu wahren, höchste Priorität auf

---

7 Ringbeck 2009, S. 66.

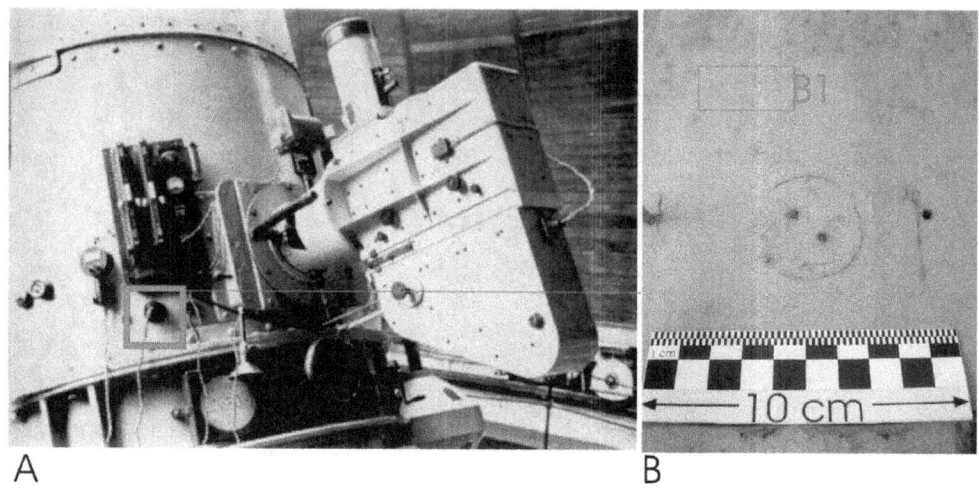

Abbildung 7.6:
Beispiel für Gebrauchsspuren an der Tubus-Oberfläche des 1 m-Spiegelteleskops der
Hamburger Sternwarte. Die in Aufnahme A abgebildete Steckverbindung lässt sich
heute noch auf der Oberfläche nachweisen. Knapp darüber in Aufnahme B rot
markiert befindet sich die mit Bleistift ausgeführte Notiz: 350 mA.

Aufnahme A: Archiv Hamburger Sternwarte, Aufnahme B: Beatrix Alscher (2005).

Konservierung zu legen und restauratorische Maßnahmen im Hinblick auf den
Erhalt ästhetischer und historischer Werte enge Grenzen zu setzen.

Es kann resümiert werden, dass Oberflächenphänomene vom Restaurator
genauestens zu untersuchen sind, um sie durch die Konservierung und Restaurierung am Objekt wahrnehmbar zu machen. Ist eine Oberfläche beschichtet, bieten Aufbau und Zusammensetzung des Beschichtungssystems sowie die
Technik deren Applikation für die historische Kontextualisierung eines Objekts
wesentliche Informationen. Mittels naturwissenschaftlicher Untersuchungen ist
die stoffliche Zusammensetzung zu eruieren mittels mikroskopischer Betrachtung können die Schichtabfolgen eines Systems gezeigt und beschrieben werden. Ebenfalls mikroskopisch lassen sich Strukturen in einer Oberfläche einer
bestimmten Herstellungstechnik oder einer Nutzung und eventuellen kontinuierlichen Pflege zuweisen.

Bewahrt der Restaurator durch seine Arbeit wesentliche historische Spuren
in einer Oberfläche als Hinweis auf die Bedeutungsebenen eines Objekts, setzt
dies voraus, dass er sie nicht nur materialtechnisch identifizieren kann sondern

auch in ihrer die Tiefe des Daseins berührenden ästhetischen Qualität versteht. Für eine gute Konservierung ist es unabdingbar, zu verstehen, was man sieht und zu erhalten, was dem Objekt seine historische Dimension, seinen Wert als Kulturgut bewahrt.

7.7 Bibliographie

Janis, Katrin: *Restaurierungsethik im Kontext von Wissenschaft und Praxis.* München: Martin Meidenbauer Verlag 2005.

Kühn, Hermann: Gedanken zur Restaurierung von historischen Gegenständen der Technik und Naturwissenschaften. In: *Kunsttechnologie/ Restaurierung* (1989), Sonderheft, S. 112–125.

Mairinger, Franz: *Strahlenuntersuchung an Kunstwerken.* Hg. v. Ulrich Schiessl. Leipzig: Seemann 2003.

Ringbeck, Brigitta: Anforderungen und Verpflichtungen der Welterbe-Konvention aus Sicht der Denkmalpflege in Deutschland. In: *Welterbe-Manual. Handbuch zur Umsetzung der Welterbekonvention in Deutschland, Luxemburg, Österreich und der Schweiz.* Hg. von den UNESCO-Kommissionen Deutschlands, Luxemburgs, Österreichs und der Schweiz. Bonn: Deutsche UNESCO-Kommission 2009, S. 66–68.

Van de Wetering, Ernst: Die Oberfläche der Dinge und der museale Stil. In: *Maltechnik / Restauro* (1982), Heft 2, S. 98–102.

Weiterführende Literatur

Keller-Kempas, Ruth: *Der Gutbrod Atlas 800, ein Restaurierungsprojekt der FHTW Berlin in Kooperation mit dem Deutschen Technikmuseum Berlin,* siehe unter `http://krg.htw-berlin.de/abgeschlossene_projekte`.

Keller, Ruth: *Erhaltung von Sachzeugnissen der Industriekultur, Restaurierung von Technischem Kulturgut an der FHTW/HTW Berlin.* Rückblick und Ausblick, Erster Teil: I Das Fachgebiet, Dokumentation. In: *Beiträge zur Erhaltung von Kunst- und Kulturgut, VDR* 1 (2010), S. 86–104 und Zweiter Teil: III Konzept der Erhaltung, IV Konservierung und Restaurierung. In: *Beiträge zur Erhaltung von Kunst- und Kulturgut, VDR,* 1 / 2011, 96–113.

Alscher, Beatrix: The 1m-Reflector of the Hamburg Observatory: An Object of Technical Heritage – a Preservation Concept. In: Wolfschmidt, Gudrun (ed.): *Cultural Heritage of Astronomical Observatories – From Classical Astronomy to Modern Astrophysics.* Proceedings of the International ICOMOS Symposium in Hamburg, October 14–17, 2008. Berlin: hendrik Bäßler-Verlag (International Council on Monuments and Sites, Monuments and Sites XVIII) 2009, S. 293–303.

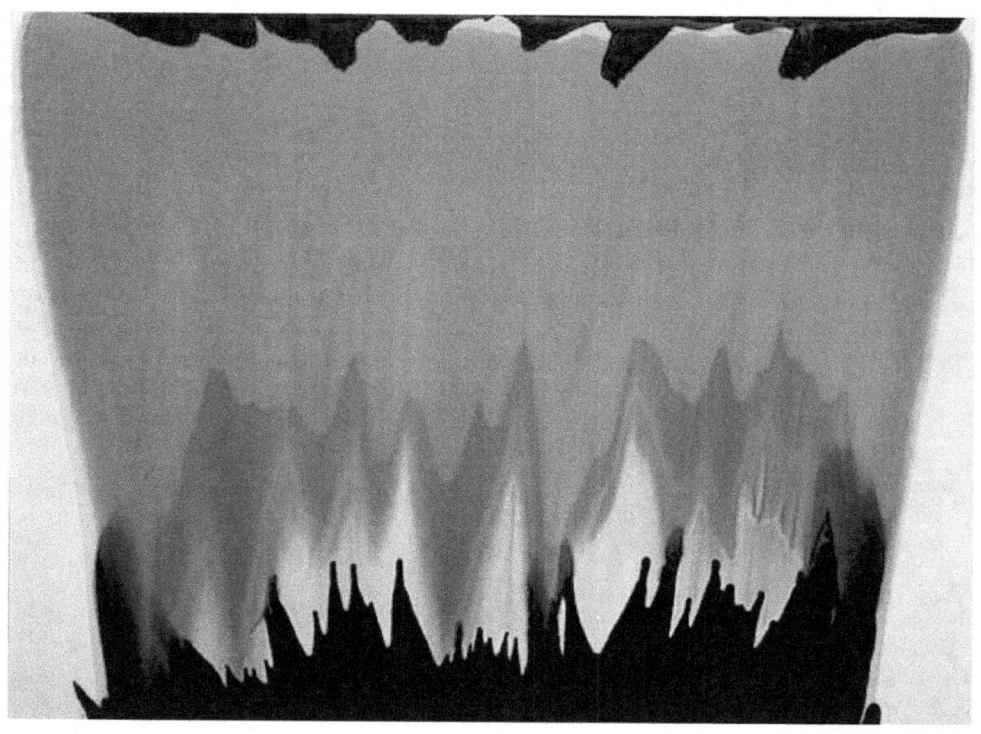

Figure 8.1:
Morris Louis, „*Saf Dalet*"' 1959,
249,9 cm → 342,9 cm, Paul Kasmin Gallery, New York

Soak and stain. Morris Louis und die Weisheit der Farbe

Oliver Jehle (Regensburg)

8.1 Abstract

In 1949, after the movement of the abstract expressionism, the thin acrylic paints by the company Magna offered new artistic possibilities: Compared to the pastose applied streaks that characterized the post-war painterly abstraction movement, the soak and stain technique gives the impression of an acheiropoietons, a coloured image which is not produced by man. In the soak and stain technique, the colour pigments had the texture similar to those of watercolours and were therefore applied onto an unprimed canvas and could thus be completely absorbed by it. The incarnation of form in the material seemingly occurred without human help. However, the effect is hereby not worn out. We are able to see something which in fact cannot be – that is to say we see the surface colours and at the same time an intangible, pulsating deep space.

The fact that the colours can be experienced visually – solely as a plane coloured surface – is the intellectual order of the day. Similar to the works of Kandinsky, the purely visual quality of colour is connected to the spiritual and, moreover, the colour is assigned the role of opening and expanding the area of the image (Clement Greenberg). Thus, the Magna colour is transferred into a medium of the sublime.

„Avoid painting anything that has been done before.
Go to museums if you must but destroy any work of your own
that is even vaguely reminiscent of the past."[1]
Morris Louis

„Saf Dalet" – so lautet der Titel, den Morris Louis einem seiner Bilder gab (Abb. 8.1, S. 108). Dicht unter dem oberen Bildrand, ja teilweise von diesem überschnitten, sieht man die Ansätze von transparenten braunen und – ein wenig darunter – orangefarbenen bis rötlichen Farbbahnen, die sich der Schwerkraft folgend nach unten ausbreiten. So verdankt sich die Ausdrucksqualität dieses großen Bildraumes allein der Wirkmacht fließender Farben. Übersetzt man allerdings den Titel des Bildes, tritt man erstaunt einen Schritt zurück: *„Weisheit vier"* lesen wir dort und dürfen erkennen, wie deutlich noch 1959 Spuren westlicher Chromophobie den Kunstdiskurs durchzogen. Denn mit dem Wort der *sophia*, der Weisheit, belegt Louis die Farbwerte, die sein Bild bestimmen und zugleich nennt er ihre Anzahl: Vier sind es, vier Farben, die zur Weisheit führen, lassen wir uns nur ein auf die chromatische Sensation, die uns sein Bild bietet. Louis wusste darum, dass die akademische Tradition Farben weder eine Verbindung mit dem Hoheitsbereich des Denkens gestattete, noch ließ sich seit den Zeiten Platons eine gesteigerte Affinität von Farbe und Weisheit konstatieren.[2]

Ohne die Angst schüren zu wollen, Farbe könne gefährliche Nebenwirkungen haben, betritt doch jeder, der von Farbe handelt, eine *agora* – und sei es der Turnierplatz der Metaphern und Begriffe. Seitdem *colore* und *disegno* den Kunstdiskurs eroberten, sieht die akademische Malerei das bildliche Medium zerfallen in die Opposition von Zeichnung und Farbe: Mit diesen Begriffen unterscheidet bereits die Kunsttheorie der Renaissance die zwei konstitutiven Prinzipien der bildkünstlerischen Tätigkeit. Allein durch die Zeichnung, so die Überzeugung der Akademien, gewinnt die Malerei ihre intellektuelle Dimension, da sie als Träger der künstlerischen Idee fungiert.[3] Wie Jackson Pollock und andere Mitglieder der sogenannten *First Generation of Abstract Expressionists* zeichnete Morris Louis obsessiv, sei er doch wie ein einmal in Fahrt gekommener Zug kaum mehr anzuhalten, wie Clement Greenberg nach einem Treffen 1953 bemerkte.[4] Greenberg, der längst auf dem Weg dazu war, offizieller Interpret der New Yorker Avantgarde zu werden, besaß ein scharfes Auge und legte Maßstäbe an die zeitgenössische Kunst an, die er in der Auseinanderset-

---

1 So ermahnte Morris Louis seine Studenten. Elderfield 1986, S. 19.
2 Grundlegend hierzu Lichtenstein 1993.
3 Didi-Huberman, 1990, S. 31–51.
4 Elderfield 1986, S. 10.

zung mit dem Emigranten Hans Hofmann erworben hatte: Jede gegenständliche
Ikonographie sei abzulehnen; und suche der Künstler nach dem Ausdruck des
Absoluten, so habe er zwangsläufig das Medium der Kunst zu erobern – die
Malfläche, die es rein zu halten gelte von jedem Motiv der Außenwelt. *„Die
Freiheit der Malerei, so wie Greenberg sie verstand, war eine Freiheit von den
üblichen Bildern.“*[5] Louis arbeitete noch in einem am Surrealismus orientierten
Stil, der seinen Zeichnungen einen gewissen Erfolg sicherte, ohne dass er einen
eigenen Ausdruck gefunden hätte: Allerding offenbaren die Zeichnungen aus
dem Jahr 1950–51 eine besondere Empfänglichkeit für die Frage, wie abstrakte
Kunst erfolgreich zu formulieren sei, die auf dem Medium der Zeichnung fußt.
Auf einer monochromen Fläche überziehen in *Charred Journal: Firewritten II*
(Abb. 8.2, S. 112) Linien in wirbelnden Bewegungen das Bild und machen
es, im Sinne des *all-over*, zu einer dezentrierten Oberfläche, die in ihrer abstrakten Formsprache alle Illusion einer Tiefenräumlichkeit verneint. Anstelle
der tradierten Totalität einer klassischen Komposition bietet Morris Louis vielmehr ein unteilbares Stück Textur; und zudem unterbindet der Einsatz der
Acrylfarbe im Gegensatz zu einer mit Feder oder Zeichenstift gezogenen Linie
die Ausbildung dessen, was Max Imdahl als „Vergegenwärtigungspotential" der
graphischen Linie bezeichnet hat: Das Vermögen der Zeichnung, in den flachen Untergrund der Leinwand oder des Papiers die Illusion einer naturnahen
Darstellung von Raum und Figur einzutragen. Morris Louis' Linien geben die
überlieferte Funktion als Kontur auf, sie definieren nicht mehr als Umrisslinien
die Ausdehnung eines Körpers im Raum, sondern bringen einen rein optischen
Raum hervor, aus dem alle skulpturalen Illusionen vertrieben sind.

Ohne eigenes Gewicht, schwerelos und allein im Modus der optischen Erscheinung gegenwärtig, so sollen die Bilder sein, die auch Greenberg sich wünschte,
kaum hatte er im Winter 1951/52 die große Matisse-Retrospektive im *Museum
of Modern Art* in New York gesehen.[6] War dem Großmeister der Kunstkritik
der Abstrakte Expressionismus und seine aus den Errungenschaften des Kubismus abgeleitete Formensprache fad geworden, richtete sich sein Blick auf
Henri Matisse und auf den Impressionismus, da in deren „Modernismus", so
Greenberg, eine fortdauernde Selbstkritik der Kunst am Werk sei. Deren Sinn
liege darin, die „Natur" des künstlerischen Mediums zu immer größerer Reinheit zu führen. Für die Malerei hieße das, sich auf die (Ober)Fläche, den Umriss
des Bildträgers und die Eigenschaften der Farbstoffe zu konzentrieren: Dieser

---

5 Belting 1998, S. 425.

6 *„Like any other artist, Matisse worked at first in borrowed styles; but if he appears to have
proceeded rather slowly toward the discovery of his own unique self, it was less out of lack
of self-confidence than because of very sophisticated scruples about his truth."* Greenberg
1952, S. 146.

Abbildung 8.2:
Morris Louis, *Charred Journal: Firewritten II*,
National Museum of American Art, Washington, D. C.

Prozess der Selbstreinigung der Malerei ziele darauf, das Bild zum Ort einer *„ausschließlich optischen Erfahrung"* zu machen. Gemessen an diesen Maßstäben musste Matisse als Modernist gelten: Während des fauvistischen Sommers 1905, den er mit André Derain im südfranzösischen Collioure verbrachte und in dessen Verlauf er malend zum Protagonisten der Avantgarde wurde, suchte Matisse danach, in seinen Komposition die Farben zum Singen zu bringen, *„ohne [sich] an Regeln und Verbote zu halten"*.[7] Gibt die große Komposition *Die Lebensfreude*[8] und die dem Bild unterliegende Zeichnung vor, die Lebensfreude, das mythologische *Goldene Zeitalter* darzustellen. Pochen die Werke Henri Matisses vor nervöser Farbenergie, ergreift die aufwühlend primitivistische Gesamtwirkung den Betrachter.[9] Ein allgemeiner Farbklang, in dem Matisse alle distinkte Form aufhebt, ein Rot, in das er seine Figuren und Landschaften taucht, werden für Matisse zu Elementen einer paganen Lebenslust, zu Flammen des Goldenen Zeitalters. Zeitlebens suchte Matisse in seiner Farbästhetik das irdische Paradies – in der Überzeugung, dass das Paradies allein in der Malerei in Erscheinung trete. Und so leuchten seine Farben vom Verlangen nach Wildnis: *„Bei mir ist die Farbe eine Kraft"*, schreibt Matisse noch 1942. *„Meine Gemälde setzen sich aus vier oder fünf Farben zusammen, die aufeinanderprallen und ein Energiegefühl verursachen."*[10]
Diese offenen Farbrelationen, die von ordnenden, nicht notwendig konvergierenden Kräften durchquert wird, setzte eine völlige Verschiebung der traditionellen Kunstideen voraus. So wird die Zeichnung nicht mehr als Umriss einer in sich geschlossenen Fläche gefasst, die in einem Verhältnis von struktureller und hierarchischer Komplementarität enthalten ist. In den Jahren des Fauvismus stellt Matisse fest, dass die Ausdrucksfähigkeit der Farbe in deren extensiven und intensiven Bezügen, d. h. in ihren gegenseitigen Quantitäten, gründet. Die Anordnung des Werkes ist mithin nicht mehr in der Architektur einer der Farbe vorgeordneten Bildvorzeichnung begründet, vielmehr hat sich die Zeichnung in der energetischen Kombination der Farben selbst und durch sie auszuzeichnen. Die neue Notwendigkeit, die Zeichnung mit den als mehr oder minder große Flecken oder Flächen aufgetragenen Farbquantitäten zu verbinden, führt Matisse zu einer Vereinfachung der Formen diesseits jedes deskriptiven Ziels. So zielt die ästhetische Wirkung entfesselter Farben nicht

---

7 Matisse 1972, S. 93, Anm. 40.
8 Bois 1993, S. 12–57, hier: S. 40–41.
9 Diese Spannung reicht bis in die traditionellen literarischen Formen hinein, aus dem das Gemälde seine Ikonographie bezieht. So sind in diesem „Pastoral des Naiven" unterschiedliche Vorstellungen vom irdischen Paradies kombiniert, in dem sich die dionysische Freuden der Bacchanalen mit der Klarheit einer apollinischen Hirtenszene durchdringen. Gowing 1988, S. 238.
10 So Matisse in einem Brief an Pierre Courthion aus dem Jahr 1942. Courthion 2004, S. 173.

mehr darauf, den Figuren eine distinkte Schönlebendigkeit mitzuteilen oder sie durch Licht und Schatten zu modellieren, sondern vielmehr dahin, sie chromatisch auf ihre Umgebung hin zu öffnen. Bestimmt die Kontur, die vorgibt, als breite und kraftvoll gesetzte Linie die Figuren zu umschreiben, diese gerade nicht mehr als definite Körper und Volumen, entgrenzt sie vielmehr die Körper und verwebt sie mit den Landschaftsflächen. In einer paradoxen Wendung wird ihre sowohl spiralförmige wie wellenartige, konzentrisch sich ausbreitende Ausdehnung zum quantitativen Ausdruck derjenigen Kraft, die der Farbe innewohnt. Matisse entwirft so einen rein optischen Raum, in dem weder die Konturlinie noch das Relief von Hell und Dunkel eine Rolle mehr spielt, seine künstlerische Wahrheit, sein „unique self" wie Greenberg schreibt, findet der Franzose im Medium der Farbe, die ihm zum „Energieherd"[11] wird. Nicht die Bildformel eines akademisch gewordenen Kubismus, sondern die Energie der Farbe gilt es auszudrücken: Sie gehört dem Leben an und muss den Ausdrucksmitteln der Kunst inhärent sein, denn *„zwischen dem Lebensgefühl und der Art, wie ich es übersetze, vermag ich nicht zu unterscheiden"*, so Matisse in den *Notes d'un peintre*.[12] Der Ort, an dem sich diese Lebensenergien entladen ist der Ort reiner Sichtbarkeit. Interessanterweise hatte auch Morris Louis seine Studenten immer und immer wieder auf das energetische Farbwerk des Henri Matisse verwiesen, ohne von Clement Greenbergs panegyrischen Beschreibungen des Franzosen gewusst zu haben.[13] Er selbst allerdings bedurfte einer Begegnung mit einem anderen Werk, um sich einen produktiven Zugang zu Matisses Farbmalerei zu erschließen.

Es war ein Wochenende im April des Jahres 1953, das Morris Louis und Kenneth Noland in New York verbrachten. Sie trafen Greenberg in der Cedar Bar, besuchten Galerien, sahen Bilder von Jackson Pollock und schließlich am Samstagabend das Atelier der jungen Helen Frankenthaler, in dem sie fünf Stunden verbrachten, ohne dass die Künstlerin anwesend gewesen wäre. Stattdessen war ihre vollkommen neue Bildsprache in den Fokus der Bewunderung gerückt: Ein Bild von 1952, „Mountains and Sea" (Abb. 8.3, S. 115), wurde so enthusiastisch von den Besuchern aufgenommen, dass Louis und Noland in den folgenden Jahren nicht nur ihre Arbeitsmethoden, sondern auch die Konzeption ihrer Bilder grundlegend veränderten. Allerdings waren die Lösungen, die Frankenthalers Bild boten, zugleich Herausforderungen, denen es sich zu stellen galt; deshalb dauerte es nahezu zehn Monate, ehe Louis so zu malen begann, dass das ferti-

---

11 Matisse 1972, S. 162, Anm. 9.
12 Matisse 1972, S. 42.
13 Elderfield 1986, S. 13.

Abbildung 8.3:
Helen Frankenthaler, *Mountains and Sea*, 1952,
The National Gallery of Art, Washington D. C.

ge Werk seine Wahrheit zu transportieren vermochte.[14] In seinem Beitrag für
Art International wird Greenberg diese Konversion 1960 als Wendung Morris
Louis' gegen den Kubismus und damit als dezidierte Verneinung des Skulpturalen in der Malerei beschreiben – eine Einordnung, die man mit Blick auf Matisse
und dessen Feier chromatischer Großereignisse um den energetischen Eigenwert
der Farbe zu ergänzen hat. Der Gang ins Atelier und Louis affektive Reaktion
auf das Bild Frankenthalers seien Stationen der Befreiung, da er nun fast ausschließlich im Sinne einer offenen Farbe zu fühlen, zu denken und zu entwerfen

---

14 „*For a year after they came back*", erinnert sich Howard Mehring, „*Mountains and Sea
was all that Ken and Morris talked about.*" Carmean 1976, S. 71.

begonnen habe.[15] Stehe der Kubismus für dezidierte Formen und hart gezogenen Konturlinien, für den Kampf von Licht und Dunkelheit, so beschreibe die
Farbe Zonen und Areale, deren graduelle Abstufungen und Durchdringungen
eher dadurch zu erzielen sei, dass man die Tonwerte variiere als den Farbwert.
Machte Michael Fried, selbst Schüler Clement Greenbergs, darauf aufmerksam,
dass Louis' chromatische Originalität und außerordentliche Begabung für die
Farbe, um überhaupt sichtbar zu werden, den Befreiungsschlag durch die Kon-
frontation mit dem Bild Helen Frankenthalers bedurfte, so ist es vor allem die
Übernahme ihrer Technik des *soak and stain*, die Morris Louis den Weg wies.
Helen Frankenthaler verwendete stark verdünnte Acrylfarben[16] und trug diese
so auf ungrundierte Leinwände auf, dass sich diese mit der Farbe vollsaugten.
„Frankenthaler showed us a way – a way to think about, and use, color."[17] Das
Denken der Farbe zielt dabei auf eine rein visuelle Illusion. Im Sinn der Op-
tikalität soll der Tastsinn des Betrachters so wenig wie nur möglich angesprochen werden. Allerdings ist damit nicht gemeint, jegliche technische Meisterschaft solle verneint werden, die aus dem flachen Bildträger einen realistischen
Bildraum erstehen lasse, sondern der Betrachter solle weder die Materialität
des Farbauftrags noch die physische Präsenz des Malträgers überhaupt wahrnehmen, Farbe allein und ihre Ausdehnung habe die perzeptiven Vermögen des
Betrachters in ihren Bann zu schlagen. Die verneinte Taktilität von Leinwand
und Farbe als Material sieht Greenberg in den Werken Louis' verwirklicht und
lobt dessen „emphasis on opticality". Louis mache die Farbe rein optisch erfahrbar, seine Bilder böten eine flache farbige Oberfläche, bei der die Anmutungen
des Taktilen unterdrückt sind. Ähnlich wie bei Kandinsky, der das Drama der
reinen Farbe aufführen und zur absoluten Kunstform erheben wollte, wird das
rein Visuelle, Optische mit dem Geistigen in Verbindung gebracht. Clement
Greenberg schreibt: *„Das Resultat besteht darin, dass die Farbe nicht nur als
etwas rein Geistiges und somit Optisches existiert, sondern dass sie ebenfalls
die Rolle erhält, die Bildfläche zu öffnen und zu erweitern."*[18] Sprach Kandinsky unablässig von der Befreiung der Farbe, um *„Bilder zu schaffen, die als rein
malerisches Wesen"* entstünden, boten die dünnflüssigen Acrylfarben Morris
Louis eine offensichtliche Möglichkeit, das Moment des *Malerischen* zu umge-
hen. In der Verwendung der Magna-Farben ließ sich eine Faktur erzielen, die so
glatt erschien, dass dahinter kaum mehr ein malendes Subjekt vermutet wur-

---

15 *„He began to feel, think and conceive almost exclusively in terms of open color."* Greenberg
   1960, S. 28.
16 Im Jahre 1949 hatte die Firma Bocour Artist Colors ein Sortiment von Acrylfarben, die
   in Terpentin gelöst waren, unter dem Namen Magna eingeführt.
17 Zitiert nach Truitt 1961, S. 20.
18 Greenberg 1993, S. 97.

de – fern jeder persönlichen Handschrift, die sich im pastosen Farbauftrag wie eine Spur subjektiver Meisterschaft in die Leinwand einschreibt. Waren *marks* und *strokes* seit dem 18. Jahrhundert als Markierungen eines sich der Leinwand einschreibenden Künstlers zumindest Teil der Rhetorik des unklassischen Bildes,[19] zelebriert die *soak and stain*-Malerei die Askese der Vergeistigung: Mit ihrem unkörperlichen Farbauftrag und dem Einsatz einer neuartigen Farbmaterie, die in ihrer Dünnflüssigkeit die Assoziation mit der *„schönen, dicken, fetten Farbe"*,[20] von der Eugéne Delacroix in seinem *Journal* schreibt, und lustvoll pastosem Auftrag in die Asservatenkammer des dekadenten 19. Jahrhunderts verweist, erschließt sich die Farbmalerei Morris Louis' den Hoheitsbereich des Denkens, der ehedem der Zeichnung, der Umrisslinie und dem „Vergegenwärtigungspotential" der graphischen Linie vorbehalten war. Ohne auch nur eine Konturlinie zu ziehen oder als malendes Subjekt in Erscheinung zu treten, erobert sich Louis Denken nicht nur die *„open color"* (Greenberg), sondern auch die energetischen Farbfelder eines Matisse, um sie sogleich in der subtilen, ja immateriellen Faktur wieder aufzulösen.[21]

„Saf Dalet" ist ein Bild von erstaunlichen Abmaßen. Auf 249,9 → 342,9 cm füllen verfließende Farbbahnen fast die ganze Bildfläche der Breite nach aus, wobei sie ein sich nach unten verjüngendes Trapez bilden. Ein wenig unterhalb des Ansatzes der orangefarbenen Bahnen setzt – diese wenn nicht überdeckend, so doch ergänzend – eine ähnliche Zone halbtransparenter rötlicher Farbbahnen ein, die gelegentlich aber auch ihrerseits von orangefarbenen Bahnen überlagert wird, so dass ein kompliziertes Muster senkrechter Streifen entsteht, die von unterschiedlich hellen und unterschiedlich gesättigten Farbzonen gebildet werden und in spitzen Dreiecken auslaufen. Vom unteren Rand des Bildes steigen wie züngelnde Flammen dunkelbraune, fast schwärzliche Farbbahnen auf, die – gemeinsam mit den braunen Bahnen des oberen Bildrahmens – eine Art Binnenrahmung ausbilden, die hart auf Zonen größter Helligkeit treffen. Dort, so scheint es, leuchtet die ungrundierte Leinwand. Seitlich der schwarzen Flammen flimmert links und rechts ein Dreieck, ein schmales Stück der Leinwand, während am oberen und unteren Bildrand sich die Zone größter Dunkelheit findet. Die stärkste Bildfarbigkeit hingegen erblickt man in den Rottönen der unteren Bildhälfte, während links und rechts außen die stärksten Helligkeits-

---

19 Busch 2009, S. 220.
20 Lüthy 2001, S. 227–254.
21 *„Louis spills his paint on unsized and unprimed cotton duck canvas, leaving the pigment almost everywhere thin enough, no matter how many different veils of it are superimposed, for the eye to sense the threadedness and wovenness of the fabric underneath. But ,underneath' is the wrong word. The fabric being soaked in paint rather than merely covered by it, becomes paint itself, color in itself, like dyed cloth the threadedness and wovenness are in the colour."* Greenberg 1993, S. 97.

kontraste zu beobachten sind. Sie dienen zur Belebung des riesigen Farbflusses, doch sind sie in unserem peripheren Gesichtsfeld angeordnet: eine chromatische Ordnung, die einer Konzentration des Blicks auf die Bildmitte entgegen wirkt. Da die Unterkante des Bildes die senkrechten Farbbahnen abrupt abschneidet, ist man zudem geneigt, letztere als jenseits dieser Kante fortlaufend anzusehen. Alles fließt und so wird dem Betrachter der Boden entzogen. Natürlich wird sich durch die Anmutung fließender Farben ein Gefühl einstellen, die Sicherheit des eigenen Standpunktes sei gefährdet, unterbindet Louis doch auch die Orientierung an einer Halt bietenden Horizontlinie. Das Dünne und Wässrige der *soak and stain*-Technik gewinnt so eine eigene Plausibilität. Der Prozess der malerischen Entstehung und damit das Bewegungspotential der Farbbahnen wenden sich an den Betrachter. So darf man Feststellen, den Farbbahnen eigne ein spezifischer Rhythmus, eine grundlegende Temporalisierung des Bildfeldes sei zu konstatieren, die auch durch die Neuerung in der Verfahrensweise ausgelöst wird. Lässt man den Kontrollverlust zu, lässt man sich auf diese Bildwelt ein, so eröffnen sich vor allem innere Welten: Denn Louis stellt lediglich Farbeinheiten zur Verfügung die durch die Imagination transformiert werden. Allerdings sind beim Umgang mit Kunstwerken sämtliche menschliche Vermögen, auch intellektuelle beteiligt. Die letztlich an der Ideologie des „innocent eye" orientierte Auffassung Greenbergs, derzufolge die reine Optizität bei einem Kunstwerk entscheidend und ausreichend sei, scheint kaum hinreichen zu sein: Das ästhetische Urteil – gerade wenn es auf der Erfahrung der Farbe fußt – muss eine Aussage treffen, wie es ist, vor einem ganz bestimmten Gemälde eines ganz bestimmten Künstlers zu stehen.

Seit Baumgarten, seit der sukzessiven Ausdifferenzierung der unteren, als dunkel geltenden Erkenntnisvermögen, der *cognitio obscura*, haben wir gelernt, die individuelle Erfahrung wichtig zu nehmen, die in Betrachtung genau *dieses* spezifischen Objekts gemacht werden. So hängt der Imaginationsraum, den die Gemälde qua phänomenaler Erscheinung erfahrbar machen, durchaus von ihren jeweiligen Farbmaterialien ab. Die subtilen Farbübergänge der *soak and stain*-Technik mit ihren visuellen, räumlichen Unbestimmtheiten werden dem betrachtenden Subjekt bewusst, werden Gegenstand einer Reflexion. Wie die Wellen auf einer gekräuselten Wasseroberfläche mit ihren Reflexlichtern uns zu entrücken vermögen, so die Grenzenlosigkeit der schimmernden Felder vibrierender, subtil modulierter Farbe. Und auch hier liefert Greenberg die Begleitstimme, der fordert, die Oberfläche eines Bildes müsse gleichsam atmen.[22] Für diese atmende Präsenz muss die ganze Oberfläche als ein einziges, undifferen-

---

22 So Greenberg über Monet. Greenberg 1993, S. 11.

ziertes Feld wirken, das das Interesse so weit auf sich zieht, bis der Betrachter vor dem chromatischen Raum zu Sprechen vergisst.

Darin liegt, folgt man Louis Marin, das Erhabene der Farbe – denn die grundsätzliche Unmöglichkeit, Farbwirkungen in Worte zu fassen, wird von ihm als Erfahrung des Sublimen geltend gemacht. Sprachlos geworden, gilt es für jeden einzelnen Betrachter, sich der Desorientierung zu überlassen und gleichsam in die Farbe einzutauchen. Um dieses perzeptive Eindringen in die Farbe zu ermöglichen, gewinnt die Dimensionierung des Bildträgers nicht nur an Bedeutung, sie wird zur ersten Bedingung, wie Greenberg in *Three American Painters* schreibt, sollte das Farbbild doch *„uniform in hue, with only the subtlest variations of value if any at all"* sein und zugleich *„spread over an absolutely, not merely relatively, large area."* Denn allein die Größe *„guarantees the purity as well as the intensity needed to suggest indeterminate space: more blue simply being bluer than less blue."*[23]

Louis Harmonie der Farbe gleicht einem in die Fläche gebreiteten performativen Akt, dessen Gegenstandsreferenz durch die Handhabung der Farbe überformt, in Malerei transformiert ist, die Eigenwertigkeit beansprucht. Der Betrachter nimmt die Farbe nicht mehr primär als eine Eigenschaft der Dinge war, die unsere Wahrnehmung erfassen und in das Arsenal klassifizierbarer Zeichen übertragen müsste. Wie harmonische Wasserströme, die sich über die Wand ergießen und in feinster Perlung für Farberscheinungen sorgen, mag das Bild „Saf Dalet" erscheinen, das den Blick fesselt und den Betrachter in seine Imagination entlässt: Im Fall der fließenden Farbbahnen mag man vielmehr an Wasserbahnen, an wehende Tücher und züngelnde Flammen denken. Der an der Zeichnung geschulte Wahrnehmungsprozess, der im Sinne der Gegenstandskonstanz auf die Trennung von Figur und Grund gerichtet ist, kommt so nicht zur Ruhe: Denn unzählige Lesarten sind möglich, von denen keine sich dauerhaft durchsetzen kann. Louis Verwendung der Magna-Farben führt zu eine antilinearen Form, und damit zu einer Art Nullstufe der Zeichnung, in der sich Umrisse nicht verfestigen lassen: Qua Farben und deren körperlosem Auftrag ermöglicht so der entstehende Bildraum eine Erfahrung ästhetischer Entgrenzung – ist doch auch der Prozess der Bildwerdung irgendwo zwischen einem Fließbild, das die imaginativen Vermögen des Hineinsehens herausfordert, und vollendetem Gemälde arretiert.

Diese radikale Malerei könnte der dramatische Ausgangspunkt für ein Evidenzerlebnis sein, das dem Betrachter im wörtlichen Sinn „plötzlich" die Augen für eine ganz neue Welt des Sichtbaren öffnet, Eine Evidenz des Verworrenen, nicht des Klaren und Distinkten, ist Louis Fluchtpunkt. Die Blendung

---

23 Greenberg 1993, S. 251–252.

vor dem Bild ist heuristische Chance und Voraussetzung des neuen Sehens. Ihr liegt ein Programm des Vergessen voraus, das alle kulturellen Codierungen vergisst. Allerdings ist es alles andere als die schlichte *innocence of the eye"*, die John Ruskin bereits Mitte des 19. Jahrhunderts als genuine Sphäre der Malerei proklamiert, es ist vielmehr eine mühsame Arbeit des Blicks, der zunächst wie verloren auf der Farboberfläche des Bildes herumirrt, ohne an Bekanntes anknüpfen zu können. Das Sehen um seiner selbst willen, diese Emanzipation von begrifflichen Vorstrukturierungen verflüssigt die Gegenstände zu einer chaotischen Masse von Reizdaten, deren schöpferische Konstruktion zu Bildern der sinnlichen Intelligenz des Auges aufgegeben ist. Buchstäbliche Erleuchtung, blitzartig sich zeigend und wieder verschwindend entsteht vor dem Blick im Bild Sichtbarkeit, anstatt selbstverständlich vor dem Auge zu liegen. Es scheint, als habe Louis den Begriff der Unschuld ernst genommen, denn er zerbricht die stabil geglaubte Ordnung von Begriff und Wahrnehmung, um jede festgelegte Zuordnung zu unterlaufen und die Wahrnehmung der Farben freizusetzen. Der Fluss, der Strom, die Streckung ergibt sich in der Reihung seines körperlosen Farbauftrags, der Farblagen erschafft, ohne ihnen eine innere Verbindung zu schenken. So erscheint es logisch, dass Louis' *saf dalet* nicht allein wie eine in die Breite gezogene Fontäne vor dem Auge ersteht, sondern wie eine gigantisch vergrößerte Farbschliere anmutet. Verdankten sich der stehende Pinselduktus oder die sichtbaren Spachtelspuren dem abstrakten Expressionismus, die als martialische Markierung der Bildoberfläche auf das ausführende Subjekt verweisen sollten und das Bild zum Medium biographischer Selbstaussprache erklärte, finden sich im Werk Robert Louis' derlei Gesten nicht. Seine Bildfindungen offenbaren Spontaneität und Spuren des Akzidentiellen. Allein durch den fortgesetzten Akt des Farbauftrags entsteht der grandiose Effekt seiner Arbeiten: die vier Farbflüsse, die sich überlagern und zu diaphanen Flächen verdichten, werden zum Ort der Abstraktion, die an Clyfford Still erinnert. Hatte dieser mit seinem Prozess der Selbstreinigung der Malerei darauf abgezielt, das Bild zum Ort einer *„ausschließlich optischen Erfahrung"* zu machen, entfalten die Schlierenbilder Morris Louis eine malerische Qualität, die Stauen macht: In einem randlosen all-over füllt er die Leinwand. Übereinander gelegt, entfaltet diese dekorativ dezentrierte Folge an Farben einen „polyphonen" Klang, der nach einem lockeren, raschen „Farbauftrag" klingt, oder was danach aussieht, verlaufende oder sich vermischende Farbmasse statt distinkt bleibender Formen, große auffällige Rhythmen ungleichmäßiger Dichte oder Sättigung. Die Sensation der *soak and stain*-Technik, die die Abstraktion zu etwas „Neuem" macht oder gemacht hat, besteht in der Isolierung von Elementen, die in anderen Kontexten anders „gerahmt" gewesen sein mögen, in einem veränderten Zusammenhang und in einem anderen Medium. Insofern die Farbabstraktion eine bestimmte Bewusstseinslage evoziert, indem sie dieses Bewusstsein auf eine Form der Leere einstimmt, lässt Louis den Augenblick einer Farbsensation entstehen, *„eine nervöse Erschütterung, die man im Kleinhirn verspürt"*, was – wie Baudelaire meint – die Eigenschaft *„aller erhabenen Gedanken"* sei.[24] Mit dieser Kategorie der Erschütterung hat man jene Spielarten der Semiotik hinter sich gelassen, die sich über Sinnvereinbarungen geäußert und die Textur des Bildes eine Lesbarkeit einschreiben wollte. Figürliches und Realitätsbezüge werden aus dem Bild evakuiert und die Zeichnung, der Umriss und die distinkte Linie der Geschichte des *disegno* zurückgegeben. Das ermüdete Auge, das alles gesehen und alles in ein Sinnversprechen verwandelt hat, wird in einer neuen visuellen Situation, in einer Art des pikturalen Entzugs, neu belebt. Gegen den Sinnzwang wird ein Bild in Stellung gebracht, das den Reiz im Kleinhirn auslöst, von dem Baudelaire schreibt. Aus diesem Grund steht die Abstraktion Morris Louis' im Sog des Geistigen, da Farbe in den Rang absoluter bildnerischer Mittel aufsteigen, die rein – eben ohne einer Darstellungsidee untergeordnet zu sein, ins Bild drängen. *„Das Sehen im Sinne des Künstlers"* fange erst da an, *„wo alle Möglichkeit des Benennens und Konstatierens [...] aufhört"*.[25] Die Loslösung von einem primär literarisch vermittelten kulturellen Wissen, die Eroberung der Bildfläche, die Emanzipation von der Verpflichtung, dem klassischen Bilddiskurs zu gehorchen, lässt sich demnach auch als die Wendung vom „was" auf das „wie" der Darstellung lesen. Wenn in den Bildern Morris Louis ein Bewusstsein zu erkennen ist, dessen Vorgaben nicht eine ikonographische Formel, ein begrifflich gefasster Gegenstand sei, sondern durch die Malerei zu systematisierendes Farbspiel, dann ist dies ein Gewinn an neuer, allein durch Farbe gestifteter Realität.

Dieser mit Louis vollendeten Neubewertung der Farbe, diesem gewollten Verlust an *„begriffsbestimmte[r] Identitätskonstanz"*,[26] versuchte das 19. Jahrhundert noch Einhalt zu gebieten: Wird *„der Geist, der zeichnet, von dem Sinneseindruck, der farbig malt, besiegt"*,[27] steigt die Dekadenz auf, so der bedeutende Farbtheoretiker Charles Blanc. Wenn diese künstlerische Einstellung der visuellen Welt gegenüber in *„schiere[r] Farbe"* gründet, *„von Bedeutung unverdorben und mit keiner bestimmten Form verbunden"*,[28] wird in Louis' wilder Farbontologie alle mimetische Repräsentationslogik aufgegeben. Denn Louis stellt die Frage nach der „Seinsart" (Gadamer) des Bildes, die zwischen einer eigenwirklichen und einer reproduktiven Existenz, zwischen der konkreten Unersetzbarkeit

---

24 Baudelaire 1991, S. 94, S. 99.
25 Fiedler 1991, Bd. 1, S. 170.
26 Imdahl 1996, S. 527.
27 Blanc 1880, S. 573.
28 Wilde 1968, S. 1051.

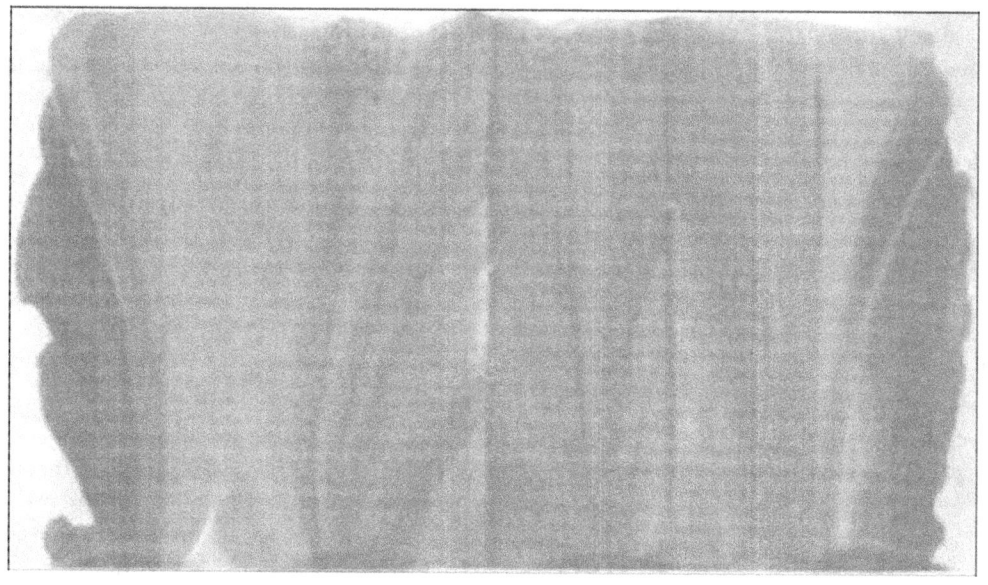

Abbildung 8.4:
Morris Louis, *Blue Veil*, 1958–59, (255,3 → 378,5 cm),
The Fogg Art Museum, Harvard University, Cambridge Mass.

des Bildes und seiner eigenen Selbstaufhebung besteht.[29] Verwendet er dafür
den Begriff des Veils (Abb. 8.4, S. 122), des Schleiers, wird deutlich, dass sich
Wahrheiten mitunter nur verschleiert, unter einer Verhüllung manifestieren. Im
Zeichen der Emanzipation der Farbe nimmt es nicht wunder, dass Morris Louis
die Metaphorik des Schleiers verwendet, um die Ausdrucksdimension seiner
soak and stain-Technik mit alttestamentlicher Wucht gegen die Chromophobie
vergangener Jahrhunderte in Stellung zu bringen.[30] Durchdrang das Sprechen
von der Umhüllung und verbergender Verdunklung die Heilige Schrift[31] und
ihre Terminologie ebenso wie die exegetische Literatur, bringt Morris Louis
seine Auffassung von der Unsichtbarkeit und dem Geheimnis des Göttlichen,
das die Farbe durchwebt, in vielfach wiederkehrenden Bildern seiner Serie der

---

29 Gadamer 1975, S. 128ff.

30 Es sei an dieser Stelle darauf hingewiesen, dass Morris Louis 1912 als Morris Louis Bern-
stein geboren wurde – als dritter von vier Söhnen einer Jüdischen Familie in Baltimore.
Elderfield 1986, S. 9.

31 v. Balthasar 1961–1969, Bd. I, S. 424ff.

Veils zum Ausdruck: Natürlich ist der Schleier ein Motiv, das nichts anderes assoziiert als jenen Vorhang, der nach Gottes Weisung bereits in der Stiftshütte des Alten Bundes das Heilige vom Allerheiligsten trennte (Ex. 26, 31–33). Zum Hohepriester, der den Vorhof und das Heilige des Bundeszeltes durchschreitet und durch einen Vorhang ins Allerheiligste gelangt, ist nun derjenige geworden, der Farbe handhabt. Was sich allerdings hinter dem Schleier verbirgt, bleibt, folgen wir der exegetischen Tradition, ein Mysterium, ein Unfassbares, das sich jedem unmittelbaren Zugriff der menschlichen Erkenntnis entzieht. Durchdringen wir allerdings die Schleier, die Louis' *soak and stain*-Technik erschuf, sehen wir, dass auch die Rückseite der ungrundierten Leinwände von der Farbe durchwirkt sind. Blau ist die Farbe dieser Ferne, des sich immer erneut entziehenden Schleiers – und doch ist dies nur ein Aspekt einer Metaphorik, deren Sinn es zu erschließen gilt: Louis' Veil-Serie und die von ihr verhüllte Wahrheit fußt auf einer zweifachen Form bildlicher Repräsentation: So weiß Morris Louis um die Uneinholbarkeit göttlicher Herrlichkeit für die menschliche Sinneserfahrung und zugleich offerieren seine Bilder die Möglichkeit ihrer Offenbarung gerade in und durch die Verhüllung: Das verkündete Gottesreich ist noch verborgen, aber es wird dereinst enthüllt (Mt. 10,26), die Farbe allerdings weist uns schon jetzt den Weg.

8.2 Literatur

Baudelaire 1991
> BAUDELAIRE, CHARLES: *Die künstlichen Paradiese. Sämtliche Werke/Briefe in acht Bänden,* hg. v. FRIEDHELM KEMP UND CLAUDE PICHOIS in Zusammenarbeit mit WOLFGANG DROST, Bd. 6: Les paradis artificiels. Darmstadt 1991.

v. Balthasar 1961–1969
> BALTHASAR, HANS URS VON: *Herrlichkeit. Eine theologische Ästhetik, 3 Bde.* Trier 1961–1969.

Belting 1998
> BELTING, HANS: *Das unsichtbare Meisterwerk. Die modernen Mythen der Kunst.* München 1998, S. 425.

Blanc 1880
> BLANC, CHARLES: *Grammaire des arts du dessin.* Paris 1880.

Bois 1993
> BOIS, YVE-ALAIN: L'aveuglement. In: Ausst.-Kat. *Henri Matisse 1904–1917.* Centre Pompidou, Paris 1993, S. 12–57.

Busch 2009
> BUSCH, WERNER: *Das unklassische Bild.* München 2009, S. 220.

Carmean 1976
    CARMEAN, JR., E. A.: Morris Louis and the Modern Tradition, Part 1. In: *Arts Magazine* **51** (October 1976).

Courthion 2004
    COURTHION, PIERRE: *Avec Matisse et Bonnard. D'une palette á l'autre. Mémoires d'un critique d'art.* Genf 2004.

Didi-Huberman 1990
    DIDI-HUBERMAN, GEORGES: „Le disegno de Vasari, ou le bloc-notes magique de l'histoire de l'art." In: *La Part de l'oeil. Revue annuelle* **6** (1990), S. 31–51.

Elderfield 1986.
    Ausstellungskatalog *Morris Louis*, hg. v. JOHN ELDERFIELD. New York: The Museum of Modern Art New York 1986.

Fiedler 1991
    FIEDLER, KONRAD: „Über den Ursprung der künstlerischen Tätigkeit." In: FIEDLER, KONRAD: *Schriften zur Kunst*, 2 Bde., hg. von GOTTFRIED BOEHM. München 1991.

Gadamer 1975
    GADAMER, HANS-GEORG: *Wahrheit und Methode.* Tübingen 1975.

Gowing 1988
    GOWING, LAWRENCE: „The Modern Vision." In: Ausstellungskatalog *Places of Delight: The Pastoral Landscape*, hg. v. ROBERT C. CAFRITZ, LAWRENCE GOWING UND DAVID. Washington 1988.

Greenberg 1960
    GREENBERG, CLEMENT: *Louis and Noland.* (Art International 4 [Mai 1960]) wieder abgedruckt in: Ausstellungskatalog *Morris Louis.* Milan 1960 (Galleria dell'Ariete).

Greenberg 1993
    GREENBERG, CLEMENT: Modernist Painting, 97, 87. In: CG *The Collected Essays and Criticism*, ed. JOHN O'BRIEN, vol. 4, Modernism with a Vengeance, 1957–1969, Chicago and London 1993.

Imdahl 1996
    IMDAHL, MAX: „Bildbegriff und Epochenbewußtsein?" In: IMDAHL, MAX: *Gesammelte Schriften*, Bd. 3: *Reflexion – Theorie – Methode*, hg. von GOTTFRIED BOEHM. Frankfurt am Main 1996, S. 518–557.

Lichtenstein 1993
    LICHTENSTEIN, JACQUELINE: *The Eloquence of Colour. Rhetoric and Painting in the French Classical Age.* Berkeley 1993.

Lüthy 2001
    LÜTHY, MICHAEL: Subjekt und Medium in der Kunst der Moderne. Delacroix – Fontana – Nauman. In: *Zeitschrift für Ästhetik und Allgemeine Kunstwissenschaft* **46/2** (2001), S. 227–254.

Matisse 1972

MATISSE, HENRI: Notes d'un peintre. In: *La Grande Revue* **52** (25. Dezember 1908); wiederabgedruckt in: *Henri Matisse, Écrits et propos sur l'art*, hg. v. DOMINIQUE FOURCADE. Paris 1972, S. 39–53.

Truitt 1961

Zitiert nach JAMES MC C. TRUITT. In: *The Washington Post*, 21. Dez. 1961, S. 20.

Wilde 1968

WILDE, OSCAR: Critic as Artist. In: *Complete Works of Oscar Wilde*, with an Introduction by VYVYAN HOLLAND. London, Glasgow 1968.

Figure 9.1:
Islamic calligraphy

Photo: Gudrun Wolfschmidt im Pergamonmuseum in Berlin (2010)

On inks and colours in Islamic calligraphy

Constantin Canavas (Hamburg)

A damning indictment of some art historians concerning the use of colours in Islamic illustrated manuscripts stresses the "restricted range of colours". The goal of the present study consists in reconstructing the use of colours in medieval and early modern Arabic and Persian manuscripts from the perspective of the techniques of ink and colour manufacturing, taking into account the special purposes of implementing colours in calligraphy and ornamentation. The focus on calligraphy and decorative illumination is concerned with peculiarities such as "sympathetic ink" and coloured paper, as well as with the implementation of different colours for letters, diacritic dots, and signs for intensification (doubling) and acoustic modulation of letters – typical aspects of Arabic writing, which promoted the art of writing to a highly respected art, not only in the Muslim world. On the other hand, stressing the technologies of manufacturing inks and paints poses questions concerning the reliability of the Arabic and Persian historical sources, the social background of manufacturing illuminated manuscripts, and the (modern) experimental analysis of the materials used.

Figure 10.1:
Cima da Conegliano (1459/60–1517/18):
Die Heilung des Anianus durch den hl. Markus, um 1497/99

Photo: Gudrun Wolfschmidt in der Gemäldegalerie in Berlin (2011)

Changing colours in paintngs

Claudia Schmidt (Hamburg)

As most ancient pictures dont show their original colours, the lecture wants to draw attention to some possible reasons of these alterations and the change of their perception. Firstly to mention are the chemical an physical transformations of the drawing materials like pigments and oil which play an important role, especially when they are combined with new painting techniques.

The second aspect is the cleaning of the pictures with sometimes obscure techniques and means until the 19th century. The early cleanings and restaurations were mostly not documented and included the overpainting and refreshing of the colours as well as the possible diversification of the composition, fashion and persons. Finaly the transformation of the material can be viewed in a wider context, as it has also gained more interest among the art historians. The material and its chemical synthesis, conversions or the deconstruction of organic artefacts are part of the modern art. Not only the contemporary art but also old painters like Tintoretto or Tizian can be regarded under the material aspect, which offers new views and possible interpretations of their art.

10.1 Bibliography

Schmidt, Claudia: Physikalische und chemische Veränderungen von Farben in Gemälden. In: WOLFSCHMIDT, GUDRUN (Hg.): *Farben in Kulturgeschichte und Naturwissenschaft*. Begleitbuch zur Ausstellung in Hamburg 2010–2012 zum 50jährigen Jubiläum des IGN. Hamburg: tredition science (Nuncius Hamburgensis – Beiträge zur Geschichte der Naturwissenschaften; Band 18) 2011, S. 90/91–101.

WOLTERS, WOLFGANG: Kunstwissenschaft und Restaurierung. In: *Geschichte der Restaurierung in Europa*. Akten des internationalen Kongresses „Restaurierergeschichte"', Interlaken 1989. Worms 1991.

Abbildung 11.1:
Paul Klee, Scheidung Abends, 1922, 79, Aquarell und Bleistift auf Papier auf
Karton, 33,5 × 23,2 cm, Zentrum Paul Klee, Bern

Vowinckel 2000.

"Synchromische Aktion" und Bewegung. Paul Klees Farbstufenaquarelle und die Farbskalen Michel-Eugène Chevreuls

Robin Rehm (Zürich)

11.1 Abstract: "Synchromic action" and motion. Paul Klees watercolors 1921–23 and the colorscales of Michel-Eugène Chevreul

The images of colour systems of the 19th century and the modern painting are often presenting close similarities. For example: Michel-Eugène Chevreul's representations of the simultaneous contrast and the colour discs in the paintings of Robert Delaunay are formally comparable just as are the pictural perception tools of Wilhelm Ostwald and the famous squares of Josef Albers. In the center of my contribution stands Chevreul's colour scales, an image for a special kind of colour measuring, and a series of watercolours of Paul Klee. I examine three points:

1. Delaunay's intermediation of Chevreul's color theory to Klee,

2. the function of Chevreul's colour scales in the second half of the nineteenth century and

3. the artistic strategies applied by Klee for giving his watercolours a specific meaning.

Einleitung

Max Imdahl zufolge besaß die Farbe vom Impressionismus über den Pointillismus und Kubismus bis zu den Anfängen der abstrakten Malerei eine stilbildende Funktion, indem sie in den Bildwerken zunehmend an die Stelle der objektbezogenen Repräsentation trat.[1] Ein aussagekräftiges Beispiel für die von Imdahl beschriebene Signifikanz der Farbe für die Malerei der Moderne stellen Paul Klees Farbstufenaquarelle von 1921 bis 1923 dar. Diese Werkgruppe zeichnet sich durch äußerst sorgfällig ausgeführte Wasserfarbenlasuren aus, deren fein abgestufte Farbübergänge, wie beispielsweise beim Aquarell *Scheidung Abends* von 1922, oftmals die gesamte Bildfläche bedecken (Abb. 11.1, S. 130).[2] Bemerkenswerter Weise existieren in der bekannten Farbenlehre Michel-Eugène Chevreuls Farbskalen, die maltechnisch und formal mit Klees Farbstufenaquarelle vergleichbar sind (Abb. 11.2, S. 133). Im Folgenden soll die Relation der Farbstufenaquarelle Klees zu Chevreuls Farbskalen näher untersucht werden. Die nachstehenden Ausführungen leisten somit einen Beitrag zu den Bildpraktiken in der Malerei der Klassischen Moderne.

11.2 Zu Delaunays Vermittlung der Chevreulschen Farbenlehre an Klee

Ausgangspunkt der vorliegenden Untersuchung bildet eine Äußerung des bekannten Klee-Forschers Jürgen Glaesemer, der in seiner Publikation *Paul Klee. Die farbigen Werke* konstatiert: „Neben der Kenntnis der Farbtheorien von Goethe, Runge und Delacroix wurde für Klees Vorstellungen besonders auch die persönliche Begegnung mit Delaunay und seinen Werken [...] entscheidend. Dieser hatte, ausgehend von Chevreuls Entdeckungen über den Simultankontrast der Farben, als erster die Farbe selbst zum Inhalt seiner Bilder gesteigert."[3] Nach Glaesemer besaß also Robert Delaunay im Hinblick auf Klees Auseinandersetzung mit der zeitgenössischen Farbentheorie eine gewisse Relevanz.[4] Am 11. April 1912 hatte Klee, wie von Glaesemer angedeutet, während

---

1 Imdahl 1996, S. 84–85.
2 Zu Klees Farbstufenaquarellen: Grohmann 1954, S. 215; Geelhaar 1972, S. 35–43; Kersten 1987, S. 83–88; Rewald 1988, S. 138–145, 160–165; Kersten / Okuda 1995, S. 176–183, Vowinckel 2003, S. 129.
3 Glaesemer 1976, S. 163.
4 Klee lernte die künstlerischen Arbeiten Delaunays spätestens im Zusammenhang mit der ersten *Blauen Reiter*-Ausstellung kennen, die im Dezember 1911 von Wassily Kandinsky und Franz Marc in der Galerie Thannhäuser in München veranstaltet wurde. Zu Delaunay und den Mitgliedern des *Blauen* Reiter: Langner 1986, S. 208–225.

Abbildung 11.2:
Michel-Eugène Chevreul, Farbskala als Messinstrument, 1864

Chevreul 1864.

eines zweiten Parisaufenthalts den französischen Maler in seinem Atelier besucht.[5] Über welche Themen sich die Künstler austauschten, ist nicht überliefert. Mit der Feststellung, dass Delaunay den Simultankontrast in Anlehnung
an Chevreul zum Kernthema seiner Bildwerke gemacht hat, weist Glaesemer
jedoch indirekt darauf hin, dass die Farbenlehre des Naturwissenschaftlers bei
ihren Gesprächen eine gewisse Virulenz besessen haben dürfte.

Die Visite bei Delaunay zog ein für Klees Auseinandersetzung mit der Farbe kaum zu unterschätzendes Nachspiel nach sich. Wenige Monate nach seiner
Paris-Reise erhielt Klee von Delaunay einen Brief, über den er im Sommer oder
Herbst 1912 in seinem Tagebuch lakonisch bemerkte: „*Nun schrieb Delaunay
und schickte einen Artikel von sich über sich.*"[6] Möglicherweise meinte Klee
Delaunays Text *La Lumiere*, den er im Januar 1913 in einer selbst angefertigten Übersetzung in der vom Berliner Galeristen Herwarth Walden heraus-
gegebenen Zeitschrift *Der Sturm* veröffentlichte.[7] Wie bereits vom Titel ange-
deutet, handelte es sich dabei um ein kunstprogrammatischen Essay über die
Bedeutung des durch Farbe in der modernen Malerei repräsentierten „Lichts".
Delaunay stellte darin den Rang der Malerei über jenen der Architektur und
Skulptur. Ihre Vorherrschaft begründete er mit dem Hinweis auf eine speziell
von der Farbe hervorgebrachte Wirkung der Malerei auf den Rezipienten und
zielte damit auf den von Chevreul ausführlich untersuchten Simultankontrast.
Klee, der sich bei der Übersetzung mit dem Text des von ihm geachteten Malers
zwangsläufig intensiv beschäftigte, ist diese farbtheoretische Implikation nicht
verborgen geblieben. Delaunays Artikel und die Übersetzung Klees sind damit
aussagekräftige Dokumente des Austausches von Kunstkonzepten in der Malerei der Klassischen Moderne. Aufgrund der Relevanz des Delaunayschen Essays
für den späteren Bauhausmaler und nicht zuletzt für die Farb-Programmatik
der zeitgenössischen Malerei überhaupt soll Klees Übersetzung im Folgenden
vollständig wieder gegeben werden.[8]

Ueber das Licht
Von Robert Delaunay

*Im Verlauf des Impressionismus wurde in der Malerei das Licht ent-
deckt, das aus der Tiefe der Empfindung erfasste Licht als Farben-
Organismus aus komplementären Werten, aus zum Paar sich ergän-*

---

5 In seinem Tagebuch notierte Klee dazu lakonisch: „*11. April: Vormittags besuchte ich
   Delaunay im Atelier.*" *Paul Klee. Tagebücher* 1988, S. 325; zur Bedeutung des Besuches:
   Lenz 1986, S. 227–228.
6 *Paul Klee. Tagebücher* 1988, S. 329.
7 Delaunay 1913, S. 255–256.
8 Abdruck des französischen Originaltextes Delaunays: Francastel 1957, S. 146; Schuster
   1986, S. 146–147.

zenden Maßen, aus Kontrasten auf mehreren Seiten zugleich. Man gelangte so über das zufällig Naheliegende hinaus zu einer universalen Wirklichkeit von größter Tiefenwirkung (Nous voyons jusqu' aux étoiles). Das Auge vermittelt nun als unser bevorzugter Sinn zwischen dem Gehirn und der durch das Gleichzeitigkeitsverhältnis von Teilung und Vereinigung charakterisierten Vitalität der Welt. Dabei müssen sich Auffassungskraft und Wahrnehmung vereinigen. Man muß sehen wollen.

* * *

Mit dem Gehörsinn allein wären wir zu keinem so vollkommenen und universalen Wissen vorgedrungen und ohne die Wahrnehmungsmöglichkeiten des Gesichtssinnes wären wir bei einer Successiv-Bewegung stehen geblieben, sozusagen beim Takt der Uhr. Bei der Parität des Gegenstandes wären wir geblieben, beim proizierten Gegenstand ohne Tiefe.
In diesem Gegenstand lebt eine sehr beengte Bewegung, eine simple Folge von Stärkegraden. Im besten Fall, kann man, bildlich gesprochen, zu einer Reihe aneinandergehängten Wagen gelangen.
Architektur und Plastik müssen sich damit begnügen.
Auch die gewaltigsten Gegenstände der Erde kommen über diesen Mangel nicht hinweg, und wäre es auch der Eifelturm oder der Schienenstrang als Sinnbilder größter Höhe und Länge, wären es die Weltstädte als Sinnbilder größter Flächenausdehnung.

* * *

Solange die Kunst vom Gegenstand nicht loskommt, bleibt sie Beschreibung, Litteratur, erniedrigt sie sich in der Verwendung mangelhafter Ausdrucksmittel, verdammt sie sich zur Sklaverei der Imitation. Und dies gilt auch dann, wenn sie die Lichterscheinung eines Gegenstandes, oder die Lichtverhältnisse bei mehreren Gegenständen betont, ohne daß das Licht sich dabei zur darstellerischen Selbständigkeit erhebt.

* * *

Die Natur ist von einer in ihrer Vielfältigkeit nicht zu beengenden Rhythmik durchdrungen. Die Kunst ahne hierin nach, um sich zu

*gleicher Erhabenheit zu klären, sich zu Gesichten vielfachen Zu-
sammenklangs zu erheben, eines Zusammenklangs von Farben, die
sich teilen, und in gleicher Aktion wieder zum Ganzen zusammenzuschließen. Diese synchromische Aktion ist als eigentlicher und
einziger Vorwurf (sujet) der Malerei zu betrachten.*

Für die Uebersetzung verantwortlich
Paul Klee

In dem in vier Anschnitte gegliederten Text legte Delaunay seine Ansichten
über die besondere Charakteristik der Malerei dar. Im ersten Abschnitt leitete
er die neuere Richtung der Malerei in Frankreich vom „Licht" ab, wobei er das
Licht als „Organismus" aus von der Lebendigkeit des Individuums abhängigen
„Farben" bezeichnete. Der zweite Abschnitt beinhaltet zunächst eine Hervorhebung des Gesichtssinnes gegenüber den anderen Wahrnehmungsorganen, bevor
Delaunay schließlich die oben erwähnte Priorität der Malerei gegenüber der
Architektur und Skulptur konstatierte. Dass nach Delaunay der Gesichtssinn
für die Malerei jedoch nicht in einer konventionellen Weise von Bedeutung ist,
legte er im dritten Abschnitt mit seiner Distanzierung von der gegenständli-
chen Darstellung dar. Worauf das Sehen sich zu konzentrieren habe, geht aus
dem letzten Abschnitt hervor, in dem er den „Zusammenklang" der Farben als
übergeordnetes Ziel proklamierte.

Obgleich sich eine eingehende Analyse der verschiedenen Aussagen lohnen
würde, ist in unserem Rahmen allein auf Delaunays Äußerungen zur Farbe und
ihrem farbtheoretischen Kontext einzugehen. Delaunays Wendung des *„Lichts
als Farben-Organismus aus komplementären Werten"* oder des *„Zusammenklangs von Farben die sich teilen, und in gleicher Aktion wieder zum Ganzen
zusammenzuschließen"* rekurriert auf Chevreuls Publikation *De la loi du contraste simultané des couleurs*, die erstmals 1839 erschien und zum 50. Jubiläum
in einer opulenten zweiten Ausgabe 1889 ediert wurde.[9] Nach Max Imdahl war
für Delaunay die Farbenlehre Chevreuls richtungsweisend: *„Delaunays Einstellung zur Farbe beruht jedoch, wie man weiß, zu einem wesentlichen Teil auf der*

9 Chevreul 1839. Zwischen 1840 und 1880 fand das Chevreulsche Werk in Deutschland und
England eine weite Verbreitung. Der deutschen Ausgabe von 1840 folgte 1847 eine zweite
Auflage (Chevreul 1847). 1878 erschien eine von Friedrich Jännicke vollständig redigierte
Fassung, die 1902 eine weitere Edition erhielt. *Jännicke* bearbeitete *Chevreuls* Text jedoch
so grundsätzlich, dass von einer eigenständigen Publikation gesprochen werden muss. *Che-
vreul / Jännicke* 1878. In England erschienen zwischen 1854 und 1883 zwei verschiedenen
Übersetzungen. Die 1854, 1855, 1859, 1860 und 1876 edierte Transkription stammt von
Charles Martel (Chevreul 1859). Ferner erschien 1855, 1858, 1861 und 1883 eine Übersetzung von *John Spaton* (Chevreul 1858).

*berühmten, immer wieder genannten, aber doch wenig bekannten Farbenlehre
von Michel-Eugène Chevreul, welche schon Delacroix interessierte".*[10]

Indizien für Delaunays Bezug auf Chevreul liefern verschiedene Äußerungen in seinem oben wiedergegebenen Essay.[11] So alludiert Delaunays Formulierung über das „Licht als Farben-Organismus aus komplementären Werten" auf das von Chevreul untersuchte Phänomen der bei Betrachtung einer Farbe selbständig im Auge erzeugten Gegenfarben (frz. „contraste simultané des couleurs").[12] Chevreul definierte den Begriff des Simultankontrasts, bzw. gleichzeitigen Kontrasts, wie folgt: „*Wenn man zwei mit der gleichen Farbe ungleich gefärbte Flächen, oder zwei mit verschiedenen Farben gleich stark gefärbte Flächen betrachtet, welche neben einander liegen, d. h. sich mit einem ihrer Säume berühren, so wird das Auge, wenn die Flächen nicht abzubreit [sic!] sind, Veränderungen wahrnehmen, welche sich im ersten Falle auf die Intensität der Farbe und im andern auf die optische Zusammensetzung der beiden sich berührenden Farben beziehen. Da nun diese Veränderungen die zu gleicher Zeit beobachteten Flächen verschiedener zeigen, als sie in der Wirklichkeit sind, so gebe ich ihnen den Namen gleichzeitiger Contrast der Farben.*"[13] Delaunay orientierte sich offenbar an Chevreuls Bestimmung des Simultankontrasts. Indem Delaunay „*das Auge [. . .] als unseren bevorzugten Sinn zwischen dem Gehirn und der durch das Gleichzeitigkeitsverhältnis von Teilung und Vereinigung*" bezeichnete, fokussierte er auf einen sich unmittelbar ereignenden Vorgang.[14] Der Farbenkontrast tritt demnach, wie auch vom Begriff des Chemikers angedeutet, augenblicklich auf. Bemerkenswert sind außerdem Delaunays, respektive Klees, Umschreibungen des Simultankontrasts als „Gleichzeitigkeitsverhältnis von Teilung und Vereinigung" und „synchromische Aktion".[15] Beide Charakterisierungen entsprechen Chevreuls Verständnis des „contraste simultané".[16]

---

10 Imdahl 1996, S. 108.
11 Über Delaunays Verhältnis zu Chevreul: Rousseau 2004, S. 126–131; Düchting 1993, S. 35–48.
12 Zur Farbenlehre Michel- Eugène Chevreuls: Costa 1962; Roque / Bodo / Viénot 1997; Zimmermann 1991, S. 42–44; Gage 1999, S. 196–200.
13 Chevreul 1847, S. 7.
14 Delaunay 1913, S. 255–256.
15 Der Ausdruck „synchromische Aktion" dürfte bei Klee auf Interesse gestoßen sein, da er eine Verschmelzung der beiden Wahrnehmungsbereiche „Zeit" und „Farbe" andeutet. Zu Klees Verhältnis zur Sprache: Kröll 1968; Vogel 1992.
16 Zur Rezeption des Chevreulschen Begriff des Simultankontrasts in der Kunst- und Architekturtheorie des 19. Jahrhunderts: Zimmermann 1991, S. 42–44; Cugini 2006, S. 58; Rehm 2010, S. 157–177.

11.3 Die Farbskalen Klees und Albers' Hinweis auf Chevreul

Offenbar blieb Delaunays kunstprogrammatischer Text und dessen Bezug zur Chevreulschen Farbenlehre für Klee nicht ohne Folgen.[17] So treten zwischen 1921 und 1923 im Œuvre Klees zahlreiche Aquarelle auf, die maltechnisch und formal mit Chevreuls Farbskalen vergleichbar sind.

In der zweiten Hälfte des 19. Jahrhunderts brachte man Chevreuls Farbskalen in der Farbenlehre, physiologischen Optik und Psychologie ein verhältnismäßig großes Interesse entgegen. Bereits in Chevreuls englischer Ausgabe *Harmony and Contrast of Colours* von 1859 wurde eine Farbscala publiziert.[18] Eine vollständige Zusammenstellung der Skalen findet sich im 1864 erschienenen Folioband *Des couleurs de leurs applications aux arts industriels*.[19] Die Publikation enthält insgesamt 17 Farbskalen in einer Größe von ca. 27 × 9 cm, die zu den qualitativ hochwertigsten Farbreproduktionen der 1850er und 1860er Jahre gehören. Auch gab Friedrich Jännicke in seiner 1878 edierten Überarbeitung des Chevreulschen Hauptwerks *De la loi du contraste simultané des couleurs*, der *Farbenharmonie von 1878*, modifizierte Fassungen der Farbskalen heraus (Abb. 11.3, S. 139). Diese wurden jedoch nicht als Drucke, sondern Originalaquarelle in das Buch eingebunden, so dass die tonalen Nuancierungen deutlicher als in der Ausgabe von 1864 hervortreten.

Bemerkenswerter Weise wurde bereits von Josef Albers auf die ähnliche formale Struktur zwischen den Chevreulschen Farbskalen und Klees Farbstufenaquarellen hingewiesen. In seinem 1963 erschienenen farbdidaktischen Standardwerk *Interaction of Color* machte Albers auf die Beziehung der Farbstufenaquarelle Klees zu Chevreuls Farbskalen am Beispiel des 1921 von Klee geschaffenen Werks *Hängende Früchte* aufmerksam (Abb. 11.4, S. 141). Zu Klees Arbeit führte er aus: *„Obwohl das Aquarell „Hängende Früchte" als ein typisches Werk Paul Klees gelten darf, wurde es weder zum Zweck eines Rückblicks allein, noch zum Zweck einer stillen Inspiration reproduziert. Vielmehr dient es als ein Beispiel technischer Gliederung in der Aquarellmalerei: hier werden verschiedene Schichten dünner Farblasuren aufgetragen, die einander mehrfach überlagern."*[20] Für Albers war demnach die Addition hauchdünn auf-

---

17 In der Forschung wird wiederholt auf die formalen und koloristischen Parallelen zwischen Delaunays „Fensterbildern" von 1911/12 und Klees 1914 während der bekannten Tunisreise entstandenen Aquarellen hingewiesen. Über das Verhältnis der Malerei Klees zu Delaunay: Güse 1982, S. 22–23.

18 Chevreul 1859, plate V. Zur Bedeutung der Farbenlehre Chevreuls: Cugini 2006, S. 52–55.

19 Chevreul 1864.

20 Albers 1970, S. 97.

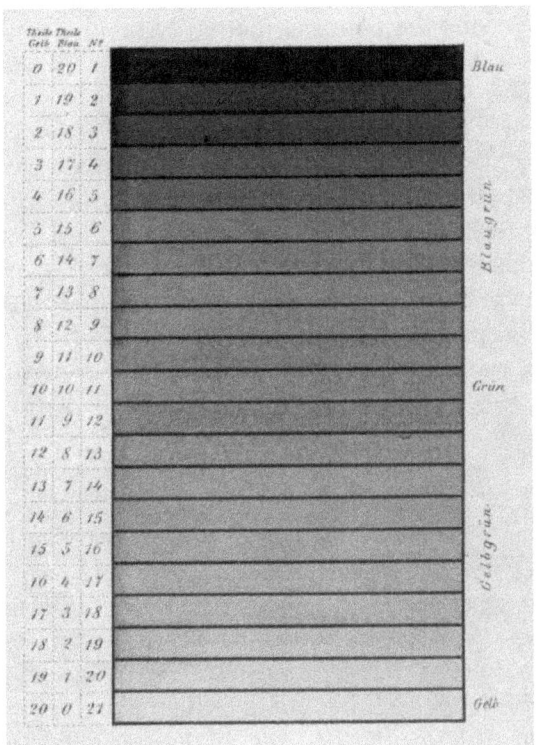

Abbildung 11.3:
Friedrich Jännicke/ Michel-Eugène Chevreul, Farbskala, Aquarelltechnik,
ausgeführt von Joh. Hirrlinger, 1878

Jännicke / Chevreul 1878.

getragener Farblagen ein bemerkenswertes maltechnisches Verfahren. Woher
dieses Maltechnik seiner Meinung nach stamme, erläuterte er sogleich im An-
schluss: „*Unter Anwendung dieser Methode vermittelt das Werk* [Klees Aquarell
Hängende Früchte, R. R.] *eine besondere Wirkung der Farbmischung, auf die es
Chevreul ankam*".[21] Damit brachte Albers die Farbstufenaquarelle Klees direkt
mit Chevreuls polychromen Skalen in Verbindung. Albers ging sogar noch ein
weiteres Mal auf die Analogie zwischen Klees Farbstufenaquarellen und Chevreuls gleichmäßige Abstufung einzelner Farbtöne ein: „*Die Analyse Chevreuls
Rat, eine Schicht über die andere zu legen, läßt erkennen, daß es sich bei die-*

---

21 Ibid.

*sem Verfahren nicht nur um eine subtraktive Mischung in bezug auf Helligkeit
handelt. [...] Wie schon früher erwähnt – und ganz deutlich zeigen das die
Aquarelle Paul Klees – , wird die Zuwachsrate immer kleiner, d. h. die Steigerung der Stufen nimmt fortwährend ab.*"[22] Nach Albers war also auch die
Wirkungsweise der Farbabstufungen Klees mit jenen Chevreuls vergleichbar.

Die Ähnlichkeit beschränkt sich nicht allein auf die formale Struktur, sondern erstreckt sich auch auf die Beschreibung der Anfertigung der Farbskalen.
Klee behandelte das von Chevreul geschilderte Lasieren einzelner Farbstreifen im oben bereits erwähnten Vorlesungsmanuskript. Am 28. November 1922
erläuterte er am Beispiel einer Farbskala (Abb. 11.5, S. 142), in welcher Weise unter Zuhilfenahme eines Streifenschemas dünne Aquarellfarbe in Rot und
Grün gleichmäßig abgestuft werden kann: *„Wir werden einen länglichen Streifen weiss in sieben und zunächst sechs Felder davon (mit Ausnahme von Feld
sieben) mit einer dünnen rein roten Aquarellfarbe überziehen. Nachdem diese
Rotlage getrocknet ist, belegen wir auf den selben Streifen die untern Felder
(mit Ausnahme von Feld eins) mit einer dünnen rein grünen Aquarellfarbe.
Nach dem Auftrocknen dieser beiden Lagen wird sich ein rötliches Feld eins
und ein grünliches Feld sieben zeigen. Dazwischen aber fünf farblose Felder
zwei bis sechs. Die etwas schwache Wirkung dieser summierten beiden ersten
Stadien werden wir beleben, dadurch dass wir diese Operation fortsetzen.*"[23] In
vergleichbarer Weise hatte sich bereits der Chemiker in *De la loi du contraste
simultané* über die Anfertigung der Farbskalen geäußert: *„Man färbt ein, in
zehn Streifen, 1, 2, 3, 4, 5, 6, 7, 8, 9, 10, jede 0,55 Mètres breit abgetheiltes
Pappendeckelblatt gleichförmig mit Tusche. So wie sie trocken ist, macht man
einen zweiten Anstrich auf alle Streifen, die erste ausgenommen. Ist der zweite
Anstrich trocken, so streicht man alle Streifen zum drittenmal an, mit Ausnahme der ersten und zweiten u. s. w., so daß man zehn flache, jedoch von der
ersten an gerechnet, je mehr und mehr gedunkelte Streifen bekommt.*"[24]

Chevreuls Schilderung der Anfertigung einer Farbskala besaß im Umfeld der
Bauhausmaler offenbar eine gewisse Bekanntheit. Jedenfalls zitierte Albers die
oben wiedergegeben Passage Chevreuls[25] und kommentierte das Verfahren mit
den Worten: *„All das klingt recht überzeugend, so überzeugend, dass man sich*

---

22 Ibid., S. 92.

23 *Paul Klee. Beiträge* 1979, S. 159.

24 Chevreul 1847, S. 8–9, § 11.

25 Chevreuls Abschnitt lautet bei Albers: *„Auf einem in zehn Streifen unterteilten Karton –
jeder Streifen etwa 2,5 cm breit – trage man eine gleichmäßige Schicht verdünnter Tusche
auf. Sobald sie trocken ist, trage man eine zweite Schicht auf alle Streifen, mit Ausnahme
des ersten. Sobald die zweite Schicht trocken ist, trage man eine dritte Schicht auf alle
Streifen, mit Ausnahme des ersten zwei. Entsprechend fahre man fort, bis man schließlich
zehn gleichmäßig an Tiefe zunehmende Tonwerte erhält.*" Albers 1970, S. 91.

Abbildung 11.4:
Paul Klee, Hängende Früchte, 1921, 70, Aquarell, teilweise gespritzt,
und Bleistift auf Papier auf zweitem Papier auf Karton, 24,8 × 15,2 cm,
The Metropolitan Museum of Art, New York

Rewald 1988.

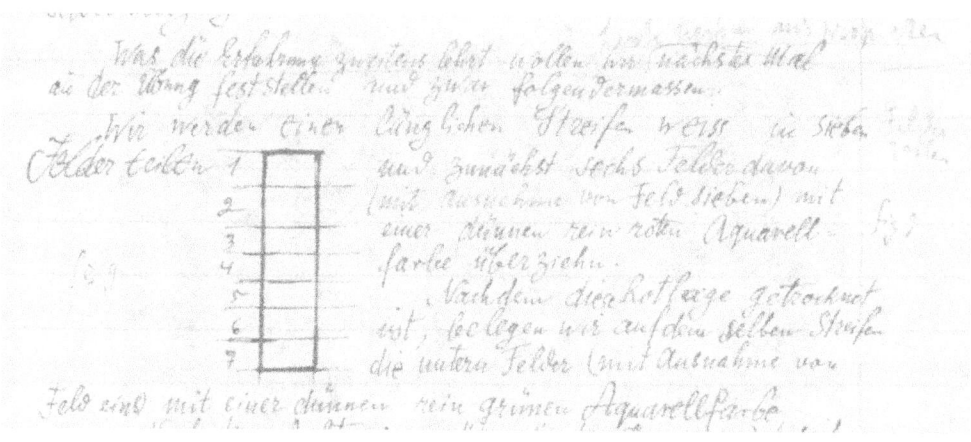

Abbildung 11.5:

Paul Klee, Schema der Farbstufung aus dem Bauhausunterricht, 1922

Paul Klee. Beiträge 1979.

fragt, ob jemals einer das versprochene Ergebnis in Frage gestellt hat, ob jemals einer diesen Rat befolgt hat, M. Chevreul eingeschlossen."[26] Selbstverständlich ist Albers' Frage rhetorisch gemeint. Letztlich widersprach er Chevreuls Diktum, dem zufolge sich die Sättigung der einzelnen Farbstreifen bei immer neu aufgetragenen Lasuren gleichmäßig vergrößert.[27] Nach seiner Beobachtung verliert sich nämlich *„die anfängliche Zunahme schließlich in einem nicht mehr zu steigernden und unveränderlichen Sättigungsgrad".*[28] Über den Beleg für die Auseinandersetzung mit dem Chevreulschen Lasierverfahren hinaus ist Albers' Feststellung insofern von Interesse, als sie den unten noch zu schildernden Einsatz der Chevreulschen Farbskalen in den Naturwissenschaften als Messinstrumente indirekt in Frage stellt. Betrachtet man die Farbskalen Chevreuls genauer, so können bestimmte Abschnitte der Farbstufen tatsächlich nicht exakt voneinander getrennt werden (Abb. 11.2, S. 133).

Die Albers'sche Kritik änderte jedoch nichts an der Tatsache, dass die Farbskalen Chevreuls ein Potential für die damaligen künstlerischen Bildpraktiken bargen. Albers' eingehende Diskussion der Farbskalen deutet darauf hin, dass das Chevreulsche Verfahren der Farbmischung für die Bauhausmaler von einiger Relevanz gewesen war. In unserem Zusammenhang ist ferner zu beden-

---

26 Ibid., S. 91.

27 Chevreul 1847, S. 9.

28 Albers 1970, S. 91.

ken, dass Klee zur Vorbereitung seines Unterrichts verschiedene Farbenlehren konsultierte, unter denen sich vermutlich auch jene Chevreuls befand.[29] Diese Annahme wird dadurch bekräftigt, dass Delaunay, wie oben dargelegt, im von Klee übersetzten farbtheoretischen Essay auf Chevreul rekurrierte. Die Chevreulsche Farbenlehre müsste Klee demnach aus verschiedenen Perspektiven geläufig gewesen sein. Allerdings dürfte er nicht die Originalpublikation von 1864, sondern die 1878 edierte und in Deutschland verhältnismäßig weit verbreitete Chevreul-Edition Jännickes eingesehen zu haben, die drei sorgfältig, von dem Maler Joh. Hirrlinger aquarellierte Farbskalen enthielt (Abb. 11.3, S. 139).[30]

11.4 Chevreuls Farbskalen als tonale Messinstrumente in den Naturwissenschaften

Trotz der formalen und maltechnischen Analogien weisen Klees und Chevreuls Farbstufen grundsätzlich unterschiedlich inhaltliche Implikationen auf. Um Klees Bildpraktik der Farbstufenaquarelle von jenen des Chemikers abzugrenzen, ist im Folgenden der Kontext der Farbskalen Chevreuls in den Naturwissenschaften zu skizzieren.

Aufgrund ihres engen Verhältnisses zum Experiment war der Gebrauch der Chevreulschen Farbskalen von apparativen, konzeptuellen, disziplinären und institutionellen Bedingungen der jeweiligen Wissenschaftskultur abhängig. Sie besaßen einen gewissen Anteil an der Datengewinnung bzw. Strategie der Wissensgewinnung sowie der Entstehung von Definitionen, so dass sie einen der Graphik, dem Diagramm, der Gleichung, dem Modell sowie der Fotografie vergleichbaren epistemischen Rang einnahmen.[31]

Wie bereits im Zusammenhang mit Albers' Kritik erwähnt, war Chevreuls Ziel eine vollkommen gleichmäßige Abstufung der Farbtöne (Abb. 11.2, S. 133). Zur Vergegenwärtigung des Konzepts der quasi metrischen Stufung sei noch einmal die Herstellungsmethode beschrieben: Die Steifen 1 bis 20 werden zunächst mit einer Lage der entsprechenden Aquarellfarbe koloriert. Nachdem die erste Schicht getrocknet ist, erhalten die Streifen 2 bis 20 eine zweite Lasur. Un-

---

29 In seinem Vortragsmanuskript erwähnte er, dass seine Ausführungen zur Farbe auf „Gedanken von Leuten vom Fach und anderen" basieren. Hierbei führte er die Goethe, Philipp Otto Runge, Delacroix und Kandinsky an. *Paul Klee. Beiträge* 1979, S. 153.

30 Wahrscheinlich existierte seine modifizierte Chevreul-Ausgabe in der seit 1919 vom Bauhaus genutzten Bibliothek der ehemaligen Weimarer Kunstgewerbeschule.

31 Zur experimentellen Datengewinnung: Hoffmann 2006, S. 23–50; Rheinberger/Hagner 1993, S. 7–27; Steinle 2005, S. 15–19.

ter Auslassung des Streifens mit der jeweils niedrigeren Ziffer erfolgen weitere Durchgänge bis Streifen 20 als Letztes gefasst wird. Anschließend werden die Streifen 21 bis 2 mit einer anderen Farbe nach dem gleichen System behandelt. Die Kopplung der Farbnuancen mit Zahlen sollte eine präzise Bestimmung externer Farbtöne gewährleisten: Beispielsweise kennzeichnet nach Chevreul der Wert 15 den Grundton der Rotskala. Wegen der unterschiedlichen Intensität und Helligkeit musste Chevreul zufolge jedoch für Gelb ein niedrigerer Zahlenwert und für Blau ein höherer als 15 angenommen werden.[32]

Chevreuls Konzept der Farbmessung besaß einigen Erfolg. Mittels vergleichender Gegenüberstellung dienten Chevreuls Farbskalen in der Farbenlehre, physiologischen Optik und Psychologie als bildliche Messinstrumente zur zahlenmäßigen Bestimmung von Farbtonwerten. Zu ihrer Verbreitung trugen offenbar jene forschungsgeschichtlichen, kulturellen, gesellschaftlichen und politischen Umstände bei, die beispielsweise Timothy Lenoir im Zusammenhang mit der „organischen Physik" von Emil Du Bois-Reymond, Ernst Brücke, Hermann von Helmholtz und Carl Ludwig herausgearbeitet hat.[33] In welcher Weise Chevreuls Farbskalen in den zeitgenössischen Wissenschaften als Messinstrumente fungierten, zeigen Experimente in der damaligen physiologischen Optik (Abb. 11.6, S. 145). Es handelte sich dabei um eine Verwendung der Farbskalen im Rahmen von Tierversuchen,[34] in denen man sich mit dem Verblassen der Augenfarbe freigelegter Froschnetzhäute innerhalb weniger Sekunden nach einer Operation auseinandersetzte. Die dabei auftretenden Farbveränderungen wurden mit Hilfe numerisch gegliederter Farbskalen gemessen. Wie aus zeitgenössischen Quellen hervorgeht, griffen dabei Physiologien in Holland und Italien ausdrücklich auf Chevreuls Farbskalen zurück.[35]

Demnach haben die Chevreulschen Farbskalen als Messinstrumente in der physiologischen Optik zwischen 1870 und 1930 eine gewisse Verbreitung gefunden.[36] Dazu trug offenbar bei, dass sie keinen konkreten Untersuchungsgegenstand oder sonstige Versuchsergebnisse repräsentierten. Die Bilder konnten mit bloßen Augen betrachtet werden. Prismen und andere optische Geräte kamen in

---

32 Über die Entstehungsbedingungen der Chevreulschen Farbskalen und ihrer Modifikationen ist bislang wenig bekannt. Allgemein stehen die Farbskalen mit den Farbkörpern des 18. und frühen 19. Jahrhunderts etwa Johann Heinrich Lamberts von 1772 in Verbindung. Als unmittelbare Vorläufer der Chevreulschen Farbskalen können außerdem die von Edmé-Gilles Guyot entwickelten Farbfelder von 1770 angesehen werden. Zu Guyot: Kuehni / Schwarz 2008, S. 288–289.

33 Timothy Lenoir, Soziale Interessen und die organische Physik von 1847, in: Lenoir 1992, S. 18–27.

34 Garten 1925, S. 161–164.

35 Ibid.; vgl. auch: Boll 1877, S. 4–36.

36 Weitere Anwendung der Farbskalen als Wahrnehmungsinstrumente von Ewald Hering zur Veranschaulichung von Kontrastphänomenen: Hering 1925, Tafel II, Fig. 4.

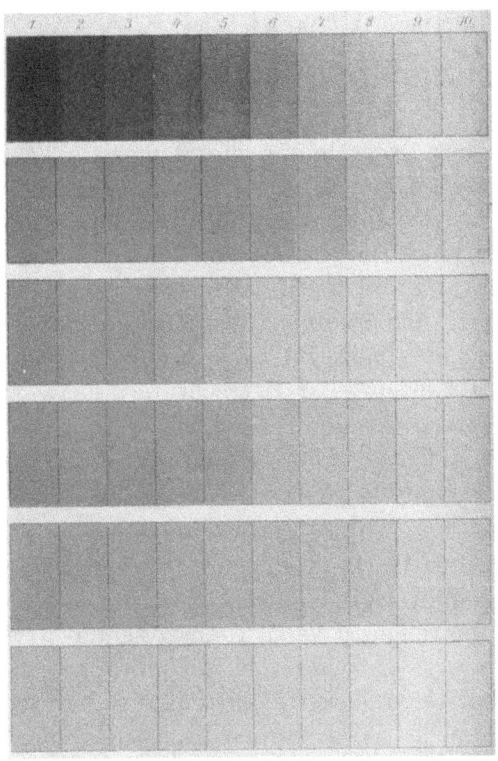

Abbildung 11.6:

S. Garten, Farbskala als Messinstrument, 1925 [1907]

Garten 1925.

Experimenten mit den Farbskalen offenbar nicht zum Einsatz. Außerdem konnten sie aufgrund der stilistischen und reproduktionstechnischen Entwicklung, der Änderung wissenschaftlicher Methoden sowie der Abgrenzung von konträren wissenschaftlichen Positionen und Neuorientierung von Forschungszielen formal variiert werden. Die Anwendungsmöglichkeit der Farbskalen lässt sich somit nicht auf das Gebiet der Farbenlehre einschränken.[37] Daher manifestierte sich in ihnen mehr, als sie in der jeweiligen Disziplin vorgeben. Wechselten sie das Forschungsgebiet, so wechselte auch ihr epistemischer Gehalt, wobei ein Bedeutungsverlust oder -überschuss entstand.[38]

---

37 Hering 1925, S. Tf. II, Fig. 4.
38 Zum variierenden Status des wissenschaftlichen Bildes: Hagner 2003, S. 105.

11.5 Künstlerische Bildpraktik. Klees Farbstufenaquarelle und die Bewegung

Während in den Naturwissenschaften die Skalen zur zahlenmäßigen Bestimmung von Farbtonwerten als Messinstrumente Verwendung fanden, werden die Farbstufen in den Kleeschen Aquarellen der sinnlichen Wahrnehmung des Betrachtenden entgegengeführt.[39] Das von Klee den Farbstufen zugewiesene künstlerische Konzept deutete der Maler im Unterricht am Weimarer Bauhaus an: *„Durch die Stufung im Summieren erhalten wir im Endeffekt eine praecis gestufte Bewegung von ganz rot zu grün rot zu grün oder umgekehrt."*[40] Demnach sollte nach Klee bei der Betrachtung analoger Farbstufen ein Bewegungseindruck evoziert werden. Tatsächlich vermag der allmähliche Verlauf eines Farbtones von Hell nach Dunkel oder von Dunkel nach Hell das Auge über die Bildfläche zu führen.

Einmal mehr ist hier auf Albers zurückzukommen, der am Beispiel des von ihm erwähnten Kleeschen Werkes *Hängende Früchte* erläuterte, in welcher Weise sich ein Bewegungseindruck in Klees Farbstufenaquarellen manifestiert (Abb. 11.4, S. 141). Das Aquarell zeigt vertikal ausgerichtete Gruppen verschiedener Formenmotive, die jeweils in der Größe und formalen Ausbildung variieren. Obgleich das Aquarell keine Farbstreifen, sondern der Geometrie angenäherte Formen aufweist, kann das Werk zu den Farbstufenaquarellen gerechtet werden. Chevreuls Maltechnik artikuliert sich in den stufenweise nach oben dunkler werdenden Rottönen der Einzelformen. *„Die hängenden Früchte"*, so charakterisierte Albers die Farbstufungen des Aquarells, *„sind durch mehrere senkrechte Gruppierungen von Elementarformen dargestellt. Zart konsturiert, beginnen sie klein und hell in der unteren Zone; werden größer und dunkler und laufen wiederum klein aus."*[41] Der Bewegungseindruck kam für ihn nun durch die Schichtung der Tonwerte von Hell nach Dunkel zustande. Wie er an anderer Stelle anmerkt, wird nach Albers die Wahrnehmung der Bewegung durch das „Lesen" der „Gruppierungen" von „unten nach oben" erzeugt. Dabei ging er davon aus, dass das Auge von den hellen Figuren angezogen und anschließend von den Abstufungen der immer dunkler werdenden Farbtöne weitergeleitet wird. Auf diese Weise, so konstatierte Albers, *„lesen wir auch alle Gruppierungen von unten nach oben."*[42]

---

39 In der Anschauung der Aquarellen Klees nimmt der Betrachter also eine grundsätzlich andere Einstellung ein. Zur Problematik der Deutung von Bilder: Boehm 2007, S. 94–113.
40 Paul Klee. Beiträge 1979, S. 160.
41 Albers 1970, S. 97–98.
42 Ibid., S. 98.

Einige Dekaden vor Albers hatte bereits Klee den Bewegungseindruck mit der Wahrnehmung der Helldunkelstufung der Farbtöne in Zusammenhang gebracht. Zu dem von ihm angeführten Unterrichtsbeispiel mit der kontinuierlichen Stafflung der Komplementärfarben Rot und Grün äußerte er: *„Die reciproke oder wechselseitige rotgrüne Scala erinnert übrigens wieder an unser Pendel als Bewegung und Gegenbewegung."*[43] Klee zufolge wandert also das Auge aufgrund der schrittweise modifizierten Farbintensität vom roten Pol zum grünen und wieder zurück.[44] Offenbar ging Klee herbei von der tonalen Differenz zwischen zwei oder mehreren Farbwerten aus, die sich bei der Betrachtung als aktiver Wechsel der örtlichen Lage von einem Farbton zum anderen artikuliert. Die Bewegung auf dem Bildträger erfolgt größtenteils jedoch nur scheinbar. Letztendlich handelt es sich um eine beim Betrachtenden sich manifestierende Bewegungsvorstellung, die aus einem sich augenblicklich vollziehenden visuellen Vergleich der stufenweise veränderten Farbwerte resultiert.[45]

Dass in der Konzeption der Farbstufenaquarelle – wie von Klee und Albers betont – die Wahrnehmung eines Bewegungseindrucks im Vordergrund stand, hängt mit der eingangs erwähnten Orientierung des Bauhausmalers an Robert Delaunay eng zusammen. Für das Verständnis dieses Bezugs ist Klees „Begriff der Wechselseitigkeit"[46] aufschlussreich. Einerseits verstand er darunter die Wanderung des Auges auf der Skala zwischen den Polen zweier Komplementärfarben. Wie vorstehend ausgeführt, fasste Klee die „rotgrüne Scala"[47] als Folie für eine pendelartige „Bewegung und Gegenbewegung"[48] auf der Grundlage komplementärer Farben auf. Andererseits hieß „Wechselseitigkeit" für ihn die Evokation der jeweiligen Ergänzungsfarbe im Auge. *„Beide Farben"*, so äußerte Klee im Bauhausunterricht, *„rufen sich im Auge wechselseitig hervor."*[49] Diese von Klee betonte Reziprozität entspricht Delaunays Ausdruck der „synchromischen Aktion".[50] Der Bewegungsaspekt erhält bei Klee demnach eine innere Legitimität durch die Evokation der Ergänzungsfarben im Auge. Die

---

43 Paul Klee. Beiträge 1979, S. 161.

44 Zur Bedeutung der „Bewegung" für die Malerei Klees: Dessauer-Reiners 1996, S. 84–87; Savelli 2000, S. 127–139.

45 Zur Bewegungsvorstellung auf der Grundlage des visuellen Vergleichs: Finke 2010, S. 237–239. Die Frage nach den Voraussetzungen der Wahrnehmung von Scheinbewegungen gehörte zwischen 1890 und 1930 zu den zentralen Forschungsgebieten der experimentellen Psychologie und Gestaltpsychologie. Eine der bekanntesten Untersuchungen in diesem Gebiet waren Max Wertheimers *Experimentelle Studien über das Sehen von Bewegung* von 1911. Wertheimer 1925, S. 1–105.

46 Paul Klee. Beiträge 1979, S. 161.

47 Ibid.

48 Ibid.

49 Ibid.

50 Delaunay 1913, S. 256.

vitale Tätigkeit des Sehorgans, die sich in der selbständigen Erzeugung der Komplementärfarben artikuliert, lieferte Klee also für die Gestaltung der Farbstufenaquarelle einen sinnstiftenden Moment. Die sich aus solchen Farbenpaaren zusammensetzenden Farbstufen generieren eine Augenbewegung, die eine Analogie zur Bewegung des im Auge auftretenden Simultankontrasts aufweist. In dieser Konnexität spiegelt sich Delaunays künstlerisches Konzept von der Malerei als *„Zusammenklang von Farben, die sich teilen, und in gleicher Aktion wieder zum Ganzen zusammenzuschließen"*[51] wider. Klee machte sich Delaunays Dictum der *„synchromischen Aktion [...] als eigentlicher und einziger Vorwurf (sujet) der Malerei"*[52] zueigen, jedoch nicht ohne es selbständig zu erweitern.

11.6 Bibliographie

ALBERS, JOSEF: *Interaction of Color*. Köln: Du Mont 1970.

BOEHM, GOTTFRIED: Zwischen Auge und Hand. Bilder als Instrumente der Erkenntnis. In: BOEHM, GOTTFRIED: *Wie Bilder Sinn erzeugen. Die Macht des Zeigens.* Berlin: University Press 2007, S. 94–113.

BOLL, FRANZ: Zur Anatomie und Physiologie der Retina. In: *Archiv für Physiologie. Psychologische Abtheilung des Archives für Anatomie und Physiologie* (1877), S. 4–36.

BREDEKAMP, HORST: Interview. Bildunterschätzung – Bildüberschätzung. Ein Gespräch der „Bilder des Wissens" mit Michael Hagner. In: *Bildwelten des Wissens. Kunsthistorisches Jahrbuch für Bildkritik* **I** (2003), H. 1, S. 103–111.

CHEVREUL, MICHEL-EUGÈNE: *De la loi du contraste simultané des couleurs, et de l'assortiment des objets colorés, considéré d'après cette loi dans ses rapports avec la peinture, les tapisseries des gobelins, les tapisseries de beauvais pour meubles, les tapis, la mosaïques, les vitraux colorés, l'impression des étoffes, l'imprimerie, l'enluminure, la décoration des edifices, l'habillement et l'horticulture.* Paris: Pitois-Levrault 1839.

CHEVREUL, MICHEL-EUGÈNE: *Die Farbenharmonie in ihrer Anwendung bei der Malerei, bei der Fabrication von farbigen Waaren jeder Art [...].* Stuttgart: Paul Neff 1847.

CHEVREUL, MICHEL-EUGÈNE: *The Laws of Contrast of Colour and their Application to the Arts of Painting, Decoration of Buildings [...].* Transl. by JOHN SPANTON. London: G. Routledge & Co. 1858.

---

51 Ibid.
52 Ibid.

CHEVREUL, MICHEL-EUGÈNE: *The Principles of Harmony and Contrast of Colours, and their Application to the Arts. Including: Painting, Interior Decoration [...].* Transl. by CHARLES MARTEL. London: Henry G. Bohn 1859.

CHEVREUL, MICHEL-EUGÈNE: *Des couleurs de leurs applications aux arts industriels a l'aide des cercles chromatiques.* Paris: J. B. Baillière et fils 1864.

CHEVREUL, MICHEL-EUGÈNE UND FRIEDRICH JÄNNICKE: *Die Farbenharmonie [...].* Stuttgart: Paul Neff 1878.

COSTA, ALBERT B.: *Michel-Eugéne Chevreul. Pioneer of organic chemistry.* Madison: Logmark 1962.

CUGINI, CARLA: *„Er sieht einen Fleck, Er malt einen Fleck."* Physiologische Optik, Impressionismus und Kunstkritik.* Basel: Schwabe 2006.

DELAUNAY, ROBERT: Über das Licht. Übersetzt von Paul Klee. In: *Der Sturm* **3** (Januar 1913), Nr. 144/145, S. 255–256.

Robert Delaunay. Du Cubisme à l'art abstrait. Les Cahiers inédits de Robert Delaunay, ed. par PIERRE FRANCASTEL. Paris: S.E.V.P.E.N. 1957.

DESSAUER-REINERS, CHRISTIANE: *Das Rhythmische bei Paul Klee. Eine Studie zum genetischen Bildverfahren.* Worms: Wernersche Verlagsgesellschaft 1996.

DÜCHTING, HAJO: *Robert und Sonia Delaunay. Triumph der Farbe.* Köln: Taschen 1993.

FINKE, MARCEL: Bild, Differenz und (Un-)Vergleichbarkeit. Fotografische Strategien der Visualisierung von Bewegung im 19. Jahrhundert. In: BADER, LENA; GAIER, MARTIN UND FALK WOLF (Hg.): *Vergleichendes Sehen.* München: Fink 2010, S. 237–259.

GARTEN, S.: *Die Veränderungen der Netzhaut durch Licht.* [1907] (= Handbuch der gesamten Augenheilkunde, Bd. 3, Physiologische Optik, Kapitel XII, Anhang). Berlin: Julius Springer 1925, S. 1–250.

GAGE, JOHN: *Die Sprache der Farben. Bedeutungswandel der Farbe in der bildenden Kunst.* Ravensburg: Ravensburg 1999.

GEELHAAR, CHRISTIAN: *Paul Klee und das Bauhaus.* Köln: DuMont Schauberg 1972.

GLAESEMER, JÜRGEN: *Die farbigen Werke im Kunstmuseum Bern. Gemälde, farbige Blätter, Hinterglasbilder und Plastiken.* Bern: Kornfeld & Cie 1976.

GROHMANN, WILL: *Paul Klee.* Stuttgart: W. Kohlhammer 1954.

GÜSE, ERNST-GERHARD: Vor der Tunisreise. In: *Die Tunisreise. Klee. Macke. Moillet.* Hg. v. ERNST-GERHARD GÜSE. Ausst.-Kat. Westfälisches Landesmuseum Münster. Stuttgart: Gerd Hatje 1982, S. 18–27.

HAGNER, MICHAEL: Interview. Bildunterschätzung – Bildüberschätzung. Ein Gespräch der „Bilder des Wissens" mit Michael Hagner. In: *Bildwelten des Wissens. Kunsthistorisches Jahrbuch für Bildkritik* **I** (2003), H. 1, S. 103–111.

HERING, EWALD: *Grundzüge der Lehre vom Lichtsinn.* [1905] (= Handbuch der gesamten Augenheilkunde, Bd. 3, Physiologische Optik, Kapitel XII). Berlin: Julius Springer 1925, S. 1–294.

HOFFMANN, CHRISTOPH: *Unter Beobachtung. Naturforschung in der Zeit der Sinnesapparate.* (= Wissenschaftsgeschichte, hg. v. MICHAEL HAGNER UND HANS-JÖRG RHEINBERGER). Göttingen: Wallstein 2006.

IMDAHL, MAX: Zu Delaunays historischer Stellung [1967]. In: *Max Imdahl. Zur Kunst der Moderne.* Gesammelte Schriften, Bd. 1, hrg. v. ANGELI JANHSEN-VUKICEVIC. Frankfurt a. M.: Suhrkamp 1996, S. 84–130.

KERSTEN, WOLFGANG: *Paul Klee. „Zerstörung, der Konstruktion zuliebe?"* Marburg: Jonas 1987.

KERSTEN, WOLFGANG UND OSAMU OKUDA: *Paul Klee. Im Zeichen der Teilung. Die Geschichte zerschnittener Kunst Paul Klees 1883–1940, mit vollständiger Dokumentation.* Ausst.-Kat. Kunstsammlung Nordrhein-Westfalen / Staatsgalerie Stuttgart. Ostfildern: Gerd Hatje 1995.

KRÖLL, CHRISTINA: *Die Bildtitel Paul Klees. Eine Studie zur Beziehung von Bild und Sprache in der Kunst des zwanzigsten Jahrhunderts.* Bonn: Rheinische Friedrich-Wilhelms-Universität 1968.

KUEHNI / SCHWARZ 2008: KUEHNI, ROLF G. UND ANDREAS SCHWARZ: *Color ordered. A survey of color order systems form antiquity to the present.* Oxford: Oxford University Press 2008.

Langner, Turm und Läufer. Delaunay, Kandinsky und Marc im Zeichen des „Blauen Reiters". In: *Delaunay und Deutschland.* Hg. v. von PETER-KLAUS SCHUSTER. Ausst.-Kat. Bayerische Staatsgemäldesammlungen / Staatsgalerie moderner Kunst München. München: DuMont 1986, S. 208–224.

LENOIR, TIMOTHY: *Politik im Tempel der Wissenschaft. Forschung und Machtausübung im deutschen Kaiserreich.* Frankfurt a. M., New York: Campus (Edition Pandora, hg. v. Helga und Ulrich Raulff; Bd. 2) 1992.

LENZ, CHRISTIAN: Klee und Delaunay. In: *Delaunay und Deutschland.* Hg. v. PETER-KLAUS SCHUSTER. Ausst.-Kat. Bayerische Staatsgemäldesammlungen / Staatsgalerie moderner Kunst München. München: DuMont 1986, S. 227–241.

Paul Klee. Beiträge zur Bildnerischen Formlehre, Faksimilierte Ausgabe des Originalmanuskipts von Paul Klees erstem Vortragszyklus am Staatlichen Bauhaus Weimar 1921/22. Hg. v. JÜRGEN GLAESEMER. Paul Klee-Stifung, Kunstmuseum Bern. Basel, Stuttgart: Schwabe & Co. AG 1979.

Paul Klee. Tagebücher: Paul Klee. Tagebücher 1898–1918. Textkritische Neuedition, hg. v. d. Paul-Klee-Stiftung, bearbeitet v. WOLFGANG KERSTEN. Stuttgart, Teufen: Hatje/Niggli 1988.

REHM, ROBIN: „Man unterscheidet zweierlei Farbenkontraste, den instantanen und den nachwirkenden." Zum Kontext einiger farbtheoretischer Bemerkungen Gottfried Sempers im „Stil" von 1860. In: *Sudhoffs Archiv. Zeitschrift für Wissenschaftsgeschichte* **94** (2010), H. 2, S. 157–177.

REWALD, SABINE: *Paul Klee. Die Sammlung Berggruen im Metropolitan Museum of Art, New York und im Musée National d'Art Moderne.* Ausst.-Kat. Kunsthalle Tübingen. Paris, Stuttgart: Hatje 1988.

RHEINBERGER, HANS-JÖRG UND MICHAEL HAGNER: Experimentalsysteme. In: *Die Experimentalisierung des Lebens. Experimentalsysteme in den biologischen Wissenschaften 1850/1950.* Hg. v. HANS-JÖRG RHEINBERGER UND MICHAEL HAGNER. Berlin: Adademie 1993, S. 7–27.

ROQUE, GEORGES; BODO, BERNARD UND FRANÇOISE VIÉNOT: *Michel-Eugène Chevreul. Un savant, des couleurs!* Paris: Editions du Muséum National d'Histoire Naturelle 1997.

ROUSSEAU, PASCAL: „L'œil solaire". Une généalogie impressionniste de l'abstraction. In: *Aux origines de l'abstraction 1800–1914.* Ed. par SERGE LEMOINE, Musée d'Orsay. Paris: Éditions de la Réunion des musées nationaux 2003, S. 122–139.

SAVELLI, ROSELLA: Bilderische Mechanik (oder Stillehre). In: *Paul Klee. Die Kunst des Sichtbarmachens. Materialien zu Klees Unterricht am Bauhaus.* Hg. v. Kunstmuseum Bern / Paul Klee-Stiftung / Seedamm Kulturzentrum Pfäffikon. Bern: Benteli 2000, S. 127–139.

SCHWARZ, ANDREAS: *Die Lehren von der Farbenharmonie. Eine Enzyklopädie zur Geschichte der Theorie der Farbenharmonielehre.* Göttingen, Zürich: Muster-Schmidt 1999.

STEINLE, FRIEDRICH: *Explorative Experimente. Ampère, Faraday und Ursprünge der Elektrodynamik.* Stuttgart: Boethius (Boethius. Texte u. Abhandlungen zur Geschichte der Mathematik u. d. Naturwissenschaften; Bd. 50) 2005.

VOGEL, MARIANNE: *Zwischen Wort und Bild. Das schriftliche Werk Paul Klees und die Rolle der Sprache in seinem Denken und seiner Kunst.* München: Scaneg 1992.

VOWINCKEL, ANDREAS: Beiträge zur Bildnerischen Formlehre (1921 / 1922) und zur Bildnerischen Gestaltungslehre (1928) von Paul Klee. In: *Paul Klee – Lehrer am Bauhaus.* Hg. v. HERZOGENRATH, WULF; BUSCHHOFF, ANNE UND ANDREAS VOWINCKEL. Ausst.-Kat. Kunsthalle Bremen. Bremen: Hauschild 2004, S. 52–129.

ZIMMERMANN, MICHAEL F.: *Seurat. Sein Werk und die kunsttheoretische Debatte seiner Zeit.* Weinheim 1991.

Figure 12.1:
Oben: Der zwölfteilige Farbkreis
mit seiner Ableitung aus den Farben erster Ordnung
Links unten: Der Farbstern von 1921.
Johannes Itten klappt hier die Farbkugel Phillip Otto Runges auf.
Rechts unten: Das Bauhaussymbol aus Quadrat, Kreis und Dreieck
hergeleitet von Wassily Kandinsky

Itten, Johannes: *Kunst der Farbe* (1961).

Colours at Bauhaus

Johannes Jeglinski (Hamburg)

The first association in connexion with the Bauhaus-style is generally one of minimalist functional architecture mantled in white. However a lot of Bauhaus-designs and artworks are dominated by colour. The mostly abstract painted pictures of the *Masters of Bauhaus* like Klee, Kandinsky or Naholy-Nagy use colours as most complex instruments of composition, where as everyday design connects colours to practical values. A fundamental concept of Bauhaus was to merge creative individuals into a community. Therefore a unitary idea of the instruments like expression and composition was necessary, aiming at the systematization of the conception of colour to a colour-order and a formalized chromatic. As colour-orders and chromatics are connected to paradigms, one can understand the institutional change the complete Bauhaus made from an expressionistic to a functional self by following the development the concept of colours initiated. The early Bauhaus education, in particular the so-called *Vorkurs* by Johannes Itten, focused on subjective perception. The later education moved the concept of colour to a more objective and rational perception of art being the requirement of pragmatic industrial production.

12.1 Bibliography

ITTEN, JOHANNES: *Der Farbstern*. Stuttgart: Urania-Verlag 1985.

DÜCHTING, HAJO: *Farbe am Bauhaus. Synthese und Synästhesie*. Berlin: Gebr. Mann Verlag 1996.

Jeglinski, Johannes: Bauhaus, Architektur und Farbe. In: WOLFSCHMIDT, GUDRUN (Hg.): *Farben in Kulturgeschichte und Naturwissenschaft*. Begleitbuch zur Ausstellung in Hamburg 2010–2012 zum 50jährigen Jubiläum des IGN. Hamburg: tradition science (Nuncius Hamburgensis – Beiträge zur Geschichte der Naturwissenschaften; Band 18) 2011, S. 102/103–111.

Abbildung 13.1:
Serbischer Marktplatz

Manz und Starkl 1942.

Faszination der Landschaft in Farbe und Schwarzweiß – Momentaufnahmen des Rußlandfeldzuges 1941–1945

Cornelia Lüdecke (München)

Abstract: Water colours versus black an white photographs – Souvenirs from World War II

Landscape paintings convey a special impression that consists of natural topography, time, light as well as the artistic eye and manner of realisation. Described in more scientific terms, landscape paintings are defined by the location depicted, date and time of the day, meteorological conditions, focus and style. When an artist mutates to a soldier during World War II, he is excited and seeks – as far as possible – to capture impressions of for him unknown regions in foreign counties. His personal perspective, nature, and colours are the salient ingredients of his pictures. Without knowing it he also includes the time dimension when painting special scenes in the course of the advance of his military division, for example upon arrival at a special emplacement or depicting scenery at changing seasons. A photo reporter also records the same event, like the advance of the division, but his lens is used more often to focus on snapshots of people, soldiers moving forward or enemy's positions while the portrayal of landscapes as such is much more rare.

Looking at pictures of the 4th Mountain Division marching towards Russia the differences in perception between artist and reporter is obvious. This is because the painter shows his vision, as distinct from singular events or pure facts recorded by the camera-carrying reporter. The paintings can be combined with a written account, military charts and weather charts of that period to document natural features of the broader context and topographic reality of the scenes as well as depictions of weather phenomena like "buran" (icy wind with snow drift) or a cold winter sky during high-pressure weather in the placeCaucasus. Moreover in the period taken up in the present paper photographs were still black and white in contrast to the coloured endering of scenes in paintings.

13.1 Einleitung

Zu Beginn des Zweiten Weltkrieges marschierten deutsche Soldaten in fremde Länder des Ostens, die sie noch nie zuvor besucht hatten. Der erste Einsatz galt Rumänien, Bulgarien und Serbien. Von Belgrad aus ging der Truppentransport mit der Eisenbahn weiter über Ungarn in die Slowakei, wo der lange Fußmarsch durch die endlose Weiten der Ukraine ostwärts bis hin zum Kaukasus begann. Aufmerksam betrachteten die Soldaten alles, was sich ihren Augen bot: Landschaften, Dörfer, Menschen und Städte. Die „Segensfülle der schwarzen Erde, die wogenden Getreidefelder, ... [so]wie das goldene Meer der Sonnenblumen" prägten sich neben den Eindrücken „der Vernichtung unauslöschlich in das Gedächtnis" ein,[1] wie es in einem Erinnerungsbuch der Enzian-Division (4. Gebirgsjäger-Division) aus dem Jahr 1942 hieß.

Manche Soldaten berichteten von ihren Erlebnissen in Briefen an die Familie, andere legten Erinnerungsfotos bei. Unter ihnen befand sich auch ein Kunstmaler, der während des Vormarsches anstelle der damals üblichen Schwarzweißfotos kleine Aquarelle in Postkartengröße nach Hause schickte. Daneben gab es die offiziellen Berichterstatter und die Fotoreporter der Divisionsbildstelle. Die farbigen Bilder enthielten ganz andere Informationen als die Fotos. In einer Fallstudie werden Landschaftsbilder eines Künstlers in Aquarell und Tempera Dokumentarfotos in schwarzweiß gegenübergestellt.

13.2 Einiges zur Landschaftsmalerei

Wenn ein Kunstmaler eine Landschaft durch sein künstlerisches Auge betrachtet, nimmt er neben der Topographie, dem Bewuchs und der Bebauung automatisch auch das Licht und damit die Tages- sowie die Jahreszeit mit auf. Er kann nun zwischen verschiedenen Maltechniken und Farben wählen. Soll das Bild strahlen, matt wirken oder eher dunkel sein? Sind Ölfarben, Aquarell- oder Temperafarben dafür am geeignetsten? Schließlich bestimmt das darzustellende Motiv den Bildausschnitt. Oder anders ausgedrückt, der Ausschnitt aus der

---

1 Manz und Starkl 1942: Vorwort, ohne Seitenabgabe.

Abbildung 13.2:
Oben: Zerstörter Rüstungsbetrieb der Kirowo-Werke
in Makejewka in der Donezregion (Ukraine) im November 1941;
Unten: Impressionen eines zerstörten Rüstungsbetriebes der Kirowo-Werke
in Makejewka in der Donezregion (Ukraine) im November 1941

Manz und Starkl 1942. Privatbesitz Lüdecke.

Landschaft und damit auch der Inhalt des Bildes hängt vom Bildfokus ab. Wird die gesamte Ansicht gemalt oder nur ein Teil sozusagen herbeigezoomt? Zudem charakterisieren der persönliche Malstil und die Farbwahl das Gemälde.

Beispielsweise erzielen detaillierte Bilder in etwa DIN A2 Größe, die mit Temperafarben für eine Buchveröffentlichung gemalt wurden, eine sehr plakative Wirkung. Das Bild „Serbischer Marktplatz" gibt einen belebten dörflichen Marktplatz im April 1941 wieder (Abb. 13.1, S. 154).

Die künstlerischen Impressionen werden hier bestimmt durch die Natur im Hintergrund, d. h. einen in den oberen Regionen mit Schnee bedeckten Gebirgszug, über den ein strahlend blauer Frühlingshimmel nur durch zwei flockige weiße Wölkchen unterbrochen wird, sowie den lebendigen Markt im Vordergrund, der dominiert wird von einem Reiter, der in Blickrichtung von schräg links nach rechts in den Platz hinein reitet. Er trägt eine Volkstracht, die sich jedoch von der Kleidung der Dorfbewohner und Bauern unterscheidet. In der Bewegungsrichtung des Reiters steht ein Pärchen, das sich durch Kostüm und Anzug sowie durch seine Hüte und Schuhe von den übrigen Marktbesuchern deutlich unterscheidet. Es können ausländische Touristen sein oder auch einheimische Städter, die damals gerne ländliche Gegenden besuchten. Daß es sich bei diesem Bild nicht um ein unbeschwertes Markttreiben handelt, wird durch zwei Soldaten angedeutet, die im Hintergrund links vom Reiter erkennbar sind.

In jedem Landschaftsbild sind unbewußt auch die vorherrschenden meteorologischen Bedingungen mit eingefangen, die sich meist an der Jahreszeit festmachen lassen. Oft werden in den Bildtiteln auch der dargestellte Ort oder die Tageszeit festgehalten. Mit diesen Angaben lassen sich die Bilder tatsächlichen Ereignissen oder sogar konkreten Tagen zuordnen, wie es nachfolgend aufgezeigt werden soll.

13.3 Kunstmaler und Fotograf während des Zweiten Weltkrieges

Wenn ein Kunstmaler zum Soldaten mutierte und während des 2. Weltkrieges ins östliche Ausland geschickt wurde, war er voller Erwartung auf das, was er alles zu sehen bekommen würde. Selbstverständlich trachtete er danach, seine Eindrücke von fremden Ländern und Regionen einzufangen. Die Perspektive seines Blickes, die dargebotene Natur und die Farben sind die hervorstechenden Bestandteile seiner Bilder. Sie beinhalten zudem auch eine zeitliche Dimension, wenn er während des Vormarsches nach und in Rußland charakteristische Szenen festhielt, wie beispielsweise unterschiedliche Landschaften in wechselnden Jahreszeiten oder das Erreichen einer neuen Stellung.

Abbildung 13.3:
Links: Beschossene russische Panzer; Rechts: Angriff

Braun 1955, S. 130. Manz und Starkl 1942.

Im Gegensatz zum Künstler, der seine Bilder für sich malte, hatte der Fotoreporter derselben Einheit dieselben Erlebnisse, aber auftragsgemäß fotografierte er hauptsächlich den Vormarsch der Division und militärische Ereignisse. Auch dokumentierte er zerstörte Häuser, Fabriken und feindliche Stellungen oder machte Schnappschüsse von seinen Kameraden. Die Darstellung von Landschaften oder gar die Verwendung von Rotfiltern zum Herausarbeiten von Wolkenstrukturen am Himmel, trat auftragsgemäß völlig in den Hintergrund.

Der Unterschied in der Wahrnehmung zwischen beiden Berufgruppen wird am Beispiel der 4. Gebirgsdivision („Enzian-Division") deutlich, der seit 21. März 1941 der Kunstmaler August Lüdecke jr. und die Fotografen der Bildstelle „Enz" (Enzian) angehörten. Ihre Wahrnehmung der Dinge unterscheidet sie essentiell voneinander, denn der Künstler hielt eine Vision fest, die von der beobachteten Realität abgeleitet wurde, während der Fotograf die sichtbaren Fakten wie z. B. die zerstörten Kirowo-Werke in Makejewka (heute Makijiwka), einem Rüstungsbetrieb mit einer Belegschaft von 46.000 Mann in der Donezregion (Ukraine) in Hochformat dokumentierte (Abb. 13.2 oben, S. 157).

Im Gegensatz zum Dokumentationsfoto wählte der Kunstmaler ein Querformat, das er mit luftigen senkrechten Gerüsten und flächenhaften Andeutungen von Gebäuden strukturierte (Abb. 13.2 unten, S. 157). Wie im Foto zieht auch hier ein dickes geschwungenes Rohr durch das Bild. Auch das ebenerdige Haus im rechten Bildteil ist in beiden Bildern vorhanden. Das Foto hält unzweifelhaft die Zerstörung des Rüstungsbetriebes fest. Das Aquarell in Postkartengröße thematisierte hingegen skizzenhaft den Eindruck von hauptsächlich durchlässigen senkrechten und waagrechten Strukturen vor einem mit Wolken durchsetzten hellen Sommerhimmel.

Mit diesen beiden Bildern ist nachgewiesen, daß sowohl Fotograf als auch Kunstmaler derselben Division angehörten und demnach dieselben Erlebnisse gemäß ihrer Ausbildung unterschiedlich festhielten.

13.4 Foto versus Aquarell

Der von Ebingen (ca. 80 km westlich Ulm) anfangs im Zug und dann zu Fuß zurückgelegte Marschweg der Enzian-Division bis Sneshnoje (heute Snizhne) am Fluß Mius nördlich des Asowschen Meeres betrug bis Dezember 1941 insgesamt 5020 km. Unterwegs wurden immer wieder einzelne Stationen des Vormarsches im Bild festgehalten.

Am 6. August 1941 dokumentierte der Fotograf in Peregonowka einen beschossenen russischen Panzer (Abb. 13.3 oben, S. 159). Der graue Rauch der

Abbildung 13.4:
Oben: Regenbogen über der Nogaischen Steppe; Unten: Nogaische Steppe

Manz und Starkl 1942. Privatbesitz Lüdecke.

Flammen dominiert das Foto, während der Himmel zu beiden Seiten der Rauch-
wolke überstrahlt ist und keinerlei Struktur zeigt.

Das wiederum für eine Publikation in der Heimat gemalte Aquarell eines
Panzerangriffs (Abb. 13.3 unten, S. 159) gibt nicht nur im Rauch feurig gelb-
liche, rötliche und graue Strukturen wieder, sondern auch weiße Wolken am
blauen Himmel, der wie im gleichartigen Foto über dem niedrigen Horizont
links und rechts vom Rauch zu sehen ist.

Abbildung 13.5:
Eisiger Buran

Braun 1955, rechts von S. 64.

13.5 Wetter im Bild

Außergewöhnliche Wetterereignisse wie ein doppelter Regenbogen wurden auch
vom Dokumentarfotografen festgehalten und im Erinnerungsbuch der Enzian-
Division folgendermaßen beschrieben: „Die Sonne bricht durch die dunklen
Wolken und malt einen zauberhaft schönen Regenbogen an den Himmel. Das

ist das Gesicht dieses wilden Steppenlandes."[2] (Abb. 13.4 oben, S. 161). Selbstverständlich hielt auch der Kunstmaler dieses seltene optische Phänomen, das
Mitte November 1941 in der Nogaischen Steppe nördlich der Krim zu beobachten war, fest (Abb. 13.4 unten, S. 161).

Während im Foto der Doppelregenbogen vor einem unstrukturierten Himmel
wie eine schützenden Hand ein kleines Lager überdeckt, das gerade von Soldaten
eingerichtet wird, fokussiert das Aquarell die lichten Regenbögen, die ein rotes
Hausdach vor einem grauen Regenhimmel eindrucksvoll hervorstechen lassen.

Als die Bodenwetterkarte des Deutschen Reichswetterdienstes für den 14. November 1941 um 14:00 D.S.Z.[3] in Osteuropa Ostwinde mit einer Geschwindig-
keit von 50 kn (90 km/h oder Windstärke 10)[4] meldete und die Temperaturen
bis -42°C fielen,[5] hielt der malende Soldat den eisigen Wind mit Schneedrift,
der den lokalen Namen „Buran" trägt, in einem Bild fest (Abb. 13.5, S. 162).
Bei diesem Wetter verschwanden die Strommasten entlang der Biegung der
unbefestigten Straß nach wenigen hundert Metern im aufgewirbelten Schnee.

Als sich die 4. Gebirgsjäger-Division für den Winter 1941/42 im Donez-
Becken niederließ, richtete das Gebirgsjäger-Regiment 13 einen vorgeschobenen
Stützpunkt am Mius mit Blick auf die Glichajastellung ein (Abb. 13.6 links,
S. 164).

Auf dem Foto ist die leicht gewellte Landschaft unter einer dicken Schnee-
decke vergraben. Die Sonne scheint auf die Seitenwand einer kleinen Blockhütte,
deren Dach wenige Zentimeter über den Schnee herausragt. Mehr ist nicht zu
erkennen.

Der Kunstmaler gehörte der Feindaufklärung an und wurde nahe der „zu-
gige[n] Ecke bei Elisabetowka" im „Stützpunkt Zugspitze „Münchner Haus"',
de[m] am weitesten nach Osten vorgeschobene[n] Winterbunker 1941/42"[6] eingesetzt (Abb. 13.6 rechts, S. 164).

Das hochformatige Temperabild ist dreigeteilt: Der strukturierte Schnee im
Vordergrund und der weißblaue Himmel im Hintergrund werden durch die in
Brauntönen gehaltene und halb vom Schnee verdeckten Stellung voneinander
getrennt, die ihren Schwerpunkt auf der linken Bildseite hat. Hinter der Hüt-
te ragt ein knorriger Baumstamm mit seinen Verästelungen wie ein Mahn-
mal des Krieges in dem Himmel. Parallel dazu und inhaltlich kontrastierend
steigt Rauch aus dem Ofenrohr nach oben und vermittelt in dieser kalten Win-
terlandschaft die Gemütlichkeit einer Skihütte in den Alpen. Dies wird auch

---

2 Manz und Starkl 1942: Bildunterschrift von Abb. 4a, ohne Seitenabgabe.
3 Deutsche Sommerzeit.
4 Deutscher Reichswetterdienst November 1941.
5 Braun 1955:27.
6 Manz und Starkl 1942: Bildunterschrift von Abb. 6, ohne Seitenabgabe.

Abbildung 13.6:
Links: Stellung des Gebirgsjäger Regiments 13
mit Blick auf die Glichajastellung im Winter 1941/42;
Rechts: Stützpunkt Zugspitze „Münchner Haus"
des Gebirgsjäger Regiments 91 am Mius im Winter 1941/42.

Braun 1955, S. 136. Manz und Starkl 1942.

durch den Bildtitel verstärkt, der an die Alpenvereinshütte „Münchner Haus"
auf dem Gipfel der Zugspitze erinnert. Nur ein Soldat am Scherenfernrohr, der
rechts im Hintergrund der Stellung zu erkennen ist, weist auf den militärischen
Zusammenhang des Bildes hin.

Weitere Aquarelle zeigen farbige Gebirgslandschaften im Kaukasus, den Beginn der Regenzeit, Abendstimmungen in der fruchtbaren Kubanebene, die nogaische Steppe und darin Grabhügel, sogenannte Mogilas (Abb. 13.7, S. 165),
sowie endlos marschierende Soldaten auf staubigen oder schlammigen Wegen.

13.6 Schluß

Bis zur Gefangennahme der 4. Gebirgsjäger-Division am 8. Mai 1945 westlich
von Olmütz hielt der Kunstmaler Impressionen von der 10800 km langen Route fest und schickte sie an seine Familie in der Heimat. Nicht alle Aquarelle
kamen zu Hause an, aber die erhaltenen zeigen ein farbiges Bild der unver-
gleichlichen Landschaft, die vom Krieg überzogen und teilweise zerstört wurde.

Abbildung 13.7:
Grabhügel (Mogila) in der Steppe

Privatbesitz Lüdecke, München.

In der Erinnerung aber blieb der unvergeßlich weite Blick bis zum Horizont, den die Ukraine noch heute bietet.

13.7 Literatur und Quellen

BRAUN, JULIUS: *Enzian und Edelweiss Die 4. Gebirgs-Division 1940–1945*. Bad Nauheim: Podzun 1955.

DEUTSCHER REICHSWETTERDIENST: *Täglicher Wetterbericht*. Hamburg: Deutsche Seewarte 1941–1945.

MANZ, OBERSTLEUTNENT H. UND HAUPTMANN E. STARKL: *Gebirgsjäger erleben Serbien und die Ukraine*. München: F. Bruckmann 1942.

LÜDECKE (München): Privatnachlaß.

Figure 14.1:
Andy Warhol, Cow Wallpaper (1966)
Museum of Modern Art's new Lewis B. and Dorothy Cullman
Education and Research Building

(Mit freundlicher Genehmigung von artnet.com)

A subversive play of colours – how reality is reversed in Pop Art

Cosima Schwarke (Hamburg)

Varicoloured, loud, explosive – that is Pop Art! I suppose there are not many people who do not know Andy Warhol's gaudy 'Marilyns', and all those varicoloured cars or dollar bills. New designs with mass products, consumer goods and makes began to enter Arts and finally attained cult status, not least because they confirmed their status in all their varieties and colours as an artwork. Colours are not just used any longer to picture them in their original peculiarity, but to play with their subversive characters. *"Pop is love, as it accepts everything [...]"*, Robert Indiana exclaimed thereto at the top of his voice. Articles of daily use like soups or washing powders are elevated to a high level of arts, cows may be pink, and we see Mick Jagger's face coloured green. But why and how does that work?

Until the 19th century painting had a task that was clearly defined: it was to represent and image things, to capture them for eternity – but then there was the camera. So its eternity was henceforth put into question. What could painting still fulfill compared to photography? That medium was replaced by technology and therefore its rank was gradually disputed. Consequently, painting had to face a new challenge, and while searching for new means of artistic expression, it finally developed towards abstract art, playing with shapes, experimenting, revolutionizing and thus showing something which a camera could not. Artists began to question palpable things, paving the way for a different schedule within the art of modernism.

Abstract shapes as well as new techniques began to develop to the point of collages, and the play with colours. Colour theories had already been known

Figure 14.2:
Jeff Koons *Balloon Dog* (1996)

Photo: Gudrun Wolfschmidt in der Nationalgalerie Berlin (2009)

and studied for a long time, as much as contrast effects or room illusions, however, now they were deliberately changed, modified in new ways and partially distorted to play with the beholder.

It became a new method within arts to question objects as they appeared, to banalize them.[1] Beginning during the dadaism, it finally found its cutting edge in pop art. That was the experiment that pop artists focused on.

The variety of colours is a significant feature in pop art beside mass consumption, because of new techniques like silk-screen printing or trying out new materials. Pop art especially fathoms the effect of colours and well-known things, while it literally exploits, or at least, extremely takes advantage of the play of colours.

Flowers for Sunday Painters (1962) – that is the rather unappealing title of an Andy Warhol painting which, at the same time, symbolizes the artist's paradox understanding of art. It is a kind of incomplete silhouette painting which is only partially coloured, however a painting very large in size, and it is to be further coloured and completed by an amateur artist according to detailed instructions given. So you are able to create a colourful painting out of it on your own – this concept is very well-known today as 'paint-by-numbers' (cf. Fig. 14.3, p. 170). If everyone follows the instructions given and coloured the template accordingly, we can create thousands of identical paintings – and although this might be a big challenge to an individual painter, it consequently just remains a true symbol of the industry producing for the masses.

In Andy Warhol's *Death Series*, which are said to be provocative, the artist arranged a newspaper photo by taking it out of context and putting it in another one. It was mass media that gave Warhol that idea, and which he finally used for his purposes – newspapers are copied and distributed hundreds of times. On consecutively stringing together a single motif, Warhol amplified the idea of mass media and mass production in his art.

Warhol's use of colour seems even more significant, as the whole face of the painting is coloured red. Whereas red is generally associated with love, warmth and light, Warhol reverses the meaning of colours. In context with the photo used, which reminds you of war showing a policeman with a barking dog, the beholder may rather think of blood, brutality and war. Therefore the colour

---

1 Until today there has been a lof of interest in it, see, e. g. *Die Relativität der Farbwahrnehmung* by Peter Jenny (1994) [freely translated]: The human eye cannot perceive an absolute shade of colour. The reception of a colour is a result of the mixture of shades and its relation to each other. Depending on the texture and sub-surface, the same "red" may appear quite differently. Peter Jenny illustrated these aspects of visual communication in a game with coloured lettering and coloured subsurfaces.

Figure 14.3:
Andy Warhol *Do it yourself (Seascape)* (1962)

Photo: Gudrun Wolfschmidt im Hamburger Bahnhof Berlin (2011), Sammlung Marx

chosen shows an ambivalent as well as subversive character, and at the same time seems to distort the whole picture – however, it does not fail its effect.

Warhol played with colours several times, and complete series were made in that way. Not only *Red Race Riot* (1963) belongs to his Death Series, but also his series of *car crashes*, no matter whether we consider *green car crash* (1963) or *orange car crash* or that one kept in red, they all represent examples of reversed reality. Reusing the same motif again and again and repeating it is suitable for the masses, worthy to be sold and reusable – that is what was demanded. By this means single motifs were raised to cult status.

The importance of colourful design is extended by the mass appeal of the media – such as colour TV and magazines. Now everyone can be reached. The

 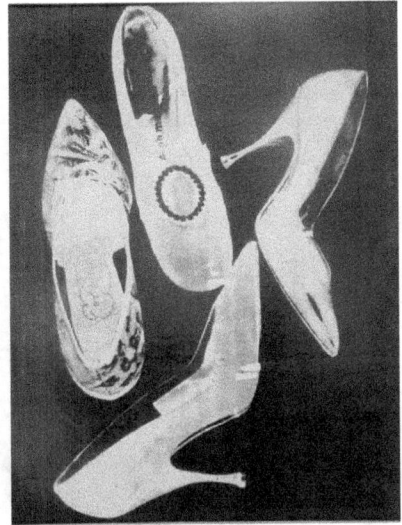

Figure 14.4:
Left: Andy Warhol *Ten Foot Flowers* (1967)
Right: Andy Warhol *Diamond Dust Shoes* (1980)

Photo: Gudrun Wolfschmidt im Hamburger Bahnhof Berlin (2011), Sammlung Marx

world around us becomes more and more colourful, and colour itself shows its expressive power and character.[2]

In some respects pop art approaches expressionism, however, considering the difference that it systematically refuses everything connected with feelings or emotions and treats such topics anonymously.

Although Warhol is to be considered a renovator, he remains a traditional artist, as he mainly worked with shapes, perspectives and colours. His art consisted of repeatedly reusing *everyday products* to display them in a distorted or manipulated way, and of trying it out anew. Warhol reinvented a single motif of a photo again and again – he changed it anew by dyeing the motif again in most different colours.

His works finally became silk-screen printings produced in masses – therefore, on the one hand, the artwork itself does not seem unique anymore, but only one among many. And yet, on the other hand, it is unique by the use of

2 This can already be seen very clearly during the expressionism. Franz Marc's animal shapes show this in an impressive way, also cp. Schmidt, Paul Ferdinand [3]1953, p. 206.

Figure 14.5:
Andy Warhol *Friedrich Monument* (1982)

Photo: Gudrun Wolfschmidt im Hamburger Bahnhof Berlin (2011), Sammlung Marx

Figure 14.6:
Franz Marc, *Die gelbe Kuh* (1911)
expressive Farbwertigkeit, Künstlergruppe *Der blaue Reiter*
(140,5 × 189,2 cm)

Solomon Guggenheim Museum, New York
Wikipedia

different colours. The uncommon use of colours can be explained by what makes contemporary artists do their work in that way – they want to make people aware of something, they want to criticize, perhaps also shock or provoke.

Warhol used and estranged well-known consumer products and thus created an ambiguity between arts and articles of daily use. Whenever Warhol chose *brillo pads* or *Campbell's soups* in his works, it was the brand awareness, their shape and colour that incited him to separate them topically from their original, intended use.

His products are predestined to reach the general public, as his works display products which are known by the people. Despite his consumeristic attitude, Warhol's paintings are diversified and personal. They announced a new style of art which detached from pure aesthetics as well as traditional artistic approaches, focusing more on financial or commercial aspects.

Warhol's paintings appealed to the general public as soon as they had been published. The things shown in them can easily be recognized by the public, and people enjoy watching the re-interpretation and distortion. People love Warhol for these artworks which are still today accessible to anyone. Warhol did not content himself with just presenting the industrialized and commercialized world as true to original as possible, but he intended to leave an impression of a new conception of art and, at the same time, increase public awareness.

Playing with the known, and then with the different-coloured unknown again, suggests an illusory world to the beholder, a world of trends that seems to have a magic appeal to each person. Its scheme is clear though: art wants to show what it is able to do. It defines a new demand, an absolute demand for itself so to speak. Only art can play with colours in such a way and, for this purpose, claim the right for itself to have this certain wanted effect and leave a respective impression to the beholder.

Such experiments with colours refuse to maintain their relation to reality, and reality's appearance, thus confirming the discrete eigen-values of colour and shaping a subjective statement of the world. There had never been anything which would not have been worthwhile being painted, drawn, printed or photographed. Art was quickly responsive to the public, and it has always managed to play with irony and subversion.

However, it might seem paradox to us when we imagine the following situation: You know Warhol's paintings of Marilyn Monroe, Liz Taylor, his soup cans, but also the electric chair. Warhol knew about his popularity, once saying and thus keeping with the zeitgeist: *"You'd be surprised how many people want to hang an electric chair on their living-room wall. Specially if the background colour matches the drapes."*[3]

14.1 Bibliography

GOMBRICH, ERNST H.: *Die Geschichte der Kunst*. Erweiterte, überarbeitete und neu gestaltete 16. Auflage. Berlin 1995.

HANTELMANN, DOROTHEA VON: *How to Do Things with Art. Zur Bedeutsamkeit der Performativität von Kunst*. Zürich, Berlin 2007.

HONISCH, DIETER; JENSEN, JENS CHRISTIAN u.a.: *Amerikanische Kunst von 1945 bis heute: Kunst der USA in europäischen Sammlungen*. Köln 1976.

HONNEF, KLAUS: *Andy Warhol 1928–1987. Kunst als Kommerz*. Köln 1999.

---

3 Honnef, Klaus: Andy Warhol 1999, p. 59.

Figure 14.7:
Robert Rauschenberg *Red China Green House* (1984)

Photo: Gudrun Wolfschmidt im Hamburger Bahnhof Berlin (2011), Sammlung Marx

Figure 14.8:
Keith Haring *Ohne Titel (Engel)* (1982)

Photo: Gudrun Wolfschmidt im Hamburger Bahnhof Berlin (2011), Sammlung Marx

HONNEF, KLAUS: *Pop Art*. Köln 2004.

KLEE, FELIX (Hg.): *Paul Klee. Tagebücher 1898–1918*. Köln 1957.

Lexikon der Kunst. Leipzig: E. A. Seemann Verlag ²2004.

LIPPARD, LUCY R.: *Pop Art*. Mit Beiträgen von Lawrence Alloway, Nancy Marmer, Nicolas Calas. München, Zürich 1968.

MESSER, THOMAS M.: *Vom Abstrakten Expressionismus zur Pop Art*. Katalog Schirn Kunsthalle, Frankfurt a. M. 1999.

Pop life: Warhol, Haring, Koons, Hirst, ...; [anläßlich der Ausstellung Pop Life. Warhol, Haring, Koons, Hirst, ...; eine Ausstellung der Tate Modern, London in Zusammenarbeit mit der Hamburger Kunsthalle, 12. Februar bis 9. Mai 2010 in der Galerie der Gegenwart, Hamburger Kunsthalle] / Hamburger Kunsthalle. Hg. von Jack Bankowsky, Alison M. Gingeras, Catherine Wood für die Tate Modern, London und Hubertus Gaßner, Annabelle Görgen und Daniel Koep für die Hamburger Kunsthalle. London 2010.

SCHMIDT, PAUL FERDINAND: *Geschichte der modernen Malerei. Expressionismus. Impressionismus. Kubismus*. Stuttgart ³1953.

Schwarke, Cosima: Subversives Spiel der Farben – das Umkehren der Realität in der Pop-Art. In: WOLFSCHMIDT, GUDRUN (Hg.): *Farben in Kulturgeschichte und Naturwissenschaft*. Begleitbuch zur Ausstellung in Hamburg 2010–2012 zum 50jährigen Jubiläum des IGN. Hamburg: tredition science (Nuncius Hamburgensis – Beiträge zur Geschichte der Naturwissenschaften; Band 18) 2011, S. 112/113–125.

Figure 15.1:
Joseph Fraunhofer (1787–1827) the founder of spectroscopy,
Painting by Rudolf Wimmer (1849–1915), 1905

Colours in Astronomy – Spectra and False-colour images

Gudrun Wolfschmidt (Hamburg)

15.1 Abstract

Isaac Newton refracted white light with a prism, resolving it into its seven component colours: red, orange, yellow, green, cyan blue, indigo and violet; his three famous experiments which helped to understand the nature of light and colour, were published in 1672. In 1802 William Wollaston discovered the first seven dark lines, which he interpreted as borders between the four colours. Joseph Fraunhofer observed a continous spectrum of colours („*Farbenband*") in 1817 with more than 500 dark lines. It took nearly 50 years until an interpretation was possible. On the basis of his radiation law Gustav Kirchhoff could explain that the Fraunhofer lines in the Sun's spectrum were due to absorption of the continuous spectrum emitted from the hot interior of the Sun by elements at the cooler surface. By comparing the Fraunhofer lines with laboratory spectra, Gustav Kirchhoff and Robert Bunsen discovered in 1859 that some terrestrial elements are also present in the Sun. Only by analyzing the spectra of distant cosmic objects, we get information about the chemical composition, but later also about the temperature, pressure and other features of stellar surfaces. The fields of solar physics and stellar astrophysics as well as spectral photometry and finally quantitative spectralanalysis of stellar atmospheres were established respectively. In addition, by measuring the line shifts in the spectrum to the blue or red direction and using the Doppler principle one can determine the velocities of the celestial bodies. Several examples will be given how to interpret the colours of the spectra of the sun, the stars and the galaxies. Another topic in astronomy which deals with colours are the false colour images, used for example in the radio or X-ray wavelength region. With colours very different physical features can be coded like temperature, intensity or velocity. In addition simulations are important in theoretical astrophysics, for example concerning the theory of relativity, presented in colourful images.

15.2 Introduction – Cultural History of the Rainbow

There are many cultural relationships between astronomy and colours, cf. the article *The planets and their corresponding colours in astrology – an example from 13th century Yemen* by Petra G. Schmidl, chapter 41, p. 549, or see fig. 45.1, p. 628, showing a painting by Janina Kraupe *Planetary Music* – Relations between Colours and Planets.

The rainbow is an impressive natural spectacle. In the mythology of the aborigines the *Rainbow Serpent* is connected to the history of creation.[1]

In many paintings a rainbow is presented; examples are the paintings of Peter Paul Rubens[2] or Adriaen Pietersz van de Venne *Seelenfischerei* (1614). Especially in the landscape paintings of the early 19th century often a rainbow is shown, in the romanticism, by Caspar David Friedrich (1774–1840) *Gebirgslandschaft mit Regenbogen* (1810), bei Karl Friedrich Schinkel *Gotische Kirche auf einem Felsen am Meer* (1815), by John Constable *Salisbury Cathedral from the Meadows* (1831) or by William Turner *Arundel Castle with Rainbow* (ca. 1824). The rainbow also played a role the Nazarene movement, in the painting *Heroische Landschaft mit dem Regenbogen* of Joseph Anton Koch (1805) or in the realism *Frühlingslandschaft mit Regenbogen* (Le Printemps) of Jean-François Millet (1868/1873).

Also in the 20th artists dealt with the topic rainbow. Around 1900 some artists like Vincent van Gogh, Paul Gauguin und Edvard Munch started to use strong expressive colours, in order to express their feelings. Influenced by the colour theory of Goethe, Wilhelm von Bezold und Philipp Otto Runge, Franz Marc, an important member of the Munich group of artists *Der Blaue Reiter* (The Blue Rider), formulated in 1910:

> „*Blau ist das männliche Prinzip, herb und geistig. Gelb das weibliche Prinzip, sanft, heiter und sinnlich. Rot die Materie, brutal und schwer und stets die Farbe, die von den anderen beiden bekämpft*

---

1 Cowan 2004.

2 *Juno und Argus* (ca. 1610), *Landschaft mit Regenbogen* (ca. 1632/35) or *Landschaft mit dem Regenbogen* (1636/38).

Figure 15.2:
Rainbow on a painting of Hans Memling (~1435–1494):
The Last Judgement (1467/71)

Photo: Gudrun Wolfschmidt in Danzig (Gdańsk), St. Mary's Church (2011)

und überwunden werden muß! Mischst Du z. B. das ernste, geistige Blau mit Rot, dann steigerst Du das Blau bis zur unerträglichen Trauer, und das versöhnende Gelb, die Komplementärfarbe zu Violett, wird unerläßlich. [...] Mischst Du Rot und Gelb zu Orange, so gibst Du dem passiven und weiblichen Gelb eine megärenhafte, sinnliche Gewalt, daß das kühle, geistige Blau wiederum unerläßlich wird, der Mann, und zwar stellt sich das Blau sofort und automatisch neben Orange, die Farben lieben sich. Blau und Orange, ein durchaus festlicher Klang. Mischst Du nun aber Blau und Gelb zu Grün, so weckst Du Rot, die Materie, die Erde, zum Leben."[3]

Franz Marc painted *Blaues Pferd mit Regenbogen* or *Landschaft mit Regenbogen* (1913) or Ernst Ludwig Kirchner painted *Kühe im Regenbogen* (1919).

15.3 First Attempts for Explaining the Phenomenon of the Rainbow

In the tradition of Antiquity (Euclid of Alexandria, Ptolemaios ($\sim$100–178 AD) and Lucius Aeneas Seneca) some scholars in the Middle Ages started with optics in the 13^{th} ad 14^{th} century. As an example I would like to mention one natural philosopher from the Islamic and from the Western culture, who are interested especially in the phenomenon of the rainbow. Ibn al-Haitham[4] [Alhazen] (965–$\sim$1040), called Ptolemy the Second, and Dietrich of Freiberg ($\sim$1240–$\sim$1320) contributed a new emphasis on experiments, cf. the article of Stefan Kirschner, chapter 26, p. 361. They observed the path of rays in water-filled glass spheres – in analogy to rain drops –, in order to explain the formation of the rainbow.[5]

The precondition for explaining the prismatic colours is the knowledge of the *law of refraction*. This was introduced independently in 1601 by Thomas Harriot (1560–1621) and in 1621 by Willebrord Snellius (1580–1626). But the *law of refraction* started to be generally known since 1637 by the publication of René Descartes (1596–1650) *Essais Philosophiques* where he explained the

---

3 Marc, Franz: Letter to August Macke from December 12, 1910. Quoted after Meißner 1980, S. 35.

4 Ibn al-Haitam: Book of Optics (1083), *Opticae Thesaurus*, ed. by Risner (Basel 1572). Schramm 1963.

5 Further natural philosophers in the field of optics are Robert Grosseteste (($\sim$1175–1253), Roger Bacon ($\sim$1219–$\sim$1292) or Vitellius [Witelo, Erazm Golek] ($\sim$1230/35 – after 1275).

rainbow.[6] Descartes had the intention to grasp the nature of light in a strictly mathematical form.

Figure 15.3:
Isaac Newton (1642–1726 jul./1643–1727 greg.):
dispersion of sunlight (copper engraving 1776)

In the 17th century – even before Newton – Marcus Marci de Cronland (1595–1667) studied the diffraction of light. He observed the spectrum using a pinhole and a prism. In his book *Thaumantias Iris Liber, de arcu coelesti, deque colorum apparentium natura, ortu et causis* (Prague 1648) he described, in addition to his experiments with the rainbow and the prismatic colours, also experiments in which the light passes through slits or a system of wires which

6 Descartes, René: *Discours de la Méthode, Les Météores, La Dioptrique, La Géometrie* (Leiden 1637).

he called *grating* (Latin: *reticulum, cancelli*). He discovered coloured shadow borders and tried to explain them in analogy to the colours of the prism. An important scholar in connection with diffraction and wave theory of light is Francesco Maria Grimaldi (1618–1663), professor in Bologna, whose results were published posthumously in *Physico-mathesis de lumine, coloribus et iride* (Bologna 1665). He used a 60°-prism in order to produce the solar spectrum. Both stated that this dispersion of the white light is caused by the different refrangibility of the light rays. Marci showed also that rays of a given colour cannot be dispersed by an additional prism.

15.4 Isaac Newton's Theory of Colour – Dispersion of the White Light into Colours

In 1664 Isaac Newton (1642–1726 jul./1643–1727 greg.) started to study optical phenomena. His pioneering experiments on the dispersion of sunlight with the help of glass prisms were made in 1666.[7]

1. Experiment: Newton observed the "white" light coming through a circular opening in a darkened room and decomposed it with a prism into a continous "spectrum" of rainbow colours.

2. Experiment: He showed that a convex lens and a second prism could recompose the multicoloured spectrum into white light (Philosophical Transactions 1672, p. 3086).

3. Experiment (Experimentum crucis): He demonstrated that the coloured light does not change its properties by separating out a coloured (for example red) beam and trying to decompose it with an additional prism. But there occured only a deflection but no further dispersion; the light kept the same (red) colour (The Correspondence of Newton I, Pl. III).

Newton reported about his results in 1672 in the *Royal Society* vor.[8] In 1704 he published them in detail in his book *Opticks*.[9]

It was well-known that refracting telescopes suffer from the dispersion of light into colours, called *chromatic aberration*. In connection with his spectroscopic

---

7 The dispersion of sunlight with the help of a glass prism is also shown on the cover of the album *The Dark Side of the Moon* by Pink Floyd (1973), artwork by Hipgnosis and George Hardie.

8 Newton, Isaac: *New Theory about Lights and Colours* (1672), S. 3075–3087.

9 Newton, Isaac: *Opticks or a Treatise of the Reflections, Refractions, Inflections and Colours of Light* (London 1704).

experiments Newton started to analyse the problem of telescope making in 1668. He thought that this *chromatic aberration* was more disturbing than the *spherical aberration* and concluded that a reflecting telescope would be much better than a refracting telescope.[10] He constructed such a telescope with a mirror of highly reflective speculum metal,[11] today known as Newtonian telescope. In 1672, he presented it to the *Royal Society* in London.

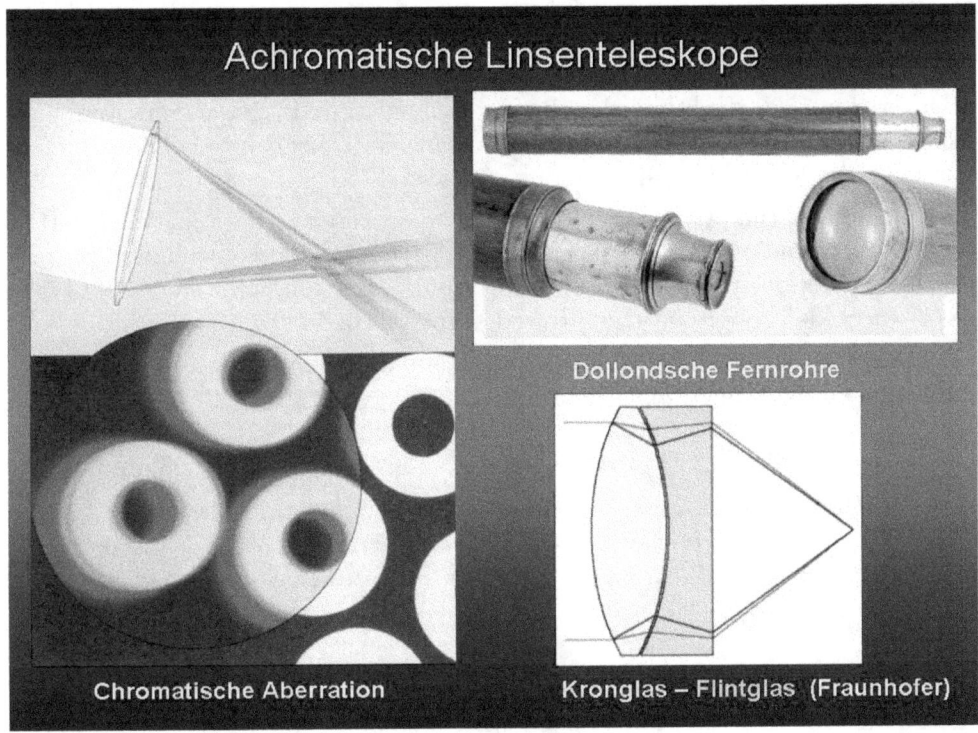

Figure 15.4:
Achromatic lenses, produced by the Dollonds since the 1750s, brought to perfection by Joseph Fraunhofer

Photo, graphics: Gudrun Wolfschmidt

---

10 Hall 1996, p. 67.
11 Newton used a copper-tin alloy, in addition a little bit arsenic.

15.5 The Discovery of Infrared and Ultraviolet

At the beginning of the 19th century a major expansion of the visible spectrum of light occured. Friedrich Wilhelm Herschel (1738–1822) found this topic by observing the sun with a telescope using absorbing glasses. To examine this phenomenon more closely, he turned to systematic attempts. He measured the temperature of the different parts of the solar spectrum. At Herschel's big surprise the temperatures did not only increase from purple to red, but they reached even beyond the red in the invisible spectrum a maximum, and then the temperature gradually decreased. With this experiment Herschel had discovered in 1800 the infrared, called by him "ultra-red". His results were published in four papers 1800/01 (*Über die wärmende Kraft der Sonnenstrahlen*) and caused a lot of discussion among physicists.

In examining the properties of the newly discovered radiation, William Herschel came to the conclusion that heat rays have – in analogy to light – properties like reflection, refraction and absorption.[12] His son John Herschel (1792–1871) succeeded to extend the infrared spectrum in 1840.

In 1801 the Jena chemist and pharmacist Johann Wilhelm Ritter (1776–1810) published an experimental success:

> „Am 22. Februar [1801] habe ich [...] auf der Seite des Violetts im Farbspectrum, ausserhalb desselben, Sonnenstrahlen angetroffen, und zwar durch Hornsilber aufgefunden. Sie reduzieren noch stärker, als das violette Licht selbst, und das Feld dieser Strahlen ist sehr gross."[13]

Probably natural philosophical considerations had played a role. In analogy to the polarity of electrical phenomena with plus and minus pole and magnetic phenomena with north and south pole Ritter may have been encouraged in his assumption of the existence of an invisible radiation on the other side of the visible spectrum. By blackening of "photographic" paper that was coated with silver chloride, so to speak by a photographic process (before the invention of photography in 1839), already in 1801 the evidence of the invisible, ultraviolet radiation was provided.

---

12 Herschel, Wilhelm: Experiments on the solar, and on the terrestrial rays that occasion heat; [...]. (1800), S. 437–438, S. 536.
13 Ritter, Johann Wilhelm: [Auszüge aus Briefen an den Herausgeber L. W. Gilbert] (1801), here p. 527. Cf. Hermann 1968.

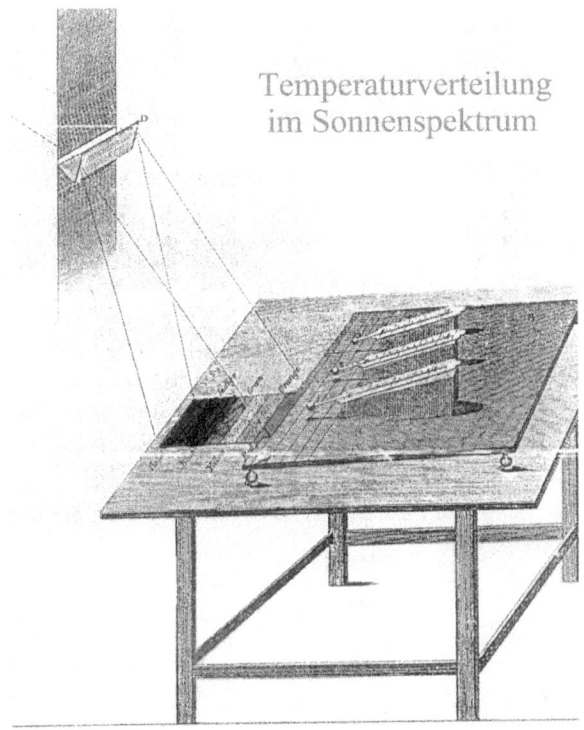

Figure 15.5:
Wilhelm Herschel (1738–1822): Discovery of the infrared spectrum (1800)

(Phil. Trans. 1801)

15.6 Joseph Fraunhofer (1787–1827) as Founder of Spectroscopy

Before I discuss Fraunhofer, a precursor concerning the discovery of dark lines in the spectrum should be presented: the Scottish scientist William Hyde Wollaston (1766–1828). He made like Newton experiments on the dispersion of light through a prism and discovered seven dark lines. However, in 1802, he did not use a round opening, but – for the first time – a slit – this was a major innovation! Wollaston interpreted these dark lines (wrongly) as a separation between the four colours which he saw.[14]

Joseph Fraunhofer (1787–1827) could join the *Mathematical-mechanical Institute Utzschneider, Reichenbach und Liebherr* in 1806. In 1807 the optical workshop of Munich was transferred to the secularized monastery Benediktbeuern. When the Swiss Pierre Louis Guinand (1748–1824) left the institute in 1814, Fraunhofer got in addition to the leadership of the Optical Institute (since 1809) the control of the glass melting workshop. Joseph Fraunhofer tried to produce glasses of accurately reproducible refractive index in his glass melting workshop. The measurement of the dispersion of the different glass samples was done with a prism spectral apparatus, which he manufactured in 1813 by modifying a theodolite. Fraunhofer described his experiments in the following work *Bestimmung des Brechungs- und Farbzerstreuungsvermögens verschiedener Glasarten* (Determination of refraction and colour dispersion by various types of glasses) (1811–17). Instead of a light source one day he decided to use the sun.

> „In einem verfinsterten Zimmer liess ich durch eine schmale Oeffnung im Fensterladen, die ungefähr 15 Sekunden breit und 36 Minuten hoch war, auf ein Prisma von Flintglas, das auf dem oben beschriebenen Theodolith stand, Sonnenlicht fallen. Das Theodolith war 24 Fuss vom Fensterladen entfernt, und der Winkel des Prisma mass ungefähr 60°. Das Prisma stand so vor dem Objektive des Theodolith-Fernrohres, dass der Winkel des einfallenden Strahles dem Winkel des gebrochenen Strahles gleich war [...].
> Ich wollte suchen, ob im Farbenbilde vom Sonnenlichte ein ähnlicher heller Streif zu sehen sey, wie im Farbenbilde vom Lampenlichte, und fand anstatt desselben mit dem Fernrohre fast unzählig viele starke und schwache vertikale Linien, die aber dunkler sind als der übrige Theil des Farbenbildes; einige scheinen fast ganz schwarz zu seyn [...]. Ich habe mich durch viele Versuche und AbÄnderungen überzeugt, daß diese Linien und Streifen in der Natur des Sonnenlichtes liegen, und daß sie nicht durch Beugung, Täuschung usw. entstehen."[15]

---

14 Wollaston, Francis: Neue Methode, die brechenden und zerstreuenden Kräfte der Körper vermittelst prismatischer Reflexion zu erforschen (1809), p. 235–251, p. 398–416.
15 Fraunhofer (1817), p. 10 and 13.

Figure 15.6:
Fraunhofer spectrum: 574 dark lines in the solar spectrum
between B and I, discovered in 1814 (German stamp 1987)

During his experiments Fraunhofer discovered in 1814 nearly 600 dark lines
in the solar spectrum.[16] He used these dark lines as gauge marks in order to
determine the dispersion. Thus, he succeeded to get measurements of the
refractive index with an accuracy, never achieved before, which formed the
basis for his telescopes with high quality achromatic lenses.[17] Fraunhofer also
experimented with gratings for decomposing the light (1821).

In examining the spectra of other celestial bodies he immediately put some
questions. Why have the moon and the planets, for example Venus, the same
or similar lines like the sun? Why, however, the fixed stars have distinctly
different lines, although the sun is a star too? In 1817 Fraunhofer found the first
differences in the appearance of stellar spectra. Of course he started with the
brightest stars in the sky, especially with Sirius. He found significant differences

---

16 Fraunhofer, Joseph: Bestimmung des Brechungs- und Farbenzerstreuungs-Vermögens
   verschiedener Glasarten, in Bezug auf die Vervollkommnung achromatischer Fernröhre
   (1817), p. 193–226.
17 Fraunhofer, Joseph von: Ueber die Construction eines grossen so eben vollendeten
   Refractors (1824), p. 80–81. Wittig (1987).

between the spectra of the sun-like yellow stars, the spectrum of the blue Sirius and the spectrum of red stars like Betelgeuse with numerous lines.

Fraunhofer already noticed the coincidence of the yellow double D-line of sodium in the laboratory with two distinct black lines in the solar spectrum.

> *„Bekanntlich zeigt das Farbenspectrum, welches von dem Lichte des Feuers (Lampenlicht) mittelst des Prismas entsteht, nicht die dunkleln fixen Linien, welche im Spectrum vom Sonnenlicht enthalten sind; statt ihrer aber hat es im Orange eine helle Linie, welche sich vor dem übrigen Theil des Spectrums auszeichnet, doppelt ist und sich an dem Orte befindet, wo im Spectrum vom Sonnenlichte die dunkle Doppellinie D steht."*[18]

This was the starting point for the later discovery of spectrum analysis by Kirchhoff and Bunsen. Fraunhofer regretted to have no time for detailed research in this area due to his company.

> *„Bey allen meinen Versuchen durfte ich, aus Mangel der Zeit, hauptsächlich nur auf das Rücksicht nehmen, was auf praktische Optik Bezug zu haben schien, und das Uebrige entweder gar nicht berühren, oder nicht weit verfolgen. Da der hier mit physisch-optischen Versuchen eingeschlagene Weg zu interessanten Resultaten führen zu können scheint, so wäre sehr zu wünschen, dass ihm geübte Naturforscher Aufmerksamkeit schenken möchten."*[19]

15.7 Discovery of Spectral Analysis

> *„Beim Besuch des Großherzogs von Baden in Heidelberg (es war wohl am 1. Juni 1860) wurde das Heidelberger Schloß abends mit bengalischen Flammen beleuchtet. Bunsen richtete vom Dache seines Laboratoriums einen Prismensatz gegen diese Flammen und sah in den grünen deutlich die Linien des Bariums und in den roten die Linien des Strontiums. Da sagte er zu Kirchhoff: „Wenn wir auf diese Entfernung erkennen konnten, welche Stoffe in diesen Flammen glühten, – warum könnten wir nicht auch erkennen, aus welchen Stoffen die Himmelskörper bestehen?"*[20]

---

18 Fraunhofer (1823), p. 337–378, p. 140.
19 Fraunhofer (1817), p. 12. In: Lommel: Fraunhofers Gesammelte Schriften 1888.
20 (überliefert von Roscoe). In: Wolf (1912), p. 457–512, here p. 457.

This anecdote, handed over by Bunsen's friend, the chemist Henry Roscoe (1833–1915), (is at least good invented and) shows the principle and the possibilities of spectral analysis.

In 1855 Robert Wilhelm Bunsen (1811–1899) got a new, well-equipped laboratory. Bunsen, who enjoyed designing new instruments, had introduced the Bunsen burner in the 1850s for chemical analysis. Like some chemists and physicists in the first half of the 19th century, Bunsen also devoted himself to study the colours of the flames for analytical purposes, in order to identify chemical elements. In the 1860s, one realized that it was the sodium creating yellow, potassium violet, barium green, lithium or strontium red and calcium orange. The colours of the flames were the starting point of spectral analysis. If elements caused the same colours in the flames then colored glasses or colored solutions were used in order to better distinguish. Kirchhoff suggested, however, instead of using the colored glasses to take a prism for better analysing the components of a substance.

Gustav Robert Kirchhoff (1824–1887) and Robert Wilhelm Bunsen began their investigation of the characteristic spectra of 32 metals and their salts. They found that metals provide identical emission lines independent of the temperature of the flame and in whatever chemical composition they occur. By measuring the metallic lines Kirchhoff used the Fraunhofer lines as reference scale. He noticed that there was a coincidence of the bright iron lines with the dark lines in the solar spectrum. The brighter and more intense a iron line appeared, the darker was the corresponding Fraunhofer line. Kirchhoff recalled Fraunhofer's statement of the coincidence of the two close prominent lines in the yellow region of the spectrum of sodium in the laboratory with the dark double lines in the solar spectrum which Fraunhofer could not interpret. This was the starting point for further research of the two scientists. To check how perfect the coincidence of the dark Fraunhofer lines with the bright sodium lines was, Bunsen and Kirchhoff directed their spectroscope to the sun.

In the following way Kirchhoff described the course of the experiment:[21]

> *„Um die mehrfach behauptete Coinzidenz der Natriumlinien mit den Linien D des Sonnenspectrums auf die directeste Weise zu prüfen, entwarf ich ein mäßig helles Sonnenspectrum und brachte dann vor den Spalt des Apparates eine Natriumflamme. Ich sah dabei die dunklen Linien D in helle sich verwandeln. Die Bunsensche Lampe zeigte die Natriumlinien auf dem Sonnenspectrum mit einer nicht erwarteten Helligkeit.*

---

21 A more detailed discussion of the topic and bibliography you can find in my book Genese der Astrophysik (2012), based on my habilitation in Munich University (1997).

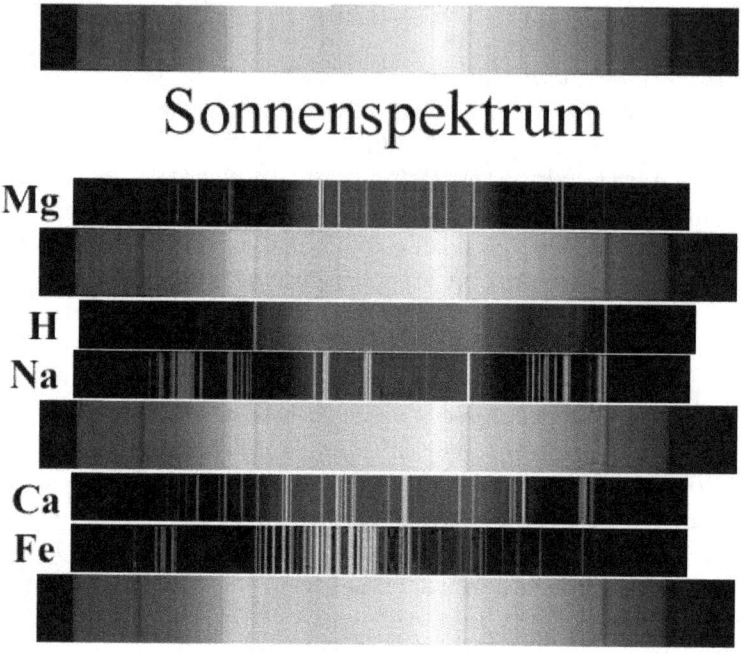

Figure 15.7:
The discovery of spectral analysis
by Kirchhoff's and Bunsen's Experiments (1859):
The solar spectrum in comparison to the spectrum of
magnesium (Mg), hydrogen (H), sodium (Na), calcium (Ca) and iron (Fe)

Um zu finden, wie weit die Lichtstärke des Sonnenspectrums sich steigern ließe, ohne daß die Natriumlinien dem Auge verschwänden, ließ ich den vollen Sonnenschein durch die Natriumflamme auf den Spalt fallen, und sah da zu meiner Verwunderung die dunklen Linien D in außerordentlicher Stärke hervortreten. Ich ersetzte das Licht der Sonne durch das Drummondsche Licht [helles weißglühendes Kalklicht, das bei Einführung von Kalziumoxid in die Knallgasflamme entsteht], *dessen Spectrum, wie das Spectrum eines jeden glühenden, festen oder flüssigen Körpers, keine dunklen Linien hat; wurde dieses Licht durch eine geeignete Kochsalzflamme geleitet,*

so zeigten sich in dem Spectrum dunkle Linien an den Orten der
Natriumlinien."[22]

Kirchhoff offered a correct explanation already a day later: The sodium vapor absorbs radiation of the same colour which it emits in the incandescent state. Generalizing, this means that the ratio of emission to absorption at a certain temperature is the same for all bodies. The more a body absorbs, the more it emits.[23] In this context he introduced the idea of a black body which is an idealized physical body that absorbs all incident electromagnetic radiation (cf. see also the colour of blackbody radiation, Fig. 15.8, p. 194). Kirchhoff's radiation law is the basis for spectral analysis.

15.7.1 Identification of Elements in the Sun

Bunsen reported to his collegue Henry Enfield Roscoe in 1859 in the following way about the experiments:

> *„Im Augenblick bin ich und Kirchhoff mit einer gemeinschaftlichen*
> *Arbeit beschäftigt, die uns nicht schlafen läßt. Kirchhoff hat nemlich*
> *eine wunderschöne ganz unerwartete Entdeckung gemacht, indem*
> *er die Ursache der dunklen Linien im Sonnenspectrum aufgefunden*
> *und diese Linien künstlich im Sonnenspectrum verstärkt und in li-*
> *nienlosen Flammenspectren hervorgebracht hat und zwar der Lage*
> *nach mit den Fraunhoferschen identische Linien: Dadurch ist der*
> *Weg gegeben, die stoffliche Zusammensetzung der Sonne und der*
> *Fixsterne mit derselben Sicherheit nachzuweisen, wie wir Schwefel-*
> *säure, Chlor usw. [LiCl etc.] durch unsere Reagenzien bestimmen.*
> *Auf der Erde lassen sich die Stoffe nach dieser Methode mit dersel-*
> *ben Schärfe unterscheiden und nachweisen, wie auf der Sonne.*"[24]

Kirchhoff and Bunsen published their work under the title *Chemische Analyse durch Spektralbeobachtungen* in 1859. Here they could show that each element has another spectrum, a certain, typical combination of lines (like a finger print).[25]

---

22 Kirchhoff/Bunsen 1862, here p. 74. Kirchhoff 1860, S. 296–297. [NaD] „Drummondsches Licht" vgl. Kangro 1972, p. 38–39.

23 Kirchhoff 1860.

24 Bunsen, R. W.: Brief an H. E. Roscoe vom 15. November 1859. Deutsches Museum Archive/Sondersammlungen/Dokumentationen (Vgl. Kangro 1872, S. 11–12).

25 James (1986), p. 17–30.

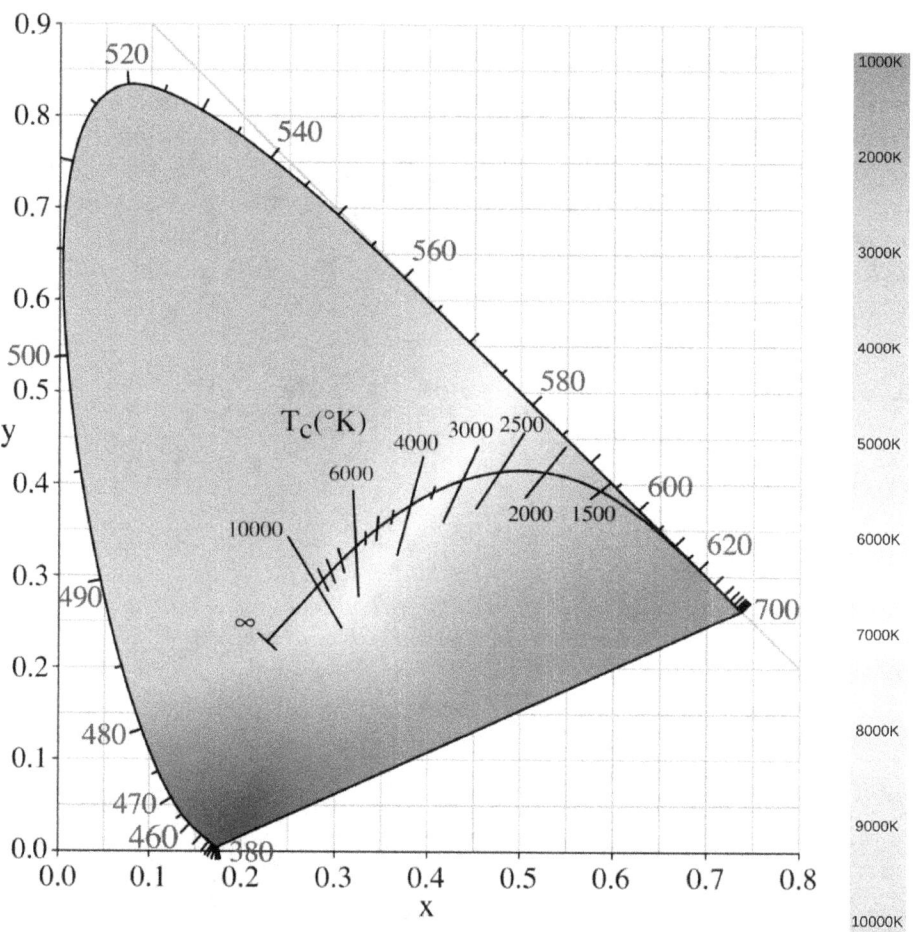

Figure 15.8:
The colours of blackbody radiation

Left: The colour of blackbody radiation depends on the temperature of the black body. The locus of such colours, shown here in CIE space (1931), is known as the Planckian locus.
Right: The colours of blackbody radiation from 1000 K to 10,000 K, from red to blue

Wikimedia

With his method Kirchhoff could identify ten elements, especially metals, in the sun's atmosphere, and indeed Kirchhoff presented in his work from 1862 the following ones: sodium (Na), iron (Fe), calcium (Ca), nickel (Ni), magnesium (Mg), chromium (Cr), cobalt (Co), barium (Ba), copper? (Cu), zinc? (Zn).[26] Kirchhoff wrote about this to his brother in 1860:

> *„Da Du auch ein halber Chemiker bist [...], so will ich Dir mittei-len, daß ich jetzt mich sehr eifrig mit Chemie beschäftige. Ich will nämlich nichts geringeres, als die Sonne chemisch zu analysieren und vielleicht später auch die Fixsterne. Ich habe das Glück gehabt, den Schlüssel zur Lösung dieser Aufgabe zu finden. Das klingt sehr verwunderlich und ich habe es einem entfernten Bekannten von mir, einem Doktor der Philosophie, nicht verdacht, daß er mir [...] er-zählte, ein verrückter Kerl wolle auf der Sonne Natrium entdeckt haben. Ich suchte diesem begreiflich zu machen, [...] daß es wirk-lich möglich sein müsse, von dem Licht, das ein Körper aussende, auf die chemische Beschaffenheit desselben Schlüsse zu ziehen [...] Dabei konnte ich der Versuchung nicht widerstehen, ihm zu sagen, daß ich dieser verrückte Kerl sei."[27]*

15.8 The Colour of Stars

Already in Antiquity one noticed that the stars have not only different mag-nitudes, but also different colours. Also Joseph Fraunhofer found already in 1814 the first differences in the appearance of stellar spectra; he started with the brightest stars of various colours, with the bluish Sirius and the reddish Betelgeuse.

From the mid-19th century new interest arose in the colours of the stars. Inspired by William Henry Smyth's *Sidereal Chromatics* (1864) Benedetto Ses-tini presented a catalogue of stellar colours in 1845/50 using a prism.[28] In the case of double stars the colours can be recognized very clearly, a good exam-ple is Albireo (β Cygni) which has a blue and a red component. In order to observe these so-called "complementary" colours François Arago (1786–1853) developed the polariscope, consisting of a birefringent prism and a birefringent calcspar plate.

---

26 Kirchhoff/Bunsen 1862, here p. 80–81. Kirchhoff/Bunsen 1863.

27 Kirchhoff, G.R.: Letter to his brother Otto, May 11, 1860. Quoted after Kangro 1972, p. 8.

28 Smyth: Sidereal Chromatics, 1864, Reprint 2010. Sestini: On the Colors of Stars (1850), p. 88–90.

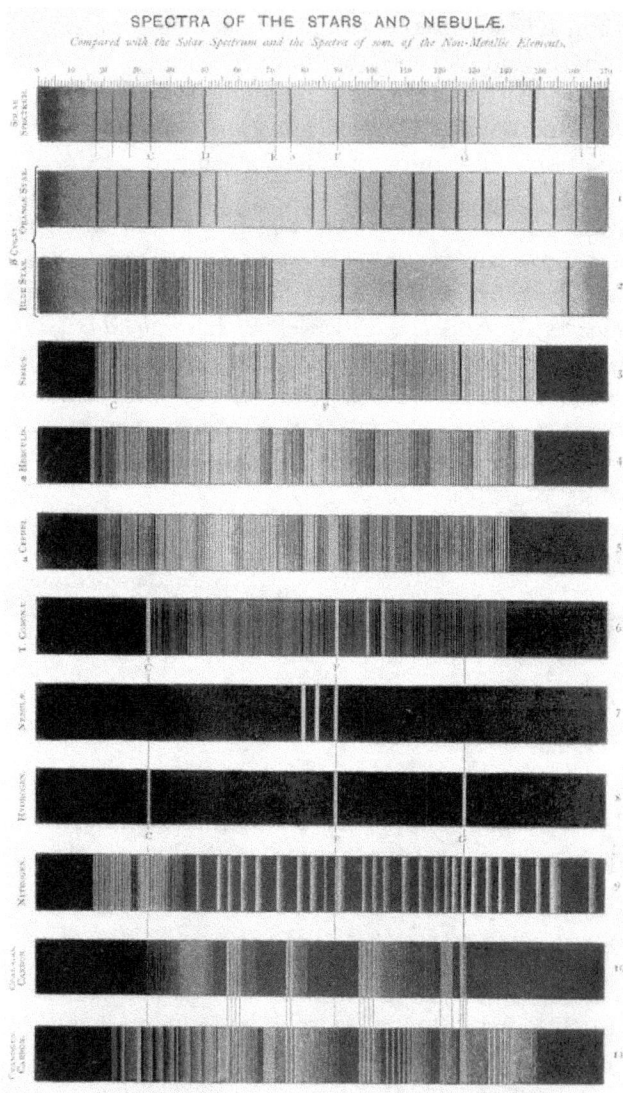

Figure 15.9:
Spectra of stars and nebulae according to Roscoe
compared with the solar spectrum and the spectra of some non-metallic elements

Solar spectrum, β Cygni (Albireo blue and orange star), Sirius, α Herculis, μ Cephei (Granatstern), T Coronae Borealis (rekurrierende Nova), Hydrogen, Nitrogen, Coal Gas Carbon, Cyanogen Carbon

The colours of double stars are of interest also in connection with the theory of Doppler, who had combined the velocities of the stars with their colours.

„Kein Wunder also, wenn sich neuere Beobachter zu der Frage auf-gefordert fühlen, ob sich denn in der That die Farben der Doppel-sterne während der letzten 50 Jahre so gar bedeutend sollten geän-dert haben."[29]

In 1856 Angelo Secchi (1818–1878) was trying to determine objectively the star colours – initially by comparison with a spark that jumped between two metal rods, then with a spectroscope in 1862. Secchi wanted to know whether or to what extent all stellar spectra are similar; he examined the colours and spectra of over 4000 bright stars, which he compiled in a catalogue in 1860.[30] Secchi gradually refined his classification and distinguished four main types. With his collected material Secchi wanted to make conclusions: first, about the processes involved in irregular variable stars (physics of stars) and second, about the arrangement of stars of certain spectral types in special regions of the sky (stellar statistics).

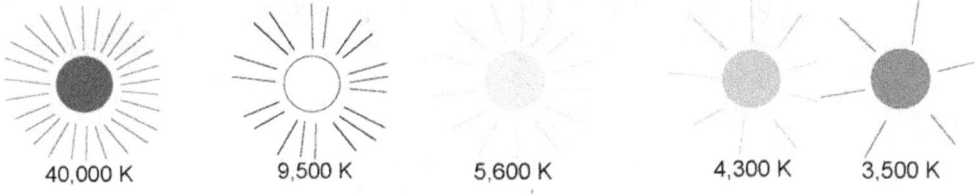

40,000 K   9,500 K   5,600 K   4,300 K   3,500 K

Figure 15.10:
The colours of the stars and corresponding temperatures
of hot (blue), solar-like (yellow) and cool (red) stars

In contrast to Secchi, Hermann Carl Vogel (1841–1907), astrophysicist in Potsdam Observatory, and William Huggins (1824–1910), astrophysicist in a private observatory near London, did not start with the star colours to get a classification scheme, but based it on the different absorption lines of the spectral types. Vogel developed a classification with three spectral types in 1883, which was widespread at the turn of the century:

---

29 Doppler 1842, p. 12.
30 Cf. Secchi, Angelo: Die Sterne. Leipzig 1878, p. 353–379.

1. White Stars [today type B and A].[31]

2. Yellow stars [today type F and G].[32]

3. Red stars [today type K and M].[33]

Figure 15.11:
Harvard Spectral classification after Annie Jump Cannon (1863–1941):
Spektral types O, B, A, F, G, K and M

Credit & Copyright: KPNO 0.9-m Telescope, AURA, NOAO, NSF

The previous classifications were based mainly on visual spectra. The new technique of photography promised more refined results.[34] In 1901 Annie Jump Cannon (1863–1941), Harvard Observatory, introduced a final classification

---

31   *Sterne, deren Glühzustand ein so beträchtlicher ist, dass die in ihren Atmosphären enthaltenen Metalldämpfe nur eine überaus geringe Absorption ausüben können, so dass entweder keine oder nur äusserst zarte Linien im Spectrum zu erkennen sind.*

32   *Sterne, bei denen ähnlich wie bei unserer Sonne, die in den sie umgebenden Atmosphären enthaltenen Metalle sich durch kräftige Absorptionslinien im Spectrum kundgeben.*

33   *Sterne, deren Glühhitze soweit erniedrigt ist, dass Associationen der Stoffe, welche ihre Atmosphäre bilden, eintreten können, welche, wie neuere Untersuchungen ergeben haben, stets durch mehr oder weniger breite Absorptionsstreifen charakterisiert sind.*

34   Cf. for more details see Jaschek / Jaschek: The classification of stars, 1987. Kaler: Stars and Their Spectra, 1997.

with the types O, B, A, F, G, K, and M (cf. fig. 15.11, p. 198); in 1908/22 she added the subsidiary series R, N and S.[35]

Guiding idea for the Harvard classification was the presence or the absence as well as the intensity of certain spectral lines; the sequence from B to M corresponds to a decrease of the intensity of the hydrogen lines and an increase of the intensity of metal lines. The theoretical justification of this sequence, which is a temperature sequence of stellar atmospheres, was found by Megh Nad Saha (1894–1956) in 1920; for the relationship between colours and temperatures of the stars see also the figure *The colours of blackbody radiation*, fig. 15.8, p. 194. The permanence of this classification until today is caused by this physical basis.

15.9 Results of Spectral Analysis in Astronomy

During the development of astrophysics (spectroscopy, photography, photometry, and solar physics) the astronomical success of the application of spectral analysis will be discussed in the following.[36]

Dominique François Jean Arago (1786–1853), director of the observatory in Paris, had explained that the sun consists of a dark nucleus surrounded by a non-transparent layer reflecting the light. The outer layer is a bright atmosphere or photosphere. Arago's idea originated from observations of sun spots.

Which conclusions could be drawn out of the spectral analysis of the sun? Kirchhoff interpreted the dark lines in the solar spectrum as absorption lines which arise in the cooler atmosphere of the sun. These are superimposed to the continuum which is produced in the sun's interior. With his spectralanalytical results Kirchhoff could refute Arago's theory of a cold and dark sun. Kirchhoff believed that the sun is an incandescent solid or fluid body giving a continous spectrum – surrounded by an atmosphere of a lower temperature, where the absorption lines are produced.[37]

---

35 For the unusual sequence of letters exist well-known aphorisms:
   Oh Be A Fine Girl Kiss Me Right Now Sweetheart.
   Offenbar benutzen Astronomen furchtbar gerne komische Merksätze.

36 Wolfschmidt 1997, 2012. Here you find detailed references for the following section.

37 He stated   „*daß die Sonnenatmosphäre einen leuchtenden Körper umhüllt, der für sich allein ein continuierliches Spectrum von einer Lichtstärke giebt, die eine gewisse Grenze übersteigt. Die wahrscheinlichste Annahme, die man machen kann, ist die, daß die Sonne aus einem festen oder tropfbar flüssigen, in der höchsten Glühhitze befindlichen Kern besteht, der umgeben ist von einer Atmosphäre von etwas niedrigerer Temperatur.*" Kirchhoff/Bunsen 1862, here p. 83.

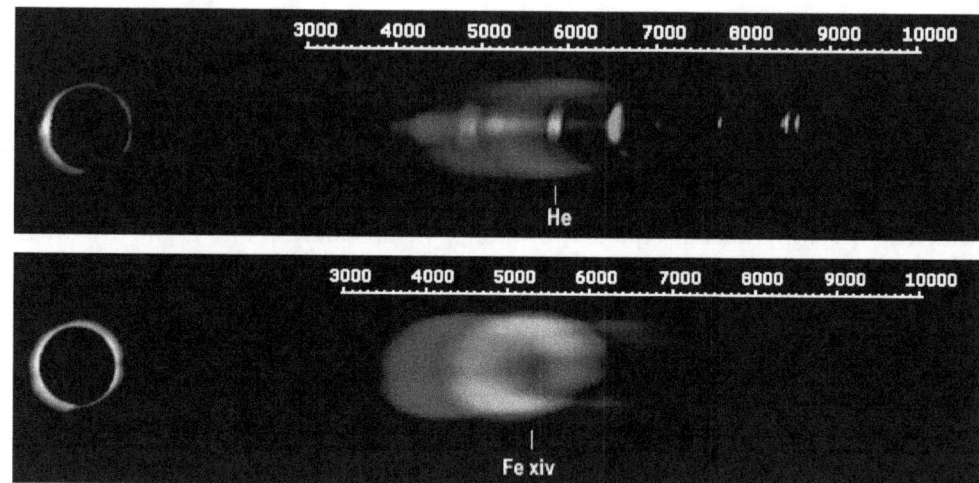

Figure 15.12:
Solar spectra (flash and corona) of the solar eclipse (2006)

Above: The flash spectrum of the sun at third contact with the emission lines
from the Hydrogen Balmer series and with the yellow line from Helium
Below: The spectrum of the corona with the green coronium line (the highly
ionised Fe XIV line)

http://www.threehillsobservatory.co.uk/astro/spectra_27.htm

The spectral analysis had the most important impact and success in the rise
of astrophysics. The simple analysis of light from remote cosmic objects provides us not only with information on the chemical composition but also on
temperature, pressure, and density of stellar atmospheres. For example the
structure of the solar atmosphere could be explained: There are three layers: Photosphere, connected with the spectrum of the sunspots, chromosphere,
connected with H_α, Ca H and K lines, and corona, connected with the green
coronium line.

During the 1868 solar eclipse, the spectrum of the prominences showed three
bright lines (emission lines). By analyzing the spectrum, the composition was
resolved – mainly hydrogen – indicated by the prominent red and green line.[38]
Enigmatic was the conspicuous third line, a yellow line, but not in coincidence

---

38 Lockyer and Secchi could also determine the velocities of the prominences from small
   Doppler line shifts.

with the sodium doublet. Joseph Norman Lockyer (1836–1920) and Pierre Jules César Janssen (1824–1907) attributed this yellow line to helium, called like Helios, the sun god in Antiquity. Helium is an element, discovered first in the sun, and not known on earth at that time; in 1895 – nearly 30 years later – it was also discovered on earth by William Ramsey (1852–1916).

Charles August Young (1834–1908) discovered the flash spectrum and the green coronium line (530.3 nm). The spectrum of the corona was at that time completely unknown, but extremely important in the context of the theory of stellar atmospheres. The mysterious green emission line was assigned to *coronium*; but it was not regarded as a new element – like in the case of helium –, but a well-known element in an unusual excited state, which could not be produced in the lab. Finally Walter Grotrian (1890–1954) and Bengt Edlén (1906–1993) succeeded to resolve the mystery and assigned the coronium line to the highly ionized iron (Fe^{13+}).

In 1864 Giovanni Battista Donati (1826–1873) analyzed for the first time a spectrum of a comet. There were three bright lines (bands); these were interpreted by Angelo Secchi and William Huggins in 1866 revealing the gas structure of comets. The yellow, green and blue emission could be soon – by comparison with the laboratory experiment – assigned to carbon.

The next example is the spectrum of novae. William Huggins observed the Nova Coronae Borealis (1866) and described an overlapping of an absorption spectrum of the star with the emission lines of the shell.

In 1904 Johannes Hartmann (1865–1936) discovered interstellar gas in Potsdam Astrophysical Observatory: δ Orionis is a spectroscopic binary; the lines are shifted periodically to the blue or red end of the spectrum due to the Doppler effect. Here stationary single ionised calcium absorption lines (3934Å) were discovered. Hartmann interpreted that a gas cloud exists between δ Orionis and the Earth.

There was a long discussion if nebulae consist out of gas or if they are stellar systems. On one hand William Huggins got emission spectra from nebulae (Draco Nebula) indicating the gas structure. In the spectrum of the Orion Nebula he discovered in 1864 the nebulium line; this was not a new element as suspected in the beginning. It could be explained by Ira Sprague Bowen (1898–1973) decades later (1927) as doubly ionized oxygen (O^{2+}). On the other hand Julius Scheiner (1858–1913), astrophysicist in Potsdam, used a nebula spectrograph and got after three nights of exposure the spectrum of the Andromeda nebula M 31 in 1899. It was an absorption spectrum, the first ever made from a spiral nebula; he concluded that spiral nebulae were star systems of their own – outside of our Milky Way.

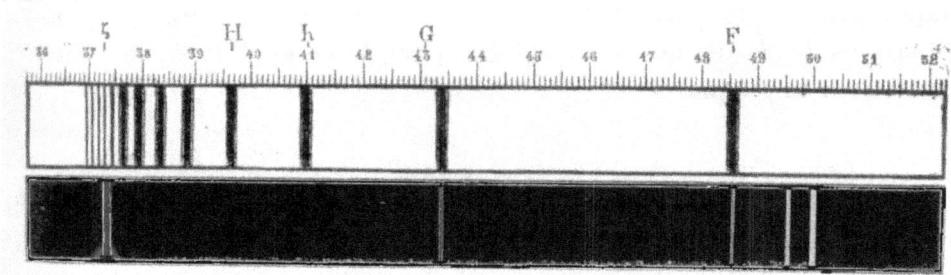

Figure 15.13:
Huggins' spectrum of the Orion Nebula with the green nebulium line
in comparison to the solar spectrum (1864)

Furthermore, using the redshifts (or blueshifts) in the spectral lines due to the Doppler effect, the velocities of stars and galaxies can be measured. Edwin Powell Hubble (1889–1953) measured the redshift of the H and K-line of calcium in the spectra of galaxies. The greater the redshift in a spectrum of a galaxy, the greater is the velocity of the galaxy moving away from the earth. This relationship between distance and radial velocity of the galaxies, was published by Hubble in 1929, indicating an expansion of the universe.

15.10 False Colour Images and Simulations – Natural, Representative and Enhanced Images

Satellite or aerial images were often not recorded on colour film, but the individual spectral regions are mapped with colour filters on black and white films or today on colour-insensitive electronic sensors in order to distinguish, for example, vegetation areas from uncultivated land. Enhancing the visible colours in an image often brings out an object's subtle structural detail. Many *Hubble telescope* images are made from a combination of black-and-white images by combining a red, a green and a blue image taken through a filter.[39] For thermal images in the IR region colour-coding is also very suitable. Representative colour helps to visualize what would otherwise be invisible like an object in infrared light.

---

[39] For this paragraph see the article about the image processing of *Hubble* images:
http://hubblesite.org/gallery/behind_the_pictures/meaning_of_color/.

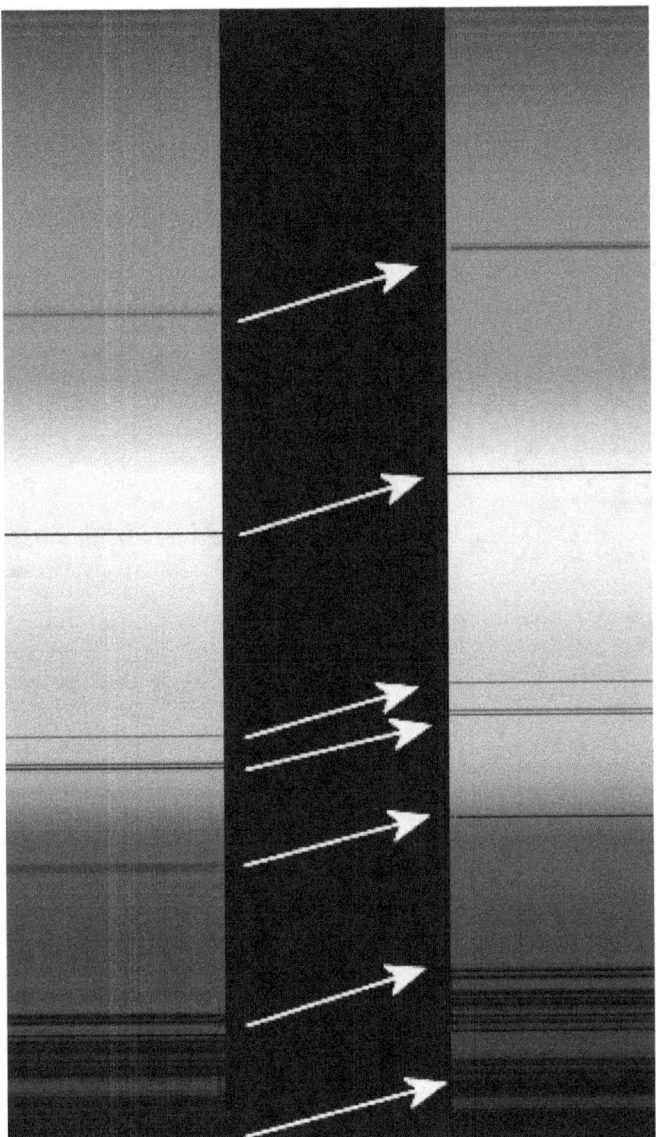

Figure 15.14:
Redshift of spectral lines of distant galaxies (right),
as compared to absorption lines
in the optical spectrum of the Sun (left)

http://en.wikipedia.org/wiki/Redshift

Figure 15.15:
The Cosmic Microwave Background temperature fluctuations
from the 7-year Wilkinson Microwave Anisotropy Probe

The image shows the temperature variations over the celestial sphere. The average temperature is 2725 Kelvin, and the colours represent the tiny temperature fluctuations, like in a weather map. Red regions are warmer and blue regions are colder by about 0.0002 degrees.

©: NASA / WMAP Science Team http://wmap.gsfc.nasa.gov/media/101080/
(26 January 2010)

In astronomy, invisible wavelengths can be illustrated with the help of false colour images, the different wavelength regions of the UV radiation of the sun can be colour coded, for example 17 nm (blue), 19 nm (green), 29 nm (yellow) and 30 nm (red). Instead of gray tones a colour scale is chosen intentionally in order to clarify for example the intensity of radio signals or X-rays. With the colour coding individual brightness levels of a colour hue can be assigned to different colour values. In planetary topography an encoding in altitude above zero is suitable, for example "cold" (red) colours for low altitude, "hot" (white, blue) colours for high altitude.

False colour images are important in order to present simulations well-arranged and didactically instructive colouring. As an example the flight over Stonehenge with almost the speed of light is shown (cf. the article *Real-time simulation of aberration and Doppler effect of light* by Susanne M. Hoffmann and Christoph Keller, chapter 24, p. 345); two effects are clear: First, the

Figure 15.16:
False colour image of the solar corona taken with the LASCO C1 coronagraph

The picture is a colour coded image of the doppler shift of the FeXIV 5308Å
line, caused by the coronal plasma velocity towards or away from the satellite.

http://en.wikipedia.org/wiki/Redshift

aberration is shown, the light seems to come from different directions (the
straight lines are curved). Second, the colours change due to the Doppler effect.
The last picture shows the view before flying into the back cube. Generally
simulations in the field of theory of relativity are especially important; for
example visualisation of lightbending by a black hole or by neutron stars.

15.11 Bibliography

COWAN, JAMES: *Offenbarungen aus der Traumzeit. Das spirituelle Wissen der
Aborigines.* Stuttgart: Lüchow-Verlag 2004.

DESCARTES, RENÉ: *Discours de la Méthode, Les Météores, La Dioptrique, La Géome-trie*. Leiden 1637.

DOPPLER, CHRISTIAN: *Über das farbige Licht der Doppelsterne und einiger anderer Gestirne des Himmels*. Prag: Böhmische Gesellschaft der Wissenschaften 1842.

FRAUNHOFER, JOSEPH: Bestimmung des Brechungs- und Farbenzerstreuungs-Ver-mögens verschiedener Glasarten, in Bezug auf die Vervollkommnung achro-matischer Fernröhre. In: *Denkschriften der königlichen Akademie der Wis-senschaften zu München*, Bd. V für die Jahre 1814 und 1815. München 1817.

FRAUNHOFER, JOSEPH: Kurzer Bericht von den Resultaten neuerer Versuche über die Gesetze des Lichtes, und die Theorie derselben. In: *Gilbert's Annalen der Physik* (1) **74** (1823), p. 337–378, cf. LOMMEL 1888, p. 74.

FRAUNHOFER, JOSEPH VON: Ueber die Construction eines grossen so eben vollen-deten Refractors. In: *Sitzungsberichte der Akademie der Wissenschaften zu München* (1824), p. 80–81.

HALL, ALFRED RUPERT: *Isaac Newton: Adventurer in thought*. Oxford: Blackwell 1992, Cambridge, UK: Cambridge University Press 1996.

HERMANN, ARMIN: *Die Begründung der Elektrochemie und Entdeckung der ultravi-oletten Strahlen von Johann Wilhelm Ritter*. Frankfurt am Main 1968.

HERSCHEL, WILHELM: Experiments on the solar, and on the terrestrial rays that occasion heat; with a comparative view of the laws to which light and heat, or rather the rays which occasion them, are subject, in order to determine whether they are the same, or different. In: *Philosophical Transactions of the Royal Society* **90** (1800), p. 437–438.

HUGGINS, WILLIAM AND W. A. MILLER: On the Spectra of some of the Nebulae. In: *Philosophical Transactions of the Royal Society of London* **154** (1864), p. 437–444.

IBN AL-HAITAM: *Buch der Optik* (1083), *Opticae Thesaurus*, ed. FRIEDRICH RISNER. Basel 1572.

JAMES, FRANK A. J. L.: The extension of terrestrial chemistry in the mid-nineteenth century: Spectrochemical analysis and the composition of the solar system. In: *Proceedings of the Royal Institution* **58** (1986), p. 17–30.

JASCHEK, CARLOS AND M. JASCHEK: *The classification of stars*. Cambridge, UK: Cambridge University Press 1987.

KALER, JAMES B.: *Stars and Their Spectra. An Introduction to the Spectral Se-quence*. Cambridge, UK: Cambridge University Press 1997.

KANGRO, HANS (Hg.): *Gustav Robert Kirchhoff – Untersuchungen über das Sonnen-spectrum und die Spectren der Elemente und weitere ergänzende Arbeiten aus den Jahren 1859–1862*. Mit Nachwort: Kirchhoff und die spektralanalytische Forschung. Osnabrück: Otto Zeller Verlag (Millaria XVII) 1972.

KIRCHHOFF, GUSTAV ROBERT: Über das Verhältniß zwischen dem Emissionsver-mögen und dem Absorptionsvermögen der Körper für Wärme und Licht. In: *Annalen der Physik* (2) **185** (1860), p. 275–301.

KIRCHHOFF, GUSTAV ROBERT UND ROBERT WILHELM BUNSEN: Untersuchungen über das Sonnenspectrum und die Spectren der chemischen Elemente. 1. Teil und 2. Teil. In: *Abhandlungen der Akademie der Wissenschaften zu Berlin* (1862), p. 63–95 und (1863), p. 227–240.

KIRCHHOFF, GUSTAV ROBERT: Zur Geschichte der Spectral-Analyse und der Analyse der Sonnenatmosphäre. In: *Annalen der Physik* (2) **194** (1863), p. 94–111.

LOMMEL, EUGEN VON (Hg.): *Fraunhofers Gesammelte Schriften.* München (*Denkschriften der Bayerischen Akademie der Wissenschiften zu München*, math.-phys. Classe) 1888.

MEISSNER, GÜNTER (Hg.): *Franz Marc, Briefe, Schriften und Aufzeichnungen.* Leipzig, Weimar 1980.

NEWTON, ISAAC: New Theory about Lights and Colours. In: *Philosophical Transactions of the Royal Society* **6** (1672), p. 3075–3087.

NEWTON, ISAAC: *Opticks or a Treatise of the Reflections, Refractions, Inflections and Colours of Light.* London 1704 (4. Auflage, 1730). (Reprint Dover Books 1952) New York 1979.

RITTER, JOHANN WILHELM: [Auszüge aus Briefen an den Herausgeber LUDWIG WILHELM GILBERT] In: *Annalen der Physik und Chemie* (1) **7** (1801), p. 527.

SCHRAMM, MATTHIAS: *Ibn al-Haythams Weg zur Physik.* Wiesbaden 1963.

SECCHI, ANGELO: *Die Sterne.* Leipzig 1878.

SESTINI, BENEDETTO: On the Colors of Stars. In: *Astronomical Journal* **1** (1851), No. 11/12 (1850), p. 88–90.

SMYTH, WILLIAM HENRY: *Sidereal Chromatics.* Cambridge, UK: Cambridge University Press 1864, Reprint 2010.

WITTIG, JOACHIM: Joseph Fraunhofer – Begründer des wissenschaftlichen Fernrohrbaus. In: *Feingerätetechnik* **36** (1987), p. 129–131.

WOLF, MAX: Zusammenfassende Vorträge über die neuere Entwicklung der Spektralanalyse. In: *Zeitschrift für Elektrochemie* **18** (1912), p. 457–512.

WOLFSCHMIDT, GUDRUN: Farben in der Astronomie – Vom Regenbogen zur Spektroskopie. In: WOLFSCHMIDT, GUDRUN (Hg.): *Farben in Kulturgeschichte und Naturwissenschaft.* Begleitbuch zur Ausstellung in Hamburg 2010–2012 zum 50jährigen Jubiläum des IGN. Hamburg: tredition science (Nuncius Hamburgensis – Beiträge zur Geschichte der Naturwissenschaften; Band 18) 2011, p. 150/151–173.

WOLFSCHMIDT, GUDRUN: *Genese der Astrophysik.* Habilitation, Ludwig-Maximilians-Universität München 1997, Hamburg: Peter Lang 2012 (in preparation).

WOLLASTON, FRANCIS: Neue Methode, die brechenden und zerstreuenden Kräfte der Körper vermittelst prismatischer Reflexion zu erforschen. In: *Annalen der Physik* (1) **31** (1809), p. 235–251, p. 398–416.

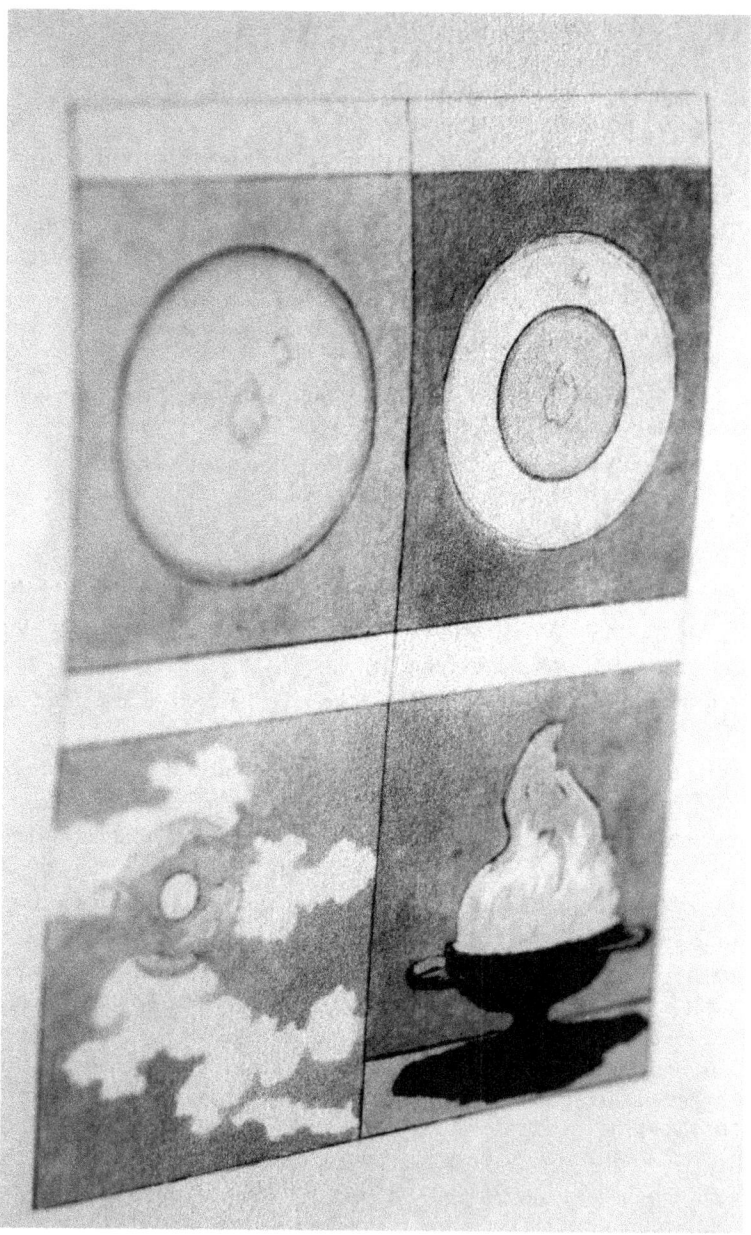

Figure 16.1:
Some of Goethe's examples on medium-modificationism
From the inventory of his drawings (Corpus der Goethezeichnungen).

Newton, Goethe, and colour-modificationism[1]

Gábor Á. Zemplén (Budapest)

Commemorating the 200th anniversary of Goethe's *Farbenlehre*, historians, philosophers, and other academics outline their specific perspectives on theories, technologies, practices, and traditions connected to colours in this volume. Artistic and scientific, historical and contemporary aspects of the world of colours – testifying to the variegated nature of the object of study. The perspective I develop builds on previous work that aims to disentangle a confusingly complex network of issues connected to colour-modifications. It is impossible to do justice to a scattered but omnipresent two-millennium old tradition, yet I try to raise a number of issues that range from ontology and the semantics of colour-terms to the role surfaces and boundaries played in explanations of colours. The focus is on the changing approaches to modificationism, from Ancient times to the seventeenth century, culminating in Newton's rejection of the tradition. This background is used to highlight aspects of Goethe's theory-building in colour-science and two of his modificationist accounts.

16.1 Real and apparent colours

Can we maintain that some colours are illusory, as opposed to others, which are real? This question has interesting ontological ramifications. And does it make sense to say that an object has one colour but appears to have many? This question has long had semantic significance.

1 The work was supported by the TÁMOP 4.2.2.B-10/1-2010-0009 and OTKA K81165 grants, and many helpful suggestions were received during the conference on "Colours in Culture and Science".

*"What then is there that admits of being perceived if even the senses
do not give us true information? You, Lucullus, defend them by re-
sort to a commonplace: though to cut you off from the opportunity
of doing so, I had purposely made such a long speech against the
senses, as a stage of my argument where it was not needed. You
further say you are not disturbed by the broken oar, or by the pigeon's neck. I first ask why? For I observe that in the case of the
oar there exists nothing of the kind that appears, and that in the
case of the pigeon several colours appear, though not more than one
exists."*[2]

It is not always easy to pin down what such remarks state about colours. Pin-
ning down implies a surface, using words implies referents. From Antiquity to
Early Modernity, most authors treated surface-colours differently from apparent colours. The colours of surfaces were considered real, existing, even though
they could be modified by atmospheric conditions, changes in lighting, or age-
ing processes, as the pseudo-Aristotelian *De coloribus* describes. On the other
hand, some colours were only *apparent*, or, as some writers say, *emphatic*, like
atmospheric optical phenomena, which could not be considered as properties of
surfaces or objects. The increased attention that this part of natural philosophy
received from the Renaissance coupled with the novel optical apparatuses gradually increased the range of phenomena: by the 17th century prism-experiments
as well as the colours of thin plates seen through a microscope were discussed
together with iridescent feathers, rainbows and halos.

Robert Boyle, for example, described a prism as *"the usefullest Instrument
Men have yet imploy'd about the Contemplation of Colours."* For Boyle, an
important early source for Newton, the prism is *"the Instrument upon whose
effects we may the most Commodiously speculate the Nature of Emphatical
Colours (and perhaps that of others too)."*[3] Robert Hooke, around the same
time, also advertised his study of the thin plates of "Muscovy glass" (mica),
where he had observed vibrant colours both with the naked eye and with the
microscope. He believed these colours to be similar to "the Colours in Peacocks,
or other Feathers", the recurring Ancient tropes used in sceptical arguments.
For Hooke, apparent colour phenomena should be studied in the plates of mica,

---

2 Cicero 1933, *Academica*, 2.79. *"Quid ergo est quod percipi posit, si ne sensus quidem vera
nuntiant? Quos tu, Luculle, communi loco defendis: quod ne id facere posses, idcirco
heri non necessario loco contra sensus tam multa dixeram. Tu autem te negas infracto
remo neque columbae collo commoveri. Primum cur? Nam et in remo sentio no esse id
quod videatur, et in Columba pluris videri colores ne cess plus uno."*
3 Boyle 1964 [1664], p. 198.

since *"this laminated body is more simple and regular and more manageable, to be divided or joyned, then* [**sic**] *the parts of a Peacocks feather."*[4]

Unlike artists (mostly focusing on mixing pigments) natural philosophers concentrated on cases where light was perceived to play an important role in the emergence of colours. Early Moderns grappled with devising experimental systems which are capable of providing robust observations and thus a suitable model for the study of apparent or emphatical colours.

By this period a successful theory of apparent colours – as, for example, Hooke claimed – was seen as "capable of explicating all the *Phenomena* of colours, not onely of those appearing in the *Prisme*, Water-drop, or rainbow, and in *laminated* or plated bodies, but of all that are in the world, whether they be fluid or solid bodies, whether in thick or thin, whether transparent or seemingly opacious . . . ."[5]

16.2 Surfaces and colour-terms

When reading *Sense and Sensibilia*, we are struck with the radical differences between Aristotle's account of colour and the modern understanding of colours, emerging in Early Modernity:

> *"Here, then, we may say that light is a nature inhering in the transparent when the latter is without determinate boundary. But it is manifest that, when the transparent is in determinate bodies, its bounding extreme must be something real; and that colour is just this something we are plainly taught by facts – colour being actually either at the limit, or being itself that limit, in bodies. (Hence it was that the Pythagoreans named the superficies of a body its hue.) For it is at the limit of the body, but it is not the limit of the body; but the same natural substance which is coloured outside must be thought to be so inside too."*[6]

The direct semantic link between the term *khróa / khroiá* (χρόα, χροιά), usually translated as coloured surface, or in short colour, and the term *khróos* (χρόος), in Homeric use meaning skin and colour helps us interpret the Aristotle text quoted above, and the obscure reference to the Pythagoereans. It is the latter term *khróos* that has generally been used in the philosophical discussions on

---

4 Hooke 1665, p. 49.
5 ibid.
6 Aristoteles 1984, Vol. 1, p. 697. 439a26–33.

colour.[7] This latter synecdoche or metonymy illuminates a semantic change and the strange wording of Aristotle, where colour „*is at the limit of the body, but it is not the limit of the body*". It also provides us with a tentative hypothesis as to the roots of the distinction between real and apparent colours, and helps explain some of the puzzlement of later commentators to understand these notions.

For a modern reader colour-terms – especially the most common and simple (monolexemic) ones – trivially refer to hues. Based on this assumption cross-cultural studies tried to map colour terms as hue-terms. The famous study on Basic Colour Terms (BCTs) suggested that the development of BCTs follows a rather strict development in various languages.[8] Several methods have been developed to establish the BCTs of a language and exclude the non-basic terms, to separate the first six colours, the so called primary basic colours (white, black, red, green, yellow, and blue) from the other, secondary basic colours, and to find regularities in the ordering of BCTs. Measurements of reaction-time, naming experiments, consistency of use, order of occurrence in elicited lists, and frequency of occurrence have all been employed in experiments. The result of the study outlined a restricted universal inventory of BCTs, varying from two (as in the Papuan Dani language) to around eleven. Asking informants to match a predetermined set of coloured chips with colour terms suggested that a language acquires basic colour terms in a constrained order:

> Black/ White < Red < Green/ Yellow < Blue < Brown
> < Purple/ Pink/ Orange/ Grey

(the presence of any term implies that all terms to its left exist in the given language).

The presupposition of such studies has been challenged by anthropological research that suggested that some languages might have terms that are used to characterize not only the colour of surrounding objects but other surface characteristics as well. Harold C. Conklin, for example, when studying the Hanunóo colour categories on the southern Philippine island of Mindoro in the 1950's, noted that the terms – previously translated as hue-terms "black", "white", "red" and "light green" – might "have certain correlates beyond what is considered the range of chromatic differentiation". He interpreted his findings claiming that, apart from signifying colours, "[f]irst, there is an opposition between light and dark .... Second there is an opposition between dryness and

---

7 Sassi 2009, p. 280.
8 Berlin and Kay 1969.

desiccation and wetness or freshness (succulence) in visible components of the natural environment".[9]

A similar conflation of hues and surface-properties might explain early Greek usage of colour-terms. The term *chlôros* is customarily translated as green (as in chlorophyll), and in the *Odyssey* it describes green wood (Od. 9.320). In the *Iliad* the colour of honey is *chlôros,* and even more surprisingly in Euripides's *Medea* tears are chlôros (line 907), in his *Hecube* the sacrificed blood of Polyxena is *chlôros.*

The unusual behaviour of Greek colour-terms was first recognised by J. W. von Goethe, who noticed the seemingly anomalous usage of the word *kuaneos.* The term *kuaneos* in Ancient Greek referred to the strikingly blue *lapis lazuli,* or the blue copper carbonate (the term "cyan" is a derivative) in Theophrastus, but it is never used in connection with the colour of the sea in the Homeric poems. Many epithets are used in these hymns for the sea: white (Od. 10.94), wine-dark (Od. 2.421, etc.), purple (Il. 16.391). Similarly the sky can be bronze (Od. 3.2) or iron (15.328) coloured, but the term that we are accustomed to translate as blue is missing here. Where the word does appear in the *Iliad* is equally surprising: the hair of Hector is *kuaneos* (I. 24.401–403), and there is no darker garment than the *kuaneos* veil of Thetis (I. 93–94).[10]

The occurrence of colour terms in word databases have been found to correlate with the hierarchy of colour terms,[11] but reconstructing what Greeks *meant* by these terms seems exceedingly difficult.[12] Greek colour terms are used for arrays of referents that make it near impossible to find terms in English (or in a number of other languages) that faithfully map the Greek usage. While in the late nineteenth century some, like the English Prime Minister William Ewart Gladstone, suggested evolutionary explanations to the problem,[13] today the source of the discrepancy seems semantic.

These problems have seriously influenced the interpretation and analysis of Ancient sources. Anglo-Saxon or Old English colour terms also signified pre-

---

9 Conklin 1955, see also Conklin 1998.

10 The use of the two terms chlôros and kuaneos are analysed in detail in the second and third chapter of Irwin 1974. Although concentrating on literature before the fourth century B.C., the book also discusses changes and developments in terminology from Homeric hymns to the works of Theophrastus.

11 Corbett and Davies 1997.

12 Gage 1993, Ch. 1–2.

13 Nearing the end of the nineteenth century a number of authors argued for the quick evolution of the human visual system to explain "blue-anomaly" of Greek (Gladstone 1858). According to this view, the difference of usage implied a difference in the nervous system – an opinion once in favour but now rejected. For a bibliography of these debates see Skard 1946, for an overview Sölch 1998, and for a popular presentation of the problem the fourth episode of "Light fantastic", starring Simon Schaffer.

dominantly brightness differences, with the conceptualization of hue during the Middle English Period (1150–1500), resulting in a semantic shift, as a result of which English colour terms today are almost exclusively hue concepts.[14] With similar processes taking place in other European languages, it is understandable that for Early Modern authors Ancient approaches to colour mixing, colour production (as e. g. the emergence of colours from mixing black and white) and even the distinction of real and apparent colours became increasingly unwarranted. Builing on Ancient sources (mostly Lucretius and other Epicurean writers) Gassendi, Descartes, and others decoupled the study of colours from the study of surfaces, and broke down the distinction between real and apparent colours. Walter Charleton, following Gassendi at length argued against the *"Distinction of Colours* into *Real* or *Inhaerent,* and *False* or only *Apparent,* so much celebrated by the Schools".[15]

16.3 Colours and light, modifications and boundaries

If colour is not primarily a stable property of objects, but a hue, changing, appearing, and disappearing, the explanatory models need to account for these changes and modifications. These models were generally vague, and connected metaphysical assumptions with empirical findings. Early Modern authors converged on the conceptualization of what light is: a kind of material efflux streaming out of luminous bodies (fixed stars, fire, or the sun), or some kind of pulse travelling in a medium. But this was still far away from explaining how light plays a role in the production of colours.

Isaac Barrow, Newton's mentor and predecessor as Lucasian Professor in Cambridge defined colour as follows:

> *"Colour too is, it seems, practically nothing else but light impinging on rather larger bodies that it meets, retaining to some extent the stable position of their parts, and, according to the differing shape, disposition or texture of the particles of which they consist, diverted or bouncing off in some way or other; with the result of course that the light that had fallen on these bodies comes out such as it does, whether in its motion, or its power of action, or simply in its quantity (I mean in regard to its rarity or density and the copiousness or scantiness of its rays), and according to the distinction of its type produces different appearances, which we denote by the various*

---

14 Casson 1997.
15 Charleton 1654 [1966], p. 187, Art. 4. See also Guerlac 1986 for more details.

colour-names."

His notions about colour-production are even vaguer: *"since the matter of colours has cropped up, suppose I hazard a few guesses about them – though uncharacteristically and out of place".*[16]

Barrow's corpuscular modificationism was not unique: it appeared in Gassendi's work, and also in Descartes's. For Walter Charleton, whose book directly influenced the views of the young Newton, white is the original colour of light, black is the lack or negation of light, and intermediate colours, like red, blue, and green are:

> *"are but the off-spring of the Extreme, arising from the intermission of light and shadow, in various proportions; or, more plainly, that the sense of them is caused in the Retina Tunica according to the variety or Reflections and refractions, that the incident Light suffers from the superficial particles of objects".*[17]

Darkness and light interacting, light impinging on surfaces and travelling through media, refraction and reflection were all possible modifications of light to give rise to colour. Modificationism was an *endoxa* of the learned world, and all theories utilized the same explanatory scheme in various forms and guises. Some committed modificationists were cautious to specify the modification. As Boyle wrote:

> *"But whether I think this Modification of the Light to be perform'd by Mixing it with Shades, or by Varying the Proportion of the Progress and Rotation of the **Cartesian Glubuli Coelestes**, or by some other way which I am not now to mention, I pretend not here to Declare."*[18]

Caution seemed warranted: the kind of colours these writers tried to explain also appeared in the rainbow, a challenge for philosophical accounts of nature for nearly two millennia – a role it has retained for both Descartes and Newton. Roger Bacon in his *Opus Majus* takes up this example to argue for the usefulness of geometry. As he writes:

> *"in place of an infinite number of examples I desire at present to cite one. For Aristotle more than all other philosophical writers has involved us in obscurities in dealing with the rainbow ... for all philosophers have been ignorant of the final cause of the rainbow."*[19]

---

16 Barrow [1669] 1987, Lect. 12.
17 Charleton 1654 [1966], p. 191–192.
18 Boyle 1964 [1664], p. 90.
19 Bacon and Burke 1928, p. I/234–235.

Bacon saw colour phenomena as the ultimate test of not just the mathematical approach, but of "experimental" science.[20] Bacon maintains that:

> *"Since this Experimental Science is wholly unknown to the rank and file of students, I am therefore unable to convince people of its utility unless at the same time I disclose its excellence and its proper signification .... I give as an example the rainbow and phenomena connected with it ....* The natural philosopher discusses these phenomena and the writer on Perspective has much to add pertaining the mode of vision that is necessary in this case. But neither Aristotle nor Avicenna in their Natural Histories has given us a knowledge of phenomena of this kind, nor has Seneca, who composed a special book on them. But Experimental Science attests them."[21]

Bacon composed several chapters on the rainbow and other colour phenomena, and the Perspectivist tradition – while not necessarily superseding Ancient and Arabic sources on colour-formation – put optics and with it the problem of colours on centre stage of enquiries concerning the natural world.

The variety of explanations of colours mushroomed, and during the High Middle Ages, the numbers of treatises touching on the subject (mostly explanations of the rainbow) exceeded any earlier period.[22] Before the Scientific Revolution a number of experimental systems have been devised to study colours. By the 14th century colours of water-globes served as models of a small cloud or a big raindrop. But throughout the period it has been debated as to whether colour-formation is dependent on some properties of clouds or of raindrops – just as it was debated whether the formation is through reflection or refraction (and the two terms have been used interchangeably).

With the development of optical theories a weak consensus emerged from this plethora of views by the 17th century: light is somehow modified to give rise to colour. As Thomas Kuhn noticed, this modificationist starting point, first employed to explain the colours of the rainbow, was present in all theories of colour in the 150 years preceding Newton's work. The coloured fringes seen in the emergence of the spectrum seemed to strengthen the "ancient theory of the nature of the rainbow's colors, a theory which held that a succession of modifications of sunlight by the droplets of a rain cloud produced the colors of the bow". It was "a minor perturbation restricted primarily to the edges of the homogeneous beam of sunlight". The mixture of light and shade "at

---

20 Clearly the meaning of the word changed, with the gradual separation of *experientia* and *experimentum*.
21 Bacon and Burke 1928, p. II/587–588.
22 Boyer 1959, p. 87.

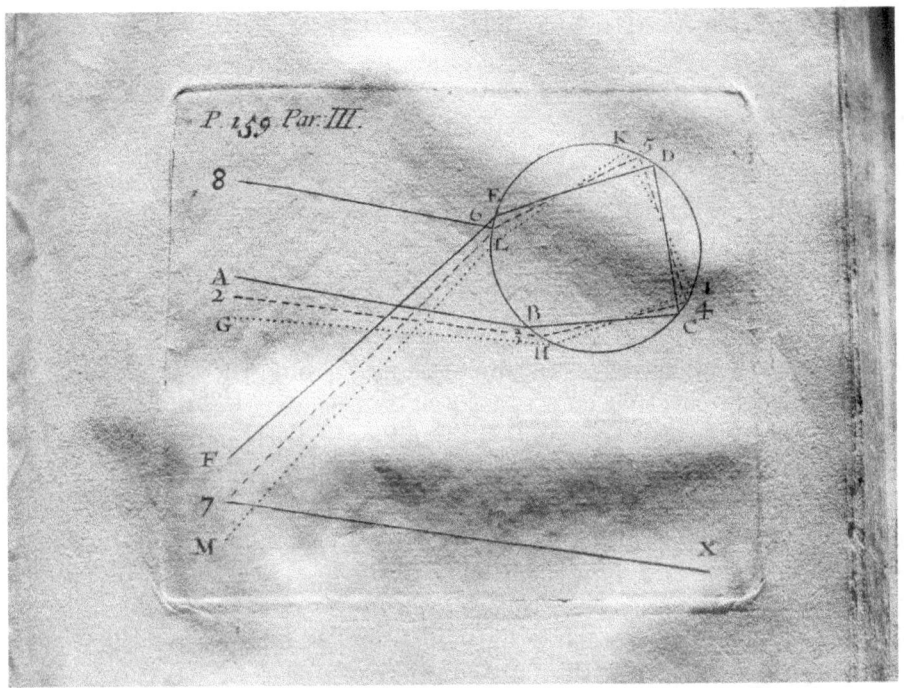

Figure 16.2:
Water globes were used as models of raindrops, circles
as models of the reflections and refractions producing rainbows.

From: Rohault, Jacob: *Tractatus physicus.* 1692.

the region of contact between the refracted beam and the dark" is a result of
"varying 'condensation' and 'rarefaction' produced at the edges of the beam",
or it might emerge "by some other mechanical modification."[23] Modificationism
came in many forms; "the term characterises all theories that attribute color
to some kind of modification or change of simple white light".[24] In most of its
manifestations it went hand in hand with colour-theories that required polar
opposites. Either a determination of Light and Shadow as claimed by Descartes
and rejected by Hooke, or a distinction between two fundamental colours, as
claimed by Hooke, and in his early notes even by Newton.[25]

---

23 Kuhn 1958, p. 30.
24 Sepper 1988, p. 109.
25 Zemplén 2004.

16.4 Newton against modificationism

Newton acquired a book in 1669 containing a text attributed to Albertus Magnus:

> "*All colours that can be conceived by men in the world appear there [in white] and then they will be fixed and complete the Work in a single colour, that is the white, and in that all colours come together.*"[26]

Theoretically it was possible that light needs no modification to give rise to colour. Newton's unconventional solution was the only theory on the 17th century European intellectual market that flatly rejected the tradition of modificationism, that light can be modified ('qualified'). Although Newton is mostly hailed for the discovery of differential refraction, the affirmation that colours are not modifications of light was a forceful statement. Already in his first publication Newton claimed that „*Colors are affirm'd to be not Qualifications of Light, deriv'd from Refractions of natural Bodies, (as 'tis generally believed;) but Original and Connate properties, which in divers rays are divers.*"[27] With his novel physical theory, stating that white light is composed of different rays, Newton aimed to disprove the only alternative group of theories to account for the colours of the rainbow, spectrum, and other colour phenomena.[28] In his Optical Lectures (*Lectiones opticae*), written up in the same period, Newton commented on contemporary theories, writing that "*all agree in a certain common error; namely, the modification of light by which it exhibits different colors is not innate to it from its source but is being reflected or refracted*".[29]

Like many of his predecessors, Newton also saw apparent colour-phenomena as the ultimate test for philosophical accounts of nature. But, unlike Walter Charleton, who still confessed that his theory in not an "absolute Demonstration" but a "meer *Conjecture*",[30] Newton wrote: "*A naturalist would scearce expect to see ye science of those [colours] become mathematicall, & yet i dare affirm that there is as much certainty in it as in any other part of Opticks.*"[31] The methodological pride in making "the oddest, if not the most considerable detection wch hath hitherto been made in the operations of Nature"[32] can be

---

26 Gage 1990, p. 140.
27 Newton 1671–1672, p. 3075.
28 This suggests that his methodological innovation, and the memorable use of the *crucial experiment* was closely connected to his colour-theory. See Zemplén and Demeter 2010.
29 Newton 1984, p. 85.
30 Charleton 1654 (1966), p. 196, Art. 10.
31 Turnbull 1959, p. 96.
32 Turnbull 1959, p. 83.

better appreciated if we take into account the rich background of modification-ist theories, from which Newton's model has developed.

16.5 Goethe and 19th century modificationism

Newton dethroned a deeply entrenched view of Western science, a whole frame-work within which many theories, and just as many confusions existed. In spite of this rejection of the modificationist tradition, and in spite of the success of Newton's theory, modificationism flourished well into the eighteenth century. In the 19th century Arthur Schopenhauer wrote a short tractate on vision and colours in 1815 that appeared in 1816, in Leipzig.[33] The colours between the extremes white (light) and black (darkness), are arranged in a traditional lu-minosity scale, just like in Ancient sources.

The young Schopenhauer was a frequent guest at Goethe's home in Weimar after receiving his doctorate from Jena in 1813. Thrilled to explain physiologi-cal colour-phenomena Schopenhauer proposed a modificationist solution using the traditional, one-directional colour-scheme, Goethe's theory of colours, and the *in vogue* discipline of physiology. The colours between light and darkness correspond to retina-activities between full activity (white/light), and zero ac-tivity (back/darkness). The retina aims at full activity, the impression of a yellow object (3/4 activity) leaves a violet after-image (1/4 activity), and so on; Schopenhauer explained the afterimages (successive contrasts) systemati-cally described by Goethe with retina-activities as a form of deadness superin-duced, a form of modificationism. Schopenhauer clearly used many elements of the rich modificationist tradition previously investigated, yet Goethe did not support his young disciple's work. What kind of modificationism did Goethe embrace?

After discussing physiological colours – the ones inspiring Schopenhauer – Goethe in his *Farbenlehre* discusses physical colour. He introduces the primor-dial phenomenon (Grund- und Urphänomen):

> "On the one hand we see light or a bright object, on the other, dark-ness or a dark object. Between them we place turbidity and through this mediation colours arise from the opposites; these colours too are opposites, although in their reciprocal relationship they lead directly back to a common unity."[34]

---

33 Schopenhauer 1972 , Vol. I, p. 151–238.
34 Goethe 1988, Vol XII, p. 195, §175.

When light is seen through the medium, it turns yellow, when darkness is seen through a medium that is lit, it appears blue. On a clear day the sun is yellowish white and the sky is blue. This is a form of medium-modificationism, not unlike the one Aristotle puts forth in his *Meteorologica* Book III, Part 4: *"white colour on a black surface or seen through a black medium gives red".*[35]

In the archetypal phenomenon there is no mention of boundaries, but after discussing dioptrical colours, Goethe investigates catoptric colours (resulting from reflection), where a strong light source is needed "which is bounded" (§374). Goethe claims that in prismatic experiments there are always terminations of the light and shadow (cf. Fig. 16.1, p. 208). This is a central claim both in his earlier *Contributions to Optics* (Beyträge zur Optik), and in the later, Polemic part of the *Farbenlehre*, when investigating Newton's experiment that is designed to prove that *"The Phaenomena of Colours in refracted or reflected Light are not caused by new Modifications of the Light ... ".*[36] In his early essays Goethe treated colours as a boundary phenomenon, not like Aristotle, but like most 17th century modificationist contemporaries of Newton. This is a different kind of modificationism,[37] and that Goethe recognised this is clear from his attempt to find the explanatory framework that provides the link between the boundary-modificationist and medium-modificationist models.

At the time of writing the *Farbenlehre*, Goethe seemed confident enough to explicate the bridge-concept connecting the two theories. Using the concept of an auxiliary image or *Nedenbild*, Goethe developed an analogy that posited an auxiliary, non-experienceable image that, together with the image gives rise to boundary-colours in the prismatic experiments. Already in an unpublished draft from October, 1793, directed against Newton's concept of diverse refrangibility, the double image is put forward tentatively, but without any attempt at reconciliation with his other observations, or as part of a great explanatory schema. The wording suggests that it is an *ad hoc* a concept that helped him explain the appearances. The concept of double or auxiliary images has a rather long history in Goethe's work. In the *Farbenlehre* he gives several analogies of double images where the two images are clearly divorced (in mirrors, §223, in Iceland spar, §229), and states that an auxiliary image is a type of double image, but one that cannot be divorced from the primary image.[38]

---

35 Aristotle 1984, p. 60. 374b10–11.
36 Newton 1952, p. 113.
37 Nakajima 1984.
38 *"Ein solches Nebenbild ist eine Art von Doppelbild, nur daß es sich von dem Hauptbild nicht trennen läßt, ob es sich gleich immer von demselben zu entfernen strebt."* *Farbenlehre*, Didactic Part, §226 see also §230.

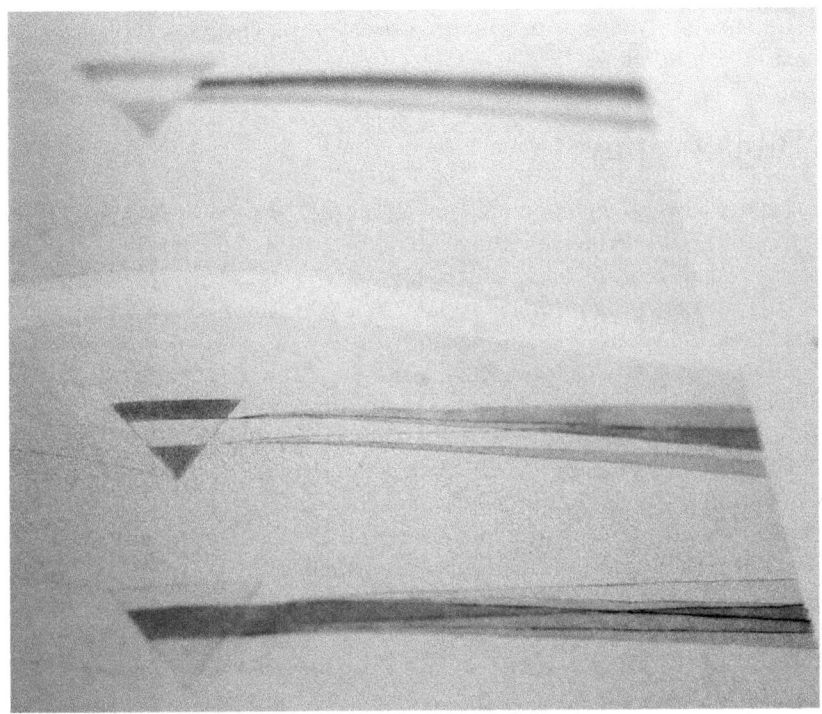

Figure 16.3:
Boundary modificationism, examples of prismatic colours.
The top image is unlike Goethe's usual presentation,
but is like many 18th century Newtonian diagrams.

From the inventory of Goethe's drawings (Corpus der Goethezeichnungen).

The rise and fall of the concept of the auxiliary image in Goethe's writings throws much light on his little studied theory-building practice (as opposed to his often discussed theory-building theory). Both in its development, as a visible analogy, through to its conceptual maturation, from tentative concept to crucial epistemic link,[39] and in its decline, as left-behind remnant of once-eager theorizing, the *Nebenbild* is one of the most curious concepts developed

---

39 In the *Farbenlehre* the concept is used to connect the two modificationst models, and subsume the second class of dioptric colours under the first class, a form a theory-reduction: *"Dieses nunmehr genugsam entwickelte farbige Phänomen lassen wir denn nicht als ein ursprüngliches gelten, sondern wir haben es auf ein früheres und einfacheres zurückge-führt und solches aus dem Urphänomen des Lichtes und der Finsternis, durch die Trübe*

by Goethe, probably the most acute observer in the two-thousand year old modificationist tradition.

16.6 Bibliography

ARISTOTELES: *The complete works of Aristotle: the revised Oxford translation.* Princeton, N.J.: Princeton University Press 1984.

ARISTOTLE: *The complete works of Aristotle: the revised Oxford translation.* Edited by J. BARNES. In: *Bollingen series* **71**, 2. Princeton, N.J.: Princeton University Press 1984.

BACON, ROGERUS AND ROBERT BELLE BURKE: *The opus majus of Roger Bacon.* Philadelphia: University of Pennsylvania Press 1928.

BARROW, ISAAC: [1669] *Isaac Barrow's Optical Lectures (Lectiones XVIII, trans. H. C. Fay.)* Edited by A. G. BENNETT AND D. F. EDGAR. London: The Worshipful Company of Spectacle Makers 1987.

BERLIN, BRENT AND PAUL KAY: *Basic color terms; their universality and evolution.* Berkeley,: University of California Press 1969.

BOYER, CARL B.: *The rainbow: from myth to mathematics.* New York: Thomas Yoseloff 1959.

BOYLE, ROBERT: [1664] *Experiments and considerations touching colours: first occasionally written, among some other essays, to a friend, and now suffer'd to come abroad as the beginning of an experimental history of colours.* New York: Johnson Reprint (Sources of science; 2) 1964.

CASSON, RONALD W.: Color shift: evolution of English color terms from brightness to hue. In: *Color categories in thought and language.* Edited by C. L. HARDIN AND LUISA MAFFI. Cambridge: Cambridge University Press 1997, p. 224–239. Online: http://dx.doi.org/10.1017/CBO9780511519819 (August 2009).

CHARLETON, WALTER: [1654] *Physiologia Epicuro-Gassendo-Charltoniana.* London (reprinted New York 1966).

CICERO, MARCUS TULLIUS: *De natura deorum; Academica.* Translated by J. S. REID. *The Loeb classical library. [Latin authors].* London, New York: W. Heinemann; G. P. Putnam's sons 1933.

CONKLIN, HAROLD C.: Hanunóo color categories. In: *Southwestern Journal of Anthropology* **11** (1955), (4), p. 339–344.

CONKLIN, HAROLD C.: Language, Culture, and Environment: My Early Years. In: *Annual Review of Anthropology* **27** (1998), p. 13–30.

CORBETT, GREVILLE G. AND IAN R. L. DAVIES: Establishing basic color terms: measures and techniques. In: *Color categories in thought and language* (1997), p. 197–223.

---

vermittelt, in Verbindung mit der Lehre von den sekundären Bilderns abgeleitet . . . " Farbenlehre, Didactic Part §247.

GAGE, JOHN: *Colour and Culture. Practice and Meaning from Antiquity to Abstraction.* London: Thames & Hudson 1993.

GLADSTONE, WILLIAM EWART: Homer's Perceptions and Use of Colour. In: *Studies on Homer and the Homeric Age* **3** (1858), p. 457–499.

GOETHE, JOHANN WOLFGANG VON: *Scientific studies.* Translated by D. MILLER. New York: Suhrkamp (Suhrkamp Edition in 12 Volumes) 1988, Vol. 12.

GUERLAC, HENRY: Can There be Colors in the Dark? Physical Color Theory before Newton. In: *Journal of the History of Ideas* **47** (1986), 1, p. 3–20.

HOOKE, ROBERT: *Micrographia.* London 1665.

IRWIN, ELEANOR: *Colour Terms in Greek Poetry.* Toronto: Hakkert 1974.

KUHN, THOMAS S.: Newton's Optical Papers. In: *Isaac Newton's Papers & Letters On Natural Philosophy.* Edited by I. B. COHEN. Cambridge: Harvard University Press 1958.

NAKAJIMA, HIDETO: Two Kinds of Modification Theory of Light: Some New Observations on the Newton-Hooke Controversy of 1672 Concerning the Nature of Light. In: *Annals of Science* **41** (1984), p. 261–278.

NEWTON, ISAAC: New Theory about Light and Colors. In: *Philosophical Transactions* **80** (1671–1672), p. 3075–3087.

NEWTON, ISAAC: *Opticks or a Treatise of the Reflections, Refractions, Inflections & Colours of Light.* London: Dover Publications 1952.

NEWTON, ISAAC: *The optical papers of Isaac Newton.* Edited by A. E. SHAPIRO. Cambridge: Cambridge University Press 1984, Vol. I.

SASSI, MARIA MICHELA: Entre corps et lumière: réflexions antiques sur la nature de la couleur. In: *L'antiquité en couleurs: catégories, pratiques, représentations.* Edited by M. CARASTRO. Grenoble: Jérôme Millon 2009.

SCHOPENHAUER, ARTHUR: Ueber das Sehn und die Farben. In: *Sämtliche Werke.* Wiesbaden: Brockhaus 1972.

SEPPER, DENNIS L.: *Goethe contra Newton: polemics and the project for a new science of color.* Cambridge: Cambridge University Press 1988.

SKARD, S.: The Use of Color in Literature: A Survey of Research. In: *Proceedings of the American Philosophical Society* **90** (1946), 3, p. 163–249.

SÖLCH, REINHOLD: *Die Evolution der Farben. Goethes Farbenlehre in neuem Licht.* Ravensburg: Ravensburger Buchverlag 1998.

TURNBULL, H. W. (ed.): *The correspondence of Isaac Newton I. 1661–1675.* Cambridge: Cambridge University Press 1959.

ZEMPLÉN, GÁBOR Á.: Newton's rejection of the modificationist tradition. In: *Form, Zahl, Ordnung. Studien zur Wissenschafts- und Technikgeschichte.* Edited by RUDOLF SEISING, MENSO FOLKERTS AND ULF HASHAGEN. Stuttgart: Franz Steiner Verlag 2004.

ZEMPLÉN, GÁBOR Á. AND TAMÁS DEMETER: Being Charitable to Scientific Controversies – On the Demonstrativity of Newton's Experimentum Crucis. In: *The Monist* **93** (4 October 2010), p. 638–654.

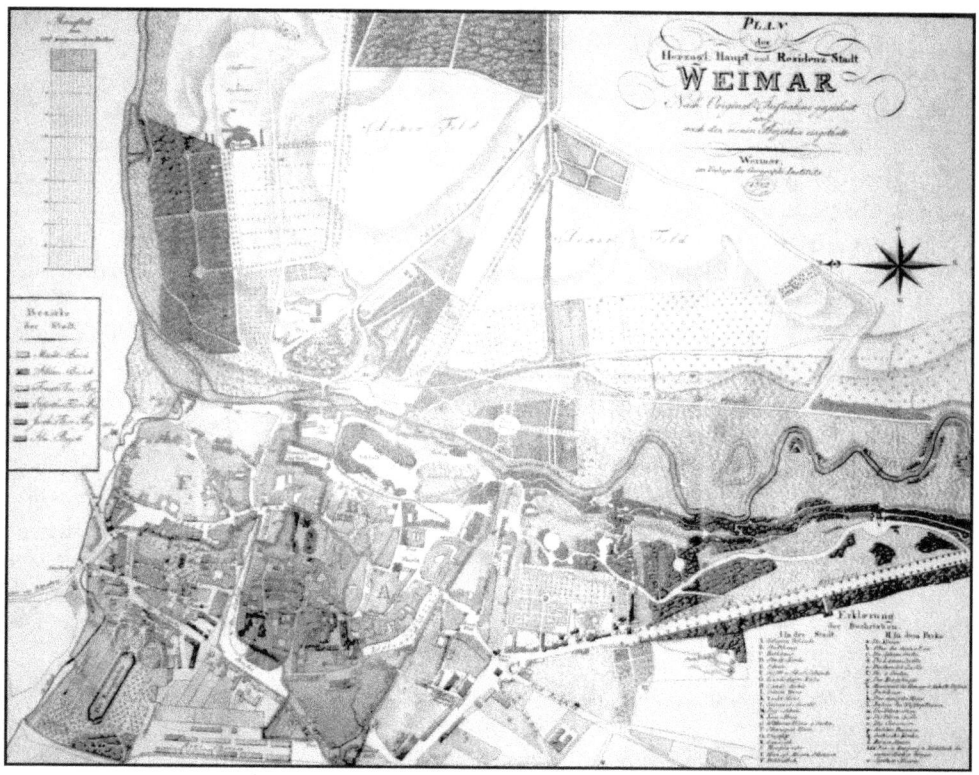

Figure 17.1:
Weimar 1810 (Stadtmuseum Weimar)
Foto und digitale Bearbeitung: Harald Goldbeck-Löwe

Der "Farbenstreit" Goethe – Newton. Versuch einer wissenschaftstheoretischen Einordnung von Goethes Farbenlehre

Harald Goldbeck-Löwe (Hamburg)

17.1 Abstract: The Color-Dispute Goethe – Newton Attempt of a science-theoretical categorization of Goethe's theory of colors

Johann Wolfgang Goethe's *Farbenlehre* and especially his polemic against Newton's theory of colors marks the beginning of two hundred years of permanent scientific dispute. The methods and theories of these two researchers are so different that almost all commentators take sides for one or the other. In my essay, I will first present the biographical roots of both theories neutrally. The consequences for the methods and the structures of the thinking processes which result from these roots can be described by *symbol* for Goethe and *model* for Newton. Except for a few, however crucial details, the structures of these thinking processes are amazingly similar. Their principal congruence becomes clear through their mathematical formalization. One can find these structures in the arts as well as in the exact sciences and even in the early *Gestalt* theory. Therefore our problem, Goethe's polemic against Newton, can only be processed interdisciplinary.

17.2 Einleitung

Weimar, 15. Mai 1810 – Johann Wolfgang Goethe (1749–1832) gibt nach fast 20 Jahren intensiver Recherche-, Experimentier- und Schreib- bzw. Diktierarbeit sein Manuskript *Zur Farbenlehre* zum Druck, drei Bände von insgesamt über 1600 Seiten.[1] Das geschah vor 200 Jahren. Gut 100 Jahre vor Goethe, 1704, hatte Isaac Newton (1642/43–1726/27)[2] schon einmal eine Farbenlehre, *Opticks*, veröffentlicht.

Der Farbenstreit, von dem hier die Rede sein soll, entstand dadurch, dass Goethe Newtons Farbenlehre für grundsätzlich falsch erklärte und ihren Autor in einem ganzen Band seines Werkes öffentlich außerordentlich polemisch angriff. Diese Auseinandersetzung ist bis heute weder entschieden noch beendet. Davon zeugt eine nicht abreißende Flut von Publikationen zu diesem Thema.

Bei meiner Beschäftigung mit diesem *Farbenstreit Goethe – Newton* für den Artikel im Begleitbuch der Ausstellung, auf die sich dieses Symposium bezieht, blieben etliche Fragen offen. Die Wichtigste von allgemeiner Bedeutung ist wohl: Warum ist die an Newton orientierte Naturwissenschaft so viel erfolgreicher als die an Goethe orientierte? Und die für meine eigene interdisziplinäre Arbeit hier am Institut entscheidende Frage wird lauten: Was hat dieser Farbenstreit mit dem in den dreißiger Jahren des letzten Jahrhunderts von Snow beobachtete Phänomen der *Zwei Kulturen* zu tun? Ich werde versuchen diese und einige weitere Fragen zu klären oder wenigstens den mir heute naheliegend erscheinenden Weg zur Klärung aufzuzeigen. Dass ich dabei oft bis an die Grenze des wissenschaftlich Zulässigen kürzen muss, versteht sich angesichts des Programms dieses Symposiums und der sehr beschränkten Vortragsdauer von selbst.

Dabei werde ich zunächst einen Teil vom Kern des Konflikts herausschälen, wie er sich mir heute darstellt. Dann werde ich zusammenfassen, was die Kontrahenten wollten und was sie zu ihrer Zeit und mit je ihrer Vorgeschichte konnten. Besonders wichtig ist mir der Teil, in dem ich versuche auf die Defizite und Fähigkeiten der Beiden hinzuweisen. Dabei wird das Konzept meiner eigenen Arbeit eine gewisse Rolle spielen. Abschließend werde ich – nun eindeutig vom Standpunkt Newtons bzw. seiner Nachfolger her, also als Schüler Newtons im Sinne der Formulierung von Weizsäckers – die Tiefe der Differenzen zwischen den beiden Lagern auszuloten versuchen und ein paar Gedanken zur Möglichkeit einer Versöhnung vortragen.

---

1 Mommsen 2008, 258.

2 Unterschiedliche Zählung nach dem julianischen und dem neueren gregorianischen Kalender. Die Umstellung wurde in England erst 1752 vollzogen, im übrigen Europa aber schon ab 1582.

Um was geht es? Nach Goethes Auffassung ist Newtons Farbenlehre mit seiner eigenen unvereinbar und daher falsch, seine eigene Lehre dagegen irrtumsfrei richtig, weshalb er sich vielen Zeitgenossen und vor allem Newton überlegen fühlte. Beide Theorien haben ihre Anhänger und Befürworter und können in jeweils bestimmten Bereichen erhebliche Erfolge verzeichnen, indem auf ihrer Basis neue wissenschaftliche oder künstlerische Erkenntnisse möglich wurden.

Meine These ist folgende: Beim *Farbenstreit Goethe – Newton* handelt es sich um einen unsymmetrischen Konflikt nach dem Muster des Sündenbocksyndroms. Im Kern konkurrieren zwei grundverschiedene epistemologische Ansätze miteinander: analytisch vs. ganzheitlich. Diese Ansätze korrelieren eng mit zwei ebenso grundverschiedenen Naturauffassungen: Natur kenntnisreich nutzen vs. Natur verstehend beschützen. Als unsymmetrisch bezeichne ich den Konflikt, weil Goethe die Farbenlehre Newtons in allen Einzelheiten studieren konnte, während Newton um 1810 bereits 78 Jahre lang tot war. Ich sehe Newton in der Rolle eines Sündenbocks, weil seine Theorie der Farben sich organisch in eine wissenschaftliche Entwicklungslinie einordnet, die sich von Francis Bacon über Descartes, Kepler und Marci mühelos verfolgen lässt. Zu untersuchen ist nun:

- Was ist der Kern des Unterschieds der beiden Farbentheorien?

- Welcher Art könnten Kriterien oder ein Verfahren sein, mit Hilfe derer der Wahrheitswert der beiden Theorien beurteilt werden kann?

- Welche Folgen hat es für Wissenschaft und Gesellschaft, falls eine Entscheidung nicht möglich oder nicht sinnvoll ist?

17.3 Was wollte Goethe – was wollte Newton?

Im Sommer 1788 kehrte Goethe nach Weimar von seinem Aufenthalt in Italien zurück, zu dem er fast zwei Jahre vorher fluchtartig und ohne Abschied aufgebrochen war. Er brachte ein für unser Thema relevantes Problem mit nach Hause, das ihn schon in Italien stark beschäftigt hatte: die Wiedergabe des Kolorits einer Landschaft im Gemälde, also im Wesentlichen das Malen des viel gerühmten mediterranen Lichts. Goethe begann also seine Forschungen zur Farbenlehre mit einer konkreten, selbstgestellten Aufgabe, an deren Lösung er außerordentlich starkes Interesse hatte.

NEWTONS LEHRE	RESULTATE GOETHES ERFAHRUNG	MEIN EIGENER KURZKOMMENTAR
Das Licht ist zusammengesetzt: heterogen. (siehe auch Anmerkung 4)	Das Licht ist das einfachste, unzerlegteste, homogenste Wesen, das wir kennen. Es ist nicht zusammengesetzt.	Newton bezeichnet das weiße Licht und solches, das Mischfarben erzeugt, als zusammengesetzt, heterogen. Licht, das die Grundfarben erzeugt, bei ihm sieben an der Zahl, sei homogen.
Das Licht ist aus farbigen Lichtern zusammengesetzt.	Am allerwenigsten aus farbigen Lichtern. Jedes Licht, das eine Farbe farblose Licht. Das Helle kann nicht aus Dunkelheit zusammengesetzt sein.	Goethe hätte wissen können, dass z. B. zwei dunkel leuchtende Licht ergeben als jede von ihnen einzeln.
Das Licht wird durch Refraktion, Reflexion und Inflexion (Beugung) dekomponiert.	Reflexion, Refraktion, Inflexion sind drei Bedingungen, unter denen wir oft apparente Farben erblicken; aber alle drei sind mehr Gelegenheit zur Erscheinung als Ursache derselben. Denn alle drei Bedingungen können ohne Farbenerscheinung existieren. Es gibt auch noch andere Bedingungen, die sogar bedeutender sind als z. B. die Mäßigung des Lichtes, die Wechselwirkung des Lichtes auf die Schatten.	Das Phänomen, dass Licht zerlegt, bei Goethe dekomponiert, wird, ist stets mit einer Dispersion verbunden. Goethes Behauptung, Farbenerscheinungen könnten fehlen, führt er auf die Beobachtung der weißen Fläche zwischen zwei komplementären Kantenspektren zurück. (Didaktischer Teil, Kap. XXI, §§306–308.)
Es wird in sieben, vielmehr in unzählige dekomponiert.	Es gibt nur zwei reine Farben, Blau und Gelb. Eine Farbeigenschaft, die beiden zukommt, Rot, und zwei Mischungen, Grün und Purpur; das übrige sind Stufen dieser Farben oder unrein.	Bis zum 17. Mai 1791 akzeptierte Goethe ebenso wie Leonardo da Vinci nur das Blau als Grundfarbe. (Sölch 1998, 95–104.)
Wie es dekomponiert worden, kann es wieder zusammen-gesetzt werden.	Weder aus apparenten Farben kann farbloses Licht, noch aus farbigen Pigmenten ein weißes zusammengesetzt werden. Alle aufgestellten Experimente sind falsch oder falsch angewendet.	Newton gab streng gefasste Vorschriften für die additive Mischung zu Weiß an, die Goethe mit fast absoluter Sicherheit nicht eingehalten hat. Mit subtraktiver Mischung ist Weiß sowieso nicht zu erzielen.
Die apparenten Farben entstehen nicht durch eine Determination des Lichtes von außen, nicht durch eine Modifikation durch Umstände.	Die apparenten Farben entstehen durch Modifikation des Lichtes durch äußere Umstände. Die Farben werden aus dem Licht erregt, nicht aus dem Licht entwickelt. Hören die Bedingungen auf, so ist das Licht farblos wie vorher, nicht weil die Farben wieder in dasselbe zurückkehren, sondern weil sie zessieren. Wie der Schatten farblos wird, wenn man die Wirkung des zweiten Lichtes hinwegnimmt.	Hierbei geht Goethe offenbar seinen eigenen Vorstellungen aus und konstruiert Newton zugeschriebene Aussagen, höchstwahrscheinlich um den Gegensatz zwischen beiden Farbenlehren deutlich zu machen.

Als Poet und Dramatiker bereits berühmt, begann er, sich etwa zwanzig Jahre lang mit dem Phänomen der Farben zu beschäftigen. Mit seinem umfassenden Lehrgebäude fand er bei vielen Zustimmung, nicht aber bei Physikern.

Im letzten Abschnitt seiner *Polemik*, der im zweiten Band der Farbenlehre niedergelegten Streitschrift gegen Newtons Farbenlehre, stellt Goethe die „Resultate meiner Erfahrung" neben die von ihm formulierten Thesen der „Newtonischen Lehre":[3] Siehe Tabelle, S. 227.

Auch wenn Goethes Newton-Zitaten gegenüber eine gewisse Vorsicht angebracht zu sein scheint,[4] kann man aber wohl annehmen, dass Goethe wenigstens seine eigene Überzeugung zutreffend dargestellt hat. Dabei fällt auf, dass als Grundvoraussetzung für sämtliche optischen Beobachtungen und Überlegungen das Licht als etwas Wesenhaftes und elementar Einheitliches geschildert wird, das durch nichts zerlegbar ist, und dass farbiges Licht sich in einem Prozess entwickelt. Die scharfe Formulierung der ersten Eigenschaft mag dem Kontrast zu Newtons Lehre geschuldet sein, die Überzeugung Goethes hat aber tiefere Ursachen. Manche Autoren sehen Goethes Vorstellung vom Licht als etwas religiös Begründetes, etwas Göttliches an. Auch die Erklärung als „Fixe Idee" oder sogar als teil-psychotische Wahnvorstellung findet man. Ich neige – eher weniger spektakulär und spekulativ – der von Feyerabend formulierten Ansicht zu, dass Goethe als Künstler, der er als bereits berühmter Dramatiker zweifellos war, das Licht selber in der Art eines Kunstwerks sah, dessen Vollkommenheit durch eine zerlegende Analyse beschädigt und dessen göttlicher Ursprung dadurch abgetrennt worden wäre. Zu der Vorstellung der Entwicklung „apparenter Farben" ist zu bedenken, dass sich Goethe vor dem Einstieg in seine konzentrierte Forschung zu Farbphänomenen bis etwa 1790 mit der „Metamorphose der Pflanzen und Tiere" befasst hatte. Auf diesem Hintergrund kann ich nachvollziehen, dass Farben für Goethe niemals aus dem Licht entstehen können, sondern nur durch das Licht angeregt werden und sich dann entwickeln. Das Licht ändert aber dabei sein Wesen: *„Die Farben sind Taten des Lichtes, Taten und Leiden."*[5] Farben entstehen aus der Polarität von Licht und Dunkelheit bei Anwesenheit eines „Trüben", das z. B. Dunst sein kann oder ein durchsichtiges Medium wie etwa Glas oder Wasser. Für Goethe war diese Entstehung von Farben ein Urphänomen, d. h. das allgemeinste gesetzmäßige, rational nicht

---

3 Ott 2003. Der Vortrag beschäftigte sich beispielhaft nur mit den ersten beiden Punkten.
4 Newton 1952, 4. *„The Light whose Rays are all alike Refrangible, I call Simple, Homogeneal and Similar; and that whose Rays are some more Refrangible than others, I call Compound, Heterogeneal and Dissimilar."* Deutsche Übersetzung aus Abendroth 1898, 6: *„7. Definition. Licht, dessen Strahlen gleich brechbar sind, nenne ich einfach, homogen und gleichartig, dasjenige, von welchem einige Strahlen brechbarer sind als andere, nenne ich zusammengesetzt, heterogen und ungleichartig."*
5 Vorwort zur Farbenlehre, Didaktischer Teil.

fassbare Prinzip, das sich in den beobachtbaren Farbphänomenen vervielfacht realisiert und sich in der Beobachtung dieser Phänomene dem meditierenden Geist offenbart. Unter diesem Paradigma verstehe ich auch, dass Goethe die Integrität des Lichtes im Streit gegen Newton mit wirklich allen Mitteln, selbst mit unfairen, verteidigen musste.[6]

Was wollte dagegen Newton? Anders als später für Goethe gab es für Newton zunächst keinen konkreten Anlass zu Forschungen über Farben. Er stellte schon sehr früh vielfältige Experimente an und notierte etliches davon in noch gut erhaltenen *waste books*.[7] So wissen wir, dass er im Alter von etwa 17 Jahren zunächst völlig ungeplant in der Kathedrale des Trinity College zu Cambridge Farbenspiele betrachtete, die das durch die bunten Glasfenster fallende Sonnenlicht auf dem Boden malte. Wahrscheinlich bildeten sich bei dieser Gelegenheit die Grundvorstellungen, die später Newtons Forschungsansätze und Arbeitsmethoden, kurz das Paradigma seiner Farbentheorie bestimmten. Jedenfalls wurde sein Interesse durch die Beobachtung (durch additive Mischung) neu entstehender Farbeindrücke angeregt.

Detaillierte Untersuchungen wurden allerdings schon wenig später notwendig, weil Newton der störenden Unschärfe bei astronomischen Beobachtungen mit Linsenfernrohren auf den Grund gehen wollte. Hier bot sich ihm dann doch der Anlass, sich konzentriert mit Farben zu befassen. Er erkannte den Grund für die Unschärfe in der chromatischen Aberration, fand aber keine Lösung seines Problems, da er von der falschen Voraussetzung ausging, die Dispersion des Lichts sei unabhängig vom Material des brechenden Mediums. Erste Versuche führte er seit 1660 durch, deren Ergebnisse stellte er 1665/66 in einer Schrift ,Of Colours' zusammen, die nur in Teilen erhalten ist.[8] Newton beschreibt hierin z. B. schon die bekannte Beobachtung des länglich ausgedehnten und abgerundeten Farbflecks nach dem Durchgang eines Lichtstrahls durch ein Prisma. Festzuhalten ist, dass der Ausgangspunkt von Newtons Forschungen zu Farbphänomenen wie bei Goethe der Blick durch ein Prisma ist.

In einem Brief an die Royal Society schildert Newton dann 1672 ausführlich, welche Untersuchungen er anstellte, ehe er einerseits 1669 das erste Spiegelte-

---

6 Der vorangegangene Abschnitt stellt ungefähr eine Zusammenfassung meiner Darstellungen im Artikel *Der „Farbenstreit" Goethe – Newton* im Begleitbuch zu Ausstellung und Symposium dar: Gudrun Wolfschmidt (Hg.): Farben in Kulturgeschichte und Naturwissenschaft. Hamburg: tredition science (Nuncius Hamburgensis – Beiträge zur Geschichte der Naturwissenschaften; Bd. 18) 2011.

7 Einige dieser Notizbücher sind vom „Newton Project" der University of Sussex schon digitalisiert und frei im Internet zugänglich, vgl.:
http://www.newtonproject.sussex.ac.uk/prism.php?id=1.

8 http://www.newtonproject.sussex.ac.uk/view/texts/diplomatic/NATP00004
(26.9.2010).

leskop konstruiert hatte und andererseits seine Beobachtungen der Farbphäno-
mene zu einer „Neue(n) Theorie über Licht und Farben"[9] ausbaute. Während
aber sein Spiegelteleskop allgemein große Anerkennung fand, wurde seine Farbenlehre von vielen scharf und oft heftig polemisierend kritisiert, besonders von
Robert Hooke (1635–1703), der selber eine Farbentheorie *Micrographia* publiziert hatte. Newton veröffentlichte seine Farbenlehre erst 1704 nach Hookes Tod
unter dem Titel *Opticks*. Die dritte Auflage dieses Werkes stand später Goethe während seiner Farbforschungen zur Verfügung. Goethes Vorwurf, Newton
stelle seine Erbnisse an den Anfang seiner Aussagen über Farben und versuche
erst danach, seine Leser durch „Sub- und Obreption" zu beschwatzen, ihm zu
glauben, ist unsinnig. Goethe bedachte offenbar nicht, dass die von ihm zur
Kenntnis genommene Formulierung das Ergebnis einer 44-jährigen stilistischen
Feinarbeit war. Newtons erste Aufzeichnungen von 1660 sehen anders aus und
sein Brief von 1672 an die Royal Society beschreibt seitenlang Versuchsdurch-
führungen und Vorüberlegungen, ehe Newton ganz zuletzt seine Theorie der
Farben – in auch hier schon wohlüberlegten Formulierungen – darstellt.

17.4 Was konnte Newton – was konnte Goethe?

Die Formulierung dieser Frage scheint zunächst etwas abwegig zu sein. Beide
Forscher benötigten eine für heutige Verhältnisse erstaunlich lange Zeit vom
Beginn der ersten Untersuchungen bis zur ersten vollständigen Publikation ih-
rer Ergebnisse. Während dieser Jahre haben sie ganz sicher etliche Fähigkeiten
und Fertigkeiten erworben und höchstwahrscheinlich hat sich auch die Grund-
lage ihrer Wertungen entwickelt. Hier soll aber nur die Rede vom jeweiligen
Ausgangspunkt der Untersuchungen sein. Da war der junge Newton, gerade
„Bachelor of Arts" am Trinity College in Cambridge geworden, interessiert an
Optik, Himmelsmechanik und gleichzeitig auch an Alchemie und Theologie.
Rund 100 Jahre danach der bereits arrivierten Goethe, nach einer offenbar gelungenen Flucht nach Italien vor übergroßer Belastung durch seine Ämter in
der herzoglich-thüringischen Verwaltung nach seiner Rückkehr entlastet und in
der Umgestaltung seines Lebens begriffen.

Kennzeichnend für Newtons Arbeitsweise ist die wissenschaftliche Zeichnung.
Indem ein Experiment, beispielsweise die Anordnung des zuerst so benann-
ten ‚experimentum crucis' mitsamt den Strahlengängen gezeichnet wird, muss
der in der Realität ablaufende Vorgang, der Prozess, zu einem bestimmten
Zeitpunkt angehalten werden. Das Phänomen wird dadurch „entzeitlicht" (J.
Wickert). Es entsteht ein Produkt, das es so in der Realität, in der Natur,

---

9 Newton 1965.

nicht gibt, nie gegeben hat. Für den sachgerechten Umgang mit diesem Produkt, für seine Entstehung und seine Deutung, müssen klare, nachvollziehbare Verabredungen, Regeln, Definitionen, geschaffen werden. Newton hat sich daran gehalten und die meisten Physiker auch. Wer diese allgemein akzeptierten Verabredungen missachtet oder sie bewusst außer Kraft setzt, erfindet und zeigt Neues, vielleicht sogar interessantes oder faszinierendes Neues, aber er interpretiert nicht Newton und er hilft niemandem zum Verständnis dessen, was Newton mit seinen Zeichnungen zeigen wollte. Von den wissenschaftlichen Zeichnungen strikt zu unterscheiden sind aber die Skizzen, die Newton während des Experimentierens anfertigte. Sie sind nur als eigene Gedächtnisstützen und nicht zur Publikation gedacht. Ihre „richtige" Interpretation wäre genau genommen nur durch Newton selber möglich, allerdings werden auch heutige erfahrene Fachleute eine angemessene Deutung treffen.

Goethe hatte schon als Kind und Jugendlicher engen Kontakt zu Malern und zeigte früh starkes Interesse für das Theater. Bekannt, wenn auch von ihm selber nie hervorgehoben, sind seine eidetischen Fähigkeiten. Von ihm sind mir außer dem Farbenkreis keine wissenschaftlichen, verständnisfördernden Zeichnungen bekannt. Seine zahlreichen Handzeichnungen haben ausschließlich künstlerische Motive, wie z. B. Landschaften, Gebäude, Porträts, Szenen und Fantasievorstellungen. Gerade bei diesen Zeichnungen brachte Goethe es zu erheblicher Meisterschaft, während sein selbsterkannter Mangel an Sinn für das Kolorit den Anlass für die Farbenlehre abgab.

17.5 Was fehlte Goethe, was Newton konnte?

Newton nutzte das Denken in Modellen, Goethe lehnte das als „Theoretisieren" scharf ab. Obgleich er ein Meister symbolischer Konstruktionen war und also „doppelbödig" auf zwei Ebenen denken konnte, verwehrte er sich selbst den Gebrauch dieses für die Naturwissenschaft schon lange unerlässlichen Hilfsmittels und beschimpfte alle, die es ihm nicht gleichtaten. Als Beispiel wähle ich den Lichtstrahl, die uralte Vorstellung im Versuch, das Sehen zu erklären. Für Newton war die Benutzung dieses Begriffs eine Selbstverständlichkeit. Schon in seinen ersten Aufzeichnungen, z. B. den 1660 datierten ‚Questiones Quædam Philosophiæ', schrieb er: *„Whither ye rays of light may not move a body as wind doth a mill saile."*[10] „Warum (wörtlich: Wohin) die Strahlen des Lichts einen Körper nicht bewegen können wie der Wind es mit einem Mühlensegel tut." Diese Notizen sind auch deshalb von Interesse, weil Newton hier schon we-

---

10 http://www.newtonproject.sussex.ac.uk/view/texts/diplomatic/THEM00092
    (28.9.2010).

sentliche methodische Vorentscheidungen getroffen hat. So zeigt eine Skizze ein Auge, das durch ein Prisma auf ein zweigeteiltes Blatt Papier (oder eine Tafel) blickt. Der zugehörige Text lautet: *„Try if two Prismas ye one casting blew upon ye other's red doe not produce a white."'* („Versuch, warum zwei Prismen, von denen das eine ‚blau' auf das ‚rot' des anderen wirft, kein ‚weiß' produzieren.") Das bedeutet, dass Newton schon zu diesem frühen Zeitpunkt die wesentlichen Experimente zur Entwicklung seiner Farbentheorie durchgeführt haben muss, auch die additive Mischung von Spektralfarben zu 'weiß'.

Abbildung 17.2:
Morgensonne

Foto: Stefan Zuser, Viehofen

Es war für Newton also problemlos möglich, den Modellbegriff „Lichtstrahl" zu benutzen, was Goethe völlig unmöglich erschien. In seiner ‚Polemik' versieht er diesen Begriff, wenn er denn nicht darauf verzichten kann, häufig mit abfälligen oder relativierenden Zusätzen wie „sogenannte Strahlen" oder „die Strahlen (indem man sich dieser Vorstellung dabei bediente)".

Goethe war ein begeisterter Wanderer, sein erstes, interesseweckendes Farberlebnis mit farbigen Schatten hatte er im Dezember 1777 während einer Wanderung im Harz. Ein Anblick wie der in Abb. 17.2, S. 233, gezeigte wird ihm nicht verborgen geblieben sein. Um so erstaunlicher erscheint mir, dass sich ihm bei solchem Anblick nicht unwillkürlich die Assoziation von strahlendem Sonnenlicht, also von Lichtstrahlen, aufdrängte. Sein emotionaler Widerstand gegen diese Vorstellung muss außerordentlich stark gewesen sein. In seinen „Maximen und Reflexionen" schreibt er zur Naturwissenschaft:

> *815. Dass Newton bei seinen prismatischen Versuchen die Öffnung so klein als möglich nahm, um eine Linie zum Lichtstrahl bequem zu symbolisieren, hat eine unheilbare Verirrung über die Welt gebracht, an der vielleicht noch Jahrhunderte leiden.*

Ich bin der Meinung, dass hierin der Grund dafür zu suchen ist, dass Goethes Farbenlehre unter Physikern so vollständig abgelehnt wurde.

17.6 Was fehlte Newton, was Goethe konnte?

Goethe war als Dichter ein Meister der Symbolik. Beispiele dafür findet man im Faust, und dort besonders im zweiten Teil, ebenso wie in vielen Gedichten wie z. B. „Der König in Thule" oder im „Heideröslein". Seine Äußerung, bereits zitiert im dritten Abschnitt:

> *„Das Licht ist das einfachste, unzerlegteste, homogenste Wesen, das wir kennen.",*

illustriert durch eine Zeichnung (Abb. 17.3, S. 235), die er selber zur ersten Ausgabe 1791 seiner Vorarbeiten zur Farbenlehre „Beiträge zur Optik" angefertigt hatte, deutet den hohen Bedeutungswert an, den das weiße oder farblose Licht für ihn hatte.

Diese Zeichnung orientiert sich deutlich an dem „Allsehenden Auge" der Freimaurer, Symbol für Licht und Erkenntnis.[11] Ähnlich manchen Darstellungen des Freimaurersymbols, die das Allsehende Auge mit dem Handwerkszeug der Maurer ausstatten, hat Goethe hier sein rechtes Auge mit den Geräten verknüpft, die er zur Entwicklung seiner Farbenlehre benötigte, Prisma und Spiegel. Dass dieses Symbol auch religiöse Bedeutungskomponenten hat, zeigt sein kurzes Gedicht aus den „Zahmen Xenien, Erste Reihe":

---

11 Abbildung z. B. unter `http://www.freimaurerorden.org/333\_news/`.

Abbildung 17.3:
Holzschnitt nach einer Zeichnung von Goethe, 1791

Quelle: Förderverein für Goetheanistische Farbenlehre (Hg.): Vereinsspektrum. Heft 1/1998,
2. Auflage. Basel. http://www.farben-welten.de.

*„Wär nicht das Auge sonnenhaft,
Die Sonne könnt es nicht erblicken;
Läg nicht in uns des Gottes eigne Kraft,
Wie könnt uns Göttliches entzücken?"*[12]

Aus alledem wird deutlich: Goethe konnte außerordentlich stark symbolisch
denken. Auch die Basisaussage seiner Farbenlehre, sein Begriff von Licht, war
ein Symbol. Die festliegenden Eigenschaften seines Grundsymbols Licht bestimmten durch ihre Unantastbarkeit den gesamten weiteren Entwicklungsver-
lauf seiner Farbenlehre und vor allem seine bis ins Unverständliche übertriebene
Ablehnung von Newtons Theorie.

Newton hingegen fehlte offenbar völlig die apriori Festlegung auf unantastba-
re Voraussetzungen. Auch er forschte auf einem geistig-seelischen Hintergrund
tiefer Religiosität und Erfurcht vor der Natur. Aber sein Gott machte ihm

---

12 Scheidemantel, 480.

offenbar keine Vorschriften und sein ehrfurchtsvolles Schauen auf die Natur verbot ihm offenbar nicht, in natürliches Geschehen gestaltend und steuernd einzugreifen.

Im Folgenden versuche ich zu zeigen, dass die Denkstrukturen von Goethe und Newton formal zwar außerordentliche Ähnlichkeiten aufwiesen, dass aber gerade die Unterschiede zwischen symbolischem und modellhaftem Denken das Werk des einen zur Lehre, das des anderen zur wissenschaftlichen Theorie machten.

17.7 Modell oder Symbol?

Heinrich Hertz formuliert in der Einleitung zu den 1894 erschienenen *Prinzipien der Mechanik in neuem Zusammenhange dargestellt* auf dem Höhepunkt der physikalischen Forschung in klassischer Denkweise, also wenige Jahre vor Max Plancks denkwürdigem Vortrag über quantenhafte Energieemission und –absorption, seine Vorstellung von Programm und Arbeitsweise zukünftiger Naturforschung. Darin ist folgende Beschreibung für die Ableitung des Zukünftigen aus dem Vergangenen enthalten, also für die Gewinnung neuer Naturerkenntnis:

> *„Wir machen uns innere Scheinbilder oder Symbole der äußeren Gegenstände, und zwar machen wir sie von solcher Art, daß die denknotwendigen Folgen der Bilder stets wieder die Bilder seien von den naturnotwendigen Folgen der abgebildeten Gegenstände. [...] Ist es uns einmal geglückt, aus der angesammelten bisherigen Erfahrung Bilder von der verlangten Beschaffenheit abzuleiten, so können wir an ihnen, wie an Modellen, in kurzer Zeit die Folgen entwickeln,* ... "[13]

Hertz spricht noch davon, dass man „*wie an* Modellen" Zukünftiges entwickeln könne. Offenbar war die Bezeichnung *Modell* für die von ihm beschriebene Denkstruktur noch nicht geprägt worden, seine Beschreibung mag dazu beigetragen haben. Er benutzt außerdem die Begriffe *Scheinbild* und *Symbol* synonym. Dabei ist zu bedenken, dass Hertz seinerzeit den modernen, in der ersten Hälfte des 20. Jahrhunderts entwickelten Symbolbegriff nicht kennen konnte. Sein Gebrauch des Begriffs „Scheinbild" deutet aber darauf hin, dass er sich einen Denkvorgang vorstellt, der sich auf zwei Ebenen abspielt, einer Gegenstandsebene und einer Bildebene. Auch der Begriff „Gegenstand" ist erst später zusammen mit dem Realitätsbegriff problematisiert worden. Dieser nicht

---

13 Hertz 1910, 1.

zu vernachlässigende Bedeutungswandel grundlegender Begriffe kann hier aber nicht im Detail ausgebreitet werden, sondern muss in einer späteren, umfassenderen Untersuchung geklärt werden, die außer dem Modelldenken der Naturwissenschaft auch das vergleichbar strukturierte Symboldenken in der Kunst untersuchen wird. Diese Struktur kann durch folgendes Diagramm visualisiert werden:[14]

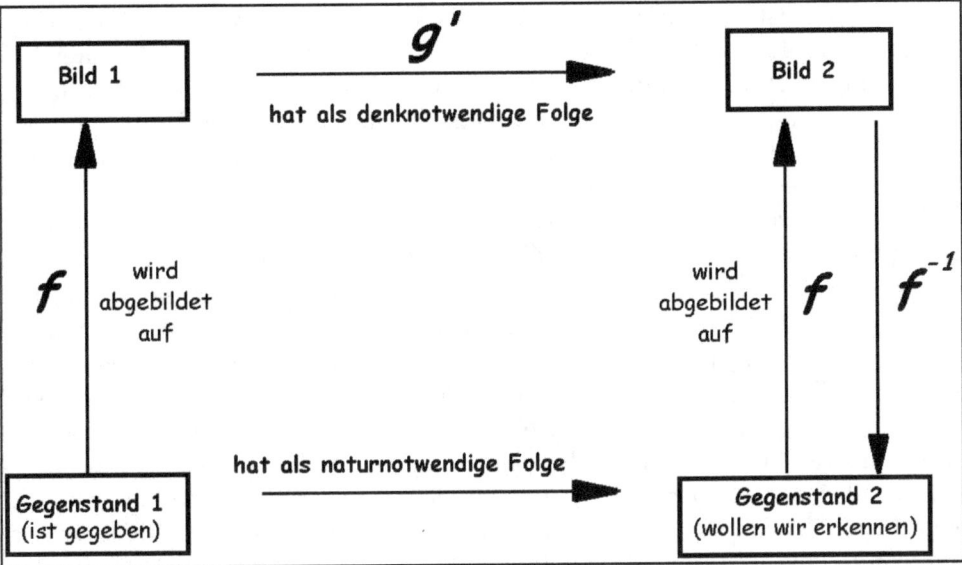

Abbildung 17.4:
Strukturdiagramm modellgestützter Naturerkenntnis nach H. Hertz.

Zeichnung: H. Goldbeck-Löwe

Da mein Ziel eine Verallgemeinerung der Hertzschen Aussage ist, habe ich den Begriff „ein Bild machen" durch den Begriff „abbilden" ersetzt, fasse dieses Abbilden mathematisch auf und kennzeichne deshalb den gesamten, sehr komplexen Vorgang durch „f", das Zeichen für eine mathematische Funktion. Hertz beschreibt sehr genau den umfangreichen Komplex von Bedingungen, die diese Bilder erfüllen müssen, damit „die Folgen der Bilder wieder die Bilder der Folgen seien".[15] Diese Bedingungen wie Zulässigkeit, Richtigkeit, Zweckmäßig-

---

14 Berger 1973, 84. Das Diagramm modifiziert und erweitert einen Vorschlag von P. Berger
   für den Physikunterricht an gymnasialen Oberstufen.
15 Hertz 1910, 2.

keit und Einfachheit beziehen sich auf die „Wege" des Diagramms (Abb. 17.4, S. 237). Zulässig sollen nur Bilder sein, die den logischen Gesetzen des Denkens nicht widersprechen. Zulässig soll also der Übergang von Bild 1 zu Bild 2 sein. Zweckmäßig muss die Auswahl der Bilder zu den Gegenständen sein, also der im Diagramm mit f bezeichnete als Funktion identifizierte Übergang. Die Bilder sollen in den wesentlichen Zügen den Gegenständen entsprechen und dabei möglichst einfach sein. „Was den Bildern zukommt um ihrer Richtigkeit willen, ist enthalten in den Erfahrungstatsachen, welche beim Aufbau der Bilder gedient haben."[16] Insbesondere die Forderung der Zweckmäßigkeit beschreibt die Prämissen der gesamten Konstruktion. „Was den Bildern beigelegt wurde um der Zweckmäßigkeit willen, ist enthalten in den Bezeichnungen, Definitionen, Abkürzungen, kurzum in dem, was wir nach Willkür hinzutun oder wegnehmen können."[17] Dies lässt sich auf die Forderung der Eindeutigkeit und Totalität von f reduzieren, realisierbar durch geeignete Konstruktion der Abbildungsvorschrift f und der Wahl ihrer Definitions- und Bildmenge.

Das Ziel meiner Überlegung ist der Übergang vom Gegenstand 1 zum Gegenstand 2 mit dem Umweg über die Bilder 1 und 2, also das Verständnis der „naturnotwenigen Folge". In den Naturwissenschaften geht es dabei im einfachsten Fall darum, ein unbekanntes Phänomen so zu beschreiben, dass sich die beobachtete Zustandsänderung eines Körpers als kausal bedingte Beziehung zwischen zwei Zuständen dieses Körpers in das bis zur Beobachtung dieses Phänomens über den Körper und seine Zustände bekannte Wissen widerspruchsfrei einordnen lässt. Unter „Gegenstand" verstehe ich demgemäß stets die Kombination von Körper und seinem momentanen Zustand. Hat sich dabei der Zustand 2 bereits eingestellt, so handelt es sich um die Erklärung eines Phänomens, wird sich der Zustand 2 aber erst in der Zukunft einstellen, dann geht es um eine Prognose.

Der Begriff der „Naturnotwendigkeit" lässt sich so verstehen, dass im Fall der Erklärung sich die Zustandsänderung zwischen zwei Beobachtungen ja bereits vollzogen hat, vom Beobachter also zweifelsfrei hinzunehmen ist, während sie im Falle der Prognose mit einhundertprozentiger Wahrscheinlichkeit erwartet werden kann, weil sie ganz offensichtlich durch die Natur des Körpers und die auf ihn wirkenden Einflüsse *kausal notwendige Folge* ist. Der Übergang vom einen Zustand des Körpers auf den anderen kann wiederum als Abbildung g des Körpers verstanden werden:

$$g: \{\text{Körper, Zustand 1}\} \rightarrow \{\text{Körper, Zustand 2}\}.$$

16 Hertz 1910, 3.
17 Hertz 1910, 3.

Entsprechend verstehe ich den „denknotwendigen" Übergang von Bild 1 zu Bild 2 auch als Abbildung. Ihre Beziehung zu g deute ich durch g^* an. Dann lässt sich zur Beschreibung der Prognose formal g, die gesuchte Abbildung, durch die Verknüpfung dreier Abbildungen ersetzen:[18]

$$g = f^{-1} \circ g^* \circ f.$$

Das kann aber nur dann zu richtigen Ergebnissen führen, wenn f nicht nur eindeutig, sondern auch umkehrbar eindeutig ist. Das bedeutet, dass f ein Isomorphismus sein muss.[19] Für den Fall der Erklärung genügt dementsprechend die Linkseindeutigkeit von f, weil der Gegenstand 2 ja bereits bekannt ist und nur noch die logische Zulässigkeit der Abbildung g^* untersucht bzw. hergestellt werden muss. Für die Abbildung **f** einer Erklärung ist also schon ein Homomorphismus hinreichend.

An diese Stelle sei ein kurzer Hinweis darauf eingefügt, dass die beschriebenen Überlegungen in dieser Form nur für Betrachtungen im Rahmen der klassischen Physik sinnvoll sind. Die Aufhebung strenger Kausalität durch die Quantenphysik, also die Unmöglichkeit „naturnotwendiger" Folgen im Hertzschen Modell, zieht nach sich, dass die Abbildung f nicht eindeutig sein kann. Ob und wie sich die Mathematisierung der Hertzschen Beschreibung mit Hilfe der Fuzzy-Set-Theorie auf solche Betrachtungen übertragen lässt, die quantenmechanische Effekte berücksichtigen, soll meine weitere Forschung untersuchen. Auffällig ist jedenfalls, dass am Beginn des 20. Jahrhunderts in einem engen zeitlichen Rahmen die Entwicklung der Quantenphysik mit ihrem Verlust des anschaulichen Naturverstehens und der ungegenständlichen, abstrakten Kunst fast gleichzeitig vor sich gehen.

Mit Hilfe der geschilderten Visualisierung und mathematischen Formalisierung der von Hertz beschriebenen Denkstruktur Newtons lassen sich gut die Risiken aber auch die Möglichkeiten solcher Naturbeschreibung und -forschung aufzeigen. Martin Wagenschein (1896–1988) bezeichnet den Fehler, die Ebenen der Gegenstände und der Bilder nicht deutlich auseinander zu halten, als Korruption des Naturverstehens und besteht demgegenüber auf dem Aspektcharakter der Physik. In *Die Pädagogische Dimension der Physik* kennzeichnet er dies durch Formulierungen wie z.B. „Die Feldlinien des Magnetfeldes werden

---

18 Diese Schreibweise für Verknüpfungen von Abbildungen resultiert aus der detaillierten Schreibung: $G_2 = g(G_1) = f^{-1}(g^*(f(G_1)))$.

19 Eine nahezu parallele Begriffsbildung erkennt man in der Frühzeit der Gestalttheorie. Wolfgang Köhler wählte dafür die Bezeichnung „psychophysischer Isomorphismus" (Eagle/Wakefield 2007, 59–64).

von den Drähten der Spule durchschnitten."[20] oder „Atome sind *nichts anderes als* kleine, elastische Kügelchen.". Derartig nachlässige Ausdrucksweise kann eine Ursache eines rein mechanistischen Naturverstehens und Weltbildes sein.

Die Chancen der Naturbeschreibung mit Modellen ist darin zu sehen, dass diese Denkstruktur durch die Möglichkeit der Prognose die ständige Überprüfung der Theoriebildung geradezu erzwingt. Der Schlussweg vom Gegenstand 1 zum – noch unbekannten – Gegenstand 2 im Falle der Prognose lässt sich naiv bildlich als eine Art Brückenschlag verstehen: die an einem Ufer im Fundament verankerte, freitragend gebaute Brücke muss am anderen Ufer wieder auf das Fundament treffen, sonst enthält die Konstruktion einen Fehler und ihr Plan muss geändert werden. Realisiert wird diese Korrektur durch geänderte Prämissen, also die Abbildungsvorschrift f mit ihrem Definitionsbereich. Außerdem bietet die Prognosefähigkeit der Methode die Möglichkeit kumulativer Wissensanhäufung.[21]

Gänzlich anders als Hertz und Newton beschreibt Goethe Aufgabe und Arbeitsweise des Naturwissenschaftlers:

> „175. Das, was wir in der Erfahrung gewahr werden, sind meistens nur Fälle, welche sich mit einiger Aufmerksamkeit unter allgemeine empirische Rubriken bringen lassen. Diese subordinieren sich abermals unter wissenschaftliche Rubriken, welche weiter hinaufdeuten, wobei uns gewisse unerläßliche Bedingungen des Erscheinenden näher bekannt werden. Von nun an fügt sich alles nach und nach unter höhere Regeln und Gesetze, die sich aber nicht durch Worte und Hypothesen dem Verstande, sondern gleichfalls durch Phänomene dem Anschauen offenbaren. Wir nennen sie Urphänomene, weil nichts in der Erscheinung über ihnen liegt, sie aber dagegen völlig geeignet sind, daß man stufenweise, wie wir vorhin hinaufgestiegen, von ihnen herab bis zu dem gemeinsten Falle der täglichen Erfahrung niedersteigen kann. Ein solches Urphänomen ist dasjenige, das wir bisher dargestellt haben. Wir sehen auf der einen Seite das Licht, das Helle, auf der andern die Finsternis, das Dunkle, wir bringen die Trübe zwischen beide, und aus diesen Gegensätzen, mit Hülfe gedachter Vermittlung, entwickeln sich, gleichfalls in einem Gegensatz, die Farben, deuten aber alsbald durch einen Wechselbezug unmittelbar auf ein Gemeinsames wieder zurück."[22]

20 Wagenschein 1962, 169 und eigene Notiz. Dieses Beispiel, einem bei Wagenschein zitierten fast wörtlich ähnlich, stammt aus dem Hospitationsunterricht während meines Referendariats.
21 Mausfeld 1999.
22 Goethe 1982, 141–142.

Daran wird deutlich, dass sich auch Goethes Naturerkenntnis auf verschiedenen Ebenen abspielt, einmal auf der Ebene der Phänomene, die wir in der täglichen Erfahrung gewahr werden, zum anderen auf der – höheren – Ebene der Regeln und Gesetze. Die Struktur von Goethes erkennendem Denken ähnelt also weitgehend der bei Newton vorgefundenen und von Hertz beschriebenen Denkstruktur. Die „Regeln und Gesetze" erkennt aber nicht der Verstand durch Worte und Hypothesen, sie offenbaren sich vielmehr dem Anschauen, also der anschauenden Person. Damit ist allerdings die Naturerkenntnis dem Wissen des Anschauenden „ausgeliefert" im weitesten Sinne, setzt eine profunde Kenntnis verwandter Phänomene voraus. Ordnet sich das geschaute Phänomen widerstandslos harmonisch in das System dieser Vorkenntnis ein, dann kann sein Verstehen als gesichert gelten. Goethes Wahrheitskriterium für neue Erkenntnis ist demnach Evidenz.

Zweifellos ist der kontemplativ schauende Mensch eher als der logisch analysierende in der Lage, zu einem ganzheitlichen Naturverständnis zu gelangen. Der forschende Mensch sieht sich nicht als planendes und handelndes Subjekt einem zu erforschenden, selber passiven Objekt gegenüber. So kann das Erlebnis der harmonisch sich einfügenden neuen Erkenntnis ein besonders starkes Gefühl der Vervollkommnung des eigenen Wissens und des Einsseins mit der Natur vermitteln und zu hoher Befriedigung bei forschender Tätigkeit führen. Solche Erfahrungen waren ein Grund dafür, dass sich zu Beginn des 20. Jahrhunderts als Gegenentwurf zum Behaviourismus die Gestalttheorie entwickelte (Köhler, Wertheimer, Metzger, Koffka u. a.). Bemerkenswert ist aber, dass Köhler schon in den ersten Ansätzen der neuen psychologischen Theorie den Begriff des *psychophysischen Isomorphismus* als Arbeitshypothese prägte, eine Struktur, die eher zu analytischem Denken in der Nachfolge Newtons passt als zu anschauendem, ganzheitlichem Naturverständnis im Sinne Goethes. Bemerkenswert ist ebenso, dass Köhler und Wertheimer verschiedene Interpretationen dieses Begriffs entwickelten.[23] An dieser Stelle müssen Andeutungen genügen, tiefergehende Untersuchungen werde ich in meiner weiteren Arbeit vornehmen. Das bedeutet eine weitere interdisziplinäre Ausweitung, die insbesondere ein für die Kommunikation zwischen den Fächern wichtiges Phänomen betrachten sollte, Quelle vieler Missverständnisse: Werden Begriffe einer fremden Fachsprache in ein sich entwickelndes Begriffssystem übernommen, dann geschieht das nur in seltenen Ausnahmefällen in Kenntnis ihrer vollständigen Konnotation im System der Quell-Fachsprache. Nach der Übernahme wird die Bedeutung in der „neuen" Fachsprache systemkonform erweitert und weiterentwickelt, so dass später die Schnittmenge der Bedeutungsinhalte in beiden Fachsprachen

---

23 Luchins 1999.

im allgemeinen echte Teilmenge der jeweiligen Konnotationen ist, die ihrerseits also nicht kongruent sind.

Goethe war etlichen, zuerst wohlmeinenden Kritiken seiner Grundannahmen gegenüber völlig resistent. Eine im Anschauen gewonnene, evidente Erkenntnis wird bei seiner Erkenntnismethode nicht mehr hinterfragt. Darin liegt ihr wesentlicher Unterschied zur Erkenntnisgewinnung nach Hertz' Methode des modellhaften Denkens. Während Hertz mehrfach von der Notwendigkeit der Anpassung der willkürlich gesetzten Begriffe an die empirische Erfahrung spricht, also stets zur Selbstkritik bereit ist und Korrekturmöglichkeiten einplant, sind Irrtümer des anschauend erkennenden Menschen bei jener Methode in letzter Konsequenz nicht vorgesehen. Deshalb spielt z. B. das Poppersche Kriterium der Falsifizierbarkeit hier keine Rolle. Ein weiterer wesentlicher Unterschied besteht zudem darin, dass gerichtetes Suchen neuer Erkenntnis unmöglich ist und durch zufälliges Beobachten von Phänomenen am Rande des bereits vorhandenen Kenntnisbereichs ersetzt wird. Naturwissenschaftliche Prognosen sind damit unmöglich geworden.

Ein letzter Gedanke sei noch angefügt: zwar führt Goethe eine Vielzahl direkt beobachtbarer Phänomene auf einer höheren Ebene zu der Grundidee eines Urphänomens zusammen, dennoch handelt es sich in jedem Fall um einen eng begrenzten Phänomentyp, also etwa den der Farben oder den des Magnetismus. Diese Urphänomene stehen jedes für sich relativ isoliert da. An verbindenden Prinzipien sind mir beim jetzigen Stand meiner Forschung nur zwei bekannt, einerseits das der Entwicklung und Metamorphose und andererseits das der Steigerung. Damit ist aber mit Goethes auf symbolischem Denken beruhende Erkenntnismethode eine einheitliche Theorie nicht zu gewinnen, wie sie etwa die Quantenelektrodynamik für die früher getrennten physikalischen Theorien der Wärme, des sichtbaren Lichts, der Radiowellen sowie der Röntgen- und Gammastrahlung liefert. Auch wenn Goethes Methode ganz gewiss bestimmte Erkenntnisse liefert, so ist sie in eine moderne Wissenschaftstheorie kaum einzuordnen.

17.8 Wer hatte denn nun Recht?

Zu sagen „Keiner von beiden!" wäre zu kurz gesprungen. Goethe kämpft in seiner „Polemik" einen Kampf gegen eine Chimäre, ein Hirngespinst, das er selber kreiert hatte. Bei dem Zitat von Goethes Interpretation von Newtons Aussage zeigte ich vorhin, dass Goethe gerade die für ihn grundlegende, allerwichtigste Aussage Newtons falsch wiedergibt. Goethe hat deswegen nicht Recht in dem, was er über Newtons Methode aussagt. Newton hat in wichtigen Aussagen seiner Theorie des Lichtes und der Farben auch nicht Recht. Beispielsweise ist seine korpuskulare Vorstellung von Lichtglobuli schon zu seinen Lebzeiten widerlegt worden. Es gab damals außerdem in der Huygenschen Undulationstheorie, die später von Fresnel und Young zur Wellentheorie des Lichts präzisiert wurde, eine sehr viel passendere Theorie. Auch auf anderen Gebieten irrte Newton. So war die Rede vom *„Monstrum des Newtonschen absoluten Raumes"*.

Andererseits haben beide Forscher auch richtige Erkenntnisse gewonnen und beschrieben. „Recht haben" im Sinne von „richtig denken" ist also nicht entscheidbar. Ich halte eine solche Entscheidung auch gar nicht für wünschenswert. Die Koexistenz beider Theorien hat schon bisher zu erstaunlichen Debatten und in diesen zu guten Erkenntnissen geführt. Deshalb schlage ich eher vor, beide Theorien als Vertreter zweier verschiedener Denkkulturen nebeneinander stehen zu lassen. Zwei Kulturen aber nicht in dem Sinn, wie Snow sie 1967 konstatierte, als er die literarisch orientierten Geister von den naturwissenschaftlich orientierten unterschied, sondern als zwei Weisen, wie Menschen zu Erkenntnissen über die Welt kommen, in der sie leben, und was sie mit diesen Erkenntnissen anfangen. Eine friedliche aber gar nicht langweilige, eher fruchtbare Koexistenz wäre möglich, wenn wir in Auseinandersetzungen auf Polemik verzichteten und statt dessen eine kritische Kommunikation pflegten. Viele Forscher zeigen auch jetzt schon, dass auch – oder gerade – mit logisch-analytischem Denken ein ganzheitliches Naturverständnis zu gewinnen ist, das zu beschützendem, nicht ausbeutendem Umgang mit den Ressourcen unserer Welt fähig ist.

17.9 Literatur

ABENDROTH, WILLIAM (Hg. u. Übers.): *Sir Isaac Newton's OPTIK oder Abhandlung über Spiegelungen, Brechungen, Beugungen und Farben des Lichts.* (1704) I. Buch. Leipzig: Engelmann (Ostwald's Klassiker der exakten Naturwissenschaften; Nr. 96) 1898.

BERGER, PETER: *Philosophische Grundgedanken zur Struktur der Physik.* Düsseldorf: Bagel 1973.

BOERNER, PETER: *Johann Wolfgang von Goethe mit Selbstzeugnissen und Bilddokumenten dargestellt.* (1. Aufl., 1964), Reinbek bei Hamburg: Rowohlt (rowohlts monographien; 100) 1990.

EAGLE, M. N. UND J. C. WAKEFIELD: Gestalt Psychology and the Mirror Neuron Discovery. In: *Gestalt Theory* **29** (2007), Heft 1, 59–64.

FICHTNER, RICHARD: *Physik verstehen. Das didaktische Potential einer hermeneutischen Betrachtungsweise.* Dissertation. Gießen 1996.

Goethe, Johann Wolfgang: *Naturwissenschaftliche Schriften.* Mit Einleitungen, Fußnoten und Erläuterungen im Text herausgegeben von Rudolf Steiner. Band I – Band V. Fotomechanischer Nachdruck nach der Erstauflage in „Deutsche National-Litteratur" 1883–1897. Dornach/Schweiz: Rudolf Steiner Verlag 1982.

Goethe, Johann Wolfgang: *Die Tafeln zur Farbenlehre und deren Erklärungen.* Mit einem Nachwort von Jürgen Teller. Frankfurt am Main und Leipzig: Insel (Insel-Bücherei; Nr. 1140) 1994.

Hertz, Heinrich: *Die Prinzipien der Mechanik in neuem Zusammenhange dargestellt.* Band III der Gesammelten Werke von Heinrich Hertz. Herausgegeben von P. Lenard. Leipzig: Verlag von Johann Ambrosius Barth (2. Auflage) 1910.

Kuhn, Thomas S.: *Die Struktur wissenschaftlicher Revolutionen.* Zweite revidierte und um das Postskriptum von 1969 ergänzte Auflage (Erste Auflage 1973). Frankfurt am Main: Suhrkamp (suhrkamp taschenbuch wissenschaft; 25) 1976.

Langer, Susanne K.: *Philosophie auf neuem Wege. Das Symbol im Denken, im Ritus und in der Kunst.* Frankfurt am Main: S. Fischer 1965.

Lohne, J. A. und Bernhard Sticker: *Newtons Theorie der Prismenfarben.* Mit Übersetzung und Erläuterung der Abhandlung von 1672. München: Fritsch 1969.

Luchins, Abraham S. und Luchins, Edith H.: *Isomorphism in Gestalt Theory: Comparison of Wertheimer's and Köhler's Concepts.* Quelle: Gestalt Archive (im Internet). http://www.gestalttheory.net/archive/luch_iso3.html (16.8.2010).

Mausfeld, Rainer: "Wär' nicht das Auge sonnenhaft ...."' Goethes Farbenlehre: Nur eine Poesie des Chromatischen oder Beitrag zu einer naturwissenschaftlichen Psychologie? Zentrum für interdisziplinäre Forschung, Universität Bielefeld: *Mitteilungen* 4 (1996). http://www.uni-bielefeld.de/%28en%29/ZIF/Publikationen/96-4-Mausfeld.pdf (9.10.2010).

Mommsen, Momme; Mommsen, Katharina: *Die Entstehung von Goethes Werken in Dokumenten. Band IV.* Berlin: De Gruyter 2008.

Newton, Isaac: New Theory about Light and Colours. In: *Phil. Trans.* **80** (19. Febr. 1671/72), 3075–3087 (Faksimile-Nachdruck München 1965).

Newton, Isaac: *Opticks or a Treatise of the Reflections, Refractions, Inflections & Colours of Light.* Based on the Fourth Edition London 1730. Mineola (NY, USA): Dover Publications, 1952.

Ott, Gerhard und Proskauer, Heinrich O. (Hg.): *Johann Wolfgang Goethe, Farbenlehre.* Mit Einleitung und Kommentaren von Rudolf Steiner. Bände 1–5. Stuttgart: Verlag Freies Geistesleben (7. Auflage) 2003.

Scheidemantel, Eduard (Hg.): *Goethes Werke. Auswahl in zehn Teilen. Erster Teil: Gedichte.* Berlin – Leipzig – Wien – Stuttgart: Deutsches Verlagshaus Bong & Co., ohne Jahr.

SÖLCH, REINHOLD: *Die Evolution der Farben. Goethes Farbenlehre in neuem Licht.* Ravensburg: Ravensburger Buchverlag; Leipzig: Seemann 1998.

SCHWARZER, YVONNE (Hg.): *Die Farbenlehre Goethes. In einer Textauswahl für Künstler und andere Freunde des Phänomens Farbe.* Witten: Westerweide 1999.

STEINER, RUDOLF (Hg.): *J. W. Goethe. Naturwissenschaftliche Schriften.* Mit Einleitungen, Fussnoten und Erläuterungen im Text herausgegeben von RUDOLF STEINER.
Fotomechanischer Nachdruck nach der Erstauflage in „Deutsche National-Litteratur" 1883–1897. Bd. III–V. Dornach/Schweiz: Rudolf Steiner Verlag 1982.

WAGENSCHEIN, MARTIN: *Die Pädagogische Dimension der Physik.* Braunschweig: Westermann (3. Auflage) 1962.

WEIZSÄCKER, CARL FRIEDRICH VON: *Voraussetzungen des naturwissenschaftlichen Denkens.* Freiburg im Breisgau: Herder (2. Auflage) 1972.

WICKERT, JOHANNES: *Isaac Newton.* Reinbek bei Hamburg: Rowohlts Taschenbuch Verlag (rowohlts monographien; 50548) (3. Auflage) 2006.

WICKERT, JOHANNES: *Isaac Newton. Ansichten eines universalen Geistes.* München: Piper (Serie Piper; 215) 1983.

Abbildung 18.1:
Ein Ausstellungsexponat, das mit einer sonnenähnlich emittierenden Xenon-
Höchstdrucklampe (im Innern des Exponatsockels) metergroße komplementäre
und optisch äquivalente Spektren projizieren kann und durch Vereinigung zueinander invertierter Experimente als verallgemeinertes Experiment bezeichnet
werden kann. Optisch handelt es sich um eine Weiterentwicklung der Experimente in Abb. 18.8, S. 262, und 18.9, S. 263.

Goethes Farbenlehre und ihre technische „Aufrüstung"' – nicht gegen Newton, sondern mit Newtonscher Optik

Matthias Rang (Dornach, Schweiz)

Abstract

Das Verhältnis zwischen Goethes *Farbenlehre* und Newtons *Opticks* ist in den letzten Jahren immer wieder neu gedeutet worden. Dabei hat sich auch durch die Beiträge bedeutender Naturwissenschaftler wie Heisenberg, Born und von Weizsäcker eine Würdigung der Goetheschen Arbeiten zur Farbenforschung abgezeichnet, die unabhängig von seinem Dissens zur Newtonschen Optik gesehen werden kann.[1] Hingegen sind die Teile von Goethes Schriften, die Newton widersprechen, fast ausnahmslos als unhaltbar eingeschätzt und auf ein Missverständnis der physikalischen Zusammenhänge Goethes zurückgeführt worden.[2] Ganz unabhängig von den hierzu verschiedentlich aufgetauchten Debatten, sollen in diesem Beitrag vom Standpunkt der heutigen Physik aus Goethes optische Standpunkte nachvollzogen werden. Dazu werden eine Reihe von neuen Experimenten erläutert, die erlauben, einige der Goetheschen Grundüberzeugungen in zeitgemäßer Form darzustellen. Dies ist besonders reizvoll, da die heutige Optik auf den Arbeiten Newtons fußt. Durch die hier versuchte „experimentelle Fusion" von Goethes optischen Positionen mit heutigen technischen Möglichkeiten entsteht die Situation, dass erstere nicht gegen Newton, sondern mit Newton „aufgerüstet" werden. Es bleibt aber zu diskutieren, ob eine solche Modifikation und technische Umsetzung überhaupt noch Goethes Grundanliegen entspricht.

---

1 Born 1963; Heisenberg 1980, S. 85; Weizsäcker 1994.
2 Vgl. etwa Sepper 1988, S. 4.

18.1 Zum Anliegen Goethes in seiner Farbenlehre – eine Einleitung

Mit dem *„Entwurf einer Farbenlehre"*, den Goethe vor zweihundert Jahren veröffentlichte, ist ein umfassendes Werk zu farbigen Erscheinungen vorgelegt worden. Das erste Kapitel beschäftigt sich mit Beobachtungen und Versuchen zu den physiologischen Farben. Im zweiten und umfangreichsten Kapitel mit dem Titel „Physische Farben" werden Dutzende von optischen Experimenten angegeben, die Bedingungen der Farbentstehung bei Refraktion, Streuung, Beugung, und Interferenz studieren,[3] während die chemischen Farben, Pigmente, Mineralien- und Pflanzenfarben im dritten Kapitel behandelt werden. Es folgen zwei weitere zu den „Allgemeinen Ansichten nach Innen" und „Nachbarschaftlichen Verhältnissen", in denen Goethe versucht eine allgemeine systematische Ordnung der Farberscheinungen anzugeben, ihre Verhältnisse zu benachbarten Wissenschaften, etwa der Philosophie, Mathematik, Technik des Färbens und allgemeinen Physik zu skizzieren, um schließlich im letzten Kapitel zur „Sinnlich-Sittlichen Wirkung der Farbe" Anfänge einer Farbpsychologie zu schaffen.[4]

Bereits eine solche knappe Inhaltsangabe der Goetheschen Farbenlehre macht deutlich, welch umfangreiches Unternehmen ihm dabei vor Augen stehen musste, das Matthaei, Herausgeber der Farbenlehre in der Leopoldina-Ausgabe, als „große synthetische Arbeit" bezeichnete.[5] Es war Goethe ein Anliegen, *eine* Farbenlehre zu schreiben und alle Wissenschaftszweige mit dem, was diese zur Kenntnis oder Verständnis der Farbe beitragen können, zusammenzuführen. Insofern ging es Goethe also nicht *nur* um die Physik, aber *auch* um die Physik der Farberscheinungen.

Goethe versucht aber nicht nur die verschiedenen Erscheinungskontexte von Farbe nebeneinander zu stellen, um ihrer *Vielschichtigkeit* zu genügen, sondern auch das *verbindende Einheitliche* aller Farberscheinungen zu fassen.[6] Für Goethe zeigt sich die *gesamte* Farbenwelt als polar geordnetes Gebiet. Jede Farbe fordert ihr polares Gegenstück, die sogenannte Komplementärfarbe, so dass je-

---

3 Goethe unterteilt die Phänomene entsprechend ihrer Entstehungsbedingungen in Dioptrische, Katoptrische, Paroptische und Epoptische Farben. Diese Einteilung ist zu unterscheiden von einer Zuordnung der Phänomene zu Streuung, Refraktion, Beugung oder Interferenz, wie sie heute viel naheliegender ist.

4 Neben diesem Teil („Entwurf einer Farbenlehre") erschien noch ein polemischer Teil („Enthüllung der Theorie Newtons") und ein dritter historischer Teil („Materialien zur Geschichte der Farbenlehre") sowie zahlreiche weitere Publikationen, auf die hier nicht näher eingegangen werden kann.

5 Matthaei, 1998

6 Goethe 1955, S. 203 f.

de Farbe eigentlich nur als ein Teil eines Farbpaares angesehen werden kann. Dieser Zusammenhang komplementärer Farben wird in Goethes Farbenkreis durch seine Diameter symbolisiert.

Die polare Struktur der Farben, wie Goethe sie beobachtete, scheint gut mit seiner Auffassung der Farbentstehung aus der Polarität von Licht und Finsternis vereinbar. Die gleichzeitige lokale Koexistenz von Licht und Dunkelheit stellt nach Goethe eine notwendige Bedingung der Erscheinung aller Farben, sowohl physiologischer, als auch physischer bzw. physikalisch hervorgebrachter Farben, dar:[7]

> „... *Gegenwärtig sagen wir nur so viel voraus, daß zur Erzeugung der Farbe Licht und Finsternis, Helles und Dunkles, oder, wenn man sich einer allgemeineren Formel bedienen will, Licht und Nichtlicht gefordert werde* [...] *so sind die Farben durchaus als Halblichter, als Halbschatten anzusehen* ....“

Mit dieser Auffassung steht Goethes Farbenlehre in der Tradition der Modifikationstheorien, die vor der Newtonschen Theorie über das Licht weit verbreitet waren.[8]

18.2 Zum Anliegen Newtons in seiner Optik

> „*Prop. I. Theor. I*
> *The phaenomena of Colours in refracted or reflected Light are not caused by new Modifications of the Light variously impress'd, according to the various Terminations of the Light and Shadow.*"[9]

Dies Zitat, mit dem der zweite Teil des ersten Buches der *Opticks* beginnt, macht den Unterschied zwischen Newtons und Goethes Verständnis der Farbentstehung besonders deutlich. Indessen ist es nicht Newtons Interesse, sich besonders intensiv mit der Widerlegung der Modifikationstheorien seiner Zeit zu befassen. Aus seinen Briefen geht hervor, dass er diese Angelegenheit als eher lästig empfunden hat.[10] Seine *Opticks* erschien auch erst 1704 (obgleich

---

7 Goethe 1955, S. 20f.
8 Zemplén 2005, S. 204 f. In diesem Abschnitt konnte nur auf wenige Aspekte zum Anliegen Goethes in seinen naturwissenschaftlichen Studien eingegangen werden. Allgemeinere Charakterisierungen findet man etwa bei Amrine/Zucker 1988 und Grebe-Ellis 2007, speziell mit Rücksicht auf Goethes Experimentierpraxis in der Farbenlehre bei Ribe/Steinle 2002.
9 Newton 1704, S. 81.
10 Rosenberger 1987, S. 92.

er die entscheidenden Experimente bereits 1672 in einer Abhandlung in den *Philosophical Transactions der Royal Society* veröffentlicht hatte[11]), um den zu erwartenden Auseinandersetzungen, namentlich mit Hooke zu entgehen.[12] Sein besonderes Interesse galt der Verbesserung der Teleskope, das ihn nach eigenen Angaben erst zu seiner neue Theorie des Lichtes führte.[13]

Entsprechend beginnt Newton den ersten Teil des ersten Buches mit einer verwandten, aber doch entscheidend anders formulierten Proposition:

> „*Prop. I. Theor. I*
> *Lights, which differ in Colour, differ also in Degrees of Refrangibility.*"[14]

Dabei geht es um Eigenschaften des Lichtes und nicht der Farben, was in den folgenden Propositionen und Experimenten noch deutlicher wird. Newtons zentrale *Prop. II* besagt, dass die Farben spektrale Bestandteile des weißen bzw. farblosen Lichts sind und wird im folgenden Abschnitt genauer beschrieben.

Wenn also kaum bestritten werden kann, dass Newtons Anliegen seiner *Opticks* eine Optik und keine Farbenlehre ist, so muss doch hinzugefügt werden, dass sie vor allem im zweiten Teil des ersten Buches Abschnitte über das Mischen von Farben, sowohl von Lichtfarben als auch Pigmenten, über Weiß und Grau, die Entstehung des Regenbogens, über einen vorgeschlagenen Farbkreis und die Farben von Körpern enthält.[15] Dabei ist sich Newton bewusst, dass Farbe nicht einfach eine Eigenschaft des Lichtes ist, sondern als Wahrnehmung oder Empfindung (*sensation*) angesehen werden muss.[16]

---

11 Newton 1672
12 Rosenberger 1987, S. 289.
13 Hier können nur Aspekte von Newtons Optik angedeutet werden, genauere Beschreibungen findet man etwa bei Rosenberger (1987), Shapiro (1984) und Sepper (1994).
14 Newton 1704, S. 13.
15 Newton 1704, S. 96, 98ff, 114 ff.
16 Newton 1704, S. 91. Interessant ist eine Durchsicht von Newtons frühen Notizbüchern und Entwürfen. Unter den gefundenen Manuskripten befindet sich ein Text, der mit *Of Colours* überschrieben ist, vermutlich zwischen 1665 und 1666 entstand und die meisten wesentlichen Experimente der *Opticks* schon enthält. Neben diesen beschäftigt sich Newton darin auch mit dem Sehen von Farben, beschreibt Blendungsnachbilder und durch Druck auf den Augapfel erzeugte physiologisch hervorgerufene Farbreize. Er notiert dabei auch ihr farbkomplementäres Erscheinen in Bezug auf eine dunkle oder helle Umgebung (Newton 1665, S. 15 f.). Schließlich enthält der Text Notizen zur Physiologie des Auges, den gekreuzten Sehnerven und Gedanken zur Bildentstehung im Gehirn (Newton 1665, S. 17).

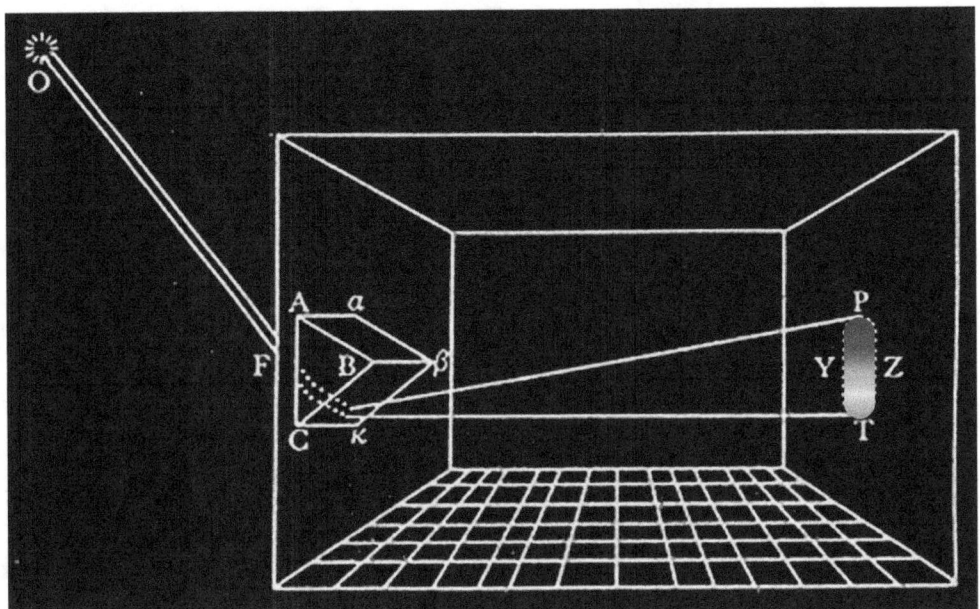

Abbildung 18.2:
Newtons Grundexperiment zu den spektralen Farben.

Ein Loch im Fensterladen des verdunkelten Raums entwirft ein ein Bild der
Sonne O im Zimmer. Dieses wird durchs Prisma verrückt und erscheint als
längliches Sonnenspektrum an der Wand (PT). Die Zeichnung stammt aus
Newtons *Lectiones Opticae* (Newton 1984, S. 50), ist hier aber invertiert und
mit einem nachträglich kolorierten Spektrum wiedergegeben.

18.3 Newtons Experimente

Die der gesamten Newtonschen Optik zugrunde liegende Zusammensetzung des
weißen Lichts aus farbigen Bestandteilen wird von Newton durch eine zentrale
experimentelle Beobachtung belegt (Abb. 18.2, S. 251):

> „*Prop. II. Theor. II.*
> *The Light of the Sun consists of Rays different Refrangible.*
> *The Proof by Experiments.*
> *Exper. 3. In a very dark Chamber at a round Hole about one third*
> *Part of an Inch broad made in the shut of a Window I placed a*

*Glass Prism, whereby the Beam of the Sun's Light, which came in
at the Hole, might be refracted upwards toward the opposite Wall of
the Chamber, and there form a coloured Image of the Sun. . . . .*"[17]

Newton beschreibt weiter, dass das gefärbte Sonnenbild (Spektrum) länglich
erscheint, was nach dem Refraktionsgesetz keineswegs erwartet werden kann!
Es kann ihm als Ganzem daher auch kein eindeutiger Refraktions- bzw. Ab-
lenkungswinkel zugeordnet werden. Da aber jedem seiner Teile ein eindeuti-
ger Ablenkungswinkel entspricht, ist es naheliegend das weiße Licht aus einer
Mannigfaltigkeit verschieden ablenkbarer Lichtstrahlen anzunehmen, die vom
Prisma (entsprechend ihrer Ablenkbarkeit) aufgefächert werden (Abb. 18.2,
S. 251).

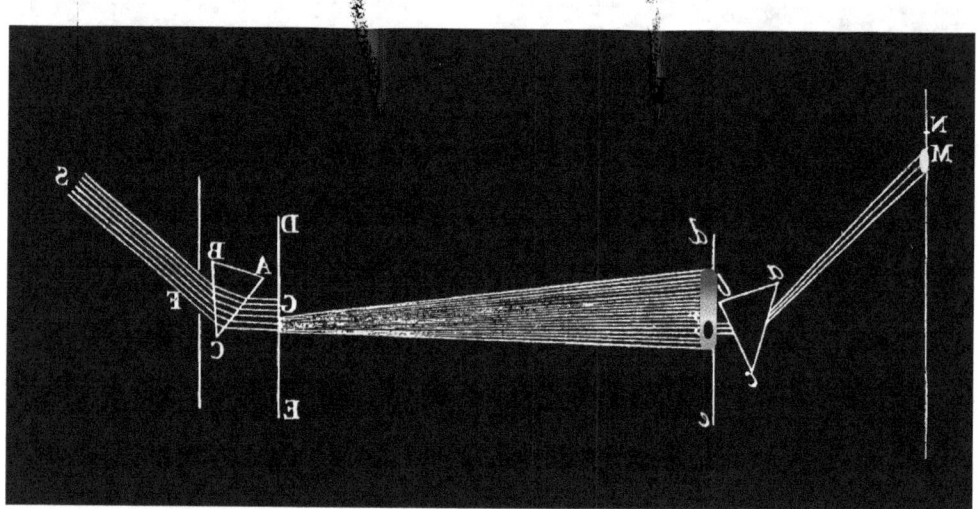

Abbildung 18.3:
Newtons *experimentum crucis*.

In der dunklen Kammer wird durchs Prisma ABC und das Loch G der Blende
DE ein Sonnenspektrum auf der Blende de erzeugt. Durch das kleine Loch
der Blende gelangt nur ein monochromer Anteil des Spektrums, der mit einem
zweiten Prisma abc nochmals abgelenkt wird, sich aber kaum noch auffächert.
Die Abbildung stammt aus Newtons *Opticks* (Newton 1704, Plate IV) und ist
hier invertiert, gespiegelt und mit nachträglich kolorierten Spektren wiedergegeben.

---

17 Newton 1704, S. 18.

Um diese Annahme weiter zu belegen hat Newton sein so genanntes *experimentum crucis* erdacht (Abb. 18.3, S. 252).

Ein Ausschnitt des erzeugten Sonnenspektrums – der also einem eindeutigen Ablenkungswinkel entspricht – wird mit einer Lochblende isoliert und nochmals mit einem zweiten Prisma abgelenkt (Abb. 18.3, S. 252). Dieser isolierte farbige Teil des Sonnenspektrums wird durch das zweite Prisma weder verfärbt, noch zu einem länglichen Bild geweitet, sondern nur mit einem eindeutigen Winkel abgelenkt (wie nach dem Refraktionsgesetz zu erwarten). Durch Drehung des ersten Prismas (ABC) können verschiedene Spektrenausschnitte untersucht werden. Es zeigt sich, dass Ausschnitte aus dem unteren Teil des Spektrums, für die ein kleinerer Ablenkungswinkel am ersten Prisma angenommen werden musste, durch das zweite Prisma tatsächlich mit einem kleineren Winkel als die anderen Spektrenteile abgelenkt werden.[18]

Werden die Winkel an den Prismen genau bestimmt, so kann geschlossen werden: Wenn das erste Prisma genau so wirkt, wie das zweite (also die verschiedenfarbigen Spektrenteile nicht erzeugt, sondern nur ablenkt), so müssten alle diese farbigen Spektrenteile – auf ihrem Weg zurück verfolgt – genau aus der Richtung der Sonne kommen! Die verschiedenen Spektralfarben müssten also im Sonnenlicht enthalten sein.[19]

18.4 Goethes Polemik – ein Missverständnis?

Nach einer anfänglich vielfach ungünstigen Aufnahme der Newtonschen Untersuchungen über das Licht sind diese noch zu seinen Lebzeiten in ihrer Richtigkeit und Vollständigkeit anerkannt worden. Obgleich die von Newton nicht erwartete Verbesserung der Linsenteleskope gelang, ist das Spiegelteleskop, dessen Idee und erste Umsetzung von Newton entwickelt wurde, bis heute der leistungsstärkste und am meisten verbreitete Teleskoptyp. Auch seine anderen Experimente, wie die beiden oben beschriebenen, haben neue optische Entwicklungen und Untersuchungsmethoden, wie beispielsweise die Spektroskopie, erst ermöglicht.

Seither gibt es keinen Grund, an der Richtigkeit seiner Theorie über das Licht zu zweifeln, sie gehört zu den erfolgreichsten Theorien der Physik überhaupt und es ist kein einziges spektrales Experiment bekannt (sämtliche Experimente

---

18 Ausführlichere Beschreibungen und Analysen des *experimentum crucis* findet man bei Lampert (2000, S. 16 f) und Sabra (1981, S. 249 f).

19 Die Möglichkeit der Rückverfolgung von Abbildungswegen ist im Axiom III zu Beginn der *Opticks* beschrieben (Newton 1704, S. 4). Heute bezeichnet man diesen Sachverhalt als Umkehrbarkeit der Lichtwege.

Goethes eingeschlossen), das nicht mit ihr vollkommen erklärt und verstanden werden könnte.

Wenn Goethe also gegen Newton heftig polemisiert und die Unzulänglichkeit und Falschheit seiner Theorie zu zeigen versucht, so kann von einem physikalischen Standpunkt – und einen solchen hat Goethe selbst eingefordert – ihm unmöglich recht gegeben werden. Ist also Goethes Polemik nichts weiter als ein Missverständnis?

Ohne die goethesche Polemik, die nicht Gegenstand dieses Beitrages ist, genauer zu analysieren, können in ihr doch zwei grundsätzliche Argumente ausgemacht werden.

Das erste Argument ist wissenschaftstheoretischer Natur und hat keinen direkten Bezug zur Optik, Chromatik oder Physik. Newton äußerte mehrfach, dass wenige Experimente ausreichen (in manchen Briefen schreibt er, dass schon ein einzelnes Experiment ausreiche) um eine Theorie zu belegen. Dafür ist der Satz *„The Proof by Experiments"*, der nach jeder Proposition die folgenden Experimente einleitet, paradigmatisch.

Goethe hingegen behauptete, *„. . . daß ein Versuch, ja mehrere Versuche in Verbindung nichts beweisen, ja daß nichts gefährlicher sei, als irgendeinen Satz unmittelbar durch Versuche bestätigen zu wollen."*[20] Schiller, dem der gerade zitierte Aufsatz von Goethe zugesandt worden war, bemerkt in seiner Antwort an Goethe: *„Das ist mir z. B. sehr einleuchtend, wie gefährlich es ist, einen theoretischen Satz unmittelbar durch Versuche beweisen zu wollen. Es stimmt dies, wie mir deucht, mit einer andern philosophischen Warnung überein, daß man seine Sätze nicht durch Beispiele beweisen solle, weil kein Satz dem Beispiele gleich ist."*[21] Goethe und Schiller nahmen damit eine Argumentation vorweg, die von Karl Popper formuliert wurde und zum festen Argumentationsbestand vieler neuerer Wissenschaftstheorien gezählt werden kann. Demnach können mit Experimenten Theorien falsifiziert aber niemals verifiziert werden. Diese methodische und wissenschaftstheoretische Kritik Goethes kann daher auch unabhängig von Farbenlehre und Physik diskutiert werden.

Sein zweites grundsätzliches Argument betrifft nicht Newtons Art der Schlussfolgerung, sondern seine Auswahl der Experimente. Newton gibt noch weitere Experimente als Beleg der Zusammensetzung des Lichts aus spektralfarbigen Lichtanteilen an, allen ist gemein, dass sie begrenzte Lichtbündel in einer exzellent verdunkelten Umgebung untersuchen. Goethe hat Newton dafür kritisiert und ihm vorgeworfen, seine Theorie auf spezielle experimentelle Parameter abgestützt zu haben, ohne ihren Einfluss und ihre Auswahl zu diskutieren.[22]

---

20 Goethe 1951, S. 290.
21 Schiller/Goethe 2005, S. 492.
22 Goethe 1958, S. 6 f.

18.5 Newtons Experimente erweitert mit Goethes Polaritätsthese

Goethe gibt in seinem didaktischen Teil der Farbenlehre nahezu jedes Experiment in zwei zueinander inversen Versionen an und kann damit die beobachtete komplementäre Polarität der Farberscheinungen als charakteristische Eigenschaft der Farbentstehung auch im optischen Teil der Farbenlehre beibehalten. Er behauptet damit, dass die polare Struktur nicht nur für physiologische Farben, sondern auch für spektrale Farben und Phänomene gilt. Da Newton für keines seiner Experimente eine invertierte Version dargestellt hat (und zum Beleg seiner Propositionen wären invertierte Versionen unnötige Zusätze), könnte man im Sinne Goethes fragen, ob er seine Optik aus einer Teilklasse optischer Experimente begründet hat.

Dann jedenfalls müsste es zu jedem newtonschen Experiment genau ein invertiertes Experiment geben, das als optisch äquivalent gelten könnte. Als optisch äquivalent werden im Folgenden experimentelle Situationen bezeichnet, deren geometrische und mathematische Beschreibung identisch möglich ist. Voraussetzung dafür ist offenbar eine identische Geometrie des experimentellen Setups. Wie müsste eine entsprechende *vollständige* und *eindeutige* Invertierung aussehen?

Überall im Experiment müssten helle durch dunkle Elemente ersetzt werden und umgekehrt. In Newtons Grundexperiment ist die helle Sonne im dunklen Universum das wirksame Kontrastbild, das durch die Fensterladenöffnung in Newtons Experimentierzimmer abgebildet wird. Die vollständige Invertierung dieses Experimentes setzt offenbar eine schwarze Sonne in einem gleißend hellen Universum voraus, eine zu Newtons Zeiten auch im optischen Nachbau unerfüllbare Forderung.

Alle anderen experimentellen Parameter, wie die verwendeten optischen Elemente und Abstände werden von der Invertierung nicht berührt. Geometrisch sind daher die so zueinander invertierten Experimentalaufbauten isomorph. Um von einer optischen Äquivalenz invertierter Experimente sprechen zu können müsste aber erwartet werden, dass nicht nur der Aufbau, sondern auch der durch diesen generierte Abbildungsvorgang geometrisch isomorph ist. Die entstehenden Spektren müssten also in allen abbildungsoptischen Eigenschaften wie Divergenz, Ablenkungswinkeln, Abbildungsmaßstab, Größe und Abbildungsfehlern wie Verzeichnung etc. identisch gefunden werden. Die vollständige optische Invertierung müsste also experimentelle Situationen realisieren, wie sie mit Hilfe der digitalen Bildinvertierung in den Abbildungen 18.2, S. 251, und 18.4, S. 256, bzw. 18.3, S. 252, und 18.5, S. 257, veranschaulicht sind.

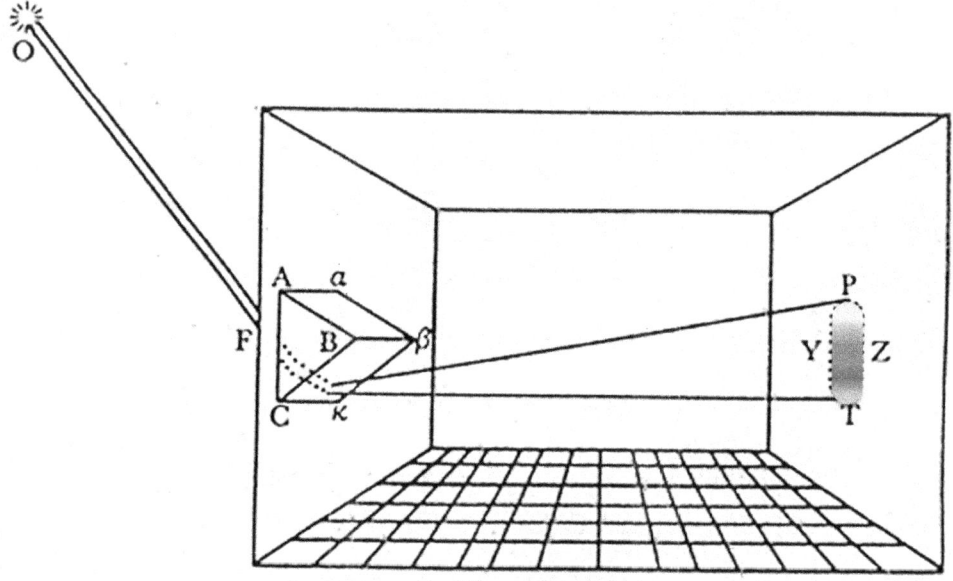

Abbildung 18.4:
Das newtonsche Grundexperiment im Hellraum als eine Vermannigfachung der
Experimente, wie Goethe sie forderte. Ein Loch im Fensterladen des gleißend
hellen Raums entwirft ein Bild der schwarzen Sonne O im Zimmer. Dieses wird
durchs Prisma verrückt und erscheint als komplementärfarbiges Spektrum der
schwarzen Sonne an der Wand (PT). Die Zeichnung stammt aus Newtons
Lectiones Opticae und ist mit einem nachträglich kolorierten Spektrum wiedergegeben.

Tatsächlich lassen sich mit heutigen technischen Möglichkeiten, vor allem
der Verfügbarkeit künstlicher Lichtquellen, die vollständig invertierten Experimente durchführen.[23] Allerdings ergibt sich dabei ein Problem. Obgleich die

23 Rang/Müller 2009. Eine genauere Beschreibung und Diskussion der invertierten Versionen kann hier nicht geschehen. Voraussetzung der vollständigen Invertierung ist ein zum
„Dunkelraum" optisch äquivalenter „Hellraum". Nach Kirchhoffs Arbeiten zur Schwarzkör-
perstrahlung ist ein solcher homogener Hellraum strahlungsphysikalisch realisierbar, der
sich vom Dunkelraum allein durch ein höheres Temperaturniveau unterscheidet. Dann lässt
sich auch für eine „schwarze Sonne" im Hellraum zeigen, dass ihre „Bestrahlungsstärke"
der gleichen Abstandsabhängigkeit folgt, wie die Bestrahlungsstärke der „Hellen Sonne"
im Dunkelraum. In beiden Fällen nimmt die „Bestrahlungsstärke" mit dem Quadrat der
Entfernung von ihr ab (Rang 2009a).

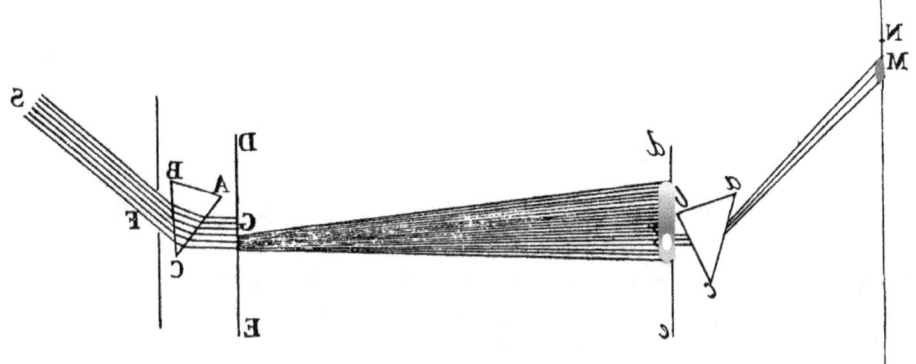

Abbildung 18.5:
Das invertierte experimentum crucis im Hellraum.

Im gleißend hellen Experimentierraum, wird durch das Prisma ABC und das
Loch G im Schirm DE ein Spektrum der schwarzen Sonne auf der Blende de
erzeugt. Durch das kleine Loch der Blende gelangt nur ein monochromer Anteil
des Spektrums, der mit einem zweiten Prisma abc nochmals abgelenkt wird,
sich aber kaum noch auffächert. Die Abbildung stammt aus den Opticks und
ist mit nachträglich kolorierten Spektren wiedergegeben.

abbildungsoptischen Eigenschaften äquivalent gefunden werden, so sieht man
mit seinen Augen in diesen invertierten Hellräumen nichts, da unsere Augen
eine nichtlineare Helligkeitswahrnehmung haben.[24] Verwendet man aber lineare Detektoren und beschränkt sich damit auf das Studium der abbildungsoptischen Eigenschaften, so werden tatsächlich inverse und vollkommen geometrisch
äquivalente Spektren erzeugt.

---

24 Maßgeblich für die Wahrnehmbarkeit von Spektren ist die zwischen einem Teil des Spektrums und dem Umfeld bestehende Leuchtdichtedifferenz (ΔL), die für das Sonnenspektrum und das Spektrum der schwarzen Sonne in der Hellrauminvertierung identisch ist.
Für das Auge ist die Wahrnehmbarkeit der Leuchtdichtedifferenz aber von der Umge-
bungshelligkeit abhängig (während sie für lineare Detektoren konstant ist). In helleren
Umgebungen werden größere Leuchtdichtedifferenzen zwischen Spektrum und Umgebung
benötigt, damit das Spektrum wahrgenommen werden kann. Je nach Netzhautregion ist
die minimale noch wahrnehmbare Leuchtdichtedifferenz in einem hellen Zimmer ungefähr
1000 bis 100.000 mal größer als im absoluten Dunkelraum (vgl. Aulhorn 1966).

Was bedeutet dies? Goethe hat in den Konfessionen des Verfassers zur Äquivalenz invertierter Spektren bemerkt:

> „... *Auf einen schwarzen Grund hatte ich eine weiße Scheibe gebracht, welche in einer gewissen Entfernung durchs Prisma angesehen, das bekannte Spektrum vorstellte und vollkommen den Newtonischen Hauptversuch in der Camera Obscura.*[25][26]

Inwieweit dabei Goethes subjektives Experiment wirklich „*den Newtonischen Hauptversuch*" vertrat, wird im nächsten Kapitel skizziert; da sich Newtons Versuch aber als objektiver Versuch wirklich vollkommen invertieren lässt, ist Goethes Argumentation anwendbar. Denn Newton gebraucht zur Ableitung seiner Lehrsätze (entsprechend der physikalischen Erkenntnismethode) keinerlei Farben, die Ableitung geschieht allein geometrisch.[27]

Insbesondere lässt sich auch Newtons *experimentum crucis* invertieren (vgl. Abb. 18.6, S. 259, und 18.7, S. 260). Im Unterschied zu Newtons Version wird hier aber eine „schwarze Sonne" im gleißenden Hellraum analysiert. Was also geometrisch für die helle Sonne galt, ist in dieser invertierten Version für die „schwarze Sonne" gegeben:[28]

Das erste Prisma erzeugt ein komplementärfarbiges Spektrum der schwarzen Sonne, das ein längliches und farbiges Sonnenbild darstellt. Da diesem länglich gedehnten Bild der gleiche Winkelbereich von Ablenkungswinkeln entspricht, wie dem Spektrum der hellen Sonne, ist es naheliegend, für die schwarze Sonne eine Zusammensetzung aus verschieden ablenkbaren und farbigen Spektralteilen anzunehmen. Um dies zu belegen wird eine Analyse des Spektrums der schwarzen Sonne im *experimentum crucis* unternommen:

Ein Ausschnitt des erzeugten „Sonnenspektrums" – der also einem eindeutigen Ablenkungswinkel entspricht – wird mit einer Lochblende isoliert und nochmals mit einem zweiten Prisma abgelenkt (vgl. Abb. 18.5, S. 257). Dieser

---

25 Goethe meint mit *Camera obscura* ein vollkommen verdunkeltes Zimmer mit Fensterladenloch, nicht die manchmal gleich benannte Lochkamera zum Zeichnen und Porträtieren. Von der optischen Funktionalität unterscheiden sich beide nur im Maßstab der Ausführung. vertrat. Eine schwarze Scheibe auf hellem Grund machte aber auch ein farbiges und gewissermaßen noch prächtigeres Gespenst. Wenn sich dort das Licht in so vielerlei Farben auflöst, sagte ich zu mir selbst: so müßte ja hier auch die Finsternis als in Farben aufgelöst angesehen werden."

26 Goethe 1957, S. 420.

27 vgl. Müller 2007.

28 Eine andere invertierte Version des *experimentum crucis* ist von Torger Holtsmark vorgeschlagen (Holtsmark 1970) und von Pehr Sällström in einem Film dokumentiert worden (Sällström 2010). Die Invertierung entspricht nicht der hier diskutierten Invertierung, da Holtsmark den optischen Raum nicht invertiert. Dadurch hat Holtsmarks Version den angenehmen Vorteil in einem gewöhnlichen dunklen Raum durchgeführt werden zu können.

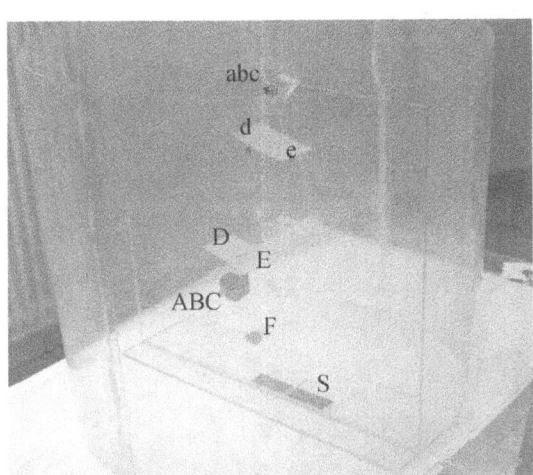 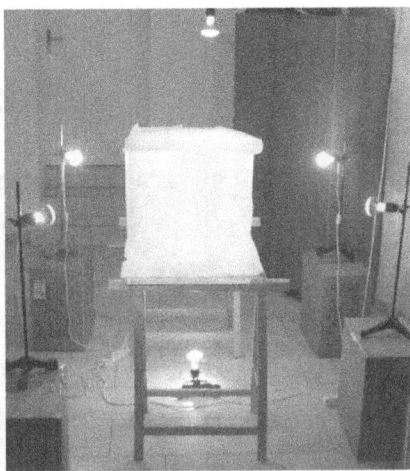

Abbildung 18.6:
Experimentelle Realisierung des im Hellraum invertierten experimentum crucis.

Links: Das Plexiglasgehäuse des Aufbaus mit innen magnetisch befestigten optischen Bauteilen. Die Bezeichnungen stimmen überein mit Abb. 18.5, S. 257.
Rechts: das beleuchtete und mit Difusorfolie (Blumenseide) belegte Gehäuse zur Realisierung eines homogenen Hellraums im Gehäuseinneren.

isolierte farbige Teil des Sonnenspektrums wird durch das zweite Prisma weder verfärbt, noch zu einem länglichen Bild geweitet, sondern nur mit einem eindeutigen Winkel abgelenkt (wie nach dem Refraktionsgesetz zu erwarten). Durch Drehung des ersten Prismas (ABC) können verschiedene Spektrenausschnitte untersucht werden. Es zeigt sich, dass Ausschnitte aus dem unteren Teil des Spektrums, für die ein kleinerer Ablenkungswinkel am ersten Prisma angenommen werden musste, durch das zweite Prisma tatsächlich mit einem kleineren Winkel als die anderen Spektrenteile abgelenkt werden.

Werden die Winkel an den Prismen genau bestimmt, so kann geschlossen werden: Wenn das erste Prisma genau so wirkt, wie das zweite (also die verschiedenfarbigen Spektrenteile nicht erzeugt, sondern nur ablenkt), so müssten alle diese farbigen Spektrenteile – auf ihrem Weg zurück verfolgt – genau aus der Richtung der schwarzen Sonne kommen! Die verschiedenen Spektralfarben müssten also im Schatten der schwarzen Sonne enthalten sein.

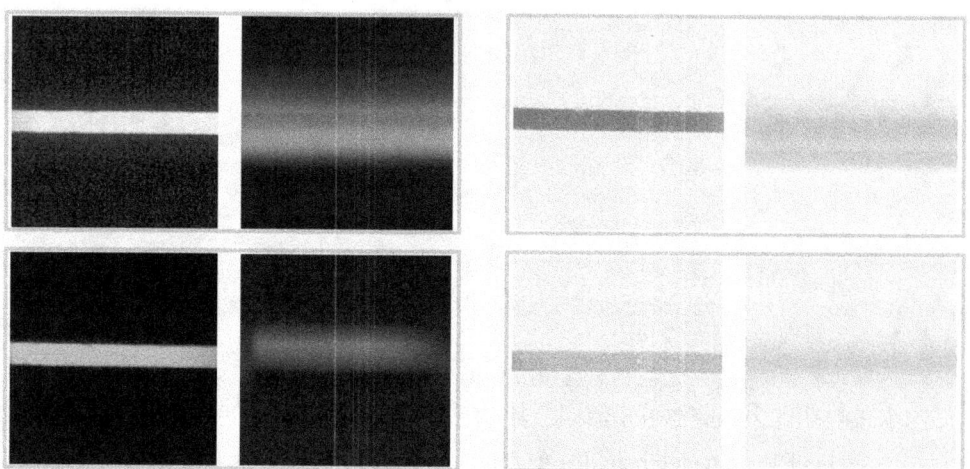

Abbildung 18.7:
Vier Bildpaare, von denen jeweils das linke eine hinterleuchtete Blende zeigt
und das rechte die Transformation dieser Blende mit einem Prisma.

Obere Reihe: inverse Blenden erzeugen die komplementären Grundspektren.
Untere Reihe: Isolation einer Spektralfarbe mit der Blende und anschließende
Refraktion mit einem zweiten Prisma.
Linke Spalte: Abgewandelte Version von Newtons *experimentum crucis*. Das
vom ersten Prisma erzeugte und anschließend im dunkeln isolierte Grün zerfällt bei nochmaliger Refraktion nicht.
Rechte Spalte: das dazu invertierte Experimentum crucis im Hellraum. Das
vom ersten Prisma erzeugte und anschließend im hellen isolierte Magenta zerfällt bei nochmaliger Refraktion nicht. Die fotografischen Aufnahmen wurden
in einer zur Dokumentation abgewandelte Form des Aufbaus aus Abb. 18.6,
S. 259, gewonnen, in dem hinter dem zweiten Prisma eine Kamera integriert
wurde.

Wenn also Newtons Argumentation schlüssig und zwingend ist, alle seine Experimente aber invertiert und geometrisch isomorph für eine schwarze Sonne existieren, dann kann mit Newtons eigener Argumentation zugleich die Zusammensetzung des Schattenstrahls der „schwarzen Sonne" belegt werden:

Prop. II, Theor. II.
The light of the dark *Sun consists of* shadow *Rays differently refrangible.*
The Proof by Experiments.

Um einem Missverständnis vorzubeugen soll hier ausdrücklich betont werden, dass Goethe die von ihm angeregte und gerade ausgeführte Umformulierung lediglich als Teil seiner Polemik gegen Newton aufstellte. Ganz offensichtlich lehnte er eine „Theorie des Schattens" ebenso und mit denselben Argumenten ab, wie er Newtons „Theorie des Lichts" ablehnte. Darauf weist der norwegische Schriftsteller André Bjerke hin, der die Durchführbarkeit einer solchen Umformulierung genauer untersuchte, für viele Experimente Newtons invertierte Versionen vorgestellt und ein lesenswertes Büchlein darüber geschrieben hat.[29]

Denn gerade die mögliche Invertierbarkeit der Experimente, die Goethe zwar nicht im Detail zeigen konnte, aber doch als allgemeine Eigenschaft der spektralen Versuche ahnte, macht verständlich, warum er die optische Kontrastgrenze (d. h. den Ort an dem Hell und Dunkel sich begegnen) als Entstehungsbedingung der spektralen Farben ansah und diese gerade nicht als Bestandteile von Licht oder Finsternis ansah. In der Tat gibt es kein spektrales Experiment, in dem die Farben nicht an Kontrasten entstehen.

18.6 Goethes Experimente erweitert mit Newtons Experimentierkunst

Die Polaritätsthese auf Newtons Experimente angewendet wirkte wie ein Multiplikator oder genauer Duplikator. Darin kann eine Erweiterung der experimentellen Leistungen Newtons mit Hilfe einer Einsicht Goethes gesehen werden. Nun kann man fragen, ob auch umgekehrt Goethes Experimente, durch Newtons Experimentierkunst erweitert bzw. „aufgerüstet" und optisch weiterentwickelt werden können und auch auf diesem Wege Leistungen Newtons mit Leistungen Goethes zu verbinden wären?

---

29 Bjerke 1961. Die von Bjerke vorgeschlagenen Experimente invertieren, wie Goethe, das Kontrastbild, aber nicht den optischen Raum und haben daher den gleichen Vorteil, wie auch Holtsmarks Experiment, in gewöhnlichen Räumen durchführbar zu sein.

Goethe hat, wie auch der beschriebene Versuch in den Konfessionen des Verfassers zeigt, subjektive Experimente bevorzugt. Er behauptet, dass sie leichter anzustellen seien und alles Wesentliche genauso zeigen, wie die objektiven Experimente, die wiederum von Newton, vermutlich auch wegen ihrer besseren geometrischen Beschreibbarkeit, bevorzugt wurden.

Um also Goethes subjektive Experimente mit Hilfe der von Newton und den mathematischen Optikern (wie Euklid, Descartes, Kepler) entwickelten optischen Bauteilen in objektive Experimente umzuwandeln muss offenbar in erster Linie das Auge technisch nachgebaut werden. Newton hat für das abbildende System des Auges eine funktional äquivalente technische Abbildung bereits angegeben[30] und so verwundert es nicht den experimentellen Aufbau Goethes technisch umgesetzt bereits in den *Opticks* beschrieben zu finden (Abb. 18.8, S. 262). Er kann ebenso invertiert werden wie die zuvor beschriebenen Experimente (Abb. 18.9, S. 263).

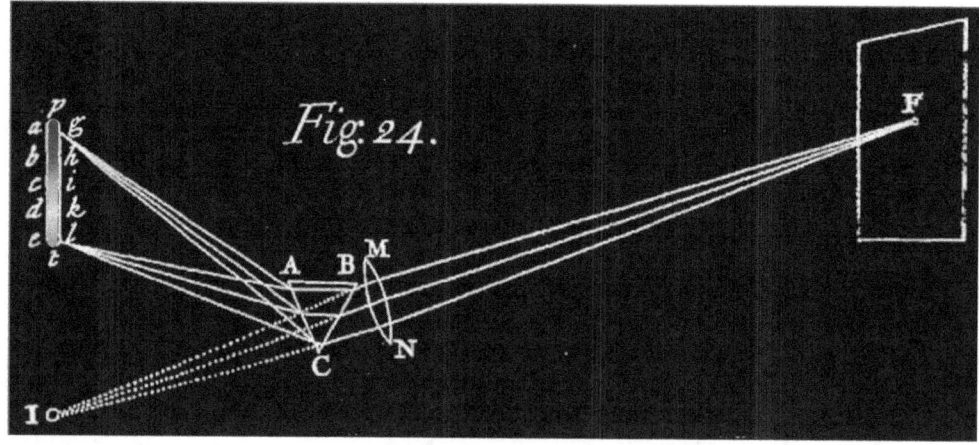

Abbildung 18.8:
Newtons Experiment mit der besten spektralen Auflösung, das im optischen Aufbau mit dem subjektiven Grundexperiment Goethes übereinstimmt. Die Abbildung entstammt den Opticks und wird hier invertiert und mit nachträglich koloriertem Spektrum wiedergegeben.

---

30 Newton 1704, S. 9 f, Plate I, Fig. 3 und 8. Hier wird das Auge nur in Bezug auf seine prinzipielle abbildungsoptische Funktion betrachtet, die, neben der hier ganz unberücksichtigten Funktionalität der Retina, im Detail wesentlich komplexer sind.

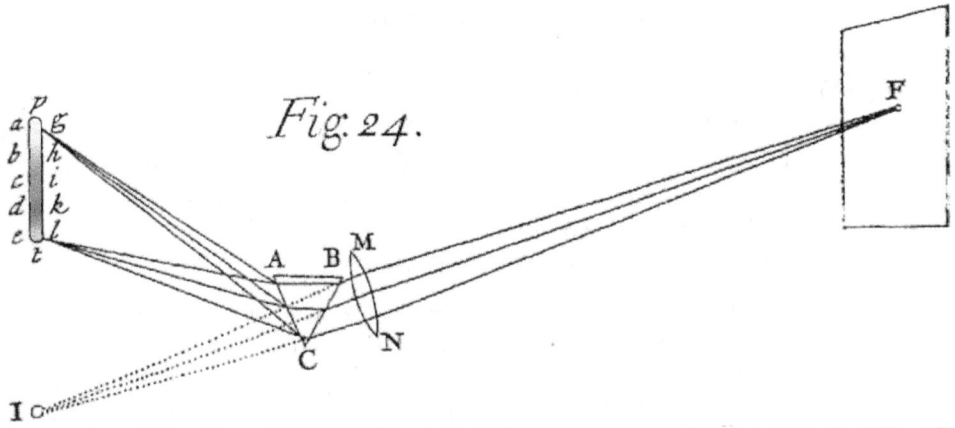

Abbildung 18.9:
Invertierte Version des Experimentes Newtons aus Abb. 18.8, S. 262. Das Experiment hat auch invertiert den gleichen Vorteil der hohen spektralen Auflösung. Die Abbildung entstammt den Opticks und wird hier mit einem nachträglich koloriertem Spektrum wiedergegeben.

Wie zu erwarten ist es im Wesentlichen eine Frage der Vorliebe, ob man von Goethes Experimenten ausgeht und diese mit Newtonscher Optik aufrüstet, oder ob man von Newtons Experimenten ausgeht und auf diese die Goethesche Polaritätsthese anwendet, da in beiden Synthesen gleichartige Experimente erhalten werden können. Damit wird lediglich bestätigt, dass die eingebundenen Experimente Goethes mit den abgelösten Experimenten Newtons vom optischen Gesichtspunkt nicht grundverschieden sind, sondern verschiedene Realisationen funktional gleicher Versuchslayouts sind.

18.7 Polare Experimente erweitert mit der gegenwärtigen technischen Optik

Bereits in den beiden vorigen Abschnitten sind die Leistungen Goethes und Newtons von den historischen Positionen abgelöst und mehr im Hinblick auf eine mögliche Synthese ihrer experimentellen Leistungen gedeutet worden. Konsequent fortgesetzt bedeutet dies, die Polaritätsthese und die technische Optik

vollkommen unhistorisch als zwei optische Methoden anzusehen und ihre Aus-
reizbarkeit mit den Mitteln der modernen Optik auszuprobieren.

Auch heutzutage sind ausgedehnte Lichtquellen und Räume mit gleißend
hellen Wänden schwer zu realisieren. Mit Mitteln der technischen Optik sind
aber kleine punktuelle Leuchflächen in große helle Leuchtflächen abbildbar.
Optische Bauteile ermöglichen es daher auf großflächige glühende Wände zu
verzichten und diese nur optisch zu realisieren. Eine so realisierte Leuchtfläche
wird hier als ein „Fenster" in den Hellraum bezeichnet.

Zur modernen Umsetzung der Polaritätsthese wird zudem eine optische Vor-
richtung zur Kontrastinvertierung benötigt, die sich nicht im Arsenal heutiger
optischer Bauteile befindet (da die Polaritätsthese von der technischen Optik
nicht implementiert wurde). Die technische Optik bietet aber die Möglichkeiten
der Konstruktion eines entsprechenden Bauteils, das nach seinem Funktions-
prinzip als Spiegelblende bezeichnet werden kann.[31] Die Besonderheit dieser
Blende ist, dass sie zugleich ihr optisches Gegenteil ist. Wird also auf diese
Weise eine Lochblende realisiert, so wirkt die Blende zugleich als ihr eigenes
Gegenteil, in diesem Fall also eine Kreisblende.

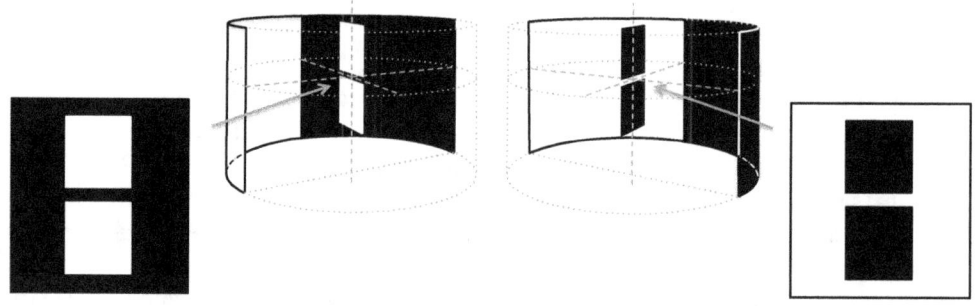

Abbildung 18.10:
Perspektivische Darstellung einer aus zwei Spiegeln gebildeten Spiegel-
Spaltblende, die zwischen einem halbseitigen Hellraum (links) und halbsei-
tigem Dunkelraum (rechts) positioniert ist. Sie erscheint aus dem Hellraum
angeschaut als helles Gebilde vor dunklem Hintergrund (Ansicht ganz links),
während sie aus dem Dunkelraum angeschaut als ihre eigene Inversion, d. h.
dunkles Gebilde vor dem hellem Hintergrund erscheint (Ansicht ganz rechts).

---

31 Rang/Grebe-Ellis 2009.

Oder wird nach dem gleichen Prinzip eine variable Spaltblende gebaut und zwischen einem halbseitigen Hell- und einem halbseitigen Dunkelraum positioniert, so entsteht an dieser Spiegel-Spaltblende zugleich die zum hellen Spalt in dunkler Umgebung invertierte Blende des dunklen Stegs in heller Umgebung (Abb. 18.10, S. 264). Eine Variation der Spaltbreite wirkt sich damit simultan auf beide Blendenansichten aus und gewährleistet damit ihre optische Äquivalenz.

Für beide Blendenfunktionen können mit Linsen und Prismen identische spektroskopische Grundaufbauten realisiert und damit simultan in *einem* Experiment optisch äquivalente komplementäre Spektren erzeugt werden. Die Verwendung moderner Lichtquellen und hochwertiger Komponenten macht es zudem möglich, diese Spektren mit großer Helligkeit in Kinoleinwandgröße zu projizieren (Abb. 18.1, S. 246).

Auch Newtons *experimentum crucis* kann mit technischer Optik in einer modernen Form aufgebaut werden, die eine größere spektrale Reinheit ermöglicht. In dieser Form werden zwei spektroskopische Aufbauten miteinander kombiniert. Die Verwendung der Spiegel-Spaltblende ermöglicht auch hier, dass Newtons *experimentum crucis* zugleich mit seiner Invertierung entsteht und im gleichen Aufbau beide Versionen realisiert werden.[32] Dies rechtfertigt von einem verallgemeinerten Experiment zu sprechen, das sowohl die abbildungsoptischen Auflösungskriterien moderner Spektralapparate (in der Tradition Newtons), als auch eine abbildungsoptische Umsetzung der Polaritätsthese (in der Tradition Goethes) miteinander vereint (Abb. 18.11, S. 266). Die Kombination zweier spektroskopischer Aufbauten wird gelegentlich als Doppelmonochromator bezeichnet. In der verallgemeinerten Form wird damit in beliebiger optischer Auflösung für die analysierten Teile der komplementären Spektren gleiche Monochromatizität gezeigt (Abb. 18.12 obere Bildreihe, S. 268).

Die Verwendung der Spiegel-Spaltblende ermöglicht auch „gemischte" Formen des *experimentum crucis* aufzubauen, bei denen sich Teile eines Strahlengangs im Hellraum, andere Teile im Dunkelraum befinden. Wird beispielsweise das Spektrum der schwarzen Sonne, das unter Hellraumbedingungen erzeugt wurde, unter Dunkelraumbedingungen analysiert, so misslingt der Nachweis der Monochromatizität und die untersuchte Spektralfarbe fächert sich auf in viele andersfarbige Spektralteile. Damit wird nachgewiesen, dass für die Spektralfarben der „schwarzen Sonne" nur im Hellraum Monochromatizität gezeigt werden kann, während sie im Dunkelraum in spektrale Bestandteile des gewöhnlichen Spektrums zerlegt werden.

---

32 Rang 2009b

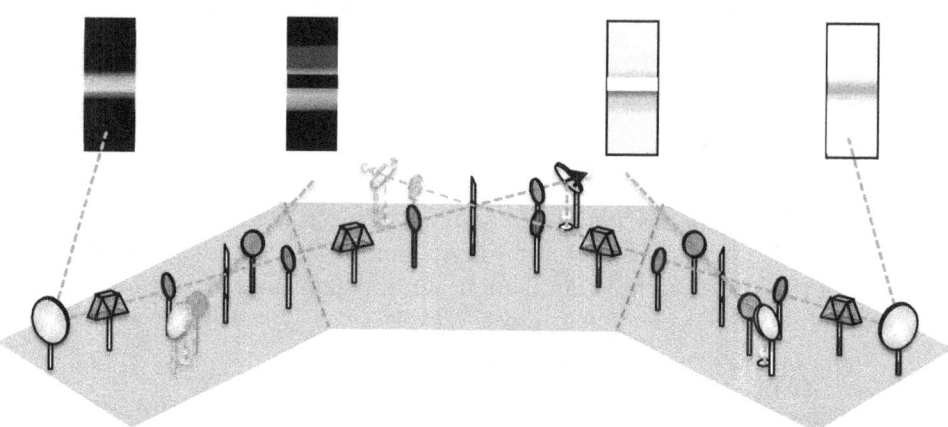

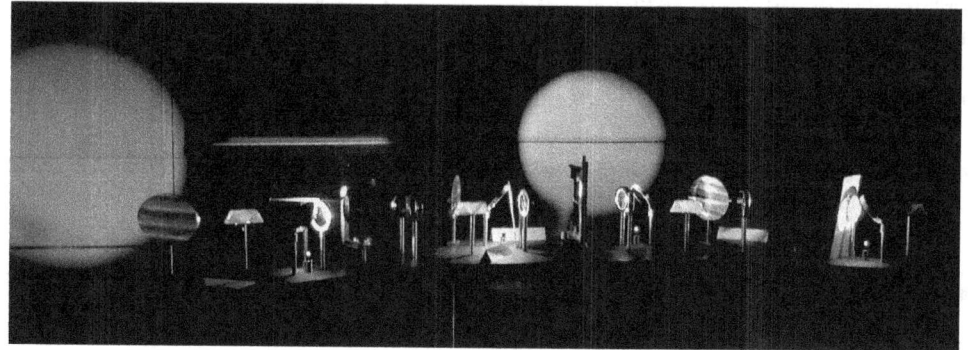

Abbildung 18.11:

Oben: Perspektivische Darstellung des im Sinne Goethes verallgemeinerten *experimentum crucis* Newtons. Oberhalb des Aufbaus befinden sich vier schematische Spektrenansichten. Die beiden inneren entsprechen den Ansichten der Blenden de in Abb. 18.3, S. 252, und 18.5, S. 257. Die beiden äußeren entsprechen der Analyse der dort selektierten Farben und entsprechen den Schirmen NM in Abb. 18.3 und 18.5.

Unten: Realisierung des Experimentes in einem Ausstellungsexponat (das Foto zeigt die „gemischten" Fälle, in denen das im Dunklen erzeugte Spektrum im Hellen analysiert wird und umgekehrt, vgl. die Spektren in Abb. 18.12 untere Reihe, S. 268).

Doch gibt es auch zu diesem Experiment die konsequente Invertierung, in der das Spektrum der hellen Sonne, das unter Dunkelraumbedingungen erzeugt wurde, in Hellraumbedingungen analysiert wird. Auch dann misslingt der Nachweis der Monochromatizität und die untersuchte Spektralfarbe fächert sich in viele andersfarbige Spektralteile auf. Eine Spektralfarbe des gewöhnlichen Sonnenspektrums wird dabei bemerkenswerterweise in spektrale Bestandteile des komplementären Spektrums der schwarzen Sonne dekomponiert (Abb. 18.12 untere Bildreihe, S. 268).[33]

Mit den verallgemeinerten Experimenten wird nachträglich gerechtfertigt, invertierte Experimente als zwei Versionen eines Experimentes zu bezeichnen, da es sich bisher um zwei getrennte Experimentalaufbauten handelte, die – als sich ausschließende Gegensätze, wenn auch optisch äquivalente – nicht zugleich aufgebaut werden konnten. In den verallgemeinerten Experimenten werden diese gegensätzlichen Experimente zu zwei Teilexperimenten mit der Spiegelblende als zentralem Bauteil, an der sie sich nicht nur vereinigen lassen, sondern gegenseitig bedingen.

Die Spiegelblende wirkt wie ein spezieller Strahlteiler, der den optischen Gesamtzusammenhang in einen Reflexionsarm und einen Transmissionsarm aufteilt. Die in diesen entstehenden zueinander invertierten Teilexperimente bedingen sich durch die geteilte Spiegelblende wie Transmissions- und Reflexionsgrad, ein in der Physik bekannter allgemeiner optischer Bedingungszusammenhang.[34]

---

33 Hier ist interessant, dass diese komplementären „Dekompositionen" der Teile der verschiedenen Spektren ganz mit den Prozessen der additiven und subtraktiven Farbmischung verstanden werden können. Magenta mischt sich additiv aus Blauviolett und Rot, während sich Grün subtraktiv aus Cyan und Gelb mischt. Das Spektrum der schwarzen Sonne scheint also eine Zerlegung in Bestandteile einer optischen subtraktiven Farbmischung zu sein. Dies so aufzufassen scheint sinnvoll, da experimentell mit der Invertierung von Newtons Experiment *Prop. XI Prob. VI* im zweiten Teil des ersten Buches der *Opticks* (Newton 1704: 141) aus der optischen „Überlagerung" der Spektralteile der schwarzen Sonnen wieder ein Schattenstrahl erzeugt werden kann!

34 Diese Aussage lässt sich mit der Hinzunahme der Absorption noch präzisieren. Die Besonderheit der Spiegelblende besteht darin, dass sie entgegen anderen Blenden (nahezu) keine Absorption aufweist. Aber auch an *allen* anderen Blenden bedingen sich die zueinander invertierten Abbildungsfunktionen wie an der Spiegelblende, nur dass eine von ihnen, statt im Reflexionsarm eines der Teilexperimente zu ermöglichen, einfach absorbiert wird. Ganz allgemein gilt, dass die Summe aus Transmissions-, Reflexions- und Absorptionsgrad den optischen Gesamtzusammenhang und die Energieerhaltung darstellt.

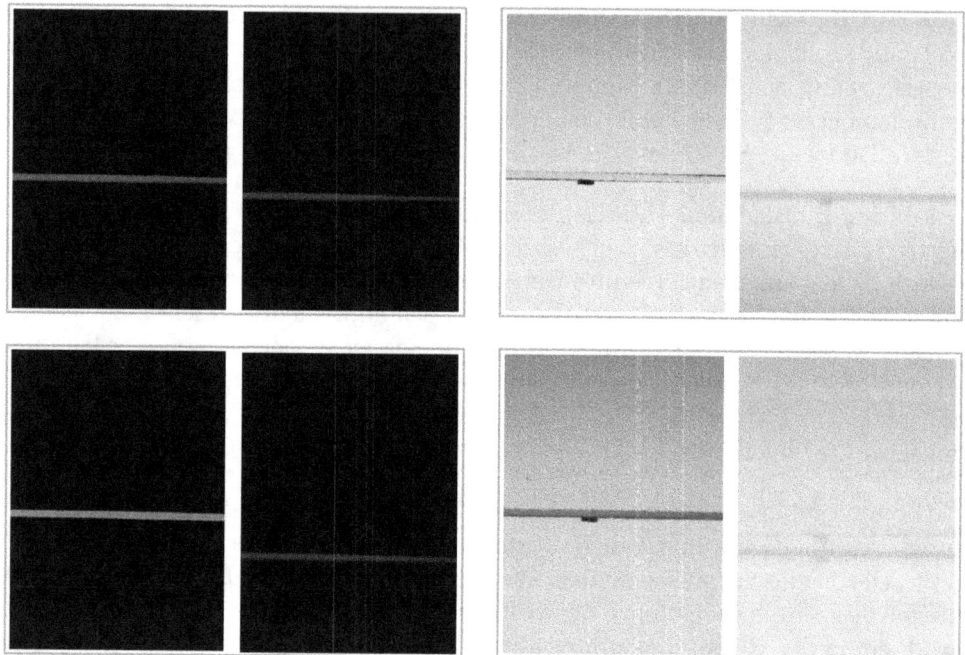

Abbildung 18.12:
Vier Bildpaare, von denen jeweils das linke eine selektierte Spektralfarbe in einer optischen Umgebung darstellt und das rechte dessen Analyse durch ein Prisma.

Obere Reihe: Im Experiment wurden die Spektren in der gleichen Umgebung erzeugt und analysiert. Die untersuchte Spektralfarbe verhält sich in der optischen Umgebung monochrom und wird spektral nicht zerlegt (Versionen wie in Abb. 18.3, S. 252, 18.5, S. 257 und 18.11 obere Reihe, S. 266).
Untere Reihe: Im Experiment wurden die Spektren in entgegengesetzten Umgebungen erzeugt und analysiert ("gemischteFälle). Die untersuchte Spektralfarbe zerfällt in Bestandteile des komplementären Spektrums. Die Spektren wurden im verallgemeinerten *experimentum crucis* mit einer Quecksilberdampflampe als Lichtquelle aufgenommen.

18.8 Polaritätsthese und Lichttheorie – eine Zusammenfassung

Goethes Polaritätsthese besagt damit nicht nur, das sich spektrale Experimente invertieren und damit in ihr Farbkomplement verwandeln lassen, sondern auch, dass die Realisierung bestimmter spektraler Farben zugleich die Bedingungen schafft für die Realisierung der entsprechenden komplementären Spektralfarben.[35]

Der zugrundeliegende abbildungsoptische Mechanismus inverser Strahlungsverteilungen hat nichts mit dem physiologischen Mechanismus der Netzhautfunktionen zur Erzeugung komplementärer Nachbilder zu tun. Gerade daher ist es bemerkenswert, dass beide Mechanismen als unterschiedlichste Realisierungen einer offenbar sehr allgemeinen und interdisziplinär definierbaren Polaritätsthese angesehen werden können, die als Grundlage zum Versuch des Entwurfs einer synthetischen Farbenlehre, wie es Goethes Anliegen war, sinnvoll erscheint.

Die vorangegangenen Ausführungen haben sich hingegen nicht mit der Interdisziplinarität der Goetheschen Farbenlehre beschäftigt, sondern sich auf die mit Newton geteilten optischen Fragen beschränkt. Bereits früher wurde gezeigt, dass mit Goethes Experimenten *nichts* gegen die Richtigkeit der newtonschen Theorie eingewendet werden kann.[36] Mit Goethes Argumentation kann aber gezeigt werden, dass – von einem logischen Gesichtspunkt – Newtons Theorie nicht die einzige mögliche Theorie ist, um die spektralen Phänomene zu erklären, womit auch gezeigt ist, dass Newtons Theorie eine Theorie bleibt und nicht, wie von Newton behauptet, unmittelbar durch Experimente bewiesen werden kann.

Die abbildungsoptische Anwendung der Polaritätsthese auf spektrale Experimente ermöglicht in Bezug auf Licht und Dunkelheit eine ganz symmetrische Klassifizierung der Experimente in optisch äquivalente Hellraum- und Dunkelraumexperimente. Obgleich diese Experimente vom abbildungsoptischen Gesichtspunkt symmetrisch sind, werden sie durch Newtons Theorie unsymmetrisch erklärt.

Während die Experimente im Dunkelraum sehr einfach mit Newtons Theorie der Zerlegung des Lichtstrahles erklärt werden können, ist zur Erklärung der symmetrischen Hellraumexperimente in Newtons Theorie eine Superposition von unendlich vielen zerlegten Lichtstrahlen notwendig, die nach der Zerlegung

---

35 Dies gilt allgemein für inverse Strahlungsverteilungen. Die durch diese gesehenen Farbeindrücke erscheinen nur dann komplementär, wenn die Spiegelblende mit farblosem Licht beleuchtet wird, was mit Goethes, als auch mit Newtons Grundaussagen verständlich ist.

36 Vgl. z. B. Gren 1793

durch räumliche Überlappung wieder zu weißem Licht rekombiniert werden, nur am Ort des komplementären Spektrums ist diese Rekombination spektraler Lichtanteile unvollständig.

Gewöhnlich wird in der Physik versucht, empirisch vorliegende Symmetrien in der erklärenden Theorie widerzuspiegeln. Es gibt viele Fälle, in denen aus Symmetrieliebe Symmetrien postuliert wurden, für die empirisch keinerlei Anhaltspunkte vorlagen, aber nach der Postulierung tatsächlich entdeckt werden konnten. Der umgekehrte Fall der empirisch vorliegenden, aber in der Theorie nicht implementierten Symmetrie ist selten. Und in dieser Hinsicht könnte man der Newtonschen Theorie einen „Schönheitsfehler" vorwerfen.

Da mit ihr aber alle Phänomene erklärt werden können und sie zudem äußerst anwendungsmächtig und zur Vorhersage der Eigenschaften optischer Systeme unschätzbare Vorteile gegenüber jeder anderen Theorie hat, ist dieser „Schönheitsfehler" nicht weiter von Belang.

In diesem Beitrag wurde darüber hinaus versucht, Goethes Polaritätsthese nicht nur als eine Kritik an Newtons Optik aufzufassen, sondern als einen Beitrag zur – rein optischen – Ergänzung. Anders ausgedrückt war es der Versuch, Goethes Argumentation nicht gegen die Newtonsche Optik, sondern mit der Newtonschen Optik aufzurüsten und anwendbar zu machen.

Die dabei kombinierten Positionen Goethes und Newtons dürfen nicht mit den historischen Positionen der beiden Forscher verwechselt werden. Dass eine solche Kombination aber nicht unbedingt den Anliegen der beiden Forscher widersprechen muss, wurde nur skizzenhaft in den ersten beiden Abschnitten dieses Beitrages angedeutet.

Sind also Goethe und Newton nicht nur Antagonisten gewesen, sondern auch – der Möglichkeit nach – gerade auf dem Gebiet der Optik, auf dem häufig ihr Gegensatz am stärksten hervorgehoben wurde, sich gegenseitig förderliche Experimentatoren?

In diesem Sinne jedenfalls können die verallgemeinerten Experimente verstanden werden.

18.9 Literaturverzeichnis

AMRINE, FREDERICK; FRANCIS J. ZUCKER UND HARVEY WHEELER (Hg.): *Goethe and the Sciences: A Reappraisal.* Dordrecht: D. Reidel Publishing (Boston Studies in the Philosophy of Science; Bd. 97) 1987.

AULHORN, ELFRIEDE; HARMS, H. UND M. RAABE: Die Lichtunterschiedsempfindlichkeit als Funktion der Umfeldleuchtdichte. In: *Documenta Ophthalmologica* **20**/1 (1966), S. 537–556.

BJERKE, ANDRÉ: *Neue Beiträge zu Goethes Farbenlehre.* Stuttgart: Verlag Freies Geistesleben 1961.

BORN, MAX: Betrachtungen zur Farbenlehre. In: *Die Naturwissenschaften* **50** (1963), S. 29–39.

GOETHE, JOHANN W. VON: *Beiträge zur Optik und Anfänge der Farbenlehre. Die Schriften zur Naturwissenschaft, 1790–1808.* Hg. von RUPPRECHT MATTHAEI. Leopoldina Ausgabe, Bd. 3, 1. Teil. Weimar: Böhlaus Nachfolger 1951.

GOETHE, JOHANN W. VON: *Zur Farbenlehre. Widmung, Vorwort und Didaktischer Teil. Die Schriften zur Naturwissenschaft.* Hg. von RUPPRECHT MATTHAEI. Leopoldina Ausgabe, Bd. 4, 1. Teil. Weimar: Böhlaus Nachfolger, (Erstveröffentl. 1810) 1955.

GOETHE, JOHANN W. VON: *Zur Farbenlehre, Historischer Teil. Die Schriften zur Naturwissenschaft.* Hg. von DOROTHEA KUHN. Leopoldina Ausgabe, Bd. 6, 1. Teil, Weimar: Böhlaus Nachfolger (Erstveröffentlichung 1810) 1957.

GOETHE, JOHANN W. VON: *Zur Farbenlehre, Polemischer Teil. Die Schriften zur Naturwissenschaft.* Hg. von RUPPRECHT MATTHAEI. Leopoldina Ausgabe, Bd. 5, 1. Teil, Weimar: Böhlaus Nachfolger 1958.

GREBE-ELLIS, JOHANNES: Lesen im Buch der Natur. Zur Entwicklung einer phänomenologischen Lesekompetenz. In: NORDMEIER, V. UND A. OBERLÄNDER (Hg.): *Didaktik der Physik. Beiträge zur Frühjahrstagung der DPG in Regensburg.* Berlin: Lehmanns Media 2007.

GREN, FRIEDRICH A. C.: Einige Bemerkungen über der Herrn von Göthe Beyträge zur Optik. In: *Journal der Physik* **7** (1793), S. 3–21.

HEISENBERG, WERNER: *Wandlungen in den Grundlagen der Naturwissenschaft: Zehn Vorträge.* Stuttgart: Hirzel (11. Aufl.) 1980.

HOLTSMARK, TORGER: Newton's Experimentum Crucis Reconsidered. In: *American Journal of Physics* **38**/10 (1970), S. 1229–1235.

LAMPERT, TIMM: *Zur Wissenschaftstheorie der Farbenlehre.* Bern: Bern Studies 2000.

MATTHAEI, RUPPRECHT: *Goethes Farbenlehre.* Ravensburg: O. Maier (3. Aufl.) 1998.

MÜLLER, OLAF L.: Goethes philosophisches Unbehagen beim Blick durchs Prisma. In: GLASAUER, S. UND J. STEINBRENNER (Hg.): *Farben.* Frankfurt am Main: Suhrkamp 2007, S. 64–101.

NEWTON, SIR ISAAC: *Of Colours.* Portsmouth Collection Add. MS. 3975, Cambridge University Library 1665, (Verfügbar unter: `http://www.newtonproject.sussex.ac.uk/view/texts/normalized/NATP00004`) (zugegriffen am 9.2.2011).

NEWTON, SIR ISAAC: A Letter of Mr. Isaac Newton, Professor of the Mathematicks in the University of Cambridge; containing his New Theory about Light and Colors. In: *Philosophical Transactions of the Royal Society* **80** (1672), S. 3075–3087, verfügbar unter: `http://www.newtonproject.sussex.ac.uk/view/texts/diplomatic/NATP00006` (zugegriffen am 9.2.2011).

Newton, Sir Isaac: *Opticks: Or, a treatise of the Reflexions, Refractions, Inflections and Colours of Light*. London: Smith & Waford 1704, verfügbar unter: http://pvtridvs.net/pool/oldebooks/newton/Opticks1704.pdf (zugegriffen am 9.2.2011).

Newton, Sir Isaac: *The Optical Papers of Isaac Newton: Volume 1, The Optical Lectures 1670–1672*. Hg. von Alan E. Shapiro. Bd. 1. Cambridge: Cambridge University Press 1984.

Rang, Matthias und Johannes Grebe-Ellis: Komplementäre Spektren – Experimente mit einer Spiegel-Spalt-Blende. In: *MNU (Mathematisch Naturwissenschaftlicher Unterricht)* **62**/4 (2009), S. 227–231.

Rang, Matthias und Olaf L. Müller: Newton in Grönland. Das umgestülpte experimentum crucis in der Streulichtkammer. In: *Philosophia Naturalis* **46**/1 (2009), S. 61–114.

Rang, Matthias: Der Hellraum als Bedingung zur Invertierung spektraler Phänomene. In: *Elemente der Naturwissenschaft* **90** (2009a), S. 46–79.

Rang, Matthias: Mehrfachanwendung von Spiegelspaltblenden und Prismen – eine modernisierte Form von Newtons experimentum crucis. In: Nordmeier, V. und H. Grötzebauch (Hg.): *Didaktik der Physik. Frühjahrstagung der DPG in Bochum 2009*. Berlin: Lehmanns Media 2009b.

Ribe, Neil und Friedrich Steinle: Exploratory Experimentation: Goethe, Land, and Color Theory. In: *Physics Today* **55** (2002), S. 43–49.

Rosenberger, Ferdinand: *Isaac Newton und seine physikalischen Principien: ein Hauptstück aus der Entwicklungsgeschichte der modernen Physik*. Darmstadt: Wissenschaftliche Buchgesellschaft 1987.

Sabra, Abdelhamid I.: *Theories of light from Descartes to Newton*. Cambridge: Cambridge University Press 1981.

Sällström, Pehr: *Monochromatische Schattenstrahlen*. Dreisprachige DVD. Stuttgart: Drucktuell 2010.

Schiller, Friedrich und Johann W. von Goethe: *Ihre Briefe sind meine einzige Unterhaltung: Briefwechsel zwischen Schiller und Goethe*. (Sonderausgabe von Bd. 8.1 der Münchner Ausgabe von Goethes Werken, hg. von K. Richter u. a.) München: Hanser 2005.

Sepper, Dennis L.: *Goethe contra Newton: Polemics and the Project for a New Science of Color*. Cambridge: Cambridge University Press 1988.

Sepper, Dennis L. (1994): *Newton's Optical Writings: A Guided Study*. Rutgers University Press 1994.

Shapiro, Alan E.: Introduction. In: Shapiro, Alan E. (Hg.): *The Optical Papers of Isaac Newton: Volume 1, The Optical Lectures 1670–1672. Bd. 1*. Cambridge: Cambridge University Press 1984, S. 1–24.

Weizsäcker, Carl Friedrich von: Einige Begriffe aus Goethes Naturwissenschaft. In: Goethe, Johann W. von: *Goethes Werke: Naturwissenschaftliche*

Schriften I. Hg. von D. KUHN UND R. WANKMÜLLER. Hamburger Ausgabe, Bd. 13. München: C. H. Beck (11. Aufl.) 1994, S. 539–555.

ZEMPLÉN, GÁBOR Á.: *The History of Vision, Colour, & Light Theories. Introductions, Texts, Problems.* Bern: Universitat Bern (Bern studies in the history and philosophy of science; 5) 2005.

Figure 19.1:
Experiments illustrating Goethe's colour theory, performed by Nora Löbe:
Oben: Farbige Schatten
Unten: Lichtdurchgang durch Trübes

Photo: Gudrun Wolfschmidt during the Symposium *Colours* in Hamburg, Oct. 2010

Goethes Farbenlehre in ausgewählten Experimenten

Nora Löbe (Öhningen)

19.1 Kurzer Überblick über „Zur Farbenlehre" von Goethe 1810

„Zur Farbenlehre" nennt Goethe bescheiden sein im Jahre 1810 erscheinendes Werk. Schon im Titel zeigt sich zweierlei: Der Inhalt erhebt zwar keinen Anspruch auf Vollständigkeit, stellt aber dennoch die Forderung, einen großen Überblick über alles, was zur Farbenlehre zu sagen ist, zu geben. Dieser Forderung kommt Goethe vollumfänglich nach: Bis zu seiner Zeit hat es keine so umfassende Zusammenstellung zur Farbe gegeben. Einzelaspekte waren zwar vorher schon eingehend untersucht worden, aber in der Gesamtschau haben wir auch fast 200 Jahre nach Goethe kaum etwas Vergleichbares. Das Werk ist unterteilt in drei Bände:

- Erster Band: Didaktischer Teil, das Lehr- und Experimentierbuch,

- Zweiter Band: Polemischer Teil, die Auseinandersetzung mit der „Farbtheorie" Newtons und seiner Nachfolger,

- Dritter Band: Historischer Teil – die Materialsammlung mit Dokumenten zur Wissenschaftsgeschichte der Farbenlehre.

Näher eingehen möchte ich nur auf den ersten Teil, das eigentliche Lehrbuch; auch hiervon sollen nur einige besondere Phänomene berücksichtigt werden. In diesem, dem didaktischen Teil, liefert Goethe eine immense Fülle an Beobachtungen, Phänomenen und Experimentieranleitungen rund um die Farben.

- Die erste Abteilung, „Physiologische Farben", enthält eine Untersuchung des Auges und seiner Reaktionen auf Licht, Dunkel und die Farben.

- Als zweite Abteilung folgen die „Physischen Farben", hier bespricht Goethe die Farben der Physik. Atmosphärische Farben, wie Höfe und Himmelblau, aber auch die Farben des Prismas und die Phänomene, die wir heute als Interferenz- und Beugungsfarben kennen, werden beobachtet und beschrieben. Die Farben der Polarisation, die erst im Jahre 1808 entdeckt wurden, behandelt Goethe erst einige Jahre später in einem Nachtrag, da er sie bis zur Veröffentlichung der Farbenlehre noch nicht eingehend untersuchen konnte.

- Die dritte Abteilung befasst sich mit der Chemie der Farben, insbesondere den Phänomenen der Farbentstehung durch „Säuerung" und „Entsäuerung".

- In den „Allgemeinen Ansichten nach Innen", der vierten Abteilung, wird der Farbkreis entwickelt. Er erscheint als eine Zusammenfassung der Gesetze des Farbigen, die in den physiologischen, physischen und chemischen Phänomenen der Farbe beobachtet wurden.

- In der fünften Abteilung, den „Nachbarlichen Verhältnissen", stellt Goethe seine Forschungen zur Farbe in ein Verhältnis zu den Wissens- und Kulturtätigkeiten seiner Zeit.

- Die sechste Abteilung hat er „Die sinnlich-sittliche Wirkung der Farbe" genannt. Hier unternimmt es Goethe, die seelischen Erlebnisse, die wir an der Farbe haben, genau zu beobachten und ins Bewusstsein zu heben. Viele Künstler beziehen sich seit 200 Jahren auf diesen Teil der Farbenlehre, er ist der am wenigsten umstrittene. Er gilt als die erste „Farbpsychologie", er ist eine Ästhetik der Farbe.

19.2 Erfahrungen mit einigen Phänomenen

In der Arbeit mit den Phänomenen zu Licht und Farbe, wie ich sie in zahlreichen Vorträgen und den Ausstellungen zur Farbenlehre zeigen konnte, traf ich immer wieder auf ähnliche Fragestellungen, die ich im folgenden an einigen Beispielen erläutern möchte.

19.2.1 „Unsichtbares Licht" – wie die sichtbare Welt wahrnehmbar wird

Die Welt, die uns umgibt, nehmen wir normalerweise als gegeben hin, wir finden sie einfach vor. Nach und nach lernt schon das kleine Kind, sich in ihren räumlichen und zeitlichen Gegebenheiten zu orientieren. Wir gebrauchen unsere Sinne und setzen uns dadurch in ein Verhältnis zu unserer Umgebung. Der Sehsinn, auf das engste mit dem Auge und dem Licht verknüpft, liefert uns eine Vielfalt an unterschiedlichsten Farb- und Helligkeitseindrücken. Unmittelbar ist uns klar, dass wir zum Sehen Licht brauchen; erleben wir doch an jedem Morgen, wie die Sonne die Farben der Natur zum Leuchten bringt. Weniger wissen wir zu sagen, wenn die Frage gestellt wird, wie das Licht aussieht – eine Frage, die vielen müßig oder sinnlos erscheint.

Abbildung 19.2:
Licht wird erst bemerkbar, wenn es Gegenstände beleuchten kann.

Stellen wir eine Situation her, in der es uns gelingt, das Licht quer zu seiner Beleuchtungsrichtung anzuschauen, so dass wir weder die Lichtquelle noch einen beleuchteten Gegenstand sehen (vgl. Abb. 19.2). Wird das Licht eingeschaltet, verändert sich nichts: Wir sehen, dass wir Licht nicht sehen. Licht wird erst bemerkbar, wenn es Gegenstände beleuchten kann. Die Beobachtung zeigt, dass sich die sichtbare Welt zwischen den beiden Polaritäten Licht und Finsternis entfaltet. Gleiches gilt für die Farbe. Nehmen wir Weiß und Schwarz als die Repräsentanten von Licht und Finsternis, so gilt für jede Farbe, dass sie dunkler ist als Weiß und Heller als Schwarz.

Für Goethe hat zwar die Farbe viel mit dem Licht zu tun, aber es ist uns nicht möglich, viel über das Licht auszusagen:

> *„Ob man nicht, indem von den Farben gesprochen werden soll, vor allen Dingen des Lichtes zu erwähnen habe, ist eine ganz natürliche Frage, auf die wir jedoch nur kurz und aufrichtig erwidern: es scheine bedenklich, da bisher schon so viel und mancherlei von dem Lichte gesagt worden, das Gesagte zu wiederholen oder das oft Wiederholte zu vermehren. Denn eigentlich unternehmen wir umsonst, das Wesen eines Dinges auszudrücken. Wirkungen werden wir gewahr, und eine vollständige Geschichte dieser Wirkungen umfasste wohl allenfalls das Wesen jenes Dinges. Vergebens bemühen wir uns, den Charakter eines Menschen zu schildern; man stelle dagegen seine Handlungen, seine Taten zusammen, und ein Bild des Charakters wird uns entgegentreten.*
> *Die Farben sind Taten des Lichts, Taten und Leiden. In diesem Sinne können wir von denselben Aufschlüsse über das Licht erwarten. Farben und Licht stehen zwar untereinander in dem genausten Verhältnis, aber wir müssen uns beide als der ganzen Natur angehörig denken: denn sie ist es ganz, die sich dadurch dem Sinne des Auges besonders offenbaren will."*

Vorwort zur Farbenlehre

An dieser Stelle wird deutlich, was Goethe vom Naturforscher fordert: Er solle nur die sinnliche Welt untersuchen und, wenn die Urphänomene gefunden sind, deren Einordnung dem Philosophen überlassen:

> *„720.*
> *Kann dagegen der Physiker zur Erkenntnis desjenigen gelangen, was wir ein Urphänomen genannt haben, so ist er geborgen und der Philosoph mit ihm: er, denn er überzeugt sich, dass er an die Grenze*

seiner Wissenschaft gelangt sei, dass er sich auf der empirischen Höhe befinde, wo er rückwärts die Erfahrung in allen ihren Stufen überschauen und vorwärts in das Reich der Theorie, wo nicht eintreten, doch einblicken könne. Der Philosoph ist geborgen: denn er nimmt aus des Physikers Hand ein Letztes, das bei ihm nun ein Erstes wird. Er bekümmert sich nun mit Recht nicht mehr um die Erscheinung, wenn man darunter das Abgeleitete versteht, wie man es entweder schon wissenschaftlich zusammengestellt findet oder wie es gar in empirischen Fällen zerstreut und verworren vor die Sinne tritt. Will er ja auch diesen Weg durchlaufen und einen Blick ins einzelne nicht verschmähen, so tut er es mit Bequemlichkeit, anstatt dass er bei anderer Behandlung sich entweder zu lange in den Zwischenregionen aufhält oder sie nur flüchtig durchstreift, ohne sie genau kennen zu lernen."

In diesem Sinne wird auch verständlich, weshalb Goethe eine „Aufspaltung des Lichtes", wie Newton sie vornimmt, ablehnt.

„Licht und Geist, jenes im Physischen, dieser im Sittlichen herrschend, sind die höchsten denkbaren unteilbaren Energien."

19.2.2 „Vexierbilder" – Die eigene Aktivität im Erkenntnisprozess

Selten haben wir die Situation, dass wir den Prozess beobachten können, wie wir zu unseren Urteilen über die wahrgenommene Welt kommen. Zu schnell verlassen wir im Normalfall die Ebene der Wahrnehmung und sortieren das Wahrgenommene in einen begrifflichen Zusammenhang ein. Nur in dem seltenen Moment, da unsere Wahrnehmung uns nichts Einzuordnendes liefert, können wir den Prozess etwas genauer beobachten.

In zahlreichen Vorträgen und Ausstellungsführungen konnte ich beobachten, wie Menschen auf dieses Bild reagieren. Auf die Frage „Was sehen Sie?", kommen langsam tastende Antworten, Unsicherheit macht sich breit, ein Motiv soll zu sehen sein, aber nichts ist eindeutig. Vielleicht eine Luftaufnahme, ein Fluß, ein Geist, ein Krokodil... Auf meinen Vorschlag: „Graue Flecken auf Papier", geht meist ein Aufatmen durch die Reihen, ist doch beim besten Willen nichts Sinnvolles zu sehen. Die Reduktion auf das physisch Vorliegende schafft Erleichterung. Übermittelt uns doch unser Auge tatsächlich nichts als Hell-Dunkel- und Farbwerte. Wenn dann gesagt und gezeigt wird, dass auf dem Bild eine Kuh zu sehen ist, herrscht noch für einen kurzen Augenblick Ratlosigkeit, dann sieht man auf den Gesichtern die ersten Geistesblitze.
Dieses Beispiel erläutert auf eindrückliche Art, dass die Wahrnehmung (graue

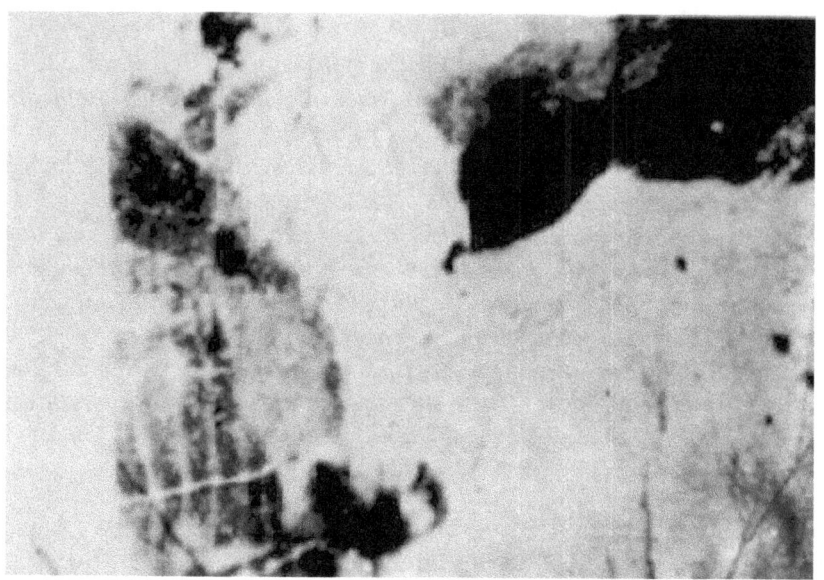

Abbildung 19.3:
Vexierbild

Flecken) ohne einen gedanklichen Anteil, den der Betrachter hinzubringt, keinen Sinn macht. Ich selbst schaffe den Sinn durch die Verbindung von Wahrnehmung und Gedanken.

19.2.3 „Simultankontraste" – Welcher „Wahrheit" ich vertraue

Ein weiteres einfaches Experiment aus dem Bereich der „Optischen Täuschungen" zeigt einen weiteren spannenden Aspekt unseres Umgangs mit der Wahrnehmung und dem, was wir für richtig oder falsch halten. Welche Felder sind gleich (vgl. Abb. 19.4)?

Diese Frage ist absichtlich verwirrend gestellt, können wir doch unsere Antwort verschieden geben. Frage ich, „welche Felder sehen gleich aus?" oder „welche Felder sind gleich gedruckt?", ist die Antwort eindeutiger. Welcher Wahrheit vertraue ich mehr, der empfundenen oder der messbaren? Die Antwort wird wohl je nach Situation und Anwendung unterschiedlich ausfallen.

Nebenbei tritt noch ein anderer Aspekt der Farbe deutlich auf: Eine Farbe oder ein Grauwert wird von uns nicht absolut beurteilt. Wir stellen immer

Abbildung 19.4:
Simultankontraste in SW und in Farbe – Welche Felder sind gleich?

Verhältnisse her. Ein Grau ist dunkler oder heller als eine andere, eine Farbe wärmer oder kälter als eine andere. Die Beurteilung einer Farbe macht nur Sinn, wenn ich ihre Umgebung miteinbeziehe.

Immer sehen wir Farb- oder Hell-Dunkel-Werte im Vergleich zueinander. Unser Auge bildet stets die Verhältnisse zwischen den einzelnen Werten, es spürt sehr fein, welche Veränderungen von einer farbigen Fläche zur anderen stattgefunden haben. Wir beurteilen immer nach „heller als" oder „röter als". Das Auge sieht relative Werte, nicht absolute. Auf diese Art und Weise ist unser Auge extrem anpassungsfähig. Nach einiger Gewöhnungszeit können wir sowohl in sehr dunklen Räumen, als auch im gleißenden Sonnenschein unsere Augen gebrauchen.

Insofern ist es leicht verständlich, weshalb eine graue Fläche in einer hellen Umgebung dunkler aussieht als in einer dunklen.

Aus: „Zur Farbenlehre" von Johann Wolfgang von Goethe:

„56.

Haben wir bisher die entgegengesetzten Farben sich einander sukzessiv auf der Retina fordern sehen, so bleibt uns noch übrig zu erfahren, daß diese gesetzliche Forderung auch simultan bestehen könne. Malt sich auf einem Teile der Netzhaut ein farbiges Bild, so findet sich der übrige Teil sogleich in einer Disposition, die bemerkten korrespondierenden Farben hervorzubringen. Setzt man obige Versuche fort und blickt zum Beispiel vor einer weißen Fläche auf ein gelbes Stück Papier, so ist der übrige Teil des Auges schon disponiert, auf gedachter farbloser Fläche das Violette hervorzubringen. Allein das wenige Gelbe ist nicht mächtig genug, jene Wirkung deutlich zu leisten. Bringt man aber auf eine gelbe Wand weiße Papiere, so wird man sie mit einem violetten Ton überzogen sehen.“

19.2.4   Nachbilder – Die Harmonie der Farbe ist dem Auge eingeschrieben

Das Phänomen ist bekannt: Betrachtet man eine intensive farbige Fläche für etwa 10 bis 20 Sekunden, ohne das Auge zu sehr zu bewegen, und blickt dann auf eine neutrale Fläche, so erscheint ein Nachbild in der Komplementärfarbe der ersten Farbe.

Die zweite Farbe, die von jedem zu sehen ist, wird vom Auge selbst hervorgebracht. Auf die erscheinende Farbe habe ich keinen willentlichen Einfluss. Egal, was ich mir vornehme, immer wenn ich zuerst ein Grün anschaue, erscheint als Nachbild ein Purpurrot.

Im Farbkreis, wie Goethe ihn in der vierten Abteilung entwickelt, stehen sich die Komplementärfarben gegenüber. Sie bilden den größten Gegensatz, der im Farbigen möglich ist. Goethe entdeckt und beschreibt die Harmonie der Farbe, die in unserer Physiologie eingeschrieben ist. Diese Farbharmonie ist nicht subjektiv, also nicht unserem Geschmacksurteil unterworfen.

Zur Farbenlehre:

„50.

Um in der Kürze zu bemerken, welche Farben denn eigentlich durch diesen Gegensatz hervorgerufen werden, bediene man sich des illuminierten Farbenkreises unserer Tafeln, der überhaupt naturgemäss eingerichtet ist und auch hier seine guten Dienste leistet, indem die in demselben diametral einander entgegengesetzten Farben diejenigen sind, welche sich im Auge wechselweise fordern. So fordert Gelb das Violette, Orange das Blaue, Purpur das Grüne, und umge-

kehrt. So fordern sich alle Abstufungen wechselweise, die einfachere Farbe fordert die zusammengesetztere, und umgekehrt

60.

Diese Phänomene sind von der grössten Wichtigkeit, indem sie uns auf die Gesetze des Sehens hindeuten und zu künftiger Betrachtung der Farben eine notwendige Vorbereitung sind. Das Auge verlangt dabei ganz eigentlich Totalität und schliesst in sich selbst den Farbenkreis ab. In dem vom Gelben geforderten Violetten liegt das Rote und Blaue; im Orange das Gelbe und Rote, dem das Blaue entspricht; das Grüne vereinigt Blau und Gelb und fordert das Rote, und so in allen Abstufungen der verschiedensten Mischungen. Dass man in diesem Falle genötigt werde, drei Hauptfarben anzunehmen, ist schon früher von den Beobachtern bemerkt worden.

61.

Wenn in der Totalität die Elemente, woraus sie zusammenwächst, noch bemerklich sind, nennen wir sie billig Harmonie, und wie die Lehre von der Harmonie der Farben sich aus diesen Phänomenen herleite, wie nur durch diese Eigenschaften die Farbe fähig sei, zu ästhetischem Gebrauch angewendet zu werden, muss sich in der Folge zeigen, wenn wir den ganzen Kreis der Beobachtungen durchlaufen haben und auf den Punkt, wovon wir ausgegangen sind, zurückkehren.

708.

Die Totalität nebeneinander zu sehen macht einen harmonischen Eindruck aufs Auge. Man hat hier den Unterschied zwischen dem physischen Gegensatz und der harmonischen Entgegenstellung zu bedenken. Der erste beruht auf der reinen nackten ursprünglichen Dualität, insofern sie als ein Getrenntes angesehen wird; die zweite beruht auf der abgeleiteten, entwickelten und dargestellten Totalität.

709.

Jede einzelne Gegeneinanderstellung, die harmonisch sein soll, muss Totalität enthalten. Hievon werden wir durch die physiologischen Versuche belehrt. Eine Entwicklung der sämtlichen möglichen Entgegenstellungen um den ganzen Farbenkreis wird nächstens geleistet.

812.

Wurden wir vorher bei dem Beschauen einzelner Farben gewissermassen pathologisch affiziert, indem wir, zu einzelnen Empfindungen fortgerissen, uns bald lebhaft und strebend, bald weich und sehnend, bald zum Edlen emporgehoben, bald zum Gemeinen herabge-

zogen fühlten, so führt uns das Bedürfnis nach Totalität, welches unserm Organ eingeboren ist, aus dieser Beschränkung heraus; es setzt sich selbst in Freiheit, indem es den Gegensatz des ihm aufgedrungenen Einzelnen und somit eine befriedigende Ganzheit hervorbringt.
813.
So einfach also diese eigentlich harmonischen Gegensätze sind, welche uns in dem engen Kreise gegeben werden, so wichtig ist der Wink, dass uns die Natur durch Totalität zur Freiheit heraufzuheben angelegt ist und dass wir diesmal eine Naturerscheinung zum ästhetischen Gebrauch unmittelbar überliefert erhalten."

19.2.5 „Farbige Schatten"

„Farbige Schatten" oder exakter ausgedrückt, „Farbige Halbschatten" entstehen immer dann, wenn man eine Beleuchtung mit zwei verschiedenfarbigen Lichtquellen einsetzt. Handelt es sich um zwei gefärbte Lichter, so entstehen zwei Schatten, welche in den beiden Lichtfarben gefärbt sind. Eine Besonderheit tritt ein, wenn man nur eine der Lichtquellen färbt. Nimmt man ein neutrales Licht und ein farbiges Licht, so bekommt man zwei Schatten in komplementären Farben.

Bei niedrigem Sonnenstand im Winter lassen sich auf Schneeflächen häufig blauviolette bis grünliche Schatten beobachten.

„64.
Zu den farbigen Schatten gehören zwei Bedingungen, erstlich, daß das wirksame Licht auf irgend eine Art die weiße Fläche färbe, zweitens, daß ein Gegenlicht den geworfenen Schatten auf einen gewissen Grad erleuchte. 65.
Man setze bei der Dämmerung auf ein weißes Papier eine niedrig brennende Kerze; zwischen sie und das abnehmende Tageslicht stelle man einen Bleistift aufrecht, so daß der Schatten, welchen die Kerze wirft, von dem schwachen Tageslicht erhellt, aber nicht aufgehoben werden kann, und der Schatten wird von dem schönsten Blau erscheinen.
66.
Daß dieser Schatten blau sei, bemerkt man alsobald; aber man überzeugt sich nur durch Aufmerksamkeit, daß das weiße Papier als eine rötlich gelbe Fläche wirkt, durch welchen Schein jene blaue Farbe im Auge gefordert wird. 75.

Auf einer Harzreise im Winter stieg ich gegen Abend vom Brocken herunter, die weiten Flächen auf und abwärts waren beschneit, die Heide von Schnee bedeckt, alle zerstreut stehenden Bäume und vorragenden Klippen, auch alle Baum- und Felsenmassen völlig bereift, die Sonne senkte sich eben gegen die Oderteiche hinunter. Waren den Tag über, bei dem gelblichen Ton des Schnees, schon leise violette Schatten bemerklich gewesen, so mußte man sie nun für hochblau ansprechen, als ein gesteigertes Gelb von den beleuchteten Teilen widerschien. Als aber die Sonne sich endlich ihrem Niedergang näherte und ihr durch die stärkeren Dünste höchst gemäßigter Strahl die ganze mich umgebende Welt mit der schönsten Purpurfarbe überzog, da verwandelte sich die Schattenfarbe in ein Grün, das nach seiner Klarheit einem Meergrün, nach seiner Schönheit einem Smaragdgrün verglichen werden konnte. Die Erscheinung ward immer lebhafter, man glaubte sich in einer Feenwelt zu befinden, denn alles hatte sich in die zwei lebhaften und so schön übereinstimmenden Farben gekleidet, bis endlich mit dem Sonnenuntergang die Prachterscheinung sich in eine graue Dämmerung, und nach und nach in eine mond- und sternhelle Nacht verlor."

19.2.6 „Die Farbentstehung an der Trübe"

In Goethes Farbenlehre nimmt die Farbentstehung aus Hell, Dunkel und einer vermittelnden Trübe eine entscheidende Rolle ein. Er sucht nach einer Möglichkeit, die Entstehung der Farbe aus möglichst wenigen Komponenten zu beschreiben. Die Farbe steht in ihrem Helligkeitswert zwischen Hell und Dunkel oder auch zwischen Weiß und Schwarz. Sie ist immer dunkler als Weiß und heller als Schwarz. Wenn zwischen Hell und Dunkel durch eine Trübe vermittelt wird, können Farben entstehen. Die Vermittlung kann entweder als Aufhellung des Dunklen oder als Verdunkelung des Hellen geschehen. So erklärt Goethe auch die Farbe des blauen Himmels und des Sonnenuntergangs.

Trübe Mittel sind zum Beispiel die Erdatmosphäre, das „Blau" der Kerzenflamme, Schmierseife, verdünnte Milch, Opale und Opalglas.

Die Bedeutung, die Goethe diesem Phänomen beimisst, zeigt sich in der Zusammenschau des Phänomens in der Natur, seinen methodischen Hinweisen kurz darauf und dem erneuten Aufgreifen der Beschreibungen in der sechsten Abteilung der Farbenlehre, wo die seelische Wirkung der Farbe auf den Menschen beschrieben wird.

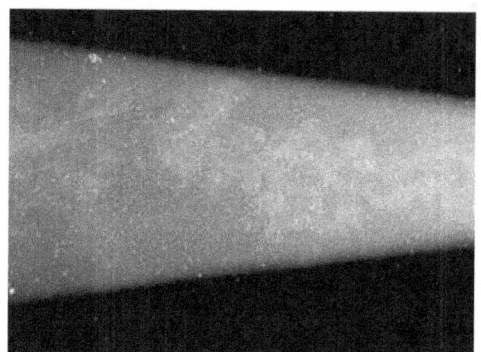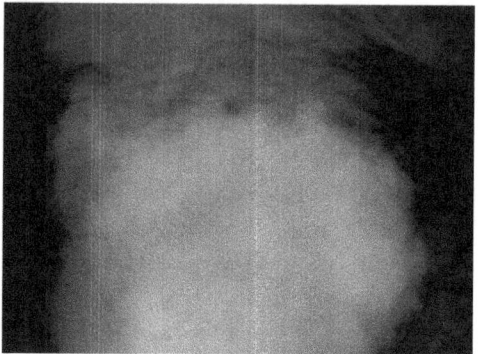

Abbildung 19.5:
Farbentstehung an der Trübe

Links: Blauentstehung im Aquarium:
beleuchtete Trübe vor dunklem Hintergrund
Rechts: Gelbentstehung: Licht durch ein trübes Medium gesehen

„*149.*
*Auf welcher Stufe wir auch das Trübe vor seiner Undurchsichtigkeit
festhalten, gewährt es uns, wenn wir es in Verhältnis zum Hellen
und Dunkeln setzen, einfache und bedeutende Phänomene.*
150.
*Das höchstenergische Licht, wie das der Sonne, des Phosphors in
Lebensluft verbrennend, ist blendend und farblos. So kommt auch
das Licht der Fixsterne meistens farblos zu uns. Dieses Licht aber
durch ein auch nur wenig trübes Mittel gesehen, erscheint uns gelb.
Nimmt die Trübe eines solchen Mittels zu, oder wird seine Tiefe
vermehrt, so sehen wir das Licht nach und nach eine gelbrote Farbe
annehmen, die sich endlich bis zum Rubinroten steigert.*
151.
*Wird hingegen durch ein trübes, von einem darauffallenden Lich-
te erleuchtetes Mittel die Finsternis gesehen, so erscheint uns eine
blaue Farbe, welche immer heller und blässer wird, je mehr sich
die Trübe des Mittels vermehrt, hingegen immer dunkler und satter
sich zeigt, je durchsichtiger das Trübe werden kann, ja bei dem min-
desten Grad der reinsten Trübe als das schönste Violett dem Auge
fühlbar wird.*

174.

Ja wir möchten jene im allgemeinen ausgesprochene Haupterscheinung ein Grund- und Urphänomen nennen, und es sei uns erlaubt, hier, was wir darunter verstehen, sogleich beizubringen. 175.

Das, was wir in der Erfahrung gewahr werden, sind meistens nur Fälle, welche sich mit einiger Aufmerksamkeit unter allgemeine empirische Rubriken bringen lassen. Diese subordinieren sich abermals unter wissenschaftliche Rubriken, welche weiter hinaufdeuten, wobei uns gewisse unerläßliche Bedingungen des Erscheinenden näher bekanntwerden. Von nun an fügt sich alles nach und nach unter höhere Regeln und Gesetze, die sich aber nicht durch Worte und Hypothesen dem Verstande, sondern gleichfalls durch Phänomene dem Anschauen offenbaren. Wir nennen sie Urphänomene, weil nichts in der Erscheinung über ihnen liegt, sie aber dagegen völlig geeignet sind, daß man stufenweise, wie wir vorhin hinaufgestiegen, von ihnen herab bis zu dem gemeinsten Falle der täglichen Erfahrung niedersteigen kann. Ein solches Urphänomen ist dasjenige, das wir bisher dargestellt haben. Wir sehen auf der einen Seite das Licht, das Helle, auf der andern die Finsternis, das Dunkle, wir bringen die Trübe zwischen beide, und aus diesen Gegensätzen, mit Hülfe gedachter Vermittlung, entwickeln sich, gleichfalls in einem Gegensatz, die Farben, deuten aber alsbald durch einen Wechselbezug unmittelbar auf ein Gemeinsames wieder zurück.

Gelb:
765.
Es ist die nächste Farbe am Licht. Sie entsteht durch die gelindeste Mässigung desselben, es sei durch trübe Mittel oder durch schwache Zurückwerfung von weissen Flächen. Bei den prismatischen Versuchen erstreckt sie sich allein breit in den lichten Raum und kann dort, wenn die beiden Pole noch abgesondert voneinander stehen, ehe sie sich mit dem Blauen zum Grünen vermischt, in ihrer schönsten Reinheit gesehen werden. Wie das chemische Gelb sich an und über dem Weissen entwickelt, ist gehörigen Orts umständlich vorgetragen worden.
Rotgelb:
772.
Da sich keine Farbe als stillstehend betrachten lässt, so kann man das Gelbe sehr leicht durch Verdichtung und Verdunklung ins Rötliche steigern und erheben. Die Farbe wächst an Energie und er-

scheint im Rotgelben mächtiger und herrlicher. 773.

Alles was wir vom Gelben gesagt haben, gilt auch hier, nur im höhern Grade. Das Rotgelbe gibt eigentlich dem Auge das Gefühl von Wärme und Wonne, indem es die Farbe der höhern Glut sowie den mildern Abglanz der untergehenden Sonne repräsentiert. Deswegen ist sie auch bei Umgebungen angenehm und als Kleidung in mehr oder minderm Grade erfreulich oder herrlich. Ein kleiner Blick ins Rote gibt dem Gelben gleich ein ander Ansehn; und wenn Engländer und Deutsche sich noch an blassgelben hellen Lederfarben genügen lassen, so liebt der Franzose, wie Pater Castel schon bemerkt, das ins Rot gesteigerte Gelb, wie ihn überhaupt an Farben alles freut, was sich auf der aktiven Seite befindet.

Gelbrot:
774.

Wie das reine Gelb sehr leicht in das Rotgelbe hinübergeht, so ist die Steigerung dieses letzten ins Gelbrote nicht aufzuhalten. Das angenehme heitre Gefühl, das uns das Rotgelbe noch gewährt, steigert sich bis zum unerträglich Gewaltsamen im hohen Gelbroten. 775.

Die aktive Seite ist hier in ihrer höchsten Energie, und es ist kein Wunder, dass energische, gesunde, rohe Menschen sich besonders an dieser Farbe erfreuen. Man hat die Neigung zu derselben bei wilden Völkern durchaus bemerkt. Und wenn Kinder, sich selbst überlassen, zu illuminieren anfangen, so werden sie Zinnober und Mennig nicht schonen.
776.

Man darf eine vollkommen gelbrote Fläche starr ansehen, so scheint sich die Farbe wirklich ins Organ zu bohren. Sie bringt eine unglaubliche Erschütterung hervor und behält diese Wirkung bei einem ziemlichen Grade von Dunkelheit. Die Erscheinung eines gelbroten Tuches beunruhigt und erzürnt die Tiere. Auch habe ich gebildete Menschen gekannt, denen es unerträglich fiel, wenn ihnen an einem sonst grauen Tage jemand im Scharlachrock begegnete.

Blau:
778.

So wie Gelb immer ein Licht mit sich führt, so kann man sagen, dass Blau immer etwas Dunkles mit sich führe. 779.

Diese Farbe macht für das Auge eine sonderbare und fast unaussprechliche Wirkung. Sie ist als Farbe eine Energie; allein sie steht auf der negativen Seite und ist in ihrer höchsten Reinheit gleichsam

*ein reizendes Nichts. Es ist etwas Widersprechendes von Reiz und
Ruhe im Anblick.*
780.
*Wie wir den hohen Himmel, die fernen Berge blau sehen, so scheint
eine blaue Fläche auch vor uns zurückzuweichen.*
781.
*Wie wir einen angenehmen Gegenstand, der vor uns flieht, gern
verfolgen, so sehen wir das Blaue gern an, nicht weil es auf uns
dringt, sondern weil es uns nach sich zieht.*
782.
*Das Blaue gibt uns ein Gefühl von Kälte, so wie es uns auch an
Schatten erinnert. Wie es vom Schwarzen abgeleitet sei, ist uns bekannt.*
783.
*Zimmer, die rein blau austapeziert sind, erscheinen gewissermassen
weit, aber eigentlich leer und kalt.*
784.
Blaues Glas zeigt die Gegenstände im traurigen Licht.

Rotblau:
786.
*Wie wir das Gelbe sehr bald in einer Steigerung gefunden haben, so
bemerken wir auch bei dem Blauen dieselbe Eigenschaft. 787.*
*Das Blaue steigert sich sehr sanft ins Rote und erhält dadurch etwas
Wirksames, ob es sich gleich auf der passiven Seite befindet. Sein
Reiz ist aber von ganz andrer Art als der des Rotgelben. Er belebt
nicht sowohl, als dass er unruhig macht.*
788.
*So wie die Steigerung selbst unaufhaltsam ist, so wünscht man auch
mit dieser Farbe immer fortzugehen, nicht aber, wie beim Rotgelben,
immer tätig vorwärts zu schreiten, sondern einen Punkt zu finden,
wo man ausruhen könnte.*
789.
*Sehr verdünnt kennen wir die Farbe unter dem Namen Lila; aber
auch so hat sie etwas Lebhaftes ohne Fröhlichkeit.*

Blaurot:
790.
*Jene Unruhe nimmt bei der weiter schreitenden Steigerung zu, und
man kann wohl behaupten, dass eine Tapete von einem ganz reinen gesättigten Blaurot eine Art von unerträglicher Gegenwart sein*

müsse. Deswegen es auch, wenn es als Kleidung, Band, oder sonsti-
ger Zierrat vorkommt, sehr verdünnt und hell angewendet wird, da
es denn seiner bezeichneten Natur nach einen ganz besondern Reiz
ausübt. 791.
Indem die hohe Geistlichkeit diese unruhige Farbe sich angeeignet
hat, so dürfte man wohl sagen, dass sie auf den unruhigen Staf-
feln einer immer vordringenden Steigerung unaufhaltsam zu dem
Kardinalpurpur hinaufstrebe."

19.2.7 „Der Blick durch das Prisma" – Ein Beispiel zur allmählichen Vereinfachung des Phänomens

Ein Prisma ist ein dreieckiger Körper aus Glas oder mit Wasser gefüllt. Der Blick geht durch eine Fläche hinein und durch eine andere wieder hinaus. Das durch das Prisma Gesehene erfährt eine Vielzahl von Veränderungen: Gerade Linien erscheinen gekrümmt und verbogen, die Objekte sind von der Stelle verschoben und es erscheinen intensive leuchtende Farben. Die Farben erscheinen unterschiedlich gesättigt und es fällt auf, dass es einen deutlichen Hell-Dunkel-Kontrast braucht.

Prinzipiell sind immer zwei Betrachtungsrichtungen möglich: Entweder ich blicke durch das Prisma auf ein Bild (Hell-Dunkel-Kontrast) oder ich projiziere ein Bild und betrachte die Projektion.

19.2.8 „Die prismatischen Farben" – Farbmischgesetze in Idee und Wirklichkeit

Werden Spalt und Steg schmal genug und durchs Prisma gesehen oder projiziert, entstehen zwei komplementäre Spektren.

- Aus dem Spalt wird:
  Dunkel – Orangerot – Grün – Blauviolett – Dunkel

- Aus dem Steg wird:
  Hell – Cyanblau – Purpurrot – Gelb – Hell

Im ersten Fall entstehen die Grundfarben der additiven Farbmischung, vgl. Abb. 19.7 rechts, im zweiten Fall die der subtraktiven Farbmischung, vgl. Abb. 19.7 links.

Farben können sich auf mehrere Arten mischen. Die häufigsten sind die Mischung von Farbstoffen, wie es vom Malen her bekannt ist, sowie die Mischung

Abbildung 19.6:
Blick durch das Prisma

von farbigen Lichtern, wie sie bei der Bühnenbeleuchtung und in der Bildschirmtechnik verwendet werden. Neben diesen beiden, der subtraktiven Farbmischung und der additiven Farbmischung, sind noch die Mischung von Farben durch Rotation und eine physiologische Farbmischung zu erwähnen. Bei diesen beiden Möglichkeiten vermischen sich die subtraktive und die additive Farbmischung.

- Bei der subtraktiven Farbmischung (Mischung von Pigmenten und Farbstoffen, ist die Mischfarbe immer dunkler als die beiden Ausgangsfarben.

- Werden hingegen mehrere farbige Lichter (additive Farbmischung) gemischt, ist das Ergebnis heller als die beiden Ausgangsfarben.

In beiden Fällen liegt die gemischte Farbe im Farbkreis zwischen den beiden Ausgangsfarben. Werden zwei Komplementärfarben gemischt, erhält man einen farbneutralen Wert: Bei der Mischung mit Pigmenten ein helleres oder dunkleres Grau, bei der Mischung mit Lichter eine neutrale, weiß erscheinende Helligkeit.

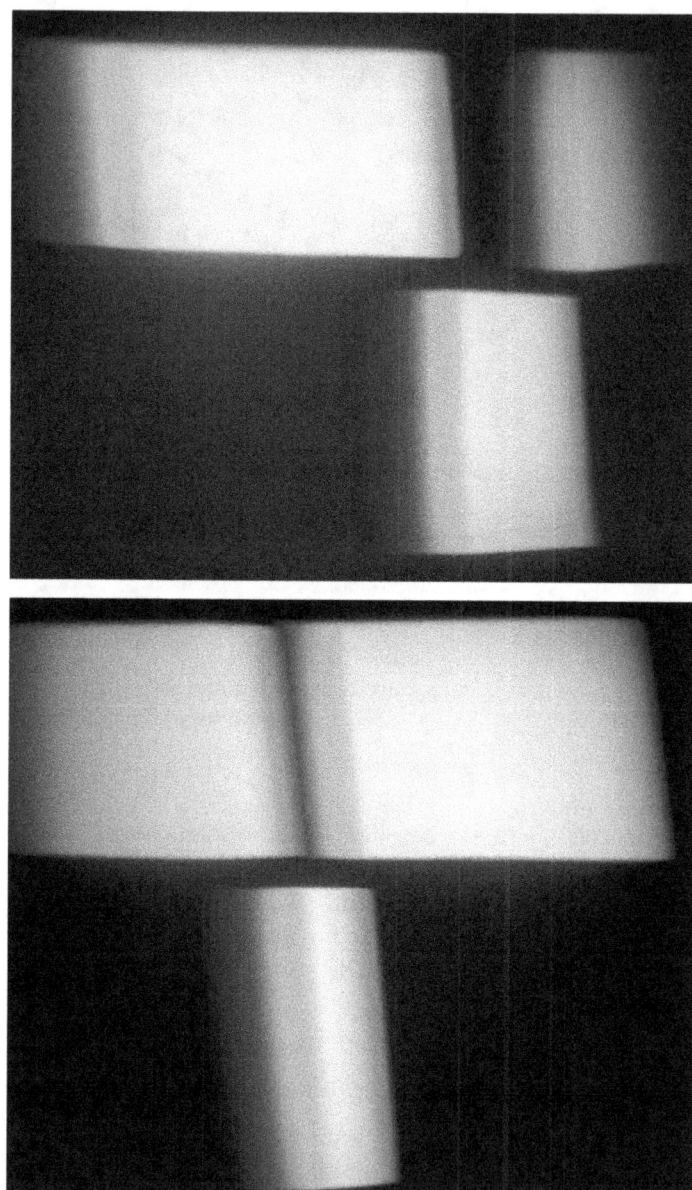

Abbildung 19.7:
Die prismatischen Farben

Photo: Gudrun Wolfschmidt during the Symposium *Colours* in Hamburg, Oct. 2010

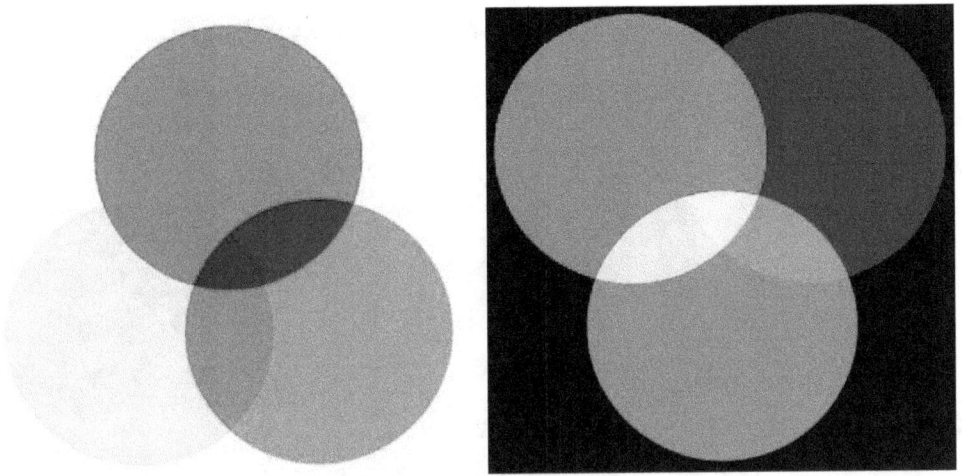

Abbildung 19.8:
Links: Farbmischung mit Pigmenten (subtraktiv) – Rechts: Farbmischung mit
Lichtern (additiv)

Tabelle 19.1:

	Farbmischung mit Pigmenten	Farbmischung mit Lichtern
Grundfarben:	Magenta – Cyan – Gelb	Grün – Orangerot – Blauviolett
Mischfarben:	Grün – Orange – Violett	Purpur – Cyan – Gelb
Mischung aus allen drei:	„Schwarz"	„Weiß"
Komplementär- farben ergeben:	„Schwarz"	„Weiß"
Findet statt:	Auf hellem Hintergrund	Im Dunkeln
Mischungen sind:	dunkler	heller.

Figure 20.1:
Farbtheorien von Newton bis heute

Farbtheorien von Newton bis heute

Karl Heinrich Wiederkehr (Hamburg)

Mit seiner *Optiks* (1704) brachte Isaac Newton den entscheidenden Fortschritt in der Lehre von den Farben. Einer der prominentesten Gegner der Newtonschen Farbenlehre war Goethe. Die Entstehung von Farben war nach ihm nicht notwendig mit einer Brechung verbunden. Weiß und Schwarz sind nach Goethe die Grundelemente der Farben. Durch ihre Mischungen sollen die bunten Farben zustande kommen – eine Vorstellung, wie man sie bei Gelehrten in der Antike schon antrifft. Le Blond erfand den Dreifarbendruck; Grundfarben waren dabei Gelb, Rot und Blau. Es handelt sich hier um Pigmentfarben und eine subtraktive Farbmischung. Tobias Mayer erweiterte Mitte des 18. Jh.s die Dreifarbentheorie mit Rot, Gelb und Blau. Johann Heinrich Lambert erhielt mit seiner Farbpyramide aus Karminrot, Gummigutt und Berliner Blau durch Mischung eine Vielzahl von Farben. Exakte Farbmessung oder Farbmetrik begann in der zweiten Hälfte des 19. Jh.s. Versuche, um zu zahlenmäßigen Beziehungen einer Farbe zu ihren Mischanteilen zu kommen, fingen mit Maxwell an – mit Hilfe eines Farbkreisels; es handelt sich hier um additive Farbmischung. Hermann von Helmholtz unterschied in seiner *Physiologischen Optik* (1860) zum ersten Mal zwischen additiver und subtraktiver Farbmischung. Bei der additiven Mischung aus sich überlagernden Farben bekam Helmholtz Purpurfarben, die im Sonnenspektrum gar nicht vorkommen. Nach Thomas Young (1802) existieren nur drei Arten von Nervenfasern im Auge, die auf drei Grundfarben spezifisch reagieren. Helmholtz, Maxwell und Hermann Günther Graßmann schlossen sich dieser Dreifarbentheorie an (Grundfarben Rot, Grün und Violett). In dem heute durch internationale Vereinbarungen gebrauchten Farbdreieck (CIE-System, 1931) befinden sich an den Ecken die drei Grundfarben Blau, Grün und Rot. Auf der Verbindungsgeraden der Ecke mit Rot zur Ecke mit Blau liegen die Purpurfarben. Jedem Punkt im Farbdreieck ist umkehrbar eindeutig eine Farbart zugeordnet, die durch Farbton, Sättigung und Helligkeit bestimmt wird. Die trichromatische Farbenlehre hat im heutigen Fernsehen eine breite Anwendung gefunden.

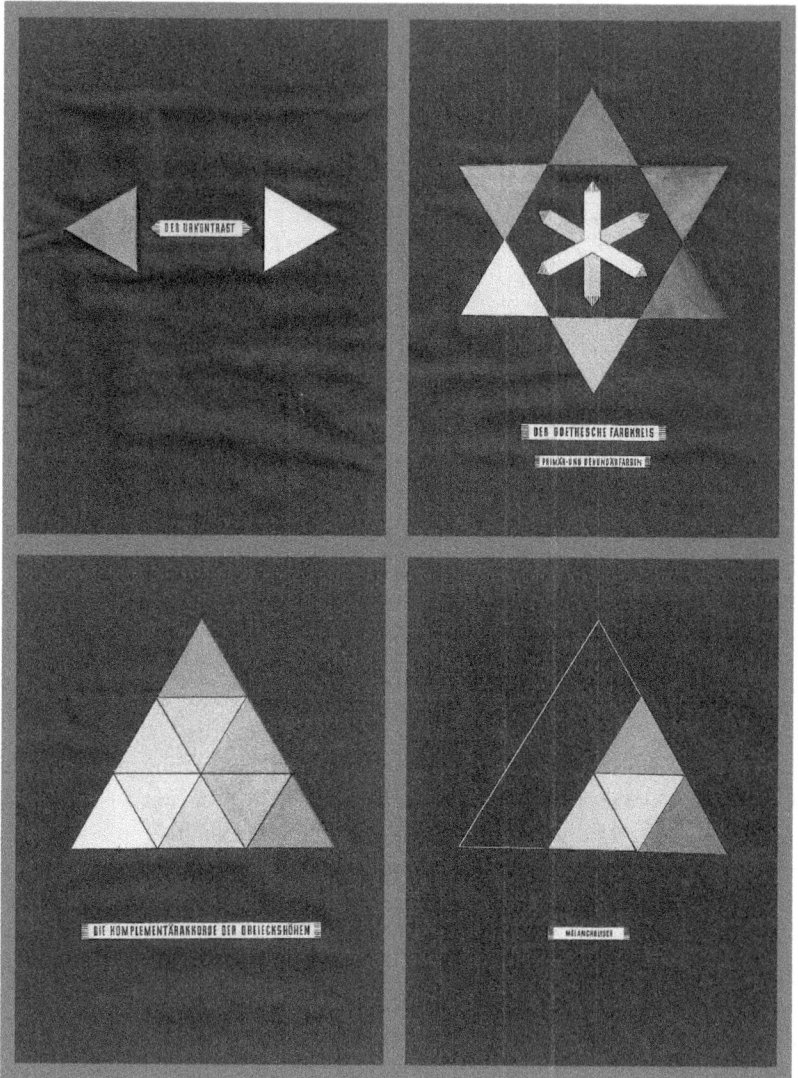

Figure 21.1:
Four of a total of 12 plates from the portfolio of a person
named Helmsmüller from 1949.

Aside from the fundamental contrast (upper left) there are, in agreement with
van Biema, the color circle in form of a star (upper right), as well as the color
triangle (lower left) and one of six plates with isolated regions of the triangle
and related color effect – here melancholy – (lower right).

Source: Sammlung Schwarz.

"Goethe's color triangle" – a didactic phantom

Andreas Schwarz (Essen)

The nine-part color triangle with the so-called primary, secondary, and tertiary colors (Fig. 21.2, p. 297) is known as "Goethe's color triangle," even though Goethe never constructed such a triangle. But even today one can, in various textbooks, still find it with this designation.

Figure 21.2:
Nine-part color triangle, colored by Friedrich Schmuck (2003)
Schmuck 2003, p. 26.

The purpose of the present contribution is to determine who the originator of this triangle was as well as how and under what circumstances this schematic figure became "Goethe's color triangle." Related to this matter are

a few comments regarding its didactic function and use over time as well as
brief appreciative comments regarding a forgotten instructor on the subject of
color.

21.1 Who was the originator?

The principle of placing a yellow, a blue, and a red pigment into the corners of
an equilateral triangle for the purpose of generating systematic mixtures from
them goes back to the German scholar and enlightenment thinker Tobias Mayer
(1723–1762). Mayer placed 11 mixtures between each pair of basic colors so
that his in 1758 published color triangle has locations for a total of 91 colors
(Fig. 21.3, p. 299). An equal number of steps depart from this triangle in
direction of white and black, giving his (not executed) color system the form
of a double pyramid with a total of 819 colors [2, p. 72 ff].

Made known by his two well-known successors Georg Christoph Lichtenberg
(1742–1899) and Johann Heinrich Lambert (1728–1777) Mayer's color system –
usually limited to the central triangle – made appearances in several encyclopedias beginning at the end of the 18th until the second third of the 19th century.
Already Lichtenberg and Lambert deviated from Mayer's number of intermediate grades. But typical descriptions in encyclopedias varied even more in this
respect. In *Grosses Conversations-Lexicon* (Great conversational lexicon) of
1847, for example, a Mayerian triangle with only four steps between the basic
colors is shown (Fig. 21.4, p. 300) thereby resulting in only 33 mixtures [3,
p. 841]. The authors of *Handwörterbuch der reinen und angewandten Chemie*
(Manual of terms of pure and applied chemistry) of 1848 assume 100 steps and
thereby a total of 4950 colors in the triangle [4, p. 30]. In *Universal-Lexicon
der Vergangenheit und Gegenwart* (Universal lexicon of past and present) of
1858 one finds the following definition in the entry "color triangle":

> *"a compilation of colors according to a mathematical-physical prin-
> ciple based on Tobias Mayer's concept that with mixtures of red,
> yellow, and blue, in various ratios, all colors can be represented in
> all their nuances. A white surface, in the form of an equilateral
> triangle, is divided into an arbitrary number of individual triangles
> of equal size. The basic colors are placed into the triangles in the
> three corners, one in each one, with a mixture of these in all other
> triangles. . . "* [5, p. 115].

The author's definition makes it clear that in case of Mayer's triangle the number of intermediate steps is not considered important, but rather the mixture

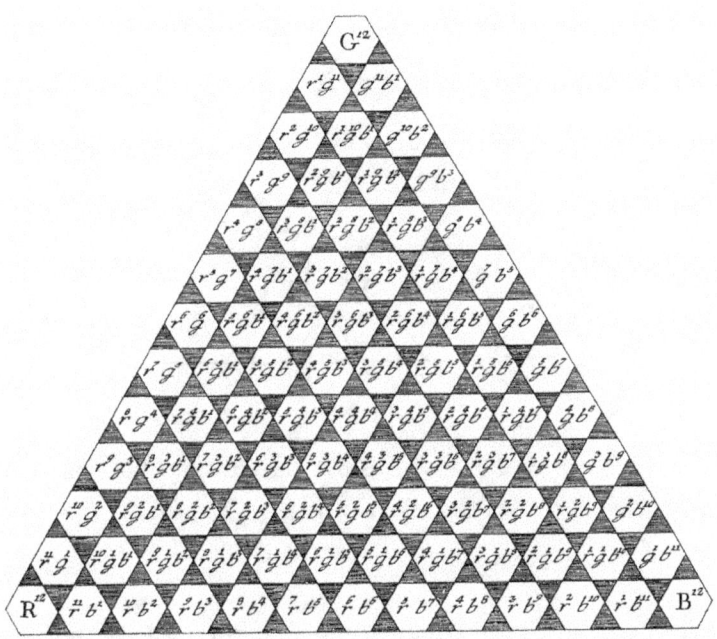

Figure 21.3:
Tobias Mayer's color triangle with yellow, red, and blue basic colors
located in the corners (1758)

Kuehni/Schwarz 2008, p. 73.

principle for the three basic colors, applied in the triangle within a defined geometry. The number of intermediate steps can be selected at will.

The first to maximally reduce the triangle by placing only one mixture each between yellow and red, red and blue, and blue and yellow was a trade school teacher from Baden, Guido Schreiber (1799–1871). He thereby reduced the triangle to a total of nine colors. The triangle, published in his 1868 book *Farbenlehre* (Theory of colors) [6] and shown in Fig. 21.5, p. 301, combines Mayer's mixture system with that of the English chemist George Field (1777–1854). Field based his system on the concept of primary, secondary, and tertiary mixtures. In agreement with Field, Schreiber names yellow, red, and blue as primary colors, orange, green, and violet as secondary, and red-brown (russet), citrine, and olive as tertiary. Schreiber's minimal color triangle combines advantages of a system of mixture with the known color relationships

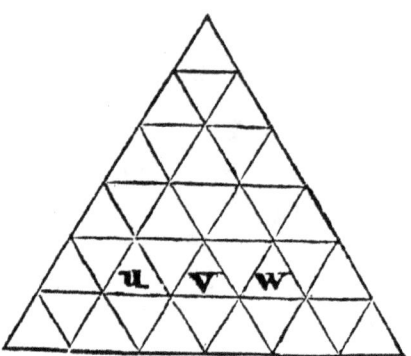

Figure 21.4:

Color triangle from Meyers Grosses Conversations-Lexicon (1847)

Meyer 1847, p. 841.

in color circles because the so-called complementary colors are in his diagram also placed opposite. According to Schreiber, secondary colors form in a corresponding manner so-called "sub-complementary" relations with tertiary colors [6, p. 30]. This schematic representation makes Schreiber the originator of the color triangle later attributed to Goethe.

21.2 Attribution to Goethe

There is no mention of "Goethe's color triangle" before 1930. In that year the artist Carry van Biema (1881–1942) has a book on color and form published, a text strongly influenced by her teacher Adolf Hölzel (1853–1934). Van Biema herself taught art and gave courses on Hölzel's art doctrine. In the book, titled *Farben und Formen als lebendige Kräfte* (Colors and forms as living forces), van Biema not only presented Hölzel's views but also the basics of Goethe's color theory, however in a manner as conveyed to her by Hölzel [8, p. 68 ff]. Most of the elements that show up in the chapter *Einige Hauptbegriffe aus Goethes Farbenlehre* (A few key terms from Goethe's theory of color), in addition to Goethe's fundamental phenomenon involving the fundamental contrast yellow-blue (Fig. 21.6 plate I, p. 302), cannot be found in Goethe's original Theory of colors [9]. Examples are the equivalents of Schopenhauer (Fig. 21.6 plate II, p. 302), a color circle named after Goethe that, however, contains red instead

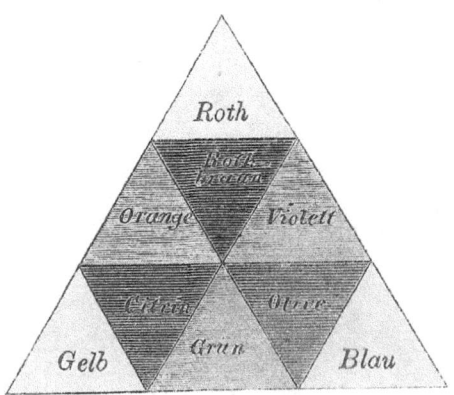

Figure 21.5:
Schreiber's nine-part color triangle (1868)

Schreiber 1868, p. 30.

of purple (Fig. 21.6 plate I, p. 302), the terms primary, secondary, and tertiary colors and, last but not least, the nine-part color triangle (Fig. 21.6 plate IV, p. 302).

Just as Schreiber did, also van Biema emphasizes the complementary colors opposing each other in the triangle, including the intermediate tertiary colors (Fig. 21.6 plate IV, p. 302). However, her interpretation of these is not as sub-complements to the secondary colors but as transitions between the complementaries. What is new in van Biema's presentation of the nine-part color triangle is that, in free interpretation, she assigns Goethe's psychological-cultural (*sinnlich-sittliche*) effects of colors, such as luminous, serious, powerful, serene, and melancholic, to certain of the triangle's regions (Fig. 21.6 plate III, p. 302). In this form, via van Biema's work, the scheme established itself as the so-called "Goethe color triangle."

In all of her work van Biema owes much to Adolf Hölzel, including what she wrote concerning Goethe. Also Hölzel sees the foundation of color theory to rest with Goethe's views on color, however in his concrete representation of color relationships he makes use of different color models, referencing them to their authors. In the matter of color circles, for example, he refers to Bezold, in case of equivalents to Schopenhauer. He also makes use of: "... *the highly recommendable color theory of Schreiber* [...] *including the color triangle with*

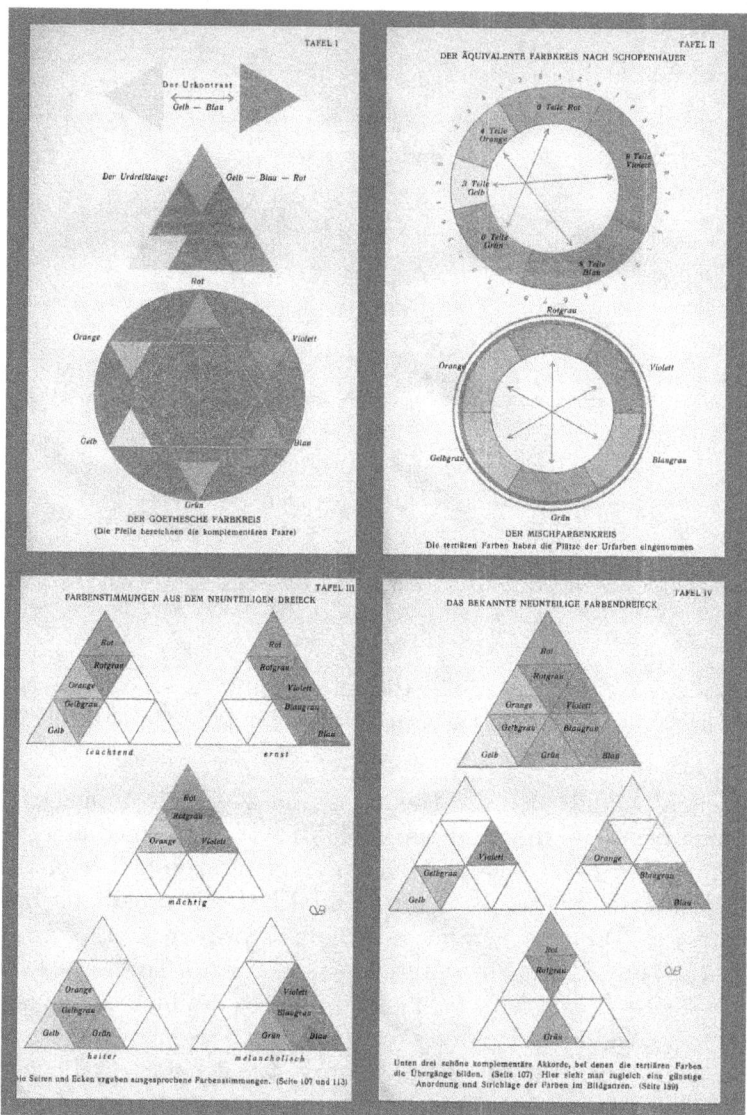

Figure 21.6:
Four color plates from van Biema (1930) with figures referred to as being from
Goethe's *Farbenlehre* (plate I upper left, plate II upper right, plate 3 lower left,
plate 4 lower right). The colors are dulled by a sheet of yellowed cellophane on
which the figures are identified.

Biema 1930.

the primary, secondary and tertiary relationships ... " [10, p. 14], afterwards attributed by van Biema to Goethe.

How van Biema came to this attribution cannot be clarified in exact detail. Hölzel strongly disapproved of rigid structures of theory and used color models in a flexible manner and relative to a particular issue for the purpose of explanation of color appearances and effects in painting [11, p. 18 ff]. Perhaps Hölzel mentioned the color triangle, it also showed up in his presentations and lectures [12, p. 31], in connection with Goethe whose research and views on color he saw as the basis for a complete theory of colors. But in van Biema's book he found his ideas to have taken on the form of an ossified theory, a situation not to his liking. He is reported to have described van Biema's book as "painting instructions for maids" [13, p. 39]. The fact remains that the nine-part color triangle was originally conceived by Schreiber. But after having been included by Carry van Biema in her chapter on Goethe, the triangle was being viewed as Goethe's contribution.

21.3 How "Goethe's color triangle" became received wisdom

It is remarkable that this erroneous attribution not only was not immediately disclosed but is still alive today. The beginnings and reasons for this situation can be found in the cultural and intellectual history of the 1930s and 1940s.

An important influence factor was the publication and wide distribution in the 1920s of Ostwald's color theory. The chemist and Nobel Prize winner Wilhelm Ostwald (1853–1932) developed in 1917 a three-dimensional color system, completely filled with a large number of color samples. The samples were colored with industrial synthetic colorants, uniquely identified with a letter and number code, and viewed by Ostwald as standard colors. But this communication tool, seen as useful for industry and trades, was not the end for him. He also developed, based on his color system, a theory of color harmony for which he tried to enlist support from artists and schools and produced various materials such as related information, color atlases and color charts in many different implementations, as well as coloring materials in form of a "powder organ" (*Pulverorgel*) with standardized colorants in powder form representing 680 colors of his system, and also a related paint box for school use.

With Ostwald's work the term "color theory" achieves new importance in the circles of artists and art teachers. Up to the 1920s most artists as well as art teachers were satisfied with the theory of three basic colors, yellow, red, and blue. This theory was generally accepted knowledge since at least a century but, when mixing on the palette was used in only in a very loose sense. In reality, the decisive factors in such mixture are the specific properties of individual pigments. In many cases results are achieved without a theory. But influenced by Ostwald, color theory now generally penetrates academies and schools and it becomes necessary to take a position regarding a certain theory or point of view. Because Ostwald's color circle is organized on four basic colors (yellow, red, blue, and green) there is now the so-called "four-color theory" competing against the traditional and proven "three-color theory" of the painters [14; 15, p. 262 ff]. Quite soon after the publication of Ostwald's work on color this conflict erupts in public on *Erster Deutscher Farbentag* (First German day of color), taking place in connection with the annual meeting of *Deutscher Werkbund* (German artists' organization) on September 9, 1919 in Stuttgart. Ostwald was a key speaker at this conference, seeking to attract new adherents for his theory. However, the second key speaker, Adolf Hölzel representing the artists, rejects the theory because art does not subject itself to mathematically defined norms. With reference to Goethe Hölzel pleads for an informal color theory, adjusted to each purpose, but always on basis of the three basic colors of the painters, yellow, red, and blue, with the resulting secondary and tertiary colors [10, p. 20 ff].

Hölzel's view represents that of a large majority of artists and also in schools Ostwald's color theory is received largely negatively due to its fixed system and its unusual color materials. Some comments of the art teacher Erna Dreiack are mentioned here as a typical example. Concerning the use of the school paint box she said:

> "I also always make sure that the children do not use an Ostwald paint box because in these boxes the colors are already ordered according to harmony and tastefulness. As a result, how to address these issues is no longer a task to be addressed by the children because, unlike when other colors are mixed and related, there is no longer a personal connection. In addition, Ostwald's colors have a garish and cold tone making a sensitive color design impossible. Ostwald's color theory is certainly excellent for the chemical industry, but never for painting, if the latter wants to make a claim for having artistic value." [16, p. 20f].

Fierce and sharply formulated resistance came out of southern Germany where Munich artist Paul Kaemmerer added a political dimension to the critique of Ostwald:

> "For Germans there is only one color theory. And that is the color theory of Goethe [...] That 100 years after publication of Goethe's

color theory somebody could dictate a mechanical-atomistic index of colorants is an external sign for the mental and moral degeneracy in which the German nation finds itself today." [17, p. 99].

In 1924 Kaemmerer gave a copy of the pamphlet, including a dedication with a German hailing, as a birthday present to Hitler (original copy with dedication in the Sammlung Schwarz). Kaemmerer was not only polemical as an artist in the matter of the new color theory but directly invoked Goethe, stylizing him as a German hero and presumed opponent of Ostwald, one that is a supporter of the three color theory, all with a nationalistic tenor that would become even more fervent later [17, p. 33 ff].

In 1930, when her book was published, van Biema was preaching to the choir. At that time the yellow-red-blue theory of the painters, centuries old and having become common knowledge, did not just obtain a theoretical framework with a hue circle, a color triangle, and a theory of harmony, but especially also a name with which one could give as good as one gets against Ostwald: Goethe! The fact that Goethe never offered such a theory and, for example, Philipp Otto Runge (1777–1810), with his color sphere developed from a color triangle [2, p. 78 ff], would have been much more suitable was not considered. Given the circumstances, this deficiency was conveniently passed over, because German hero Goethe was in high regard after the takeover of the National Socialists in 1933.

In any case, van Biema's book was not only read but also quickly saw application in art education and, in particular, the mixture and harmony theory, related in this manner to the color triangle, became didactic common knowledge. Early proofs are offered in form of works by a student from 1935 and 1940 (Fig. 21.7, p. 306). On the first sheet, titled 'Goethe's color theory,' there is only a weak connection to van Biema via the fundamental contrast yellow-blue in the bottom left corner (compare with Fig. 21.6 plate I, p. 302). On the second sheet the connection is more than obvious. It contains, in addition to Schopenhauer's equivalents, the black-based color triangle with the three basic colors as well as the hue circle, represented as a star, and the nine-part color triangle (compare with Fig. 21.6 plate IV, p. 302). Here, the color triangle appears to have been used primarily for the purpose of demonstrating mixture relationships.

Even after the war "Goethe's color triangle" frequently remains the central element of color theory in schools, as is evident in the portfolio of a student, presumably created at a college of art in 1949 (Fig. 21.1, p. 296). Also here the hue circle follows the fundamental contrast and is itself followed by the color triangle. In the latter, exactly as in van Biema (Fig. 21.6 plate III, p. 302),

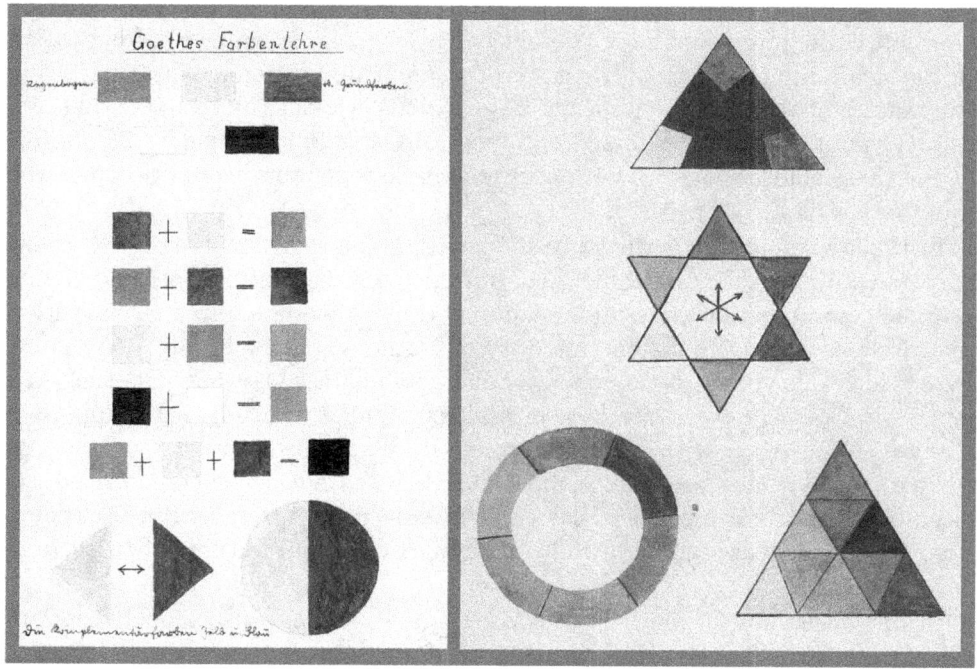

Figure 21.7:
Two figures by the same art student.

The left one from 1935 under the title "Goethe's color theory" illustrates the basic colors yellow, red, blue, some of their mixtures, and the fundamental contrast yellow-blue. The one on the right is from 1940 and shows illustrations, including the nine-part color triangle, based on van Biema.

Bibliothek für Bildungsgeschichtliche Forschung des Deutschen Instituts für Internationale Pädagogische Forschung / Archive: Collection of student drawings of Bund Deutscher Kunsterzieher e. V., BDK SZ 1404 and BDK SZ 1405.

certain psychological color effects are associated with various isolated regions of the triangle.

A late example for the use of "Goethe's color triangle" is from 1974 from an entrance examination for teaching in grade schools where again the fundamental contrast, the hue circle, and the color triangle in van Biema's style (Fig. 21.8, p. 308) make an appearance [18]. However, these elements are rather isolated and are probably only mentioned for completeness. We already find the color theory of the artist and former Bauhaus instructor Johannes Itten (1892–1967) to be central to this effort, with a color circle derived from the triangle of basic colors and the seven color contrasts. It is apparent that the individual drafts contained in this work are geared toward Itten's concepts.

With the popularity of Itten's color theory increasing since the 1960s, "Goethe's color triangle" is found more and more rarely in art education. This is mainly due to the fact that the subject of mixture and in particular, with his color contrast theory, the subjects color combination and effect of colors are covered with more differentiation and in a more up-to-date manner. Nevertheless, the color triangle can be found in different kinds of color theories including some developed for didactic purposes such as, e.g., that of Itten [19, p. 100] or that of Josef Albers (1888–1988) [20] as well as in others having various purposes, minimally as a peripheral phenomenon [1, p. 26]. It is interesting to note that Goethe's phantom triangle was, in the 1950s and 1960s, used for teaching purposes also at Yale University in the United States, as evidenced in Albers' *Interaction of Color* [20]. Today it still is a solid component, in form of a scheme of color mixture, of the trade education of commercial painters where it continues to be named "Goethe's color triangle" [21, p. 55; 22, p. 75].

21.4 The forgotten color teacher

Adolf Hölzel was the teacher of both Johannes Itten and Carry van Biema and the elements of color theory in both their works are almost completely limited to elements borrowed from their common teacher Hölzel, only in parts slightly modified. Itten's work is today known around the world while van Biema's name, despite the obviously large influence of her work, especially in the 1930s and 1940s, is almost completely unknown. This regardless of the fact that the color mixture triangle, a central element in her book, remains in use even today. Itten published his color theory after the Second World War and already early on he successfully advertised it to art educators in publications and lectures at conferences, aided by his Bauhaus career. Itten's book – translated into 13 languages – has sold until today a total of approximately 500,000 copies. For

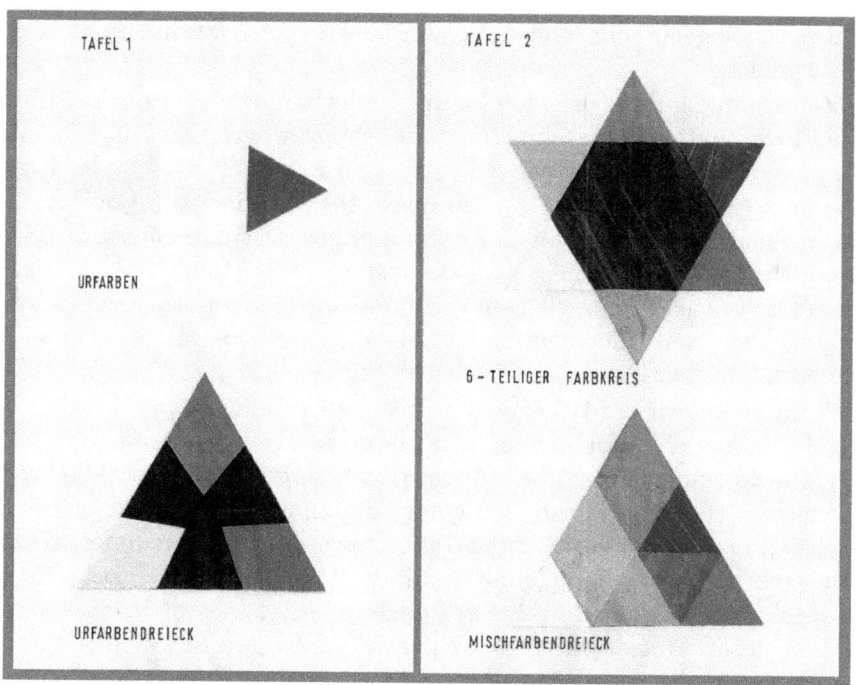

Figure 21.8:
Two plates prepared by a student at a teacher's college in 1974.

In addition to elements from Itten's *Kunst der Farbe* (1961) they also
contain elements from van Biema's color theory, including the nine-part
color triangle.

Ruess 1974.

key elements in his book such as the color circle and the theory of contrast (as
well as for the color triangle) he has not offered any sources so that the central
elements of his book, even though they go back the Hölzel and others, carry
Itten's name until today.

A different situation applies in case of Carry van Biema (Fig. 21.9, p. 309).
She refers the corresponding elements and models to Hölzel or Goethe, however
erroneous this is in case of the color triangle. Even though her 1930 book
found wide distribution and appreciation in a short period of time (supported
for example by the fact that the color triangle has remained influential until
today) the fact of her being Jewish resulted in the book being banned after the

Figure 21.9:
Carry van Biema (1881–1942)

Müller 1997, p. 22.

takeover of the National Socialists in 1933, removed from public libraries, and remaining stocks destroyed [13, p. 18]. In 1938 Carry van Biema emigrated to Holland from where in 1942 she was deported to Eastern Europe. There she died in the same year in the gas chamber of Auschwitz [23]. It is tragic that the person who assured the success of "Goethe's color triangle" in color education in the 1930s and 1940s indirectly helped those at the hands of which she later perished! While the color triangle still exists and is connected with the name of Goethe, Carry van Biema's name is today as much as forgotten. What remains of van Biema's work is the color triangle and what Josef Albers wrote about it in 1973:

"In presenting systems showing organized color relationship, we usually start with the rarely published nine-part color triangle assigned to Goethe; if that is appropriate is not clear." [20, p. 66].

21.5 References

1 SCHMUCK, FRIEDRICH: Anmerkungen zu Erscheinungsweisen und Wirkungen von Farben, Farbklängen und Farbkompositionen bei der Anwendung in Architektur, Design und Malerei. In: SCHWARZ, A., SEITZ, F., SCHMUCK, F.: *Immer wieder Itten . . . ? Neue Ansätze zum Umgang mit Farbe im Kunstunterricht.* Düsseldorf: BDK-NRW 2003, p. 20–31.

2 KUEHNI, R. G. & SCHWARZ, A.: *Color Ordered. A Survey of Color Order Systems from Antiquity to the Present.* New York: Oxford University Press 2008.

3 MEYER, J.: *Das große Conversations-Lexicon für die gebildeten Stände, Vol. 9.* Hildburghausen: Verlag des bibliographischen Instituts 1847.

4 LIEBIG, J.; POGGENDORFF, J. C. AND FR. WÖHLER: *Handwörterbuch der reinen und angewandten Chemie, Vol. 3.* Braunschweig: Friedrich Vieweg & Sohn 1848.

5 PIERER, H. A.: *Universal-Lexikon der Vergangenheit und Gegenwart oder Neuestes enzyclopädisches Wörterbuch der Wissenschaften, Künste und Gewerbe, Vol. 6.* Altenburg: H. A. Pierer (4. ed.) 1858.

6 SCHREIBER, GUIDO: *Die Farbenlehre. Für Architekten, Maler, Techniker und Bauhandwerker, insbesondere für Bau- und polytechnische, höhere Gewerb- und Realschulen.* Leipzig: Otto Spamer 1868.

7 FIELD, GEORGE: *Chromatography; or a Treatise on Colours and Pigments, and of their Powers in Painting.* London: Charles Tilt 1835.

8 BIEMA, CARRY VAN: *Farben und Formen als lebendige Kräfte.* Jena: Diederichs 1930.

9 GOETHE, JOHANN WOLFGANG VON: *Zur Farbenlehre.* Tübingen: Cotta 1810.

10 HÖLZEL, ADOLF: Einiges über die Farbe in ihrer bildharmonischen Bedeutung und Ausnützung. In: *Erster Deutscher Farbentag.* Berlin: Selbstverlag Deutscher Werkbund 1919.

11 HESS, WALTER: Zu Hölzels Lehre. In: *Der Pelikan* **65** (1963), p. 18–34.

12 DEICHER, LUISE: Facsimile from the 3. Lecture of Hölzel, 1910. In: *Adolf Hölzels Schülerinnen. Künstlerinnen setzen eigene Maßstäbe.* Ed. by Helmut Herbst. Stuttgart: Edition Hugo Matthaes 1991, p. 8–36.

13 MÜLLER, UELI: Carry van Biema und ihr Buch Farben und Formen als lebendige Kräfte. Eine Einführung. In: BIEMA, CARRY VAN: *Farben und Formen als lebendige Kräfte.* Reprint: Ravensburger 1997, p. 1–45.

14 SCHWARZ, ANDREAS: *Schulmalkästen, Farbtheorie und Farbwahrnehmung.* http://www.dr-andreas-schwarz.de (2010).

15 POHLMANN, ALBRECHT: *Von der Kunst zur Wissenschaft und zurück. Farbenlehre und Ästhetik bei Wilhelm Ostwald (1853–1932).* Halle: Dissertation 2010.

16 DREIACK, ERNA: *Ein Weg zum zeitgemäßen Zeichenunterricht.* Goslar am Harz: F. A. Lattmann 1927.

17 KAEMMERER, PAUL: *Die Farbentagung in München 1921 und die neue Far-benlehre Ostwalds. Berichte über die Tagung. Kritik von Paul Kaemmerer.* München: Bund Deutscher Dekorationsmaler 1921.
(Copy from Sammlung Schwarz with the handwritten dedication: "Adolph Hitler mit deutschem Heilsgruß zum 20. April 1924 übermittelt von Paul Kaemmerer" (For Adolph Hitler with German hailing, conveyed on April 20, 1924 by Paul Kaemmerer).

18 RUESS, RADEGUNDIS: *Die konstruktive Farbenlehre und der Entwurf einer Aufgabenpassage über Farbkontraste für den Kunstunterricht der Hauptschule.* (Zulassungsarbeit zur 1. Prüfung für das Lehramt an Volksschulen). Weingarten: Pädagogische Hochschule 1974.

19 ITTEN, JOHANNES: *Kunst der Farbe.* Ravensburg: Otto Maier 1961.

20 ALBERS, JOSEF: *Interaction of Color. Die Wechselwirkungen der Farbe.* Starnberg: Josef Keller 1973.

21 RICHTER, KONRAD: *Das Malerfachbuch.* Stuttgart: Klett (5. ed.) 1993.

22 HEID, HELMUTH & JÜRGEN REITH: *Malerfachkunde.* Wiesbaden: Vieweg und Teubner (5. ed.) 2010.

23 http://www.jong-holland.nl/1-2003/summary1-2003.htm.

Figure 22.1:
Erwin Schrödinger (1887–1961), um 1927

http://www.physik.uni-jena.de/profgalerie/

Erwin Schrödinger und die Farbenlehre

Peter Bussemer (Gera)

22.1 Abstract

In his "pre-quantum" period from 1918 to 1925 the physicist Erwin Schrödinger studied intensively the theory of colours at the universities of Wien, Jena, Breslau, Stuttgart and Zürich. In March 1920 he submitted three important papers on "Fundamentals of a Theory of Color Measurement in Daylight Vision" in the "Annalen der Physik" based on the three-color theory of Young and Helmholtz. The geometry of elementary colour space has not the ordinary Euclidian structure, but has a more general structure, called affine geometry. Advanced color theory is concerned with the measurement of colour differences as the difference of brightness between two colours that have different hues. The corresponding metric of colour space is no longer affine, but Riemannian. Schrödinger's line element is an improvement of an older one of Helmholtz.

In the early 1920s Schrödinger became recognized as a worldwide known authority on colour theory and published 1926 a representative summary in his review-article "The Visual Sensations" for the eleventh edition of Müller-Pouillet's "Lehrbuch der Physik", which for many years was the standard work on the subject covering not only physical, but also physiological and psychological aspects.

Erwin Schrödinger (1887–1961) ist allgemein bekannt als einer der Schöpfer der modernen Quantentheorie, insbesondere als Entdecker der nach ihm benannten Wellengleichung, für die er 1933 gemeinsam mit Dirac und Heisenberg den Nobelpreis für Physik erhielt. Weniger dürfte bekannt sein, dass er sich in der Zeit vorher etwa zwischen 1920 und 1925 intensiv mit der Farbenlehre beschäftigt hat und hierzu einige grundlegende Artikel veröffentlichte. In

diesem Beitrag sollen zunächst die Beweggründe analysiert werden, die ihn zu
diesem für die reine Physik eigentlich untypischen Gebiet führten, um dann auf
seine originelle Behandlung und seine auch für die Praxis wichtigen Resultate
einzugehen.[1]

22.2 Wie kam Schrödinger zur Farbenlehre?

In der Autobiographie „Mein Leben, meine Weltansicht" unterteilt Schrödinger
sein Leben chronologisch in sechs Perioden, von denen die ersten beiden, von
ihm erste Wiener Zeit bis 1920 und erste Wanderzeit von 1920 bis 1927 genannt,
für uns wichtig sind.

In seinen biographischen Angaben[2] zum Empfang des Nobelpreises im Dezember 1933 benennt er die für ihn interessantesten Gebiete der Physik. Neben
der Boltzmannschen Wahrscheinlichkeitstheorie in der Thermodynamik und
der Quantentheorie erwähnt er erstaunlicherweise die Farbenlehre:

> „Eine zweite Gruppe bilden die Arbeiten zur Farbenlehre, die durch
> den Verkehr mit Kohlrausch und Exner und die Lektüre Helmholt-
> zens entstanden sind. Von Wert scheint mir lediglich die zuletzt
> gewonnene Erkenntnis von der eigentlichen Bedeutung der Drei-
> und der Vierfarbenauffassung und ihrem Zusammenhang mit der
> Phylogenie des Farbensehens (Wiener Berichte 1925)."

Dieses Interesse dürfte mit dem frühen Wunsch, seinen künstlerischen Nei-
gungen nach zu gehen und Dichter zu werden, zusammenhängen. In einem
Interview mit dem englischen *Observer*[3] äußert er:

> „I must not give the impression that science alone interested me.
> As a matter of fact my early desire was to be a poet. But I speedily
> realized that poetry was not a paying business. Science, on the other
> hand, offered me a career."

Nach dem Ende des Ersten Weltkrieges und dem Zerfall der österreichisch-
ungarischen Monarchie – Schrödinger war als k. k. Leutnant an der Südfront
im Kriegseinsatz – befasste er sich von 1918 bis 1920 an der Universität Wien
intensiv mit der Farbenlehre. Den direkten Anstoß hierzu gab sein Freund Fritz
Kohlrausch[4] mit seinen Vorlesungen über Farbenlehre an der Wiener Schule der

1 Bussemer (2011), erweiterte Form des Vortrages Breslau 2011.
2 Schrödinger (1984), S. 363.
3 Observer, 11. Januar 1931.
4 Kohlrausch, Karl Wilhelm Friedrich (1884–1953).

Angewandten Kunst, in welchen er die in der Malerei verwendeten Pigmente hinsichtlich der drei Grundeigenschaften Farbton (engl. hue), Sättigung (saturation) und Helligkeit (brightness) untersuchte. Im Jahre 1922 erhielt Kohlrausch für diese Arbeiten[5] den Lieber-Preis der Wiener Akademie.

Franz Exner[6] war derjenige akademische Lehrer an der Wiener Universität mit dem größten Einfluss auf Schrödinger, der als Aushilfsassistent 1911 bei ihm begonnen hatte und sich 1914 bei ihm auch habilitierte.[7] Im Jahre 1919 erschien Exners Physik-Lehrbuch „Vorlesungen über die physikalischen Grundlagen der Naturwissenschaften" – geschrieben während des Ersten Weltkrieges. Dort widmet er vier Vorlesungen mit ca. 30 Seiten der Farbenlehre. Seit 1900 untersuchte er eines der Grundprobleme der Farbentheorie, der Wahl der Fundamentalfarben im Farbendreieck, aus denen sich eine beliebige Farbe zusammensetzen lässt. Diese Frage ist wiederum mit dem physiologischen Problem der Farbempfindlichkeit des menschlichen Auges verbunden. In der Zusammenfassung schreibt er in seinem Lehrbuch:

> „Wenn wir dabei auch auf das Gebiet der physiologischen Optik abschweiften, so geschah es in der Absicht, den großen Unterschied in der Erkenntnismöglichkeit physikalisch-objektiver und physiologisch-subjektiver Erscheinungen und Tatsachen, wenigstens in einem bestimmten Falle, kennen zu lernen. Die beiden Gebiete, das objektive der realen Erscheinungen und das subjektive des Empfindungen, haben wir durch die Unmöglichkeit quantitativer Beziehungen in dem letzteren als prinzipiell und für immer verschieden erkannt."[8]

Hier widerspiegelt sich zweifellos der Einfluss von Ernst Mach, der seit 1895 als Professor der Geschichte und Theorie der induktiven Wissenschaften an der Universität Wien lehrte und sich seit langem mit der Natur der Wahrnehmung beschäftigte. Er ging davon aus, dass die Natur einer wissenschaftlichen Entdeckung selbst die Art, wie wir die Welt empfinden, verändert. Seine Philosophie der Wissenschaft – obgleich sich Mach nicht als Philosoph empfand – hatte großen Einfluss auf Albert Einstein bei der Schaffung der Allgemeinen Relativitätstheorie (sog. Machsches Prinzip) als auch auf die Schöpfer der Quantentheorie (Kopenhagener Interpretation, Problem der Messung). Schrödinger studierte intensiv diese Philosophie während seines Fronteinsatzes bei der Festungsartillerie und erkannte, dass die Farbenlehre eines der besten Bei-

---

5 Kohlrausch, K.W.F.: Physikalische Zeitschrift 21 (1920), S. 396, 423, 473.

6 Exner, Franz-Serafin (1849–1926).

7 Mit „Studien über Kinetik der Dielektrika, den Schmelzpunkt, Pyro- und Piezoelektrizität".

8 Exner (1919), S. 709–710.

spiele für die Machschen Grundelemente der natürlichen Empfindungen bietet. Über das Studium von Mach kam er zu Richard Avenarius (1843–1896), der an der Züricher Universität die philosophische Doktrin des von ihm so genannten Empiriokritizismus lehrte.

Eine weitere, außerhalb der Physik liegende Quelle stellen Schrödingers Studien zur indischen Philosophie, speziell zum Buddhismus dar, die er unter dem Eindruck seiner Kriegserlebnisse begann.[9] Zuletzt sei noch auf eine familiäre Quelle hingewiesen: Von seinem Großvater mütterlicherseits, Alexander Bauer, Professor der Chemie an der Technischen Hochschule Wien, wird ein großes Interesse an den Eigenschaften von Pigmentfarben überliefert,[10] doch leider verstarb dieser Ende 1919, kurz bevor Schrödinger seine erste Arbeit zur Farbenlehre an die Annalen der Physik einreichte.[11] Im Nachruf auf Schrödinger drückt Heisenberg das so aus:

> *„Er hatte Freude an der Farbe, nicht primär an der objektiven physikalischen Erscheinung, sondern an der Farbe als dem frohen Spiel der Sinne, und es beglückte ihn, der unmittelbar sinnlich wahrnehmbaren Welt wissenschaftlich nachgehen zu können.“*[12]

22.3 Schrödingers Arbeiten zur Farbenlehre

Im zweiten Jahrzehnt des 20. Jahrhunderts entwickelten A. H. Munsell in Boston und Wilhelm Ostwald in Leipzig unterschiedliche Schemata zur Darstellung der Körperfarben von Pigmenten, welche auf psychologischen Kriterien beruhten. So enthielt der Ostwaldsche Farbenatlas 2.500 Farbpunkte, wobei jeder durch einen Satz von drei Koordinaten bestimmt wurde: der Weiß-Anteil, der Schwarz-Anteil und der Farbanteil.[13] Damit wurde gleichzeitig die vom Physiologen Ewald Hering (1834–1918) entwickelte 4-Farben-Theorie mit den antagonistischen Farbpaaren rot-grün, blau-gelb und schwarz-weiß bevorzugt, im Gegensatz zur 3-Farben-Theorie von Thomas Young (1773–1829) und Hermann von Helmholtz (1821–1894). Dies rief wiederum die Kritik der Wiener Physiker hervor, insbesondere von Fritz Kohlrausch, der an der Kunstgewerbeschule die Farbenlehre unterrichtete. Er setzte sich in mehreren Veröffentlichungen[14] um 1920 in der Physikalischen Zeitschrift – derselben, in welcher

---

9 Ein Verzeichnis findet man im Buch von Moore (1994).
10 Moore (1994), S. 121.
11 Schrödinger (1920).
12 Heisenberg, Werner: Jahrbuch Bayer. Akad. Wiss. (1961).
13 Ostwald, Wilhelm: Farbkunde.
14 Arbeiten Kohlrausch: siehe Fußnote 5.

Abbildung 22.2:
Erwin Schrödinger (1887–1961), 1914

http://en.wikipedia.org/wiki/File:Erwin_Schrodinger2.jpg

auch Ostwald sein Modell publiziert hatte – mit dessen Grundannahmen auseinander und fand heraus, dass diese höchstens eine erste, grobe Annäherung an die Wirklichkeit darstellen konnten.

22.4 Theorie der Pigmente von größter Leuchtkraft

Unter diesem Titel veröffentlichte Schrödinger seine erste Arbeit zur Farbenlehre in den Annalen der Physik, eingereicht im Dezember 1919, drei Monate bevor die erste Arbeit von Kohlrausch mit starken Einwänden gegen Ostwald erschien. Ausgehend von der Helmholtzschen Theorie, wonach der Farbraum dreidimensional ist und ein bestimmter Farbeindruck für das Auge, die Farbvalenz, durch die drei unabhängigen Größen Farbton, Sättigung und Helligkeit

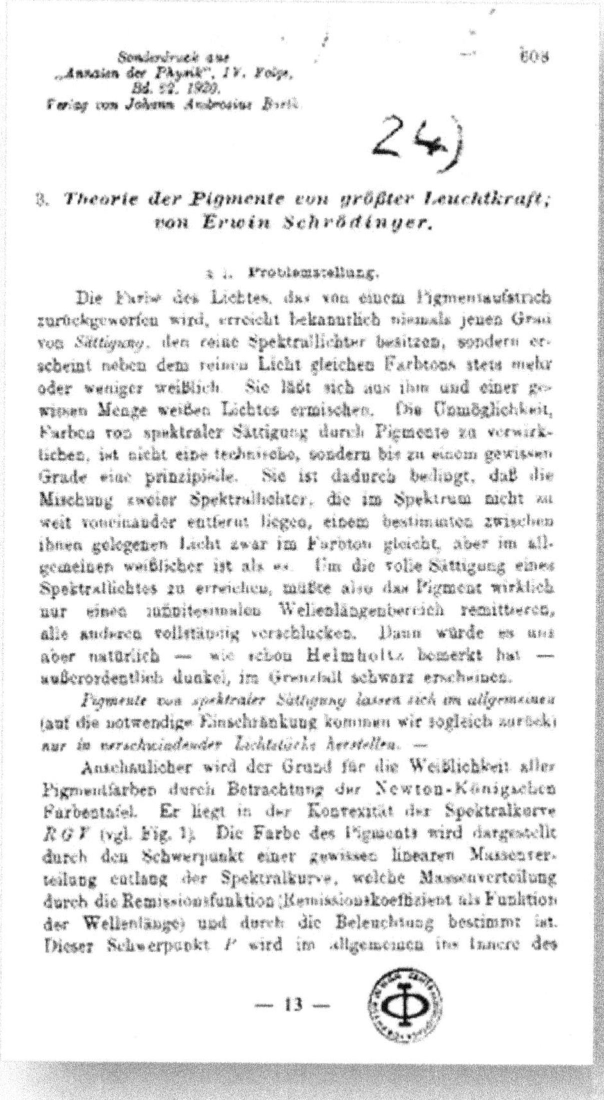

Sonderdruck aus
„Annalen der Physik", IV. Folge,
Bd. 62. 1920.
Verlag von Johann Ambrosius Barth.

603

24)

3. Theorie der Pigmente von größter Leuchtkraft; von Erwin Schrödinger.

§ 1. Problemstellung.

Die Farbe des Lichtes, das von einem Pigmentaufstrich zurückgeworfen wird, erreicht bekanntlich niemals jenen Grad von *Sättigung*, den reine Spektrallichter besitzen, sondern erscheint neben dem reinen Licht gleichen Farbtons stets mehr oder weniger weißlich. Sie läßt sich aus ihm und einer gewissen Menge weißen Lichtes ermischen. Die Unmöglichkeit, Farben von spektraler Sättigung durch Pigmente zu verwirklichen, ist nicht eine technische, sondern bis zu einem gewissen Grade eine prinzipielle. Sie ist dadurch bedingt, daß die Mischung zweier Spektrallichter, die im Spektrum nicht zu weit voneinander entfernt liegen, einem bestimmten zwischen ihnen gelegenen Licht zwar im Farbton gleicht, aber im allgemeinen weißlicher ist als es. Um die volle Sättigung eines Spektrallichtes zu erreichen, müßte also das Pigment wirklich nur einen infinitesimalen Wellenlängenbereich remittieren, alle anderen vollständig verschlucken. Dann würde es uns aber natürlich — wie schon Helmholtz bemerkt hat — außerordentlich dunkel, im Grenzfall schwarz erscheinen.

Pigmente von spektraler Sättigung lassen sich im allgemeinen (auf die notwendige Einschränkung kommen wir sogleich zurück) *nur in verschwindender Lichtstärke herstellen.* —

Anschaulicher wird der Grund für die Weißlichkeit aller Pigmentfarben durch Betrachtung der Newton-Königschen Farbentafel. Er liegt in der Konvexität der Spektralkurve *RGV* (vgl. Fig. 1). Die Farbe des Pigments wird dargestellt durch den Schwerpunkt einer gewissen linearen Massenverteilung entlang der Spektralkurve, welche Massenverteilung durch die Remissionsfunktion (Remissionskoeffizient als Funktion der Wellenlänge) und durch die Beleuchtung bestimmt ist. Dieser Schwerpunkt *P* wird im allgemeinen ins Innere des

— 13 —

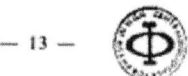

Abbildung 22.3:
Titelblatt von Schrödingers erster größerer Arbeit zur Farbenlehre (1920)

bzw. Lichtstärke festgelegt ist, untersucht er die Anforderungen, um bei Pigmenten eine große Helligkeit zu erreichen.

Der praktische Hintergrund dieser Fragestellung liegt darin, dass der bei der Mischung von zwei Farben entstehende Farbton niemals jenen Grad von Sättigung erreicht, wie er bei reinem Spektrallicht gleichen Farbtons auftritt. Entscheidend ist nach Schrödinger der spektrale Verlauf der Remissionsfunktion,[15] die gemäß der Wiener Schule für das quantitative Verhalten der Helligkeit bei gegebenem Farbton verantwortlich ist. Er definierte zunächst Farbfilter mit idealisierten Spektralverläufen, die er Langend-, Kurzend-, Mittel- und Mittelfehlfarben nannte und die als sog. Kantenspektren einen Null – Eins – Spektralverlauf aufwiesen, d. h. in gewissen Wellenlängenbereichen den Wert 0 und in anderen 1 (also 100% Durchlässigkeit) hatten, dazwischen jeweils Sprungstellen von 0 auf 1 und umgekehrt.

In einem geistreichen Beweis zeigt Schrödinger[16], dass die vier genannten Grundtypen den reellen Teil des Farbendreiecks einschließlich seiner Berandung genau einfach überdecken. Damit ist eine beliebige, etwa durch Mischung gewonnene Farbvalenz ersetzbar durch eine artgleiche aus den vier Grundtypen, wobei „artgleich" bedeutet: gleicher Punkt im Farbdreieck (allerdings unterschiedlicher Helligkeit, da dieser Parameter bei der Projektion des dreidimensionalen Farbraumes auf zwei Dimensionen verloren geht). Er bezeichnet diese Grundtypen als „Optimalfarben".

Nimmt man die Helligkeit als dritte Dimension hinzu, so erhält man analog zu einem Gebirgsmassiv einen Farbkörper. Schrödinger zeigt nun, dass alle herstellbaren Farbvalenzen innerhalb dieses Farbkörpers liegen, wobei die Optimalfarben dessen Oberfläche bilden. Sie stellen die Farben größter Helligkeit dar, da es keine Möglichkeit gibt, über diese Oberfläche hinaus zu kommen und eine noch größere Helligkeit zu erreichen. Deshalb hat er das Ziel seiner Arbeit, Pigmente höchster Leuchtkraft zu definieren, erreicht.

Die privilegierte Rolle solcher Kantenspektren hatte auf rein empirischem Wege schon Ostwald erkannt, der von Farben „größter Reinheit" spricht. Schrödinger erkennt dessen experimentelle Befunde durchaus an, kritisiert jedoch die zugrunde liegende Terminologie und insbesondere die Absolutbestimmungen von „Reinheit" und „Grau" als „bestenfalls eine gute Faustregel, keineswegs geeignet zur exakten Definition dieser Begriffe".[17]

---

15 Remission von Licht: Eigenschaft eines Körpers, einen Teil des Lichtspektrums zu absorbieren (Opazität) und einen Teil durchzulassen (Transmission bei transparenten Medien) bzw. zu reflektieren (undurchsichtige Medien wie Metalle).

16 Eine vereinfachte Darstellung findet man bei E. Buchwald 1955, 2. Kapitel.

17 Schrödinger: Annalen der Physik (1920).

E. Buchwald, mit Schrödinger seit dessen kurzem Intermezzo 1920 in Breslau am Physikalischen Institut von Otto Lummer bekannt, weist als großer
Goethe-Kenner darauf hin, dass bei optischen Versuchen mit immer kleineren
Spaltbreiten die Kantenspektren zunehmend farbige Bilder zeigen im Gegensatz zu breiteren Spalten. Goethe benutzte dagegen keinen Spektralapparat
mit breitem Spalt und spottete über die (Newtonschen) dunklen Kammern:

> *„Freunde, flieht die dunkle Kammer,*
> *Und mit kümmerlichstem Jammer*
> *Wo man euch das Licht verzwickt*
> *Sich verschobnen Bildern bückt ... "*[18]

In dieser Interpretation könnte man Goethes Polemik gegen Newton so verstehen, dass ersterer die Kantenfarben (Optimalfarben), letzterer jedoch die
Spektralfarben als Elementarbausteine der Farbentheorie betrachteten.

22.5 Grundlinien einer Theorie der Farbenmetrik im Tagessehen

Unter diesem Titel erschienen 1920 drei grundlegende Arbeiten von Schrödinger zur theoretischen Fundierung der Farbenlehre in den *Annalen der Physik*, eingereicht im März 1920, d. h. noch in seiner ersten Wiener Zeit verfasst.
Neben Exner und Kohlrausch stand hierbei insbesondere Hermann von Helmholtz Pate, der sich in seinem „Handbuch der physiologischen Optik"[19] mit
der Gültigkeit des Weber-Fechnerschen Gesetzes bei Farbempfindungen beschäftigt hatte. Nach diesem Grundgesetz in der Physiologie ist die Intensität
einer Empfindung proportional dem Logarithmus der Intensität der sie stimu-
lierenden Erregung. Bis dahin war dieses Gesetz nur auf eindimensionale Fälle
wie bei akustischen Erscheinungen angewandt worden, während bei Farben eine Erweiterung auf drei Dimensionen erforderlich wird. Helmholtz wagte zur
Lösung dieses Problems einen kühnen Ansatz, indem er für den Farbraum eine Riemannsche Geometrie postulierte, also über die gewöhnliche Euklidische
Geometrie hinausging. Das von ihm vorgeschlagene Linienelement, welches den
Abstand zweier infinitesimal benachbarter Farben, von ihm „kürzeste Farbrei-
hen" genannt, erfüllte jedoch nicht alle Anforderungen der Farbpraxis – hinzu
kam noch ein von Schrödinger später gefundener Rechenfehler –, so dass diese
Ideen nach Helmholtz' Tod 1894 nicht mehr verfolgt wurden.

---

18 Goethe: Xenien, 6. Buch.
19 Helmholtz (1896).

Erst Schrödinger griff diese wieder auf. Er hatte sich in zwei Arbeiten, erschienen 1918 in der Physikalischen Zeitschrift,[20] mit den Einsteinschen Gravitationsgleichungen in der Allgemeinen Relativitätstheorie beschäftigt und war deshalb mit den Grundlagen der Riemannschen Geometrie vertraut. Er ging das Problem jedoch zunächst auf einer elementaren Ebene an, die er als „Niedere Farbenmetrik" bezeichnet, um die Nicht-Euklidische Geometrie erst auf der nächsten Stufe, der „Höheren Farbenmetrik", zu verwenden.

22.5.1 Niedere Farbenmetrik

Die ersten beiden Teile seiner drei Arbeiten sind der niederen Farbenmetrik gewidmet, die er auch als „Farbenmeßkunst" bezeichnet. Wesentlich ist hier die Entscheidung der Frage, ob zwei Farben, unterschiedlich zusammen gemischt, gleich oder verschieden sind. Schrödinger definiert das Konzept „Farbe" als eine Gruppe identisch aussehender „Lichter", charakterisiert durch eine Spektralverteilungsfunktion f(ë) mit der Wellenlänge ë im sichtbaren Bereich etwa von 400 bis 800 nm. Diese Funktion erfüllt die Gesetze der Addition und Multiplikation, die sog. Graßmannschen Gesetze.[21] Auf diesen Gesetzen der Lichtmischung beruht das klassische Drei-Farben-Modell von Young und Helmholtz.

Vergleicht man nun diese für Farben empirisch geltenden Gesetze mit den Axiomen, die für ein Vektorbüschel gelten, d. h. für die Gesamtheit der von einem Punkt aus gezogenen Vektoren, so findet man völlige Übereinstimmung. Die Mannigfaltigkeit der Farben und damit der Farbenraum bilden somit geometrisch einen sog. affinen Raum, in welchem jeder Farbe genau ein Vektor und jedem Vektor höchstens eine Farbe entspricht (da es auch „leere" Vektoren gibt, denen keine reelle Farbe zugeordnet werden kann). Die zulässigen Transformationen in diesem Vektorraum sind die affinen, welche dieselbe Rolle wie kongruente Transformationen in der euklidischen Geometrie spielen. Als wesentlich neue Operation kommt in der affinen Gruppe noch die Deformation von Vektoren hinzu, d. h. sie können kürzer oder länger werden. Dabei gehen Geraden in Geraden und Ebenen in Ebenen über. Farben unterschiedlicher Helligkeit liegen auf demselben Radiusvektor, gehen also durch Deformation auseinander hervor. Der Vektor einer binären Mischfarbe ist komplanar mit den Vektoren der Ausgangsfarben.

In seiner zweiten Arbeit diskutiert Schrödinger die geometrische Gestalt der Mannigfaltigkeit aller Farben im dreidimensionalen affinen Raum, wenn man als Koordinatenachsen drei nicht-komplanare Grundfarben nimmt. Die wirklich mischbaren Farben liegen innerhalb und auf der Oberfläche eines kegelförmigen

20 Schrödinger: Physikalische Zeitschrift 19 (1918), S. 4 und S. 20.
21 Graßmann, Hermann Günther (1809–1877).

Gebildes, dem Spektralkegel, im Original auch „Farbdüte" genannt. In der Kegelspitze im Ursprung des Koordinatensystems laufen alle Farben mit der Helligkeit Null zusammen. Auf dem gewölbten Teil der Oberfläche liegen die reinen Spektralfarben rot, grün und violett in korrekter Reihenfolge in einer geschlossenen Kurve, wobei die Extrema rot und violett durch eine Gerade verbunden sind, auf welcher die Purpurfarben liegen. Alle komplizierteren Lichtgemische wie auch das Weiß liegen irgendwo im Inneren dieser Farbtüte, siehe Abb. 22.4, S. 322.

Weiterhin zeigte Schrödinger, wie eine beliebige Farbe in Komponenten eines beliebigen nicht-komplanaren Systems dreier Eichvektoren zerlegt werden kann und wie man durch eine affine Transformation die Eichfarben ändern kann. Schließlich diskutiert er noch die verschiedenen Typen der Farbenblindheit im Konzept seiner Theorie.

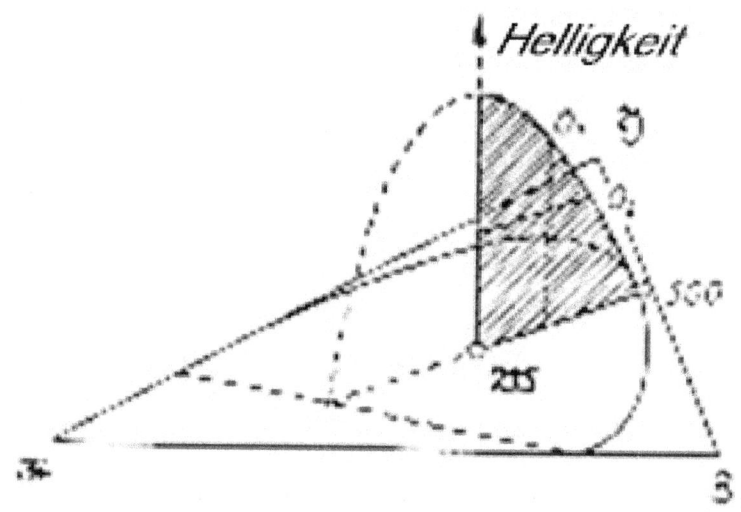

Abbildung 22.4:
Niedere Farbmetrik: Optimalfarben
Schrödinger 1920.

22.5.2 Höhere Farbenmetrik

In seiner III. Mitteilung behandelt Schrödinger der Farbenmetrik II. Teil, die eigentliche Metrik der Farbe. Die niedere Farbenmetrik verwendet ausschließlich die mathematische Operation der Gleichheit, d. h. zwei aneinander grenzende Farbfelder werden solange abgeglichen, bis sie für das Auge als ununterscheidbar erscheinen. Die zugehörigen Farbvektoren im affinen Raum haben nur dann ein „kolorimetrisches Korrelat" im Sinne definierter Beziehungen zueinander, wenn diese invariant gegen affine Transformationen sind. Andererseits gibt es im affinen Raum eine ganze Reihe von Beziehungen wie das Winkel- und Längenverhältnis zweier nicht-paralleler Vektoren, welche sich dabei ändern und damit von der speziellen Transformation abhängen und somit beliebig variieren können. So lässt sich aus dem Abstand zweier Farbpunkte allgemein kein Schluss auf den Grad ihrer Verschiedenheit ziehen, obwohl man einem größeren Abstand auch eine größere Verschiedenheit zuordnen möchte. Auch aus der Länge eines Farbvektors ist direkt keine Aussage über dessen Helligkeit möglich, da die Eichfarben des Koordinatensystems beliebig gewählt werden können und etwa einer sehr hellen Farbe ein kurzer, einer dunkleren dagegen ein langer zugeordnet werden könnte.

Zur Beantwortung der praktisch wichtigen Frage nach dem Helligkeitsunterschied von zwei Farben ist es also notwendig, ein invariantes Maß für diesen Unterschied, als geometrischer Abstand im affinen Farbraum aufgefasst, zu definieren. Hier griff Schrödinger auf die bereits erwähnten Ideen von Helmholtz zurück und definierte diesen höheren Farbenraum als einen mit einer Riemannschen Geometrie, d. h. mit einer Raumkrümmung im Unterschied zum „flachen" Euklidischen Raum. Der kürzeste Abstand zweier Punkte ist ein physikalisches Maß für den Abstand und damit die Unterschiedlichkeit der Farben. Er wird mathematisch charakterisiert durch das unter Transformationen invariante Linienelement ds^2 als einer quadratischen Form in den Koordinatendifferentialen dx mit Koeffizienten, die von den Koordinaten x abhängen.

Aus einigen physikalischen Annahmen wie der Gültigkeit des Weber-Fechnerschen Gesetzes findet Schrödinger einen Ausdruck für die Helligkeit h einer Farbe als eine lineare Funktion in diesen Koeffizienten und den Farbkoordinaten x. Für diese Koeffizienten selbst wählt er einen Ansatz, der denjenigen von Helmholtz verbessert und im Gegensatz zu diesem das Weber-Fechnersche Gesetz erfüllt, siehe Abb. 22.5, S. 324.

Er untersucht weiterhin die Geodäten im Farbraum, d. h. die Linien kürzesten Abstandes zweier Punkte, die im euklidischen Raum Geraden sind. In einem Farbdreieck, das alle Farben gleicher Helligkeit enthält, sind die Geodäten, welche den Weißpunkt mit den spektralen Farbpunkten auf der Peripherie verbinden, im allgemeinen gekrümmte Linien, mit der Ausnahme, dass die kürzesten Linien zu den Fundamentalfarben Gerade sind. Die Farbe auf einer solchen Geodäten ändert sich nicht, aber die Zugabe von Weiß verschiebt den Farbpunkt von der Peripherie des Dreiecks zum zentralen Weißpunkt. Damit konnte Schrödinger das bekannte Phänomen erklären, dass bei einer starken Zumischung von Weiß das menschliche Auge nur wenige Farben unterscheiden kann mit großen Fehlstellen farbloser Punkte dazwischen (Bezold – Abneysches Phänomen). Dagegen erfasst die Theorie nicht das Bezold – Brückesche Phänomen der Farbtonänderung bei der Verringerung der Intensität des einfallenden Lichtes bzw. die Farbtonverschiebung von Farben gleicher Reizart. Dies ist auch zu erwarten, da das Weber-Fechnersche Gesetz für die Intensitätsstufen bei schwacher Beleuchtung seine Gültigkeit verliert.

Spätere experimentelle Überprüfungen des Schrödingerschen Linienelementes ergaben nur teilweise Übereinstimmung, so dass andere Ansätze in der Literatur zu finden sind, die aber weiterhin auf der Idee einer Riemannschen Geometrie beruhen.[22]

Farbempfindungsmetrik (Farbähnlichkeit)

Gesucht ist das Maß für die Differenz von 2 Farbvalenzen!

Linienelement: $ds^2 = a_{ik}\,dx_i\,dx_k$ Riemannsche Geometrie:

(Helmholtz)

Schrödinger

$$ds^2 = (a_1 x_1 + a_2 x_2 + a_3 x_3)^{-1} \cdot \left(\frac{a_1}{x_1}\,dx_1{}^2 + \frac{a_2}{x_2}\,dx_2{}^2 + \frac{a_3}{x_3}\,dx_3{}^2 \right)$$

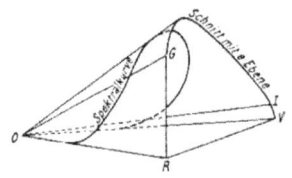 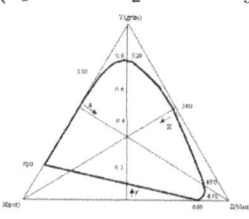 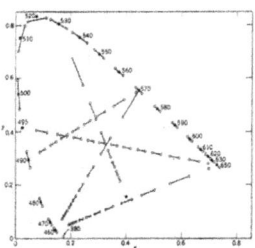

Abbildung 22.5:
Höhere Farbmetrik: links unten Schrödingers „Farbentüte"

Schrödinger 1920.

22 Judd / Wyszecki (1975).

22.6 Über das Verhältnis der Vierfarben- zur Dreifarbentheorie

Erwin Schrödinger reichte seine letzte größere Arbeit zur Farbenlehre unter diesem Titel am 17. Dezember 1925 an die Wiener Akademie der Wissenschaften ein. Die Vierfarbentheorie von Ewald Hering[23] geht von drei Paaren gegensätzlicher Farben aus: rot-grün, gelb-blau und weiß-schwarz. Sie ist insbesondere bei Künstlern populär und wurde auch von Ostwald bevorzugt. Dagegen verwendet die klassische Dreifarbentheorie von Young und Helmholtz nur die drei Grundfarben rot, grün und blau, so dass hier gelb als Mischfarbe erscheint. Eine vermittelnde Rolle zwischen diesen Theorien spielt die sog. Zonentheorie von J. von Kries.[24]

Diese Zonentheorie regt Schrödinger zu einer Untersuchung des Zusammenhangs der beiden völlig verschieden erscheinenden Grundmodelle an. Er schreibt:

> „Was ich im folgenden zeigen will, ist jedoch von der tiefer liegenden Auffassung über das physiologische Substrat des Sehvorganges ganz unabhängig. Es handelt sich um die bloße Feststellung, daß rein formal das Verhältnis zwischen beiden Theorien – der Dreifarben- und der Vierfarbentheorie – als ein außerordentlich einfaches aufzufassen ist, nämlich als eine bloße Transformation der Variablen. Der Sachverhalt ist vom rein mathematischen Standpunkt nicht besonders tiefliegend, ist aber gleichwohl meines Wissens bisher noch nie mit voller Klarheit ausgesprochen und gewiß auch von vielen nicht erkannt worden, sonst würde er die Diskussion auf andere Bahnen gelenkt haben."

Schrödinger gibt diesen einfachen Zusammenhang explizit an: Er geht vom Farbendreieck der Dreifarbentheorie aus und konstruiert durch eine lineare Koordinatentransformation ein neues Dreieck, welches dem Heringschen Modell zugeordnet werden kann. Als eine Ecke erscheint der Weißpunkt, die beiden anderen sind das „Urgrün" und das „Urblau". Durch eine weitere Transformation entsteht ein Viereck, wobei sich die Paare der Gegenfarben jeweils gegenüber liegen.

Durch Schrödingers einfache Transformation ergeben sich auch die Zusammenhänge zwischen den Farben beider Grundmodelle. Eine besondere Rolle spielt im Farbendreieck eine „mystische" Gerade, von ihm „Alychne" genannt,

---

23 Hering, Karl Ewald Konstantin (1834–1918), deutscher Arzt und Physiologe.
24 Kries, Johannes Adolf von (1853–1928), deutscher Arzt und Physiologe.

als der geometrische Ort der (virtuellen) Farben von verschwindender Helligkeit. Das „Grundblau" des Dreifarbenmodells stimmt fast mit dem „Original-
blau" des Vierfarbenmodells überein, das einem Punkt mit der Helligkeit Null
entspricht. Schrödinger zog daraus den Schluss, dass beide identisch seien:

> *„Ist das richtig, dann sind die drei „Komponenten" des Sehorgans
> doch wohl nicht gleichartig, die durch die Theorie suggerierte Vor-
> stellung von der symmetrischen Rolle der drei Komponenten fällt
> dahin, und das dürfte bei der Suche nach dem physiologischen Sub-
> strat zu beachten sein."*

Hier bietet sich ein interessanter Zusammenhang mit der Goetheschen Farbenlehre an, nach welcher das Blau keine Helligkeit besitzt. Von dieser ging
ein wichtiger Anstoß für physiologische und psychologische Farbtheorien aus,
letztendlich auch für das Heringsche Vierfarbenmodell. Möglicherweise hielt
der Physiker Schrödinger zu wenig von Goethe als Naturwissenschaftler, da er
diesen nicht erwähnt und ihm ein solcher Zusammenhang somit entgeht.[25]

22.7 Die Gesichtsempfindungen

Unter diesem Titel veröffentlichte Schrödinger sein „Opus Magnum" zur Farbenlehre, erschienen 1926 im zweiten Band von Müller – Pouillets „Lehrbuch
der Physik". Er schrieb es in seiner Zeit als Ordinarius für theoretische Physik
an der Universität Zürich (1921 bis 1927). Zuvor hatte er zunächst gehofft, einen
ersten Ruf an die Universität Czernowitz in der Bukowina zu erhalten, doch
zerschlug sich dieser Wunsch durch den Zerfall der k. k. Monarchie Ende 1918.
Auf der Suche nach einer festen Anstellung – nach dem Krieg war er Aushilfsassistent an der Wiener Universität – landete er im Sommersemester 1920 auf
Vermittlung von Max Wien zunächst als a. o. Professor ohne Lehrstuhl an der
Universität Jena, um im Wintersemester 1920/21 an die Technische Hochschule
Stuttgart weiter zu ziehen. Im Sommersemester 1921 erhielt er einen Ruf als
o. Professor an die Universität Breslau. Dort war Otto Lummer (1860–1925),
berühmt durch seine Untersuchungen zum Strahlungsverhalten des Schwarzen
Körpers an der Physikalisch-Technischen Reichsanstalt in Berlin, seit 1905 der
Direktor des Physikalischen Institutes, weiterhin Fritz Reiche und Rudolf La-
denburg, die sich mit Anwendungen der Planckschen Quantenhypothese auf
Atombau und Spektroskopie beschäftigten. Mit Lummer verband ihn ein herz-

---

25 Mehra / Rechenberg 1987, S. 337.

liches Verhältnis – auch mit dessen Künstlernatur, wie er in einem Nachruf betont.[26]

Otto Lummer war zusammen mit seinen Breslauer Kollegen Arnold Eucken und Erich Waetzmann der Herausgeber der 11. Auflage des renommierten „Müller-Pouillet", eines Lehrbuchs über alle Bereiche der Physik, insgesamt 14 Bände, deren letzter im Jahre 1934 erschien. Durch den Tod 1925 konnte Lummer jedoch nur einen Teil dieser Auflage redigieren, so dass er vom 2. Band, der Lehre von der strahlenden Energie (Optik), nur dessen erste Hälfte fertigstellen konnte – der einzige Band, in welchem große Teile aus seiner Feder stammen, so dass dieser „ein unverfälschtes Vermächtnis Lummerschen Geistes" darstellt, wie es im Vorwort heißt.[27]

Für diesen Band reservierte Lummer den Abschnitt über die optischen Empfindungen für Schrödinger. Dieser hatte inzwischen im Oktober 1921 einen Ruf als Ordinarius an die Universität Zürich angenommen, wo er bis September 1927 blieb, um dann als Nachfolger von Max Planck nach Berlin zu gehen. Den großen, handbuchartigen Artikel zur Farbenlehre von über hundert Seiten verfasste er in seiner Züricher Zeit, auch im Sinne einer Therapie wegen seiner Verzweiflung angesichts der Schwierigkeiten bei der Deutung der Atomspektren.[28] Er beendete ihn im Sommer 1925 – der Band selbst erschien erst ein Jahr später. Seine grundlegenden Arbeiten zur Quantentheorie entstanden kurz danach 1925–1926.

Das 11. Kapitel des 2. Bandes des Müller-Pouillet (1926) ist dem Auge und den Gesichtsempfindungen gewidmet und besteht aus drei Teilen: „Der anatomisch-histologische Bau des Sehorgans" von H. Erggellet und „Physikalisches vom Auge" von M. v. Rohr, beide aus Jena. Schrödingers Beitrag „Die Gesichtsempfindungen" bildet den dritten Teil und beruht auf den bereits genannten Arbeiten zur Farbenlehre, ergänzt um Ausführungen zum Dämmerungssehen (Purkinjesches Phänomen), zur Farbenblindheit und zur Phylogenie des Auges.

Bei der Ausarbeitung des Review-Artikels griff Schrödinger einige Kontroversen beim Farbensehen auf und veröffentlichte vom Herbst 1924 bis zum Frühjahr 1925 drei Artikel mit neuen Aspekten dazu. Im ersten Artikel „Über den Ursprung der Empfindlichkeitskurven des Auges"[29] weist er auf das Verdienst von Otto Lummer hin, als erster auf die Anpassung des Auges an die Sonnenstrahlung anhand der Empfindlichkeitskurve der Zäpfchen hingewiesen

26 Neue Zürcher Zeitung, 23. Juli 1925.
27 Müller-Pouillet, Vorwort 2. Band (1926).
28 Brief an Max Wien, 1925.
29 Naturwissenschaften 12 (1924), S. 925–929.

zu haben.[30] Er diskutiert die Verschiebung der Empfindlichkeitskurve für das Stäbchensehen hin zum blauen Ende des Spektrums und erörtert verschiedene Erklärungsmöglichkeiten, u. a. einen möglichen älteren phylogenetischen Ursprung der Stäbchen gegenüber den Zäpfchen.

Ein zweiter Artikel „Über die subjektiven Sternfarben und die Qualität der Dämmerungsempfindung"[31] geht auf den Widerspruch zwischen dem Farbeindruck beim Betrachten von Sternen und dem terrestrischer Objekte gleicher Temperatur ein und versucht eine Erklärung mit einer Verschiebung des Weißpunktes bei den beiden Grundmechanismen des Farbensehens, so dass der Weißpunkt der Stäbchen bei einem Blaupunkt der Zäpfchen liegt, wozu er im Institut von Peter Debye an der E.T.H. Zürich eigene Experimente durchführte.[32] Eine andere Erklärung ist bietet sich über das Bezold-Brücke-Phänomen an, nach welchem in der Dunkelheit der rote Farbanteil am stärksten empfunden wird.

Der dritte Artikel „Über Farbenmessung"[33] beinhaltet eine Verteidigung seines Freundes Fritz Kohlrausch, der das Farbsystem von Ostwald experimentell in Zweifel gezogen hatte, gegen eine Arbeit von Oryng,[34] in welcher die Ostwaldsche Theorie angeblich bestätigt wurde. Schrödinger wies jedoch nach, dass die Ostwaldsche Methode der absoluten Farbbestimmung sich niemals experimentell realisieren lässt und somit dessen ganzes System auf fragwürdigen Annahmen beruht. Dies dürfte auch der Grund dafür sein, dass Schrödinger in seinem Review-Artikel schreibt:

„In den weitverbreiteten Schriften W. Ostwalds findet sich ... nicht sowohl eine „neue Farbenlehre" als eine glückliche Systematisierung der Körperfarben dargelegt, von der wir jedoch wegen gewisser Bedenken ... im folgenden nicht Gebrauch machen werden."

22.8 Schlussbetrachtungen: Was bleibt von Schrödingers Farbenlehre?

In einem 1970 erschienenen Buch[35] über grundlegende Arbeiten zur Farbenlehre sind in englischer Übersetzung neben denjenigen von Newton, Young,

---

30 Untersuchungen O. Lummer und H. Kohn, Sitzung Schlesische Gesellschaft Vaterländischer Kultur, 29. Juli 1915.
31 Naturwissenschaften 13 (1925), S. 180–183.
32 Mehra / Rechenberg 1987, S. 334.
33 Physikalische Zeitschrift 26 (1925), S. 349–352.
34 Oryng, T.: Physikalische Zeitschrift 26 (1925), S. 185.
35 Sources of Color Science (1970).

Maxwell und Helmholtz auch zwei Arbeiten von Schrödinger enthalten: einmal die in §22.4.1 beschriebenen beiden Arbeiten von 1920 zur niederen Farbenmetrik und zum anderen einige Auszüge aus dem Review-Artikel im „Müller – Pouillet", siehe §22.6. Daraus lässt sich entnehmen, dass er mit zu den „Klassikern" der Farbenlehre gehört. Schaut man sich andererseits die zahlreichen Bücher über Farbenlehre an, so wird er relativ selten zitiert bzw. nicht im Zusammenhang mit den Farben, sondern als einer der Begründer der Quantentheorie.[36]

Schrödingers Linienelement im dreidimensionalen Riemannschen Farbraum spielt auch heute noch eine wichtige Rolle in der Farbentheorie. Dieser und verschiedene andere Ansätze für das Linienelement werden im Buch von Judd und Wyszecky (1975) diskutiert. Die moderne Farbgrafik benutzt zur Farbwiedergabe die Prozesse des Farbfernsehens, der Farbfotografie und den Mehrfarbendruck. Auch hier kommen unterschiedliche Linienelemente zur Anwendung, wie etwa bei Richter,[37] der zwar das Helmholtzsche Linienelement auswertet (mit unbefriedigenden Resultaten), das von Schrödinger verbesserte jedoch nicht erwähnt.

Im Sinne des heutigen Wissensstandes sind Schrödingers Hypothesen über die Entwicklung des Farbensehens beim Menschen weiterhin von Bedeutung. Danach sollten Gelb und Blau die „Urfarben" sein, nachdem man im 19. Jahrhundert noch von Rot (und evtl. Gelb) ausgegangen war. Dabei war es zu damaliger Zeit keineswegs selbstverständlich, von einer solchen Evolution aus zu gehen, hatte sich doch Ernst Mach gegen eine Anwendung der Darwinschen Entwicklungsidee auf den Farbensinn ausgesprochen, und auch Helmholtz (Dreifarbentheorie) und Hering (Vierfarbentheorie) waren ähnlicher Meinung.[38] Heute nimmt man ein bisher unbekanntes Farbenpaar als ursprüngliche Farbe an, kaum jedoch Rot und Grün.

Schrödinger benennt auch eine Begrenztheit der Dreifarbentheorie beim Vergleich mit der Heringschen Theorie in Bezug auf sog. uneigentliche Mischungen mit „negativen" Farben hin:

> „Die Bemerkungen am Anfang dieses Paragraphen sagen uns nun sofort, daß als Grundfarben im Sinne der Youngschen, von Helmholtz und König weiter ausgebauten, Theorie keinesfalls drei reelle Reizarten gelten können, weil aus ihnen nicht wirklich alle anderen mischbar sind."

---

36 Welsch: Farben (2003).
37 Richter: Farbsysteme.
38 Sölch: Evolution (1998).

Hier weist Schrödingers Argumentation auf die moderne Sicht der Neurobiologie des menschlichen Sehens hin, nach der sich die beiden scheinbar widersprechenden Theorien des Dreifarbensehens nach Young – Helmholtz und die Gegenfarbentheorie nach Hering nicht mehr gegenseitig ausschließen, sondern beide sich ergänzen; die erstere auf der physikalischen Ebene der Farbrezeptoren des Auges, die letztere auf der höheren Prozessebene der neuronalen Verarbeitung der Farbempfindungen,[39] siehe Abb. 22.6, S. 330.

Dreifarbentheorie vs. Vierfarbentheorie

Trichromatische Theorie nach Young und Helmholtz

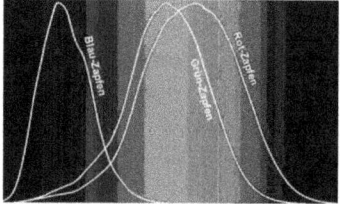

Aus farbigem Licht dreier Primärfarben lässt sich jede beliebige Farbe mischen.

→ 3 Farbrezeptoren im menschl. Auge

Gegenfarbentheorie nach E.Hering

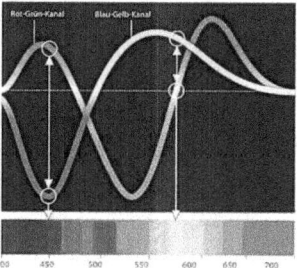

Farbsehen basiert auf dem doppelten Gegenspiel von Rot und Grün einerseits sowie von Gelb und Blau andererseits.

Abbildung 22.6:
Drei- und Vierfarbentheorie

Grafik: Peter Bussemer

22.9 Literaturverzeichnis

BUCHWALD, EBERHARD: *Fünf Kapitel Farbenlehre*. Mosbach/Baden: Physik Verlag 1955.

BUSSEMER, PETER UND STEVEN MÜLLER: *Erwin Schrödinger und die Farbenlehre*. Vortrag Konferenz „Universität Breslau in der europäischen Kultur des 19. und 20. Jahrhunderts", Wroclaw, Oktober 2011.

---

39 Hubel: Auge und Gehirn (1989).

EXNER, FRANZ: *Vorlesungen über die physikalischen Grundlagen der Naturwissenschaften.* Wien: Deuticke 1919.

HELMHOLTZ, HERMANN VON: *Handbuch der Physiologischen Optik.* Hamburg: Leopold Voss (Zweite Auflage) 1896.

HUBEL, DAVID H.: *Auge und Gehirn. Neurobiologie des Sehens.* Heidelberg: Spektrum-Verlag 1990.

JUDD, DEANE B. AND GUNTER WYSZECKI: *Color in Business, Science and Industry.* New York: John Wiley (Third Edition) 1975.

MEHRA, JAGDISH UND HELMUT RECHENBERG: *The Historical Development of Quantum Theory. Band 5, Teil 2: The Creation of Wave Mechanics; Early Response and Applications.* New York: Springer-Verlag 1987.

MOORE, WALTER: *Schrödinger – life and thought.* Cambridge: University Press 1994.

Müller – Pouillets Lehrbuch der Physik. 11. Auflage, 2. Band: Lehre von der strahlenden Energie (Optik), 1. Hälfte. Bearbeitet von OTTO LUMMER. Braunschweig: Vieweg-Verlag 1926.

OSTWALD, WILHELM: *Farbkunde.* Leipzig: S. Hirzel 1923.

RICHTER, KLAUS: *Computergrafik und Farbmetrik.* Berlin: VDE-Verlag 1996.

SCHRÖDINGER, ERWIN: Theorie der Pigmente von größter Leuchtkraft. In: *Annalen der Physik* (4) **62** (1920), S. 603–622.

SCHRÖDINGER, ERWIN: Grundlinien einer Theorie der Farbenmetrik im Tagessehen. In: *Annalen der Physik* (4) **63** (1920), 397–426, 427–456, 481–520.

SCHRÖDINGER, ERWIN: Farbenmetrik. In: *Zeitschrift für Physik* **1** (1920), S. 459–466.

SCHRÖDINGER, ERWIN: Über den Ursprung der Empfindlichkeitskurven des Auges. In: *Die Naturwissenschaften* **12** (1924), S. 925–929.

SCHRÖDINGER, ERWIN: Über Farbenmessung. In: *Physikalische Zeitschrift* **26** (1925), S. 349–352.

SCHRÖDINGER, ERWIN: Über das Verhältnis der Vierfarben- zur Dreifarbentheorie. In: *Sitzungsberichte der Akademie der Wissenschaften in Wien*, mathematisch-naturwissenschaftliche Klasse, Abteilung 2a, **134** (1925), S. 471–490.

SCHRÖDINGER, ERWIN: Die Gesichtsempfindungen. In: *Müller – Pouillets Lehrbuch der Physik, Bd. 2, Teil 1.* Braunschweig: Vieweg (11. Auflage) 1926, S. 456–560.

SCHRÖDINGER, ERWIN: *Gesammelte Abhandlungen, Bd. 4.* Wien: Österreichische Akademie der Wissenschaften 1984.

SCHRÖDINGER, ERWIN: *Mein Leben. Meine Weltansicht.* Wien: Paul Zsolnay 1985.

SÖLCH, REINHOLD: *Die Evolution der Farben.* Ravensburg: Ravensburger Buchverlag 1998.

MACADAM, DAVID L. (ed.): *Sources of Color Science.* Cambridge: MIT Press 1970.

WELSCH, NORBERT UND CLAUS CHR. LIEBMANN: *Farben. Natur Technik Kunst.* Heidelberg: Spektrum Akademischer Verlag 2003.

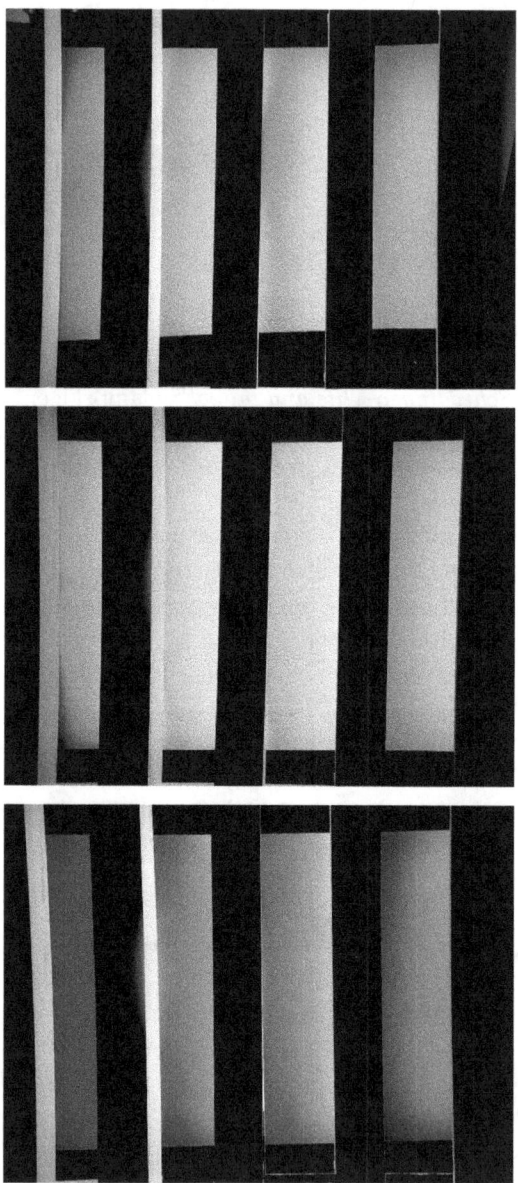

Figure 23.1:
Colour in physics – experiments presented by Michael Kiupel:
Farbiges Papier im Licht verschiedener Lichtquellen

Photo: Gudrun Wolfschmidt during the Symposium *Colours* in Hamburg, Oct. 2010

Farbe im Lichte der Physik

Michael Kiupel (Flensburg)

23.1 Abstract: Colours seen in the light of physics

What physicists know as light of specific wavelength is what everyone knows as impressive play of colours. The presentation that includes experiments shows and explains how different sources of light, various materials and different mechanisms result in situations, which influence light in a way so it is divided into its properties or combined in a special way so it generates impressive colours. Not every white light is the same and even surfaces, which seem to appear in the same yellow, can reflect in different light. Admittedly there are also in Physics really single-coloured sources of light. White or coloured light can be filtered und even modified through reflexion, refraction and polarisation. This can generate impressive new colour effects for example the light reflexion on a standard CD ort he coloured rings of a rainbow.

> *„Wenn man irgendeinem eindringlich sagt: ‚Musik, nicht wahr, ist ja doch in Wirklichkeit nichts anderes als Lufterschütterung, Wärme an sich nur Molekularbewegung, Farbe eigentlich nichts als elektromagnetische Wellenlänge', so kommt es oft vor, dass der so Angesprochene nickt, wenn auch etwas trübsinnig.“*[1]

Da die verschiedenen Aspekte des Themas „Farbe" in diesem Symposium deutlich herausgearbeitet werden sollen, wird hier besonders pointiert die physikalische Sichtweise eingenommen – wohl wissend, dass diese nicht allein ein Thema und schon gar nicht das Gebiet „Farbe" beschreiben kann. Farbe im

---

1 [Wagenschein, 91].

Lichte der Physik verbirgt sich hier im Wesentlichen hinter Diagrammen, die die spektrale Zusammensetzung des Lichts skizzieren.

Licht lässt sich – aus physikalischer Sicht – als elektromagnetische Welle beschreiben. Der Energietransport erfolgt in kleinsten Portionen. Damit zeigt Licht Eigenschaften von Wellen und Eigenschaften von Teilchen. Um Licht genau zu charakterisieren wird vielfach die Wellenlänge der elektromagnetischen Strahlung angegeben. Da sich die Wellenlänge aber ändert, wenn das Licht in ein anderes Material wie z. B. Glas oder Wasser eintritt, wäre die Angabe der Frequenz der Strahlung, die sich nicht ändert, exakter. Beide Größen hängen über die Lichtgeschwindigkeit, die in verschiedenen Medien unterschiedlich ist, zusammen:

$$c = \lambda \cdot f$$

Licht ist Teil des elektromagnetischen Spektrums und unterscheidet sich in physikalischer Sicht nur in der Frequenz z. B. von Röntgenstrahlung. Trotz prinzipiell gleicher Art der Strahlung ist die Wirkung mit Materie und das Verhalten an Hindernissen sehr unterschiedlich und im allgemeinen von der Frequenz abhängig. Licht als Teil des elektromagnetischen Spektrums hat darüber hinaus keine besonderen Eigenschaften, außer eben der, dass es im menschlichen Auge Rezeptoren für diesen Bereich der elektromagnetischen Strahlung gibt. Aber dies ist eben eine Eigenschaft der Augen und nicht des Lichts.

Eine zweite allerdings wenig überraschende Besonderheit besteht darin, dass die von der Sonne ausgehende elektromagnetische Strahlung ihr Intensitätsmaximum in eben diesem Bereich hat – eine Tatsache, die die evolutionäre Entwicklung erwarten lässt.

Die Intensität der Strahlung der Sonne bei verschiedenen Wellenlängen (Frequenzen) ist unterschiedlich und kann nicht nur mit einem Spektrometer gemessen sondern mit Hilfe des Planckschen Strahlungsgesetzes sehr genau berechnet werden. Die Sonne entspricht sehr genau den theoretischen Annahmen, die dem Planckschen Strahlungsgesetz für einen sog. „Schwarzen Körper" zu Grunde liegen. Wird die am Erdboden ankommende Strahlung betrachtet, so sind noch die Einflüsse der Atmosphärengase zu berücksichtigen, die aber – wie die Graphik zeigt – im sichtbaren Bereich der Strahlung neben einer Dämpfung nur wenige Auswirkungen haben.

23.2 Weiß

Man erkennt eine Fläche als „weiß" wenn sie das auftreffende Sonnenlicht vollständig und diffus reflektiert. Dass man ein Blatt Papier nicht nur im Licht der Mittagssonne sondern auch im Licht der untergehenden Sonne als „weiß"

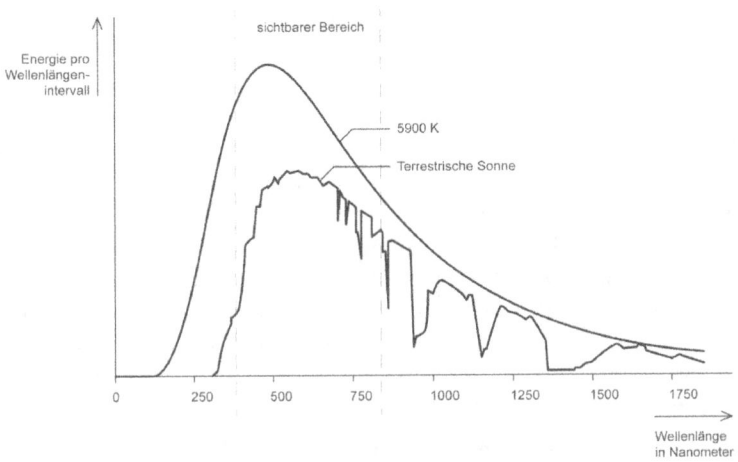

Abbildung 23.2:
Intensität der Sonnenstrahlung

Der Unregelmäßigkeiten für die Strahlung am Erdboden („Terrestrische Sonne") ergeben sich durch den Einfluss verschiedener Gase in der Atmosphäre, die Strahlung bestimmter Frequenz absorbieren (z. B. Wasser und Kohlenstoffdioxid)

Schwarzer Körper: Eigene Graphik,
Terrestrische Sonne: Diverse Internetquellen, z. B.
http://www.lti.uni-karlsruhe.de/rd_download/Solarenergie_20040420_02.pdf, S. 30.

erkennt zeigt, dass unser visuelles System die Wahrnehmung stark beeinflusst. Die Zusammensetzung des Lichts der Abendsonne unterscheidet sich durch den längeren Weg, den die Strahlung durch die Atmosphäre zurücklegt, deutlich messbar und wahrnehmbar vom Licht zur Mittagszeit.

Das Licht einer Kerzenflamme entspricht in einer ersten Näherung der Strahlung eines „Schwarzen Körpers", wie es auch für die Sonne angenommen werde kann. Wird die Zusammensetzung der von der Kerze ausgehenden Strahlung mit dem Planckschen Strahlungsgesetz berechnet, so muss die andere Temperatur der glühenden Kohlenstoffteilchen, die die Strahlung aussenden, berücksichtigt werden. Dies bedeutet, dass nicht nur die Intensität viel geringer ist, sondern dass auch die Zusammensetzung der Strahlung eine andere ist. Dass wir ein weißes Papier[2] auch im Kerzenlicht als „weiß" erkennen zeigt sehr deutlich den Einfluss des visuellen Systems des Menschen.

23.3 Schwarz

Eine ideale schwarze Fläche ist so beschaffen, dass keine elektromagnetische Strahlung im sichtbaren Bereich reflektiert wird. Dies kann beispielsweise erreicht werden, indem gar kein Licht auf diese Fläche gelangt (Schatten) oder indem die Fläche mit einem Material beschichtet wird, dass die Strahlung möglichst vollständig absorbiert. Aber auch hier sind Wahrnehmungseffekte wichtig wie das Beispiel des Beamers zeigt: Die Leinwand wird im beleuchteten Raum als weiß wahrgenommen. Wird nun mit dem Beamer eine schwarze Schrift auf weißem Grund projiziert, so wird die Leinwand auf den jetzt schwarz erscheinenden Flächen nicht dunkler sondern nur auf den anderen Flächen heller. Die vorher als weiß erkannte Fläche der Leinwand, auf die ein Buchstabe abgebildet wird, wird jetzt als schwarz wahrgenommen. Ein an der Position der schwarzen Buchstaben angebrachtes Messgerät würde keine Änderung der Zusammensetzung der elektromagnetischen Strahlung feststellen. Es handelt sich also um einen reinen Wahrnehmungseffekt.

Es sei an dieser Stelle noch einmal hervorgehoben, dass eine gedimmte Glühlampe kein graues Licht aussendet, sondern dass sich neben der Intensität auch die Zusammensetzung des Lichts wegen der sich ändernden Temperatur des Glühfadens verändert.

Bedingt durch die Eigenschaften des visuellen Systems kann die Empfindung „weiß" auch erreicht werden, wenn Licht ganz bestimmter, ausgewählter Wellenlängen/Frequenzen verwendet wird. Dies wird bei einem Beamer oder einem Monitor aber auch bei modernen Leuchtstofflampen ausgenutzt. Aus physikalischer Sicht scheint aber – wie dargestellt – das Licht der Sonne eine vernünftige Referenz für „weiß" darzustellen.

23.4 Farben

Werden Teile der elektromagnetischen Strahlung, die von der Sonne ausgeht, ausgeblendet, so erzeugt das dann in das Auge gelangende Licht einen Farbeindruck. Es gibt verschiedene Möglichkeiten, dies zu erreichen – aber letztlich

---

2 Weißes Papier enthält sog. „Weißmacher", die auftreffende ultraviolette Strahlung in sichtbares Licht umwandeln. Wird diese Tatsache berücksichtigt, so dürfte ein Blatt Papier im Kerzenlicht noch viel weniger weiß erscheinen, da das Kerzenlicht so gut wie keinen UV-Anteil enthält.

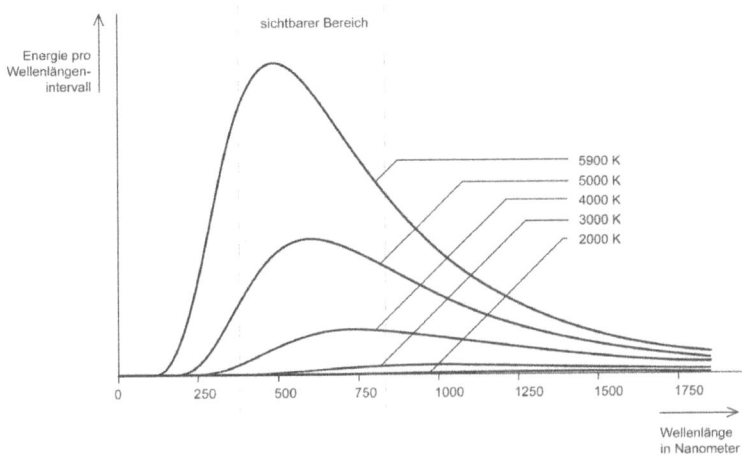

Abbildung 23.3:

Intensitätsverteilung eines Schwarzen Strahlers bei verschiedenen Temperaturen

Eigene Graphiken auf Grundlage des Planckschen Strahlungsgesetzes

ist „Farbe" aus physikalischer Sicht nicht mehr als genau dies: Die Abweichung der Lichtzusammensetzung von derjenigen, die den Eindruck „weiß" hervorruft. Dabei ist es egal, ob die Strahlung einer Lichtquelle einfach nur eine (deutlich) andere Zusammensetzung hat als das Licht der Sonne oder ob tatsächlich Teile des Sonnenlichts herausgefiltert werden. Wie bereits beschrieben kann sogar der Effekt auftreten, dass bei bestimmten Zusammensetzungen der Eindruck „weiß" entsteht. Dies hat keine physikalische Ursachen sondern ist allein im Aufbau des visuellen Systems begründet.

Die einfachste und zugleich wichtigste Möglichkeit der Veränderung der Strahlungszusammensetzung ist die der selektiven Absorption bzw. der selektiven Reflexion oder Streuung. So absorbieren Chlorophyll und Carotin elektromagnetische Strahlung bestimmter Wellenlängen und nutzen die Energie der absorbierten Strahlung zur Fotosynthese. Die nicht absorbierten, also reflektierten Anteile der Strahlung erzeugen den Farbeindruck „grün". Wird im Herbst das Chlorophyll abgebaut, so werden bestimmte Strahlungsarten nicht mehr absorbiert, was bedeutet, dass sich die Zusammensetzung der reflektierten Strahlung der Blätter verändert. Entsprechendes gilt für die Farbstoffe, die beispielsweise in den Gläsern vor den Bühnenscheinwerfern verwendet werden (Farbfilter)

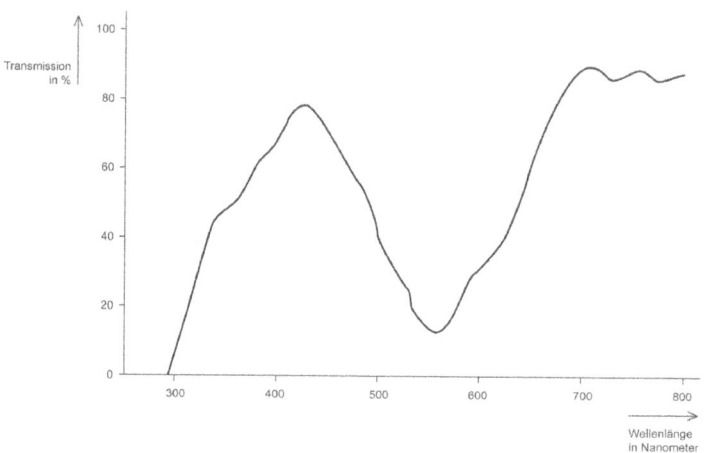

Abbildung 23.4:

Transmissionsdiagramm eines Filters für Bühnenscheinwerfer

Eigene Graphik auf Grundlage des LEE-Musterheftes (`http://www.lee-filters-de`)

oder für die Farbstoffe, die der weißen Wandfarbe zugemischt werden. Es gilt
für das Material, aus dem farbige Tusche hergestellt wird genau so wie für die
meisten farbigen Blüten. In allen Fällen wird ein Teil der auftreffenden Strahlung absorbiert und nur ein Teil reflektiert. Die Ursache für die Absorption
bzw. Reflexion bestimmter Strahlungsarten ist im atomaren bzw. molekuaren
Aufbau oder im Aufbau des Festkörpers zu suchen.

„Farbe" einfach mit „Wellenlänge" oder „Frequenz" elektromagnetischer Strahlung gleichzusetzen greift damit im allgemeinen zu kurz. Dies ist nur ein Extrem, das sich z. B. mit LASER-Licht realisieren lässt.

23.5 Lichtquellen

Grundsätzlich sind zwei verschiedene Arten der Erzeugung elektromagnetischer
Strahlung im Bereich des sichtbaren Lichts möglich. Dass glühende Körper
Strahlung bestimmter Zusammensetzung aussenden wurde bereits hervorgehoben. Der Effekt beruht auf der Vielzahl der beteiligten Atome auf engem Raum.
Max Planck hat die Vorgänge sehr genau beschreiben und daraus das mehrfach erwähnte Plancksche Strahlungsgesetz ableiten können. Es gilt exakt nur
für genau beschriebene Bedingungen, die sich darin äußern, dass dieser Kör-

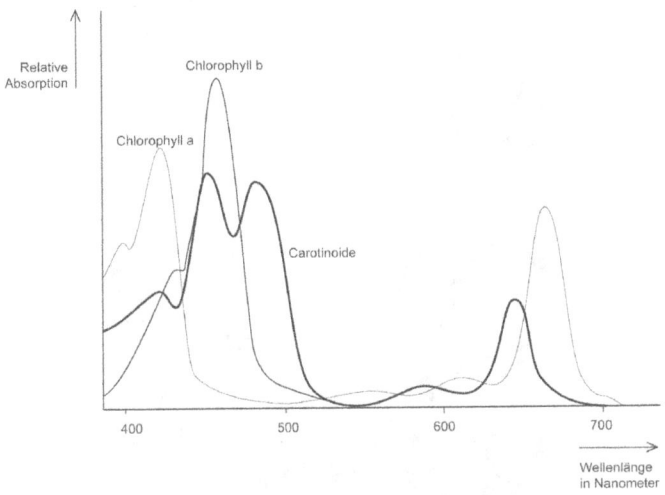

Abbildung 23.5:
Lichtabsorption durch Pflanzenfarbstoffe

Eigene Graphik nach Bresinsky 2008, S. 278.

per bei niedrigen Temperaturen schwarz erscheint. Obwohl dies z. B. für einen Kupferblock nicht gilt (er erscheint rötlich und nicht schwarz), beschreibt das Plancksche Strahlungsgesetz die von einem glühenden Kupferblock ausgehende Strahlung aber für viele Fragestellungen genau genug.

Andere Lichtquellen wie z. B. Gasentladungslampen oder LASER senden elektromagnetische Strahlung bestimmter, genau definierter Wellenlängen bzw. Frequenzen aus. Während es sich bei einem LASER um einen äußerst kleinen Bereich handelt (man kann schon von einer Wellenlänge sprechen), so sind es bei Gasentladungslampen im allgemeinen mehrere deutlich unterscheidbare kleinste Bereiche. Man spricht von einem Linienspektrum. Dass diese Lichtquellen (Natriumdampflampen, Neonlampen) damit insgesamt „farbiges Licht" aussenden wurde bereits begründet.

Ein weiterer Effekt wird insbesondere bei Leuchtstofflampen verwendet. Die vom Quecksilberdampf in der Glasröhre ausgesendete ultraviolette Strahlung wird durch sog. Leuchtstoffe in elektromagnetische Strahlung umgewandelt, für die unser Auge empfindlich ist. Eine Vielzahl bekannter Leuchtstoffe ermöglicht es, die insgesamt ausgesendete Strahlung für einen Anwendungsfall zu „komponieren".

Abbildung 23.6:
Eine Seifenhaut im Licht.
Die Interferenz wird bestimmt durch die Dicke und den Blickwinkel

Phänomenta

23.6 Mechanismen

Es gibt verschiedene Möglichkeiten die Zusammensetzung der elektromagnetischen Strahlung zu verändern. Bereits erwähnt wurde die „selektive Absorption" bzw. „selektive Reflexion" oder „selektive Streuung" als wohl wichtigster
Effekt.

Bei jeder Brille, bei jeder optischen Linse wird der physikalische Effekt der
Brechung genutzt, also die Änderung der Ausbreitungsrichtung beim Übergang
der Strahlung von einem durchsichtigen Medium in ein anderes. Dabei wird
Strahlung unterschiedlicher Frequenz etwas unterschiedlich abgelenkt (gebro-
chen). Dieser mit „Dispersion" bezeichnete Effekt tritt zum Beispiel in Re-
gentropfen auf und führt dazu, dass die in das Beobachterauge gelangende
Strahlungsart vom Winkel abhängig ist – man erkennt das beeindruckende
Phänomen eines Regenbogens.

Elektromagnetische Wellen können sich überlagern. Dabei treten – ähnlich
wie bei Wasserwellen – Überlagerungen auf. Wegen der ganz anderen Dimen-

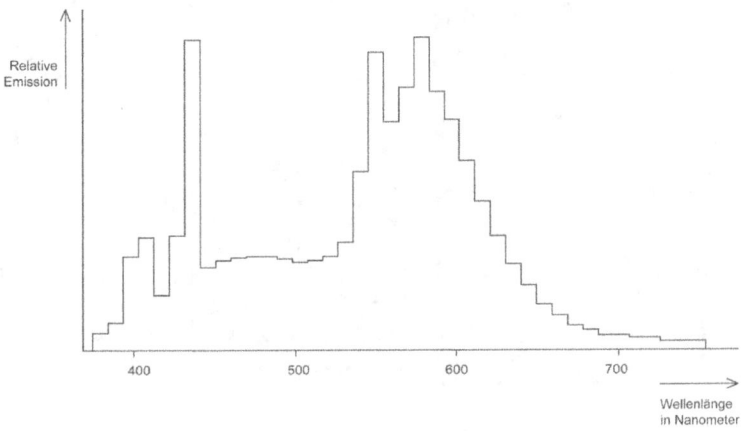

Abbildung 23.7:

Spektrum einer typischen Leuchtstofflampe

Katalog der Firma Osram.

sionen (die Wellenlänge des Lichts liegt in der Größenordnung $500 \times 10^{-9}\,\mathrm{m}$) sind viel feinere Strukturen notwendig, um Überlagerungserscheinungen (Interferenzen) zu beobachten. Unter genau einzuhaltenden Bedingungen überlagert sich dann elektromagnetische Strahlung bestimmter Frequenz an bestimmten Orten destruktiv, für Strahlung anderer Wellenlänge gilt dies aus einfachen geometrischen Gründen nicht. So wirft eine CD auftreffende elektromagnetische Strahlung zurück, die feinen Strukturen auf der CD sorgen dafür, dass verschiedene Lichtwege möglich sind. Unter Umständen führt dies auf der Netzhaut für Strahlung bestimmter Wellenlänge zu destruktiver Interferenz – ein Teil der ursprünglich auftreffenden Strahlung fehlt, die CD erscheint an einer Stelle farbig. Unter anderem Blickwinkel (an anderen Stellen auf der Netzhaut) ergeben sich andere geometrische Verhältnisse, so dass die CD als ganzes in vielen Farben schimmert. Dieser Effekt ist beispielsweise auch für die Farbigkeit bestimmter Schmetterlingsarten verantwortlich, die allein auf den feinen Oberflächenstrukturen beruht oder auch für die Farberscheinungen bei Seifenblasen.

In speziellen Fällen spielt auch die Polarisation eine Rolle. So werden geologische oder biologische Proben in polarisiertem Licht beobachtet, um durch die dann auftretende Farbigkeit feinere Strukturen erkennen zu können. Auch hier wird erreicht, dass bestimmte Teile der Strahlung die Probe (und die Po-

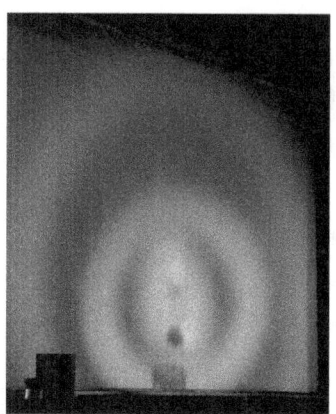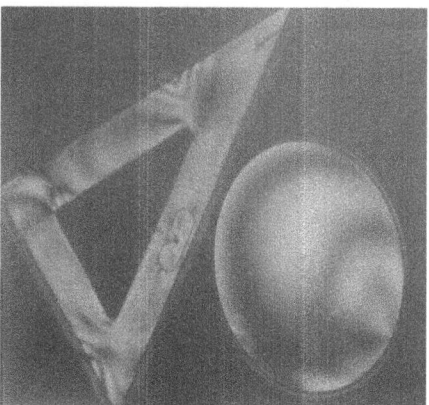

Abbildung 23.8:
Unterschiedliche Mechanismen führen dazu,
dass bestimmte Lichtanteile fehlen (links: Interferenz, rechts: Polarisation)

Photo: Gudrun Wolfschmidt during the Symposium *Colours* in Hamburg, Oct. 2010

larisationsfilter) durchdringen können, bei anderen tritt destruktive Interferenz auf.

Während durch die Dispersion elektromagnetische Strahlung – abhängig von der Frequenz – verschieden stark abgelenkt wird ist allen anderen Mechanismen gemeinsam, das Teile der auftreffenden Strahlung herausgefiltert werden. Die Änderung der Zusammensetzung führt dann zu den bekannten Farbeffekten.

Schließlich sei noch darauf aufmerksam gemacht, dass die beschriebenen Effekte der selektiven Absorption, der Dispersion, der Interferenz und der Polarisation nicht nur bei Licht sondern auch bei elektromagnetischer Strahlung ganz anderer Frequenz auftreten. Interferenzen kennt man beispielsweise vom Radio, ebenso die selektive Reflexion („Kurzwelle" wird an der Ionosphäre reflektiert, „Ultrakurzwelle" nicht).

23.7 Farbe

Aus physikalischer Sicht ist also „Farbe" keine Besonderheit. Vielmehr ist zu erkennen, dass - ausgehend von einer vorgegebenen spektralen Verteilung, die als „weiß" wahrgenommen wird – nur Anteile fehlen. Allein dies wird vom visuellen System wahrgenommen. Vor dem Auge, vor der Netzhaut, wahrscheinlich sogar vor der Verarbeitung der Sinneseindrücke im Gehirn sucht man Farbe ver-

gebens. Zu beachten ist in dem Zusammenhang auch, dass gleiche Eindrücke
nicht unbedingt gleiche Ursachen haben müssen. Ein Beispiel von vielen ist
die Tatsache, dass der Eindruck „weiß" entweder durch das Sonnenspektrum
oder durch das Spektrum, das von einem weißen Bildschirm abgestrahlt wird,
erreicht werden kann.

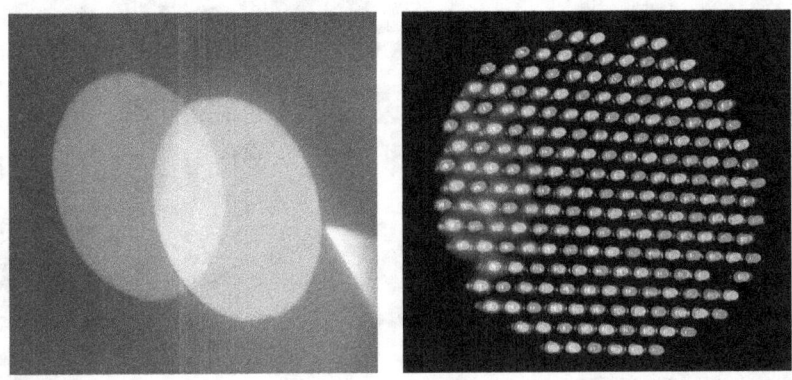

Abbildung 23.9:
Der Farbeindruck ist vom reflektierten Licht abhängig
(links: „additive Farbmischung", rechts: moderner Bühnenscheinwerfer)

Photo: Gudrun Wolfschmidt during the Symposium *Colours* in Hamburg, Oct. 2010

23.8 Bibliographie

BRESINSKY, ANDREAS; KÖRNER, CHRISTIAN; KADEREIT, JOACHIM W.; NEUHAUS,
G. UND UWE SONNEWALD: *Strasburger Lehrbuch der Botanik.* Heidelberg: Spektrum Akademischer Verlag (36. Auflage) 2008.

NIEDRIG, HEINZ (Hg.): *Bergmann/Schaefer Lehrbuch der Experimentalphysik, Bd. 3:
Optik.* Berlin, New York: Walter de Gruyter 1993.

WAGENSCHEIN, MARTIN: *Naturphänomene sehen und verstehen.* Hg. von HANS CHRI-
STOPH BERG. Stuttgart, Dresden: Klett-Verlag für Wissen und Bildung (3. Auflage) 1995.

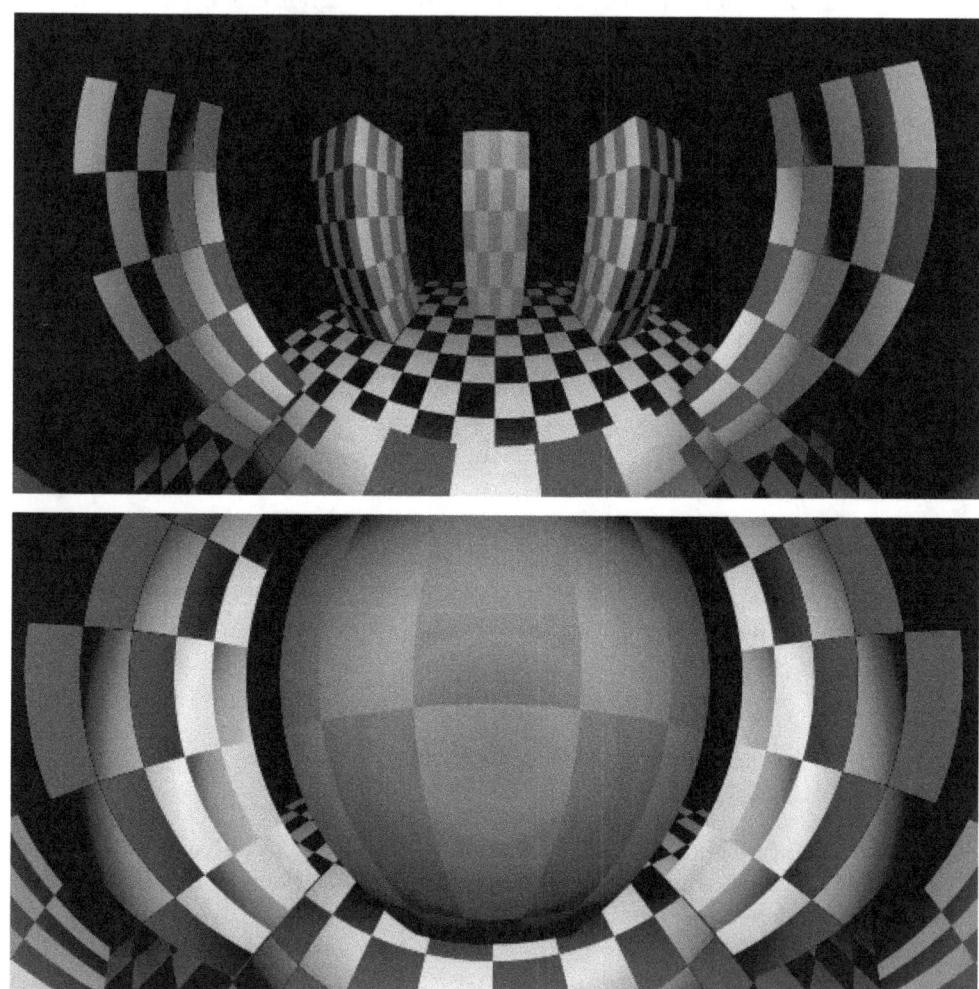

Figure 24.1:
Real-time simulation of aberration and Doppler effect of light

Real-time simulation of aberration and Doppler effect of light

Susanne M. Hoffmann and Christoph Keller

(Hildesheim)

Abstract

The effects we use here to generate colours are simple Special Relativity. This theory (SR) has been found by Einstein when he thought about the synchronization of clocks. When he was working at the Swiss patent office he had been thinking about time measurement and – in modern physics' words – the construction of an absolute watch. One of the consequences is, that colours are changed or shifted in the case of a nearly light-fast motion of the observer relative to the observed object. But if you shrink a wavelength according to Lorentz' length contraction, it will change the colour.

24.1 Introduction

Since James Clerk Maxwell found his description of the electric and magnetic field in the 1860s it was clear, that light is an electro-magnetic wave. First, this theory rocked the Newtonian theory of light as a corpuscular stream. Maxwell himself thought, that light was a wave in the ether, but the ether had been canceled out by Michelson's interferometry experiment in 1881.

With the revolutionary description of the nature of light, the question arose, if the classical principle of equivalence in mechanics is also appliable for electrodynamics. This problem has been solved by Einstein in one of his three

impacting articles in the year 1905. His formula discussed in this article are
describing light as a superposition of both, particle and wave – which is written in $E = h\nu$: the energy of a particle on the left hand side and the quality
'frequency' ν on the right hand sight of the equation. Of course, the experimental evidence of this dualism and its explicite verbalization in a didactically
beautiful phrase came later. Nontheless, the roots of quantum physics have
been written in this papers.

24.2 How colours are generated by fast motion

In the same issue of the 'Annalen der Physik' Albert Einstein published his
thoughts on the old principle of relativity. This principle reigns over classical
mechanics even longer than the Newtonian law of gravity and many brilliant
minds like Galilei and Kant have had discussed it. To describe the world, each
physicist is allowed to choose his or her own coordinate system and one only
has to respect if the coordinate system is accelerated or not. For a coordinate
system which is moving with regard to another system the great dutch theoretical physicist Hendrik Antoon Lorentz had summarized a transformation of
lengths and times at the end of the 19th century.[1]

The breaking news of Einstein was, that since nature's laws are universal the
transformation of time and length is not only an effect in mechanics but has
also to be applied in electrodynamics. Therefore, the title of his article was
'Über die Elektrodynamik bewegter Körper' [Einstein, 1905].

Einstein's chain of conclusions starts with the relativity of contemporaneity
in §1, wents through the relativity of length and time (§2) to the theorem of
addition of velocities (§5). In §3 of his fundamental article he independly found
the Lorentz transformation, that time and length, both, are scaling with the
factor $\sqrt{1 - \frac{v^2}{c^2}}$. With this result it became obvious that time was relative.
Hence, he found it is impossible to construct an absolute watch, because the
physical quality which is measured by watches, the time, is not absolute but
relative: time depends on the speed of the watch.

After this kinematic introduction he continues with the electrodynamics in
Chapter II. He rescribes the equations of Maxwell and Hertz in §6 and concludes
the dependency of the electromagnetic forces on the velocity of the coordinate

---

1 The so called Lorentz' transformation had been written down before Lorentz, in 1887/88
by Woldemar Voigt (1850–1919), who is known today for his studies in cristallography.
He also demonstrated the invariance of the wave equations under Lorentz transformation
[Voigt, 1887 (II)].

system. Therefore, his next paragraph (§7) is about Doppler's principle and the aberration concerning electromagnetic waves like light.

24.2.1 Aberration and Doppler Effect

The Doppler effect is the variation of a frequency by relative movement of its source to the observer. It has been discovered for acustic waves, but it is also valid for electromagnetic waves. An electromagnetic wave is the oscillation of the electric and magnetic field like this: Consider two vectors which are perpendicular to each other and which are moving from the light source to the observer. While moving, they remain perpendicular but rhythmically are getting longer and shorter. The two vectors are the representations of the electric and the magnetic field.

According to the Doppler effect the frequency of such a wave changes with the factor $(c \pm v)/(c \mp v)$, where c in general is the group velocity of the wave and v is the relative velocity of observer and source. Einstein proves this as misleading in the case of light. He applies the Lorentz transformation of length and time as well as his own transformation for the Maxwell equations and finds the more general formula for all velocities and directions:

$$\nu' \;=\; \nu \, \frac{1 - \cos\varphi \, \frac{v}{V}}{\sqrt{1 - \left(\frac{v}{V}\right)^2}} \quad \text{where } \varphi \text{ is the angle between observer} \quad (24.1)$$

and beam direction. He further concludes for $\varphi = 0$

$$= \; \nu \sqrt{\frac{1 - \frac{v}{V}}{1 + \frac{v}{V}}} \qquad\qquad (24.2)$$

For some reason Einstein calls the velocity of the wave V and not the common standard c, probably he wants to distinguish between the velocity of a general wave and the speed of light in the vacuum (which both are denoted with c usually). Notice, that he does not consider the special case of light in the vacuum at speed c, but the general case of a beam at velocity V which can be everywhere – the aberration and the Doppler effect are also existing in a medium, where the speed of light is smaller than the cosmic tempo limit.

Einstein draws the attention to the extreme case of $v = -\infty$, where $\nu = \infty$ due to his equation and which he calls different from the 'üblichen Auffassung' (usual perception) in his time.

From a fazit of his transformed Maxwell equation he concludes a more general form of the law of aberration, that means the angle φ' between the observer and the beam direction seen from the moved coordinate system:

$$\cos \varphi' \quad = \quad \frac{\cos \varphi - \frac{v}{V}}{1 - \frac{v}{V} \cos \varphi} \tag{24.3}$$

$$\text{or for } \varphi = \pi/2$$

$$= \quad -\frac{v}{V} \tag{24.4}$$

Due to aberration the angle between observer and beam direction shrinks, leading to a smaller field of view. Therefore, the field of view appears smaller and so we consider it to be further away. This effect, by the way, is clearly visible in our computer simulation, called 'World of Relativity': the 'acceleration'-button deminishes the image.

Finally, Einstein considers the amplitude of the waves. That means, he considers the amplitudes A and A' of the electric and magnetic field, which are connected the following way:

$$A'^2 = A^2 \, \frac{(1 - \frac{v}{V} \cos \varphi)^2}{1 + \frac{v}{V} \cos \varphi}$$

Again A' is the quality in the moved system, while A is the same in the unmoved system. This equation shows, that the intensity of a source of light should appear infinitely bright for an observer who moves towards it – especially easily visible in case he moves with nearly beam velocity $v \to V$ straight towards it, so, that $\varphi = 0$ and $\cos \varphi = 1$.

Summarizing those results, we can say, that the appearance of a light source varies, when we move towards it: Like the straightly falling rain drops seem to come from above-ahead for a moving person and wet the feet. This effect, called aberration also exists for light. While the light for a moving person seems to come from another direction, it also appears enormously intense. This is one of the reasons for what we will never be able to see these effects with our own eyes, even though we could fly with nearly the speed of light.

24.2.2 First computer simulations

Those effects, which are seen if we flew with nearly the speed of light we can make visible in a real-time computer simulation. Here, we are setting the speed of light down to the speed of a vehicle and neglect all the other effects and paradoxa in nature. We only consider the appearances of objects like a forest of monolith blocks. First we arrange them in a circle like a mathematical Stonehenge simulation.

Figure 24.2:
The scene towards which we will fly.

Moving towards these blocks we see their colour shifting and their shape bending. The faster we move, the greater are the effects (see fig. 24.3, p. 350).

The next screenshots display a set of monolith blocks seen at different conditions (fig. 24.4, p. 352).

24.2.3 Software design

Before this work, there had been real-time simulations for the aberration, see e. g. [Weiskopf, 2001]. The Doppler effect instead, has only been simulated with ray-tracing [Searle, 2010]. Here we present the new software 'World of Relativity', which is able to real-time-simulate both, the aberration and the Doppler effect. It lets the user fly interactively through various scenarios like the scene displayed above. Choosing a regular pattern we can observe the effects and their amount depending on the direction of sight. At the moment we are developing new and didactically worthy scenes together with a group of teacher candidates from the University of Hildesheim.

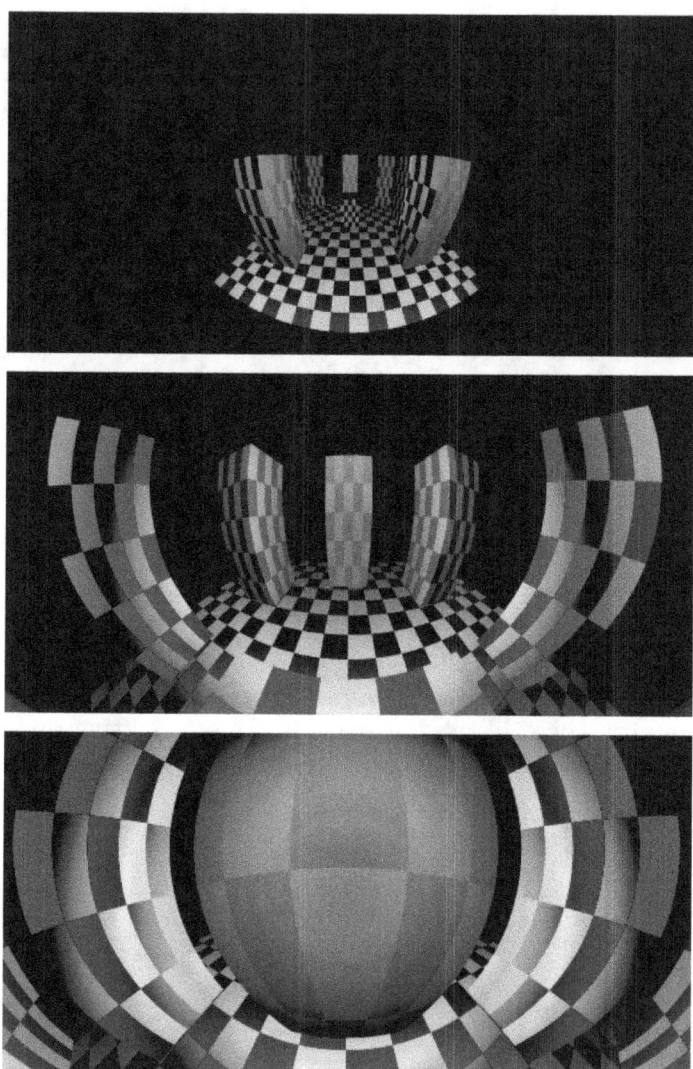

Figure 24.3:
The same scene while we move towards it with 96 % c.

It is clearly visible, that here we see the superposition of both effects, the aberration and the Doppler-effect: The things straight before us are colour-shifted by the Doppler-effect. Additionally, the aberration shifts the angle ϕ under which the beam is crossing the direction of movement. Therefore, we see rings of different colour in different distances and angles.

In this software the observer flies with speed v in x-direction, while the object emitting the rays is at rest. The coordinate transformation calculates like

$$x' = \frac{x - v \cdot t}{\sqrt{1 - v^2}}, \text{ while } v \text{ is given in units of c.} \qquad (24.5)$$

$$y' = y, \quad z' = z \text{ and}$$
$$t = -\sqrt{x^2 + y^2 + z^2} \qquad (24.6)$$

The Doppler factor we use here is:

$$D_{rel} = \frac{1 + v \cdot \cos(\varphi)}{\sqrt{1 - v^2}} \text{ see eqn.: (24.1) for } V = 1.$$

We use '+' here instead of Einstein's '−' because we are measuring the angle from the point of the moving observer. Anyway, this factor shifts the incoming wavelength of an object to the moving observer, i. e. moving towards an object with nearly c will blueshift it's visual appearance.

To draw the pictures in real-time the software has to use the computer's graphic card. World of Relativity uses OpenGL to access the graphic card, because it should run under various operating systems. To draw the scene in a good quality the software uses a ray-tracing, which is rather technical and will not be presented here in detail.

The software has been tested with groups of pupils of different degree, up to 12th form. They used simple keyboard operators to control the flight and enjoyed the game. Test questions afterwards have shown, that they succeeded in understanding their screen observation. The next steps will be to develop further scenes for more educating effectivity and to enlarge the screens for a better dialogue among the pupils while learning.

24.2.4 The Eyes – of humans, lindworms and Superwoman

Since the relativistic Doppler effect changes the wavelength and therefore our impression of the colour, it changes our impression of the world. However, those impressions of the world in our mind do not only depend on the physics of speed and light, but also on our receptors. *In natura* human beings wouldn't see the effects presented above because the visual range of our eyes in colour and luminosity is not always convenient. That is why, our computer must help us to adapt our eyes to the standards of the effects we would like to see. Not only the colour, but also the sensitivity of the simulated receptors is controlled within the software. If we wish to have receptors with a wider range at the red end of the spectrum to be able to see more of the redshifted waves, we 'exchange'

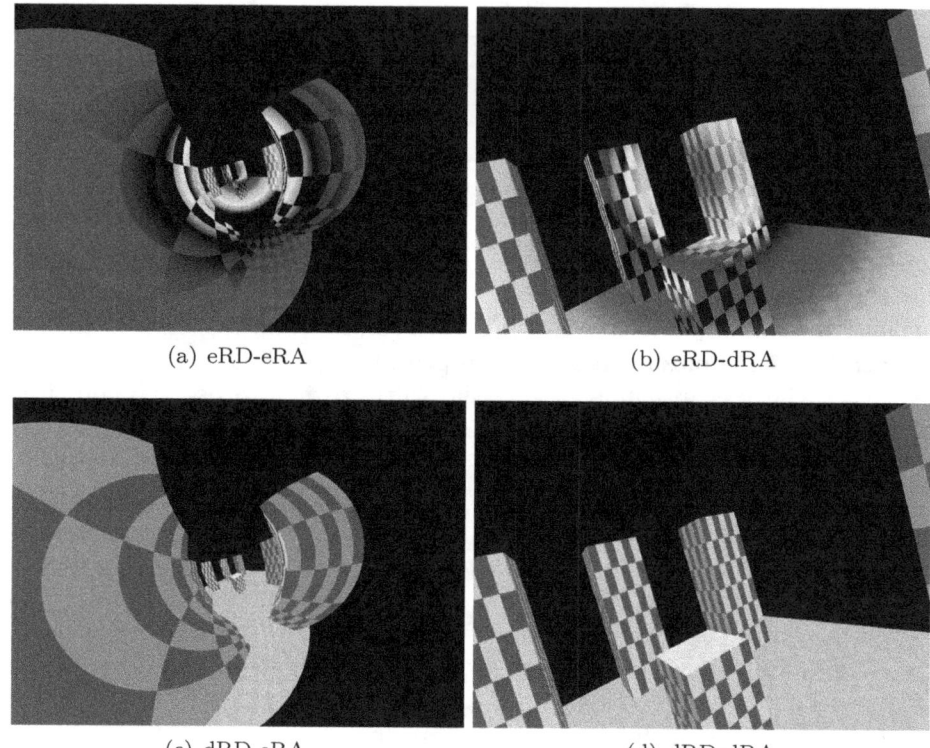

(a) eRD-eRA   (b) eRD-dRA

(c) dRD-eRA   (d) dRD-dRA

Figure 24.4:

The monolith scene at various conditions denoted in the code below:

RD is Relativistic Doppler effect and RA Relativity Aberration;
'e' means 'enabled', 'd' means 'disabled'.

our eyes to the eyes of a lindworm, where red and blue are exchanged and the spectral range is a bit larger. Of course, a lindworm at 90 % of the speed of light sees the world differently, but this is not good enough. Playing around with several eyes we created a 'Superwoman' with eyes for UV and X-ray as well as IR and even microwave radiation, but for Superwoman the World of Relativity is maybe too bright. So, we finally found an optimal eye to see all the beautiful colour effects but not too many waves. This eye we now use as 'default user'; it is sensitive for IR and microwave and in the usual visible spectrum. So, it is only wider at the red end of the spectrum. Pictures of a certain scene with different eyes are displayed in fig. 24.5, p. 354.

Consider a human eye. There are three types of colour receptors, each per wavelength range of red, green and blue light. They are hit by the light emitted by the buildings in the landscape we see. This translates to our software the following: The light emitted by things in the relativistic scenario is described with a certain amount M of elements $(\lambda_p, i_p), p = 1 \ldots n$, where λ_p is the wavelength and i_p is the intensity of λ_p. Furtheron, each element (λ_p, i_p) contributes with $I_{Red}(\lambda_p/d) \cdot i_p = S_{Red,el}(d)$ to the value of red, where d is the Doppler factor and $I_{Red}(\lambda)$ is the red receptor's sensitivity for the wavelength. Obviously, the value of the red receptor for a whole scene $S_{\text{Red, tot}}(d)$ is the sum over all elements: $S_{\text{Red, tot}}(d) = \sum_{p=1}^{n} I_{Red}(\lambda_p/d) \cdot i_p$, while we assume the computer screen to show intensities per colour from 0 to 1. The green and blue colour is calculated analoguously.

24.3 Summary

In this article we cited Einstein's original publication from 1905, in which he calculated the effects of special relativity and also concluded a change of colours due to the relativistic Doppler effect.

Recently, a software application has been developed to display some of those effects. Here we present our own new software, which is developed for use in schools, school labs and exhibitions. It provides real-time simulations for the colourful relativistic Doppler effect and aberration of light.

Finally, we'd like to invite you to a game with a usual traffic situation: Let us use 'World of Relativity' to find out, if or how it is possible to see a red traffic light green. Load the file traffic.wor in our software – enjoy!

Thanks to Nobert Dragon, Bernd Weferling and Ute Kraus for inspirations on physics, programming and didactics, as well as Gudrun Wolfschmidt for the history of science and the integration of this amazing topic into the symposium and exhibition on colours.

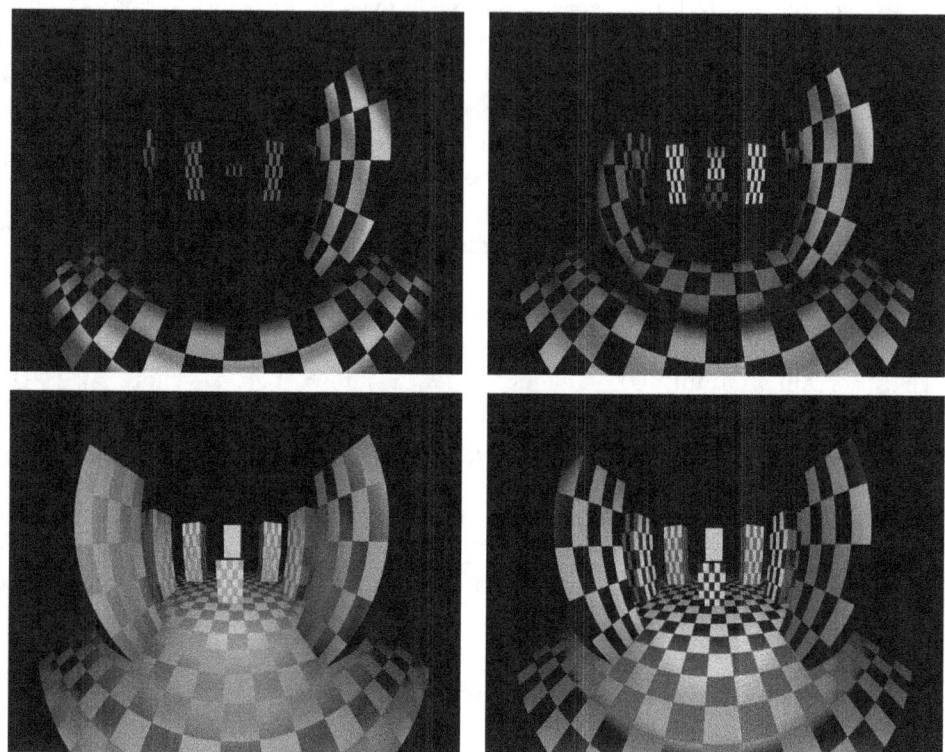

Figure 24.5:
The same scene seen with different eyes:

An approximated human eye, a lindworm eye with a wider range, as
Superwoman with equidistantly spreaded sensitivities for a range from
far microwave to far X-ray and the final 'default eye' which is a human
eye extended to microwaves. For these pictures the colours of the two
front blocks are slightly different, so, that the red-shifted colours also
different. The second blocks are symmetrical.

24.4 Bibliography

[Dragon, 2008] DRAGON, NORBERT: *Geometry of the Theory of Relativity.*
http://www.itp.uni-hannover.de/~dragon/, 2008.

[Einstein, 1905] EINSTEIN, ALBERT: Über die Elektrodynamik bewegter Körper. In:
Annalen der Physik **17** (1905), p. 891–921, in: HAWKING, STEVEN (ed.): *Klassiker der Physik.* Deutsche Ausgabe: Hamburg: Hoffmann & Campe 2004,
S. 966–991.

[Searle, 2010] SEARLE, A. C.: http://www.anu.edu.au/Physics/Searle/.

[Voigt, 1887 (I)] VOIGT, WOLDEMAR: Über das Doppler'sche Princip. In: *Nachrichten von der Königl. Gesellschaft der Wissenschaften und der Georg-Augusts-Universität zu Göttingen*, Nr. 8 (1887), S. 41–51, mit zusätzlichen Kommentaren Voigts nachgedruckt in WOLDEMAR VOIGT: Über das Doppler'sche Princip. In: *Physikalische Zeitschrift* **XVI** (1915), S. 381–396.

[Voigt, 1887 (II)] VOIGT, WOLDEMAR: Theorie des Lichtes für bewegte Medien. In:
Nachrichten von der Königl. Gesellschaft der Wissenschaften und der Georg-Augusts-Universität zu Göttingen, Nr. 8 (1887), S. 177–238.

[Voigt (Ann.), 1887] VOIGT, WOLDEMAR: Theorie des Lichtes für bewegte Medien.
In: *Annalen der Physik und Chemie* **35** (1888), Nr. 11, S. 370–396.

[Weiskopf, 2001] WEISKOPF, DANIEL: *Virtual relativity.*
http://www.vis.uni-stuttgart.de/relativity/vr/.

Figure 25.1:
Plato (left) with the *Timaios* aund Aristotle (right);
Detail of Raffael's *The School of Athens* (1510–1511)

Wikipedia

Colour theories in ancient writings – Presocratics, Plato, Aristotle

Vasiliki Papari (Hamburg)

Ancient Greek philosophers developed theories about vision and brought them in connection with the explanation of the appearane of colours. The Presocratic philosopher Empedocle of Akragas analogous to his four elements theory (air, water, fire and earth) developed a four basic colours theory (white, black, red and yellowish green) and the sorts of pores through which the emanations of the object enter the eye. Democritus of Abdera adopted Empedocles four basic colours theory, but being an atomist did not connect it with the four elements but with the atomistic theories and claimed that colour atoms have different shapes; additionally he described the mixture of compoud colours. Anaxagoras of Clazomenae regarded black and white as the basic colours; according to his theory colours are not self-subsistent or separable from coloured things.

Plato in his *Timaeus* adopted Empedocles' four basic colours and inspired from Democritus mentioned compound colours. The visual process, whose object are the colours, is described as triple: colours stream out of the object added to sunageia (a beam combined of daylight and the fire emanation of the eyes).

Aristotle's main ideas about colours are depected in his works *De anima*, *De sensu* and *Meteorologica* (the work *De coloribus* is probably written from one of his students in Peripatos because of the different theses). Colour plays a distinguishing role in the theory of vision of Aristotle; colour with the agency of light produces an actualiziation in the transparent medium (diaphanes), which is received by the eye. Aristotle associated the basic colours black and white with light and darkness. As there are seven tastes and seven tones there are seven colours; the rest colours are produced by the process of mixture. Aristotle's theory of colours and vision influenced the later philosophers for the next centuries.

Vier Elementarfarben

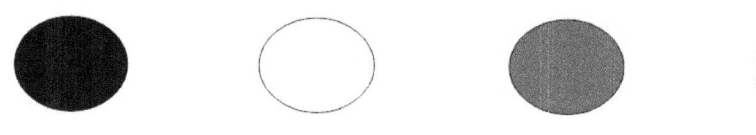

Figure 25.2:
The four basic colours theory of Empedocles:
(white, black, red and yellowish green), developed analogous to his four elements
theory (air, water, fire and earth)

25.1 Bibliography

PAPARI, VASILIKI: *Farbtheorien in antiken Quellen – Vorsokratiker, Platon, Aristoteles.* In: WOLFSCHMIDT, GUDRUN (Hg.): *Farben in Kulturgeschichte und Naturwissenschaft.* Begleitbuch zur Ausstellung in Hamburg 2010–2012 zum 50jährigen Jubiläum des IGN. Hamburg: tredition science (Nuncius Hamburgensis – Beiträge zur Geschichte der Naturwissenschaften; Band 18) 2011, S. 32/33–51.

Mischung der Farben bei Platon

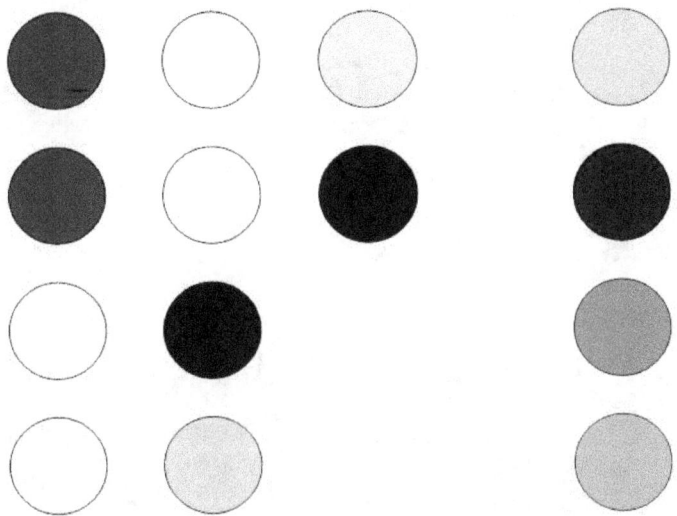

Die sieben Farben bei Aristoteles

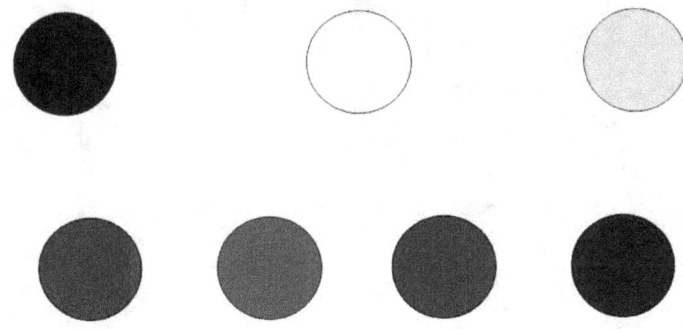

Figure 25.3:
Above: The mixed colours of Plato (*Timaios* 68 b-c)
Below: The seven colours of Aristotle (*De sensu* 442a19–25)

Figure 26.1:
Deësis with a rainbow, Silesian master, c. 1420
(National Museum Breslau – Muzeum Narodowe we Wrocławiu)

Photo: Gudrun Wolfschmidt in Breslau (Wrocław) (2011)

Dietrich of Freiberg (c. 1240 – c. 1320) on the Rainbow and the Formation of Its Colours

Stefan Kirschner (Hamburg)

Without a doubt the rainbow is one of nature's most striking phenomena. Aristotle held that the formation of a rainbow is due to a reflection of the sun by the tiny drops of a rain cloud, which function as little mirrors. Aristotle's theory did not go unchallenged in the Middle Ages. Robert Grosseteste (c. 1175 – 1253) contributed a major innovation by introducing refraction of the sunrays within a moist cloud as a fundamental concept in his explanation of the generation of the rainbow. Finally it was Dietrich of Freiberg (c. 1240 – c. 1320) who fully grasped the significance of reflexion *and* refraction in the formation of the primary and secondary rainbow. His explanation of the rainbow is still valid and proves to be an outstanding example of medieval experimental physics. A drop of water on a blade of grass or a spider's web, lit by the sun, served Dietrich as a model for the formation of the rainbow colours inside the droplets of a rain cloud. However, from the viewpoint of Dietrich's own natural philosophic ideas on colours, his well-elaborated and impressive theory of the rainbow colours is not free from inconsistencies.

Certainly the rainbow is one of nature's most beautiful, striking and fascinating phenomena. It is therefore not surprising that already in Antiquity we find authors who concerned themselves with the rainbow in a scientific manner. Among these Aristotle can be considered the most important, as he presented a detailed analysis of the properties of the rainbow in his *Meteorology*. He held that the rainbow is "formed when rays of sunlight strike the surface of the cloud and are reflected to the eye of an observer, or, in the Platonic language of extramission to which he here conforms, when visual rays from the eye are reflected toward the sun by the cloud."[1] Aristotle's assumption that the tiny parts making up the drops of a rain cloud function as little mirrors[2] is also fundamental for his explanation of the formation of the different colours of the rainbow. Taking for granted that very small mirrors are not able to reflect shape, but only colour,[3] he states that the different colours of the rainbow are generated due to the contrast between the sunrays' brightness and the cloud's darkness and due to the different degree by which sight is weakened as a consequence of the reflection of the visual rays.[4] Concerning the colour red Aristotle declares:

> "White light through a dark medium or on a dark surface (it makes no difference) looks red. We know how red the flame of green wood is: this is because so much smoke is mixed with the bright white firelight: so, too, the sun appears red through smoke and mist.[5] That is why in the rainbow reflection the outer circumference is red (the reflection being from small particles of water), but not in the case of the halo."[6]

Strangely enough Aristotle assumes that there are only three colours in the rainbow, namely red, green, and violet, while he considers the yellow in the rainbow nothing else but some kind of optical illusion:

> "So if the principles we laid down about the appearance of colours are true the rainbow necessarily has three colours, and these three and no others. The appearance of yellow is due to contrast, for the red is whitened by its juxtaposition with green. We can see this from the fact that the rainbow is purest when the cloud is blackest; and then the red shows most yellow. (Yellow in the rainbow comes between red and green.) So the whole of the red shows white by contrast with the blackness of the cloud around: for it is white compared to the cloud and the green. Again, when the rainbow is

---

1 Boyer, 1959, pp. 41–42. Cf. Aristotle, *Meteorologica*, 3.4.373b.13–34.
2 Aristotle, *Meteorologica*, 3.4.373b.15–17.
3 Aristotle, *Meteorologica*, 3.2.372a.29–372b.6; 3.4.373b.15–19.
4 Aristotle, *Meteorologica*, 3.4. 373b.32–374a.10; 3.4.374b.9–35.
5 See also Aristotle, *De sensu*, 3.440a.10–12; cf. (Pseudo-)Aristotle, *De coloribus*, 2.792a.9–15.
6 Aristotle, *Meteorologica*, 3.4.374a.3–10. All English translations of citations from Aristotle's *Meteorologica* and *De sensu* in this paper are taken from: *The Works of Aristotle*, vol. III, translated into English under the editorship of W. D. Ross, Oxford: Clarendon Press, 1931.

fading away and the red is dissolving, the white cloud is brought into contact with the green and becomes yellow."[7]

The Middle Ages produced a vast range of different views on the formation of the rainbow.[8] Already in the early Middle Ages, at a time when Aristotle's natural philosophic writings were not yet available in the Latin West, several authors, such as Isidore of Seville and the Venerable Bede, treated this subject.[9] It was not before the 12th century that Aristotle's *Meteorology* became known to the Middle Ages. The so-called old translation (translatio vetus) comprises Gerard of Cremona's (1114–1187) Latin translation of an Arabic paraphrasing compendium of the first three books of Aristotle's *Meteorology* by Yaḥyā ibn al-Biṭrīq and Henricus Aristippus's (died 1162 or shortly thereafter) Latin translation of the fourth book from the Greek.[10] A new translation (translatio nova) of all four books of Aristotle's *Meteorology* from the Greek was made by William of Moerbeke (c. 1215 – 1286) in the second half of the 13th century.[11]

Despite the great influence Aristotle's tenets usually had on medieval natural philosophy his theory of the rainbow did not go unchallenged. Robert Grosseteste (c. 1175 – 1253) contributed a major innovation by introducing refraction of the sunrays within a moist cloud as a fundamental concept in his explanation of the generation of the rainbow.[12] Finally it was Dietrich of Freiberg (c. 1240 – c. 1320) who fully grasped the significance of reflexion *and* refraction in the formation of the colours of the rainbow. In his *Tractatus de iride et de radialibus impressionibus*, composed between 1304 and 1311,[13] Dietrich expounded a theory of the rainbow which is still valid and proves to be an outstanding example of medieval experimental physics.

Dietrich of Freiberg's impressive achievements in explaining the rainbow have extensively been treated in the literature. There is an excellent annotated, critical edition of his masterpiece, the *Tractatus de iride et de radialibus im-*

---

7 Aristotle, *Meteorologica*, 3.4.375a.4–17. For the English translation see n. 6.

8 An excellent overview of the medieval explanations of the rainbow including the Arabic tradition is provided by Boyer, 1959, pp. 66–142.

9 Cf. Boyer, 1959, pp. 73–74.

10 Rubino, Elisa (ed.): *Aristoteles latinus.* Vol. X 1. *Meteorologica.* Liber quartus. Translatio Henrici Aristippi. Brussels: Brepols, 2010, pp. VII–VIII.

11 For a detailed historical and philological analysis of Moerbeke's translation and its several versions see Vuillemin-Diem, Gudrun (ed.): *Aristoteles latinus.* Vol. X 2.1. *Meteorologica.* Translatio Guillelmi de Morbeka. Brussels: Brepols, 2008.

12 Cf. Boyer, 1959, pp. 90–92.

13 Dietrich von Freiberg: *Opera Omnia.* Tomus IV. *Schriften zur Naturwissenschaft. Briefe.* Ed. by Maria Rita Pagnoni-Sturlese, Rudolf Rehn, Loris Sturlese, and William A. Wallace. Hamburg: Meiner, 1985. (=Corpus philosophorum teutonicorum medii aevi; II,4.) P. 114.

pressionibus,[14] as well as detailed and highly informative analyses of Dietrich's philosophical thought and its influence on the way in which he interpreted the phenomenon of the rainbow[15]. Therefore I want to confine myself here to briefly outlining the major steps Dietrich took on his way to explain the rainbow, the main conclusions at which he arrived, and the presuppositions from which he started. Furthermore, relying on Dietrich's own concepts and presuppositions, I shall elucidate some inconsistencies in his theory that seem to have gone unnoticed so far.

As Sturlese pointed out,[16] Dietrich never experimented with spherical glass vessels filled with water and held against the sun, as the older literature often claimed[17]. Rather, he observed the colours which appeared when rays of light emanated from the sun or some other source, such as candles, went through transparent crystals of spherical or angular shape. In any event, he must have realized soon that these experiments were not really appropriate for an explanation of the rainbow. Consequently he resorted to other experiences, which proved to be more pertinent. Drops of water on a blade of grass or a spider's web, lit by the sun and observed under different angles of view, served Dietrich as a model for the dispersion of the sunlight within the droplets of a rain cloud.[18]

What made Dietrich's explanation of the rainbow so famous is that he correctly attributes the formation of the primary rainbow to a double refraction and a single intermediate internal reflexion of light rays by spherical raindrops.[19] He meticulously describes how a solar ray falling obliquely on the upper portion of the convex surface of a raindrop is refracted into the interior of the drop, then reflected by the inner concave surface at the rear of the drop and finally refracted a second time when leaving from the lower portion of the drop. In a revised version of his treatise Dietrich did not want to rule out that

---

14 Dietrich of Freiberg: *Tractatus de iride et de radialibus impressionibus.* Edited by Maria Rita Pagnoni-Sturlese and Loris Sturlese. In: Dietrich von Freiberg: *Opera Omnia.* Tomus IV. *Schriften zur Naturwissenschaft. Briefe.* Ed. by Maria Rita Pagnoni-Sturlese, Rudolf Rehn, Loris Sturlese, and William A. Wallace. Hamburg: Meiner, 1985. (=Corpus philosophorum teutonicorum medii aevi; II,4.) Pp. 95–268. See also L. Sturlese's introduction (ibid., pp. XIII–XLV).

15 See especially Wallace, 1959, pp. 163–248; Flasch, 2007, pp. 627–677.

16 Sturlese, 1985, p. XXI, n. 31, and p. XXXV.

17 Cf. Boyer, 1959, pp. 112, 114, 115; Wallace, 1959, pp. 199, 200.

18 *De iride*, II 22 (4). In this and the following footnotes Dietrich's *Tractatus de iride et de radialibus impressionibus* will be cited as *De iride*. Citations of parts, chapters and paragraphs refer to the edition by M. R. Pagnoni-Sturlese and L. Sturlese mentioned in n. 14.

19 *De iride*, III 10 (3).

there is more than one reflexion within the small area where the refracted ray hits the inner concave surface of the drop.[20]

Furthermore, Dietrich explained the reverse order of colours in the secondary rainbow by an additional intermediate reflexion within the raindrops with the sites of the two reflexions being clearly distinguishable from each other.[21] To be more precise, at one point he assumed that *at least* two reflexions take place in the case of the secondary rainbow.[22] Though we know nowadays that there are only two reflexions, the crucial point is that Dietrich correctly determined the spatial relationship between the sites of the first and the last reflexion. It is this relationship that is decisive for the formation of the secondary rainbow. Accordingly, Dietrich realized that – unlike with the primary rainbow – in the case of the secondary rainbow the ray coming from the sun and entering the lower portion of the raindrop intersects with the coloured rays leaving from the upper portion of the raindrop.[23]

Without a doubt the question of how the formation of the colours of the rainbow is related to what happens to the sunray when entering, passing through and leaving the raindrop was one of the major challenges that Dietrich had to face. Nowadays we explain the dispersion of the visible light of a sunray into its different colours at the air-water-interface by referring to the fact that the refractive index of water is different from that of air and furthermore wavelength-dependent, that is, the different colours of which visible light is composed are bent at different angles and thus get separated. Of course in his time Dietrich could not have had the slightest idea of these physical relationships.

26.1 Dietrich's Theory of Radiant Colours

Dietrich distinguishes between natural colours of absolute quality (*colores naturales absolutae qualitatis*) and radiant colours (*colores radiales*), that is, colours whose formation is due to the effect of radiation.[24] Obviously the rainbow colours belong to the latter group.

In establishing his own theory of the rainbow colours Dietrich had at first to take into consideration what Aristotle and Averroës had said about the nature of colours. It is not surprising that Dietrich is clearly influenced by Aristotle's and Averroës's tenets. Nevertheless, he introduces new ideas that make his theory appear rather independent.

---

20 *De iride*, II 38 (8).
21 *De iride*, III 2 (2), III 5 (1), III 10 (2).
22 *De iride*, III 10 (3).
23 *De iride*, III 5 (1), III 6 (3), III 10 (2).
24 *De iride*, II 3 (1), II 4 (1)–(3).

As with many of his teachings, Aristotle's definition of colour as "the limit of the Translucent in determinately bounded body"[25] ("extremitas perspicui in corpore terminato")[26] is far from being easily understandable. Drawing on his statement that light is the colour of the translucent[27] Aristotle argues as follows: "[...] we may say that Light is a 'nature' inhering in the Translucent when the latter is without determinate boundary. But it is manifest that, when the Translucent is in determinate bodies, its bounding extreme must be something real; and that colour is just this 'something' we are plainly taught by facts – colour being actually either *at* the external limit, or being *itself* that limit, in bodies."[28] But this does not yet constitute Aristotle's final definition of colour cited above. In order to attain this objective Aristotle further assumes that not only determinately bounded bodies possess colour but also air and water, which are not determinately bounded bodies, inferring that in both sorts of bodies it is "the Translucent, according to the degree to which it subsists in bodies (and it does so in all more or less), that causes them to partake of colour."[29] Immediately afterwards Aristotle draws the conclusion: "But since the colour is at the extremity of the body, it must be at the extremity of the Translucent in the body. Whence it follows that we may define colour as the limit of the Translucent in determinately bounded body."[30]

It is worthwhile citing Aristotle's explanations in detail, since in Dietrich's theory of the rainbow colours notions such as "terminatio" of a body or a body's being *magis* or *minus terminatum* or *interminatum* will prove to be pivotal.

In analogy to the generally accepted Aristotelian-scholastic tenet that there are four elements and four elementary qualities, namely hot and cold and wet and dry – with fire being hot and dry, air hot and wet, water cold and wet, and earth cold and dry – Dietrich was looking for exactly four principles or factors which could explain the generation of colours.

---

25 Aristotle, *De sensu*, 3.439b.11–12. For the English translation see n. 6.

26 Dietrich of Freiberg, *De iride*, II 4 (1), II 4 (5). "The first Greek-Latin version of [...] [Aristotle's] 'De sensu' dates from the second half of the twelfth century. It has been ascribed in one of the manuscripts to a certain Nicholas of Reggio, who is not known from other sources" (Aristoteles Latinus Database, `http://www.brepolis.net/`). This older translation was revised by William of Moerbeke prior to 1270. In both translations Aristotle's definition is nearly identical. The older version has "Quare color utique erit perspicui extremitas in corpore determinato", while Moerbeke preferred "determinato corpore" instead of "corpore determinato" (see Aristoteles Latinus Database, `http://www.brepolis.net/`).

27 Aristotle, *De sensu*, 3.439a.18–19; cf. id., *De anima*, 2.7.418b.11.

28 Aristotle, *De sensu*, 3.439a.26–30. For the English translation see n. 6.

29 Aristotle, *De sensu*, 3.439b.8–10. For the English translation see n. 6.

30 Aristotle, *De sensu*, 3.439b.10–12. For the English translation see n. 6.

Averroës had stated that colours are generated – as Dietrich summarises[31] – "ex commixtione corporum multae et paucae luminositatis et corporum multae diaphaneitatis et paucae." Indeed, Averroës having arrived at the conclusion that colours are generated "ex admixtione corporis lucidi cum diaphano" had related the properties *diaphaneitas* (transparency) and *lucidum* (luminous) to the elements, stating that air and water are the transparent ones while fire is the only lucid one. Correspondingly, for instance, he held that the colour white arises from a mixture of the luminous fire with the very much transparent element air.[32] Dietrich's main achievement consists in that he detaches these four principles or factors (*pauca luminositas, multa luminositas, pauca diaphaneitas, multa diaphaneitas*) from the corporeal and elementary context into which Averroës had bound them.

As Dietrich emphasizes, unlike Averroës he does not consider luminosity (*luminositas*) and transparency (*diaphaneitas*) qualities of the kind represented by the active and passive physical qualities, to which the generation and alteration of natural things composed of the four elements is attributed. For, he argues, given that the celestial region lacks any of these physical qualities, if the formation of colours rested on them, there would be no colours in the celestial bodies and thus they would be invisible.[33]

Furthermore, Dietrich sees a strong correspondence between the notions *diaphaneitas* and *terminatio* of the body: "non est enim aliud corpus esse maioris vel minoris diaphaneitatis nisi esse magis vel minus terminatum. Terminatio enim non est nisi quaedam qualitativa spissatio corporis, quo fit visui plus vel minus pervium, et sic est multae vel paucae diaphaneitatis."[34] Obviously he tried to establish a closer terminological vicinity to Aristotle's above-mentioned definition. However, a closer look at Aristotle's account reveals that "terminatum" refers merely to the fact that the body has an exterior bounding surface without Aristotle's mentioning anything about how the surface might affect the body's perviousness to light. It is remarkable how Dietrich makes use of an Aristotelian term and transforms its meaning to fit his own purpose.

Let us now turn to the four principles or factors that Dietrich establishes in the case of the radiant colours (*colores radiales*), to which type of colours the rainbow colours belong. In analogy to the above-mentioned distinction between much and little luminosity and much and little transparency, which

---

31 *De iride*, II 4 (3).
32 *Aristotelis de sensu, et sensilibus, cum Averrois Cordubensis paraphrasi*. In: *Aristotelis opera cum Averrois commentariis*. Sexti voluminis pars II. Venetiis apud Iunctas. M. D. LXII, ff. 4–17, at f. 14r, B–D.
33 *De iride*, II 4 (2)–(3).
34 *De iride*, II 4 (6).

he related to the termination of the body, Dietrich proposes the following four principles:[35] (1) *perspicuum seu lucidum maioris claritatis* (clear translucent), (2) *perspicuum seu lucidum minoris claritatis* (obscure translucent), (3) *magis terminatum* (more bounded), and (4) *minus terminatum* or *interminatum* (less bounded or unbounded), with the first and second principle, and the third and fourth forming a pair of contraries respectively. Referring to Aristotle's doctrine of matter and form Dietrich calls the former two principles the more formal ones, while the latter are the more material ones. Furthermore, he declares that the first pair of contraries relate to each other as hot and cold do in the realm of physical qualities, while the contrariety between *magis terminatum* and *minus terminatum* or *interminatum* corresponds to that between the elementary qualities dry and wet.[36]

Since Dietrich's nomenclature varies, it seems useful to present a tabular overview of the different, but synonymous designations under which the just-mentioned principles appear:

Principia colorum radialium			
Principia magis formalia		Principia magis materialia	
perspicuum seu lucidum maioris claritatis	perspicuum seu lucidum minoris claritatis	magis terminatum	minus terminatum or interminatum
perspicuum magis clarum	perspicuum minus clarum	natura terminati	natura interminati
perspicuum clarum	perspicuum obscurum	terminatum	interminatum
Analogy in the realm of physical qualities			
hot	cold	dry	wet

Table 1: Dietrich's synonymous expressions for the two pairs of contrary principles underlying the formation of radiant colours

Thus Dietrich attained his objective of a complete analogy to the relationships we find between the qualities that characterise the four elements. The

---

35 *De iride*, II 5 (1)–(2); Wallace, 1959, p. 189.
36 *De iride*, II 5 (1)–(2); see also ibid., II 13 (5).

price he had to pay for this is that, as we shall see below, he can only explain the formation of *four* colours of the rainbow, namely red, yellow, green, and blue. But obviously Dietrich saw no problem in this limitation. Unlike us, who distinguish seven colours of the rainbow, Dietrich, in the whole of his treatise, speaks only of four colours. He does not even discuss the possibility that there are more colours. Instead, he focuses on refuting Aristotle's view that the rainbow has only three colours.[37]

Dietrich's four-colour theory of the rainbow must be seen in a general context. According to Frodl-Kraft Dietrich is the first to reduce in his general colour theory the *colores medii* between white and black, which were generally assumed to be five or seven,[38] to the four colours blue, green, yellow, and red.[39] For Dietrich the rainbow is an example – the dispersion of light by a hexagonal crystal is another – where these principal colours appear all together and always in a definite sequence.[40] Nevertheless it is hard to imagine that Dietrich, who was such a diligent observer, was unaware of the rainbow's having more than four colours.

There is a passage that provides a hint at how this discrepancy might be solved. Having propounded his doctrine that there are only four *colores medii* between white and black, Dietrich addresses the possible objection that in the case of savours some authors enumerate more than four media between the contraries sweet and bitter. This objection refers to Aristotle's having drawn the following parallel between savours and colours: "As the intermediate colours arise from the mixture of white and black, so the intermediate savours arise from the Sweet and Bitter; [. . .] Savours and Colours, it will be observed, contain respectively about the same number of species."[41] In his reply Dietrich points

---

37 *De iride*, II 1. It should be noted that Ptolemy was the only author in Antiquity who stated that the rainbow had seven colours (cf. Boyer, 1959, pp. 62, 72). In the Middle Ages the number of colours assigned to the rainbow varied between three and five, depending on the author. Moreover, assuming the same number of colours did not necessarily mean that the colours themselves were the same. For instance, William of Conches mentions red, purple, blue and green (Boyer, 1959, pp. 85–86; Guillaume de Conches, 1904, p. 48), whereas Bartholomaeus Anglicus cites red, yellow, green, and blue (Boyer, 1959, p. 98; Flasch, 2007, p. 643). Finally, even if the colours are identical, the theory behind them may be completely different, as is the case with Bartholomaeus Anglicus and Dietrich of Freiberg.

38 Frodl-Kraft, 1977/78, pp. 106–109.

39 Frodl-Kraft, 1977/78, p. 108.

40 Dietrich of Freiberg: *Tractatus de coloribus*. In: Dietrich von Freiberg: *Opera Omnia*. Tomus IV. Schriften zur Naturwissenschaft. Briefe. Ed. by Maria Rita Pagnoni-Sturlese, Rudolf Rehn, Loris Sturlese, and William A. Wallace. Hamburg: Meiner, 1985. (=Corpus philosophorum teutonicorum medii aevi; II,4.) Pp. 269–288, ch. 6 (p. 281). Id., *De iride*, II 1 (17)–(20).

41 Aristotle, *De sensu*, 442a.12–13, 19–20. For the English translation see n. 6.

out, that in the case of savours the *prima contraria* have no proper names, so that people do not enumerate these *prima contraria*, but subdivide them further into their subspecies, in the same manner as if in the genus of colour somebody distinguished the colour red into brighter red (*multum fulget*) and darker red (*obscurior*) calling the former "igneum" and the latter "purpureum", and so on with the other *colores medii*.[42] Therefore we may assume that Dietrich, if he had been confronted with the question of how he explains the occurrence of colours other than the principal ones in the rainbow, such as orange, would have resorted to differences in the intensity of the principal colours causing them to *appear* as different colours. Furthermore, he would have emphasized that these seemingly additional colours are no real and independent colours, but only intensity modifications of the principal ones.[43]

26.2 The Formation of the Rainbow Colours According to Dietrich of Freiberg

The next step Dietrich has to take is to explain, on the basis of his above-mentioned colour theory, how the four principal colours of the rainbow are formed when light rays coming from the sun are doubly refracted and singly internally reflected through the spherical raindrops in the case of the primary rainbow or doubly refracted and doubly internally reflected in the case of the secondary rainbow. The physical connection Dietrich draws between the sun's light and the optical properties of the spherical raindrops is the following:

(1) Dietrich distinguishes two different forms of radiation: first, the radiation that comes from the sun itself and second, the radiation that originates from the sun's immediate surroundings, with the former being more intense than the latter. These two different forms of radiation cause two different forms of luminous affection (*luminosa affectio*) within the spherical raindrops, which Dietrich calls "natura et forma perspicui magis clari" and "natura et forma perspicui minus clari".[44] Later Dietrich emphasizes that the two affections *perspicuum clarum* and *perspicuum minus clarum* of transparent aqueous or crystalline bodies are essentially the same as the two different forms of radiation that cause them.[45]

Thus Dietrich succeeds in explaining how the first pair of contrary principles of radiant colours (see the table above) occurs within the raindrops. As he

---

42 *De iride*, II 1 (18).
43 Cf. Dietrich of Freiberg, *De coloribus*, 6 (2).
44 *De iride*, II 5 (3), (5)–(6).
45 *De iride*, II 9 (1).

himself admits, he had no choice but to assume two different forms of radiation and, associated with this, two different sources of radiation, because otherwise he would not have been able to explain the formation of the four rainbow colours, which requires a total of four principles.[46]

(2) The spherical raindrops can be considered partly unbounded (*interminatum*), as they are aqueous in their substance and therefore transparent, and partly bounded (*terminatum*), as they are bodies. Both properties, that is the principles "natura terminati" and "natura interminati", are necessary, because if the raindrops were not partly bounded, they would not be able to receive light, and if they were not partly unbounded, they could not receive and transmit colours. For, as Dietrich points out, neither does light radiate without colour nor colour without light.[47]

(3) The four primary qualitative affections (*quattuor primae qualitativae affectiones*) of spherical raindrops lit by the sun – and also generally of transparent aqueous or crystalline bodies – are clear translucency (*perspicuum clarum*), obscure translucency (*perspicuum obscurum*), boundedness (*terminatum*), and unboundedness (*interminatum*).[48] Their possible four combinations relate to the four principal colours red, yellow, green, and blue as follows:[49]

perspicuum clarum in terminato	color rubeus (red)
perspicuum clarum in interminato	color citrinus (yellow)
perspicuum obscurum in interminato	color viridis (green)
perspicuum obscurum in terminato	color lazulius (blue)

Table 2: The four primary qualitative affections of transparent bodies lit by the sun and how their possible combinations relate to the four principal colours

Dietrich, also using the synonymous expressions "natura perspicui clari", "natura perspicui obscuri", "natura terminati", and "natura interminati", presents the following explanation of these relations: The *natura terminati* causes the *perspicuum clarum* to shine brighter because of a sort of condensation of the light, which leads to the formation of the colour red, whereas in the case of yellow the combination with the *natura interminati* results in a sort

---

46 *De iride*, II 5 (6).
47 *De iride*, II 5 (4).
48 *De iride*, II 6, II 11 (3). Cf. Wallace, 1959, p. 193.
49 *De iride*, II 11 (3)–(7), II 13 (1)–(3).

of thinness (*tenuitas*) of the light.[50] Concerning the darker colours green and blue Dietrich claims that the *natura terminati* offers a stronger resistance to the reception of the *perspicuum obscurum* than the *natura interminati* does, thus green being less dark than blue.[51]

As elaborate as Dietrich's explanation is, one might raise the question whether it is consistent. What disturbs the picture is the fact that Dietrich ascribes to the *natura terminati* on the one hand the property of condensing light, as in the case of red, and on the other hand of resisting the reception of light, as in the case of blue. These two properties are to some extent contradictory, especially because the material basis of the *natura terminati*, the geometrical features of the transparent body, remains the same. Therefore one might ask whether it would not be more consistent to argue that the combination of *perspicuum obscurum* and *natura terminati* results in the colour green and not blue, assuming that – as in the case of red – the *natura terminati* leads to a condensation of the light, so that the whole is less dark than the combination of *perspicuum obscurum* and *natura interminati*, which means that the colour green appears and not blue, which is the darkest one.

I propose that the key to Dietrich's argumentation lies in his seeing a strong analogy between the constitution of the four principal colours and the four elements, as the following table shows.

Element	Elementary qualities	Qualitative affections of transparent bodies	Colour
Fire	hot dry	perspicuum clarum natura terminati	red
Air	hot wet	perspicuum clarum natura interminati	yellow
Water	cold wet	perspicuum obscurum natura interminati	green
Earth	cold dry	perspicuum obscurum natura terminati	blue

Table 3: Analogy between the constitution of the four principal colours and the four elements

50 *De iride*, II 11 (4)–(5).
51 *De iride*, II 11 (6)–(7).

As hot and dry combine to constitute the element fire, so *perspicuum clarum* and *natura terminati* combine to constitute the colour red. Corresponding analogies hold for air and yellow, water and green, and earth and blue, that is, *natura interminati* corresponds to wet and *perspicuum obscurum* to cold.[52]

Let us return to our hypothetical objection arguing that the combination of *perspicuum obscurum* with *natura terminati* would perhaps better fit green than blue, considering the property which Dietrich has beforehand assigned to the *natura terminati* in explaining the colour red. As table 3 shows, the analogy he postulated between the principal colours and the four elements left Dietrich no choice at all but to assign the combination of *perspicuum obscurum* and *natura interminati* to the colour green. The reason is that the sequence of the four colours red, yellow, green, and blue is always the same in nature; when it comes to dispersion effects by means of aqueous or crystalline transparent bodies, the only difference consisting in that the sequence either starts with red below and ends with blue above – as in the secondary rainbow – or vice versa – as in the primary rainbow.[53] Since the sequence of the four elements in regard to their natural places is likewise constant, it is cogent that red and green be assigned completely different qualitative affections.

(4) As a final and decisive step Dietrich explains how the refraction of the sunray hitting the raindrop's spherical surface, the light's path inside the raindrop, and the geometrical properties of the raindrop interact to lead to the formation of the *colores radiales* of the rainbow. The following figure[54] shows the situation with the primary rainbow:

The sun is in E, the circle ABCD represents a spherical raindrop, and the observer's eye is in F. For Dietrich a sunray is not infinitesimally thin like a geometrical line, but always has a certain thickness (*spissitudo*).[55] For this reason the upper part of the sunray hits the surface of the raindrop at G under a different and lower angle than does the lower part at C. This implies different angles of refraction at C and G. Evidently Dietrich assumes that the upper part of the sunray is less bent while passing the air-water interface than the lower part, so that the upper rim of the refracted light ray is no longer parallel to the lower rim inside the raindrop. With the light having entered the raindrop the formation of the colours takes place according to principles explained in the next paragraph. The coloured rays are internally reflected at KM and refracted at DA when leaving the raindrop.

---

52 *De iride*, II 11 (4)–(7), II 13 (5)–(6).
53 *De iride*, II 7 (4).
54 *De iride*, fig. 15.
55 *De iride*, II 7 (1), II 18 (2), II 22 (5). Cf. Alhazen, 1572, bk. 4, theor. 16, p. 112; Bacon, 1897, part 2, chap. 1, p. 459; Witelo, 1572, bk. 2, theor. 3, pp. 63–64.

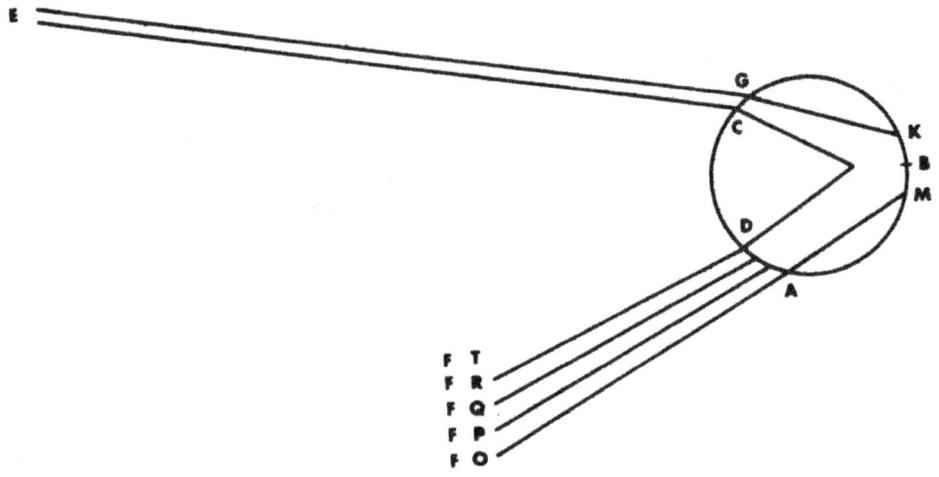

Figure 26.2:

Dietrich of Freiberg, *De iride*, fig. 15 showing the interaction between sunlight and raindrops in the formation of the primary rainbow and its colours. A light ray with a certain width coming from the sun E and hitting a spherical raindrop is refracted at GC, internally reflected at KM and refracted again at DA. The observer's eye moving from O to T sees red at O, yellow at P, green at Q and blue at R. No colour at all is perceived at T.

Dietrich of Freiberg, *De iride*, fig. 15.

For Dietrich, the raindrop is more bounded (*terminatum*) "in angulis et circa angulos et angularia latera"[56] than "versus medium et amplitudinem sphaerulae"[57]. Applying this principle to the present figure, the raindrop is more bounded in the sections that are defined by the secant lines GK and AM than in the regions farther to the interior. Naturally such subdivisions are relative and dependent on the site where the sunray hits the raindrop's surface. As Dietrich explains, for the light traveling along GK and AM the raindrop is "narrower".[58] This means that "much light is collected and aggregated and condensed," which entails the formation of the brightest colour, which is red, followed by yellow, which is less bright.[59] Having left the raindrop, the red ray

56 *De iride*, II 21 (2)–(3).
57 *De iride*, II 21 (8); see also II 21 (2).
58 *De iride*, II 21 (2).
59 *De iride*, II 21 (2)–(3), II 22 (8).

reaches the observer's vision at O and the yellow ray at P. Therefore, if the observer's eye is at O, he or she sees the colour red, while wishing to see the yellow ray requires one to move the eye from O to P.[60] In contrast, the colour green appears at Q and the colour blue at R, which represents the upper border of the band of coloured rays leaving the raindrop, while at T, which lies outside, no colour at all can be seen.[61] Dietrich explains the formation of the less bright colours (*colores minus fulgidi*), green and blue, by briefly referring to the fact that the lower part of the light ray has to pass through more central and thus less bounded regions of the raindrop, where the light becomes less condensed.[62]

Of course one might wonder why the primary rainbow shows red on the outer part of the arc and violet on the inner, as the order of coloured rays just described is reversed with red appearing at O and blue at R. The reason is the following, as Dietrich correctly explains: Only a part of the coloured rays coming from each of the numerous raindrops that take part in the formation of a rainbow enters the eye while the others miss it. This is due to the different paths along which the coloured rays leave their raindrops. Accordingly, the raindrops from which we receive the red light lie above those that send the yellow light, followed by those appearing green and finally the blue ones forming the inner part of the primary rainbow.[63]

Analogous to these expositions Dietrich deals with colour formation in the secondary rainbow in relation to the light ray's path within the raindrop.[64] Furthermore he declares how the reversed order of colours compared to the primary rainbow occurs.[65] As already mentioned above, his central assumption that the sunrays are doubly refracted and doubly internally reflected through the spherical raindrops corresponds to our modern view.

26.3 Is Dietrich's Theory Consistent?

I would now like to discuss whether Dietrich's explanation of the way in which the colours form inside the raindrops is consistent with his own natural philosophic ideas on colours.

Dietrich assumes that the two forms of radiation from the sun – the radiation which comes from the sun itself and the radiation that originates from the sun's

---

60 *De iride*, II 21 (2)–(3), II 22 (1)–(3).
61 *De iride*, II 22 (3).
62 *De iride*, II 21 (2)–(3), II 22 (8).
63 *De iride*, II 22 (6), II 38 (6)–(15).
64 *De iride*, III 6 (6), III 7 (2).
65 *De iride*, III 6, III 7.

immediate surroundings –, which cause the qualitative affections *perspicuum clarum* and *perspicuum obscurum* in transparent bodies, are both simultaneously present in every part of a sunray.[66] By further stating that a raindrop contains regions that are more bounded than others, which statement refers to the distinction between *terminatum* and *interminatum*, Dietrich has at his disposal all four principles that are necessary for the formation of colours. But does his explanation of the formation of the rainbow colours, as cited above, really comply with what he had pointed out in his general colour theory? Referring to figure 26.2 (see above) I am of the opinion that there are several inconsistencies:

1. The first inconsistency concerns the location of the affections *perspicuum clarum* and *perspicuum obscurum* inside the raindrop. If, as Dietrich originally seemed to assume,[67] the affections *perspicuum clarum* and *perspicuum obscurum* are present throughout the raindrop lit by the sun, red and blue should be formed in the same place. For, since the colour red rests on the combination of *perspicuum clarum* and *terminatum* and the colour blue of *perspicuum obscurum* and *terminatum*, with *perspicuum clarum* and *perspicuum obscurum* being both present, red *and* blue should appear where the raindrop is more bounded, that is along the secant lines GK and AM. However, this would be contradictory to every sensual experience.

   Dietrich never touches this problem. Whenever he gives examples of the formation of coloured rays by refraction of sunlight through transparent aqueous or crystalline bodies, he starts by stating that the brighter colours, that is, red and yellow, are formed where the body is more bounded, because there the light can be better received and is aggregated and condensed to a higher degree.[68] Concerning green and blue, Dietrich limits himself to briefly mentioning that these more obscure colours follow the brighter ones.

   At first sight Dietrich uses his four principles when he speaks of the more bounded and less bounded areas of the transparent bodies and of brighter and more obscure colours. However, a closer look reveals that concerning the principles *perspicuum clarum* and *perspicuum obscurum* he seems to have interchanged cause and effect. Given his general colour theory we would expect him to explain why the principle *perspicuum obscurum* can only be found in certain areas of the raindrop. From this it would

---

66 *De iride*, II 7 (1).
67 Cf. *De iride*, II 5 (5).
68 *De iride*, II 16 (3), (5)–(6), (8).

follow where the obscure colours green and blue are generated, because
the presence of *perspicuum obscurum* is a necessary cause for the formation of the colours green and blue. In contrast, Dietrich, drawing on
the fixed order of colours in dispersion phenomena (red, yellow, green,
blue), derives the position of the appearance of the colours green and
blue indirectly by determining the position of red and yellow. Evidently
the principle *perspicuum obscurum* is present only in certain areas within
the raindrop, because only in these areas are the obscure colours green
and blue located. But such reasoning would be only a *demonstratio quia*
and not a *demonstratio propter quid*, since the obscure colours are not
the cause, but the effect of the principle *perspicuum obscurum*.

To sum up, Dietrich's general colour theory relates only vaguely to his
treatment of the real phenomena. Rather, the fundamental cornerstone
of his demonstrations is the observational fact that in dispersion phenomena the order of colours is always constant, namely red, yellow, green, and
blue. This will become even clearer when we discuss the following second
inconsistency, which concerns the pair *terminatum* and *interminatum*.

2. Referring to table 2 and 3 and figure 26.2 I argue that Dietrich's explanation of the formation of the four rainbow colours within the raindrop
does not fully comply with the role he has attributed to the principles
terminatum and *interminatum* (or less *terminatum*). The discrepancy
concerns the formation of the colour blue. If the raindrop is considered
more bounded along the secant lines GK and AM with its boundedness diminishing the farther we get to the interior of the raindrop, the sequence
of red, yellow, and green is consistent with the allocation of the pair
of principles *terminatum* and *interminatum*, since *terminatum* underlies
the colour red, while *interminatum* is assigned to the colours yellow and
green. But this does not hold for blue. Since blue is the innermost of
the band of coloured rays it most closely approaches the centre of the
raindrop where – according to Dietrich – the least boundedness obtains.
However, blue was not assigned the principle *interminatum*, but *terminatum*. Again it is the observational fact that the order of the rainbow
colours is constant and definite that predominates over theory.

3. The last inconsistency I want to mention concerns a problem which Dietrich himself briefly addresses. In the terms of the Aristotelian doctrine
of causes the raindrops are the material cause of the rainbow, resp. its
colours, while the sun's two forms of radiation are the efficient cause and
the four qualitative affections *perspicuum clarum*, *perspicuum obscurum*,

terminatum and *interminatum* are the formal cause.[69] Of course one
might pose the question of whether it is really appropriate to consider
the raindrops the material cause, given that the rainbow colours evidently
do not only appear inside, but also outside the raindrops. Dietrich does
not raise this objection explicitly, but rebuts it implicitly by stating that
the raindrops – or crystalline transparent bodies – do not constitute the
materia of the coloured rays in *esse naturae*. Nevertheless, *radialiter* they
are the matter of the colour radiation, irrespective of whether it occurs inside or outside the aqueous or crystalline transparent bodies, because the
radiation takes place by them and they serve this radiation *per modum
materiae* ("quia [...] radiatio fit per ea, et per modum materiae deservi-
unt tali radiationi").[70]
However, in my view Dietrich's statement is rather ad hoc and does not
comply with his colour theory. Moreover, it contradicts the scholastic
theorem "Cessante causa, cessat effectus,"[71] that is "With the cause removed, the effect will disappear". Since the qualitative affections *terminatum* and *interminatum* are necessary principles for the formation of
colours and belong to the colours' formal causes, it follows that, where
these principles are missing, there can be no colours. Outside the raindrops, in the air, there is no boundedness, because unlike a raindrop
air is no body with concrete bounds. Even if we resorted to Aristotle's
assumption (see above) that not only determinately bounded bodies possess colour but also air and water, with air it would be impossible to
distinguish between regions of more or less boundedness, as Dietrich does
with raindrops, which have a spherical shape allowing such distinctions
in relation to the site where the solar ray hits the raindrop's surface.

Of course we shall never know whether Dietrich, if confronted with the above-
mentioned objections, would have acknowledged them as inconsistencies in his
theory or in which way he would have refuted them by modifying or even without altering his own theory. As Dietrich's treatise went completely unnoticed
by medieval natural philosophers, we have not the slightest clue as to how a
medieval discussion of his theory of the rainbow colours might have looked like.

Clearly, Dietrich did very well to keep to the observational facts and always
to attach to them the highest value. And he did his honest best to interpret
these facts in the framework of Aristotelian-scholastic natural philosophy. A
more consistent explanation of the formation of the rainbow colours inside the

---

69 *De iride*, II 11 (1)–(3), II 25 (2)–(4).
70 *De iride*, II 11 (2).
71 Thomas Aquinas, Summa theologiae, I, qu. 96, art. 3, ob. 3.

raindrops would have required a completely new theoretical approach to the nature of light and colours, and this was definitely outside the scope of medieval natural philosophy.

26.4 Literature

ALHAZEN: *Opticae thesaurus. Alhazeni arabis libri septem, nunc primum editi. Eiusdem liber de crepusculis & nubium ascensionibus. Item Vitellonis thuringopoloni libri X. Omnes instaurati, figuris illustrati & aucti, adiectis etiam in Alhazenum commentariis, a Federico Risnero.* Basileae, per episcopios. M D LXXII. (Reprinted in facsimile New York, London: Johnson Reprint Corporation 1972).

ARISTOTELES: *Aristotelis opera edidit Academia Regia Borussica. Aristoteles graece ex recognitione Immanuelis Bekkeri.* 2 vols. Berlin: G. Reimer 1831.

ARISTOTELES : *Aristoteles latinus. Vol. X 2.1. Meteorologica. Translatio Guillelmi de Morbeka.* Ed. by GUDRUN VUILLEMIN-DIEM. *Praefatio.* Brussels: Brepols 2008.

ARISTOTELES : *Aristoteles latinus. Vol. X 1. Meteorologica. Liber quartus. Translatio Henrici Aristippi.* Ed. by ELISA RUBINO. Brussels: Brepols 2010.

AVERROËS: *Aristotelis de sensu, et sensilibus, cum Averrois Cordubensis paraphrasi.* In: *Aristotelis opera cum Averrois commentariis. Sexti voluminis pars II.* Venetiis apud Iunctas. M. D. LXII, ff. 4–17.

BACON, ROGER: *De multiplicatione specierum.* In: *The Opus Majus of Roger Bacon,* ed. John H. Bridges. Vol. 2. Oxford: Clarendon 1897. (Reprinted in facsimile Frankfurt am Main: Minerva-GmbH 1964).

BOYER, CARL B.: *The Rainbow. From Myth to Mathematics.* New York, London: Thomas Yoseloff 1959.

DIETRICH OF FREIBERG: *Tractatus de iride et de radialibus impressionibus.* Edited by Maria Rita Pagnoni-Sturlese and Loris Sturlese. In: DIETRICH VON FREIBERG: *Opera Omnia. Tomus IV. Schriften zur Naturwissenschaft. Briefe.* Ed. by MARIA RITA PAGNONI-STURLESE, RUDOLF REHN, LORIS STURLESE, AND WILLIAM A. WALLACE. Hamburg: Meiner 1985. (=Corpus philosophorum teutonicorum medii aevi; II,4) Pp. 95–268.

DIETRICH OF FREIBERG: *Tractatus de coloribus.* In: DIETRICH VON FREIBERG: *Opera Omnia. Tomus IV. Schriften zur Naturwissenschaft. Briefe.* Ed. by MARIA RITA PAGNONI-STURLESE, RUDOLF REHN, LORIS STURLESE, AND WILLIAM A. WALLACE. Hamburg: Meiner 1985. (=Corpus philosophorum teutonicorum medii aevi; II,4) Pp. 269–288.

FLASCH, KURT: *Dietrich von Freiberg. Philosophie, Theologie, Naturforschung um 1300.* Frankfurt am Main: Vittorio Klostermann 2007.

FRODL-KRAFT, EVA: Die Farbsprache der gotischen Malerei. In: *Wiener Jahrbuch für Kunstgeschichte* **30/31** (1977/78), pp. 89–178.

GUILLAUME DE CONCHES: *Dragmaticon Philosophiae.* In: HELLMANN, GUSTAV (ed.): *Denkmäler mittelalterlicher Meteorologie.* Berlin 1904. (=Neudrucke von Schriften und Karten über Meteorologie und Erdmagnetismus; 15) Pp. 42–54.

STURLESE, LORIS: *Einleitung.* In: DIETRICH VON FREIBERG: *Opera Omnia. Tomus IV. Schriften zur Naturwissenschaft. Briefe.* Ed. by MARIA RITA PAGNONI-STURLESE, RUDOLF REHN, LORIS STURLESE, AND WILLIAM A. WALLACE. Hamburg: Meiner 1985. (=Corpus philosophorum teutonicorum medii aevi; II,4.) Pp. XIII–XLV.

THOMAS AQUINAS: *Corpus Thomisticum. Sancti Thomae de Aquino Summa Theologiae prima pars a quaestione XC ad quaestionem CII. Textum Leoninum Romae 1889 editum ac automato translatum a Roberto Busa SJ in taenias magneticas denuo recognovit Enrique Alarcón atque instruxit.* (http://www.corpusthomisticum.org/sth1090.html.)

WALLACE, WILLIAM A., O.P.: *The Scientific Methodology of Theodoric of Freiberg. A Case Study of the Relationship Between Science and Philosophy.* Fribourg: The University Press 1959.

WITELO: *Opticae thesaurus. Alhazeni arabis libri septem, nunc primum editi. Eiusdem liber de crepusculis & nubium ascensionibus. Item Vitellonis thuringopoloni libri X. Omnes instaurati, figuris illustrati & aucti, adiectis etiam in Alhazenum commentariis, a Federico Risnero.* Basileae, per episcopios. MDLXXII. (Reprinted in facsimile New York, London: Johnson Reprint Corporation, 1972).

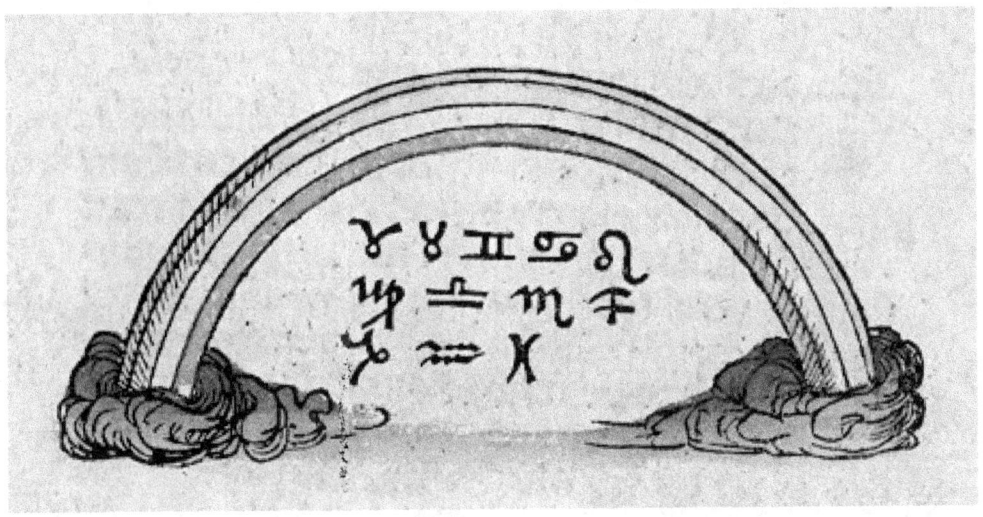

Figure 26.3:
Depiction of the rainbow as a sign of the covenant between God
and the earth (Genesis 9:13) in the Nuremberg Chronicle (1493)

Schedel, Hartmann: Weltchronik. Nuremberg: Anton Koberger, 1493. Fol. XIr.
(http://de.wikisource.org/wiki/Datei:Nuremberg_chronicles_f_11r_2.png)

Figure 27.1:
Colour portrait of Tobias Mayer

Tobias Mayer: De affinitate colorum, 1758

Armin Hüttermann (Marbach am Neckar)

Tobias Mayer (1723–1762) first reported on his Theory of Colours on November 18th 1758 in a public lecture at the University of Göttingen. The original Latin text was first published posthumously by Georg Christoph Lichtenberg in 1775, of which a reprint can be found in volume III of Tobias Mayer's Complete Works (Reich, Anthes 2006, p. 385–396). A first translation into English was delivered by Eric Gray Forbes in 1971, and a German translation from the Latin text is found in Lang, 1980.

27.1 A short account of Tobias Mayer's life and work

Born at February 17th 1723 in Marbach/Württemberg, Tobias Mayer had a rather difficult start into life. He soon moved with his parents to Esslingen, where he spent the first years of his life (1724–1742). When he was eight, his father died (1731), and his mother followed, when Tobias was 14 years old (1737). He attended the *Lateinschule*, but the subjects he was interested in were not taught. He learned mathematics from books which he had to borrow from friends, but soon published a first book on geometry (1741). As an orphan he had no chance to attend a university after school, so for some time he thought of joining military forces to become a military engineer. As a result we find a book on fortification which was published around 1745, the same year as Tobias Mayer published a *Mathematischer Atlas*, which gives an excellent overview of the field of mathematics and all its possible applications of the time, together with extensive illustrations ("atlas"). Especially the last voluminous book and his shown expertise on mathematics led only one year later to his first appointment as a cartographer at the then famous publisher Homann's Heirs at Nuremberg. This cartographic institute had been publishing a great number of renowned and economically successful maps, and by 1746 the need was felt to improve these products. Tobias Mayer was responsible for a scientifically based new mapping, in particular with regard to the exact position (latitude/longitude) of towns and cities. During five years (1756–1761) at Homann's Heirs Tobias Mayer prepared about 35 maps, with new and exact coordinates for the basic localities. One outstanding map is his *Mappa Critica* (1750) which shows the problem of positioning, in particular the problem of longitude. In 1751 he became professor for economics and mathematics in Göttingen – a man who himself never attended a university.

The longitude problem led him to improve the then widespread lunar maps of Riccioli and Hevelius; his map of the moon is an example of his exact and detailed work. It was the standard map for over 50 years. Leonhard Euler (1707–1783) encouraged him to apply for the Longitude Prize of the British Board of Longitude for finding longitude at sea with a given exactness. He improved the theory of lunar motion (*Theoria lunae*), the calculation of lunar distances and the instruments to take the necessary measurements (*astrolabium*). Tobias Mayer did not live long enough (he died at the age of 39 from typhus) to see part of the longitude prize being awarded to him in 1765.

27.2 Tobias Mayer and colours

Tobias Mayer was obviously engaged in some problems of exactly defining colours and in a new technique of using natural colours in oil paintings (see chapter 27.4) during 1758 and 1759. It was the time of French occupation of Göttingen in the "Seven Years War" – a time when he was strongly restricted in his work and he seems to have turned back to problems he had come across when he was engaged in map making.

Forbes comments: *"Of the colours which are used in painting, he showed that there are three primary ones. He calculated how many could be produced from two or three primary colours mixed in varying ratios, and how pigments which have been worn away through use can be restored to their classes, their strength requiring to be submitted to measurement."* (Forbes 1980, p. 13–14).

Another reason why Mayer might have been occupied with the problem of colour mixing goes back to colouring maps. Maps where engraved on copper plates, then printed black-and white. Colouring was then done by women. A map might have been printed over a long period – the colouring, however, should remain the same on all maps. Forbes refers to Mayer's occupation with this problem in the course of his academic lectures in Göttingen. "The colouring of geometrical diagrams, fortifications, and architectonic schemes was taught privately by Mayer in the summer of 1757. Prior to this time, the only one of his writings having a bearing on this theme was Tab. L of his Atlas [*Mathematischer Atlas*], where a variety of colours is obtained in mixing five so-called "primary" colours: white (A), yellow (E), red (I), blue (O), and black (U). The combination of colour obtained by mixing any pair of these are arranged into a triangle pattern as indicated.

A E I O U
AE EI IO OU
AI EO IU
AO EU
AU

This idea could have been based on Robert Boyle's Experiments and Considerations touching Colours (London 1664) – in particular, the 12th experiment in Part 3, p. 220, where Boyle claimed that various mixtures of white, black, red, blue and yellow are sufficient to "imitate the hues (though not always the splendor) of those almost numberless differing Colours that are to be met with in the Works of Nature, and of Art". However, as he goes on to say: "'tis not my Design to prosecure the Subject."

"It was, however, to be one of Mayer's principal interests to give serious consideration to the theory of colour-mixing during the two years after he had lectured about it privately to his students. By 18 November 1758, he felt able to present a public lecture on this subject to his colleagues in the Göttingen Scientific Society. His central concept was that the three primary colours red, yellow, and blue, form the vertices of a colour-triangle whose sides were divided into twelve parts containing the colours green and red, red and blue, or blue and green in twelve different proportions, while the central parts are composed of combinations of all three colours in differing proportions, as illustrated in Fig. 14 [*see Fig. 27.3, p. 387*]. The number 12 was chosen simply on the ground that: "both in architecture and in music numbers greater than twelve are not readily admitted, since their ratio can scarcely be perceived by the unaided senses". Between each pair of primary colours, there were 11 intermediate ones; that is, 91 distinct colours altogether; others falling between the subdivisions being indistinct. A skilled artist would be able to judge visually the connections between the primary colours and a scale of colour obtained by filling in each small area of the triangle with the requisite proportions by weight of ground dry pigments. Mayer himself judged pigments made from cinnabar

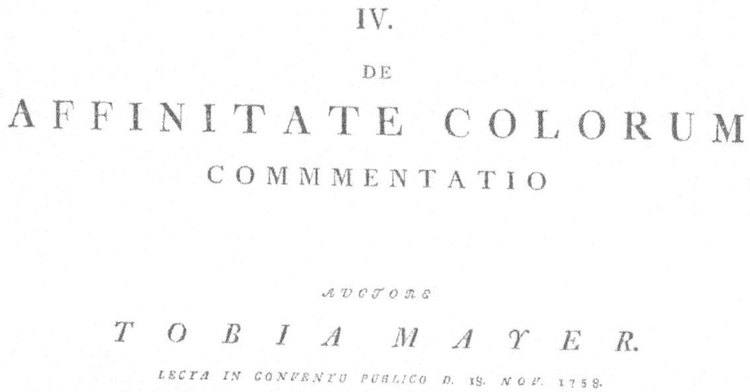

IV.

DE

AFFINITATE COLORUM

COMMENTATIO

AUCTORE

T O B I A   M A Y E R.

LECTA IN CONVENTU PUBLICO D. 18. NOV. 1758.

Figure 27.2:
Tobias Mayer's *Treatise on the Relationship of Colours*
in Georg Christoph Lichtenberg's edition *Opera inedita* 1775.

(viz. vermilion), red lead, yellow ochre, and Berlin blue to correspond to r^{12}, r^8, g^4, $r^4g^6b^2$, r^1b^{11} respectively; then demonstrated how other colours could be produced by mixing these in different proportions by weight. An error in his algebra would appear to have prevented him from recognizing that *not all* other colours can be obtained in this way.

"A more fundamental objection to his theory, raised at a subsequent meeting of the Göttingen Scientific Society by Johann Georg Roederer, was that it rested on the subjective and very questionable relationship between colours in pigments and colour as a physiological phenomenon. Mayer himself might have been inclined to dismiss this distinction as an intangible philosophical problem, and to argue that the question of whether or not to call white a colour was a mere semantic quibble. Later generations of physical chemists and psychologists, however, were to take up such problems very seriously with interesting and important results. Although Johann Heinrich Lambert (1728–1777), Philip Otto Runge (1777–1810), and Johann Wolfgang Goethe (1749–1832) feature as the most eminent scientific, artistic, and literary figures who were to occupy themselves with this theme, its chief proponent has undoubtedly been the Latvian-born Wilhelm Ostwald (1853–1932) whose *Farbenfibel* (Leipzig, 1916) or "Colour-Primer" ran into no fewer than fifteen editions." (Forbes 1980, p. 131–133).

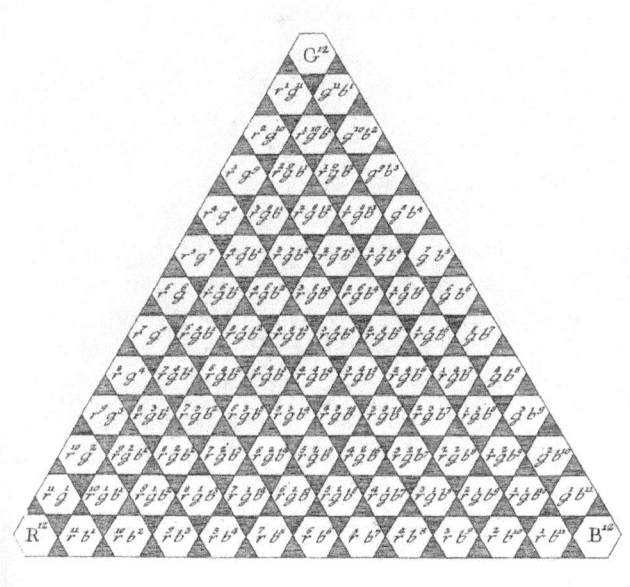

Figure 27.3:
Tobias Mayer's colour triangle
Farbenlehre, Tab. 2.

27.3 A short version of Tobias Mayer's Treatise on the Relationship of Colours (1758) in the translation of Eric G. Forbes (1971)

§ 1.

... There are three colours, simple or primary, and three only – red, yellow and blue. From a mixture of these all other colours are produced, but they themselves cannot in any way be produced from other colours, no matter how the other colours may be mixed together. ...

§ 2

I do not count white and black among colours properly so called, although they commonly go under this name. ...

§ 3

As regards to the secondary colours, some of them are mixed from only two primary colours, others from three, and these mixtures differ among themselves according as one or other colour predominates. ...

§ 9

When white is mixed with either primary or composite colours, it produces no new colours, but only renders them paler, and for this reason it can hardly be classified as a colour. ... Black behaves in the same way when it is mixed with other colours, it does not create new colours, only darker ones. ...

§ 10

When I am speaking about mixing colours, it is quite clear that I am not referring to those artificial mixtures or chemical infusions such as that, for instance, by whose aid the black of our writing ink is generally produced. ... Therefore if anyone wants to test for himself by experiments the truth of what I have said about producing composite colours, he must use pigments which contain no acid that might act on the colours of the pigments after thea were mixed. It will be safest to employ pigments which, reduced to dust, can be mixed dry.

§ 12

... Both in architecture and in music numbers greater than twelves are not readily admitted, since their ratio can scarcely be perceived by the unaided senses; so too, in this harmony of colours (a name which it will not be inappropriate to apply to the whole art of painting) we may stop [sub-dividing, or grading] at the number 12. In this way we shall have between any two primary colours 11 intermediate composite colours, which can still be distinguished by the naked eye; the rest, falling between these, we shall rightly count among the indistinct colours.

§ 13

... Once it has been laid down – a thing attempted by no one yet and which at first sight may seem impossible – we can proceed to enumerate all the different colours individually, and reduce them to a fixed scale; so that, given any colour whatsoever, it will immediately be possible to tell by what ratio it was created from the primary colours. For the sake of convenience, we shall signify red by the letter r, yellow by g and blue by b: composite colours we shall define by juxtaposing the letters of the primary colours from which they are mixed, so that, for example, the formula for the colour mixed from red and yellow will be rg or gr; [that] for the colouring consisting of the three primary colours rgb, etc. The proportion in which any colour is composed of primary colours, we shall express by numbers placed above the letters, like exponents, so that if a colour consists of three parts of yellow and two of blue, its formula will be g^3b^2. I need scarcely remind you that numbers written thus are not really of the same kind as those which correspond to the exponents of the algebraists. Wherefore, to distinguish them by name, let us call them *distributives*.

§ 16

... Therefore the overall total is as follows:

Primary colours 3

Colours composed from two primary colours 33

Colours composed from the three primary colours 55

―――

Hence, all the different colours that exist 91

§ 23

So far we have been considering perfect colours, i. e. colours endowed with that degree of light whereby they gleam to their full extent. It remains for us to deal with those which giverge from this mean – and as it were, proper – state, into paleness or, if you prefer, into light or shade. Indeed, any colour is rendered pale if it is mixed with white; but white itself is palest of all.

§ 27

... Moreover, perfect colours by their nature must necessarily occupy a mean position, as it were, between white and black, and they are produced if equal parts of white and black are mixed together. Wherefore, just as we have counted 12 intermediate degrees from any perfect colour to white itself, so we must assert that there is the same distance from lack to each perfect colour.

§ 29

Finally, it is possible to state the total number of every single distinct colour, whether perfect, or pale, or dark:

Perfect colours 91

Pale colours 364

Dark colours 364

_____

The sum of all will be 819.

27.4 Tobias Mayer's "new technique of using natural colours in oil paintings"

Tobias Mayer reported on his new technique of using natural colours in oil paintings in the *Göttingische Anzeigen* for 1759 and exhibited an example of his practical application of a new technique of using colours in oil painting to the Göttingen Academy of Sciences on 7 April 1759 (Forbes 1980, p. 213). Forbes translated Lichtenberg's remarks and descriptions:

"In the specimen completed by the inventor himself [Mayer] which his widow and son very kindly allowed me [Lichtenberg] to examine a little more closely, I which coloured waxes were employed in place of glass or coloured marble; in such a way, however, that not only sticks or thin staffs and similar objects, but also whole wax plates, bent and curved to the various shapes of image to be created, are joined together with others of different shapes in a rectangular prism. The bases of this prism give the required picture, but the sections (however many there may be) are parallel to the bases, and yield other images similar and equal to them. From this prism the inventor cut off thin plates parallel to the base with a thin broad knife, and placed them on metal plates or on little beams. Such a specimen was also shown to me together with the prism of which it was a section. The height of the prism about which I am speaking here is now only $\frac{3}{4}$ inch, but I was told that it was originally three or more inches. The bases are rectangles about 6 inches broad and 4 inches high. They represent clear copies exemplifying *Guid. Reni's* "Erigone and Bacchus changed into a vine". One can see, with the greatest delight, the wonderful, clear resemblance of the bases and section, since there is not the thinnest line or tiniest point which is not seen to correspond exactly in all respects, and this continues throughout the whole height of the prism. Moreover, those different waxes are resplendent with the most vivid colours, and are joined together with the most consummate art, and almost fused together in such a way that you would suppose you were seeing the discoloured veins of smooth marble. Certain parts of the picture seem to be less perfect, e. g. one of the arms, in which the plates of those colours between the most intense light and shade are missing; with them the transition from the one to the other would have been gentler and more even. But I imagine that this was due not so much to a defect in the art, as to the artist's judgement, since, having exerted himself to give

$$\mathcal{T}\!ab.\,I\!I\!I$$

Figure 27.4:
Georg Christoph Lichtenberg's version of Tobias Mayer's colour triangle

Farbenlehre, Tab. 3.

an excellent demonstration, in Erigone's hair and entire head, of his admirable skill in mixing well those boundaries of light and shade, he seems not to have been so concerned about the remaining details.

These are the most general features which I was able to observe. It is probable that the entire picture was composed from those less elaborate parts in the manner of an artistic painting. However, they could by no means have penetrated the base of the prism, smeared with wax, by a movement parallel to the axis (as some idly believe), with pigments watered down by some unknown liquid; nor could they have filled it up entirely with their own remains und with that picture. If Mayer actually said that this was the case, as I have heard some people claim, I imagine that these were not the words of an inventor revealing the secrets of his art to a friend, but of an inventor jocularly concealing these secrets from those who showed an untimely curiosity and who were unskilled. It may readily be conjectured from this that this picture cannot resemble the usual artistic work in all particulars, because wax can be liquified, bent, and compressed, whereas marble can not. I do not undertake here to follow up the conjectured profits of the work, which without doubt were great for the inventor; I merely add that certain parts were connected up in such a way that it seems impossible for them to have been joined together unless with liquid wax injected, as it were, in the tubes and fissures, where others already well congealed hat been hollowed out again.

In thinking about his measurement of colour, Mayer could have alighted upon this type of painting in two ways; either by creating for himself in rough outline a pyramid or prism, from which all the triangles could be cut, similar to that which we created for ourselves above; or, which seems more probable, thinking about chromatometers *for himself* which would be *reliable, durable* and *readily reproducible*, such as they ought to be, if faithful and easily made likenesses of the touchstone are to be obtained. For first of all, pigments set in wax are more vivid and more durable; then, once a mixture has been made, hexagonal prisms could be completed in the way in which they are usually made of wax. Those little squares could be cut from them individually, or else, if they were all joined together in one prism, a complete chequered triangle with a jointed section could be produced." (Forbes 1980, p. 213–214).

As Forbes notes "this specimen of Mayer's art, and the manuscript treatise "Artis qua picturae datae extypae multiplicantur specimen exhibitum" in which he described it, are now unfortunately lost. His eldest son refers to it, however, in a letter of 2 November 1774 to Johann Heinrich Lambert as having originally been three inches thick." (Forbes 1980, p. 214).

27.5 Bibliography

FORBES ERIC G. (ed.): *Tobias Mayer's "Opera inedita": the first translation of the Lichtenberg edition of 1775.* London 1971.

FORBES, ERIC G.: *Tobias Mayer (1723–62). Pioneer of enlightened science in Germany.* Göttingen: Vandenhoek und Ruprecht 1980.

GOETHE, JOHANN WOLFGANG VON: *Zur Farbenlehre. Dritter, historischer Teil: Materialien zur Geschichte der Farbenlehre.* Tübingen: Cotta 1810.

LANG, HEINWIG: *Tobias Mayers Abhandlung über die Verwandtschaft der Farben 1758.* Übersetzung des lateinischen Textes und eines Kommentars von G. CH. LICHTENBERG nebst Einleitung und Erläuterung zu den Texten. In: *Die Farbe*, 28. Band, 1980, Heft 1/2, S. 1–34.

LICHTENBERG, GEORG C. (ed.): *Opera inedita Tobiae Mayeri.* Göttingen 1975. Englische Übersetzung bei E.G. FORBES. London: MacMillan 1971.

REICH, KARIN AND ERHARD ANTHES (ed.): *Tobias Mayer. Schriften zur Astronomie, Kartographie, Mathematik und Farbenlehre, Band III: Opera posthuma et inedita.* Hildesheim, Zürich, New York: Olms-Weidmann 2006.

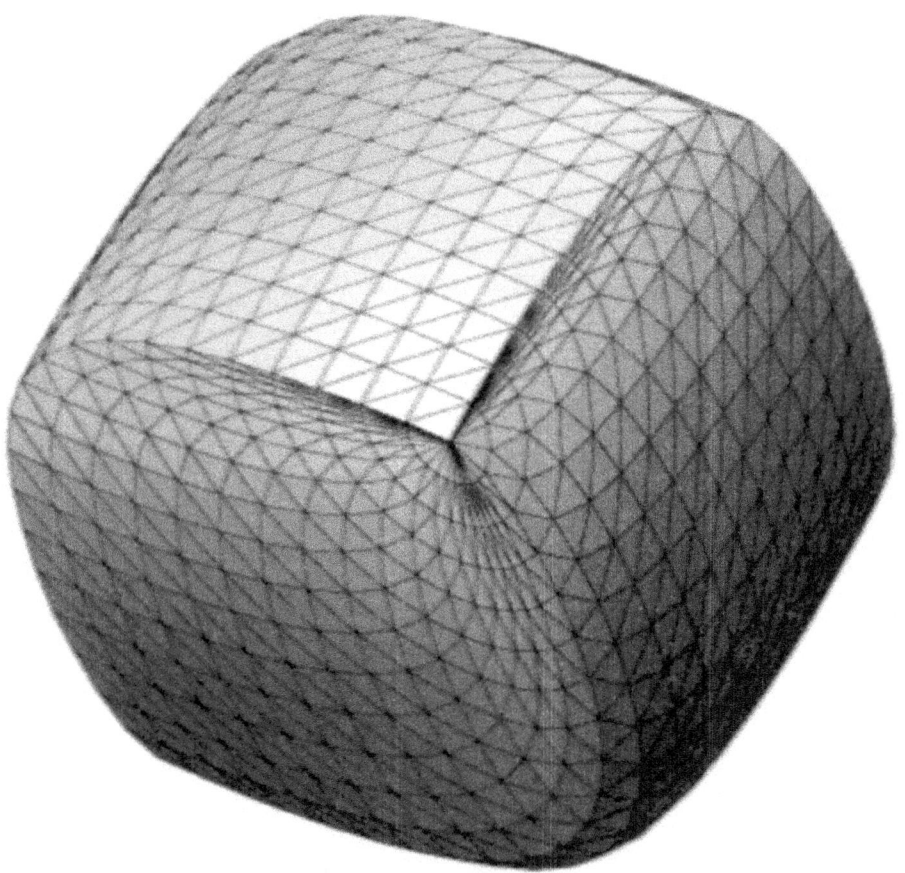

Figure 28.1:
Projective view toward the top of the optimal object color stimulus solid
in the canonical singular value decomposition space.

Kinds of color solids

Rolf G. Kuehni (Charlotte, NC, USA)

28.1 Introduction

That human consciousness has access to a large number of distinguishable color experiences was understood by some people already in antiquity. In the late third century BC Aristotle, or perhaps his successor Theophrastus, in a work titled 'On colors' commented: *"We must not omit to consider the several conditions which give rise to the manifold tints and infinite variety of colors."*[1] Already Aristotle began to classify colors in categories, proposing five chromatic simples bordered by white and black. By the mid-seventeenth century CE, based primarily on the experience of painters, the categories of chromatic simples had, by general agreement, been reduced to three, yellow, red, and blue, from which, together with white and black, all other colors could be mixed (see e. g. Aguilonius 1613).

How to properly order this wealth of colors slowly but consistently became a significant issue. An important step was the insight that hues form a closed continuous circle. Newton's circle of spectral hues, published in 1704, was a step in this direction, but an incomplete one because it left out the series of non-spectral colors generally known as purples. The first illustration of a complete hue circle dates from 1708, published in a chapter on pastel painting by an anonymous author in a Dutch edition of a French 'how-to' book on miniature painting first published in 1673.[2] The hue circle solved the question of orderly arrangement of hues. The next issue became how to fit white and black and its gray mixtures, as well as all the possible white/black variations of the hues into an orderly arrangement. Mixtures of white and black and scales of chromatic

---

1 Barnes 1984.
2 Anon.: Traité de la peinture en mignature, 1708.

colors beginning at white, passing through the full chromatic color, and ending
in black (tint-shade scales) were already discussed by Avicenna in the eleventh
century CE and in the early twelfth century by his commentator al-Tusi and by
Theophilus Presbyter. In 1613 François d'Aguilon clearly indicated in his figure
tint/shade scales for his three chromatic primaries.[3] In 1758 astronomer Tobias
Mayer presented a public lecture in Göttingen in which he introduced a logically
constructed double tetrahedral color solid with the chromatic primaries yellow,
red, and blue at the corners of the central triangle, white on top and black on
the bottom.[4] Such a ystem contains 819 defined color samples and was the first,
if only conceptual, three-dimensional color system. Mayer's premature death
in 1762 prevented him from attempting a colored version of the concept. There
was a detailed newspaper report on the 1758 lecture. One of its readers was
the polymath Johann Heinrich Lambert, then a member of the Akademie der
Wissenschaften in Berlin who, in 1760, wrote a book on photometry and in 1768
an article on the role of photometry in the painter's art in which he referred to
Mayer's lecture. Soon thereafter he began work on a practical implementation
of Mayer's ideas of color order, resulting in his *Farbenpyramide* of 1772, the
first realization of a color solid.[5] Only some 40 years later, the painter Philipp
Otto Runge conceptually expanded Mayer's double tetrahedron into a sphere.[6]
Since then color solids of many different shape have been proposed, some of
regular others of irregular geometric form.

Among the basic issues that a designer of a color solid must address are:

1. What is the definition of the space in which the solid is placed;

2. What aspects (or attributes) of colors is the solid to represent;

3. What are the internal distances between colors in the solid to represent?

These questions cannot be considered without a clear definition of the term
'color'. This is a controversial issue due to the causes and kinds of experience
of color and the lack of understanding of the nature of consciousness.

Colors are, in the normal case, the result of the absorption of light stimuli
by the eye's retina, processing of the resulting electrochemical signals in the
eye and the brain, and conversion to conscious experiences. Color stimuli are
lights, either directly viewed from the source or reflected from objects in the
path of lights. The process by which we experience color is referred to as 'color
perception.' Since antiquity, the term 'color' has been applied indiscriminately

---

3 Aguilonius 1613.
4 Mayer, Tobias: De affinitate colorum commentatio, 1775.
5 Lambert 1772.
6 Runge 1810.

to stimuli as well as to perceptions. Even Lambert, in the description of his color pyramid, uses 'Rot' or 'Blau' indiscriminately to describe a colorant or the perceptual experience of redness or blueness. This terminological issue is also connected to the philosophical controversy of the ontology of color: is it located out in the world or only in our conscious mind? In the following a distinction will be made between color stimulus, including lights as well as colorants, and color percept or experience.

Mayer described the goal of his treatise as follows: *"to develop designations for all existing colors and to bring them into a certain order so that it can be immediately said of each color in what ratio it is composed from the simple colors."* The distance from one color to the neighboring next one was to be determined by their distinguishability and he decided to have 12 steps between neighboring pure simple colors in the triangle in which they were located. It is evident that a number of unspoken assumptions had been made by him, e. g. that the perceptual distance between yellow and blue was the same as between yellow and red, or that to reach black takes the same number of steps as to reach white. It is evident that Mayer was not aware of the facts of subtractive color (colorant) mixture.

When Lambert began to develop such a system he quickly ran into difficulties that required solutions or changes in approach. He discovered that colorants differ widely in relative strength of resulting coloration and that there were wide differences in quality of pigments sold under the same name. After making the necessary adjustments in the formulations he found that when mixing all three of his basic colorants the results tended to be dark, with black obtained closer to blue than to yellow and red, indicating that his strength determinations did not apply regardless of the ratios. He also concluded that there was no need for the lower tetrahedron, thus ending up with a simple triangular pyramid. Lambert's Farbenpyramide is essentially a colorant mixture system. However, he also believed it to be largely perceptually uniform. Runge, remaining like Mayer on the conceptual level, did not concern himself with these pesky details.

The idea of separate attributes of colors goes back at least to Newton. In *Opticks* he described, if in different locations, color (with the modern meaning of hue), intenseness (saturation), and luminousness (brightness, lightness).[7] In the second decade of the nineteenth century independent color solids representing such attributes were independently introduced in Germany by Matthias Klotz (1816) and in France by Gaspard Grégoire (ca. 1810–1820). The geometric form of the resulting system was cylindrical. At the same time the three basic hues continued to be located at equal angular distance from each other.

---

7 Newton 1704.

Intensity was expressed relatively, with three and four, respectively, relative intensity grades.

Marching along an entirely different route, the astronomer Christian Doppler proposed in 1847 a sphere octant located in a yellow, red, blue color space,[8] an idea that with some modification was taken up in the twentieth century by the physicist Erwin Schrödinger. A few years later the English architect William Benson presented in 1868 a tilted cube, with white and black at two opposing corners, with red, green, and blue as primary colors, yellow, pink, and sea-green as intermediates.[9]

In the second half of the nineteenth century psychology developed into a scientific endeavor with color playing an important part while, at the same time physics, psychophysics, and physiology began to investigate many aspects of color vision more systematically and quantitatively. Psychophysical investigations by James Clerk Maxwell, Hermann von Helmholtz, his assistant Arthur König, and others began to form a basis for representing color stimuli in a meaningful, quantitative manner. Color solids that were proposed are, on the psychophysical front, in the form of a dented (in the region of non-spectral hues) cone, on the psychological front, erected by Ewald Hering, in form of a double cone where colors are ordered according to hue and whiteness/blackness content.[10] Based on disk mixture experiments and to have quantitative meaning for the vertical axis the psychologist August Kirschmann introduced a tilted double cone in 1895.[11]

Until the beginning of the 20th century the structure of the interior of a color solid did not receive much attention. Color atlases, such as Michel-Eugène Chevreul's of the second half of the nineteenth century, often had extensive hue and tint/shade scales without complete coverage of the interior structure of the solid in terms of color samples. The first perceptual color solid with a consistent interior structure and presented in form of an atlas was that of Albert Henry Munsell from 1907.[12] Its geometric form is cylindrical. It was followed some 10 years later by a Hering-influenced double-cone solid developed by Wilhelm Ostwald.[13]

---

8 Doppler (1847).
9 Benson 1868.
10 Hering 1878.
11 Kirschmann (1895).
12 Munsell 1907.
13 Ostwald 1917.

28.2 Modern color solids

Before going into some detail on several kinds of color solids of importance today it is necessary to briefly introduce a few important points.

1. Are Euclidean geometry and orthonormality important and meaningful to color order? Euclidean geometry has a long history in human culture and was initially automatically applied to color order. Euclidean geometry is applicable only for qualitative perceptual and for quantitative color stimulus order. Orthonormality is a mathematical concept that maximally isolates geometrical components. The color spaces of the International Commission on Illumination (CIE) system are not orthonormal.

2. Color difference and its meaning. There are at least three different perceptual meanings of the term 'color difference'. On the most fundamental level it refers to distinguishability. The number of different color stimuli is infinite, but that of distinguishable ones limited, as already pointed out by Mayer. Each stimulus has a range of stimuli around it that by the average observer and under some kind of standard conditions are seen as being 'just noticeable different' (JND). Beginning with Helmholtz, the assumption has long been that larger differences are simply accumulations of JNDs in a given direction. Experimental evidence, to the limited extent it exists, appears to disagree with this, however. An additional complication is the hue-superimportance effect discovered by Deane B. Judd and found to be active in small as well as in large color difference evaluation.[14] The result of this effect is that in a Euclidean diagram a unit chromatic difference contour is not a circle but an ellipse with a diameter ratio of approximately 2:1, pointing toward the neutral point. There are other effects as well, such as the 'diminishing returns effect."[15] There are also are quite certainly differences in the cognitive processes of matching, determination of detectability of difference, and making a judgment of the magnitude of a difference relative to a reference difference. Further, the material nature of the color samples, surround and illumination conditions, and the methodology used have effects on the judgment of the differences. It seems evident that, increasingly, higher level neural processes come into play along this continuity.

   A different kind of color difference, not based on discrimination but on the resemblance to one or more of six fundamental percepts is the basis of Hering's color order system. Hering posited that color perception itself

---

14 Judd (1969).
15 MacAdam (1963).

is in essence not based on three primaries but on two pairs of opposite chromatic primaries yellow and blue, red and green, and the achromatic primaries white and black. He placed, as is implemented today in the Swedish Natural Color System (NCS), the chromatic fundamentals at right angles in the chromatic plane. However, in terms of distinguishability, the four fundamentals are not equally distant from each other as pointed out by Sven Hesselgren in 1953.[16] As a result, the distances between grades between two adjacent chromatic fundamentals in the Hering hue circle may be equidistant by discrimination, but the magnitude of the units is different in each quadrant. It is also well established that the Heringian color solid does not contain all theoretically possible object colors.

3. Full colors. The concept of full colors (*Vollfarben*) was developed by Wilhelm Ostwald around 1916. They are special cases of optimal object colors. Reflectance functions can only vary between 0 and 1, thus there are limits on the psychophysical stimuli. Optimal object colors have been defined by Erwin Schrödinger in 1920 as objects with reflectance functions of value either 0 or 1 and with one or two transitions within the spectrum.[17] are those optimal object colors that have transition wavelengths representing complementary colors. Their lightness varies by hue. In Hering's as well as in Ostwald's system *Vollfarben* are located on the horizontal edge where the two cones of the system meet. In terms of distinguishability difference scales for the tint/shade scales between *Vollfarbe*, white, or black differ in unit size from hue to hue. Virtually all *Vollfarben* cannot be expressed with real colorants. The constant hue triangles in NCS are to a smaller or larger extent incomplete toward *Vollfarben*, depending on hue.

4. Optimal object color solid. Optimal object colors are theoretical colors that at a given level of lightness express the theoretical limit of chroma for a given hue (excluding fluorescent colorations). The surface of the corresponding solid is irregular and can express perceived colors or psychophysical colors.

In connection with optimal object colors it should be mentioned that when a committee of the *Optical Society of America* issued the Munsell Renotations after considerable experimental work in 1943 they extrapolated each hue at each value level to the optimal object color limit. As will be shown later, the

---

16 Hesselgren 1954.
17 Schrödinger (1920). Vollfarben

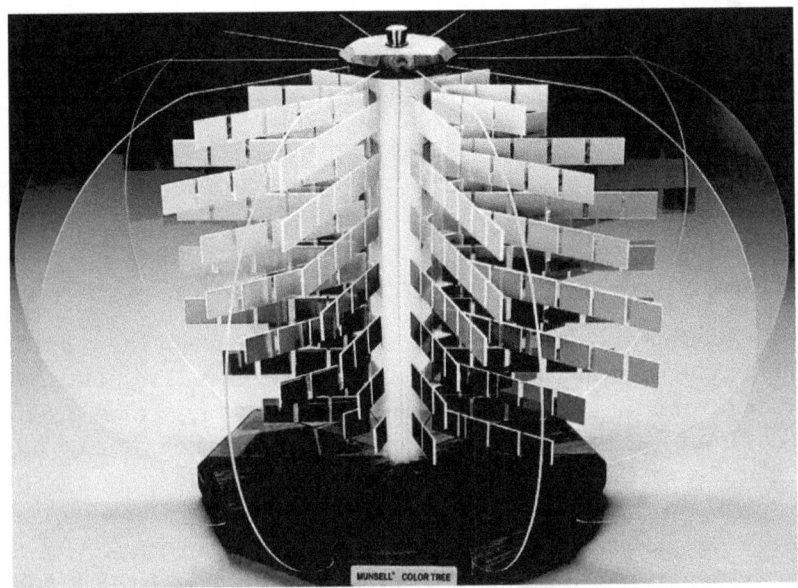

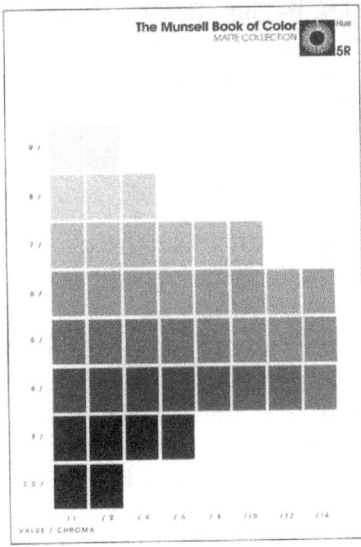

Figure 28.2:
Samples of the Munsell system
arranged according to hue, chroma, and value (above)
and constant hue page of Munsell hue 5R in a chroma/value diagram (below).

form of the optimal object color solid in a perceptual Munsell space can thus be determined.

In the following, a number of different color solids with current relevance will be introduced.

28.3 Perceptual solids

28.3.1 Color attributes and perceptual primaries

Hue is the qualitative indicator of the chromatic nature of the color; its range is the hue circle. Chroma or saturation or colorfulness are indicators of the amounts of chromatic perceptual primaries, with a range at a given level of lightness of from just beyond the achromatic color to the optimal object color limit. Lightness or value is the indicator of the relative amount of perceived whiteness, with a range from black to white. All three attributes are continuous in nature.

The perceptual primaries in Hering's system are the chromatic fundamentals yellow, red, blue, and green, having unique hues, with combined ranges filling the hue circle. The achromatic fundamentals are black and white, with ranges that cover most of the double pyramid, with exception of the full colors and each achromatic fundamental's opposite.

28.3.2 Absolute and relative attribute scales

In the Munsell system all three attributes are expressed in separately absolute terms: the hue scale is a circle encompassing all possible hues; the lightness scale ranges from zero (black) to 10 (white) and is taken to be applicable to all samples of the system; the chroma scale is limited by optimal object colors differing in maximal value as a function of hue and lightness. The resulting solid has a cylindrical structure of irregular form with samples ordered according to hue (circle), lightness (vertical) and chroma (radial) (Fig. 28.2, S. 401). The right side of the figure shows a constant hue page. Only the z axis of the Euclidean space in which the solid is placed has a relevant meaning (value).

The Hering/NCS solid is a double cone, formed by placing a full color, black, and white at the corners of an equilateral triangle, thought to contain all colors of the hue of the full color, and arranging all triangles in a double cone solid so that their gray scales coincide (Fig. 28.3 left, S. 403). Thus, there is the assumption that all full colors have the same chromatic intensity and this scale is thereby relative. The relationship between its lightness scale and the colors of a constant hue plane (Fig. 28.3 right, S. 403) varies according to hue indicating no constant definition of the vertical dimension. Here the axes of the space in which the solid is placed are without relevant meaning.

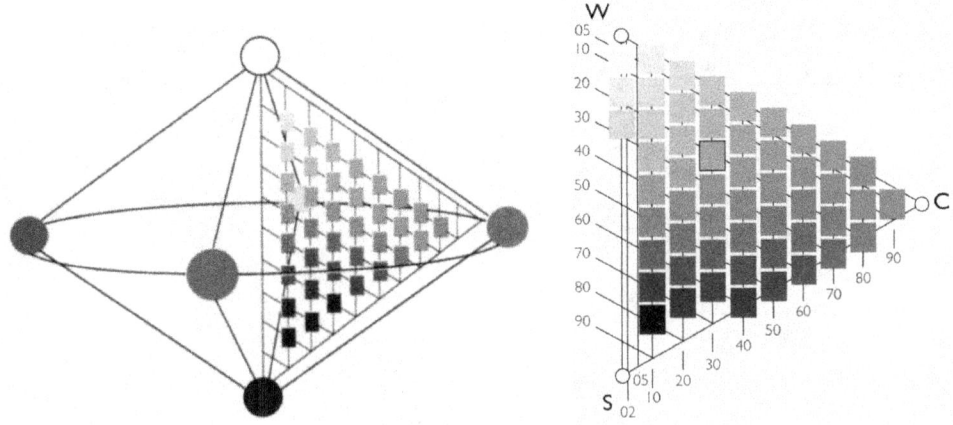

Figure 28.3:
Schematic view of the double cone of the Hering/NCS color system with a central gray scale (left) and constant hue page of NCS hue Y50R with samples ordered according to full color, whiteness, and blackness content (right).

Reproduced with permission of NCS Color Center/USA.

28.3.3 Optimal object color solid of the perceptual Munsell system

To obtain an idea of the form of the perceptual optimal object color solid the data of the Munsell Renotations extrapolated to the optimal object color limits were used,[18] with the result shown Fig. 28.4, S. 404. The hues are arranged at identical hue angle increments, according to the theoretical concept of the Munsell system. Only every second hue (5 and 10) is illustrated. The length of the radial lines is the measure of chroma to the optimal object color limit at each level of lightness (value). For reasons mentioned, as well as others, the Munsell Renotations must be regarded as approximately uniform. Unsurprisingly, the form is geometrically very irregular.

---

18 Newhall et al. (1943).

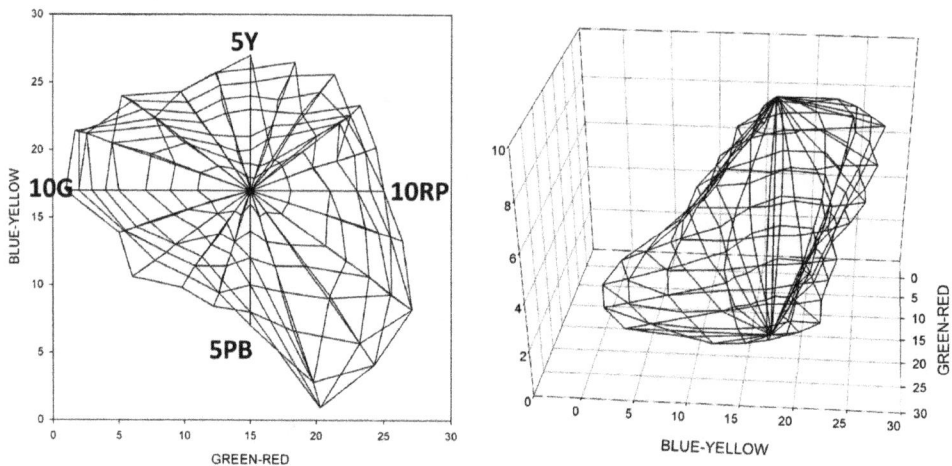

Figure 28.4:
Two views of the perceptual optimal object color solid represented
in the Munsell system.
Left: looking down toward the top, with the four hues on the axes identified.
Right: Projective view of the solid looking toward the blue-yellow axis.

28.3.4 Isotropic color solid

Logically, it would be desirable to develop an isotropic color solid in which perceptual color differences from any point in the solid to any other on a sphere around the reference point would be of equal perceived magnitude. In this manner all possible object color percepts would be ordered according to a uniform principle. However, a solid of this kind is impossible because a solid cannot be filled uniformly with spheres without empty spaces between them or overlaps. Geometry teaches that the most complex solid with which a larger space can be filled without gaps is the cubo-octahedron (Fig. 28.5, S. 405). The reference color is located in the center with 12 colors perceptually equidistant from it in the apices. It has six different axes passing through the central points, indicating the limited directions in which this system can be uniform. It is the system on which the *Optical Society of America* Uniform Color Scales (OSA-UCS) are based.[19] OSA-UCS color scales represent average estimates of the

---

19 MacAdam (1974).

relative size of perceived differences between three color samples arranged in a triangle. OSA-UCS does not consider the hue superimportance effect, even though it had been found in the system's experimental data. There are significant quantitative differences between OSA-UCS and the Munsell system. The experimental results of the system have not been extrapolated to the optimal object color limits. The popularity of OSA-UCS has been quite limited because orientation in it is considerably more difficult than in either the Munsell or the NCS system.

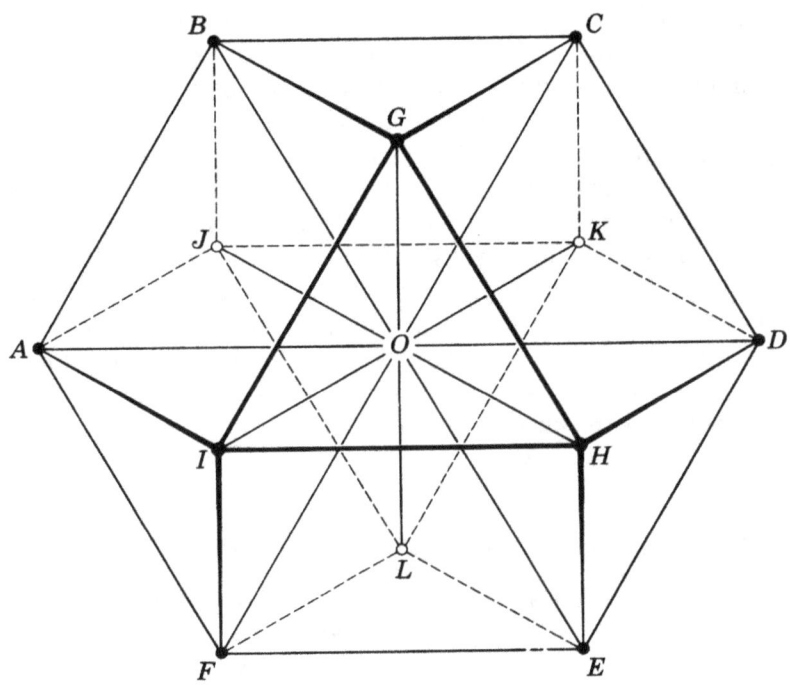

Figure 28.5:
Schematic of the cubo-octahedron.

28.4 Color stimulus spaces and solids

As mentioned, in the normal case and on the first level, colors are the result of interaction of light stimuli with the retinal cells of the eye. Spectral stimuli can be very complex but there are only three kinds of sensors in the eye responsible for color vision. Thus a considerable amount of spectral information is lost in this transition. An important result is that many different spectral stimuli, known as metamers, can be the basis of the same perceived color. In addition, as indicated earlier, there are a number of neurological processes, presumably influenced by evolution, which complicate the relationship between stimulus and percept. It is now abundantly clear that colors are not determined in the retina alone, but there are additional processes in the brain shaping the relationship between stimulus and perceptual experience, the process details and location in the brain often as yet unknown.

Color stimuli have the advantage that they can be physically measured with good accuracy in form of radiometric functions of lights or transmittance and reflectance functions of objects. The results can be represented in spaces mathematically generated from the spectral functions alone, or more realistically, in spaces representing the stimuli as absorbed by normalized retinal sensors, the cone functions, functions linearly related to them, such as the CIE color matching functions, or other related kinds of functions. Optimal object color stimulus solids can easily be calculated with high accuracy for a standard observer. The structure of the related spaces predicts if two spectral stimuli will match for the observer reflected in the sensor functions, but there is nothing that directly predicts attributes of the resulting color experience or perceived distances between two colors.

28.4.1 Optimal object color stimulus solid in cone response space

Fig. 28.6, S. 407, is a projective view of the optimal object color stimulus solid in a space where the axes represent normalized versions of standard sensitivities of the three cone types L, M, and S with black at the origin and white at the diagonally opposite end point. The internal sections represent planes of constant luminous reflectance at the intervals of Munsell value and the lines on the surface from black to white are stimuli of optimal object colors of constant hue according to the extrapolated Munsell Renotations. Due to the overlap of cone functions the optimal object color solid fills only a limited portion of the cone response space.

The relationship between this solid and its internal structure and that of the perceptual solid of Fig. 28.4, S. 404, is clearly very complex.

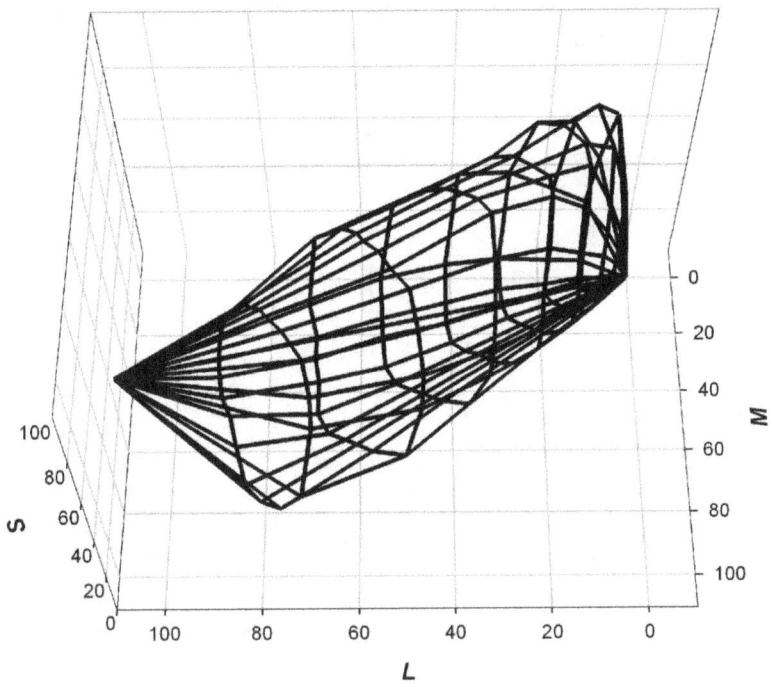

Figure 28.6:
Projective view of the optimal object color solid in the L, M, S cone response space.

28.4.2 Optimal object color stimulus solid raised over the CIE chromaticity diagram: the Rösch-MacAdam solid

A linearly related version of the cone space solid, it is raised over the chromaticity diagram in the CIE x, y, Y space where the lower case letters refer to chromaticity coordinates (relative amounts of tristimulus values X and Y) and Y refers to luminous reflectance (Fig. 28.7, S. 408). The shape of the solid depends to a significant degree on the choice of illuminant used in its calculation. This kind of solid, one of the first optimal object color solids calculated, is not very intuitive in its form because while white is located in a point at the top, the center point on the chromaticity diagram, where one might expect black, is normally the location of white. Also in this case there is a very complex relationship between the solid and the one of Fig. 28.4, S. 404.

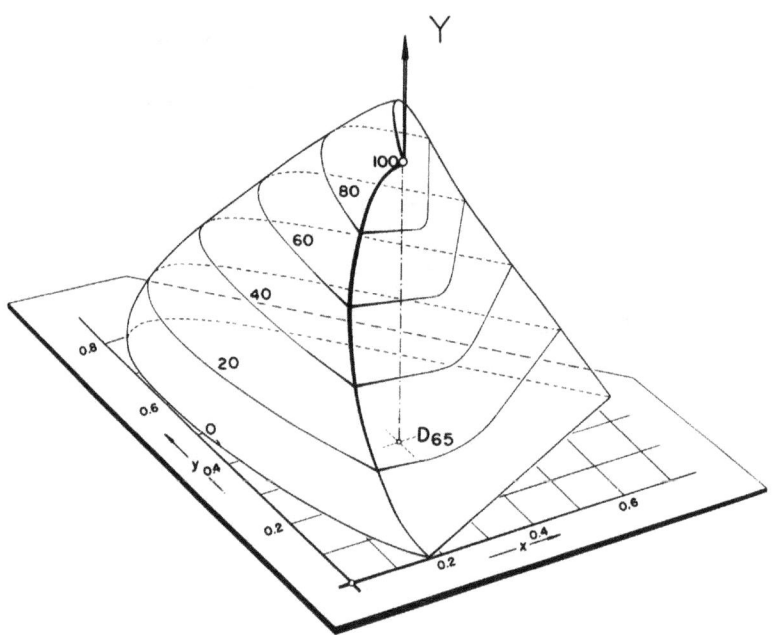

Figure 28.7:
Projective view of MacAdam's optimal object color stimulus solid
for CIE Illuminant D65.

Reproduced with permission of John Wiley & Sons, Inc.

28.4.3 Optimal object color stimulus solid in canonical form of an opponent-color space

The idea of color opponency was introduced by Hering and has since found neurobiological support. However, Hering's perceptual opponency is different from that identified in cells in the lateral geniculate nuclei of the brain.[20] Opponency has also been modeled based on color-matching functions, e. g. in the CIELAB formula mentioned below. A purely mathematical form of opponency is that expressed in canonical form. A canonical space has axes that represent

20 Derrington et al. (1984).

components maximally independent of each other, the axes being orthonormal. The mathematical process to achieve the relevant transformation of cone or color matching functions is 'singular value decomposition.'

Fig. 28.1, S. 394, shows a projective view of the optimal object color solid for illuminant D57 in that space, looking down toward the white top. Here, the canonical functions are based on CIE color matching functions and the resulting two chromatic functions resemble the conventional ones. But the third function is much different from the lightness function. The solid approximates a parallelepiped with rounded corners and edges. This kind of representation is the mathematically purest form of a color stimulus solid but its form and interior structure does not express much about color perception or differences.

All four kinds of stimulus spaces represent, in linearly related form, the same fundamental data of object color reflectance or transmittance, illuminating light, and standard observer. In each space the shape of the solid changes to a smaller or greater degree as a function of the spectral composition of the illuminating light. The relationship between a perceptual solid and any of the stimulus solids is at most of the ordinal kind.

28.4.4 Abbreviated stimulus solids

Technically important color stimulus solids are the RGB (red, green, blue) cube implemented in electronic displays such as color television, computer monitors, and various encoding schemes such as ProPhotoRGB and sRGB, as well as the CMYK (cyan, magenta, yellow, black) solid of the conventional halftone printing process. In the former case the axes represent the three primary light stimuli used in the display units, light bands from the beginning, middle, and end of the spectrum (Fig. 28.8, S. 410), in the latter case the degree of coverage of white paper with the three primary chromatic printing inks. As a result, not all possible stimuli are represented in either of them. In conventional monitors each pixel of the screen can display the lights in relative amounts from 0 to 255 units. Thus, the total possible number of different stimuli is 256^3 or approximately 16 million. New monitor types with higher resolution (10 bits) can display even more stimuli. For each display pixel the three separate stimuli are additively mixed in the eye because they cannot be independently detected. Only about 1 in 10 of the stimuli are distinguishable. The situation is more complex in case of halftone printing because there is often a substantial overlap of printed dots and the chromatic primary colorants are less chromatically intensive and more or less transparent. Here, the number of possible different stimuli is much more limited.

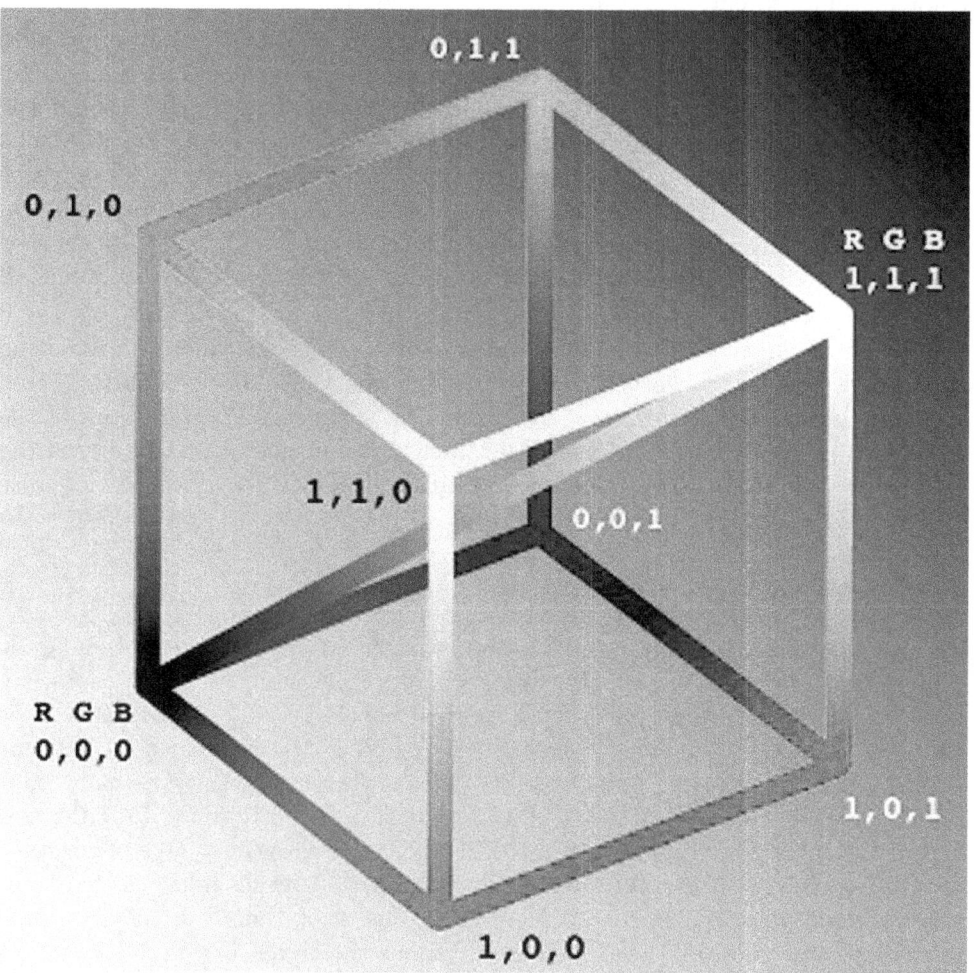

Figure 28.8:
Conceptual view of the outline of the RGB color cube,
looking toward the white point.

28.5 Psychophysical models of perceptual solids

The appearance of a colored object (a color chip) can depend strongly on the spectral nature of its reflectance function, on the spectral power distribution of the light in which it is viewed, on the chromatic nature and lightness of the surround, and on the performance of the color vision system of the observer. All but the last can be controlled and objectively specified. To provide a semi-objective basis a number of color space models of various degrees of complexity have been developed.

28.5.1 Line element models

These are mathematical models implementing various ideas about the relationship between increments of color stimuli as absorbed by cones with standard sensitivity and perceived differences. Best known among these are Stiles's of 1946 and MacAdam's empirical line element of 1942. However, for various reasons such line elements have not been found to represent perceived threshold and supra-threshold differences with good reliability. An optimal object color solid based on line element data has not been calculated, only a bent and curved chromaticity surface, indicating the complexities between stimulus and line element model.[21]

28.5.2 Simple Euclidean opponent-color model with signal compression, CIELAB space

The model is based on a simplified lightness scale and an opponent-color model in which compressed normalized CIE tristimulus values are subtracted from each other. The compression power applied to all three scales is cube root, a seemingly simplistic assumption. CIE 1976 L^*a^*b or CIELAB is the basis of a number of color difference formulas that make it possible to predict average perceived color differences between object color stimuli. In CIELAB space contours representing stimuli perceived as having unit differences are represented by ellipsoids, with the major axis of the chromatic ellipse aligned approximately radially. As a result, several adjustment factors are necessary to correctly represent hue superimportance and a number of other discrepancies.

---

21 Silberstein (1943).

28.5.3 Appearance model-based Euclidean uniform color solid

In recent years complex mathematical models that predict the appearance of stimuli based on specific conditions of lighting and surround have been developed, among them IPT and CIECAM02, the latter recommended by the CIE. The implicit spaces are Euclidean, with separate multiple variables to account for various perceptual effects. As mentioned, it is possible to mathematically transform the basic space and the variables into Euclidean solids so that some of the appearance effects, such as constancy of hue along a radial line and the hue superimportance effect, are closely represented within the Euclidean model. Fig. 28.9, S. 413, is a projective view of the optimal object color stimulus solid in the Euclidean space represented by the IPT color appearance model, optimized for hue constancy along radial lines.[22] However, it has in recent years become apparent that simultaneous optimization for different perceptual parameters is only possible to a limited degree.[23]

A significant issue is that as yet there are few or no color difference data sets at the threshold or small-suprathreshold difference level with proven statistical reliability and that have been replicated. Sources of variability in data are relatively large inter-observer differences and experimental conditions of sample presentation, surround, and methodology used, with observer differences seemingly the largest. Considerable differences are found between sets of data when comparing explicit or implicit perceptual hue circles or chroma scales from different experiments, using a common reference frame.

28.6 Conclusions

There are three basic classes of color solids: perceptual, stimulus-based, and psychophysical models of perceptual solids. The surface of the Munsell perceptual optimal object color solid can be represented graphically because Munsell hues have been extrapolated to these limits. Even though the Euclidean solid does not incorporate the hue superimportance effect, first identified in the Munsell system, and there may be shortcomings in perceptual uniformity the general form of the solid gives an approximate indication of what a psychophysical model needs to look like to represent perceptual uniformity, with the IPT solid an example of steps in this direction. Perceptual solids are either conceptual in nature (Hering) or more consistently quantitative (Munsell). In the latter the three attributes are essentially absolute and independent. In the

---

22 Ebner/Fairchild 1998.
23 Lissner/Urban, forthcoming.

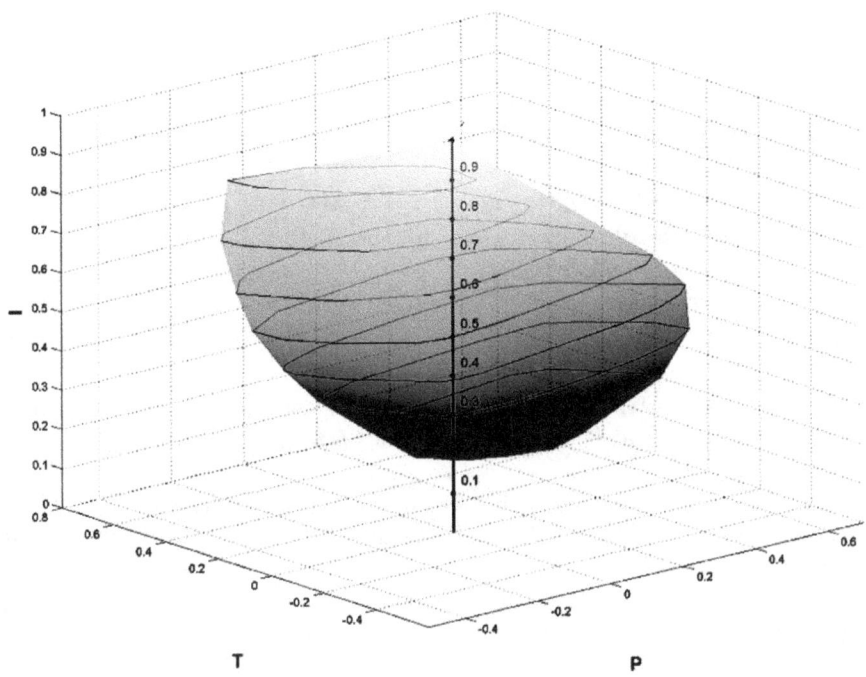

Figure 28.9:
Projective view of the optimal object color stimulus solid
in the IPT color appearance model space.

Copyright: Shize Shen 2010.

Hering system hue scales vary between the four chromatic fundamentals and
the lightness and whiteness/blackness increments vary from hue to hue, with
the only invariable scale the central gray scale. The scales in both systems
have not been established in a statistically solid relationship to the world's
color-normal observers, nor officially replicated.

Stimulus solids, even though they are based on identical fundamentals, can
have much different shapes as is indicated by figures 28.6, S. 407, 28.7, S. 408,
and 28.1, S. 394. The primary fundamentals are cone sensitivity functions of the
standard observer, spectral power distributions of light sources, and reflectance
functions of objects. The ultimate goal of a stimulus solid is to be identical
to, or closely approach, the form of a perceptual solid. But the complexity of

the visual system and of the conditions for stimulus display and judgment task argue against a simple correlation.

28.7 Bibliography

AGUILONIUS, FRANCISCUS: *Opticorum libri sex.* Antwerp: Plantin 1613.

ANON.: *Traité de la peinture en mignature.* The Hague: van Dole 1708.

BARNES, J. (ed): *The complete works of Aristotle, 2 vols.* Princeton, NJ: Princeton University Press 1984.

BENSON, WILLIAM: *Principles of the science of colour.* London: Chapman and Hall 1868.

DERRINGTON, A. M.; KRAUSKOPF, J. AND P. LENNIE: Chromatic mechanism in lateral geniculate nuclei of macaque. In: *Journal of Physiology* **357** (1984), p. 241–265.

DOPPLER, CHRISTIAN: Versuch einer systematischen Classification der Farben. In: *Verhandlungen der königlichen böhmischen Gesellschaft der Wissenschaften* **5** (1847), p. 401–412.

EBNER, F. AND M. FAIRCHILD: Development and testing of a color space (IPT) with impproved hue uniformity. In: *Proceedings of IS&T/SID's Sixth Color Imaging Conference* 1998, p. 8–13.

HERING, EWALD: *Zur Lehre vom Lichtsinne.* Wien: Gerolds Sohn 1878.

HESSELGREN, SVEN: *Subjective colour standardization.* Stockholm: Almquist and Wiksell 1954.

JUDD, D. B.: Ideal color space. In: *Palette* **29** (1969), p. 25–31, **30** (1969), p. 21–28, **31** (1969), p. 23–29.

KIRSCHMANN, AUGUST: Color-saturation and its quantitative relations. In: *American Journal of Psychology* **7** (1895), p. 386–404.

LAMBERT, JOHANN HEINRICH: *Beschreibung einer mit dem Calauischen Wachse ausgemalten Farbenpyramide.* Berlin: Haude und Spener 1772.

LISSNER, I. AND P. URBAN: *Towards a unified color space for perception-based image processing,* forthcoming.

MACADAM, DAVID LEWIS: Nonlinear relations of psychometric scale values in chromaticity differences. In: *Journal of the Optical Society of America* **53** (1963), p. 754–757.

MACADAM, DAVID LEWIS: Uniform color scales. In: *Journal of the Optical Society of America* **64** (1974), p. 1691–1702.

MAYER, TOBIAS: *De affinitate colorum commentatio, in Opera inedita Tobiae Mayeri.* Ed. by G. C. LICHTENBERG. Göttingen 1775.

MUNSELL, A. HENRY: *Atlas of the color-solid.* Malden, MA: Wadsworth-Holland 1907.

NEWHALL, S. M.; NICKERSON, D. AND D. B. JUDD: Final report of the OSA sub-committee on spacing of the Munsell colors. In: *Journal of the Optical Society of America* **33** (1943), p. 385–418.

NEWTON, ISAAC: *Opticks*. London: Smith and Walford 1704.

OSTWALD, WILHELM: *Der Farbenatlas*. Leipzig: Unesma 1917.

RUNGE, PHILIPP OTTO: *Farben-Kugel, oder Construction des Verhältnisses aller Mischungen der Farben zu einander*. Hamburg: Perthes 1810.

SCHRÖDINGER, ERWIN: Theorie der Pigmente von grösster Leuchtkraft. In: *Annalen der Physik* **4** (1920), p. 603–622.

SILBERSTEIN, LUDWIK : Investigations on the intrinsic properties of the color domain II. In: *Journal of the Optical Society of America* **33** (1943), p. 1–10.

Figure 29.1:
Picture of the Liebig Extract of Meat Company (1891)

Private archive of the author.

Chromolithography, Trade Cards, Popularization – Lithography as a starting point for new forms of knowledge transfer

Henning Schweer (Hamburg)

Abstract[1]

The invention of lithography by Alois Senefelder (1771–1834) in 1796/97 and its development to chromolithography by Godefroy Engelmann (1788–1839) in 1834, for the first time allowed producing color prints with a large circulation and timelessness. This paved the way for an invasion of visual media in large sections of the population and led to new forms of media itself. Examples for this development are the so called trade cards. These small advertising images were developed in 1900 as one of the first visual mass media products. This development created a so far unknown amount of images accessible for everyone in an otherwise still poor visual environment. Some of these trade cards also conveyed scientific knowledge. This was a form of knowledge transfer beyond the media of traditional popularization. It represents an early example of knowledge transfer in modern mass media. Trade cards collections offer the opportunity of investigating the dissemination and evaluation of knowledge, science and technology in public spaces in 1900.

---

1 This article bases on my remarks on trade cards and knowledge transfer in: Schweer 2010.

29.1 The development of lithography

The invention of lithography 1797/98 is due to Alois Senefelder (1771–1834). Senefelder initially used the fact that a stone can be written on with acid resistant ink, and these letters can be worked out by subsequent etching of the stone.[2] After that the stone can be used for printing. This stage of development of lithography still was a letterpress. But Senefelder developed this idea even further. He discovered that possibility when using aliphatic ink, the color only adheres to the ink spots on the stone and so direct printing is possible. Working out the image areas as it is normally necessary in letterpress procedures is no longer needed. Senefelder hereby invented the first lithographic process in which image areas and non-image areas are on one level, as well as the first form of chemical printing. First, however, lithography was a monochrome technique. The development of the so-called chromolithography in 1837 was primarily due to Godefroy (Gottfried) Engelmann (1788–1839) who had learned the lithographic process from Senefelder. The chromolithography was the precondition for the (re-)production of color images in large quantities.[3]

From today's perspective, the chromolithograph is an extremely complex form of printing. The necessary stone slabs in sufficient quality can be found almost exclusively in Solnhofen, Bavaria. To use it as plate for lithographic printing the stone once was cut into 5–10 cm thick plates and polished with pumice and sanded smooth. The lithographer then painted the image in form of millions of dots by hand on the plates. In the case of the chromolithography as many plates were needed such as colors were used. In the case of the most famous trade cards of the company Liebig these were twelve colors plus gold and silver. The plates then were etched with nitric acid. After that process color only sticks on the points of the plate which were covered with ink. As first step a sample print was made of each stone and the images were composed by fitting all colors together – starting from light to dark shades down. In case the printing result and the original picture were the same, printing was possible. Therefore the images of every color were copied on new plates. These were re-etched, then gummed and thus made printable. The printing was usually on a special paper. Its surface was glued with chalk or barium sulphate smoothed to absorb and reflect the colors perfectly.[4]

---

2 This technique is not an original invention of Senefelder. It was already known in the 16th and 17th century. See: Wolf 1990, p. 633–634.

3 See: Mayer 1970, p. 7–10, Lorenz 1988, p. 93, Wolf 1990, p. 646–647. For a more detailed account of the history of the development of lithography by Senefelder see for example: Dohmen 1982, p. 11–22, Wolf 1990, p. 633–666.

4 See: Mielke 1982, p. 92–94, Lorenz 2000, p. 13–14.

The chromolithograph simplified color printing. But as long as the pressure of the printing press was still made by hand, the invention of lithography did not lead to an increase of colored pictures in public. This required the invention of steam-driven lithographic presses. The high-speed printing press was invented by Friedrich Koenig (1774–1833) in 1803. It was developed further than the lithography-speed press by the Austrian Georg Sigl (1811–1887) in 1852.[5] It reached conditions of 500-600 pieces per hour. Its breakthrough had the speed presses then in the 1870s Umschrift.[6] This development of printing technology created a variety of color images. Soon there were posters, postcards, stamps, bookplates and trade cards of unknown quantity. Many of these items became popular collectibles around 1900.[7]

29.2 New Visual Media: Example trade cards

The choice of the medium trade cards for the investigation of the connection between new mass media and knowledge transfer may at first glance seem strange and not very productive. But the early trade cards between the 1870s and the 1940s are an ideal source for the analysis of the representation of science and technology in popular visual mass media- not popular science. Moreover, it should not be concluded from the present irrelevance of trade cards within our current media environment in general and advertising in particular to its historical significance. Before the Second World War trade cards fascinated millions of people, which for most of us nowadays may be difficult to imagine. Until the 1920s for broad social stratums trade cards were among the few affordable color images in an environment otherwise poor of visual media. Trade cards (and their close relatives, especially picture postcards) for the first time made it possible for the majority of people to have a visual impression of foreign countries as well as historical and current events, long time before the images in books and magazines or even in films took their triumphant.[8] Only against the background of this, the amazing historical success and the desirability of these images in particular among young people are to explain. Scrapbooks were sold, associations and journals established, trade cards hymns

---

5 See for the life of Koenigs and the development of the speed-press: Goebel 1956, p. 53 ff. See also: Wolf 1990, p. 485 ff. Wolf 1990, p. 664-666, about Sigl, p. 664.

6 See: Pieske 1984, p. 37. For circulation see.: Ciolina 2007, p. 20, Spantig 1997, p. 10.

7 See: Lorenz 2000, p. 10, Mielke 1982, p. 91, Spantig 1997, p. 9–10, Wasem 1987, p. 26–27. For entire section I of this article, see also: Schweer 2010, Chapter I, 1.1. especially p. 18–22.

8 See: Köck, Weyers 1992, p. 10, 23–25, Mielke 1982, p. 10, Spantig 1997, p. 10, 47. For the analog role of picture postcards see for example: Walter 2001, p. 55–56.

were written and especially coveted series were even falsified. After the 1870s trade cards were spreading from France across Europe. They were one of the first systematic marketing strategies for emerging brands at this time. The colorful images were aimed initially at children and young people who should influence the purchasing behavior of their parents through their passion for collecting. In the following years an even more sophisticated design, a wider range of subjects and fixed series with scrapbooks also made more adults start to collect trade cards. Some companies, such as the Cologne Stollwerck AG, even initiated design contests for their trade cards. Especially well known and disseminated trade cards were the images of the *Liebig Extract of Meat Company* (Liebig Company). In Germany the company published a total of 1138 series from 1875 to 1940, usually in series of six images.[9]

The subjects of trade card series were of diverse collection. There are series about buildings, myths, mysteries and historical and current events but also issues in the areas of flora and fauna, technology and industry, science, research and inventions. Until the Second World War, trade cards asserted their status as a major popular mass media before they slowly got less and less important after 1945.[10] Throughout its history, the numbers of published trade cards emerged an incalculable size. The obligations of the images obtained particularly in the 1930s editions of billions of pictures. The former importance of trade cards as an early mass media and the high percentage of series in the fields of science, knowledge and technology justifies a deeper study of this medium.

29.3 Trade cards and the transmission of knowledge

A closer examination of historical trade cards – especially images of the Liebig Company and the Company Stollwerck – shows that these cards played an interesting role in the dissemination of knowledge in the popular, non-scientific sphere of society in the period before 1945. So with the help of various trade cards collections it can be shown how different scientific explanations circulated in public at the same time. An example therefore would be the appearance of various theories of orogenesis in trade cards of the Liebig Company in the 1930s.[11] With such examples we can also investigate at which time a theory was known to the wider public outside scientific discussions or how long it could keep in the public sphere, although it was out of date. So the examination of trade cards collections can make a useful contribution to research such issues.

---

9 See: Pieske 1984, p. 233–236. Schweer 2010, p. 40–43.
10 See: Schweer 2010, p. 48–49.
11 This phenomenon is analyzed in: Schweer 2010, chapter III, 4.5, p. 220ff.

A more detailed study of historic trade cards makes apparent that in addition to the communication of factual knowledge there is also another level of communication of greater importance. This "level of mentalities" shows in which way the trade card pictures should be valued individually and socially, and which cultural associations, myths, stereotypes, tropes and symbols, it was linked with. In this case trade cards like Liebig and Stollwerck cards are an example for a mass media permeated with progressivism and positivism. In these images scientists and explorers were stylized to selfless heroes and thinkers, without regard to the historical reality. The same applies to the thematic fields of industry and technology, with the glorification of technological "miracles". This effect is reinforced by the peculiarities of the visual mass media trade cards. Especially by glorification of scientists and inventions the images constructed a historical illusionary world and perpetuated the belief in progress and positivism.[12] Trade cards offer a way to examine such historic scientific myths and their circulation. Furthermore some pictures fused cultural symbols and their meanings and associations from other contexts with examples from science and technology in one image. A prime example is the combination of the electric light with allegories of femininity as a symbol of progress, enlightenment and freedom at the end of the 19th Century as it is to find in trade cards of the Liebig Company (see Fig. 29.1, S. 416).[13] This example also shows how trade cards took up trends in other social areas, like advertising. Trade cards collections and related media can thus be used as a source for answering the question of how knowledge, science and technology in a specific time were assessed.

It can thus be said that trade card pictures can be used for the investigation of the circulation of both factual knowledge and models and the circulation of tropes and stereotypes. Thereby trade cards should not be used as sole source, but rather in conjunction with other sources of the associated historical period. This is often already provided by the fact that for many trade card collections important historical background information are missing.

In this context more editorial work would be desirable for this historical resource. More scientific editions of trade cards and a better access to trade card collections would make it possible to use the full potential of this interesting source for the history of science and science popularization.

---

12 For this phenomenon see the analysis in Schweer 2010, chapter III, 2.4 and 4.6, p. 166 ff and 223 ff.

13 See for the analysis of this picture: Schweer 2010, p. 147–154. For the connection of female allegories and electricity in the 19th century in other media see: Osietzki 1996, Wosk 2001, especially p. 68–74. Binder 1999, especially p. 124–154 and also Weber 2006, p. 335–336 and Kromer 2000, p. 76–83.

29.4 Bibliography

Binder 1999: BINDER, BEATE: *Elektrifizierung als Vision. Zur Symbolgeschichte einer Technik im Alltag.* Tübingen: o. Verlag 1999.

Ciolina 2007: CIOLINA, ERHARD AND EVAMARIA CIOLINA: *Das Reklamesammelbild.* Regenstauf: Battenberg 2007.

Dohmen 1982: DOHMEN, WALTER: *Die Lithographie: Geschichte – Kunst – Technik.* Köln: DuMont 1982.

Goebel 1956: GOEBEL, THEODOR: *Friedrich Koenig und die Erfindung der Schnellpresse.* Würzburg: o. Verlag 1956.

Köck, Weyers 1992: KÖCK, CHRISTOPH AND DORLE WEYERS: *Die Eroberung der Welt. Sammelbilder vermitteln Zeitbilder.* Detmold: PPK 1992.

Kromer 2000: KROMER, WOLFGANG: Der Platz an der Sonne. In: LANDESMUSEUM FÜR TECHNIK UND ARBEIT MANNHEIM (Hg.): *Mythos Jahrhundertwende. Mensch, Natur, Maschine in Zukunftsbildern.* Baden-Baden: Nomos 2000, p. 56–111.

Lorenz 1988: LORENZ, DETLEF: *Gustav Adolf Closs. Leben und Werk des Malers, Illustrators und Reklamekünstlers mit einem Exkurs über das Reklame-Sammelbilderwesen.* München: Scaneg 1988.

Lorenz 2000: LORENZ, DETLEF: *Reklamekunst um 1900. Künstlerlexikon für Sammelbilder.* Berlin: Reimer 2000.

Mayer 1970: MAYER, RUDOLF: *Die Lithografie. Eine Einführung in ihre Geschichte und Technik.* Leipzig: VEB Verlag der Kunst Dresden 1970.

Mielke 1982: MIELKE, HEINZ-PETER: *Vom Bilderbuch des kleinen Mannes. Über Sammelmarken, Sammelbilder und Sammelalben.* Köln: Rheinland 1982.

Osietzki 1996: OSIETZKI, MARIA: Weiblichkeitsallegorien der Elektrizität als „Wunschmaschinen". In: *Technikgeschichte* 63 (1996), p. 47–70.

Pieske 1984: PIESKE, CHRISTA: *Das ABC des Luxuspapiers. Herstellung, Verarbeitung und Gebrauch 1860 bis 1930.* Berlin: Reimer 1984.

Schweer 2010: SCHWEER, HENNING: *Popularisierung und Zirkulation von Wissen, Wissenschaft und Technik in visuellen Massenmedien. Eine grundlegende historische Studie am Beispiel der Sammelbilder der Liebig Company und der Stollwerck AG.* Hamburg: Online-Ressource 2010. Link: `http://nbn-resolving.de/urn:nbn:de:gbv:18-46345`.

Spantig 1997: SPANTIG, MARTIN: *Kunst und Konsum. Die Stollwerck-Künstler-Sammelbilder der Jahre 1897–1915.* München: Matthes & Seitz 1997.

Walter 2001: WALTER, KARIN: Die Ansichtskarte als visuelles Massenmedium. In: KASCHUBA, WOLFGANG AND KASPAR MAASE (Hg.): *Schund und Schönheit. Populäre Kultur um 1900.* Köln u. a.: Böhlau 2001, p. 46–61.

Wasem 1987: WASEM, ERICH: *Das Serienbild. Medium der Werbung und Alltagskultur.* Dortmund: Harenberg 1987.

Weber 2006: Weber, Heike: Von „Lichtgöttinnen" und „Cyborgfrauen". Frauen als Techniknutzerinnen in Visionen und Werbung. In: Hessler, Martina (Hg.): *Konstruierte Sichtbarkeiten. Wissenschafts- und Technikbilder seit der Frühen Neuzeit.* München: Fink 2006, p. 317–343.

Wolf 1990: Wolf, Hans-Jürgen: *Geschichte der graphischen Verfahren. Papier – Satz – Druck – Farbe – Photographie – Soziales. Ein Beitrag zur Geschichte der Technik.* Dornstadt: Historia 1990.

Wosk 2001: Wosk, Julie: *Women and the Machine. Representations from the Spinning Wheel to the Electronic Age.* Baltimore, London: Hopkins University Press 2001.

Figure 30.1:
Above: By heating of black coal one gets coal tar, which Runge analyzed.
Middle: In 1833 Runge produced the first coal-tar colors, similar to this colour.
Below: Industrial coal-tar colors production around 1900 (Deutsches Museum).

Photo: Cura (1995). Rehberg 1935, S. 72 and frontispiece.

Tar colours and "Professorenklekse" – the forgotten chemist Runge (1794–1867)

Katrin Cura (Hamburg)

Abstract

Friedlieb Ferdinand Runge (1794–1867) was one of the important German chemists of the beginning 19th century and is today unknown. He was born in Billwerder by Hamburg and apprentice to pharmacy in Lübeck. Later he studied medicine und chemistry in Berlin, Göttingen and Jena. In the last city he visited Johann Wolfgang von Goethe. Runge conferred a degree on medicine and chemistry and got a professorship in Berlin and Breslau of chemistry and technology.

Since 1832 he worked as a chemist in the factory "Chemische Etablissement Dr. Hempel" in Oranienburg near to Berlin and discovered accidentally a lot of chemicals, firstly the anilin-colors from tar. After his positive coloration tests with silk, he wanted to found the first tar-color factory in the world. But he has gotten no money and 20 years later William Henry Perkin began to produce 1857 the first tar-color "Mauvein" in England. In the next time the tar-colors had substitute the plant-colors.

Today Runge is named as the father of tar-colors and paper-chromatography, because he painted color wash of paper und has got nice pictures named *"Musterbilder"*. The children of the neighbor called them *"Professorenklekse"*.

Figure 30.2:
Runge created the name for "royal blue ink"
in honor of Friedrich Wilhelm IV., King of Prussia.

Photo: Cura (2011).

30.1 Bibliography

CURA, KATRIN: Professorenklekse – Friedlieb Ferdinand Runge (1794–1867): Entdecker der Teerfarbstoffe und Begründer der Papier-Chromatographie. In: WOLFSCHMIDT, GUDRUN (Hg.): *Farben in Kulturgeschichte und Naturwissenschaft.* Begleitbuch zur Ausstellung in Hamburg 2010–2012 zum 50jährigen Jubiläum des IGN. Hamburg: tredition science (Nuncius Hamburgensis – Beiträge zur Geschichte der Naturwissenschaften; Band 18) 2011, S. 268/269–293.

REHBERG, MAX: *Friedlieb Ferdinand Runge der Entdecker der Teerfarben. Sein Leben und sein Werk sowie seine Bedeutung für die Entwicklung der chemischen Industrie in Oranienburg.* Oranienburg: Selbstverlag des Ausschusses für die Runge-Gedenkfeier. 1935.

RUNGE, FRIEDLIEB FERDINAND [1834a]: *Farbenchemie: 1. Teil: Die Kunst zu färben gegründet auf das chemische Verhalten der Baumwollfaser zu den Salzen und Säuren, Lehrbuch der praktischen Baumwollfärberei.* Berlin: Reimers 1834. 2. Teil: *Die Kunst zu drucken.* Berlin: Mittler 1842. 3. Teil: *Die Kunst der Farbenbereitung.* Berlin: Mittler 1850.

RUNGE, FRIEDLIEB FERDINAND: *Zur Farben-Chemie. Musterbilder. Freunde des Schönen und zum Gebrauch für Zeichner, Maler, Verzierer und Zeugdrucker. Dargestellt durch chemische Wechselwirkung.* Berlin: Mittler & Sohn 1850.

RUNGE, FRIEDLIEB FERDINAND: *Der Bildungstrieb der Stoffe, veranschaulicht in selbstständig gewachsenen Bildern. (Fortsetzung der Musterbilder).* Oranienburg: Selbstverlag. Zu haben in Mittler's Sortiments-Buchhandlung in Berlin 1855.

Figure 30.3:
"Musterbilder" von Friedlieb Ferdinand Runge

Runge: *Der Bildungstrieb der Stoffe* (1855)

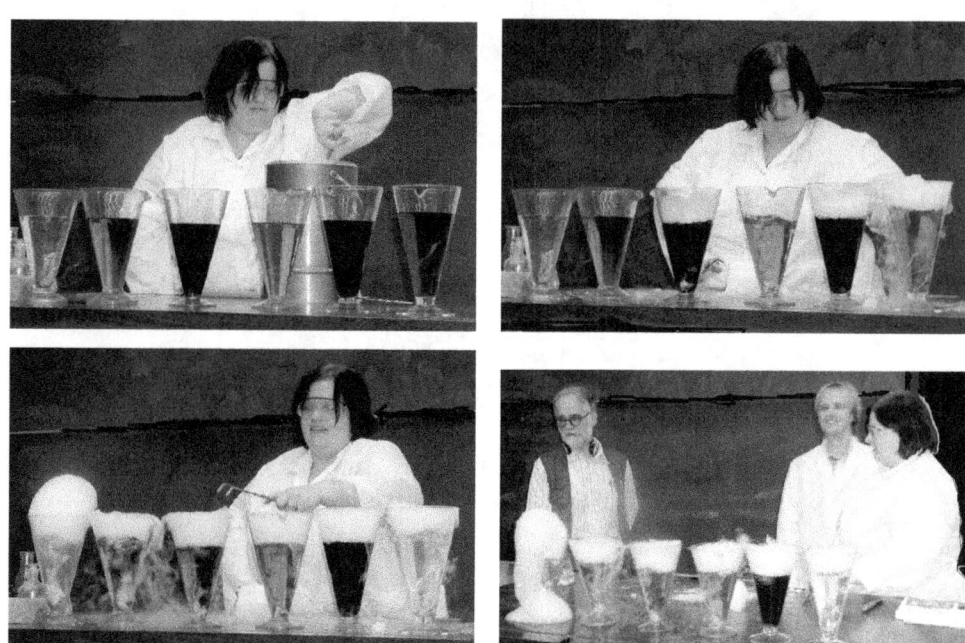

Figure 31.1:
Chemical Experiments related to colour effects, performed by Solveig Binder
Trockeneis mit Indikatoren:

Mehrere Lösungen von Natronlauge wurden mit verschiedenen Indikatoren, wie z. B. Phenolphthalein, Methylrot, Bromthymolblau, versetzt. Durch Zugabe von Trockeneis verändert sich die Farbe.

Erklärung: Trockeneis ist festes CO_2, was sich allmählich auflöst. Dadurch entsteht Kohlensäure, die die Natronlauge neutralisiert und den Farbumschlag verursacht.

Photo: Gudrun Wolfschmidt during the Symposium *Colours* in Hamburg, Oct. 2010

Chemistry of Colours – Experiments

Solveig Binder (Hamburg)

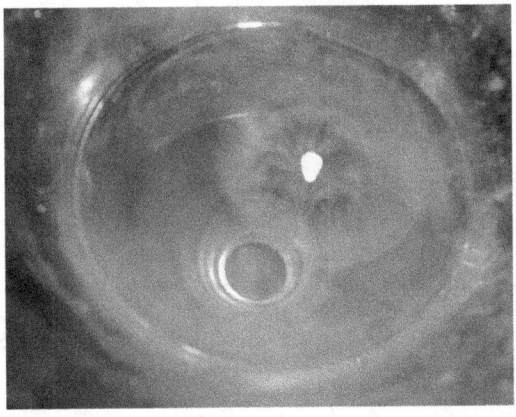

Figure 31.2:
Blue Bottle

Photo: Gudrun Wolfschmidt during the Symposium *Colours*
in Hamburg, Oct. 2010

Do you know the "Blue Bottle" or the shamefaced tea? No? – So come and visit our lecture about colours in chemistry and biology. Students of chemistry and biology are looking forward to showing you their colourful experiments. Join us in a gaudily spectacle!

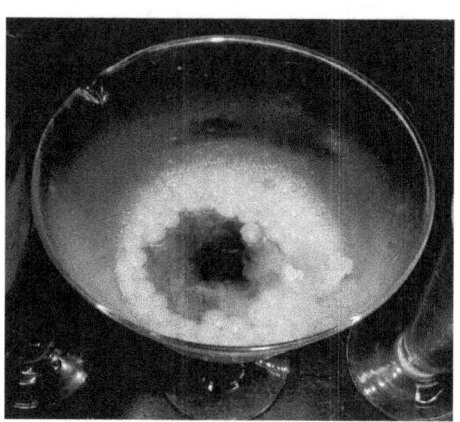

Abbildung 31.3:
Trockeneis mit Indikatoren

Photo: Gudrun Wolfschmidt during the Symposium *Colours* in Hamburg, Oct. 2010

31.1 Bibliography

BEYER, H.; WALTER, W. UND W. FRANCKE: *Beyer-Walter Lehrbuch der Organischen Chemie.* Stuttgart, Leipzig: S. Hirzel Verlag (24. Auflage) 2004.

BINDER, SOLVEIG: Farbe, Farbstoffe und Pigmente. In: WOLFSCHMIDT, GUDRUN (Hg.): *Farben in Kulturgeschichte und Naturwissenschaft.* Begleitbuch zur Ausstellung in Hamburg 2010–2012 zum 50jährigen Jubiläum des IGN. Hamburg: tredition science (Nuncius Hamburgensis – Beiträge zur Geschichte der Naturwissenschaften; Band 18) 2011, S. 294/295–311.

DIN Deutsches Institut für Normung e. V. – DIN-Taschenbuch 49.

EISNER, W.; GIETZ, P. UND A. JUSTUS: *Elemente – Chemie II.* Stuttgart: Klett-Schulbuchverlag (1. Auflage) 1986.

KLÄUI, H. UND O. ISLER: Warum und womit färbt man Lebensmittel? In: *Chemie in unserer Zeit* **15** (1981), S. 1–9.

KREISSL, FRIEDRICH R. UND OTTO KRÄTZ: *Feuer und Flamme, Schall und Rauch. Schauexperimente und Chemiehistorisches.* Weinheim: Wiley-VCH Verlag 1999.

McCANN, D. ET AL.: Food additives and hyperactive behaviour in 3-year-old and 8/9-year old children in the community: a randomised, double-blinded, placeo-controlled trial. In: *The Lancet* **370** (2007), S. 1560–1567.

http://www.focus.de/gesundheit/ernaehrung/news/azofarbstoffe-warnhinweise-auf-lebensmitteln_aid_463914.html (17.8.2010).

Abbildung 31.4:
Pharaoschlange:

In Alkohol gut eingetauchte Emser Pastillen werden auf Sand liegend angezündet. Zuerst verbrennt der Alkohol mit bläulicher Flamme und erwärmt die Pastillen, die sich dann aufblähen.
(Kreißl/Krätz: Feuer und Flamme, Schall und Rauch 1999, S. 215.)

Photo: Gudrun Wolfschmidt during the Symposium *Colours*
in Hamburg, Oct. 2010

Abbildung 31.5:
Rotwein:

In einer Rotweinflasche wurde eine Lösung aus Ammoniumthiocyanat und Salzsäure vorgegelegt. In dem Weinglas wurde eine kleine Menge an Eisen(III)- chlorid-hexahydrat gegeben. Nun wurde die Flüssigkeit aus der Rotweinflasche in das Weinglas gegossen. Die Lösung ist rot.
Erklärung: Es sind Eisen(III)- thiocyanat (rot gefärbt) entstanden.

Photo: Gudrun Wolfschmidt during the Symposium *Colours* in Hamburg, Oct. 2010

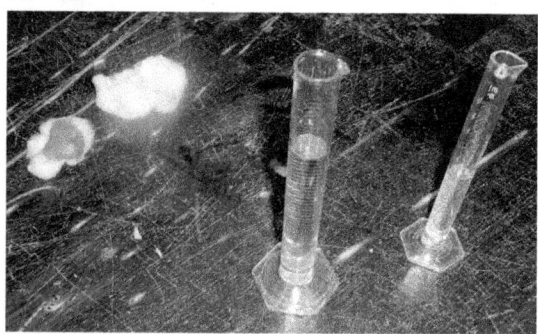

Abbildung 31.6:
Neue Kosmetik macht krank:

Der Wattebausch wird mit einer Eisen(III)-chlorid-hexahydrat getränkt und auf dem Unterarm aufgetragen. Im zweiten Schritt wurde mit einem zweiten Wattebausch die Kaliumthiocyanatlösung aufgetragen. Es fängt an zu bluten.
Erklärung: Auch hier ist das rot gefärbte Eisen(III)- thiocyanat entstanden.

Photo: Gudrun Wolfschmidt during the Symposium *Colours* in Hamburg, Oct. 2010

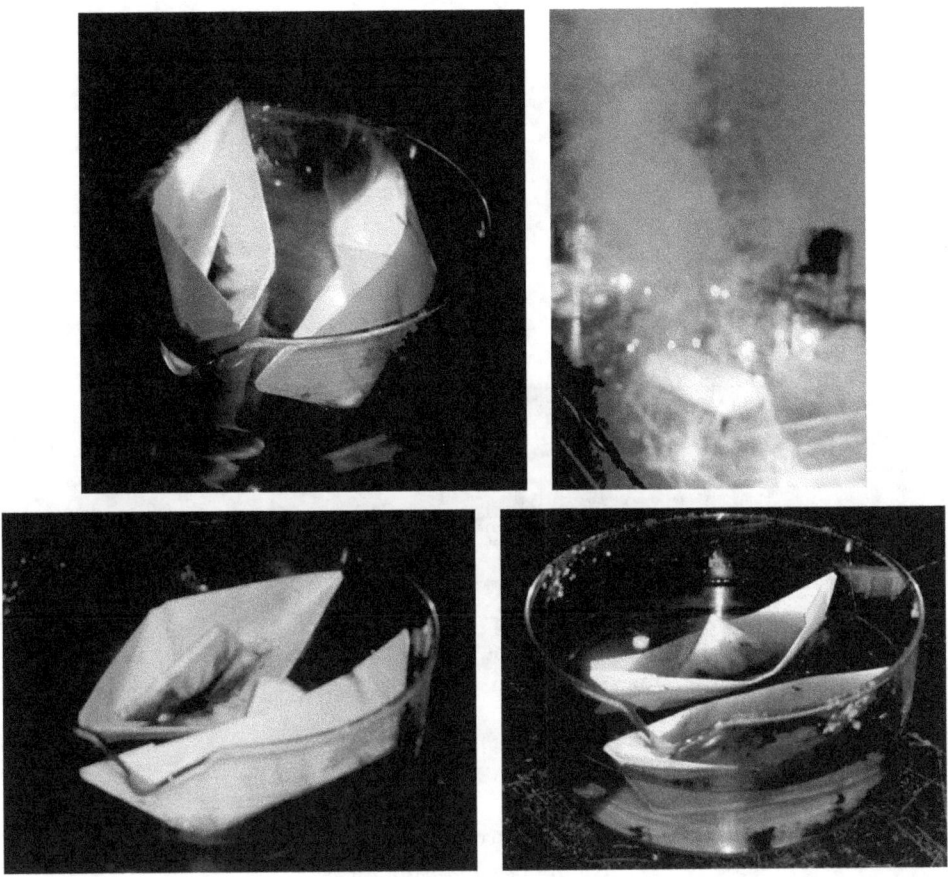

Abbildung 31.7:
Schiffe versenken:

Eine Schale mit Wasser wurde vor Versuchsbeginn mit Phenolphthalein versetzt. In die Schale wurden Schiffchen aus unterschiedlichem dickem Papier gesetzt. Die Schiffchen wurden mit reinem Natrium bestückt. Durch die Saugfähigkeit des Papiers gelang Wasser an das reine Natrium, das sich daraufhin entzündete und die Schiffchen versanken und das Wasser färbte sich rot.

Erklärung: Reines Natrium reagiert stark exotherm mit Wasser zu Natronlauge. Die rote Färbung kommt durch das Phenolphthalein zustande.

Photo: Gudrun Wolfschmidt during the Symposium *Colours* in Hamburg, Oct. 2010

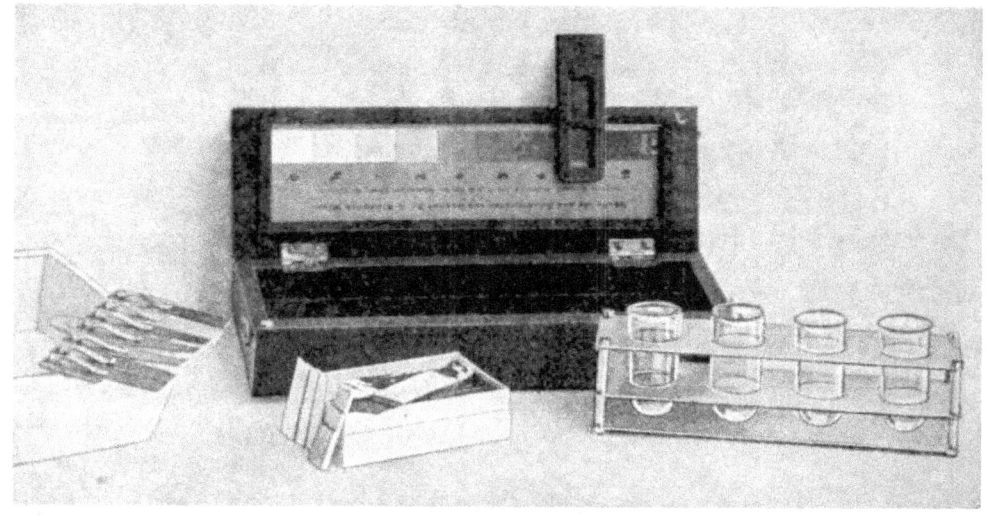

Figure 32.1:
Kienböck-Quantimeter

Knox, Robert: Radiography and Radio-Therapeutics –
Part II: Radio-Therapeutics.
New York: The Macmillan Company (2nd edition) 1918, S. 428.

Röntgen Rays, Becquerel Rays and Colours

Simone Gleßmer (Hamburg)

32.1 Introduction

The first opportunities of demonstrating the presence of "Röntgen rays" and "Becquerel rays" were made possible by colors: by yellow greenish flourescence of flourescence screens consistent of barium platino-cyanide and by different shades of grey on a photographic plate irradiated by X rays.

In a matter of a few years, different means of detection of X rays and metering X rays were developed which were based on color changes. Apart from the materials which played an important role in connection with the respective discoveries, other materials such as a mixture of sodium sulfite and sodium chloride or a solution of ioform were utilized. The different methods will be presented in the following chapters.

Today still methods which use color changes are used for dosimetric purposes. An example for this is the so called radiochromic "GafChromic" film. Here, polymerization evoked by ionizing radiation results in color changes. But in contrast to methods of the end of the 19th century, today color changes are not judged "by eye" and compared with an existing color scale, but digitized and digitally processed.

In the following sections, the first years of detection of ionizing radiation by means of color shall be described.

32.2 The discoveries

According to Röntgen's contemporaries, X rays were discovered on the night of the 8th november[1] 1895 by Wilhelm Conrad Röntgen. McClure's Magazine cites Röntgen, describing the discovery, the following way:

> "I was working with a Crookes tube covered by a shield of black cardboard. A piece of barium platino-cyanide paper lay on the bench there. I had been passing a current through the tube, and I noticed a peculiar black line across the paper."[2]

Whether the date proposed is right or not shall not be discussed here, but it is sure that the effect surveyed was reproducible: the fluorescence of barium platino-cyanide. In the weeks following the discovery, Röntgen experimented systematically and by the end of 1895, he published his results to the scientific community by the way of the *Würzburger physikalisch-medizinische Gesellschaft*. A color effect plays an important role in the publication: "[man sieht einen] *mit Bariumplatincyanür angestrichenen Papierschirm bei jeder Entladung hell aufleuchten, fluoresciren.*"[3]

Henry Jackson Wells Dam, journalist of McClure's Magazine, describes the effect in a very graphic way:

> "The moment the current passed, the paper began to glow. A yellowish-green light spread all over its surface in clouds, waves, and flashes. The yellow-green luminescence, all the stranger and stronger in the darkness, trembled, wavered, and floated over the paper, in rhythm with the snapping of the discharge."[4]

Röntgen himself called the rays discovered by him "X-Strahlen" (X rays), the way they are still named today in English speaking countries. He did not propose himself naming the rays "Röntgen rays", even though a lot of other scientists (especially in German speaking countries) did do and still do that.

The first description of radioactivity by Henri Becquerel took place on the 24th february 1896[5] on a session of the Académie des Sciences in Paris. Like the first description of X rays, it was a description of color change.

Becquerel was not using barium plantino-cyanide for his experiments with phosphorescing substances, but photographic plates, which were coated with

---

1 [Dam 1896], p. 413; [Glasser 1995], p. 3.
2 [Dam 1896], p. 413.
3 [Röntgen 1895], p. 1.
4 [Dam 1896], p. 412.
5 [Becquerel 1896a]

Figure 32.2:
Wilhelm Conrad Röntgen (1845–1923)

Wikipedia

silver bromide in gelatin. Becquerel was experimenting in order to get a correlation of sunlight and phosphorescence, which was the reason for his putting phosphorescing substances on photographic plates which were wrapped in black paper:

> "On enveloppe une plaque photographique Lumière, au gélatino-bromure, avec deux feuilles de papier noir très épais [...] On pose sur la feuille de papier, à l'exterieur, une plaque de la substance phosphorescente, et on l'expose le tout au Soleil, pendant plusieurs heures. Lorsqu'on développe ensuite la plaque photographique, on reconnaît que la silhouette de la substance phosphorescente apparaît en noir sur le cliché."[6]

One of the substances used for his experiments was "le sulfate double d'uranium"[7] With this salt, he experimented for several weeks, presenting his findings in the next session of the Académie des Sciences, which took place on the 2nd march.

> "Le soleil ne s'étant pas montré de nouveau les jours suivants, j'ai développé les plaques photographiques le 1er mars, en m'attendant à trouver des images très faibles. Les silhouettes apparurent, au contraire, avec une grande intensité."[8]

This result surprised Becquerel at first, because the deduction drawn from it was contrary to his former assumptions: "Il importe d'observer que ce phénomène ne parait pas devoir être attribué à des radiations lumineuses émises par phosphorescence."[9]

Becquerel soon noted parallels between his discovery and other types of radiation, which also left photographic plates blackened:

> "Une hypothèse qui se présente assez naturellement à l'esprit serait de supposer que ces radiations, dont les effets ont une grande analogie avec les effets produits par les radiations étudiées par MM. Lenard et Röntgen, seraient des radiations invisibles émises par phosphorescence."[10]

Modern measuring equipment is based on these similarities between "Röntgen rays" and "Becquerel rays"; the equiment often can be used for both kinds of radiation.

---

6 [Becquerel 1896a], p. 421.
7 [Becquerel 1896a], p. 421.
8 [Becquerel 1896b], p. 502.
9 [Becquerel 1896b], p. 503.
10 [Becquerel 1896b], p. 503.

32.3 The chromo-radiometer

Already in 1894, Goldstein had reported that certain salts changed their color when irradiated with cathode rays: *"die Körperfarbe, die [das Salz] in Folge der Bestrahlung durch das Kathodenlicht annimmt und auch nach der Bestrahlung zeigt – sie heisse Nachfarbe des Salzes."*[11] Other salts only showed a change if heated during or after irradiation. The color then was called "Nachfarbe zweiter Classe".[12] Depending on the different materials, varying colorations appeared. The colors raged from chamois yellow (achieved with "Chlornatrium purissimum") to the most beautiful nachfarbe, "ein kräftiges Heliotrop und dunkler bis zu heller Veilchenfarbe"[13] which was achieved with a product of a reaction of chlorine and potassium. But not always the nachfarben were permanent:

> *"Bei Bromkalium bewirkt das diffuse Tageslicht bei 2 m Fensterabstand schon in einer Minute eine erkennbare Schwächung der durch Kathodenstrahlen hervorgerufenen Farbe."*[14]

Soon it was noticed that not only X rays but also radium could evoke nachfarben, but not always the radium rays were identified as the cause of the color change. [Doelter 1910] and [Goldstein 1901] accredit this discovery and interpretation to Giesel.[15] [Berthelot 1907] on the other hand attributes the color change to the presence of manganese.

Considerations about analogies of cathode rays, rays emitted by radioactive materials and X rays promted the assumption that not only the first two, but also the latter[16] could evoke nachfarben. This was subject to discussion for quite a while. [Holzknecht 1902a] notes on this topic:

> *"Dass auch die Röntgenstrahlen solche Nachfarben erzeugen können, wurde bisher mehrfach in Abrede gestellt, (so von Büttner und Müller, bei Knapp, Halle, 1899, 2. Auflage, p. 81),[17] was sich aus der Verwendung zu geringer Lichtmengen bei den bisherigen Versuchen erklärt."*[18]

---

11 [Goldstein 1894], p. 938.
12 [Goldstein 1901], p. 223.
13 [Goldstein 1894], p. 940.
14 [Goldstein 1895], p. 1019–1020.
15 [Doelter 1910], p. 31; [Goldstein 1901], p. 226.
16 [Goldstein 1901], p. 228.
17 The cited book is [Büttner and Müller 1899].
18 Holzknecht1902a, p. 239–240.

After Holzknecht considered the source of nachfarben proven, he claimed this "discovery" for himself,[19] and in 1902 developed a measuring device for X-rays which used the aforementioned mechanism. This device was called chromo-radiometer.

It was based on a principle which had been declared two years before that, which stated that the "Wirkung [...] mit der absorbirten Menge parallel [geht]",[20] thus drawing a correlation between radiation and effect and enabling both physicians and physicists to measure the effect, because the effect on salts was expressed in "Tiefe der Färbung".[21]

Holzknecht's experiments about nachfarben proved useful for him concerning choice and production of measuring bodies:

> "Wenn man nämlich z. B. chemisch reines Natriumsulfat [...]
> bestrahlt, so färbt es sich nicht. Wenn man chemisch reines Na-
> triumchlorid bestrahlt, so färbt es sich schwach gelb. Mengt man
> beide, so färben sie sich im Röntgenlicht schwach gelb. Schmilzt
> man beide, so färben sie sich nach dem Erkalten violett-rosa. [...]
> Die Mischungsverhältnisse haben einen grossen Einfluss auf die Tiefe
> der Färbung."[22]

In the journal *Wiener klinische Rundschau*, Holzknecht presented his measuring device for the first time on August 31, 1902:

> "Eine immer gleiche Menge eines solchen Salzes legt man neben
> die zu bestrahlende Stelle auf die Haut und bestrahlt nun so lan-
> ge, bis die richtige Färbung erreicht ist, z. B. für die entzündliche
> Rumpfhaut des Erwachsenen bis zu 5,0 H in der Vergleichsscala. Ob
> man mit diesen oder jenen Instrumenten, mit schwachem oder star-
> kem Licht, mit naher oder ferner Lichtquelle arbeitet, ist für die Er-
> reichung der richtigen Dosirung gleichgiltig, und hat nur zu bedeu-
> ten, dass intensives, mittelstark absorbirbares Licht in kürzerer Zeit
> zu diesem Ziele führt, als anderes. [...] Man bestrahlt, wie immer
> man will, so lange, bis der Reagenskörper den für die gewünschte
> Reaction verzeichneten [...] Färbungsgrad erreicht hat. Dieser
> wird an einer Vergleichsscala abgelesen."[23]

---

19 [Holzknecht 1902c], p. 686; [Holzknecht 1902a], p. 239.
20 [Kienböck 1900].
21 [Holzknecht 1902c], p. 685.
22 [Holzknecht 1902c], p. 686.
23 [Holzknecht 1902c], p. 686.

During the weeks following the first presentation of the chromo-radiometer, the instrument was shown on different occasions. One of those was the second international congress of medical electrology and radiology in Bern, which took place between the first and the sixth of september 1902. There, Holzknecht gave a talk[24] on the chromo-radiometer which was also presented at the exhibition.

After this congress, the instrument was shown at the 74th *"Versammlung deutscher Naturforscher und Ärzte"* in Karlsbad (september 21–28, 1902). Holzknecht's talk there specified the measuring bodies and the doses which were used for comparison:

> *"[das Salz] habe ich mit einem durchsichtigen Bindemittel emulgieren und in Form kleiner[25] Reagenskörper bringen lassen. Zur Ablesung des erreichten Färbungsgrades habe ich eine Normalskala fixer Färbungen anfertigen lassen. Als Einheit der Röntgenlichtmenge (H) ist eine Menge gewählt, deren Dreifaches genügt, auf der Haut des Gesichtes eine leichte Reaktion hervorzubringen. Man legt nun den Ragenskörper auf das die gesunde Umgebung des zu bestrahlenden Herdes bedeckende Bleiblech und bestrahlt so lange, bis nach mehrmaligem Nachsehen der Reagenskörper die gewünschte Röntgenlichtmenge anzeigt."[26]*

The same talk as the one given at the *"Versammlung deutscher Naturforscher und Ärzte"* was given again at a meeting of the *"k. k. Gesellschaft der Aerzte"* in Vienna, on the 24th october. During the discussion following the talk, Holzknecht specified some disadvantages of his measurement device:

> *"Die einzelnen Stufen der Skala sind [...]* nicht sehr different. Besonders am Ende der Skala, wo die Kurve der Färbungsintensität, eine Parabel, in den flachen Schenkel übergeht, können nur mehr Intervalle von 4 Einheiten unterschieden werden. *[...]* Die untersten Stufen (bis 4) stimmen in der Farbennüance nicht ganz genau zu manchen Reagenskörpern; am präzisesten funktioniert die Mitte der Skala (zwischen 4 und 12). *[...]* Ferner könnte ich nocht tadelnd bemerken, daß die Reagenskörper, wenn im Bestrahlungszimmer nicht reichliches Tageslicht besteht, außer der grünen Farbe noch etwas Grau annehmen, das am Fenster rasch unter Zurücklassung des Blaugrün verschwindet."[27]

---

24 [Holzknecht 1903].
25 [Kienboeck 1905b], p. 281, names a height of 5 mm.
26 [Holzknecht 1902d], p. 108.
27 [Holzknecht 1902e], p. 1182.

Further disadvantages were discovered later, but not always published. For example, [Sabouraud and Noiré 1904] report:

> "*Enfin, un gros inconvénient, peu connu, des pastilles de Holzknecht est celui-ci: après les avoir exposées aux rayons X, lorsqu'on les soustrait à l'action de ces rayons, on peut voir que leur teinte continue de virer et de s'accentuer davantage.*"[28]

Another drawback was the fact that Nachfarben were reduced by daylight exposure. Once a pastille was discolored completely, it sometimes was reused for measurements: "*Der entfärbte Reagenskörper kann neuerdings verwendet werden, ist aber schliesslich weniger verlässlich.*"[29]

32.4 Solution of iodoform

Iodoform (CHI_3) is another material which changes color when irradiated with X rays or rays emitted by radium. [Hardy and Willcock 1903] published a first account of their experiments about this topic on july 21, 1903, through the Royal Society of London:

> "*In the course of certain experiments one of us noticed that a solution of crystals of pure iodoform in chloroform rapidly became purple. [...] As the reaction itself seems not to have been described, a few words may be devoted to it before passing to the main point-namely, the influence of the rays from radium upon this chemical change.*"[30]

In contrast to experiments about material discoloration made by Goldstein and Holzknecht, no heating was needed (indeed it was obstructive[31]). The experimental setup was very easy:

> "*a solution of iodoform in chloroform was turned deep purple by simply resting the test-tube containing it on a plate of mica covering the radium salt. That is to say, the active rays penetrate mica and glass. [...] The radium rays which produce the change were identified by measuring the effect of screens upon the time necessary to produce a standard depth of purple in 1 c.c. of a standard solution of iodoform in chloroform.*"[32]

---

28 [Sabouraud and Noiré 1904], p. 825.
29 [Kienboeck 1905b], p. 281.
30 [Hardy and Willcock 1903], p. 200.
31 [Kienboeck 1905b], p. 282
32 [Hardy and Willcock 1903], p. 202.

The radium salt utilized for this purpose was radium bromide, which was already commercially available at that time.

In the year following that of the English article's version, it was also published in Germany (see [Hardy and Willcock 1904]); this translation acted as both reference and inspiration for German and Austrian scientists,[33] who worked on the same subject. Already in April 1904, the viennese physician Leopold Freund reported his results about fluids which changed color under irradiation and possibilities for measuring dose by this means to the k. k. Gesellschaft der Aerzte in Wien. Freund also had been one of the first physicians to treat patients with X rays successfully.[34]

> *"Es zeigte sich tatsächlich, daß die Farbnuancen, welche Röntgen-bestrahlungen von verschiedener Dauer und verschiedener Intensität in Lösungen des Jodoforms erzeugen, wesentlich differieren und leicht auseinander gehalten werden können. (Dieselben dunkeln am Tageslicht rasch nach, daher müssen sie nicht nur im Dunklen hergestellt, sondern auch aufbewahrt werden.) Am besten bewährten sich 2%ige Lösungen des kristallisierten chemisch reinen Jodoforms in chemisch reinem aus Chloral hergestellten Chloroform [...]* Die 2%ige Lösung behielt jedoch, wie ermittelt wurde, bei Abwesenheit einer Strahlenquelle ihre gelbliche Beschaffenheit auch nach 48 Stunden bei. *[...]* Werden nun Jodlösungen verschiedener Konzentration in Chloroform als Vergleichsflüssigkeiten hergestellt, so kann man nicht nur den Umfang des vor sich gegangenen chemischen Prozesses aus der Uebereinstimmung der Farbe der bestrahlten Flüssigkeit mit einer dieser Vergleichsflüssigkeiten beurteilen, sondern man hat auch in dem bekannten Jodgehalte der letzteren ein absolutes chemisches Maß des Effektes"[35]

Freund regarded the determination of dose by a "rein chemischen Oxydation-sprozeß"[36] as very advantageuous, especially because the cause of the "physikalisch-chemischen Vorgangs" which caused nachfarben was still disputed. In addition, Freund saw a proportionality between the duration of exposure and the quantity of precipitated iodine:[37] *"Die für therapeutische Zwecke zu verwendende Minimaldosis von sechs Minuten Bestrahlung gibt einen Effekt, welcher durch die Jodzahl 0,59 Milligramm freigemachtem Jod pro 5 ccm Radiometer-*

---

33 [Freund 1904b], p. 417; [Kienboeck 1905b], p. 282; [Doelter 1910], p. 4.
34 [Freund 1897].
35 [Freund 1904b], p. 417–418.
36 [Freund 1904b], p. 418.
37 [Freund 1904b], p. 418; [Freund 1904a], p. 217.

flüssigkeit ausgedrückt ist."[38] Practical details for handling the iodoform radiometer, which was not commercially available but had to be prepared by the user, were given by [Kienboeck 1905b].

> "*Man löst vor jeder Sitzung und bei Lichtabschluss chemisch reines Jodoform in reinem, aus Chloral hergestellten Chloroform, 2:100, und bringt die Lösung in einer mit schwarzem Papier verhüllten Glaseprouvette dicht neben die zu belichtende Hautstelle. Die entstandene Rotfärbung wird unmittelbar nach der Sitzung mit einer Reihe von Jodlösungen in aufsteigender Konzentration unter Benutzung einer Gelbscheibe verglichen. Der Autor empfiehlt bis zu blasspurpurroter Färbung entsprechend 0,35 bis 0,59 mg Jod in 5 cm³ Flüssigkeit (täglich) zu bestrahlen.*"[39]

The solution of iodoform was not used as dosimeter on the long run, and was seldom mentioned, whereas barium platino-cyanide was still in use two decades later.[40]

32.5 Barium platino cyanide

Another material which changes color under irradiation is barium platino-cyanide, which nowadays is described by the total formula $Ba\,[Pt(CN)_4]\cdot 4H_2O$. First it was used as fluorescent screen when experimenting with Crookes tubes; according to [Dam 1896], Röntgen took notice of X rays because he noticed their effect on barium platino-cyanide. Nevertheless, it was not used as proof of X-rays' action for several years.

Paul Villard described the discoloration of barium platino cyanide[41] again in 1898, and at least his fellow countrymen[42] took him and not Röntgen as reference for the effect. It is not propable that [Sabouraud and Noiré 1904] for example really mean the scientist mentioned in the publication – "Villars" –, it seems more propable that they mean Villard who in contrast to Villars published articles dealing with barium platino cyanide.

Six years after Villard's publication, [Sabouraud and Noiré 1904] used "kleine aus einem Leuchtschirm geschnittene Scheibchen"[43] in order to determine quantities of delivered X-rays: "*le papier* [...] *vire sous l'action des rayons X et*

---

38 [Freund 1904a], p. 217.
39 [Kienboeck 1905b], p. 282.
40 [Palugyay 1925].
41 [Villard 1898], p. 1415.
42 [Sabouraud and Noiré 1904], p. 826 and [Belot 1907], p. 87.
43 [Kienboeck 1905b], p. 282.

change de couleur proportionnellement à la quantité qu'il en reçoit."[44] Not only the chromo-radiometer but also barium platin-cyanide used nachfarben produced *"nicht nur durch Röntgenbestrahlung [...], sondern auch durch Radium, Kathoden- und ultraviolette Strahlen".*[45] The nachfarben produced were described differently. While [Schmidt 1904] described how the originally light green test paper changes color *"unter der Einwirkung der Röntgenstrahlen zunächst in ein Gelb und schliesslich in ein Rot",*[46] [Kienboeck 1905b] refers to a "braune[n] Modifikation des an sich gelbgrünen Salzes".[47]

The measurement itself was a comparison of a defined color which stood for a certain quantity of X-ray light, and the current shade of the paper. The aforementioned color was defined the following way:

> *"il était facile d'établir à l'aquarelle une teinte correspontant à celle que prend le papier au platino-cyanure lorsque la séance radiothérapique a été suffisante pour provoquer une dépilation totale d'une région donnée du cuir chevelu, sans radiodermite, sans érythème et sans alopécic définitive. C'est cette couleur qu'indique la teinte B de notre radiomètre X. Celle teinte correspond à 5 unités H de Holzknecht."*[48]

[Schmidt 1904] states that the color corresponding to Teinte B is a dark yellow, whereas "ein dem Reagenskörper entsprechendes Hellgrün"[49] was Teinte A. Teinte A also was the unirradiated paper's color; this way, only one color and not a color scale existed for comparison. Apart from this fact, the comparison was hindered by the fact that

> *"die Vergleichsfarbe nicht aus dem gleichen Material hergestellt, sondern ein mit Farbe bemalter Karton ist. [...] Beim Leuchtschirm kommt überdies noch das Fluoreszenzlicht hinzu, das derselbe in jedem blaue Strahlen enthaltendem Lichte aussendet, so dass nicht nur die Farbnuance, sondern insbesondere die Helligkeit bei verschiedener Beleuchtung stark wechselt."*[50]

Another drawback was the *"Verhalten der Färbung gegen das Tageslicht [...] Dieses bringt bekanntlich die Röntgenbräunung zum Verschwinden und nur bei*

---

44 [Sabouraud and Noiré 1904], p. 826.
45 [Holzknecht 1910], p. 372.
46 [Schmidt 1904], p. 261.
47 [Kienboeck 1905b], p. 282.
48 [Sabouraud and Noiré 1904], p. 826.
49 [Schmidt 1904], p. 261.
50 [Holzknecht 1910], p. 373.

oftmaliger Färbung und Entfärbung bleibt ein schwaches Braun auch bei langer Tageslichtbehandlung zurück (Restfarbe)."[51]
For this reason, [Sabouraud and Noiré 1904] recommended the test paper strip's use in a cover of black paper. The comparison of colors should take place immediately after irradiation, but in daylight and for this reason very fast:

> *"Sabouraud und Noiré [waren] genötigt, die Ablesung bei Tageslicht festzusetzen, offenbar als diejenige, bei der die geringsten Schwankungen in der Zusammensetzung des Lichtes bestehen. [...]* Aus diesem Grunde habe ich [Holzknecht] von Anfang an daran festgehalten, dass die Vergleichsfarbe aus dem gleichen Material hergestellt sein muss, um so von der Lichtsorte unabhängig zu sein, weil dann sowohl der Testkörper als der Messkörper durch die verwendete Lichtart die gleiche Veränderung seiner Nuance erleidet."*[52]

In order to avoid mistakes, [Holzknecht 1910] made a few suggestions for color comparison:

> *"Ausser den zu vergleichenden Flächen sei nichts sichtbar (schwarzer Grund) und die beiden Flächen, welche gleiche Form und Grösse haben sollten [...], sollen ohne Zwischenraum hart aneinander gesetzt werden."*[53]

In contrast to other measuring devices such as the solution of iodoform which were invented at about the same time, the *"Sabouraud-Noirésche[n] Leuchtscheibchen [...] [were placed] für die Dauer der radiotherapeutischen Bestrahlung in der Nähe der Röhre und zwar in halber Fokusdistanz – am besten an einem Reagensträger."*[54] The discs also needed a support pad, because they were not laid directly on the patient's skin.

> *"La pastille de papier sensible doit être, pendant toute l'expérience, placée sur uns surface métallique imperméable aux rayons X (comme le fer) et non pas absorbante (comme l'aluminium), sans quoi le virage de la pastille derait moins accentué qu'il ne devrait l'être out la quantité de rayons qu'elle aurait reçus."*[55]

---

51 [Holzknecht 1910], p. 373.
52 [Holzknecht 1910], p. 374.
53 [Holzknecht 1910], p. 375.
54 [Kienboeck 1905b], p. 282.
55 [Sabouraud and Noiré 1904], p. 826.

32.6 Kienböck's quantimeter

Even though the effect of ionizing radiation on photographic plates had been known since the discovery of X rays, it was not until 1905 that Kienböck used this agent's blackening as a means to quantify the energy emitted from the X-ray tube and absorbed by a medium. In spite of publications not only in photographic, but also in physical and medical journals about "die photochemischen Grundlagen der Röntgographie",[56] the hints for practical measurements given in the article were not pursuited. Nevertheless, the work already done on this subject proved to be an imported foundation for further developments.

Holzknecht, for instance, worked on different factors which could have an influence on the optical properties of radiographs:

1. "Lagerung des Objektes.

2. Distanz zwischen Focus und Platte.

3. Grösse des sekundären Stromschlages.

4. Zahl der Stromschläge in der Zeiteinheit i. e. Unterbrechungszahl

5. Expositionszeit.

6. Penetrationskraft des Röntgenlichtes."[57]

In addition to this, Holzknecht provided dose response curves of photographic plates:

> "Die Schwärzungen nehmen um gleichviel zu (1, 2, 3, 4, 5, ...) wenn die zugeführten Energiemengen, wie der Quadrate der natürlichen, [sic] Zahlenreihe wachsen (1, 4, 9, 16, 25, ...)."[58]

Also important was the assumtion of another principle: "'Die Wirkung der Bestrahlung eines Organismus mit der Röntgenröhre wird durch Röntgenstrahlen erzeugt, welche auch die photographische Bromsilbergelatineplatte verändern.' "[59]

The new measuring device which Kienböck presented on May 2, 1905, during the first deutschen Röntgenkongress was based on the aformementioned research: "Das Quantimeter. [footnote: Auch Quantitometer.] [...] ein neues

56 [Holzknecht 1902a], [Holzknecht 1902b].
57 [Holzknecht 1902b], p. 317.
58 [Holzknecht 1902a], p. 245.
59 [Kienböck 1900], in [Kienboeck 1905b], p. 282.

*Verfahren der direkten Dosenmessung [...] welches sich der Wirkung der Rönt-
genstrahlen auf die photographische Schichte bedient.*"[60] The instrument had
been developed by "Herren Berger und Horn (Reiniger, Gebbert & Schall, Er-
langen)"[61] and Kienböck had tested it and modified it "in einer für die praktische Röntgentherapie passenden Weise".[62] The instrument was sold by Reiniger,
Gebbert & Schall.

In his elaborated article on the quantimeter, Kienböck described the layout
of the quantimeter and its calibration:

> *"Das Quantimeterpapier besteht aus einer unterempfindlichen
> photographischen Schichte aus Chlorbromsilbergelatine auf starkem
> Papier. Die Emulsion besitzt eine nur in engen Grenzen schwan-
> kende Empfindlichkeit und Gradation, sie stellt sich beim Verglei-
> che mit Bromsilbergelatinepapieren, zumal mit gewöhnlichen pho-
> tographischen Platten, als unterempfindlich dar; ein empfindliche-
> res Papier würde [...] grosse Dosen, Normaldosen, nicht mehr
> anzeigen. Unsere Normalskalen werden mit Glühlicht hergestellt
> und sind nach Lichtmengen (Zeiten) graduiert. Die Schwärzungen
> steigen bei Glühlicht und Röntgenlicht in fast vollkommen gleichem
> Masse."*[63]

As [Becquerel 1896a] had already stated, the photographic plate or paper
was also to be wrapped in black paper. During treatment, the strip of test
paper was put directly on the region of body to be irradiated. After treatment,
the paper was to be developed while exposure to light was averted. For this
purpose, [Kienboeck 1905b] recommended the use of a darkroom or a light-proof
box which was also presented in this article. In addition to this instructions
for the developing were given:

> *"Die Normalentwicklung besteht in der Behandlung des Streifens
> mit Normalentwickler von Zimmertemperatur 18° C durch genau ei-
> ne Minute und nachfolgende Fixage."*[64]

Kienböck gave instructions even for the normal developing solution:

> *"Als Stammlösung können dienen: Lösung A. Metol (Hauff)
> 15,0; Natrium sulfurosum 150,0; Aqua destill. 1000,0. Lösung B.*

---

60 [Kienboeck 1905b], p. 282.
61 [Kienböck 1905a], p. 197.
62 [Kienböck 1905a], p. 198.
63 [Kienboeck 1905b], p. 283.
64 [Kienboeck 1905b], p. 285.

Kalium carbonicum 110,0; Aqua destill. 1000,0. Der Normalent-
wickler wird durch Mischung der Stammlösungen zu gleichen Tei-
len und Verdünnung mit Brunnenwasser hergestellt; die Verdün-
nung ist nicht für jede Lieferung Quantimeterpapiers in gleicher
Weise vorzunehmen, sondern wie es die von der Fabrik beigegebene
Entwicklungsvorschrift angiebt. Wer wissenschaftlich exakt arbeiten
will, wird die Genauigkeit dieser Vorschrift mittelst einer Empfind-
lichkeitsprobe kontrollieren und so die richtige Verdünnung selbst
feststellen."[65]

The developing provoked a grayish color which had to be compared with
the scale pertaining to the set of instruments. This scale ranged from 1/4 to
15: *"Der graue Ton giebt ein Mass für das von der oberflächlichen Hautschicht*
absorbierte Röntgenlichtquantum, Oberflächendose."[66] For the upper part of
the scale, the comparison became more and more challenging, because it was
getting more difficult to distinguish the degrees of coloration. On the other
hand, *"Grad 1–4 [showed] grossen Kontrast [...] und Zwischenstufen"*.[67]
In order to check the sensitivity of the quantimeter, the latter could be
exposed to irradiation of a predefined quantity of radium for a predefined time
duration:

"Eine mir zur Verfügung stehende Radiumkapsel giebt nach
1stündigem Kontakt mit einem Reagenskuvert (flach auf dem Tisch
liegend, Etikette unten) bei richtiger Entwicklung z. B. Grad 4 mit
allerdings nocht ganz gleichmässiger Schwärzung – infolge ungleich-
mässiger Verteilung des Radiumsalzes. Die späteren Lieferungen
müssen bei ihnen entsprechenden Verdünnung des Entwicklers die
gleichen Schwärzungen geben."[68]

Kienböck also proposed to use the quantimeter in order to determine the
radiation hardness of X rays:

"Zu diesem Zwecke wird der couvertierte Reagensstreifen mit
einem 1 mm dicken Aluminiumplättchen (Härte- oder Tiefenmes-
ser) halbseitig bedeckt. [...] Man liest an dem entwickelten Streifen
durch Vergleich mit der Skala den Schwärzungsgrad des freigeblie-
benen und des mit Aluminium bedeckten Feldes ab."[69]

---

65 [Kienböck 1905a], p. 286.
66 [Kienboeck 1905b], p. 287.
67 [Kienboeck 1905b], p. 283.
68 [Kienboeck 1905b], p. 285.
69 [Kienboeck 1905b], p. 287.

Then, the X rays hardness could be determined from the ratio of levels of coloration: *"je weicher die Strahlen, desto grösser die Verhältniszahl"*.[70] Other measuring devices which used this principle are described in [Benoist 1902] and [Walter 1902]).

A concept was rendered possible by the quantimeter which was really progressive was the depth measurement. Whereas for a "normal" measurement, the test paper was only put on the patient's skin during irradiation and thus only the "skin dose" determined, a depth measurement should identify the dose which was applied to a certain depth in the body.

In order to be able to determine the depth dose, a plate consisting of aluminium was put on the test paper during irradiation. The value was read the same way as when determining the radiation hardness. But for depth dose measurements, the thickness of the aluminium disc was also of importance:

> *"Die Dicke des Aluminiumplättchens ist so gewählt, dass sein Schatten beläufig dem einer 1 cm dicken Wasserschicht (oder was ziemlich dasselbe ist: Muskelschicht) entspricht. Der unter dem Härtemesser erscheinende hellere Ton zeigt demnach beiläufig die einer 1 cm tief gelegenen Gewebsschicht während der Sitzung gegebene Dose, "1 cm-Tiefendose" an."*[71]

32.7 Conclusions

A mixture of sodium sulfite and sodium chloride, a solution of iodoform, barium platino-cyanide and silver bromide in gelatin, those were the most common materials used for measurement of ionizing radiation in the first ten years following the discovery of X rays. At the same time, the first steps on the way to constructing ionization chambers – which are the most important measurement devices today – were made.

The solution of iodoform was not used as a dosimeter on the long run and was seldom mentioned, whereas barium platino-cyanide still was utilized two decades later.[72]

A modern version of "silver bromide in gelatin" is still in use today, in such devices as radiographic Kodak EDR-2 films:[73] *"The emulsion of radiographic film consists of microscopic grains of silver halide, dispersed in a gelatin layer in*

---

70 [Kienboeck 1905b], p. 287.
71 [Kienboeck 1905b], p. 287–288.
72 [Palugyay 1925].
73 [Moyers 2008].

a film."[74] Nowadays, the blackening cuve is quantified digitally and frequently the optical density is measured.

In contrast to radiographic films, the chromo-radiometer was only used for a short time: "wegen Herstellungsschwierigkeiten bezüglich der Messkörper",[75] it was commercially available for less than eight years.

The methods of measuring ionizing radiation presented in this study were based on different principles and had different units. The beginnings of a really international standardization – meaning, involving more than about three countries – only began with the "1st International Congress of Radiology (London)" in 1925. At this time, the dominance of dosimetric instruments based on color changes was also shifting towards the dominance of measurements of ionization.

32.8 Bibliography

[Becquerel 1896a] BECQUEREL, HENRI: Sur les radiations émises par phosphorescence. In: *Comptes rendus hebdomadaires des scéances de l'Académie des sciences* **122** (1896), 420–421.

[Becquerel 1896b] BECQUEREL, HENRI: Sur les radiations émises par les corps phosphorescents. In: *Comptes rendus hebdomadaires des scéances de l'Académie des sciences* **122** (1896), 501–503.

[Benoist 1902] BENOIST, LOUIS: Définition expérimentale des diverses sortes de rayons X par le radiochromométre. In: *Comptes rendus hebdomadaires des scéances de l'Académie des sciences* **134** (1902), 225–227.

[Belot 1907] BELOT, JOSEPH: La Röntgenologie en France. In: *Fortschritte auf dem Gebiete der Röntgenstrahlen* **10** (1907), 87–89.

[Berthelot 1907] BERTHELOT, DANIEL: Sur la coloration des certaines pierres précieuses sous les influences radioactives. In: *Comptes rendus hebdomadaires des scéances de l'Académie des sciences* **145** (1907), 818–820.

[Büttner and Müller 1899] BÜTTNER, OSKAR AND KURT MÜLLER: *Technik und Verwertung der Röntgen'schen Strahlen im Dienste der ärztlichen Praxis und Wissenschaft.* Halle: Verlag von Wilhelm Knapp (2. Auflage) 1899.

[Dam 1896] DAM, HENRY JACKSON WELLS: The new marvel in photography. A visit to Professor Röntgen at his laboratory in Würzburg. In: *McClure's Magazine* **6** (April 5, 1896), no 5, 403–415.
http://www.gutenberg.org/files/14663/14663-h/14663-h.htm.

---

74 [Zhu et al. 2003], p. 913.
75 [Holzknecht 1910], p. 374.

[Doelter 1910] DOELTER, CORNELIO: *Das Radium und die Farben*. Dresden: Verlag von Theodor Steinkopff 1910.

[Freund 1897] FREUND, LEOPOLD: Ein mit Röntgen-Strahlen behandelter Fall von Naevus pigmentosus piliferus. In: *Wiener medizinische Wochenschrift* **47** (March 6, 1897), 856–860.

[Freund 1904a] FREUND, LEOPOLD: Sitzung der k. k. Gesellschaft der Aerzte in Wien am 8. April 1904. In: *Fortschritte auf dem Gebiete der Röntgenstrahlen* **7** (1904), 216–217.

[Freund 1904b] FREUND, LEOPOLD: Ein neues radiometrisches Verfahren. In: *Wiener klinische Wochenschrift* **17** (1904), 417–418.

[Glasser 1995] GLASSER, OTTO: *Wilhelm Conrad Röntgen und die Geschichte der Röntgenstrahlen*. 3rd extended edition. Berlin, Heidelberg: Springer-Verlag 1995.

[Goldstein 1894] GOLDSTEIN, EUGEN: Über die Einwirkung von Kathodenstrahlen auf einige Salze. In: *Sitzungsberichte der königlich preussischen Akademie der Wissenschaften zu Berlin* (1894), 937–945.

[Goldstein 1895] GOLDSTEIN, EUGEN: Über die durch Kathodenstrahlen hervorgerufenen Färbungen einiger Salze. In: *Sitzungsberichte der königlich preussischen Akademie der Wissenschaften zu Berlin* (1895), 1017–1024.

[Goldstein 1901] GOLDSTEIN, EUGEN: Über Nachfarben und die sie erzeugenden Strahlungen. In: *Sitzungsberichte der königlich preussischen Akademie der Wissenschaften zu Berlin* (1901), 222–229.

[Hardy and Willcock 1903] HARDY, WILLIAM BATE AND EDITH GERTRUDE WILL-COCK: On the Oxidising Action of the Rays from Radium Bromide as Shown by the Decomposition of Iodoform. In: *Proceedings of the Royal Society of London* **72** (1903), 200–204.

[Hardy and Willcock 1904] HARDY, WILLIAM BATE AND EDITH GERTRUDE WILL-COCK: über die oxydierende Wirkung der Strahlen von Radiumbromid, gezeigt an der Zersetzung des Jodoforms. In: *Zeitschrift für physikalische Chemie* **47** (1904), 347–352.

[Holzknecht 1902a] HOLZKNECHT, GUIDO: Die photochemischen Grundlagen der Röntgographie. In: *Fortschritte auf dem Gebiete der Röntgenstrahlen* **5** (1902), 235–245.

[Holzknecht 1902b] HOLZKNECHT, GUIDO: Die photochemischen Grundlagen der Röntgographie. In: *Fortschritte auf dem Gebiete der Röntgenstrahlen* **5** (1902), 317–326.

[Holzknecht 1902c] HOLZKNECHT, GUIDO: Eine neue, einfache Dosirungsmethode in der Radiotherapie. (Das Chromoradiometer). In: *Wiener klinische Rundschau* **16** (1902), 685–687.

[Holzknecht 1902d] HOLZKNECHT, GUIDO: Eine neue einfache Dosierungsmethode in der Röntgentherapie (das Chromoradiometer). In: *Fortschritte auf dem Gebiete der Röntgenstrahlen* **6** (1902), 106–108.

[Holzknecht 1902e] HOLZKNECHT, GUIDO: Eine neue einfache Dosierungsmethode in der Röntgotherapie. In: *Wiener klinische Wochenschrift* **15** (1902), 1180–1182.

[Holzknecht 1903] HOLZKNECHT, GUIDO: Das Chromoradiometer. In: *Comptes rendus des scéances du 2e congres international d'électrologie et de Radiologie médicales* (1903), 377–379.

[Holzknecht 1910] HOLZKNECHT, GUIDO: Weitere Mitteilungen über die Skala zum Sabouraud. In: *Fortschritte auf dem Gebiete der Röntgenstrahlen* **15** (1910), 372–376.

[Kienböck 1900] KIENBÖCK, ROBERT: Über die Einwirkung des Röntgen-Lichtes auf die Haut. In: *Wiener klinische Wochenschrift* **50** (1900), 1153–1166.

[Kienböck 1905a] KIENBÖCK, ROBERT: Eine neue Methode in der Röntgentherapie. In: *Verhandlungen der Deutschen Röntgengesellschaft* **1** (1905), 197–198.

[Kienboeck 1905b] KIENBÖCK, ROBERT: Über Dosimter und das quantimetrische Verfahren. In: *Fortschritte auf dem Gebiete der Röntgenstrahlen* **9** (1905), 276–295.

[Moyers 2008] MOYERS, MICHAEL F.: EDR-2 film response to charged particles. In: *Physics in Medicine and Biology* **53** (2008), N165–N173.

[Palugyay 1925] PALUGYAY, JOSEF: Vergleichende Untersuchungen über verschiedene Röntgendosimeter und Meßtabletten verschiedener Provenienz. In: *Strahlentherapie* **20** (1925), 153–161.

[Röntgen 1895] RÖNTGEN, WILHELM CONRAD: Ueber eine neue Art von Strahlen. (Vorläufige Mittheilung). In: *Aus den Sitzungsberichten der Würzburger Physik.-medic. Gesellschaft* Würzburg 1895.

[Sabouraud and Noiré 1904] SABOURAUD, RAYMOND AND HENRI NOIRÉ: Traitement des teignes tondantes par les rayons X. In: *La Presse médicale* **140** (1904), 825–827.

[Schmidt 1904] SCHMIDT, HANS ERWIN: Erfahrungen mit einem neuen Radiometer von Sabouraud und Noiré. In: *Fortschritte auf dem Gebiete der Röntgenstrahlen* **8** (1904), 260–263.

[Villard 1898] VILLARD, PAUL: Sur une proprieté des écrans flourescents. In: *Comptes rendus hebdomadaires des scéances de l'Académie des sciences* **126** (1898), 1414–1415.

[Walter 1902] WALTER, BERNHARD: Zwei Härteskalen fr Röntgenröhren. In: *Fortschritte auf dem Gebiete der Röntgenstrahlen* **6** (1902), 68–74.

[Zhu et al. 2003] ZHU, X. RONALD; YOO, SUA ; JURSINIC, PAUL A.; GRIMM, DANIEL F.; LOPEZ, FRANCISCO; ROWND, JASON J. AND MICHAEL T. GILLIN: Characteristics of sensitometric curves of radiographic films. In: *Medical Physics* **30** (2003), 912–919.

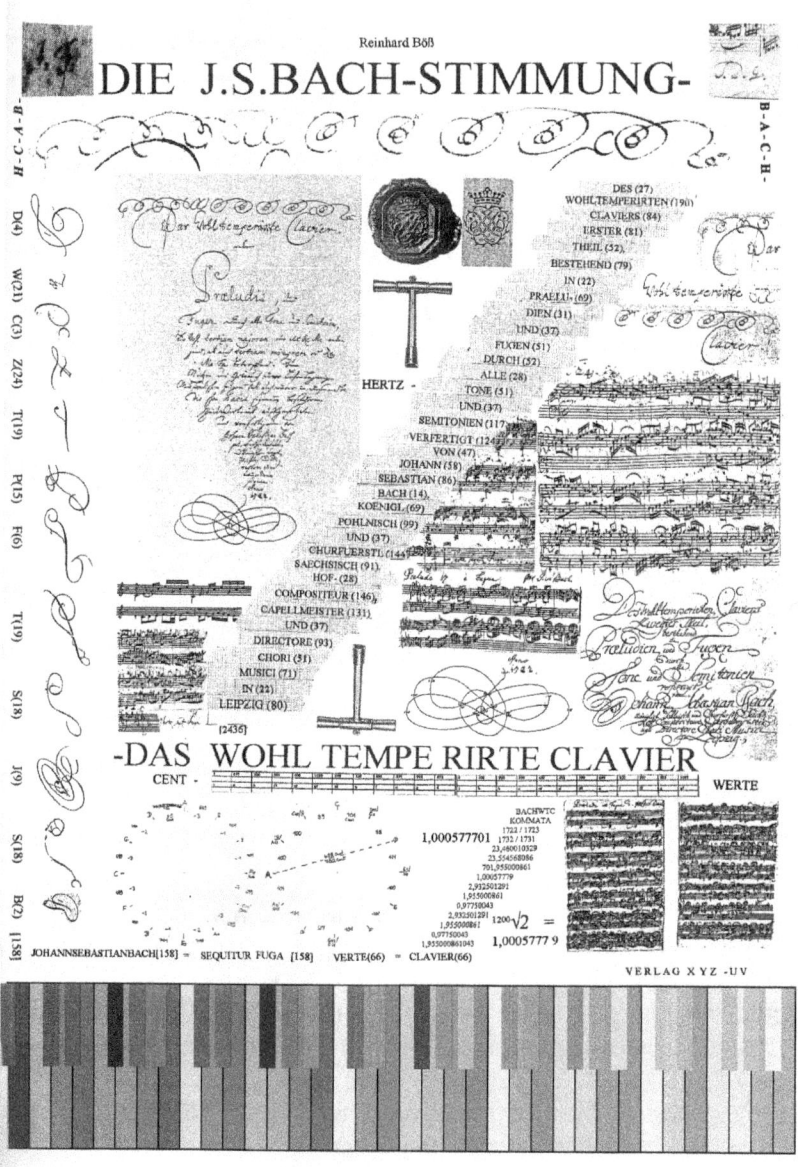

Figure 33.1:
Eingebundenes farbiges Doppelblatt mit farbiger Tastatur
in Johann Sebastian Bachs (1685–1750) *Das Wohltemperirte Clavier*
von Reinhard Böß.

Musik und Farbe

Jürgen Gottschalk (Hamburg)

33.1 Bedeutung der Farben in der Musik in der Antike

Die Bedeutung der Farben in der Musik und hier speziell zu Tönen, Tonarten, Intervallen, Proportionen, Konsonanzen und Dissonanzen etc. soll hier diskutiert werden.[1]

Die Beschäftigung der Beziehungen bzw. Einflüsse von Farben auf Töne und insbesondere auf Intervalle findet sich bereits in der Griechischen Antike. Aristoteles (384–322 BC) entwickelte eine Farbfolge aus der Mischung von Weiß und Schwarz, wodurch sehr viele Farben entstehen können; so auch z. B. durch Verhältnisse, indem sie wie drei zu zwei, drei zu vier und so weiter nebeneinander liegen. Die so entstandene Farbfolge war analog zur Musiktheorie siebenteilig und erstmalig auf der Wahrnehmung gegründet der Helligkeit nach geordnet:

WEISS – GELB – ROT – PURPUR – GRÜN – BLAU – SCHWARZ.

Die Farbenlehre des Aristoteles behielt bis ins 17. Jahrhundert die gleiche Gültigkeit wie das auf Zahlen beruhende allumfassende Harmonieprinzip der Antike.

33.2 Beziehung zwischen Farbe und Musik im 16. und 17. Jahrhundert

Im 16. Jahrhundert transferierte ein gewisser Gioseffo Zarlino (1517–1590) Proportionsverhältnisse der Musik auf die Architektur und musikalische Konso-

---

1 Ich möchte Wolfgang Lange für seine hilfreiche Unterstützung herzlich danken.

nanzen auf die Farben: WEISS und SCHWARZ wurden mit Prime und Oktave gleichgesetzt, die mittleren Konsonanzen mit den mittleren Farben: GRÜN, ROT, BLAU und anderen ähnlichen. Ende des 16. Jahrhunderts verglich Ludovicus Demonvier (1520–1595) Bedeutungen von „tonus" mit vier Farbqualitäten sowie Farbmischungen mit Halbtönen.

Im 17. Jahrhundert beschäftigen sich bedeutende Personen wie René Descartes (1596–1650), der in seinem *De homine* (1632, veröffentlicht 1662) die Farbe GRÜN mit der Oktave in der Musik und im Transfer auf die Geschmacksqualitäten mit dem Brot unter den Speisen verglich.

Athanasius Kircher (1602–1680) stellt 1646 in seiner *Ars magna lucis et umbrae* eine Tabelle: „Analogica rerum cum coloribus" auf, in welcher er den einzelnen Farben: WEISS, GELB, ROT, BLAU, SCHWARZ jeweils Lichtintensitäten, Helligkeiten, Geschmacksqualitäten, Elemente, Lebensalter, Wissensstufen, Seinsstufen und Töne zuordnet. 1650 versucht Kircher außerdem eine Farbe-Tonintervall-Zuordnung zu konstruieren, die wie folgt aussieht:

WEISS	=	kleine Sekunde
GELB	=	kleine Terz
HELLROT	=	große Terz
GOLDEN	=	Quinte
FEUERROT	=	große Sexte
RÖTLICH-VIOLETT	=	kleine Sexte
GRÜN	=	Oktave
BLÄULICH-Violett	=	Septime
BLAU	=	verminderte Septime
DUNKELGRÜN	=	übermäßige Quinte
BRAUNGELB	=	Quarte
GRAU	=	kleiner Ganzton
SCHWARZ	=	großer Ganzton

Im gleichen Zeitraum – also von der Mitte des 17. Jahrhunderts an – entstand in Frankreich die *Französische Kunsttheorie*, d. h. französische Kunsttheoretiker projizierten die Tonintervalle auf die Farben, um ästhetische Urteile über Farbharmonien begründen zu können. Das Bild sollte dem Auge das gleiche Harmonieempfinden bieten wie die Musik dem Ohr.

Marin Cureau de la Chambre (1595–1669) erstellt 1650 unter Bezugnahme auf Aristoteles ein *System des couleurs et des harmonies*, wobei er aus der

Musik abgeleitete Proportionen auf Farbenpaare übertrug und bei dem wieder Grün die zentrale Position einnimmt:

Farben:	Weiss	Gelb	Rot	Grün	Blau	Purpur	Schwarz
	14	18	16	12	9	8	6
Propor=	4:3 Quarte						
tion	3:2 Quinte						
	2:1 Oktave						
	8:3 Undecime						
	3:1 Duodezime						
	4:1 Doppeloktave						

Dieses System erweiternd konnte er jede Farbe mit jeder anderen in ein Zahlenverhältnis bringen und so Farbkonsonanzen und -dissonanzen bestimmen.

Isaac Newton (1642–1726 jul./1643–1727 greg.) und seine Beschäftigung mit der Farbe-Ton-Beziehung: Erst eine allgemeingültige Siebenteilung der Farben ermöglichte die Gleichsetzung mit der Tonskala. Newton legte ausgehend von der physikalischen Sichtweise über die Zusammensetzung des weißen Lichts aus den Spektralfarben sieben Farben fest, wobei er zunächst von einem elfteiligen, dann von einem fünfteiligen Spektrum ausging. 1672 kam er zu dem Ergebnis, dass diese sieben Farben das Spektrum genauso aufteilen wie sieben Töne eine Oktave und ordnete Tonintervalle und Farbbreiten einander zu. In seiner 1704 erschienenen *Opticks* findet sich die Aussage, dass sich die Farbengrenzen zueinander verhalten

> "as the Numbers, 1, $\frac{8}{9}$, $\frac{5}{6}$, $\frac{3}{4}$, $\frac{2}{3}$, $\frac{3}{5}$, $\frac{9}{16}$, $\frac{1}{2}$, and so to represent the Chords of the Key, and of a Tone, a third Minor, a fouth, a fifth, a sixth Major, a seventh and an eighth above that Key: And the Intervalls [...] will be the spaces which the several Colours (red, orange, yellow, green, blue, indigo, violet) take up.„[2]

---

2 Newton: *Opticks* 1704, zitiert nach der Ausgabe von 1730, S. 128.

Newton stellte damit erstmals in seiner Opticks einen Farbenkreis her.

Johannes Kepler (1571–1630) setzte in seiner *Weltharmonik* 1619 bereits die sieben Farben in ein Verhältnis zu den sieben Planeten.

Für die weitere Geschichte der Farbe-Ton-Beziehung wurde jedoch nur die Siebenteilung aufgenommen. Der Farbenkreis von Newton verdrängte zunächst andere Farbsysteme, die Farbe-Ton-Beziehung schien somit begründet zu sein.

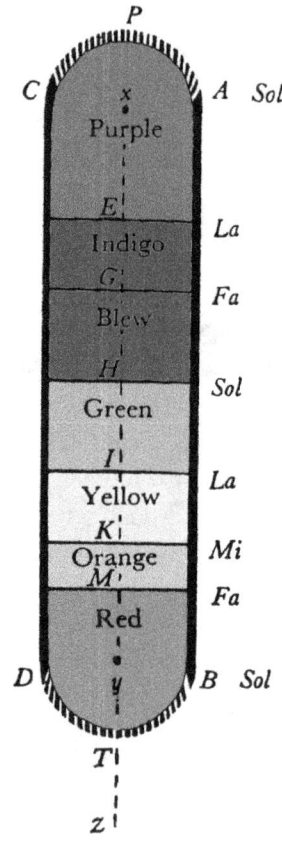

Abbildung 33.2:
Isaac Newton: Vergleich von
Tonintervallen und Farbbreiten im Spektrum

Newton, Isaac: An Hypothesis Explaining the Properties of Light (1675).

33.3 Farbe-Ton-Theorien im 18. und 19. Jahrhundert

Im 18. Jahrhundert waren die Schriften von Jean-Philipp Rameau (1683–1764) ab 1722 eine neue Grundlage mit der Herausstellung des einzelnen Akkords als Schwerpunkt des Harmoniesystems und der Ableitung musikalischer Erscheinungen aus der Obertonreihe, die Anfang des 18. Jahrhunderts Joseph Sauveur (1653–1716) wissenschaftlich erklärt hatte. Da der Ton selbst nicht fixierbar sei, müsse man die Farben beweglich machen. Polycarp Poncelet (1720–1780) ließ sich 1755 zu einer *Musique savoureuse* sowie einem *instrument harmonieux des saveurs* anregen und stellte eine Geschmackstonleiter auf:

c	=	sauer
d	=	fade
e	=	süß
f	=	bitter

g	=	süß-sauer
a	=	herb
h	=	pikant

Ein anonymer Philosoph Gascon (1510–1666) hob die getrennten Funktionen der fünf Sinne hervor und hielt die Schwingung als gemeinsame Ursache von Farben und Tönen.

Der französische Mathematiker Louis-Bertrand Castel (1688–1757) übernahm aus den ihm bekannten Schriften Rameaus dessen Verständnis zur Musik als physikalisch-mathematische Wissenschaft, die Ableitung des Dur-Dreiklangs aus der Obertonreihe und den Grundsatz der Oktavenidentität. Er bestimmte Blau als Grundfarbe, da das dunkelste Blau dem Schwarz am ähnlichsten sei und verglich ferner die Farbentrias mit Prime, Terz und Quinte, die als Obertöne in jedem Ton enthalten seien, wodurch sich die Farbenreihe in Blau-Gelb-Rot verändert, da in der Obertonreihe die Quinte vor der Terz steht. Neben dieser Dreiteilung erkennt Castel eine Fünf-, Sieben- und Zwölfteiligkeit:

c	=	Blau
cis	=	Celadon
d	=	Grün
dis	=	Olive
e	=	Gelb
f	=	Goldgelb

fis	=	Incarnat
g	=	Rot
gis	=	Cramoisin
a	=	Violett
ais	=	Agathe
h	=	Blau-Violett

Castel bestimmte den Hörraum analog auf zwölf Oktaven, wobei sich die Farben in höheren Oktaven mit Weiß aufhellen und in tieferen mit Schwarz verdunkeln. Die Farben sollten gleichzeitig zur Musik vorgeführt werden! Deshalb wollte Castel 1726 eine Theorie für das *Clavecin oculaire* entwickeln, unterstützt durch den Mathematiker Rondet, der dafür erste technische Pläne entwarf. Um 1739 hatte Georg Philipp Telemann (1681–1767) wohl Kenntnis erhalten von einem zunächst noch sehr unvollkommenen Modell vom Castellschen *Clavecin oculaire* aus dem Jahr 1734, das dann 1754 tatsächlich fertiggestellt war und zu einer erfolgreichen Vorführung kam. Dazu wurde 1757 *An Explanation of the Ocular Harpsichord* veröffentlicht.

Der Physiker Jean-Jacques d'Ortous de Mairan (1678–1771) stellte im Zusammenhang mit Newtons Siebenteilung der Farben 1737/38 in zwei Vorträgen vor der Akademie der Wissenschaften in Paris u. a. fest, dass die Empfindung jeder Farbe absolut ist, während Töne hingegen sich immer auf einen Grundton beziehen. Auch Jean Jacques Rousseau (1712–1778) äußerte sich 1753–1761 in einem Essai über den raum-zeitlichen Gegensatz und die Kontextabhängigkeit von Tönen und ist der Ansicht, dass Gefühle, die Malerei und Musik erregen, würden zudem nicht von Farbe-Ton-Beziehungen herrühren.

Für die Wertung von Castels Farbe-Ton Beziehung ist u. a. zu berücksichtigen, dass sich die Faszination optischer Illusionen und der Wunsch nach visuellen Reizen sich neben der Popularität der CAMERA OBSCURA, LATERNA MAGICA und den ANAMORPHOSEN auch im FARBENKLAVIER und den beliebten Feuerwerken zeigt bzw. darstellt.

In Deutschland wurden Castels Ideen und Vorstellungen einer Veranschaulichung durch ein entsprechend konstruiertes Instrument erst durch Georg Philipp Telemanns zustimmende Schrift: *Beschreibung der Augenorgel*, 1739 nach dessen Aufenthalt in Paris bekannt.

1740 machte sich der Naturforscher Johann Gottlob Krüger (1715–1759) Gedanken über die Aufstellung einer Farbe-Ton-Theorie in Anlehnung an Newtons sieben Farben und versuchte dafür ein Farbenclavecymbel zu konstruieren. Dies löste 1742 eine erste Farbe-Ton-Diskussion bei der Akademie der Wissenschaften in Petersburg aus mit dem Ergebnis, dass der deutsche Naturforscher Georg Wolfgang Krafft (1701–1754) auf die Schwierigkeiten bei der Wahrnehmung von Castels *musique oculaire* hinwies, da jede Farbe registriert werden müsse, um keine Konsonanz auszulassen, vermisste die Harmonie und verwies auf den nicht möglichen Transfer der musikalischen Intervalle auf die Farben, weshalb er eine Metamorphose von Farben in Töne ablehnte.

Der vorgenannte Krüger veränderte in diesem Zusammenhang 1743 Newtons Farbe-Tonintervall- zu einer auf C-Dur begründeten Farbe-Ton-Beziehung, die bis in die heutige Zeit immer wieder verwendet wird:

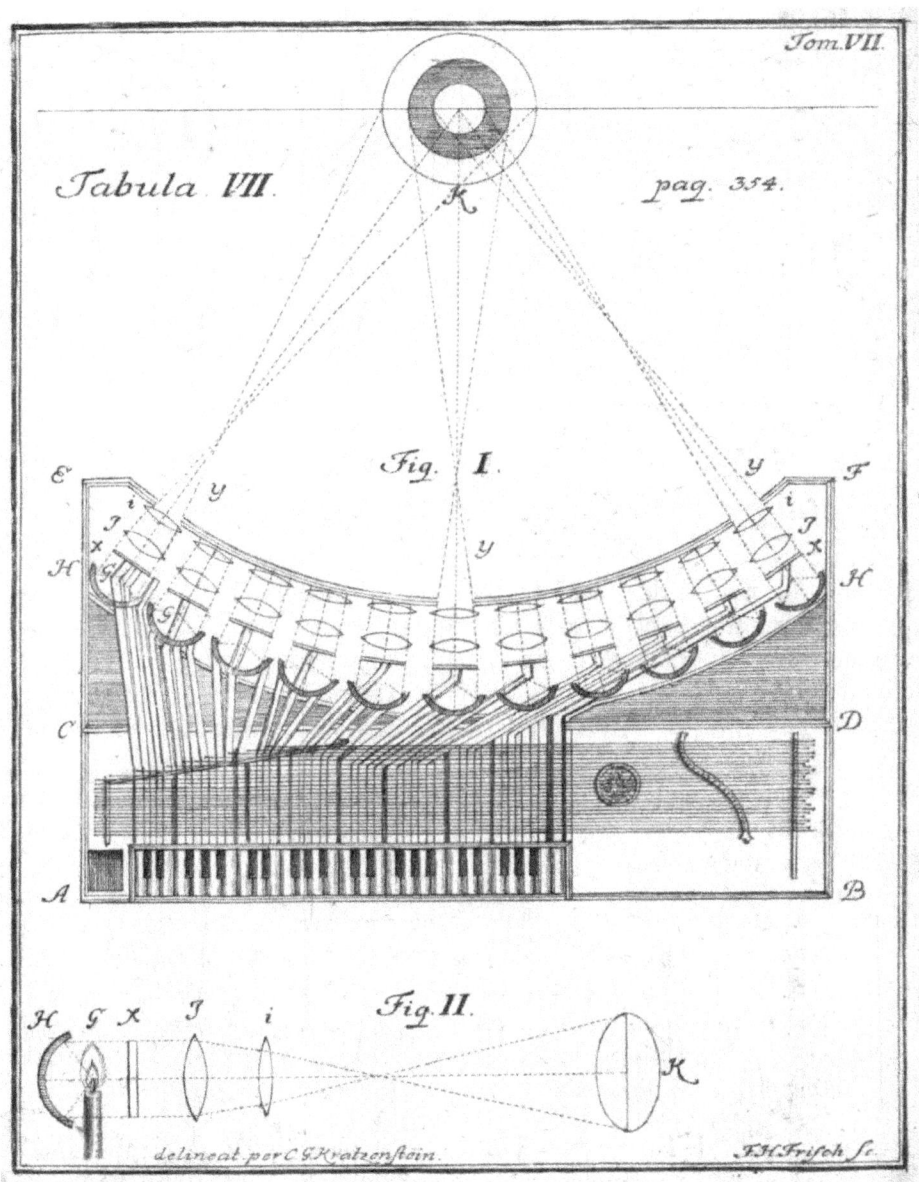

Abbildung 33.3:
Johann Gottlob Krüger: Konstruktionszeichnung eines Farbenclavecymbel

De novo musices, quo oculi delectantur, genere. Veröffentlicht in:
Miscellanea Berolinensia ad incrementum scientarum, Bd. 7, Berlin 1743, Tafel 7.

c	=	Rot
d	=	Goldgelb
e	=	Schwefelgelb
f	=	Grün

g	=	Himmelblau
a	=	Purpur
h	=	Violett

Leonhard Euler stand mit Krafft und Krüger in Verbindung, ging jedoch von nur sechs Prismenfarben aus und ergänzte das Purpur jenseits des Roten. Er ordnete Farben und Töne hypothetisch zu:

c	=	Purpur
d	=	Rot
e	=	Orange
f	=	Gelb

g	=	Grün
a	=	Blau
h	=	Violett

Als eine gewisse Problematik wurde eine Grenzziehung zwischen den Farbbereichen empfunden im Zusammenhang des bereits von Castel thematisierten kontinuierlichen Übergangs von einer Spektralfarbe zur anderen. 1772 hat sich auch Johann Heinrich Lambert (1728–1777) damit beschäftigt und hob hervor, dass *„Die Farben sich im prismatischen Bild durch unmerklich kleine Stufen ineinander verlieren"*.

Moses Mendelsohn (1729–1786) verfasste 1755 eine Schrift: *Über die Empfindungen*, womit die Farbe-Ton-Diskussion auf psychologische und physiologische Aspekte gerichtet wurde:

> *„Die Leidenschaften werden natürlicher weise durch gewisse Töne ausgedruckt* [. . .]. *Welche Leidenschaft aber hat die mindeste Verwandtschaft mit einer Farbe?"* Er stellte sich jedoch lieber die Wellenlinie von William Hograth vor und empfahl: *„Könnte man nicht, um dem Auge desto mehr zu gefallen, verschiedene Arten von wellenförmigen und flammigten Linien mit einander verbinden?"*

Von Edme-Gilles Guyot (1706–1786) existiert eine 1770 gefertigte und veröffentlichte Zeichnung für die Veranschaulichungeiner Musique oculaire. Darin wird eine in einer Kiste befindliche Walze gezeigt, die drehbar ist. An der Vorderseite der Kiste sind übereinander acht Öffnungen entsprechend den acht Tönen einer C-Dur Tonleiter angeordnet. Im Innern beleuchten Lichtquellen die Walze, in die entsprechend der vorzutragenden Musik Löcher eingeschnitten und mit durchsichtigem Papier bedeckt sind. Damit lassen sich Tonhöhen und

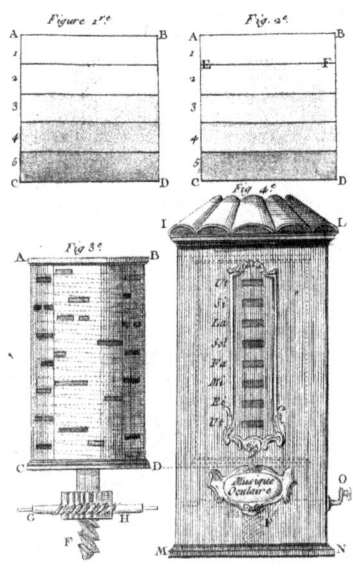

Abbildung 33.4:
Edme-Gilles Guyot: Musique oculaire

Nouvelles récréations physique et mathématiques, Bd. 3. Paris 1770, Abb. 23.

Tonlängen anzeigen. Die Musique oculaire ist nicht hörbar, weil die Musik nur bildlich auf der Grundlage des Musikstücks als ein ausschließliches Farbenspiel entsteht.

Karl Heinrich Hydenreich (1764–1801), dem Mendelsohns Arbeit bekannt war, schuf 1790 die wohl bis dahin gründlichste Analyse von Farbe-Ton-Beziehungen und führte das Scheitern der Analogie auf mehrere Gründe zurück:[3]

1. Farben müssten ebenso wie Töne die Fähigkeit haben, *„Empfindung und Leidenschaft zu mahlen* jedoch würde *nie durch eine Zusammensetzung derselben Melodie und Harmonie entstehen, welche auf das Herz wirkte.“*

2. Farben würden keine Leitern wie Töne bilden, so dass es unmöglich sei, *„ die Intervalle derselben in ihrem wahren Verhältnisse augenblicklich bestimmt zu fassen.“*

---

3 Hydenreich 1790, S. 230–235.

3. Das Auge müsste Farbfolgen ebenso „*schnell und unterscheidend*" erfassen wie das Ohr die Tonfolgen, was jedoch nur bei langsamster Aufeinanderfolge möglich wäre.

4. Farben würden wohl im Gedächtnis „*Spuren vormaliger Gefühls- und Leidenschaftszustände*" verursachen, jedoch sei ihre Wiederempfindung im Gegensatz zu Tönen „*äußerst matt.*"

In der Nachfolge Hydenreich und in der Weiterführung der Ideen Mendelsohn kam Johann Christian August Grohmann (1769–1847) 1791 zu dem Schluß, dass: „*Ein einzelner Ton nach seiner Höhe und Tiefe scheint mit der Darstellung einer Farbe in einer kleinern oder größern Zirkelform zu harmoniren.*"

1786 wurde Castels Farbenklavier auch von Johann Leonhard Hoffmann (1740–1812) wegen fehlender Zeichnungen abgelehnt, weil es nicht „*bis zum Herzen oder Verstand*" gelange und übertrug vier Hauptfarben auf die fünf Notenlinien (= Haupttöne) der Musik und belegte so Quintbeziehungen der Farben:

c	=	Dunkelblau
e	=	Rot
g	=	Zitronengelb
h	=	Meergrün
d	=	Ultramarinblau mit gelb als Zentralfarbe

Karl von Eckartshausen (1752–1803), der sich mit chemischen Dingen befasste, äußerte sich 1788 zum Farbenklavier, um

„*die Harmonie aller sinnlichen Eindrücke zu bestimmen, sie anschaulich und fühlbar zu machen. [...] Ich ließ cylindrische Gläser, die im Durchmesser einen halben Zoll betragen, von gleicher Größe verfertigen, und füllte sie mit wäßerigten, chemischen Farben. Diese Gläser brachte ich wie die Saiten eines Klaviers in Ordnung, und theilte die Nüancen der Farben wie die Töne ein.*"[4]

Im 19. Jahrhundert erfolgte ab 1801 ein neuer Anstoß und damit eine weitere Entwicklung für Farbe-Ton-Beziehungen durch Schwingungsberechnungen, ab 1816 die Erzeugung farbiger Notenschriften und ab etwa 1844 die Ausführung der *Mobile-Colour*-Experimente, die als Vorläufer des abstrakten Films gelten können. Die genannten drei Bereiche hatten ihren Ursprung in England.

---

4 Eckartshausen 1788, S. 336 f.

In wissenschaftlicher Hinsicht widerlegte um 1800 August Apel (1771–1816), durch Mendelsohn angeregt, die Möglichkeit einer Farbenmusik, denn Farben weisen keine Oktaven auf und

> *„die Blässe der Farbe bezieht sich, wie die Schwäche des Tones, auf Gradverhältnisse, und eine Wiederholung der Farben in verdünnten Oktaven würde nichts seyn, als ein Piano wiederholter Satz in der Musik."*[5]

Schall kommt nie in einen neutralen Zustand, sondern ist immer als Ton wahrnehmbar; während Licht zunächst neutral sein kann und erst durch das Prisma in seine Farben zerlegt wird. Diese Zerlegung entspräche der des Tones durch die Obertonreihe, so dass die natürliche Farbordnung kontinuierlich und die natürliche Tonfolge in weiten Intervallen verlaufe. Aus der Unmöglichkeit einer *Farben-Musik* ergebe sich jedoch nicht zwangsläufig die Unmöglichkeit einer *Farben-Kunst*.

33.4 Ein paar Bemerkungen zu den geschichtlichen Hintergründen der Farbmusik

Ton und Farbe haben zeitlos zueinander eine enge Verbindung, was durch Wortschöpfungen wie *Farbton und Tonfarbe* belegt ist. Die Grundfarben des weißen Lichts ergeben sich durch die Zerlegung auf dem Weg durch ein Prisma, die auch als die sieben Hauptfarben des Regenbogens bekannt und mit den sieben Haupttönen der Tonleiter identisch sind, was bereits Newton bei seinen Versuchen und dem dabei erzeugten Farblicht-Spektrum erkannt hatte.

Im Laufe der Zeit gab es immer wieder Bestrebungen, Instrumente zu konstruieren, mit denen Musik und Farbe gleichzeitig hörbar und sichtbar gemacht sowie Gemütsstimmungen beeinflusst werden können. Unabhängig von der um 1735 nach Castels Ideen angefertigten Augenorgel, die Georg Philipp Telemann 1739 in Paris wohl gesehen und beschrieben hat, entstehen 1919 nach Plänen von Alexander Rimington (1854–1918) ein Farbklavier und wenig später 1925 nach Vorstellungen von Alexander László (1895–1970) ein Konzertflügel für eine farblichtmusikalische Aufführung am 16. Juni 1925 in Kiel. Weiter Forschungen zur Farblichtmusik erfolgten bis Ende des vergangenen Jahrhunderts, wobei die Lichtkonzerte des Konstruktivistenbüros Prometrj (Kazaner Institut) eine nicht unerhebliche Beachtung fanden.

---

5 Apel 1800, Sp. 769 .

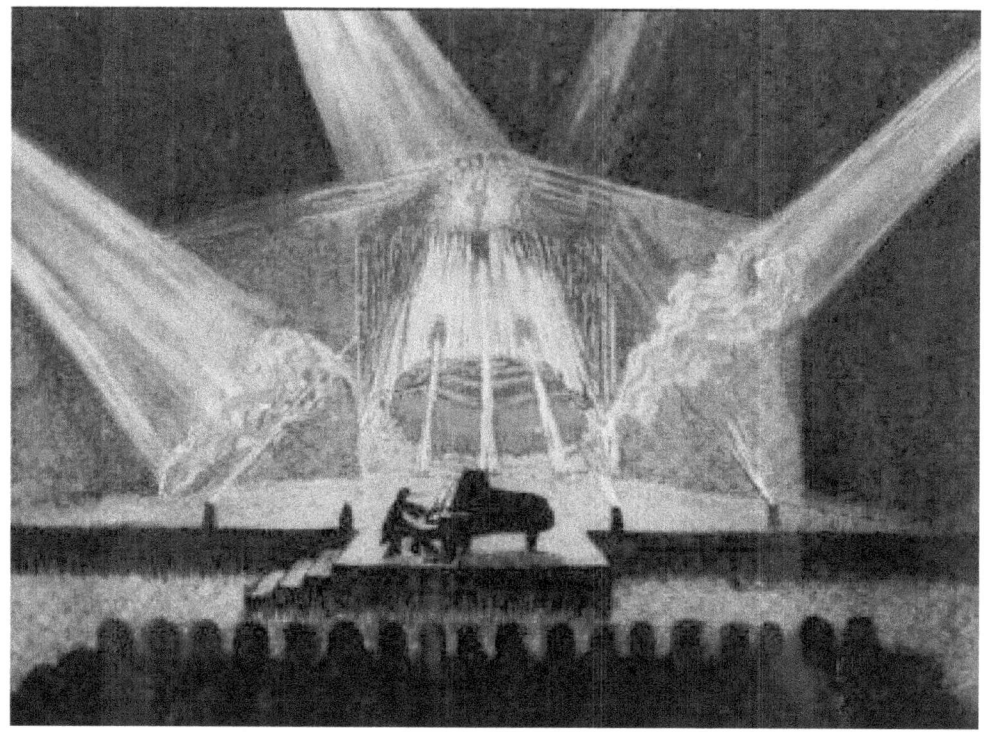

Abbildung 33.5:
Matthias Holl: Gemälde: *Ein Farblichtkonzert von Alexander László*

László, Alexander: Die Farblichtmusik. Leipzig 1925.

33.4.1 Johann Mattheson (1681–1764)

Johann Mattheson war in der ersten und noch Anfang der zweiten Hälfte des 18. Jahrhunderts neben seinen sonstigen Tätigkeiten als Komponist, Diplomat, Übersetzer, Philosoph und Politiker der wohl bedeutendste deutschsprachige Musikschriftsteller. Seine Melodielehre gilt als wohl geschichtswichtigster Beitrag zur Musiktheorie und ist das Grundthema seines *Vollkommenen Capellmeisters*.

1739 hält Mattheson „*die Melodie zum Grunde der gantzen Setz-Kunst.*" Ihre ästhetischen Eigenschaften bestehen 1. in der Gliederung, 2. in der Kantabilität und 3. in der Expressivität. Diese drei Aspekte berücksichtigt er sowohl in der

Abbildung 33.6:
Alexander Wallace Rimington (1854–1918) und sein Farbenklavier,
Mechanismus von Preston S. Millar

Klein, Adrian Bernard: Colour-music. The Art of Light. London 1926, Tafel 11.

Abbildung 33.7:
Johann Mattheson (1681–1764):
Komponist, Diplomat, Musikschriftsteller

Mattheson, Johann: *Grosse General=Baß=Schule.* Hamburg 1731.

Vokal- als auch in der Instrumentalmusik. Die Melodie bedeutet für ihn: *Ton-Sprache oder Klang-Rede.* Er versteht unter dem Begriff KLANG-FARBE :

> *„Alles, was in einer Rede steckt, rethorische Figuren, Wiederholun-gen, rhetorische Pausen, all das findet man auch in der Musik in jedem Stück."* insofern als sie *„ihre richtige Commata, Cola, Puncte etc. nicht anders, sondern eben so, als der Gesang mit Menschen-Stimmen haben"* müsse. Ziel ist stets das Bestreben nach Sangbar-keit und Expressivität der Melodie, was in seiner Forderung, dass *„in allen Melodien etwas seyn muß, so fast iedermann bekannt ist."*

Eine mathematische Grundlegung der Intervallehre lehnt Mattheson ab, was auf Kritik stößt.

In Matthesons: *Der Vollkommene Capellmeister*, 1739 in Hamburg erschienen, heißt es: Es ließ also genügend Raum, um eine unerschöpfliche Fülle an Klangfarben, Affekten, etc. nutzen zu können und sagt an anderer Stelle:

> „... *wenn eine Person gleich alle richtige Verhältnisse in den Gesichtszügen und Leibestheilen hat, so dass man sie mathematisch= schön nennen möchte, kann sie doch dabey ohne Reitz und Rührung seyn. Kurtz: die gantze harmonicalische Rechne= und Meß=Kunst, wenn wir auch gleich die Algebra mit einschließen, kann allein nicht einen eintzigen tüchtigen Capellmeister hervorbringen;* ...* "*

In diesem Sinne lässt sich Mattheson in seinem Werk an anderer Stelle wie folgt verlauten:

> „*Der Stolz, der Hochmuth, die Hoffart u. d. g. pflegen auch mit eigenen Farben in Noten und Klängen abgemahlet oder ausgedruckt zu werden, wobey sich der Verfasser meistentheils auf ein kühnes, aufgeblasenes Wesen beziehet. Man bekömt dadurch Gelegenheit, allerhand prächtig klingende Figuren anzubringen, die eine besondre Ernsthafftigkeit und hochtrabende Bewegung erfordern; niemahls aber viel flüchtiges und fallendes zulassen, sondern immer steigen wollen.*
>
> *Das Gegenspiel dieser Gemüths=Neigungen ist in der Demuth, Geduld, etc. welche man mit einer erniedrigenden Art im Klange behandeln, und ja nichts erhebendes dabey einschalten muß.*"

Typisch barocke Musikinstrumente sind: Das *Fagott* in Begleitung des *Basso Continuo*, die *Oboe* – in verschiedenen Bau- und musikalischen Ausdrucksformen, z. B. *Oboe d'amore* etc. Die *Klarinette*, ein Instrument der Rokokozeit, ist von der Klangfarbe her sehr lieblich und wird wegen des prägnanten Klangfarbenreichtums gezielt eingesetzt.

Das Hauptanliegen der Komponisten der Barockzeit scheint gewesen zu sein, die Verschmelzungs- und Kombinationsfähigkeit der Soloinstrumente im Hinblick auf die Erzeugung neuer Klangfarben zu erproben.

33.4.2 Georg Philipp Telemann (1681–1767)

Telemanns Beschreibung einer *AUGEN = ORGEL oder des AUGEN = CLAVICIMBELS, so der berühmte Mathematicus und Jesuit zu Paris, Herr Pater Castel, erfunden und ins Werk gerichtet hat;* ... (1739).
Telemann schreibt, dass

Abbildung 33.8:
Georg Philipp Telemann (1681–1767): Beschreibung der Augen=Orgel (1739).
Telemann hatte 1738 das Instrument in Paris besichtigt.
Es war nach einem Entwurf des Mathematikers Castel gebaut worden.

„Solches bestehet hauptsächlich in der Octave, oder in den Stufen der Farben.

1) *Es giebt einen vesten Stammton, den wir C nennen wollen; es giebet eine veste, tonische und gründliche Farbe, die allen Farben zum Fundament dienet; und das ist Blau.*

2) *Man hat drey wesentliche Saiten oder Klänge, die von diesem Stammton abhangend, mit ihm eine vollkommene und ursprüngliche Zusammenstimmung ausmachen: c, e, g ; man hat drey ursprüngliche Farben, welche, von Blau abhangend, aus keiner anderen Farbe zusammengesetzt sind, und die anderen*

*alle hervorbringen. BLAU, GELB, ROT. Blau ist der Grund,
Rot die Quinte, und Gelb die Terzie.*

3) *Es finden sich fünf tonische Saiten: c, d, e, g, a, und zwo
natürliche halbtonische: f und h; es finden sich fünf tonische
Farben, worauf sich gemeiniglich die übrigen beziehen: Blau,
Grün, Gelb, Rot, Violet, und man hat zwo zweydeutige: Auro-
re und Violant, – die der berühmte Herr Newton unrecht für
Orange und Indigo angibt.*

4) *Aus fünf ganzen und zween halben Tonen entstehet die so genannte Diatonische Treppe: c, d, e, f, g, a, h; ebenermaßen
entspringen aus fünf völligen und zwo halben Farben die natürlichen Stufen der aufeinander folgenden Farben: Blau, Grün,
Gelb, Aurore, Rot, Violet, Violant.*

5) *Die ganzen Tone teilen sich in halbe. Die fünf ganzen Tone
der Treppe, mit ihren zween natürlichen halben, machen zwölf
halbe Tone aus: c, cis, d, dis, e, f, fis, g, gis, a, as, h; es gibt
zwölf halbe Farben, deren [...] nicht weniger, nicht mehr seyn
können: Blau, Celadon, Grün, Oliven, Gelb, Aurore, Orange,
Rot, Carmesin, Violet, Agath, Violant. Denn das Blaue führet
zum Celadon, welches ein grünliches Blau, das Celadon zum
Grünen, das Grüne zur Olivenfarbe, so ein noch gelblichers
Grün ist, die Olivenfarbe zum Gelben, das Gelbe zum Aurore, das Aurore zum Orange, [...], das Orange zum Roten, das
Feuerrote zum Carmesin, so mit etwas wenigem vom Blauen
vermischet ist, das Carmesin zum Violet, so noch mehr Blaues
hat, das Violet zum Agath, oder Violetblau, dieses zum Violant,
welches ein etwas brennendes Blau ist.*

6) *Die Klänge wandeln im Kreise, und, wie sie vom c ausgegangen, also kommen sie auch wieder dahin: c, e, g, c oder: c, d,
e, f, g, a, h, c. Diß wird eine Oktave genannt, in welcher das
letztere c um die Hälfte schärfer und heller ist, als das erstere;
die Farben verhalten sich nach eben solchem Kreise, und, wie
Blau den Anfang damit gemacht, also endiget er sich wieder
mit Blau. [...]*

7) *Nach einer Oktave, c, d, e, f, g, a, h, fänget man eine neue
und um die Hälfte helere oder schärfere an, [...] Der Hr. Pater Castel findet, nach Geometrischen Gründen, deren nicht*

*Mehr, als zwölf mögliche, [...] Zwischen dem Schwarzen und
Weissen hat er gleichfalls 144 mögliche Halbe Farben gefunden.*

*Um einen Klang hören zu lassen leget man die Finger auf die Cla-
viertaste, man drücket sie nieder, und, indem sie sich vorn hin-
einsencket, oder hinten aufhebet, öffnet sie ein Ventil, das den be-
gehrten Klang mitteilet. Zu gleicher Zeit, [...] hat der P. Castel
seidene Schnüre, oder eisern Dräter, oder hölzerne Abstracten angebracht, die durch Ziehen oder Stoßen ein färbigtes Kästgen, oder
einen dergleichen Fächer, oder eine Schilderey, oder eine helle bemalte Laterne, entdecken, also daß, indem man einen Klang höret,
zugleich eine Farbe gesehen wird.*
*Die Farben sind so mannigfaltig, als die Klänge, und haben gewis-
se Übereinstimmungen. Das Auge kann sie zusammenfügen, ihre
Vergleichungen Entwickeln und ihre Ordnung und Unordnung empfinden. Diß Empfinden veruhrsachet das Vergnügen und Anreizen
in allen Dingen, und das eigentliche Vergnügen der Music bestehet
in dem, solchen Unterschied augenblicklich, und nach und nach in
kurzer Zeit mehrmals, zu bemerken. Diß erwecket die Sele, erhält
sie beständig munter, und verhindert, daß sie nicht auf einen alber-
nen Gleichlaut verfällt. Kurz: Es ist unstreitig, daß diß Farbenspiel
ergetzen wird. Denn Music ist nichts anders, als eine Ergetzlich-
keit."*

33.5 Ausblick: Synästhesie

Das große Interesse an Farb-Ton-Beziehungen und den Möglichkeiten, sie mit
Musikinstrumenten in Verbindung von Farben bei Personen synästhetische
Wahrnehmungen stimulativ hervorzurufen, z. B. Farben mit Geschmäcken; Be-
rührung mit Klängen oder mit Geschmäcken, oder mit Temperaturen; Klänge
mit Gerüchen oder mit Bewegungen u. a. m. führte im 20. Jahrhundert zu einer
Synästhesie-Begeisterung, die zwischen 1925 und 1930 Lászlós erste Farblicht-
konzerte und den zweiten Farbe-Ton-Kongress zur Folge hatte.

Als erster bekannter Komponist bezog Alexander Nikolajewitsch Skrjabin
(1871 jul./ 1872 greg.–1915) Strukturen und Verbindungen von Farben und
Tönen ein in sein zwischen 1908 und 1910 entstandenes Werk *Prométhée – Le
Poème du feu*, das im Hinblick auf das geplante Mysterium ein so bezeichnetes
Farbenklavier erfordert, womit der gesamte Konzertsaal ausgeleuchtet werden
sollte. Die Klaviatur des Farbenklaviers – auch als Augenklavier bezeichnet –

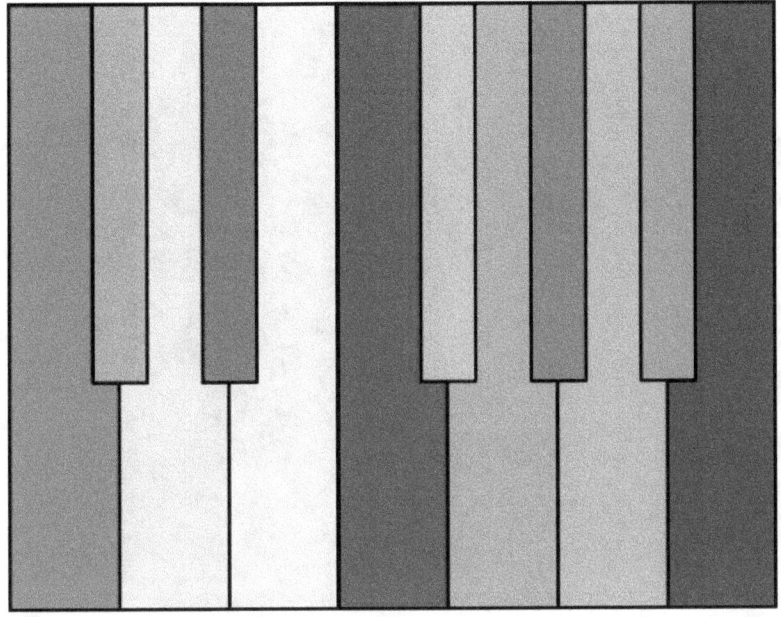

Abbildung 33.9:
Klaviatur mit Ton-Farbe-Zuordnung nach Alexander Nikolajewitsch Scriabin

`http://de.wikipedia.org/wiki/Alexander_Nikolajewitsch_Skrjabin`

besteht aus Tasten, die beim Niederdrücken optische Eindrücke, zum Beispiel Lichtprojektionen, sichtbar machen, ergänzend dazu können die akustischen Klänge des Klaviers erklingen.

Ein weiteres Umfeld für die Entstehung von Farbenlichtspielen bot das Staatliche Bauhaus in Weimar, wo sich Johannes Itten (1888–1967), der 1919 als erster Lehrer dorthin berufen worden war, Ludwig Hirschfeld-Mack (1893–1965) und Kurt Schwerdtfeger (1897–1966) ab 1920 mit der Entwicklung Reflektorischer Farbenlichtspiele beschäftigten. Im Zusammenhang der Bauhausfeste entwarf Schwerdtfeger für das Laternenfest 1922 ein Schattenspiel. Neben den Schattenfiguren sollten auch abstrakte Lichtformen dargestellt werden mit dem Affekt „frei sich durchdringend im zeitlichen Bewegungsablauf.“ Der Gedanke, mit einer Anzahl von Lichtquellen mit vorgesetzten farbigen Glasscheiben zu experimentieren, war der Ansatz für weitere Farbenlichtspiele. Itten gilt als der Begründer der Farbtypenlehre. Von ihm stammen ein nach ihm benannter zwölfteiliger Farbkreis (vgl. Abb. 12.1, S. 152) sowie die Farbkugel in 12 Tönen

Abbildung 33.10:
Farbspirale nach Johannes Itten (1888–1967): *Die Begegnung* (1916)
(Kunsthaus Zürich)

http://www.dekleurenschaar.nl/html/kunstenaars.html

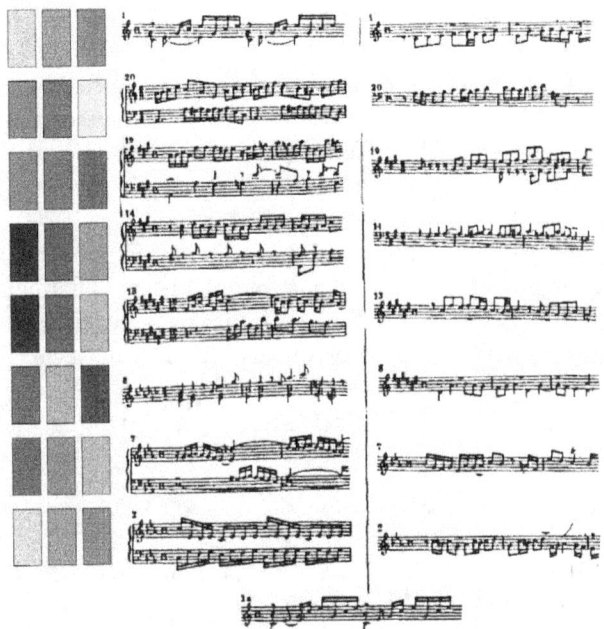

Abbildung 33.11:
Oben: Eingebundenes farbiges Doppelblatt
mit farbigen Zuordnungen zu einzelnen Tonarten der Präludien und Fugen
in Johann Sebastian Bachs *Das Wohltemperirte Clavier*.
Unten: Einmanualiges Cembalo vom englischen Cembalobauer
Abraham Kirckman (Kirchmann aus Straßburg), London 1765
(Leihgabe von Prof. Dr. Andreas Beurmann)

und 7 Lichtstufen nach Philipp Otto Runge (1777–1810). Letzteres war eine Vorarbeit für sein 1961 erschienenes Hauptwerk *Kunst der Farbe.*

In diesem Zusammenhang sind auch interessant die farbige Partitur-Notenschrift von Otto Heinrich Strohmeyer (1895–1967) sowie die farbigen Beziehungen zu den unterschiedlichen Tonarten der Präludien und Fugen in Johann Sebastian Bachs (1685–1750): *Das Wohltemperirte Clavier* von Reinhard Böß , vgl. auch Abb. 33.1, 454.

Abschließend sei bemerkt, dass auf dem Gebiet Farbe-Ton-Beziehung auch weiterhin Forschungen erfolgen wie u. a. zum Thema Farblichtmusik. In diesem Zusammenhang ist es wünschenswert, dass ebenso noch notwendige Forschungsaufgaben zur Erstellung einer umfassenden wissenschaftlichen Gesamtdarstellung der Geschichte der Farbe-Ton-Beziehung mit Erfolg bearbeitet werden und im Ergebnis zu einer Gesamtdarstellung beitragen mögen.

33.6 Bibliography

Beekman, C. Cannon: *Johann Mattheson Speculator in Music.* New Haven [u. a.]: Yale University Press (= Yale Studies in the History of Music, Vol. 1) 1947, S. 238–241.

Bösch, Reinhard: *Die ungleich schwebende Originalstimmung von Johann Sebastian Bach. Das Wohltemperierte Clavier.* Frankfurt am Main: Peter Lang 2009, Anhang: Vorderseite farbige Tastatur und Rückseite Farbzuordnungen zu Tonarten der Präludien und Fugen.

Finscher, Ludwig (Hg.): *Die Musik in Geschichte und Gegenwart. Allgemeine Enzyklopädie der Musik.* Zweite, neubearbeitete Ausgabe, Sachteil 3: Engelberg – Hamburg. Kassel: Bärenreiter-Verlag und Stuttgart: J.-B.-Metzler-Verlag 1995, Spalte 345–371.

Finscher, Ludwig (Hg.): *Die Musik in Geschichte und Gegenwart. Allgemeine Enzyklopädie der Musik.* Zweite, neubearbeitete Ausgabe, Personenteil 11: Lesage – Menuhin. Kassel: Bärenreiter-Verlag und Stuttgart: J.-B.-Metzler-Verlag 2004, Spalte 1339–1349.

Jewanski, Jörg und Natalia Sidler (Hg.): *Farbe – Licht – Musik, Synästhesie und Farblichtmusik.* (= Zürcher Musikstudien, Band 5). Bern, Hamburg: Peter Lang 2006, S. 146–163, 171–181, 234–245.

Mattheson, Johann: *Grosse General=Baß=Schule.* Zweite / verbesserte und vermehrte Auflage. Hamburg: Johann Christoph Kißner 1731, darin: Portrait: Joannes Matthesonius.

Strohmeyer, Otto Heinrich: *Gleise und Nebengleise des O. H. Strohmeyer.* (= Sonderreihe der Veröffentlichungen der Freien Akademie der Künste in Hamburg, hg. von Rolf Italiander). Freiburg: Rombach 1964, hier: farbige Umschlagvorderseite: Inken Strohmeyer.

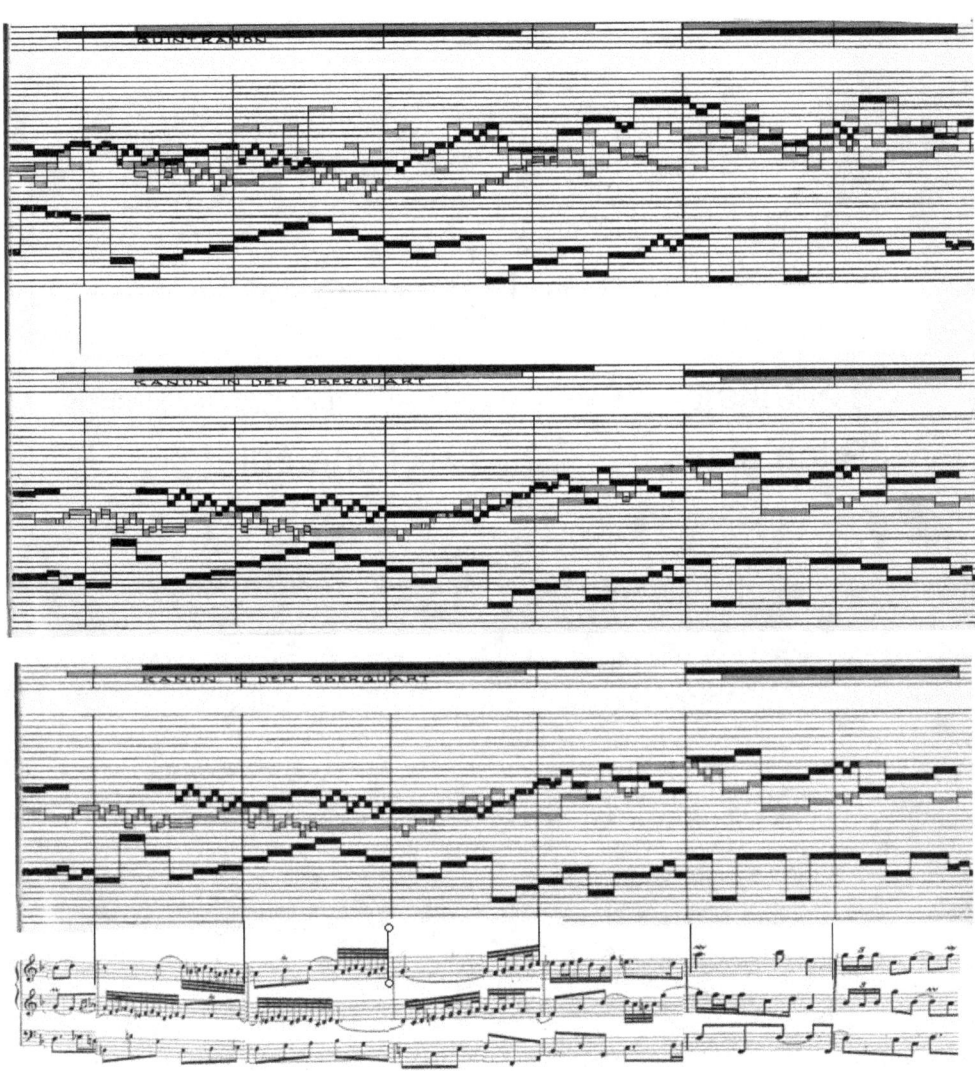

Abbildung 33.12:
Strohmeyer, O. H.: Aufzeichnung des Adagio der Triosonate d-moll für Orgel,
BWV 527, Takt 48–52 von J. S. Bach in seiner farbigen Partitur-Notenschrift.

Pitch – Tone color

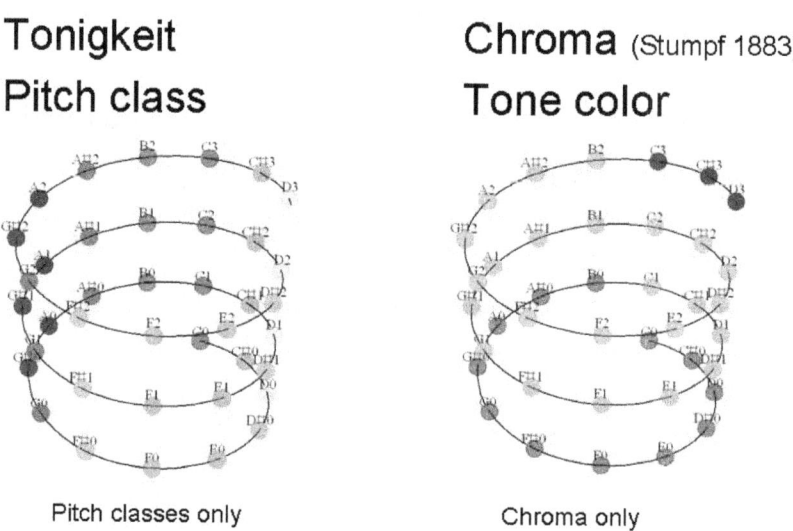

Figure 34.1:
Multidimensional Perception of Musical Timbre

Multidimensional Perception of Musical Timbre

Rolf Bader (Hamburg)

Abstract

Music perception is closely related to vision and matter. A phylogenetic reason is the development of the human ear from skin, where the hair cells on the basilar membrane of the inner ear were hair on an outer skin in previous evolutionary periods. So music is often associated with terms derived from color, like brightness, brilliance, hue, or tone color as a general term. This tone color or timbre is known to be a multidimensional space, where physical parameters are associated with perceptual dimensions. It is interesting to note, that this perception is a purely musical one, next to a synaesthetic association or vision of color with tones, chords, rhythms or even tonalities. This is even enhanced by tactile sound features like sharpness or density or spatial room perceptions, in terms of room acoustics like room size or complexity, emotional aspects like intimacy or fear, or symbolic descriptions like dark, light, closed, or infinite.

34.1 Introduction

The relation between music and color has been on debate since the philosophical ideas of Aristotle concerning an association between pitches and visual colors which continued through history until the last 19th century [Jewansky 1999]. Although reasonings reappear in several writings, e.g that the tone c, taken as a fundamental, is associated with the color red, no general agreements can be found. The problem was discussed in many other respects, too, mostly psychological and physiological. In terms of physiology the perception of tone and color is localized at different brain regions, while color and vision is mostly localized dorsal, at the back of the head, and auditory perception is localized at the primary and secondary auditory cortex at both head sides [Martinez-Conde 2006a]. Both of these perceptions appear at the cortex level and above the brain stem or basal ganglia regions. These two regions are mostly considered to behave fundamentally different. While the brain stem is known to act more or less in an automatic way, the cortex is also called the associative brain region. Therefore, multisensory integration [Martinez-Conde 2006b] is often not only a very complex phenomena but also one of subjective freedom as associations may appear randomly within subjects and are therefore not intersubjectively stable. This finding reappears in psychological investigations of the tone-color relation starting with the energetic movement of Ernst Kurth or Heinrich Schenker around 1900 [Anschütz 1927-1936]. From an empirical standpoint the association with color can be triggered by many musical parameters, pitch, timbre, tonality, rhythm, etc.

Still it is interesting that color is part of music itself, as tone color or timbre. A very basic understanding of timbre is a negative definition, which is defined as all aspects of sound which are not pitch. This corresponds to the difference between shape and color in vision, where e.g. the shape of a chair can be kept constant while the chair may have any color. This is also found in music that a pitch stays the same no matter which instrument plays it. Still this association between music and vision, to differ between shape and color, pitch and timbre, is not followed by a color sensation at first. It is clearly associated to brightness, a visual cue, and many notions known from vision like depth or hight, roughness or sharpness.

In the follow, basic associations between musical pitch and timbre on the one side and vision on the other are discussed. These perceptions are much more physiologically hard-wired and so intersubjectively stable than the intersensory associations between tone and color.

34.2 Pitch and Tonal Fusion

In a medieval textbook about logic Petrus Hispanus develops logic and therefore philosophy from sound [Hispanus]. From sound comes syllables which when combined lead to words. Again combining words lead to sentences. Two sentences may lead to a conclusion and are therefore logic, clearly stating that philosophy is about language. Much later Immanuel Kant found perception to be a combination of synthetical (bottom-up) process and an analytical (top-down) shaping of a priori categorization leading to understanding [Kant 1974].

Starting with, and then leaving a scholastic standpoint by rethinking *De Anima* and other writings of Aristotle, Franz von Brentano worked out the foundation of modern psychology by discussing the *nois poeticos* [Brentano 1867]. Here the problem was the connection between an absolute spirit which could then not know anything about the world as its absoluteness would prevent it from being in touch with this world. The creating spirit, a notion of Aristotle solves this problem and could serve as a foundation of the common aesthetic dialectics between unity and manifoldness. Brentano had three important students, Sigmund Freud in the fields of psychotherapy, Edmund Husserl with his sensual based philosophy of phenomenology ('Back to the things.') and Carl Stumpf, the founder of modern music psychology. His writings *Tonpsychologie [Tone Psychology]* discusses the notion of tonal fusion [Stumpf 1883, 1890]. The fusion of the manifold of frequencies entering the human ear to a single pitch sensation was not an arbitrary music psychological starting point but one at the core of perception in general. Fusion then is taken to be the foundation of 'understanding' of multiple sensory inputs. This understanding comes into place due to a creative work of the subject, namely the fusion process. This is still the standpoint of modern music psychology.

Physiologically, the human cochlea is a Fourier analyzer which separates the sound signal into discrete auditory bands which are again physiologically separated and move through different auditory procession nervous nuclei (nucleus cochlearis, superior olive, infererior colliculus, etc.) coding the signal not only spatially separated but also temporally in terms of nervous firing rate. Still the processing stages are manifold and also interaural correlations are performed at different processing stages.

Still in the end the manifold of nerve firings is fused into one single pitch sensation if harmonic overtone spectra are presented. The basic theory to understand this process is due to the overtone structure, that the fundamental pitch is derived as a common denominator. Still complex spectral amplitude shapings or even slightly inharmonic overtone spectra also lead to pitch sensations. Still these are often ambiguous, where the perceived pitch can only be found statistically as a choice between different possibilities [Goldstein 1973] [Goldstein et al. 1978]. Here, the fusion process is unstable and perception may shift even within one subject between different pitches for the same sound presented.

34.3 Perception of Timbre

Now as pitch is a purely psychological phenomenon it is clear that timbre is one, too. To understand timbre perception mostly Multidimensional Scaling Techniques (MDS) were performed (for one of the first see [Grey 1977], still many more have been performed over the decades). Here, sound pairs are presented and subjects are asked to judge their similarities. They are not asked about any timbre features and so do not need to find notions or terms. Then, presenting all possible sound pairs the perception is fitted into a multidimensional space which is chosen to be of such a dimensionality to represent about 90% of all perception. The dimensional axes then are the perceptual axes. These axes can then again be associated with the acoustical features of the sounds and therefore a direct mapping between perception and acoustics is possible.

34.4 Brightness of Timbre

It is interesting to see that none of the MDS timbre investigations found a perceptual space larger than three dimensions. The most obvious timbre feature appearing very stable throughout nearly all investigations is brightness. It is acoustically associated with the spectral centroid, the spectral 'middle'. So if many high partials are present in the sound the spectral centroid is high and the sound is perceived as bright, and vice versa. This brightness is so strong that even the recognition of musical instruments in instrument families (guitars, violins, organs, etc.) within their steady-state phase is mostly driven by this brightness. Although with brightness no color like red or green if associated, still it is a visual feature which seems to be so hard-wired that is appears intersubjectively.

34.5 Brightness of Pitch

Still brightness is also found with pitch perception most strongly. Low pitches are less bright than high pitches, no matter which instrument plays the sound and therefore no matter which timbre is used. This increasing brightness is indeed the only feature which makes it possible for us to distinguish pitches played in octaves. As the human ear perceived pitches in a logarithmic way in which a doubling of the frequency means a reappearance of the same pitch, still an octave higher, without this brightness difference between different pitches we were not able to tell e. g. a c^1 from a c^2 or a sub-contra C.

34.6 Confound Perception of Pitch and Timbre via Brightness

This means that pitch and timbre cannot be taken to be independent one from another, contrary, they are confound, interwoven, and can never appear alone. The connection between them is the brightness as a feature necessary for pitch and always clearly present and shaping timbre. This fact is of psychological interest in terms of tonal fusion, of the unification of the manifoldness, the relation between analytical and synthetical action, the activity of the *nois poeticos*. The fact that this interaction takes place though a visual association cannot be understood to appear physiologically through an interaction between the visual and the auditory cortex which, as discussed above, are more associative. Also they are later in terms of processing time, while the perception of brightness appears at an earlier perceptual time. So the perception of a visual feature deeply routed within auditory perception must appear within the primary auditory pathway in the brain.

The interactivity of perceptual data have widely been studied for some time mostly in vision. [Garner 1974] was one of the first to introduce a detailed theory on a perceptual level and uses larger reaction time to decision tasks to identify interwoven perceptual parameters. The only auditory example he uses is the relation between pitch and loudness, very well known in musicology. If a pure sinusodial tone is raised in amplitude while its frequency stays perfectly the same a raise in pitch of this tone is perceived. Lately, [Caclin et al. 2008] investigated the interactions of timbre perceptual dimensions, like brightness, spectral fluctuations, and the amplitude relations between even and odd harmonics in terms of brain EEG studies. Still it is not possible to localize the perception of these different timbre parameters in separate brain regions.

34.7 Timbre and shape

The association of timbre and sound with space and shape is also very obvious. Pointing to all details here is beyond the scope of this paper, only a few shall be mentioned. A very common notion of hearing is roughness perception like a rough surface is perceived. Also sharpness of timbre is known as a common perceptual feature. Coming from room acoustics and binaural hearing the depth and width of sounds is not only known from estimating the spatial state of a room but also within sounds themselves. So low tones are normally perceived as large, dull, and dark, while high pitches as small, sharp, and bright. Also association of timbres to physical properties are known like the estimation of hollowness [Lutfi 2001], thickness of a bar [Lakatos et al. 1997], etc. These estimations are taken from everyday experience and are learned. It is interesting to note that the physical color of a body does normally not influence the sound radiated from it when it is knocked or the like. So a relation based on everyday physical and physiological experience between color and sound is not present and therefore not automatically learned.

Another reason for the association between sound and space may be that phylogenetically the human ear developed out of skin. The inner and outer hair cells on the basilar membrane of the inner ear cochlea have been hair on an outer skin earlier in evolution. This skin then experienced geometries and surfaces as rough or sharp and it may be that this perception was biologically continued. Here again, touching a surface will not tell anything about its color and therefore again a hard-wired connection between those two is not present.

34.8 Conclusions

Because of physical, physiological, and evolutionary reasons an intersubjective stable association or identification between color and sound is not present. Experiencing objects in the physical world by making them sound or by touching them does not tell about their color but only about their shape or material properties. Therefore a strong connection between sound and space is present in hearing. The perception of color with sound is appearing in the associative cortex and is therefore very much subjective and freely chosen. Still the visual feature of brightness is within the core of auditory perception, the fusion process of the manifoldness of frequencies into a single pitch perception. This brightness perception must be implemented in the auditory pathway itself and therefore is intersubjectively very stable. Here, this brightness perception is not an arbitrary auditory feature next to many others, it seems to be the connection between the manifoldness and unity, between timbre and pitch. Still it does not include color sensation and therefore the relation between color and sound may be seen as up to the freedom of humans, or their spontaneousness or reason, as Immanuel Kant puts it.

34.9 Bibliography

[Anschütz 1927-1936] Anschütz, Georg (ed.): *Farbe-Ton-Forschung. [Color-Tone-Investigations.]* Bd. 1–3. Leipzig: Akademische Verlags Gesellschaft 1927, 1936.

[Brentano 1867] Brentano, Franz von: *Die Psychologie des Aristoteles, insbeson-dere seine Lehre vom Nus Poiētikos. [The psychology of Aristoteles, especially his doctrine of nus poiētikos.]* Reprint. Darmstadt: Wissenschaftliche Buchge-sellschaft 1967.

[Caclin et al. 2008] Caclin, A.; Smith, B. K. & M.-H. Giard: Interactive process-ing of timbre space dimensions: An exploration with event-related potentials. In: *Journal of Cognitive Neuroscience* **20** (2008), 49–64.

[Garner 1974] Garner, W. R.: *The processing of information and structure.* Hobo-ken, New Jersey: Wiley & Sons 1974.

[Goldstein 1973] Goldstein, J. L.: An Optimum Processor Theory for the Central Formation of the Pitch of Compex Tones. In: *Journal of the Acoustical Society of America* **54** (1973), 1496–1516.

[Goldstein et al. 1978] Goldstein, J. L.; Gersen, A.; Srulovicz, P. & M. Furst: Verification of the Opimal Probabilistic Basis of Aural Processing of Pitch of Complex Tones. In: *Journal of the Acoustical Society of America* **63** (1978), 486–497.

[Grey 1977] Grey, J. M.: Multidimensional perceptual scaling of musical timbres. In: *Journal of the Acoustical Society of America* **61** (5) (1977), 1270–1277.

[Hispanus] Petrus Hispanus (ca. 1215–1277): *Tractatus – Summulae logicales.*

[Jewansky 1999] Jewansky, Jörg: *Ist C = rot? Eine Kultur- und Wissenschafts-geschichte zum Problem der wechselseitigen Beziehgungen zwischen Ton und Farbe, von Aristoteles bis Goethe. [Is C = red? A cultural and scientific history about the problem of mutual relations between tone and color, from Aristoteles to Goethe.]* Sinzig: Studio 1999.

[Kant 1974] Kant, Immanuel: *Kritik der reinen Vernunft. [Critics of pure reason.]* Werkausgabe in 12 Bänden, III/IV. Berlin: Suhrkamp 1974.

[Lakatos et al. 1997] Lakatos, S.; McAdams, S. & R. Chaussé: The representa-tion of auditory source characteristics: Simple geometric form. In: *Perception & Psychophysics* **59** (8) (1997), 1180–1190.

[Lutfi 2001] Lutfi, R. A.: Auditory detection of hollowness. In: *Journal of the Acoustical Society of America* **110** (2001), 1010–1019.

[Martinez-Conde 2006a] Martinez-Conde, Susana: *Fundamentals of vision: low and mid-level processes in perception.* Amsterdam: Elsevier 2006.

[Martinez-Conde 2006b] Martinez-Conde, Susana: *Fundamentals of awareness: multi-sensory integration and high-order perception.* Amsterdam: Elsevier 2006.

[Stumpf 1883, 1890] Stumpf, Carl: *Tonpsychologie. [Tone Psychology.]* Vol. 1/2. Leipzig: Hirzel-Verlag 1883, 1890.

Figure 35.1:
Farbe-Ton-Forschungen. Hg. von Georg Anschütz. 3 Bände.
Leipzig 1927, 1931, 1936.

Farbenhören, Tonsehen, Visualisierung synästhetischer Phänomene – und eine neue Synthese des Geistes.

Grenzgebietsfragen auf den Hamburger Farbe-Ton-Kongressen (1927, 1930, 1933, 1936)

Myriam Richter (Hamburg)

Wie funktioniert die Verbindung von Farben- und Toneindrücken innerhalb des menschlichen Bewußtseins? Die Beschäftigung mit synästhetischen Fragestellungen, die „Farbe-Ton-Forschung", die u. a. Mitte der 1920er Jahre in eine Art Theorie der „Audition colorée" (Friedrich Mahling) mündete, erlangte unter Einbezug der künstlerischen Dimension über Farblichtmusik, Farbenklaviere, absoluten Film und ‚psychische Malerei' in der heute fast vergessenen Zeitspanne von 1925 bis 1933 eine ungeahnte Intensität und kann nicht nur als Prototyp interdisziplinärer Forschung bzw. als ungewöhnlicher Idealfall einer Verbindung von Kunst, Wissenschaft und Interesse in breitesten Bevölkerungskreisen verstanden werden, *„sie hatte auch bereits ein wissenschaftliches Niveau erreicht, das erst gegen Ende des 20. Jahrhunderts durch neue Verfahren der Hirnforschung übertroffen wurde"* (Jörg Jewanski).

Vor allem im deutschsprachigen Raum gab es kaum eine Psychologie-, Musik- oder Kunstzeitschrift, in der nicht irgendwann in diesem Zeitraum ein Artikel über Synästhesie veröffentlicht worden wäre – eine vergleichbare Beschäftigung gab es in keinem anderen Land. Und Hamburg, 1914 schon Ausrichter des ersten internationalen „Kongreß für experimentelle Phonetik", war Austragungsort der ersten „Farbe-Ton-Kongresse" (1927, 1930, 1933 und 1936), die diese verschiedenen Strömungen bündelten und die Verbindung zwischen Wissenschaftlern und Künstlern, zwischen den einzelnen Fachdisziplinen, zwischen Natur- und Geisteswissenschaften und auch zwischen Wissenschaftlern und Laien herzustellen versuchten.

Einsatz und Aufwand der Bestrebungen zu einer empirischen wie auch theoretischen Fundierung der Synästhesie-Forschung waren zwar enorm hoch, man wird jedoch, gerade hinsichtlich der ausbleibenden „großen Zusammenfassung" (Georg Anschütz) des Gebietes der Farbe-Ton-Forschung, den Eindruck nicht los, dass diese letztlich mehr noch ein Baustein zu neuen ästhetischen, geistigen und weltanschaulichen Synthesen wurde. 1930 prägte der spiritus rector Anschütz die ‚Geistesformel' einer „Neuen Synthese des Geistes" und daraus folgernd sogar einer „Neuen Form des Menschen", die sich über diese Forschungsrichtung konkretisieren ließe. Doch selbst die Hoffnungen und Verstrickungen in den „politischen Umbruch" mit seinem „innere[n] Zusammenschluß der Künste" (Anschütz) können nicht verdecken, welch Potenzial in diesen vier Kongressen lag, die sich über zwei politische ‚Kulturen erstreckten. Sie stehen im Fokus des Beitrags, der von diesen ungewöhnlichen Ereignissen entlang der Kongress-Berichte und Publikationen etlicher der Vorträge in den *Farbe-Ton-Forschungen*-Bänden (1927, 1931, 1936) einen Eindruck geben möchte.

35.1 Bibliography

Anschütz, Georg (Hg.): *Farbe-Ton-Forschungen.*
> *Band 1.* Leipzig: Akademische Verlagsgesellschaft 1927.
> *Bd. 3. Bericht über den 2. Kongress für Farbe-Ton-Forschung.*
> Leipzig: Akademische Verlagsgesellschaft 1931.
> *Bd. 2.* Hamburg: Psychologisch Ästhetische Forschungsgesellschaft 1936.

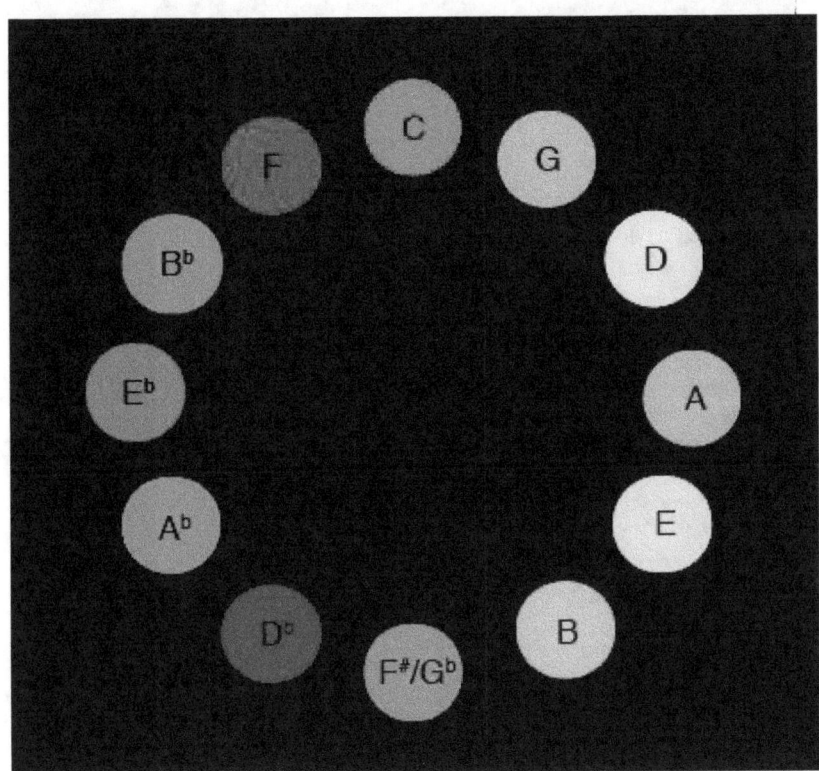

Abbildung 35.2:
Scrjabin Circle
Die Tonarten und Farben nach dem Quintenzirkel angeordnet.

http://upload.wikimedia.org/wikipedia/commons/f/fb/Scriabin-Circle.svg

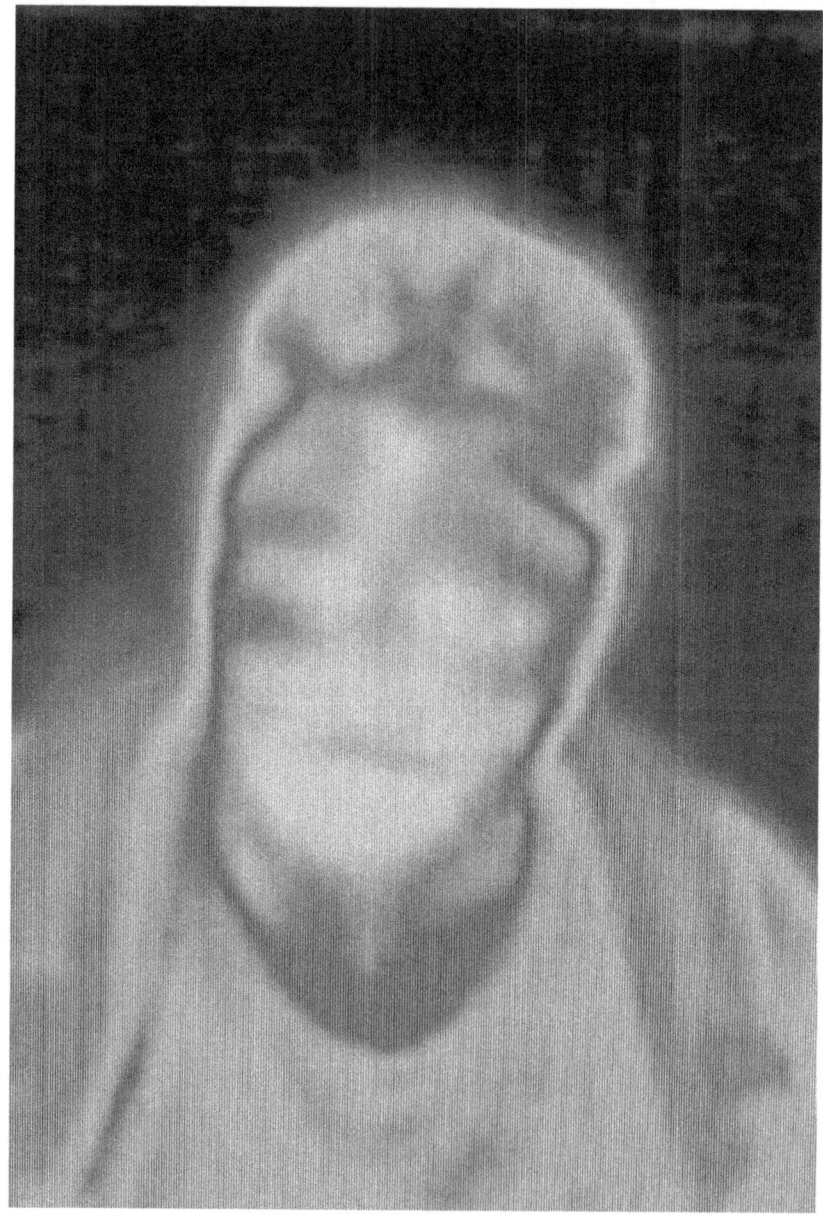

Figure 36.1:
Image of a person in infrared, visions possible perceived by a snake

Photo: Rebecca Kittel

Colour visions among humans and animals

Rebecca Kittel (Adelaide, Australia)

36.1 How do we perceive colours?

To answer this question we first have to define colours, because our surrounding world is colourless with insufficient light! All cats are grey at nighttime says a common German proverb, but with light all cats, plants or buildings will appear in their natural colours. Yet how can the white (or seemingly colourless) light – regardless if natural or artificial – create all these colours? Light itself is not free of colours but comprises colours of different wavelengths. The spectrum can be seen in rainbows, which if added together will appear white. What we do see and recognise as one particular colour is the colour that is reflected from the object, e.g. a red rose reflects red light and absorbs the light of all other wavelengths. The reflected light of the rose hits our eyes and we perceive a red colour impression of the rose. The light particle[1] (photon) hits the photoreceptor inside the eye, stimulates it and we perceive this particular colour. But not on only reflecting lights stimulates the eyes, natural sources do it too.

36.2 The eye

To have eyes is not a matter of course: Animals who live in the darkness often do not have eyes (anymore): no eyes are needed underground, in the deep sea

---

1 Light: wave or quantum (photon)? Some characters of the light resemble of waves, others of quantum. Therefore the term of dualism is used to explain both valid theories of the light structure.

or as parasites inside other organisms. For some rather small invertebrates it is sufficient to have primitive eyes or only light sensitive organs to orientate themselves to the light. True eyes can be found in only about one third of all animal phyla.

Eyes were independently invented approximately forty times, with about ten different types of eyes: pit eyes, spherical lensed eyes, multiple lensed eyes, refractive cornea, and reflector eyes or compound eyes.[2] The deeper the photoreceptors are inside an eye, the better the perception of direction of the light. With a movable lens the animals will be able to adjust the depth of focus.

36.3 Vertebrates

The most basal vertebrates, fishes, are able to perceive different colours, some of them even as much as ultraviolet light. General perception depends on the species and of predominant light conditions of the water bodies. Since the light intensity in the water body decreases with depth, many deep sea fishes developed particularly photo-sensitive eyes: the lenses become spherical, photo receptors become larger and are partially arranged in several layers. Sense of light does not play a role below 800 m, except for species which can produce light themselves.

Amphibians and reptiles have three or four cone types and are therefore able to recognise colours. Some species are sensitive to UV light (e.g. Geckos). Snakes of the subfamily Crotalinae (belonging to venomnous vipers) are mostly nocturnal and have developed a special organ to detect prey: they use the pit organ (located between nostril and eyes) to 'see' the heat of the prey in infrared (Heat; Fig. 36.1, p. 490).

It is said that birds have an outstanding colour vision, and this is certainly true. They have four cones types: three are the same as in human beings, with an additional cone to for short-wave UV light. Most of the birds are therefore likely to perceive UV light, except nocturnal birds.[3] The term UV light does not comprise one colour but many, which are as different as red, green and blue. The fourth cone type means that birds and all other animals with a fourth cone (Tetracromats) perceive more colours in their eye than Trichromats (species with three cone types in the eyes). It is even possible that they are able to perceive other qualities of the visible light than we are used to (brightness, colours, and saturation).

2 Woog 2004.
3 Woog 2004.

Birds do not only use UV light to find nutrients (many small mammals release UV reflecting particles together with the urine; ripe berries reflect more UV light), but also to find a suitable partner. The plumage of birds reflects the UV light differently depending on their sex, but also the healthiness of them reflects more vibrant colours.[4]

The first mammals emerged about 210 mya, the only ecological niche left over by the poikilotherm dinosaurs then were the colder nights. Thus, mammal's inability to distinguish between red and green was not a disadvantage since these are the first colours to disappear at dawn[5] (Fig. 36.2, p. 494). Most mammals have therefore only two colour receptors in their eyes: the short-wave S-cones and the long-wave L-cones. An exception is the old world apes[6] – and therefore also humans – a mutation took place about 30 mya and since then apes are able to distinguish between red and green. This was a useful innovation since they could tell ripe reddish fruits and berries better apart from green leaves.

Therefore, the eyes of mammals became adapted to their environment. In some cases it meant a reduction of the different cone types in an eye, e.g. seals and toothed whales see neither red and green nor blue; they are completely colour blind.[7] They can only perceive different ranges of brightness. Other mammals experienced an expansion of the perception spectrum of the eye: bats are able to see well in the dark due to an increased number of rods, and some can even perceive UV light (up to 310 nm). Rats, gerbils and some marsupials – most nocturnal species – are able to see UV light due to a modification of the cone for short-wave light.

36.4 Humans

The human eye does not differ much from that of an old world ape. Humans have three receptor types in their eye, one at 437 nm, 533 nm and 564 nm. Unfortunately, there are some drawbacks in the concept of the human eye, but humans lack any major disadvantage regarding their interaction with the environment. For one thing, the optical nerve is on the backside of the eye,

---

4 Humans are also able to see if a bird is healthy or not, although usually later than another bird: We recognise it when they start to look shaggy.

5 Ancestors of mammals were not red-green blind. The most likely scenario is, that more rods were developed in the eye and the amount of cones were reduced.

6 Some of the new world apes are also able to differ between red and green, see Jacobs & Nathans 2010.

7 They possess another cone typ with a medium wave-lenght but one needs at least two cone types to perceive colours.

Figure 36.2:
Eye of a mammal

Diana Neureiter (`Pixelio.de`)

so that we are 'blind' on a few square mm. A wrong combination of areas
on the x-chromosome may result in the loss of genes, e.g. the gene for green
receptors (if so, then one has a true red-green blindness) or the absorption
maxima may change. Red-green amblyopia is often called colour blindness
called (Fig. 36.3, p. 495). This amblyopia is innate and cannot be weakened or
strengthened over time. Approximately 9% of men and about 0.8% of women
are concerned.[8] Much less common is the blue yellow amblyopia or true colour
blindness where a person can only perceive different shades of brightness. On
the other hand, a duplication of a receptor is also possible: some women have
yellow cones (additional to the normal red, blue and green) and are thus able
to perceive colours differently.

---

8 The genes for red and green receptors are located on the x-chromosome. Women have two
to compensate if one is damaged. Men have only one. See Penzlin 2005, p. 970.

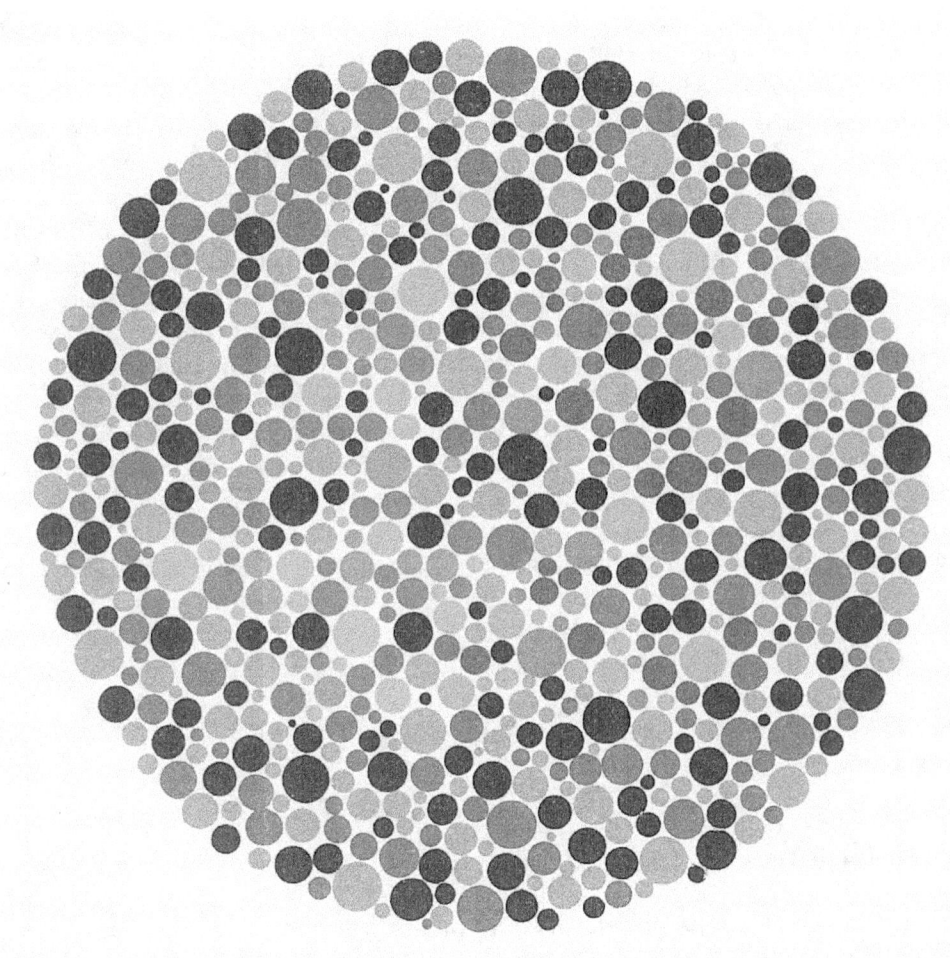

Figure 36.3:
Ishihara test
In Germany pupils are tested with an Ishihara test to see
whether a person is colour blind or not, in order
to identify and react as early as possible to a colour blindness.

Ishihara test

36.5 Invertebrates

Invertebrates possess larger eye receptor possibilities than vertebrates: Octopuses, like most other cuttlefishes, have only one receptor, spiders and many crustaceans have two, jumping spiders and daphnia species have four, and mantis shrimps have up to twelve different receptors! It is amazing that despite their highly developed eyes and their ability to change the colour of the body most cuttlefishes are not able to see colours.[9] They possess only one kind of receptor and are therefore unable to see more than only the shades of brightness. Within the large group of insects eyes are not alike (Fig. 36.4, p. 497), e. g., most bees and wasps have three receptor types in their compound eyes. Dragonflies, on the other hand, have five, whereby the receptors are not evenly distributed: upwards directed parts of the compound eye are sensible to blue and UV light, downwards directed parts react to red and green.

Insects do not only use UV light to find plants – many flowers reflect UV light to attract insects – but also to signal/communicate with other insects. One can take photos with a UV sensitive film of otherwise uni-coloured butterflies just to see intricate patterns on their wings. Bees are a good example as they fly from one flower to another to collect the nectar and orientate themselves by UV light reflected from the flowers (nectar guides) and not by the actual colour e. g. red, because they cannot see red. Interestingly, the range of colours insects can perceive is slightly shifted to what we can see, about 100 nm. Another advantage compared to us is that insects can perceive polarised light. Thus they can orient themselves in the area and estimate the time based on polarised light together with the position of the sun.

36.6 Colours of the night

When the sun sets, the flowers of some plants will open up. These nocturnal plants attract pollinators partly with their scent but also with their optical signals. Usually they are pollinated by moths and have therefore lighter colours to reflect the last bit of the moon light. The human eye hardly notices the chemical compounds of white flowers (flavones and flavonols); however, moths and bats see the differences in the absorptions of UV light. The best known nocturnal plants in central placeEurope are the White Campion (*Silene alba*) and the common evening primrose (*Oenothera biennis*).

Reflected light is not the only light to by seen be animals, some species are even able to produce their own light to communicate. The most well-known

---

9 Woog 2004.

Figure 36.4:
Eyes of an insect (Horse fly)

Image: Horse fly; Siegfried Friese (`Pixelio.de`)

species are the fireflies (despite their name, they do not belong to the flies but to a family of beetles: Lampyridae). Fireflies have special cells in their abdomen (photocysts) where the light will be produced by a chemical reaction. Luciferin reacts with the enzyme luciferase with oxygen. The production of light is thereby extremely effective: 98% of the assigned energy is used for the light and only 2% is lost as heat. As a comparison: a common light bulb produces about 90% heat and only 10% light. This kind of light based on biochemical procedures is called bioluminescence. Adult firefly use the light signals (sending and receiving) to identify partners. Most species of fireflies however do not shine permanently but have a certain flashing code, which is usually different among the sexes.[10]

Animals in the deep sea or nocturnal species usually have particularly large eyes in order to be able to catch as much light as possible in their dark environment. Some fishes with huge pupils or crustaceans with very large eyes are even able to catch light as deep as 900 m, but that is as deep as the natural sunlight goes. However, you can still find animals in deeper water with large eyes. Here too animals produce bioluminescent light to communicate, to attract partners, to trap prey, or for protection. About two third of all species in the deep sea (200–1000 m deep) are able to produce their own light. The mechanism in the deep sea bioluminescence is different from the fireflies. Fishes usually cannot turn the light on and off at their will, but they can hide the shining cells with skin folds.

The presence of absence of light does shape the behaviour of animals in a crucial way. Usually there are different animals active during the days or at night times, especially in a reef habitat: when the sun sets and everything goes dark some animals do not only change their behaviour but also their colour, e.g., they become darker and their skin pattern disappears. Most of the nocturnal animals are red coloured due to a better camouf"|lage since the water will absorb red light first and then they are not to be seen. For a nocturnal fish the perfect camouf"|lage is to be red at night times and greyish blue during the day to avoid being eaten. Light is also an important control factor for timing, not only on a daily rhythm but also for the seasons. Many species under water are able to determine the seasons exactly to the day due to the perception of polarised light. This is particularly important for those immobile species, which cannot swim to meet a partner but rely on the water's current so that they all release sperms and eggs at the very same moment to reproduce.

---

10 Vgl. Schwalb 1961.

36.7 Why do we need all the different colours?

Most colours in nature are caused by different pigmentations. In skin, hair, feathers, scales, leaves, flowers and fruits a variety of dyestuffs is stored: yellow to reddish carotinoides, greenish bilines, blue to purple and red anthocyanes, yellow to orange flavonoides.

The colouring materials are mostly not produced by the animals themselves but rather stored after consuming the colours with their food (plants or animals), like the pink of the flamingo, where the colours come from either some crustaceans or algae. Usually signals are better obtained with colours: frightening enemies (regardless if one is poisoning or not), intimidating rivals, attracting partners or just acting as camouf"|lage.

To live with remarkable colours is connected with substantial 'costs' for animals. Besides the fact that the source of the colouring material might not always be available, it attracts not only partners but also enemies if an animal has a colourful pattern. Who can afford such a colourful pattern has usually also a healthy immune system and presents biological fitness. But an animal does not always have to be colourful. Birds who live in snowy areas and have a white plumage in winter which looks to an untrained eye as just part of the snowy scene; thus, these animals are well adapted. Yet birds of the same species can spot other specimens easily since the plumage reflects the UV light differently than snow. Not only finding a partner but also distinguishing between the sexes is easier with UV light, e.g., the plumage of the male blue tit (*Cyanistes caeruleus*) reflects more UV light than females, thus they have no problem at all where we only see two exactly same coloured birds. The older and more experienced a blue tit gets, the more UV he reflects with his plumage.

The point of camouf"|lage is to look like something inedible or like an enemy of the attacker: animals camouf"|lage as twigs (caterpillars) or leaves (stick insects), as pebbles or as bird droppings (caterpillars) or they mimic other dangerous animals (caterpillar – snakes) or just not tasty species (Monarch and similar looking butterflies). But as good as they are, not all enemies are so easy to bluff by mimicking their appearance: those animals that are able to perceive UV light are more likely to see that the twig reflect UV differently than a caterpillar.

36.8 Development of colours

After we have learned how we perceive colours and why they are so important it is also crucial to know how colours are constructed. Some animals are able to produce colour pigments themselves or at least are able to store pigments in their bodies. Another way to show a variety of colours is to use structural colours. These are not stored pigments but metallic reflection on a surface, e.g., on butterfly wings. If the surface (e.g. a scale of a butterfly) is transparent and consists of a couple of layers, the light will be reflected by every layer. Thus the light will be reflected and at the same time scattered by every layer and together they may form colourful interferences depending on the light and the angle of the observer. Often these optical tricks are supported by stored pigments (Fig. 36.5, p. 500).

Figure 36.5:
Colours are not only based on pigments but also from structural colours. These reflections are not always visible to the human eye.

Image: Peacock; Foto: Rebecca Kittel

36.9 Bibliography

GOLDSMITH T. H.: Vögel sehen die Welt bunter. In: *Spektrum der Wissenschaft* (2007), Heft 1, p. 96–103.

JACOBS, G. H. & J. NATHANS: Der merkwürdige Farbensinn der Primaten. In: *Spektrum der Wissenschaft* (2010), Heft 5, p. 44–51.

KITTEL, REBECCA: *Farbwahrnehmung bei Mensch und Tier.* (German Version). In: WOLFSCHMIDT, GUDRUN (Hg.): *Farben in Kulturgeschichte und Naturwissenschaft.* Begleitbuch zur Ausstellung in Hamburg 2010–2012 zum 50jährigen Jubiläum des IGN. Hamburg: tradition science (Nuncius Hamburgensis – Beiträge zur Geschichte der Naturwissenschaften; Band 18) 2011, S. 388/389–399.

PENZLIN, H.: *Lehrbuch der Tierphysiologie.* Heidelberg: Spektrum Akademischer Verlag (7. Auflage) 2005.

SCHWALB, H. H.: Beiträge zur Biologie der einheimischen Lampyriden *Lampyris noctiluca* GEOFFR. und *Phausis splendidula* LEC. und experimentelle Analyse ihres Beutefang und Sexualverhaltens. In: *Zoologische Jahrbücher: Abteilung für Systematik* Bd. **88** (1961), H. 4, p. 399–550.

WOOG, F.: Farben der Natur – Sehen und gesehen werden. In: *Stuttgarter Beiträge zur Naturkunde, Reihe C – Wissen für alle* **56** (2004).

Figure 37.1:
Jakob von Uexküll (1864–1944), 1903

Wikipedia

Investigators of Colour Signs – Physiology, Pychology and Biosemiotics of Colour Perception in the legacy of Jakob von Uexküll

Torsten Rüting (Hamburg)

The Baltic-German biologist Jakob von Uexküll (1864–1944), who founded and headed the Institut für Umweltforschung at Hamburg University 1925–1939, developed a new theory of biology which influenced interdisciplinary research in science and philosophy . His theory of signs, which explains colours as qualia of visual signs, became well recepted in psychology, the arts and and architecture.

When the avant-garde of biocybernitics and systems research gathered at the Biological Computer Laboratory (BCL) in Indiana which was founded by Heinz von Foerster in 1958, many scientists were influenced by Uexküll. The young Chilean Neuroscientists Humberto Maturana and Francisco Varela then studying the colour vision in animals impressively confirmed Uexkülls theory of perception. Their experiments on the phenomenon of coloured shadows which demonstrates the fundamentally relativistic nature of colour perception, became a common example for radical constructivistic ideas in psychology and biosemiotics.

http://www.math.uni-hamburg.de/home/rueting/Projekte.htm

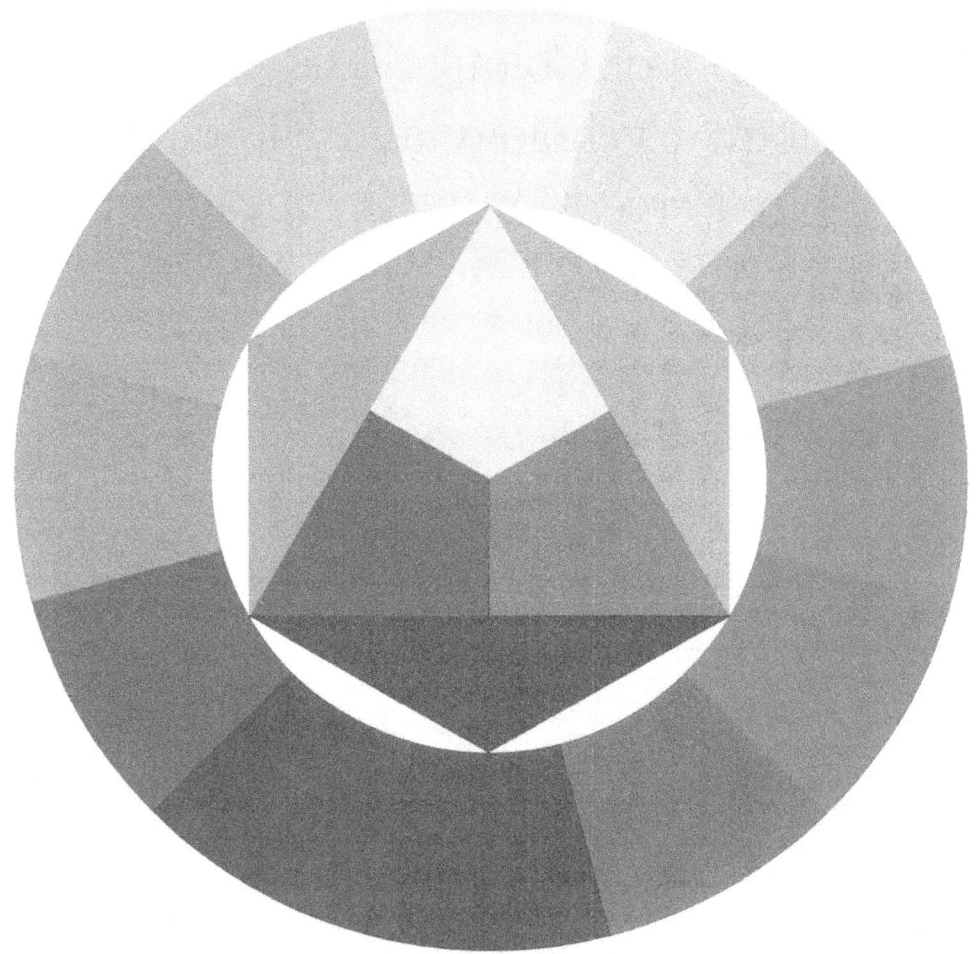

Figure 38.1:
Der zwölfteilige Farbkreis von Johannes Itten.

Itten 1974, Kat. 5.

Uexkülls "gestaltende Melodie", die "reflektorischen Lichtspiele" des Weimarer Bauhauses, die Mobil Colour Machine in Pasadena und die Anfänge der Computergrafik

Cornelius Steckner (Köln)

Abstract: Uexküll's "form-giving melody", Weimar and the Pasadena Light-Machine – The Beginning of Computer Graphics

The early Weimar Bauhaus adapted the Umweltlehre of Jakob von Uexküll. This proposed the complementarity of neuronal receptors and effectors to shape the environment as a world of signs. Such a sign Uexküll called a "schema" or "form-giving melody". In Weimar this pattern was adapted for a sort of reverse-engineering of the human environment. A red chair was such a "schema". It was the manifestation of a specific melody (Sitz-Ton) and had to be composed in the furniture workshop in control of a complementary master of form (*Merkwelt*) and a master craftsman (*Wirkwelt*). Also the students received a related sensory-motor training – harmonising the organisms and their environment. Even the terminology followed Uexküll.

A second step came in 1923. Uexküll had written: *"Finally, we know that all qualities are the material of a particular form. The form of the moments is time, the form of the place is the extended, the form of the direction-step is motion."* (Theoretical Biology, 1920).

At this time technology, media and transport, had extended the human environment, and the Weimar Bauhaus began to focus the New Unity of Art and Technology. Stainless steel replaced wood and artificial light replaced the paint tube, now to generate the form-giving melodies of the Reflectorial Color Plays. In red, yellow and blue, as Goethe's Farbenlehre had described. And these projected colors had to respect their complementary effects also in time. In 1927 the Hamburg Color-Tone-Congress enjoyed such melodies of pure color light, and in Berlin early experimental film further explored this sign system. Hilla von Rebay adapted this, to guide the new mechatronical approach of the Guggenheim Light Institute at Pasadena. And this became the first step towards computer graphics.

Der Weg von den „reflektorischen Lichtspielen" des Weimarer Bauhauses bis hin zu der für das New Yorker Museum of Non-Objective Painting (MNOP) von S.R. Guggenheim in Pasadena, Kalifornien, entwickelten Mobile Colour Machine als Prototyp der zur Computergraphik führenden Technik ist auf dass engste mit den Wirkungen der Umweltlehre Jakob von Uexkülls verbunden und den Auswirkungen der nach der politischen Macht greifenden der NSDAP auf Forschung, Lehre und künstlerische Praxis.

38.1 Das Staatliche Bauhaus Weimar 1923

Der Gegenfarbenkreis auf der ersten zu Goethe Farbenlehre von 1810 gehörigen Tafel ist immer wieder neu gestaltet worden, so wiederum in Weimar von Johannes Itten im Rahmen der Vorlehre des Staatlichen Bauhauses (Abb. 38.1, S. 504). Weitere Materialien aus dem Unterricht von Paul Klee, Gertrud Grunow und Wassily Kandinsky zeigte die Bauhausausstellung von 1923 (Abb. 38.2, S. 507). Typisch waren Übungsaufgaben zur „Entwicklung des Auges als des rezeptiven Sinnes und des Tastsinnes als des produktiven Sinnes".[1] Alles zielte auf das greifbare Sichtbarwerden des unbewußten Gestaltungsdranges.[2] Als Hauptfarben galten Rot, Gelb und Blau und dieser Trias waren räumlich Quadrat und Würfel, Dreieck und Pyramide, Kreis und Kugel zugeordnet[3] und diese Räumlichkeit nahm Gestalt an auf Leinwand und Wand, als Glasfenster und architektonische Form oder wurde unter den Händen von Kurt Schwerdtfeger und Ludwig Hirschfeld zum bewegten „reflektorischen Lichtspiel" auf der

---

1 Staatliches Bauhaus / Nierendorf 1923, p. 33: Zeichnung der Grunow-Schülerin Lore Leudesdorff-Engstfeld, später Mitarbeiterin bei den Trickfilmen von Walter Ruttmann.
2 Diederichs 1920, p. 136.
3 Staatliches Bauhaus / Nierendorf 1923, Farbtafel V.

AUSSTELLUNG

1. In den Räumen des Staatlichen Bauhauses, Kunstschulstraße.

a) Raumgestaltungen:

Ausgestaltung des Vestibüls im Hauptgebäude: Joost Schmidt u. J. Hartwg.

Ausgestaltung des kleinen Treppenhauses: H. Bayer, Wandmalerei.

Ausgestaltung der Flure und Ausstellungsräume durch die Werkstatt für Wandmalerei.

Ausgestaltung der Durchfahrt nach der Belvedereallee: P. Keler, Wandmalerei und W. Molnár, Architekturabteilung.

Ausgestaltung des Vestibüls im Werkstattgebäude: O. Schlemmer, J. Hartwig, H. Müller; Steinbildhauerei und Wandmalerei.

Warteraum / Raumgestaltung / Versuchsarbeiten verschiedener Werkstätten. Leitung: Itten, später Albers. (Raum 26).

Arbeitsraum / Raumgestaltung / W. Gropius. (Raum 25).

b) Erzeugnisse der Werkstätten des staatlichen Bauhauses:

Tischlerei: Formmeister Gropius; Technischer Meister Weidensee. (Raum 45).

Holz- und Steinbildhauerei: Formmeister Schlemmer; Technischer Meister Hartwig. (Werkstattgebäude).

Wandmalerei: Formmeister Kandinsky; Technischer Meister Beberniss. (Werkstatt der Wandmalerei).

Glaswerkstatt: Formmeister Klee; Technische Leitung Albers.

Metallwerkstatt: Formmeister Moholy-Nagy; Technischer Meister Dell. (Raum 40 und 45).

Töpferei: Formmeister Marcks; Technischer Meister Krehan. (Raum 40 und 45).

Weberei: Formmeister Muche; Technischer Meister Börner. (Raum 40 und 45).

Druckerei: Formmeister Feininger; Technischer Meister Zaubitzer. (Raum 2 und 38).

Bühnenwerkstatt: Formmeister Schreyer, später Schlemmer. (Raum 38).

c) Theoretische Arbeiten:

Arbeiten aus der Vorlehre Itten. (Raum 36).

Arbeiten aus d. Analytischen Naturzeichnen Kandinsky. (Raum 37).

Arbeiten aus der Form- und Gestaltungslehre Klee. (Raum 37).

Arbeiten aus der Harmonisierungslehre Grunow. (Raum 37).

Arbeiten aus dem Farbkursus Kandinsky. (Raum 38).

Abbildung 38.2:
Einladung zur Bauhausausstellung (1923)

Original.

weißen Wand.[4] Diese Entwicklungen hatten ihren theoretisch-praktischen Hintergrund in den im Aufbau des Staatlichen Bauhauses gespiegelten Grundlagen.

Der 1923 der Öffentlichkeit vorgestellte programmatische Aufbau des Weimarer Bauhauses orientierte sich an dem von Jakob von Uexküll erschlossenen, unterhalb der Wahrnehmungsschwelle liegenden Aufbau von Sinnzeichen:[5] *"auch die Tonskala ist bereits vorhanden, sobald der erste Ton wahrgenommen wird, und die erste wahrgenommene Farbe besitzt bereits ihre Komplementärfarbe, bevor sie in die Wahrnehmung tritt."*[6] Die von Uexküll dargelegte Scheidung von Merkzeichen und Wirkzeichen spiegelte sich im Zusammenspiel von Werkmeister und Formmeister bei der Leitung der materialorientierten Werkstätten und war vom sensomotorischen Training der Vor- und Harmonisierungslehre begleitet:[7]

> *"Ein praktischer Unterricht, Harmonisierung genannt und auf die einheitliche Basis von Klang, Form und Farbe gegründet, ergänzte die verschiedenen physischen und psychischen Anlagen des Einzelnen. Er ersetzte jeden anderen humanistischen oder professoralen Unterricht: Sein Zweck war, die jungen Leute an eine exakte und unmittelbare Wahrnehmung der formalen Gegebenheiten zu gewöhnen und in ihnen eine spontane Neigung zu entwickeln, jede empfangene Erfahrung in eine klare äußere Gestalt umzusetzen."*[8]

Tatsächlich ist nachzuweisen, daß in diesem Zusammenhang Gertrud Grunow ihren Schülern Uexkülls „Biologische Briefe an eine Dame" in den Heften der *Deutschen Rundschau* von 1919 zum Lesen gab. Das sensomotorische Trainig bezog sich also auf die aller Gegenständlichkeit vorausgehende „gestaltende Melodie", wie Uexküll sich ausdrückte: *"Bei diesem Vorgang ist die Melodie der Richtungszeichen das Gestaltende, die uns aber nur in der 'Gestalt' zum Bewußtsein kommt. Die gestaltende Melodie nannte Kant ein 'Schema', und die verborgene Kunst des Gestaltens in unserem Gemüt nannte er den Schematismus'."*[9] Denn Uexküll war bei seinen meeresbiologischen Untersuchungen eine Dreigliedrigkeit in der Steuerung sowohl der Rezeptoren wie der Effektoren aufgefallen (Abb. 38.3, S. 510). Die Augenmuskulatur steuerte ein Tripel aus Tonuserzeuger, Tonusreservoir und antagonistisch geschalteten muskulären Repräsentanten. Dieses Tripel nannte Uexküll Wirknetz. Dies wiederum war mit

---

4 Anschütz 1931, p. 109.
5 Behne 1919, p. 109; Behne 1917/1918, p. 694.
6 Uexküll 1928, p. 22. Wahl 2001, p. 201, Bezeichnung von Oskar Schlemmer vorgeschlagen.
7 Gropius 1923, p. 10 und Abb. p. 12.
8 Argan 1948: „sulla base unitaria del suono, del colore e della forma"; dt. 1962, p. 22.
9 Uexküll 1928, p. 22.

dem ebenso dreigliedrig aufgebauten rezeptiven Merknetz zum Funktionskreis geschlossen. In der Retina wandelte ein „Transformator" äußere Lichtreize zum Signal, das wiederum antagonistisch-komplementär geschaltete „Nervenpersonen" in Verbindung mit einem Erregungsspeicher als äußere Reizquelle lokalisierten und dabei an einen Qualitätenkreis gebundene Farbempfindungen generierten (Abb. 38.4, S. 511).[10] Dieses Modell der Sinneszeichen erklärte einerseits das Zusammenspiel der Rezeptoren mit der Augenmotorik bei der verräumlichten oder „greifbaren" Gegenstandswahrnehmung wie die komplementärfarbigen Schatten. Daß es dabei um bloße Sinneszeichen ging, sah der bei Étienne-Jules Marey in Paris geschulte Uexküll auch hier durch eine Art Inversion erwiesen. Denn die Lichtbildfolge ersetzte den von einem äußeren Gegenstand ausgehende Lichtreiz. Das machte jede hinreichend lange Filmsequenz zum Sinneszeichen eines körperlichen Gegenstandes oder einer Gegenstandsbewegung. Hier repräsentiert die Filmsequenz die Gegenstandsmelodie. Sie liefert Sinneszeichen und aus dieser Reizquelle generiert der Gegenstand: Keine Gestalt ohne Gestalter.

38.2 Die Hamburgische Universität bis 1933

"Keine Gestalt ohne Gestalter" ist ein Leitsatz der Personalistik des Hamburger Psychologen William Stern, der zusammen mit seinem 1917 hinzugekommenen Assistenten Heinz Werner maßgeblich am Aufbau der neuen Hamburgischen Universität mitwirkte. Stern hatte sich seit 1894 mit den vornehmlich in Auge und Ohr verankerten personalen Gestaltungsvorgängen in einer Reihe von Aufsätzen befaßt[11] und von hier aus seine Personalistik entwickelt. In seinem Leitsatz „Keine Gestalt ohne Gestalter" klang dann auch der grundsätzlich synthetisierbare Zeichencharakter der Gesichtsempfindungen mit. Und damit war prinzipiell die Grundlage für die Entwicklung abstrakter Filmsequenzen gegeben. Hier griffen die Sinneszeichen nicht mehr auf den Naturgegenstand zurück, sondern auf die generativen Eigenschaften des sensomotorischen Apparates. Auf dieser Grundlage sollte sich die naturgegenstandslose Malerei entfalten.

Sowohl Uexkülls Umweltlehre wie Sterns Personalismus verstanden Raum und Farbe als vom Organismus generierte Sinneszeichen, die in der menschlichen Umwelt wiederum auf synthetischen Sinneszeichen beruhen konnten, auf Werken der Fotografie, der Musik. der Architektur, des Films. Hier lag die Übereinstimmung der Personalistik Sterns und der seit 1926 in die medizi-

---

10 Uexküll, 1920a, p. 17.
11 Stern 1894, p. 321.

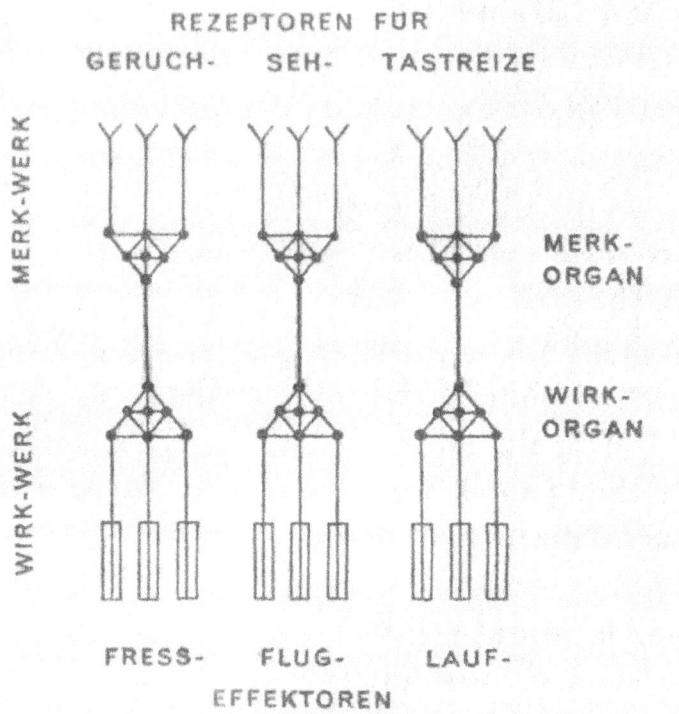

Abbildung 38.3:
Neuronale Darstellung des Funktionskreises

Uexküll 1930, Abb. 1 (Von L. Moholy-Nagy betreute Buchausgabe).

nische Fakultät der Hamburgischen Universität institutionell eingebundenen „Umweltforschung" Uexkülls – und hatte auch hier seine Grenzen:

> *"Die Umwelt des tierischen Individuums (wie sie z. B. von der Schu-*
> *le v. Uexkülls untersucht wird) ist starr und eng. Der Mensch hat*
> *eine labile, ewig wechselnde – vor allem mit sozialen, kulturellen und*
> *ideellen Momenten erfüllt – Umwelt, die zu gänzlich neuen (beim*
> *Tier nicht erforderlichen und nicht möglichen) seelischen Reaktio-*
> *nen führen muss."*[12]

---

12 Stern 1950, p. 35.

Daher interessierte die Schnittstelle zwischen Mensch und Tier und wurde am Beispiel der farbbasierten Handlungssteuerung des Hundes untersucht:

> *"Zur Pflege der Tierpsychologie hat das Psychologische Institut in den letzten Semestern die Arbeitsverbindung mit dem unter von Uexkülls Leitung stehenden Institut für Umweltforschung angebahnt, unter anderem auch gemeinsam mit diesem eine eingehende Untersuchung von Sarris überwacht, die sich mit der Dressur von Hunden auf Farben beschäftigt. Im Sommersemester 1930 fand erstmals eine gemeinsame Diskussions- und Demonstrationsübung (über das Problem der tierischen Bewegungsabläufe und Handlungen) statt. Es ist zu hoffen, daß derartige tierpsychologische Übungen und Arbeiten eine Dauereinrichtung unseres Institutes bleiben."*[13]

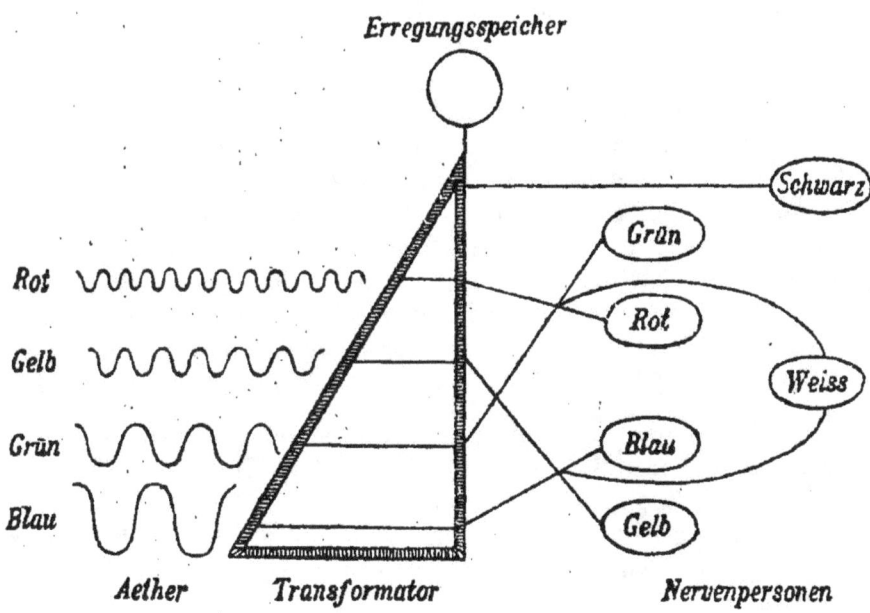

Abbildung 38.4:
Neuronale Schaltung des Auges
Uexküll 1920a, Zweiter Brief (Farbe), p. 17, Abb. 2.

---

13 Stern 1931, p. 198.

Das Gegenstück dieser Forschungen war die seit 1924 im Psychologischen Laboratorium in Hamburg ausgewertete „Harmonisierungslehre". Das hatte 1926
Heinz Werner in der Erstauflage seiner „Einführung in die Entwicklungspsychologie" S. 62 unter der Überschrift „Die Undifferenziertheit ursprünglicher
Wahrnehmungen: die Synästhesie" angesprochen, dann in den Folgeauflagen
und nochmals 1966 in dem in Worchester geschriebenen Beitrag „Intermodale
Qualitäten (Synästhesien)" im „Handbuch der Psychologie" wiederholt:

> *"Man kann interessanterweise – nach Entdeckungen Gertrud Gru-*
> *nows, die wir im Hamburger Laboratorium psychologisch weiter-*
> *geführt haben – Schichten beim Kulturmenschen bloßlegen, die ge-*
> *netisch vor den Wahrnehmungen stehen und die als ursprüngliche*
> *Erlebnisweisen beim 'sachlichen' Menschentyp teilweise verschüt-*
> *tet sind. In dieser Schicht kommen die Reize der Umwelt nicht als*
> *sachliche Wahrnehmungen, sondern als ausdrucksmäßige Empfin-*
> *dungen, welche das ganze Ich erfüllen, zum Bewußtsein. In dieser*
> *Schicht ist es tatsächlich so, daß Töne und Farben viel mehr 'emp-*
> *funden' als wahrgenommen werden. Es ist die Schicht, die, wenn sie*
> *ins Bewußtsein tritt, Ausdruckserlebnisse schafft. Und da ist es nun*
> *charakteristisch, daß diese Schicht gerade darin auch urtümlich ist,*
> *daß Farbe und Ton in ihrer Spezifität sich noch wenig geschieden*
> *haben. Farbe und Ton sind hier in einem gefühlsartigen Urerlebnis*
> *bewußt, in welchem die spezifisch optische 'Materie' der Farbe und*
> *die spezifisch akustische 'Materie' des Tones noch gar nicht existie-*
> *ren; jene Einheit von Ton und Farbe ist also darum möglich, weil*
> *diese sich stofflich noch nicht oder nur wenig differenziert haben."*[14]

In dieser gesamtpersonalen Verankerung des Farberlebnisses setzten auch Ein-
zeluntersuchungen von Heinz Werner und Karl Zietz an.[15] Seit etwa 1930 dokumentierte im Psychologischen Laboratorium eine Filmkamera die von Far-
berlebnissen ausgelöste Motorik und gab so Einblick in fremde Innenwelten
(Abb. 38.5, S. 513): „Nur für den Beobachter sind Umwelt und Erscheinungs-
welt identisch."[16]

Dem Hamburger Privatdozenten für Musikpsychologie Georg Anschütz kann
das nicht entgangen sein, der dennoch in deutlicher Distanz zu diesen auf für
Stern und Cassirer zentralen Forschungen seine „Kongresse für Farbe-Ton-
Forschung" einberief. Auf dem II. Kongreß 1930 stellte Ludwig Hirschfeld –

---

14 Werner 1966.
15 Stern 1950, p. 196 und 218.
16 Uexküll 1920b, p. 63.

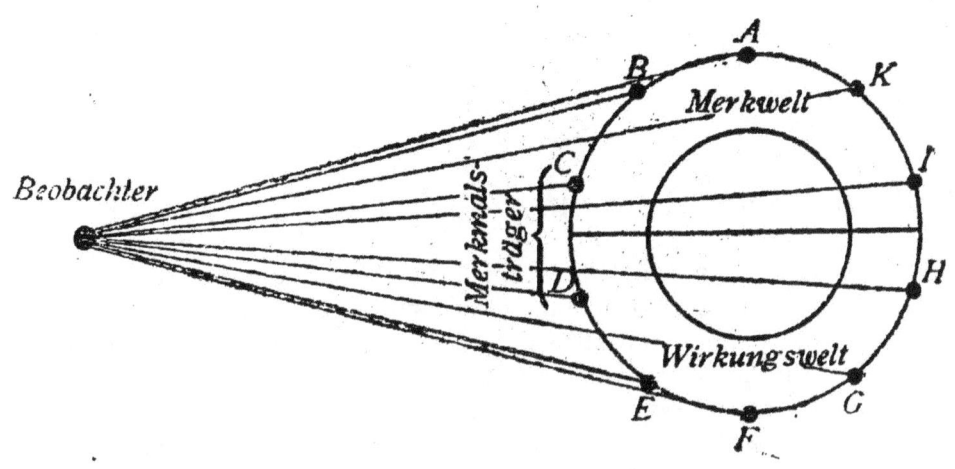

Abbildung 38.5:

Qualitätenkreis und Beobachter

Uexküll 1920b, p. 63, Abb. 2.

Teilnehmer des von Eugen Diederichs beschriebenen Kurses[17] – drei seiner seit 1923 in Weimar entwickelten „Farben-Licht-Spiele" vor[18] und Gertrud Grunow beschrieb in einem Diskussionsbeitrag, wie in Weimar eine Vorführung von schwarzweißen Lichtbildern von einigen nach Amerika gehenden Werken von Feininger, Kandinsky und Klee bei einer Schülerin Klangempfindungen auslöste. Damit war, mit Uexküll gesprochen, eine Wirkung aus der Merkwelt in die Innenwelt beobachtet und führte dann offensichtlich zur Entwicklung der vom Anspruch her von außen nach innen wirkenden „Lichtfugen".[19] Zudem wurde 1930 der aus 4351 Einzelbildern bestehende Trickfilm „Filmstudie Nr. 5" von Oskar Fischinger als „farbig dreidimensionaler abstrakter Film" präsentiert, kommentiert von Walther Rehm:

> *"Die Psychologische Wirkung eines Filmes beruht wie die der Musik und des Tanzes hinsichtlich der Empfindungsreagenz auf motorischen Impulsen .... Es ist ein entscheidender Schritt auf dem*

---

17 Diederichs 1920, p. 136; Staatliches Bauhaus 1923, Farbtafeln I, II, II.; Wahl 2001, p. 53 und 79.

18 Hirschfeld 1931, p. 109; vgl. Anschütz 1936, p. 212 f.

19 Anschütz 1931, p. 239.

*Wege, der zu dem mehraktigen, farbig dreidimensionalen abstrakten
Film mit erschütternder dramatischer Spannkraft führen wird.*"[20]

Hirschfeld und Fischinger emigrierten 1936.

38.3 Die Machtergreifung

Zum Griff nach der politischen Macht formierte sich unmittelbar nach ihren
Verbot 1923 die NSDAP in Thüringen[21] und eröffnete zur Zeit der Weimarer Bauhausausstellung von 1923 mit einer Attacke auf Gertrud Grunow ihre Angriffe, die dann zur Umsiedlung des Bauhauses nach Dessau und zur
Übersiedlung Gertrud Grunows nach Hamburg führten. Das Gesetz zur Wie-
derherstellung des Berufsbeamtentums vom 7. *April 1933* diente dann zum
telefonisch ausgesprochenen Ausschluß des gesamten als jüdisch oder jüdisch-
bolschewistisch geltenden Führungspersonals des Psychologischen Institutes
und des Seminars für Philosopie der Hamburgischen Universität. Sterns Breslauer Mitarbeiter Otto Lipmann (1880 – 7. Oktober 1933), Leiter des dortigen
Institutes für angewandte Psychologie der Gesellschaft für experimentelle Psychologie und in Hamburg Martha Muchow (1892 – 29. September 1933) über-
lebten die unmittelbaren Folgen der Machtergreifung nicht, Stern aber brachte
noch von seiner Privatwohnung aus alle begonnenen Dissertation in der Fakultät zum Abschluß.[22]

Seit dem 25. September 1933 verwaltete der nur noch in SA-Uniform auftretende Pädagoge Gustav Deuchler das Psychologische Institut in Personalunion
mit seinem Seminar für Pädagogik, der Pädagoge Wilhelm Flitner das Seminar
für Philosophie. Und der einst von Stern habilitierte Anschütz bemühte sich
als Dozentenbundführer (1933) und NS-Gaudozentenfüher (1939) des NSDDB
von Amts wegen um die Rassereinheit der Universität in Forschung und Lehre.
Wie weit und ob Anschütz unmittelbar in die Auslöschung der Psychologischen
und Philosophischen Lehre und Forschung bisheriger Ausrichtung verwickelt
war, ist noch nicht geklärt, so wenig wie die Frage, wer genau im April 1933

---

20 Rehm 1931, p. 367.
21 Es folgten die NSDAP-Versammlung vom 24. November 1925 in Jena und der Weimarer
   Reichsparteitag der NSDAP vom 3. und 4. Juli 1926.
22 Stern 1933, p. 397 f. Das Psychologische Institut mit seiner von der Gesellschaft zur Förderung der praktischen Psychologie getragenen Abteilung für Praktische Psychologie und das
   Seminar für Philiosophie lagen nicht nur räumlich gemeinsam in neuen Institutsgebäude
   am Bornplatz in einer Etage: Stern war Direktor des im Zuge des Umzuges zum Bornplatz
   umbenannten Psychologischen Seminars und zusammen mit Ernst Cassirer auch bereits
   in der Domstraße Direktor des Philosophischen Seminars, vgl. Stern 1931, p. 181–227.

das Hausverbot telefonisch aussprach. Erst 1942 übernahm Anschütz das Psychochologische Institut durch Extraordinariat und suchte einerseits die „Außenpolitik des Führers" und ihre Diplomatie durch eine Charakterlehre der Völker im Einklang mit der Abteilung für Auslandspädagogik des Seminars für Erziehungswissenschaft zu unterstützen,[23] andererseits verfolgte er eine auf „Blut, Rasse und Herkunft" gegründete Sinnesforschung: „Richtig ist vielmehr, daß der Mensch in seinen Sinnen lebt und daß deren Funktionen mit dem Seelenleben auf das allerengste verkoppelt sind."[24]

38.4 1945

Im Sommer 1945 wurden Anschütz und Deuchler ihrer Ämter enthoben und Deuchler wollte jetzt zuvor seine SA-Uniform nur zur Schonung seiner Zivilkleider getragen haben. Als 1976 Hoffstätter die gleiche Tonart anschlug, wurde es um ihn laut, brachte aber wenig Licht in die Altlasten. 1985, 50 Jahre nach der Machtergreifung, ärgerte es dann immer noch, daß bei allem feierlichen Gedenken sich niemand ernstlich die Mühe machte, die raren Spuren der vor der Machtergreifung begonnenen Projekte verfolgen. Der im Exil weiter gepflegte Zusammenhalt des Führungspersonals der Hamburger Institute und ihr an verschiedenen Stellen unabhängig weitergeführter Forschungsgehalt war offensichtlich. Sterns „Allgemeine Psychologie" war aufgrund des über Nacht ausgesprochenen Hausverbotes mehr oder weniger aus der Erinnerung als Bilanz des Erreichten geschrieben, in der posthumen sowohl auf Englisch wie auf Deutsch erschienenen 2. Auflage von früheren Kollegen ergänzt. Der April 1933 ebenfalls von seinen Institutsunterlagen abgeschnittene Heinz Werner hatte die 2. Auflage mit diesem Datum geschlossen, 1953 neu aufgelegt und in der 4. Auflage von 1959 ausdrücklich auf damit überlieferte Tradition der deutschen biologischen und psychologischen Forschung hingewiesen. Dabei ist der für den Forschungsgang entscheidenden Zusammenarbeit mit Gertrud Grunow gedacht, an einer Stelle, auf die sich neben Stern auch Cassirer sowohl in seiner „Philosophie der symbolischen Formen"[25] bezieht. Und noch zuletzt kommt Cassirer 1944 in „An Essay on Man" auf die Bedeutung von Stern,[26] Uexküll[27] und Werner zurück.[28]

---

23 Anschütz 1942, p. 193 f.
24 Anschütz 1941, p. 255.
25 Cassirer, 1990 (1929), p. 41.
26 Cassirer 1990 (1944), p. 88.
27 Cassirer 1990 (1944), p. 47.
28 Cassirer 1990 (1944), p. 76.

Aber schon 1985 war es fast aussichtslos, diesem Hinweis nachzugehen. Wie Marianne Teuber mitteilte, standen Werner und Grunow mit Kandinsky in Kontakt, andererseits berichtete Gertrud Grunow in erhaltenen Briefen an ihre Schüler auch von Reisen zusammen mit Gertrud Bing, die dann 1933 den Umzug der Bibliothek Warburg nach London organisierte. Mehrere Londoner Korrespondenten berichteten von der weiteren Arbeit dort, bis Gertrud Grunow 1939 wegen der drohenden Internierung London verließ und in Düsseldorf auf die Zeit nach dem Krieg hoffte. Aber wie sich in London herausstellte, hatte Gertrud Bing ihre Lebensspuren sorgfältig gelöscht. Im Archiv des Warburg-Institut fehlten die Gegenstücke ihrer Reiseberichte und von den mit dem Umzug nach London geretteten Experimentalfilmen des Psychologischen Institutes fand sich weder dort noch in Worchester im Nachlaß Heinz Werner eine Spur – und auch der in die Schweiz gekommene Nachlaß Gertrud Grunows erwies sich als getilgt.

In Hamburg stand es nicht besser um die von Stern und seinen Mitarbeitern zurückgelassenen Materialien. Auch Anschütz muß die dem Bombenkrieg entgangenen Spuren aus der Zeit seiner NSDAP-konformen Tätigkeit mehr oder weniger aktiv unterdrückt haben. Von seinem Buch: „Die Aufgaben der Psychologie in der Gegenwart" (1940) ist bislang in öffentlichen Bibliotheken kein Exemplar nachzuweisen. Diese Psychologie von 1940 ist jedoch 1941 umrissen im Aufsatz des Gaudozentenführers Anschütz (NSDDB) „Sinn und Aufgabe einer kommenden Psychologie" (1941). Dort war für die Zeit nach dem Endsieg eine neue Sinnesforschung skizziert – früher Forschungsschwerpunkt von Stern und Werner und so klingt es denn nach Kontinuität:

> *"Die bis in die neueste Zeit hinein immer wieder betonte Gegensätzlichkeit zwischen Subjekt und Objekt, zwischen Gegenstand und Ich, zwischen Körperwelt und Seelischem, sinkt stark zusammen. Die Verbindung zwischen ihnen erscheint immer lebendiger, und die Sinnesinhalte, sowohl im gewöhnlichen Leben als vor allem in ihren künstlerischen Niederschlägen, erscheinen als eine Welt von Symbolen, deren Erforschung eine unserer größten Aufgaben darstellt. Dahin gehören die Symbolik des Lichtes und der Farbe, der flächenhaften und perspektivischen Formen sowie der Verbindungen zwischen Licht-Farbe und Form. Dahin gehören weiter die symbolhaften Bedeutungen eines Zeitlichen Wandels dieser Gebilde, wie sie heute in Ansätzen auf der Bühne oder im Film schon vorliegen. Weiter gehören dahin die Symbolwerte des Hörbaren, also der Töne und Tonverbindungen, der Klänge und Geräusche, vor allem der Sprache, ferner diejenigen der zeitlichen Gliederung, wie sie in der*

Musik im Tempo und Takt hervortreten und noch über die Musik
hinaus in dem Begriff des Sinnlich-Sittlichen erkannt hat."[29]

Es ist durchaus denkbar und sollte anhand eines Exemplares der vielleicht noch auftauchenden Buchveröffentlichung von 1940 zu klären sein, daß Anschütz in einer Ebene mit Oswald Kroh (München) und Friedrich Sander (Jena) argumentierte, in der Sache aber in gewissem Sinne das Werk seiner früheren Kollegen Cassirer, Stern und Werner weiterverfolgte. Wie sehr Anschütz in seiner „kommenden Psychologie" in diesem Zusammenhang dem Film große Bedeutung zuweist, erhellt der 1940 erschienene Berichtsband des 4. Farbe-Ton-Kongresses vom Sommer 1936 „Spitzenleistungen des deutschen und ausländischen Films – Film als Kunst unserer Zeit". Dieser auch nicht mehr nachweisbare Band enthielt die Hamburger Dissertation von Friedrich G. Robbe (Die Einheitlichkeit von Bild und Klang im Tonfilm: Untersuchung über das Zusammenwirken der verschiedenen Sinnesorgane und seine Bedeutung für die tonfilmische Gestaltung) und von Henry Timmerman (Ueber den Ursprung der Musik aus der Bewegung). Genau diese diese Linie führt zur „Psychologie. Grundlagen, Ergebnisse und Probleme der Forschung" von 1953. Jetzt sind Stern und Werner genannt.

38.5 New York City 1952

1952 führe Charles Dockum im Kellergeschoß des neuen Museum of Non-Objective Painting, 1071 Fifth Avenue, New York, erste reflektorische Farblichtgestalten mit seinem neuen opto-elektronischen Mobil Color-Gerät vor und gab damit dem 1923 in Weimar vorgestellten Gedanken der dynamischen naturgegenstandslosen Kunst neuen Ausdruck. Mit Hilla von Rebay, der Gründungsdirektorin des Museums hatte auch Gertrud Grunow in Verbindung gestanden, damals, als die Malerin Hilla von Rebay zusammen mit Kandinsky und anderen Abstrakten in Berlin das abstrakte Museum „Geistreich" aufgebaut und die Verbindung zu Solomon R. Guggenheim aufnahm. Dieser war im Sommer 1930 zusammen mit Rebay in Dessau gewesen, stiftete 1937 die *„Solomon R. Guggenheim Foundation"* als Grundlage des 1939 eröffneten *„Museum of Non-Objective Painting / Art of Tomorrow"*. Heute zum Museumsbestand zählende Werke von früheren Bauhausmeistern sind Abschiedsgeschenke an die ihre Hamburger Zusammenarbeit aufnehmende Gertrud Grunow – an Hilla von Rebay übergeben für die Zeit nach dem Bombenkrieg.

---

29 Anschütz 1941, p. 255.

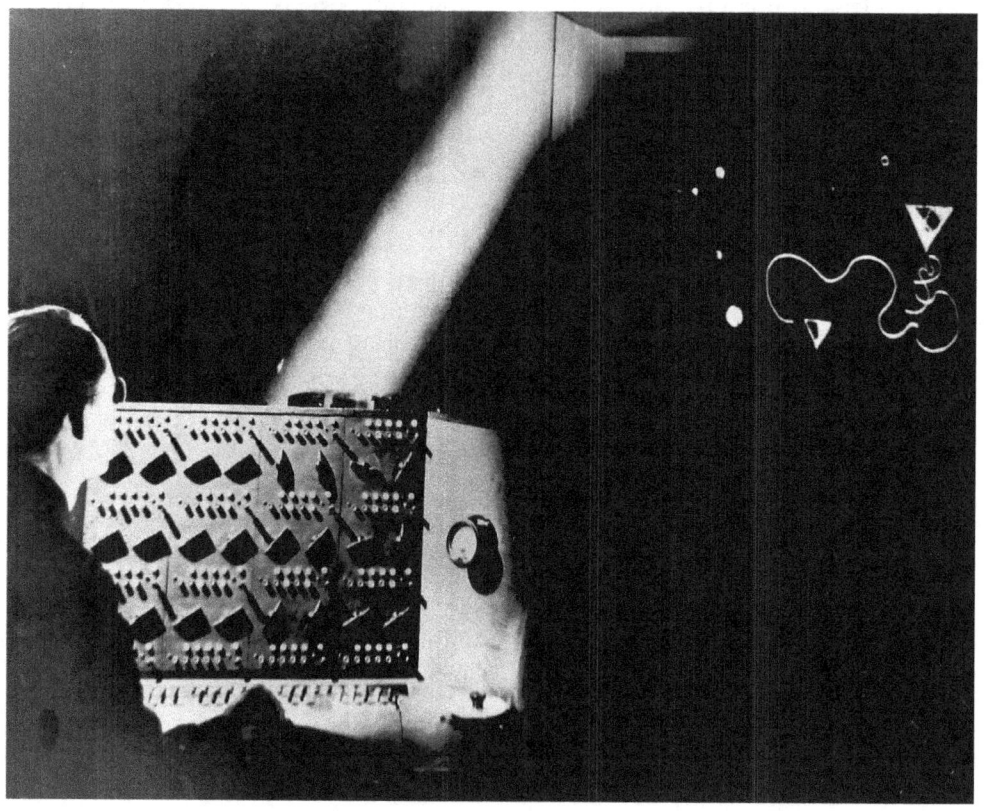

Abbildung 38.6:
Die Colour Machine des Guggenheim Light Institute in Pasadena

Rebay 1950.

Im Berliner Museum der Abstrakten „Geistreich" hatten die Maler um Rebay und Grunow die reflektorischen Lichtspiele zu einem Lichttheater im Projekt „Schaugaukel" ausbauen wollen und genau dieses Projektionsprojekt ging während des Krieges in Zusammenarbeit mit Frank Lloyd Wright in die Planungen des künftigen Museums ein. Dabei fügte es sich, daß Heinz Werner damals in Brooklyn lehrte und vielleicht spiegelt sich ein Zusammenhang in seinem Aufsatz: „Motion and motion perception: a study on vicarious functioning."[30] Seine Ehefrau jedenfalls, die Tänzerin Jo Gervai, verkehrte ohnehin in Künstlerkreisen. Für dieses das Bauvorhaben begleitende Projekt hatte Guggenheim eigens an der sicheren Ostküste das Guggenheim-Licht-Forschungsinstitut gegründet, über das freilich bis auf einen zusammenfassenden Rückblick von Hilla von Rebay aus der Zeit des Hinscheidens von S. R. Guggenheim wenig bekannt geworden ist. Die dort seit 1942 von mehreren spezialisierten Ingenieuren sehr aufwendig entwickelten opto-elektronischen Apparate sind durch die dem Report von 1950 beigegebenen Aufnahmen überliefert (Abb. 38.6, S. 518). Diesen Bildern ist etwa die Funktionsweise der Mobil Colour Machine abzulesen: Auf einem der Detailfotos sind Transportrollen und doppelseitig perforierte Streifen wohl für die magnetische Aufzeichnung von Steuerbewegungen zu erkennen, auf einem andern damit elektrisch gesteuerte Linsengruppen, auf einem weiteren die Lichtschau selbst mit den 12 Farb- und Form-Steuereinheiten des Mischpultes: *"The Key word of this electrical machine for colour and light projections is sensitivity. The sensitivity of the controlling board of the mechanism and of the mechanical unit and of the electrical unit, including the magnetic recording, of this machine, has never before been reached."*[31] Das Großgerät erlaubte es offensichtlich, fertige Sequenzen in die Projektionen einzuspielen – zur Projektion der aus der Merkwelt in die Innenwelt hineinwirkenden „reflektorischen" „Gegenstandsmelodien".[32] Zwar hielt Hilla Rebay auch Trickfilmmaterial von Viking Eggeling, Oskar Fischinger, László Moholy-Nagy, Hans Richter[33] und Norman McLaren bereit, aber mit dieser Technik der magnetischen Aufzeichnung der Sequenzen von bewegten Sinneszeichen war die erste Stufe. Doch dann wirkte sich der Tod Guggenheims auf die Museumspolitik aus, die Mobil Colour Machine wurde nie nach New York verbracht und das kleinere Ersatzgerät verschwand bald nach seiner Erstaufführung 1952.

---

30 Werner 1945, p. 317–327.

31 Rebay 1950.

32 Anschütz 1931, p. 239.

33 Vermutlich handelt es sich um die am 3. Mai 1925 in Berlin bei der Matinee „Absoluter Film" uraufgeführten Streifen u. a. von Ludwig Hirschfeld-Mack, René Clair, Hans Richter, Viking Eggeling und Fernand Léger.

38.6 Bibliographie

ANSCHÜTZ, GEORG (Hg.): *Farbe-Ton-Forschungen II. Hamburg.* (Bericht über den 3. Kongreß für Farbe-Ton-Forschung, Hamburg 2.–7. Oktober 1933). Hamburg: Ästhetische Forschungsgesellschaft 1936.

ANSCHÜTZ, GEORG (Hg.): *Farbe-Ton-Forschungen III.* (Bericht über den II. Kongreß für Farbe-Ton-Forschung, Hamburg, 1.–5. Oktober 1930). Hamburg: Psychologisch-ästhetische Forschungsgesellschaft 1931.

ANSCHÜTZ, GEORG: Sinn und Aufgabe einer kommenden Psychologie. In: *Deutschlands Erneuerung* **25** (1941), p. 252–257.

ANSCHÜTZ, GEORG: Charakterlehre der Völker als wissenschaftliche und politische Aufgabe. In: *Deutschlands Erneuerung* **26** (1942), p. 189–195.

ANSCHÜTZ, GEORG: *Psychologie. Grundlagen, Ergebnisse und Probleme der Forschung.* Hamburg: Richard Meiner 1953.

ARGAN, GIULIO CARLO: *Walter Gropius e la Bauhaus.* (1951). Dt.: *Gropius und das Bauhaus.* Reinbek bei Hamburg: Rowohlt 1962.

ARGAN, GIULIO CARLO: Bauhaus. In: *Enciclopedia Italiana,* s.v. „Bauhaus". Roma: Istituto della Enciclopedia Italiana 1948.

BEHNE, ADOLF: *Wiederkehr der Kunst.* Leipzig: Kurt Wolff 1919.

BEHNE, ADOLF: Biologie und Kubismus. In: *Die Tat* **9** (1917/1918), p. 694–705.

CASSIRER, ERNST: *Philosophie der Symbolischen Formen III: Phänomenologie der Erkenntnis.* Darmstadt: Wissenschaftliche Buchgesellschaft 1990 [Reprografischer Nachdruck der 2. Auflage 1954 der Erstauflage von 1929].

CASSIRER, ERNST: *An Essay on Man.* New Haven: Yale University Press 1944; dt. Frankfurt/Main: S. Fischer 1990.

DIEDERICHS, EUGEN: Unterbewußtsein und Form. In: *Die Tat* **12.2** (1920), p. 136–137.

GROPIUS, WALTER: Idee und Aufbau des Staatlichen Bauhauses. In: *Staatliches Bauhaus Weimar 1919–1923.* München, Weimar: Bauhaus 1923, p. 7–18.

GRUNOW, GERTRUD: Der Aufbau der Lebendigen Form durch Farbe, Form, Ton. In: *Staatliches Bauhaus,* Nierendorf 1923, p. 20–23.

GRUNOW, GERTRUD: The Creation of Living Form through Color, Form, and Sound. In: WINGLER 1980, p. 69–71.

HEIMENDAHL, ECKART: *Licht und Farbe: Ordnung und Funktion der Farbwelt.* Berlin: de Gruyter 1961.

HIRSCHFELD-MACK, LUDWIG: Reflected-Light Compositions (1925). In: WINGLER 1980, p. 82–83.

HIRSCHFELD-MACK, LUDWIG: farbenlichtspiele. In: ANSCHÜTZ 1931, p. 109–114.

ITTEN, JOHANNES: *Der Unterricht. Farben, Formen, Textiles Gestalten.* Ausstellungskatalog. Berlin: Bauhaus-Archiv 1973/1974.

REBAY, HILLA VON: *On the Colour-Machine in Pasadena.* Feb. 14, 1950 (Typoskript).

REHM, WALTHER: Abstrakte Filmstudie Nr. 5 von Oskar Fischinger. In: ANSCHÜTZ 1931, p. 367–369.

STAATLICHES BAUHAUS WEIMAR UND KARL NIERENDORF, Köln (Hg.): *Staatliches Bauhaus Weimar 1919–1923.* München und Weimar: Bauhaus 1923.

STERN, WILLIAM: Die Wahrnehmung von Bewegungen vermittelst des Auges. In: *Zeitschrift für Psychologie* **7** (1894), p. 321–346

STERN, WILHELM: Institutsbericht. Das Psychologische Institut der Hamburgischen Universität in seiner gegenwärtigen Gestalt. Dargestellt aus Anlaß des XII. Kongresses der Deutschen Gesellschaft für Psychologie in Hamburg 12.–16. April 1931. In: *Zeitschrift für angewandte Psychologie* **39** (1931), p. 181–227.

STERN, WILLIAM: Aus den letzten Arbeiten des Psychologischen Instituts der Hamburgischen Universität. 1931–1933. In: *Zeitschrift für angewandte Psychologie* **45** (1933), 397—420.

STERN, WILLIAM: *Allgemeine Psychologie auf personaliostischer Grundlage.* Haag: Martius Nijhoff (2. Auflage) 1950.

UEXKÜLL, JAKOB VON UND FELIX GROSS: *Bausteine zu einer biologischen Weltanschauung.* München: F. Bruckmann A.-G. 1913.

UEXKÜLL, JAKOB VON (1920a): *Biologische Briefe an eine Dame.* Berlin: Gebr. Paetel 1920.

UEXKÜLL, JAKOB VON (1920b): *Theoretische Biologie.* Berlin: Gebr. Paetel 1920.

UEXKÜLL, JAKOB VON: *Theoretische Biologie.* Berlin: Springer (2. Auflage) 1928.

UEXKÜLL, JAKOB VON: *Theoretical Biology.* New York: Harcourt, Brace, London: Kegan Paul 1926.

UEXKÜLL, JAKOB VON: *Die Lebenslehre.* Potsdam: Müller und Kiepenheur, Zürich: Orell Füssli 1930.

WAHL, VOLKER (Hg.), ACKERMANN, UTE (Bearb.): *Die Meisterratsprotokolle des Staatlichen Bauhauses Weimar 1919 bis 1925.* Weimar: Böhlau 2001.

WERNER, HEINZ: Das Problem der motorischen Gestaltung. In: *Zeitschrift für Psychologie* **94** (1924), p. 265–272 (= Studien über Strukturgesetze II).

WERNER, HEINZ: *Einführung in die Entwicklungspsychologie.* Leipzig: Ambrosius Barth 1926.

WERNER, HEINZ: *Einführung in die Entwicklungspsychologie.* Leipzig: Ambrosius Barth (2. Auflage) 1933.

WERNER, HEINZ: *Einführung in die Entwicklungspsychologie.* München: Ambrosius Barth (4. Auflage) 1959.

WERNER, HEINZ: Motion and motion perception: a study on vicarious functioning. In: *The Journal of Psychology* **19** (1945), p. 317–327.

WINGLER, HANS M.: *The Bauhaus Weimar Dessau Berlin Chicago.* Cambridge, Mass., London UK: The MIT Press 1980.

Figure 39.1:
Wilhelm Ostwald (1853–1932)

Ostwald followed Newton's mathematical approach in searching for mathematical foundations of Physical Chemistry. But his experimental work centered around Goethean problems. Even his last text in 1932 *"Goethe der Prophete"* is dedicated to Goethe. For Ostwald, the reason why the progress of Goethe's psychology of colour vision was neglected has been absence of interdisciplinary research.

Photo: Wikipedia (16.11.2011).

Wilhelm Ostwald, the Brain's Dark Energy, and the Science of Colour

Ralph Brückner (Hamburg)

Abstract

Wilhelm Ostwald is a key figure of modern science and one of the first natural scientists of the beginning 20th century who revitalized interdisciplinary philosophical research. Investigating the roots of modern belief in science, you will discover Ostwald. Wittgenstein's *Tractatus* appeared for the first time in Ostwald's *Annalen der Naturphilosophie*, and Ostwald was the first who proposed Einstein for the Nobel Prize. Receiving himself in 1909 the Nobel Prize for Chemistry, Ostwald was a leading member in a lot of movements of the Avant-Garde that time: Beside van't Hoff, Arrhenius and Duhem, he was the real founder of Physical Chemistry from which he derived his energetical imperative *"Don't waste Energy!"* which nowadays guides technical progress. Ostwald also was the first German Exchange Professor in the United States, giving lectures at the University of Harvard, M.I.T. and Columbia University in 1905/06. Ostwald took part in the World Language movement and was in contact with the Peace Movement of Bertha von Suttner. Following Ernst Haeckel, Ostwald became President of the *"League of Monists"* and organized their first international congress at the Curio Haus here in Hamburg. Promoting advertising and modern design, Ostwald also joined the *Bauhaus* movement in Dessau, and as a sponsor and the first chairman he supported *Die Brücke* which is from 1911 to 1914 already a forerunner of the Internet, trying as a "brain of the world" to create international standards for knowledge management. This included research on Colour Coding successfully started by Ostwald.

Ostwald's Colour Science which was influenced by his personal contacts to Albert Munsell and Ewald Hering is the beginning of a new Culture of Colour.

It brought more colour into our workaday world when, at the beginning of the 20th century, most people's colour memory was so poorly developed that only few elementary colours were remembered. Therefore, in his pioneering *"Colour Album"* Ostwald created a colour lexicon with fixed norms depending upon measurement to give colour terms an exact meaning. This opened the way to cultivate colour memory by more precise colour learning. For that purpose, Ostwald's Colour Codes propose a semiotic system which transforms visual colour information into the universal language of mathematics. In the colour space of Ostwald's Double Cone every possible colour of vision gains a defined locus and becomes exactly determinable, combinable and reproducable, fitting into the mathematical approach of Newton's physics. On the other hand – following the path of psychophysics of Goethe, Purkinje, Schopenhauer, Fechner and Hering – Ostwald's Colour Science is a science of *human* vision which essentially belongs into the psychological domain. Nevertheless, Ostwald's Psychology of Colour remained unpublished. To get the whole picture, my next article will consult Ostwald's unknown manuscripts in detail and correlates them with recent findings in neuroenergetics, esp. with Marcus Raichle's research on the Brain's Dark Energy. In this way, Ostwald's Colour Science will offer far reaching solutions for the Helmholtz-Hering controversy and anticipates insights which Edwin Land later demonstrated by experiment. Last but not least, not without reason, it has to be remembered: The Institute for the History of Science here at the University of Hamburg which celebrated its 50th anniversary during this symposium on *"200 Years Goethe's Colour Theory"* was built up from the library of Hans Schimank who belongs to the school of Ostwald.

Zusammenfassung

Wilhelm Ostwald ist eine Schlüsselfigur der modernen Wissenschaft und einer der ersten Naturwissenschaftler des beginnenden 20. Jahrhunderts, der die interdisziplinäre philosophische Forschung wiederbelebt hat. Sucht man die Wurzeln modernen Wissenschaftsglaubens, stößt man auf das Werk Ostwalds. Wittgenstein's *Tractatus* erschien zum ersten Mal in Ostwald's *Annalen der Naturphilosophie*, und der erste, der Einstein für den Nobelpreis vorschlug, war Ostwald. 1909 erhielt Ostwald selber den Nobelpreis für Chemie und wurde ein führendes Mitglied zahlreicher avantgardistischer Bewegungen seiner Zeit: Neben van't Hoff, Arrhenius und Duhem war er der eigentliche Begründer der Physikalischen Chemie, aus der er seinen energetischen Imperativ *„Vergeude keine Energie!"* ableitete, an dem sich heute technischer Fortschritt orientiert. Ostwald war auch der erste deutsche Austauschprofessor in den USA, mit Vorlesungen im Jahre 1905/06 an der Universität Harvard, am M.I.T. und an der Columbia Universität. Ostwald hatte Anteil an der Weltsprachenbewegung und pflegte Kontakte zur Friedensbewegung Bertha von Suttners. Als Nachfolger Ernst Haeckels wurde Ostwald Vorsitzender im *Monistenbund* und organisierte den ersten internationalen Monisten-Kongress im Curio Haus hier in Hamburg. Zur Förderung der entstehenden Werbebranche und des modernen Designs beteiligte sich Ostwald in Dessau an der *Bauhaus*-Bewegung und unterstützte als Sponsor und erster Vorsitzender *Die Brücke*; sie ist in den Jahren 1911–1914 ein Vorläufer des Internets und arbeitete als „Gehirn der Welt" an internationalen Standards für das Wissensmanagement, darunter auch an Forschungen zur Farb-Codierung, die Ostwald mit Erfolg initiierte.

Ostwalds Wissenschaft der Farben, die beeinflusst war durch persönliche Kontakte mit Albert Munsell und Ewald Hering, markiert den Beginn einer neuen Farbkultur. Sie brachte in die Alltagswelt mehr Farbe. Denn zu Beginn des 20. Jahrhunderts war das Farbgedächtnis meist so schwach entwickelt, dass nur wenige Elementarfarben erinnert wurden. Ostwald schuf daher mit dem *Farbenatlas* ein Farb-Lexikon mit festen, auf Messungen beruhenden Normen. Das gab den Farbnamen exakte Bedeutung und bahnte den Weg, das Farbgedächtnis durch genaueres Farbenlernen weiter zu kultivieren. Ostwalds Farb-Codes liefern dazu ein Zeichensystem, das visuelle Farbinformationen in die universale Sprache der Mathematik transformiert. Im Farbraum des Ostwald'schen Doppelkegels erhält so jede mögliche Farbe ihren definierten Ort und kann, dem mathematischen Ansatz der Newtonschen Physik entsprechend, exakt bestimmt, kombiniert und reproduziert werden. Andererseits ist Ostwalds Farbwissenschaft im Gefolge der Psychophysik von Goethe, Purkinje, Schopenhauer, Fechner und Hering eine psychologische Wissenschaft *menschlichen* Sehens. Doch Ostwalds Psychologie der Farben ist bis heute nicht veröffentlicht. Um ein vollständiges Bild zu erhalten, werden in meinem nächsten Artikel Ostwalds unveröffentlichte Manuskripte dazu im Detail konsultiert und bezogen auf Marcus Raichles neurowissenschaftliche Forschungen zur Dunklen Energie des Gehirns. Ostwalds Farbwissenschaft bietet dabei zur Helmholtz-Hering-Kontroverse weitreichende Problemlösungen und nimmt Erkenntnisse vorweg, die Edwin Land später experimentell bestätigt. Nicht ohne Grund sei daher daran erinnert: Das Institut für Geschichte der Naturwissenschaften hier an der Universität Hamburg, das mit diesem Symposium zum Thema *200 Jahre Goethes Farbenlehre* sein 50-jähriges Bestehen feierte, wurde aufgebaut aus der Bibliothek von Hans Schimank; er zählt zur Schule von Ostwald.

Figure 40.1:
Blue and white – the traditional colours of Judaism

Doronia-Katalog, no. 18, 2011, p. 102; photo: Gaililee Silk.

Colours in Religion

Birgit Brunner (Berlin)

40.1 Introduction: a brief survey of some characteristic uses of colours in the world religions

Colours are life, and the multi-coloured nature of human life is reflected in every religion. Faiths and beliefs have always been variegated and colourful. Their history and their stories have always been associated with a diverse variety of colours. From the point of view of the phenomenology of religion, colours, just like names, belong to the expression of essence,[1] which is why in a number of cultures – such as in Egypt – the word 'colour' means at the same time 'essence'.[2] Colour is thus not something incidental, but something species-specific. This is why colours may serve as a means of distinction and carry a variety of symbolic meanings.

Since different religions are associated with different colours, their symbolic value changes according to culture, time and geographical location. In the major world religions, the respective interpretation of certain colours is of decisive importance, as will be outlined in the following sections.

40.1.1 Judaism

The main colour of the oldest one among monotheistic religions – Judaism – is blue (cf. Abb. 40.1, p. 526).[3] As a result of the biblical tradition which prescribed certain colours for the tents in which the Holy of Holies was to be preserved and for the vestments of priests (cf. Ex 25 ff.), a cosmological colour

---

1 Cf. Hofhansl 1983, p. 25.
2 Cf. Lurker 1998, p. 70.
3 The following survey of Judaic colour symbolism is mainly based on Maier 2007, p. 143 f.

symbolism developed in early Judaism. Evidence for this can mainly be found in Philo of Alexandria and Flavius Josephus.[4] In accordance with the general view which predominated in antiquity, blue, for example, was associated with the sky and purple with the sea.

According to the rabbinic tradition, blue is also one of the colours of the throne of God. Since in the book Numeri (15,38) a blue thread appears among the *tzitzit*, the threads which have to be worn by every believer in remembrance of God's revelation, blue and white soon became the traditional colours of Judaism. And they still are today, as can, for instance, be seen in the national flag of Israel showing the blue Star of David on a white background.

White – which had always been the colour of light in theophany scenes as well as the symbolic colour of sanctity and purity – is a symbol of God's mercy. On major holidays, such as the Yom Kippur, the colour white also becomes a visible sign of the desire for purity and penance, which is why on such religious feast days many Jews wear white clothes and a white *kippah*.[5]

Red and black, on the other hand, indicate God's severity. Red is the colour of blood, life and sin in Judaism, but also of happiness and joy. The colour yellow, however, carries especially negative connotations for most Jews, due to a long history of discriminatory dress codes and badges.

40.1.2 Islam

The ritual colour of Islam is green. All colours are respected in Islam, but green is especially preferred, since it is thought to have been the favourite colour of its religious founder, the Prophet Muhammad. He liked to dress in green and chose it as the colour of his standard. As a result, the Mosque in Medina, where Muhammad is buried, was covered with a green dome soon after his death. Following his example, Muhammad's successors have ever since considered green the colour of their governmental authority, as can still be seen from the green turbans of some high governmental representatives in Islamic states and in many national flags.

In all Islamic countries, the colour green represents the religion of Islam and is thus only used in religious contexts, since it is mentioned in many places in the Koran.[6] For example, it is often used in the decoration of mosques, on the covers of Islamic books, on signs indicating Islamic institutions and on Islamic websites. Green is so highly esteemed in Islam that some very devout Muslims

---

4 Cf. Philo, *De vita Mosis* II, 84, and Josephus, *Antiquities of the Jews* III.

5 Otherwise, *kippahs* can be found in nearly all colours. In some cases, the colour and the design of this headdress indicate its wearer's religious and political background.

6 Cf. e. g. the surahs 18 al-Kahf (v. 31), 55 al-Rahman (v. 62–64) or 76 al-Insan (v. 21).

will hesitate to pray on a green carpet, as they fear that their act might be an insult to Islam.

Figure 40.2:
The dome of the Muhammad Ali Mosque in Cairo, decorated in green

German Wikipedia article "Muhammad-Ali-Moschee"; photo: Christian Rosenbaum.

For many practicing Muslims, green also expresses a commitment to environmental protection and a responsible attitude towards creation. Thus it is not surprising that Arabic has a wide range of different words expressing the various shades of green. Apart from hope and peace, green stands symbolically for renovation (as epitomised by the arrival of spring) and, generally, for all things living. It is the colour of joy, success, and happiness. In Syria, for instance, somebody who has the power to bless is said to have "a green hand", which refers to their positive influence on those around them.[7] Through their faith in

---

7 Cf. Chebel 1999, p. 116.

"the green power" and in their "green confession", Muslims express their adhesion to Islamic doctrine in which green symbolises hope and peace. Islamic scholars consider green to be the middle colour between the two extremes of black and white. Consequently green also gains a theological significance, since the Koran defines Islam as the "community of the centre", i.e. a synthesis between Judaism and Christianity.[8] And in view of the fact that the Koran enjoins Muslims to adopt "the centre" as a personal attitude of life, green is also seen as a symbol for the mission of the faithful.

Apart from green, however, white is also considered an outstanding colour in Islam; it stands for a deepening consciousness. According to the Hadith, the traditional account of the life of the Prophet Muhammad, God loves white garments and has created Paradise in white. The elect in Paradise, however, are decorated, according to several traditions, in ornate green robes.[9]

What is more, different Islamic regions emphasise different aspects in their use and interpretation of colours. While red was dominant in former Islamic Spain, black holds a special place in Persian culture. The central sanctuary of Islam, the Kaaba, is also covered in black.

40.1.3 Buddhism

The interpretation of colours in Buddhism, which, unlike the three monotheistic world religions, is not a revealed religion, is governed by a very different background. Buddhism's central colour is orange. It is considered the colour of enlightenment and symbolises the highest level of human perfection. In accordance with this view, the robes of the Dalai Lama and other enlightened Buddhists are orange.

On the other hand, monks are forbidden to wear the colours of lay people, i.e. blue, red, yellow and white. Depending on the region, Buddhist monks sometimes also wear black (Japan), grey (China) or chestnut brown (Tibet). The range of colours among Buddhist nuns is a little more varied: they also wear white and pink.[10]

An important orange symbol in this religion is the gold fish, which also stands for enlightenment. There are even some Buddhist legends which relate that gold fishes were incarnate angels.[11] The colour orange in the five-coloured international Buddhist flag represents the wisdom of the doctrine of Buddha.

---

8 Cf. Görlach 2008, p. 22.

9 The decoration with green robes is mentioned among others in surah 18.

10 Cf. Tworuschka 2007, p. 81 f.

11 Cf. e.g. the legend surrounding the Wat Chalong Temple.

Figure 40.3:
Orange as a sign of enlightenment – clothing ceremony of young monks

German Wikipedia article "Farbe (Orange)"; photo: Tevaprapas Makkla.

Buddhism does not know a divine creator, but traces its roots back to Buddha (whose name means "the Enlightened"). Buddha has already entered nirvana and is thus not caught up in the cycle of reincarnation any more. Vajrayana Buddhism knows five Great Buddhas: four of them are associated with the four cardinal directions and the respective core colours blue, yellow, red and green; the fifth Buddha occupies the centre. His colour – which is always white – stands for perfect wisdom, whereas the four Buddhas of the different directions represent individual aspects of perfect wisdom.[12]

Another colourful aspect of Buddhism, especially in Tibetan culture and religion, are its multi-coloured prayer flags. They continually accompany Buddhist daily life and are considered messengers of heaven. Often they are put up in conspicuous places: they fly from housetops, bridges or mountain tops; even animals are decorated with them. The colours of the fabrics, on which prayer formulas or religious symbols are printed, are based on a combination of yellow,

12 Cf. Seitz 2006, p. 177.

green, red, blue and white, symbolising the five elements air, earth, fire, water and space. They are also called the five senses or wisdoms. In addition, some interpreters believe that the five colours represent the five Buddhas.

40.1.4 Hinduism

Hinduism is often associated with blue and purple-blue, blue being the symbol of the divine, and red the source of beauty.[13] The highest deities of India shine in blue. For example, one of the names of the principal deity Shiva – who has more than 1000 names – is "the blue-throated". Krishna, on the other hand, is represented with entirely blue skin. It is said about him that the loin cloth which he likes to wear when seducing women is yellow; hence the complementary colours blue and yellow are used as an enticement.[14]

 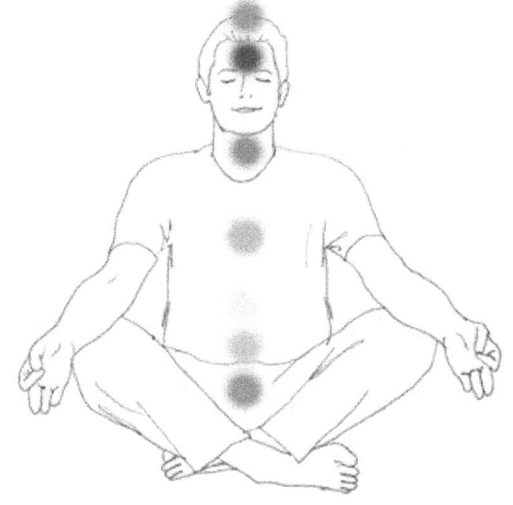

Figure 40.4:
Left: Krishna with holy cow; Indian painting, ca. 1900
Right: Model of Indian Chakra

Left: German Wikipedia article "Krishna", unknown artist.
Right: English Wikipedia article "Chakra", Illustration by Gil Dekel.

---

13 In some regions of the Indian subcontinent red is also the colour of death; cf. Welsh/Liebermann 2007, p. 18.
14 Cf. Fuchs 2001, online.

However, blue not only figures as the colour of several deities in modern-day India. A blue painted elephant, for example, may also be seen as a symbol for the highest level of spiritualisation and enlightenment.[15] At the same time the blue colour of the sky is also considered the colour of the creative principle of the world. The Tibetan *Book of the Dead* teaches that the first light which shines upon the deceased on their way to reincarnation is deep blue in colour.[16]

This does by no means imply, however, that Hinduism is restricted to one single colour. Instead, the enormous variety of its multi-coloured religious life reflects the Indian notion of the praise of creation. Colours bring happiness and health to humankind.[17] This is why, especially in Hinduism, we find an infinite variety of colourful manifestations of religious practice. Among all the multi-coloured dimensions of Indian daily life, I will only select two and examine them a little further:

(1) First, there is the colour symbolism of the castes, the groups that define Indian society to this day. The Sanskrit word *varna*, in addition to 'class' and 'rank', also means 'colour'.[18] According to a rather controversial tradition, *varna* referred at first to the colour of the skin, the implication being that the lighter one's skin, the higher was one's caste. Other theories see behind the colour characteristics of the individual castes a connection with spiritual teachings about the signification of colours. All in all, there are four *varnas*, i.e. 'colours': white, as the traditional colour of the gods, of purity, of peace and of wisdom, is the colour of Brahmins, priests and the intellectual elite. Red is the colour of warriors, princes and higher officials. The colour red is associated with the qualities of passion and strength. The colour of tradesmen, merchants and farmers is yellow, that of craftsmen, day labourers and slaves black. The associations connected with the latter are darkness and lethargy.[19] The 'untouchables' – and therefore the casteless – are at the same time also colourless.

(2) Colours also play an important role in the Indian doctrine of Chakra, (cf. Abb. 40.4 right, p. 532) a system of philosophy and meditation. It is based on the assumption that human life is a striving for perfection and an effort to come close to the divine image.

In this context, the colour purple is, according to Hindu belief, the sign of enlightenment, the highest level of insight, of universal consciousness and of perfection. Only very few Hindus achieve this level of enlightenment. Nev-

---

15 Cf. Welsch / Liebermann 2007, p. 18.
16 Cf. Fuchs 2001, online.
17 Ibid.
18 Cf. Willers 2009, p. 35.
19 Cf. Kirfel 1959, p. 100.

ertheless, a person whose aura is exclusively purple would not be considered healthy and enlightened according to Hindu belief. Hindus regard only those persons as internally and externally sound in whom all chakras are in perfect harmony, which means that all colours simultaneously surround them as an aura like a rainbow.

40.1.5 Christianity

The Christian religion, which consists of four church families and an infinite number of denominations, does not claim a specific colour as its own. Instead, it reflects the entire range of colours in diverse places and on various occasions. The following survey, which will make up the second part of my essay, will especially focus on the history of the Western church. Even though the Eastern orthodox churches do not know a fixed set of liturgical colours, a variety of colours can nevertheless be found when entering their churches, as well as in ancient Near Eastern churches.

40.2 The Christian religion – colourful and rich in its varied history

In the following section I would like to introduce some Christian interpretations of colours. My survey of the colours of the liturgical year is based on the Catholic tradition (cf. Abb. 40.5, p. 535); however, especially in a German context, this does not greatly differ from Protestant practice, especially in Lutheranism. In contrast to this, the churches in the reformed tradition neglect, or even reject, the use of colours to mark certain times and feast days in the liturgical year.

While the earliest Christians did not yet know any liturgical colours, first attempts to introduce them can be found in the Carolingian period. Pope Innocent III was the first to set down some basic recommendations around 1200,[20] which were then universally prescribed by Pope Pius V in the Roman Missal of 1570.[21] Recognised liturgical colours are white, red, black/purple and – between them – green as a middle colour. On the other hand, yellow, blue,

---

20 In *De sacro mysterio* I, 65. There the Pope follows Saint Thomas Aquinas, who associated different colours with different virtues, e. g. white with 'purity', crimson red with 'martyrdom', hyacinth blue with 'desire for heaven' and carmine red with 'love'. Cf. Sachs / Badstübner / Neumann 1988, p. 130.
21 This prescribed canon of colours was, with some slight alterations, taken over in the new Missal approved after the Second Vatican Council, cf. Adam 1985, p. 76.

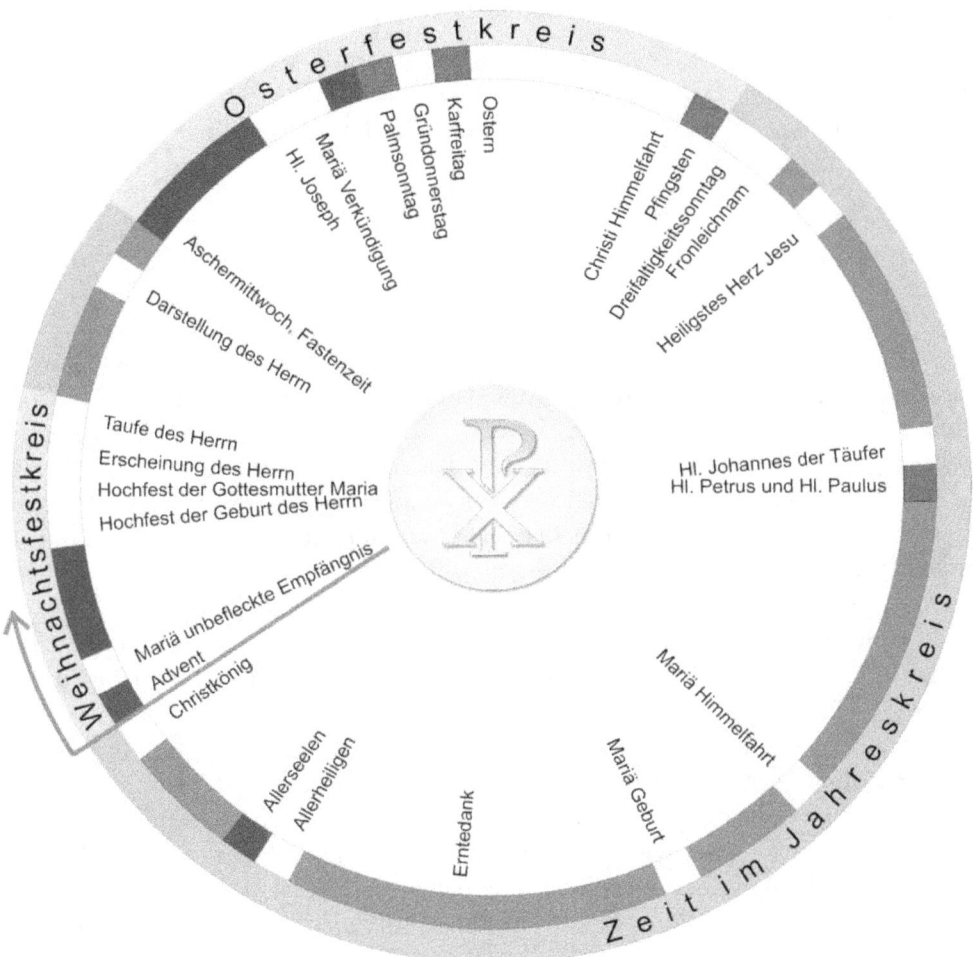

Figure 40.5:
Colours of the Catholic liturgical year

German Wikipedia article "Kirchenjahr"; illustration by Jüppische.

brown and grey were prohibited at the time. Since there has sometimes been a tendency to overestimate colour rules, however, plain liturgical vestments tend to be more and more preferred nowadays, and some earlier colour restrictions have been removed.[22]

In those churches which know seven sacraments, these have traditionally been symbolised in the seven colours of the rainbow.[23]

I will now briefly outline the use of some individual spectral colours in the Christian religious context.

40.2.1 Red

Red – the first colour to be given a name by man[24] – usually stands for vitality, joy of living and passion (cf. Abb. 40.6, p. 537). It is considered the colour of fire and of blood. A glance at the biblical evidence shows that the words 'blood' and 'red' have the same origin in Hebrew.[25] Both blood and fire are associated with a variety of positive as well as negative connotations.

The belief that the colour red serves as a protection against evil influences has been widespread throughout history. A significant biblical tradition in this context is the story of the Passover, in which the protective rite of the blood becomes the life-saving sign for the chosen people of God (cf. Ex 12,13).

In the Christian tradition red is the colour of Pentecost, calling to mind the tongues of fire in the biblical record about the effusion of the Holy Spirit (cf. Acts 2).

However, red in Christianity is also a symbol for martyrdom. As a signal colour it may appear aggressive. Thus executioners have at all times worn red garments by tradition and death warrants were sealed with red ink.

Concerning the interpretation of the colour red in the robes of cardinals, there are several differing versions in the literature: on the one hand, there is the view that the colour should be linked to that of Roman patricians and therefore be seen as a symbol of power and rank[26]; on the other hand it is

---

22 Many of them, such as the longstanding prohibition of the colour yellow, were only removed in the context of the reforms after 1970.

23 The associations were: (1) Baptism – white/purity; (2) Confirmation – yellow/colour of the oil; (3) Communion – green/hope and rejuvenation; (4) Penance – red/blood; (5) Anointing of the Sick – black/mourning; (6) Holy Orders – purple/colour of the priesthood; (7) Marriage – blue/fidelity. Cf. Glasenapp 1996, p. 303.

24 Vgl. Heller 2004, p. 51.

25 *Adom* means 'red' and *dam* means 'blood'.

26 Cf. Biesinger/Braun 1995, p. 70.

Figure 40.6:
Red parament with tongues of fire
Website of the Lutheran parish of Bischofsheim; photo: Klaus Bastian.

interpreted as an expression of the fact that those who wear it are continually prepared to sacrifice their own lives for the church.[27]

Red is given a positive interpretation when seen as an expression of love triumphant in images of the creator and of the risen Christ. As the colour of love it is also an attribute of the Apostle John, the beloved disciple of Jesus. The fact that this colour may at the same time be seen as the colour of the devil and of hell goes back to the book of Revelation and its symbolic "great whore of Babylon", who is dressed in purple and in scarlet (cf. Rev 17 and 18).

---

27 Cf. Biedermann 2002, p. 368, and Becker 1998, p. 245.

40.2.2 Purple

Purple in Christian churches is the liturgical colour of Lent and Advent, the penitential periods of preparation that precede the solemnities of Easter and Christmas. In this context it is the colour of repentance, of piety and the willingness to make sacrifices. This signification of the colour purple is also reflected in art. For example, in medieval paintings of the passion, Jesus often wears a purple garment.

At the same time, purple is also considered the colour of the Spirit and of spirituality; it is a symbol for inspiration, mysticism and idealism. Since purple has a strong meditative effect, it represents introspection and spiritual growth. Purple is also the colour used for initiating processes of purgation – not only in a religious context.

In the writings of the medieval Western mystics – but in many other cultures as well – red, representing the corporeal world, is combined with blue, signifying the heavenly world of the spirit, to form the fascinating mystery of purple, in which entirely different laws are at work than the ones we are familiar with.

Since purple has always been considered a dignifying colour, it marks the rank of bishops. Purple is also the colour of the German Lutheran Church (EKD). Even in German politics there is a small party, founded in 2001, which calls itself "The Purple Party – for a spiritual policy".

40.2.3 Blue

It is the "boundary breaking" colour blue that has most often given rise to meditation in the history of mankind. Blue is the colour of the vast expanses of the sky and the infinite depths of the ocean, of the universe and of the cosmos. It is the colour of profundity, transcendence, and of the eternal. Blue represents all things distant, the divine and the 'spiritual', as the painter Kandinsky observed for instance when he wrote: *"The inclination of blue to depth is so strong that it becomes more intense, especially in its deeper shades, and conveys a characteristic interiority. The deeper blue becomes, the more it calls us into the infinite, raises in us the desire for the pure, and finally for the transcendental."*[28] Many painters know about the fact that blue creates space and distance, and they make use of this tendency, as can be seen in a great number of ceiling frescoes in churches.

Since blue is a symbol of God's eternity and truth, Jesus is often depicted in blue robes while teaching his disciples. In Roman Catholic colour symbolism, blue is also the colour of the Virgin Mary (cf. Abb. 40.7, p. 539). In poetry,

---

28 Kandinsky 2004, p. 96; my translation.

Figure 40.7:
Praying Virgin Mary with crescent under her feet in an alcove in Amaro, Italy

German Wikipedia article "Mondsichelmadonna", photo: Johann Jaritz.

Mary is sometimes addressed as the "blue lily". It is, however, significant in Marian iconography that the shades of blue used when depicting her as the Woman of the Apocalypse – a crescent under her feet – are usually much more intense than the blue found in mourning scenes, such as the image of Mary underneath the cross. In these, a dark, flat blue often symbolises grief.

40.2.4 Green

The colour green was still associated with paganism in early Christianity, since it is the colour of the plant world. Before long, however, Christians started to link it to the virtue of mercy. This is why saints in medieval paintings often wear green robes. In images of the Trinity the colour stands for the Holy Spirit. Since the Spirit was first given to the chosen ones among the disciples, green soon also became the colour of the apostles.

However, the colour green implies a number of very diverse aspects. Its shades reach from a deep moss green to an intense bilious green. As a result, green is also an ambivalent colour in the Christian tradition. On the one hand, as the colour of the annual regeneration of nature, it symbolises hope, long life and immortality. Led by the belief that the salvation of mankind proceeds from the cross, some medieval artists painted the cross green, in order to mark it as the tree of life. Green is especially esteemed in the writings of Hildegard of Bingen (1098–1179); she repeatedly speaks of the "sancta viriditas", the germinating green power or divine energy, to which she ascribes a transcendent, paradisiacal virtue. The other face of the colour green, and its symbolic interpretation, is shown in the fact that malicious snakes and demons, especially in the Middle Ages, were also often depicted in green. The devil is sometimes represented as a hunter of souls in a green coat.

40.2.5 Yellow

Yellow is the brightest and lightest of all colours: it appears radiant and warm. This is why yellow became the symbol of sunlight, of knowledge and of the splendour of wisdom. The sun has always been one of the most important symbols in all cultures. Many natural tribes worshipped it as a deity. A look at the biblical evidence reveals that the colour yellow is never mentioned directly, but instead repeatedly appears in paraphrases, such as "sulphurous" (cf. e.g. Rev 9,17).[29]

However, in addition to the positively connoted golden yellow, bright yellow in popular colour symbolism may also become the colour of envy and jealousy, and pale yellow may stand for insidious aggression. The latter association can be seen, above all, in representations of Judas, the man, who betrayed Jesus, in a pale yellow garment. Since the Middle Ages, yellow has thus been used as a sign of public shame for discriminated groups, as is also reflected in traditional Western art. Since the Fourth Lateran Council in 1215 under Pope Innocent III all Jews had to wear a yellow patch on their clothes – a symbolic representation of their status as outlaws.[30]

---

29 There are multiple periphrastic expressions for the colour yellow in the Bible. Sometimes it is also described through similes, e.g. with animals, plants and gems.

30 Cf. Trepp 1998, p. 66. In English, 'yellow' can mean 'cowardly'. In French, a madhouse is sometimes called a 'yellow house'.

Figure 40.8:
"Umwandlung ins Grün" ('Transformation into Green') 2002

http://www.farbige-kunst.de; artist / © Jörgen Habedank

Among its many diverse significations, yellow can, in a positive sense, also symbolise heaven and eternity. In many paintings by Vincent van Gogh, for example, we find a golden yellow sky, e.g. in "Sower with the Setting Sun" (1888) or "The Raising of Lazarus" (1890).[31]

Golden yellow can, however, also become a counter-image of the heavenly and the eternal. It stands at the same time for power, wealth, splendour and money, as is paradigmatically expressed in the story of the golden calf,

---

31 To this painting Picasso's famous statement may certainly applied: *"There are painters who transform the sun into a yellow spot, but there are others who, with the help of their art and their intelligence, transform a yellow spot into the sun"*; cited in Finlay 2007, p. 231.

Figure 40.9:
"The Raising of Lazarus"

Illustration cited from: Walther 2006, p. 626; artist Vincent van Gogh.

which has become a part of world literary heritage (cf. Ex 32,4 ff.). Here gold becomes a symbol of materialism and of the Mammon. Shining yellow, on the other hand, stands for inner wealth, according to the motto: *"Better to practise almsgiving than to hoard up gold."* (Tob 12,8).[32] The most frequent attribute in this context is the gloriole of saints.

---

32 Gold is also a metaphor and a measure of human values and anti-values in Wisdom literature, e.g. Ps 19,10–11; 115, 4; Prov 3,13–14; 8,10; 22,1; Eccl 2,8–11; Wis 7,9; Sir 31,5–7.

40.2.6 Orange

The colour orange is hardly ever found in medieval paintings, neither as a symbolic colour nor as a colour for clothes. This is partly due to the fact that in medieval Europe only pure, i.e. no blended colours, were perceived as beautiful. How strong the aversion against orange was in society can be deduced from heraldry; heraldic laws prohibited the use of orange.

The term 'orange' does not have genuinely European linguistic roots. Instead it probably goes back to the eponymous citrus fruit which was imported from China. The oldest roots of the colour orange in European religion go back to the Irish Orange Order.

Even if orange is somewhat more frequently present in Christian culture today, the term often tends to be associated either with red or with yellow, depending on the ratio of the mixture, e.g. in the near synonyms 'reddish yellow', 'vermillion' or 'yellow red'. Nevertheless, orange is given positive connotations throughout: it is seen as the colour of joy and expresses love of life. In this sense it was used in 1948 by the artist Alfred Manessier in his famous image "Resurrection", which radiates easterly joy.

40.2.7 Black and White

To conclude the range of colours, I would like to add a few remarks about black and white – even though these two colours do not belong to the colours of the rainbow.

As in many other world religions, white occupies a very special place in Christianity. Glory, light and transfiguration are the symbolic meanings associated with white clothes. Jesus Christ was clothed in a white garment (cf. Abb. 40.10, p. 544) and the Holy Spirit appears as a white dove. Recently baptised Christians wear white robes, and in these the souls of the just are depicted at the Last Judgement. In the liturgical year white is only worn on solemnities, such as Christmas and Easter. To demonstrate his status as Vicar of Christ, the Pope, as head of the Catholic Church, always wears white. All in all, white comes close to the absolute, the beginning and end of human existence.

The colour black is perceived as something special, as well. It 'actually' is the absence of any colour, which is why black marks the renunciation of all things colourful, as well as asceticism and detachment from the world. Since black stands for darkness, it also becomes a sign of night, annihilation and death. As the colour of mourning it tends to be associated with grief in our climes.

Figure 40.10:
Statue of Christ on the peak of the Corcovado, Rio de Janeiro

German Wikipedia article "Rio de Janeiro"; photo: Welch 14 (2004).

40.3 The range of colours – the expression of a faith that is living and profound

Colours are a means to express acts of religious interpretation. Just as they communicate life to the world, they also imbue faith and religion with vitality. Religious art uses colours in a multitude of different variations, and they are rooted in diverse liturgical events and locations. Sometimes their high symbolic value can be retraced to biblical evidence.

By means of a conclusion, I would thus like to present five theses, arguing from different perspectives why colours are an essential constituent especially of the Christian religion, and why, in their fullness, they convey substantial aspects of belief.

(1) The 'overture' of the Bible, the book Genesis, begins by immediately introducing various colours. The creation account relates seven days, associating them with different colours, e. g.: The first day is black and white; darkness and light are divided from each other. The second day has a blue appearance; on it, God separates the sky from the sea. After this follows a green day; God's speech on the third day contains the following words: *"Let the earth produce vegetation"* (Gen 1,11).[33] The subsequent forth day shines in yellow; God creates the various lights of heaven. Thus in the six active days of creation the primal phenomena of colour have their origin, a multi-coloured foundation, which God commits into the hands of humans. In being entrusted with this variegated range of colours, humans are also asked to treat the multicoloured basis of their life with creative responsibility.

(2) The rainbow has a special status in all religions. It is its colourful splendour which links heaven and earth, God and man, together. In the Judeo-Christian tradition, it functions as a symbol of God's covenant with mankind (cf. Gen 9,12–13). The variety of colours thus becomes the sign of friendship between God and man, creature and creator. The fullness of colours is transformed into an outstanding mark of connection between the immanent and the transcendent.

(3) Light contains all colours in itself, being their sum. For Christians, all the colours and varieties of life are unified in God. Christian theology replies to the question of what colour God is with the supreme statement: *"God is light"* (cf. Joh 1 or 1 Joh, 1,5). Apart from characterising God as the quintessence of all colours, this also alludes to his unavailability. It is an expression of the divine mystery, of God as the invisible and inexplicable. At the same time the Christian faith also acknowledges the fact that the perception of light is a metaphor for beholding the invisible in the visible.

(4) The visible sign of God per se for Christians is his Son Jesus. His preaching is continually directed towards the fullness of life, as he testifies about himself: *"I have come so that they may have life and have it to the full."* (Joh 10,10) This statement implies that all colour components are suspended in plenitude, not a single colour remains excluded. That the fullness of life includes polar opposites between light and dark, warm and cold colours is implied in this sentence. The words of Jesus repeatedly remind us that Christians are called to create the multi-coloured pattern of their lives with all its contrasts.

---

33 The German ecumenical translation reads *"junges Grün"* emphasising the green colour of the first plants.

(5) This Christian vocation and the experience that God reveals himself in the very coincidence of opposites is reflected not least in the writings of many mystics throughout the history of the church. Religious life needs colours. And above all it needs their diversity and variety. At the same time, however, every religious person needs the capacity to look even deeper, beyond all colours, a truth which has been beautifully expressed by the great mystic and philosopher Nicholas of Cusa in a meditation upon the vision of God:

> *O Lord my God, the longer I behold Your Face, the more acutely You seem to me to cast the acute gaze of Your eyes upon me. Now, Your gaze causes me to reflect upon the following: that the reason this image of Your Face is depicted in the foregoing perceptible way is that a face could not have been painted without color and that color does not exist apart from quantity. But the invisible Truth of Your Face I see not with the bodily eyes which look at this icon of You but with mental and intellectual eyes. This Truth is signified by this contracted shadow-like image. But Your true Face is free of all contraction. For it is neither quantitative nor qualitative nor temporal nor spatial. For it is Absolute Form, which is also the Face of all faces.*[34]

40.4 Bibliography

40.4.1 Primary sources

Der Koran. Translation by KHOURY, ADEL THEODOR. Gütersloh 1992.

The New Jerusalem Bible. Ed. by HENRY WANSBROUGH OSB. London 1990.

HOPKINS, JASPER: *Nicholas of Cusa's Dialectical Mysticism. Text, translation and interpretive study of de visione dei.* Minneapolis 1985.

KANDINSKY, WASSILY: *Über das Geistige in der Kunst.* Bern 2004.

40.4.2 Secondary literature

ADAM, ADOLF: *Grundriß der Liturgie.* Freiburg im Breisgau 1985.

BECKER, UDO: *Lexikon der Symbole.* Freiburg im Breisgau 1998.

BIEDERMANN, HANS: *Knaurs Lexikon der Symbole.* Augsburg 2002.

BIESINGER, ALBERT UND GERHARD BRAUN: *Gott in Farben sehen. Die symbolische und religiöse Bedeutung von Farben.* Munich 1995.

---

34 Nicholas of Cusa, *De visione Dei*, ch. 6; cited according to Hopkins 1985, p. 113.

CHEBEL, MALAK: *Symbole des Islam*. Augsburg 1999.

FINLAY, VICTORIA: *Das Geheimnis der Farben. Eine Kulturgeschichte*. Berlin 2007.

FUCHS, CORNELIA: *Ein Wohlklang für die Seele. Online-Bericht zu Indiens Farben-reichtum*. http://www.theinder.net – Indien-Portal für Deutschland 2001; http://www.indien-netzwerk.de/navigation/kulturgesellschaft/gesellschaft/artikel/farben_in_indien.htm (last access, March 17, 2011).

GAGE, JOHN: *Kulturgeschichte der Farbe. Von der Antike bis zur Gegenwart*. Leipzig 2001.

GLASENAPP, HELMUTH VON: *Die fünf Weltreligionen*. Munich 1996.

GÖRG, MANFRED: Farben (art.). In: GÖRG, MANFRED (ed.): *Neues Bibellexikon, vol. I*. Zürich 1991.

GÖRLACH, ALEXANDER: Die Farbe des Islam (art.). In: *Cicero* September 2008.

HELLER, EVA: *Wie Farben wirken*. Reinbek 2004.

HOFHANSL, ERNST: Farben/Farbsymbolik (art.) In: *Theologische Realenzyklopädie, vol. 11*. Berlin 1983.

KARNER, PETER UND ERIKA FUCHS (ed.): *Texte für grüne Christen. Grün ist die Farbe Gottes*. Vienna 1982.

KIRFEL, WILLIBALD: *Symbolik des Hinduismus und des Jinismus*. Stuttgart 1959.

LURKER, MANFRED: *Lexikon der Götter und Symbole der alten Ägypter*. Munich 1998.

MAIER, JOHANN: *Judentum von A – Z. Glauben, Geschichte, Kultur*. Erftstadt 2007.

RIEDEL, INGRID: *Farben. In Religion, Gesellschaft, Kunst und Psychotherapie*. Stuttgart 1990.

SACHS, HANNELORE; BADSTÜBNER, ERNST UND HELGA NEUMANN: *Christliche Ikonographie in Stichworten*. Leipzig 1988.

SEITZ, GABRIELE: *Die Bildsprache des Buddhismus*. Düsseldorf 2006.

TWORUSCHKA, MONIKA UND UDO: *Die Welt der Religionen. Der Buddhismus*. Gütersloh / Munich 2007.

TREPP, LEO: *Die Juden. Volk, Geschichte, Religion*. Reinbek 1998.

WALTHER, INGO F. UND RAINER METZGER: *Vincent van Gogh. Sämtliche Gemälde*. Cologne 2006.

WELSCH, NORBERT UND CLAUS CHR. LIEBMANN: *Farben. Natur Technik Kunst*. Munich, Heidelberg 2007.

WILLERS, CHRISTIANE: *Hinduismus / Buddhismus*. Berlin 2009.

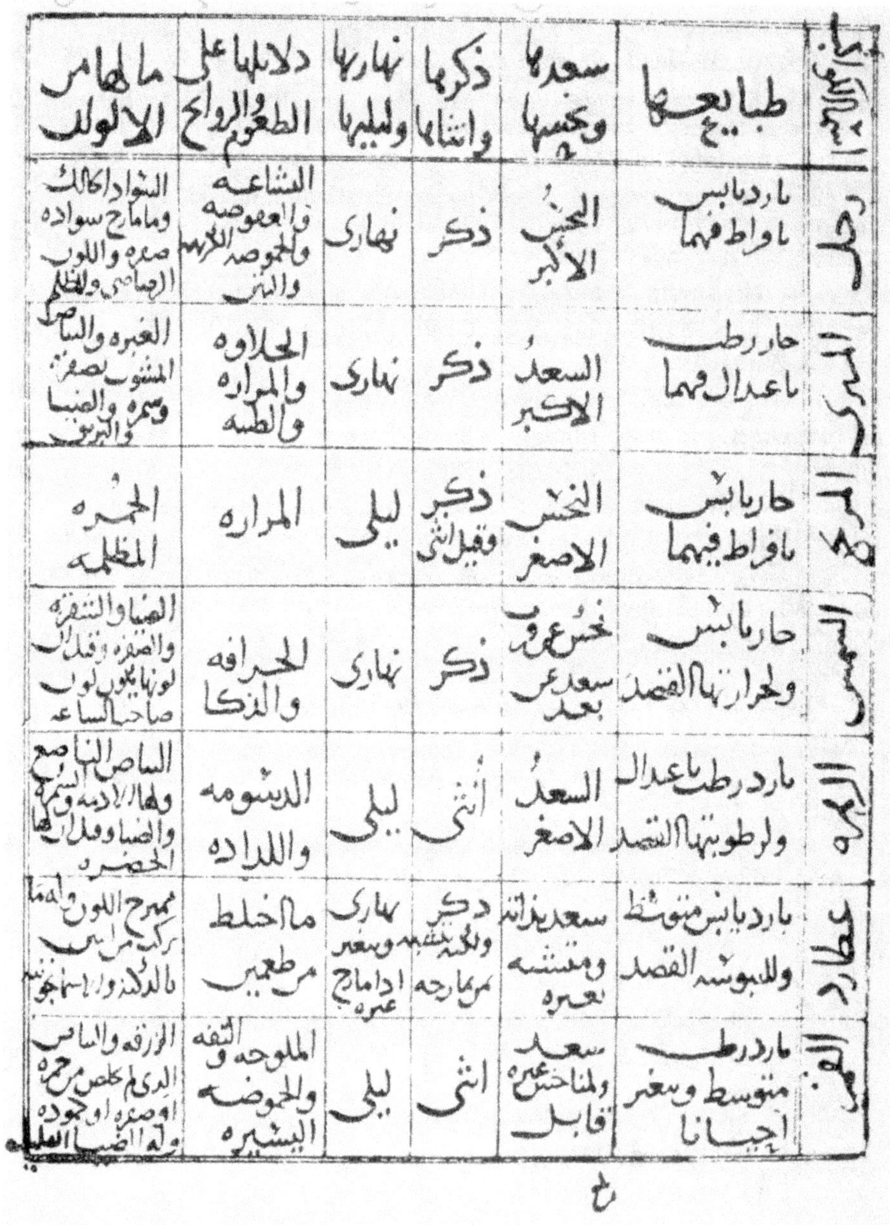

[illegible]	طبايعها	سعدها ونحسها	ذكرها وانثاها	نهاريها وليليها	دلائلها على الطعوم والروائح	ما لها من الالوان
زحل	بارد يابس بافراط فيهما	النحس الاكبر	ذكر	نهاري	البشاعة والعفوصة والحموضة الكريهة والنتن	السواد الحالك وما مازج سواده صفرة واللون الرصاصي والمظلم
المشتري	حار رطب باعتدال فيهما	السعد الاكبر	ذكر	نهاري	الحلاوة والمرارة والطسه	الغبرة والبياض المشوب بصفرة وخضرة والصفاء والبريق
المريخ	حار يابس بافراط فيهما	النحس الاصغر	ذكر وقيل انثى	ليلي	المرارة	الحمرة المظلمة
الشمس	حار يابس ولحرارتها اقصد	نحس عن قرب سعد عن بعد	ذكر	نهاري	الحرافة والذكا	الضياء والشقرة والصفرة وقيل ان لونها يكون لون صاحب الساعة
الزهرة	بارد رطب باعتدال ولرطوبتها اقصد	السعد الاصغر	انثى	ليلي	الدسومة واللذاذة	البياض الناصع ولها الادمة والسمرة والصفاء وقيل ان لها الخضرة
عطارد	بارد يابس متوسط ولليبوسة اقصد	سعد بذاته ومتشبه بغيره	ذكر ولكنه يتشبه ويتغير بممازجه	نهاري ويتغير اذا امتزج بغيره	ما اختلط من طعمين	ممتزج اللون وما تركب من اصباغ كالدكنة والاسمانجونية
القمر	بارد رطب متوسط ويتغير احيانا	سعد وللمناحس بغيره قابل	انثى	ليلي	الملوحة والتفه والحموضة اليسيرة	الزرقة والبياض الذي لم يخلص من حمرة او صفرة او خمودة وله الاصباغ الصقيلة

Figure 41.1:
al-Bīrūnī *on the natures, characteristics and colours of the planets*

al-Bīrūnī (ed. & trans. Wright) 1934, opposite p. 240.

The planets and their corresponding colours in astrology – an example from 13th century Yemen

Petra G. Schmidl (Bonn)

41.1 Abstract

In astrology, too, colours play an important part, by direct and indirect means. One example for colours in astrology is preserved in the *Kitāb al-Tabṣira*, according to its author (al-Ashraf ‘Umar; Yemen, †1296) an introduction into the science of the stars. In the initial chapters the author lists correspondences of the planets and the zodiacal signs with the sublunar world and the colours. This article will introduce al-Ashraf ‘Umar's treatise and the correspondences of planets and colours he describes.

41.2 Introduction

In today astrology, it is a common phenomenon to link planets and colours, a tradition at least known since Greek antiquity – if not, Mesopotamian times (see below). One example of these correspondences presents the Rasūlid sultan al-Ashraf ‘Umar (Yemen, d. 1296) in his *Kitāb al-Tabṣira fī ‘ilm al-nujūm* (*"Enlightenment on the science of the stars"*). In the initial chapters he describes the characteristics, natures and attributes of the planets and of the zodiacal signs, and links them to sub-lunar materia and circumstances like animals or professions including colours. His description of the colours that correspond to the planets and the zodiacal signs is of great richness in detail. This article will introduce his example – concentrating on the correspondence of planets and colours – and compare it to a similar in detail, but three centuries earlier description provided by al-Bīrūnī (Ghazna, b. 973) in his *Kitāb al-Tafhīm fī awā'il al-ṣinā'at al-tanjīm* (*"Book of Instruction in the Art of Astrology"*).

41.3 al-Ashraf 'Umar and his *Kitāb al-Tabṣira fī 'ilm al-nujūm*

More than fifty years ago, Edward S. Kennedy has declared that *"the most impressive aspect of source material for the study of medieval oriental astronomy is its overwhelming quantity"*.[1] This is, of course, still true. Therefore, each study concentrating on a single treatise is supposed to answer the question why this text is selected for further research – and not another. Concerning the *Kitāb al-Tabṣira* by al-Ashraf 'Umar, there are, briefly speaking, mainly four possible answers, two of them related to the text itself, one to its author, and one to the general context:[2]

In the introduction al-Ashraf 'Umar characterizes his treatise as *hadhā majmū'* – *"this collection (of texts)"* – (H,3b,8) being *"tabṣira li-l-mubtadi' fī 'ilm al-nujūm"* – *"an enlightenment for the beginner in the science of the stars"* – (H,3b,5).[3] His text promises to present a curriculum of 13th century Yemeni science of the stars.

- The fifty chapters of the *Kitāb al-Tabṣira* show a very individual composition with several striking points in its arrangement and topics. al-Ashraf 'Umar combines subjects, usually not found in a single treatise. He includes side by side chapters on descriptive astrology, problems related to profane and sacred astronomy in the service of Islam, methods of mathematical or scientific and folk astronomy.

- The author of the *Kitāb al-Tabṣira*, al-Ashraf 'Umar, – the authorship has not proven completely – was the third of the Rasūlid sultans, who ruled over Yemen less than two years, from 1295 until his death at the end of 1296. He wrote several scientific treatises, two of them related to astronomy and astrology, and made astronomical instruments. Although it is a well known and widely spread phenomenon that high-ranking persons

---

1 Kennedy 1956, p. 123.
2 For more details on al-Ashraf 'Umar and his *Kitāb al-Tabṣira* Schmidl 2012; Schmidl 2007; Varisco 1994, p. 12–18; King 1983, p. 27–29; King 1985; Suter 1900, p. 160–161; Suter 1902, p. 177 and the literature there mentioned.
3 On the manuscript and the abbreviation "H" see below.

patronize art and architecture, literature and science, there are, though, only a few that write scientific treatise and even made scientific instruments.

- Yemeni texts do have tendencies to preserve earlier traditions no longer known in other parts of the Muslim world. They promise to teach more, not only about Yemeni scientific knowledge.[4]

The *Kitāb al-Tabṣira* is preserved only in an undated and unsigned manuscript in Oxford (Bodleian Library, Huntington 233; abbreviated as *"H"* in this article).[5] al-Ashraf ʿUmar links planets and colours in chapter viii (H,16b,8–22b,2). In chapter xiv (H,27a,12–31b,7) he presents additional information concerning the planets without mentioning corresponding colours. The correspondences of zodiacal signs and colours are included in chapter i (H,6a,8–11a,23).[6]

41.4 Planets and colours in the *Kitāb al-Tabṣira* I: Text and translation

(a) Context

Although astrology developed over millennia, there is no entire change in its main assumption that links the celestial bodies to the sub-lunar world. The movements of planets and stars are tokens for world-history and individual destiny. Chiefly the planets and the zodiacal signs, but also the astrological houses and some of the fixed stars, correspond to sub-lunar materia and circumstances, mainly by resemblance and analogy that provides *"a universal network of relations."*[7] In chapter viii (H,16b,8–22b,2) of his *Kitāb al-Tabṣira* al-Ashraf ʿUmar introduces the seven planets known to pre-modern astronomy, the five wandering stars, visible with naked eye, Mercury, Venus, Mars, Jupiter, and Saturn, and additionally the Sun and the Moon. Although sometimes an item has omitted, al-Ashraf ʿUmar informs, among others, about the names of the planets in Persian and Greek. He denotes, if a planet is male or female, diurnal or nocturnal, beneficiant or maleficiant, and describes the natures of the planets, if they correspond to air, water, earth, or fire, and the humours of the planets, if they correspond to blood, phlegm, black or yellow bile. Additionally, he provides, although not always complete, the colour(s) corresponding

---

4 King 1983, p. 3.

5 Catalogue Oxford 1787, I, 196b–197a (no. CMV).

6 This paper will concentrate on the planets and their corresponding colours, the zodiacal signs and their corresponding colours will have left to a future publication.

7 Hübner 2011; with more details Rochberg-Halton 1988.

to the planets, their food, incenses, creatures, quadrupeds, birds, and insects, plants and trees, remedies and drugs, metals, stones and gems, waters, rivers, and lakes, regions and cities, parts of the human body, works, trades and crafts, games and arts, religion, and buildings. In chapter i (H,6a,8-11a,23) of the *Kitāb al-Tabṣira* al-Ashraf ʿUmar describe the correspondences of zodiacal signs to similar items.

(b) Text, translation, and word explanations

In general, to interpret colours is very difficult and highly depending on personal, psychological, cultural, social, historical and other influences. There is a permanent risk to superimpose explanations based on today's common knowledge also taken granted for pre-modern astronomy and astrology in Islamic societies. Far from being unambiguous, the following translation only can supplement the Arabic text.[8] al-Ashraf ʿUmar mentions a basic colour and adds further details to specify e. g. its tonality, its luminosity or its saturation, or to compare it with objects of a similar colour.

- Saturn (H,16b,15–16):

His colour is murky black (tending) to green (dominated) by the colour of smoke.	لونه الأسود مظلم إلى الخضرة على لون الدخان

Remarks: The basic colour corresponding to Saturn is black – or in general complete murkiness (*al-aswad muẓlim*). Apparently, this colour has a tendency towards green. Though green also might denote blue or in general a dark-colour (*ilā al-khuḍra*). al-Ashraf ʿUmar specifies this hue again by the following words, although it is not completely clear, if he compares the colour corresponding to Saturn to the colour of smoke in general or if the colour of smoke specifies the green hue (*ʿalā lawn al-dukhān*).

- Jupiter (H,17a,23–24):

Remarks: The basic colour corresponding to Jupiter is dust-colour (*aghbar*) or in general a dirty colour. It has a tendency towards white – or brightness in general (*ilā al-bayāḍ*). Apparently, this colour is shaded slightly by red and

---

8 The translation relies mainly on Morabia 1986 and Fischer 1965. On the difficulties in interpreting colours described in texts e. g. Fischer 1965, esp. p. 233–241; also Fierro 1998, p. 212.

His colour is dust-coloured (tending) to white, in it is little red, (mainly) concealed black, some yellow, and a soft tinge of green.

لونه أغبر إلى البياض فيه حمرة قليل وسواد خفى وبعض صفرة و خضرة ناعمة حسنة

black or dark-red (*fīhi ḥumra qalīl wa-sawād khafī*). In the following, it is not completely clear, if it is further tinged by yellow and green while the two words at the end are a remnant that describes correctly Jupiter as being of good fortune, or if al-Ashraf 'Umar expresses in this way a yellowish and greenish tinge (*wa-baʿḍ ṣufra wa-khuḍra nāʿima ḥasana*).

• Mars (H,18a,3–4):

His colour is sorrel-red (tending) to white, covered by dust (that is dominated) by red.

لونه أحمر أشقر إلى البياض غبّر أنّ الغالب عليه الحمرة

Remarks: The basic colour of Mars is a strong red reminding of the colour of a sorrel (*aḥmar ashqar*). It has a tendency to a blurred white – or brightness in general (*ilā al-bayāḍ' ghabbar*), while red still dominates (*anna al-ghālib ʿalayhi al-ḥumra*).

• The Sun (H,18b,23–24):

His colour is yellow (tending) to red like red gold and rose-coloured things featured by red and yellow.

لونه أصفر إلى الحمرة مثل الذهب الأحمر والشيء المورّد المصوغ بالحمرة والصفرة

Remarks: The basic colour of the sun is yellow with a tinge of red (*aṣfar ilā al-ḥumra*). al-Ashraf 'Umar compares it with red gold and rose-coloured things (*mithla al-dhahab al-aḥmar wa-al-shay' al-muwarrad*). Although "*ward*" – "*rose*" – a word of Persian origin denotes first the colour of red roses, it might describe also and depending on the context a yellow rose and accordingly a palomino. al-Ashraf 'Umar's description takes care of this ambiguity (*wa-l-shay' al-muwarrad al-maṣūgh bi-l-ḥumra wa-l-ṣufra*).

• Venus (H,19a,18–19):

Remarks: The basic colour of Venus is a whitish – or in general bright – yellow (*ṣafrā' bayḍā'*). It resembles millet, nacre, and pearls. It is not clear if al-Ashraf 'Umar compares it to yellow millet or yellow maize (*mithla al-dhur al-aṣfar*).

Her colour is whitish yellow, millet-coloured, nacre-coloured, bright, pearl-coloured and lustrous, similar to yellow millet (?).

لونها صفراء بيضاء ذرية صدفية نورية لؤلؤية برّاقة مثل الذر الأصفر

- Mercury (H,20a,10–11):

His colour is sky-blue and violet, and the bright (?) and brilliant (?) mingled colours spotted by blue and green like the colour of (colourful) embroidery.

لونه أسمانجونى والبنفسجى وألوان الزياجين والنوّار والبهارات ومنقّط بالزرقة والخضرة مثل لون الوشى

Remarks: The basic colour corresponding to Mercury is either a hue of purple (*asmānjūnī wa-l-banafsajī*) or mixed colours. *"asmānjūnī"* – *"sky-blue"* or *"violet"* – and *"banafsajī"* – *"violet"* – are obviously non-Arabic words. The Persian word *"banafsajī"* means the flower *"violet"*. It is not clear if this hue of purple have blue and green – or in general only darker – spots (*wa-munaqqat bi-l-zurqa wa-l-khuḍra*).

- The Moon (H,20b,17–18):

His colour is white, sometimes is in it a bit of green similar to the green of a sword or of unmixed (?) smoke.

لونه أبيض وربّما كان فيه خضرة قليلاً مثل خضرة السيف أو الدخان الصافى

Remarks: The basic colour corresponding to the moon is white, sometimes either with a greenish – or in general darkish – hue (*abyaḍ wa-rubbamā kāna fīhi khuḍra qalīlan*). al-Ashraf ʻUmar compares it to a sword and unmixed smoke (*mithla khuḍra al-sayf aw al-dukhān al-ṣāfī*). Most probably, he refers to the colour of a used and unpolished sword whose brightness has lost. Before coming to explanations of al-Ashraf ʻUmar's correspondence of planets and colours, it is appropriate to collect some background information. Having in mind that in modern astrology correspondences of planets and colours still are a common feature,[9] the question raises if there are further examples, preferably close in region and time to 13th century Yemen.

---

9 E. g. Gettings 1985, p. 378–379.

41.5 al-Bīrūnī and his *Kitāb al-Tafhīm*

There is no wide choice of easily accessible introductions into pre-modern astrology in Islamic societies available, although great efforts have undertaken during the last years.[10] To allow speak again to Edward S. Kennedy: *"The harvest truly is plenteous, but the laborers are few."*[11] Because there is no treatise published, that is close in region and time to al-Ashraf 'Umar,[12] the *Kitāb al-Tafhīm fī awā'il al-ṣinā'at al-tanjīm* (*"Book of Instruction in the Art of Astrology"*) by Abū Rayḥān al-Bīrūnī (Ghazna, b. 973) is a good starting point. This versatile and prolific scholar wrote his well-organized introduction for Rayḥāna, daughter of al-Ḥasan, a beginner in the science of the stars, in today Afghanistan three centuries before al-Ashraf 'Umar flourished.[13]

Written bilingual in Arabic and Persian the *Kitāb al-Tafhīm* is a gold mine of information and always worth a look when start searching information on mathematical, geographical, astronomical, and astrological topics. al-Bīrūnī organizes most of the astrological correspondences in neatly arranged tables – and not in plain text as al-Ashraf 'Umar did in his *Kitāb al-Tabṣira*. Despite of its outstanding importance there is no critical edition available, but fortunately, a facsimile, and an English translation.[14] In his *Kitāb al-Tafhīm*, al-Bīrūnī gives tables and tables of correspondences linking planets to mainly all items also mentioned in the *Kitāb al-Tabṣira* by al-Ashraf 'Umar. The correspondences of planets and colours are included in a table with seven lines for the seven planets and seven columns labelled with *"the names of the planets"*, *"their natures"*, *"beneficiancy and maleficiancy"*, *"their maleness and femaleness"*,

---

10 In this context mainly al-Qabīṣī (ed. & trans. Burnett & Yamamoto & Yano) 2004; al-Kindī (ed. & trans. Bos & Burnett) 2000; Kūshyār b. Labbān (ed. & trans. Yano) 1997; Abū Ma'shar (ed. Lemay) 1995; Abū Ma'shar (ed. & trans. Burnett & Yamamoto & Yano) 1994.

11 Kennedy 1956, p. 173.

12 I did not take into consideration al-Afḍal al-'Abbās' anthology (ed. Smith & Varisco 1998), because it is not a pure astrological treatise.

13 al-Bīrūnī (ed. & trans. Wright) 1934, p. 1, also p. iii and vii.

14 al-Bīrūnī (ed. & trans. Wright) 1934. The facsimile is made of an Arabic manuscript preserved in London (British Museum Add. Or. 8349). The page opposite of p. 240 used in this article, though, is taken from one of two Arabic manuscripts in Oxford (Bodleian Library Marsh 572 or Bodleian 281). The English translation was prepared in the beginning by using a Persian manuscript preserved in London (British Museum Add. 7697). All together, the editor took into account nine manuscripts, three in Persian, six in Arabic (Wright 1934, p. xii–xiii). Michio Yano (Kyoto) and Keji Yamamoto (Kyoto) have recently published a Japanese translation of the first part. The second part is in preparation. The Persian edition by Jalāl al-Dīn Humā'ī, Tehrān, ca. 1974, was not taken into account in this article because of the difficulties in interpreting colours described in different languages (see n. 6).

"their diurnalness or nocturnalness", *"their smell and taste"*, and *"what of the colours (corresponds) to them"*, cf. Fig. 41.1, p. 548.[15]

Further, al-Bīrūnī provides in his *Kitāb al-Tafhīm* similar tables for the astrological houses including correspondences of astrological houses and colours,[16] and for the zodiacal signs including correspondences of zodiacal signs and colours.[17]   In this second table, he presents indirect evidence of a possible origin of these correspondences by heading one column with *"the colours"* and the other with *"(the colours) according to the Indians"*. Therefore, one might speculate about Indian traditions influencing the system of zodiacal as well as planetary correspondences, Indian traditions that might derive originally from Greek sources.[18] For example, Sphujidhvaja (India, 3rd c.) provides in chapter 1, phrases 109–122 of his *Yavanajātaka* (*"Horoscopy of the Greeks"*) some information of the natures and responsibilities of the planets.[19] He links Saturn to *"black"*, Jupiter to *"yellow"*, Mars to *"red"*, the Sun to *"coppery"*, Venus to *"white"*, Mercury to *"green"* and the Moon to *"silvery"*.[20] The *Yavanajātaka* is based clearly on a Greek source.[21]

al-Bīrūnī presents similar rich details than al-Ashraf ʿUmar in his description of the colours that correspond to the planets. The harvest, though, in other contemporary treatises is rather meagre. Kūshyār b. Labbān (Gīlān, Caspian Sea, fl. 10th / 11th c.), a prolific mathematician, astronomer and astrologer, also wrote an introductory astrological treatise, the *Kitāb al-Mujmal fī uṣūl ṣināʿat aḥkām al-nujūm* (*"Introduction into Astrology"*) In book 1, chapters 2–7, he deals with the natures and attributes of the planets, but does not mention planets and corresponding colours. al-Qabīṣī (Qabīṣa, Iraq, fl. 10th c.), another contemporary of al-Bīrūnī and Kūshyār b. Labbān, does link planets and colours. In chapter 2 of his *Kitāb al-Mudkhal ilā ṣināʿat aḥkām al-nujūm* (*"Introduction into Astrology"*) he informs *"on the natures of the seven planets and what is proper to each, and what conditions it indicates"*.[22] The colours, though, are described without any further details – with one exception. While

15 al-Bīrūnī's *Kitāb al-Tafhīm* (Wright (ed. & trans.) 1934, § 396–401, p. 240 and the page opposite to this page.

16 al-Bīrūnī's *Kitāb al-Tafhīm* (Wright (ed. & trans.) 1934, § 468, p. 277, and the page opposite to this page.

17 al-Bīrūnī's *Kitāb al-Tafhīm* (Wright (ed. & trans.) 1934, § 362, p. 219, and the page opposite to this page.

18 For the relations and transmissions of planetary attributes and images between Greek Antiquity, Sanskrit India, the Islamic societies and Europe Pingree 1989; Pingree 1965.

19 Sphujidhvaja (ed. & trans. Pingree) 1978, vol. 2, chap. 1, 109–122, p. 9–10 (trans.).

20 Sphujidhvaja (ed. & trans. Pingree) 1978, vol. 2, chap. 1, 120, p. 10 (trans.) and p. 248 (comm.).

21 Sphujidhvaja (ed. & trans. Pingree) 1978, vol. 1, p. v–vi and p. 3.

22 Burnett & Yamamoto & Yano 2004, p. 62–87 (this quote p. 62).

	correspondences of planets and colours in al-Bīrūnī's *Kitāb al-Tafhīm* Wright (ed. and trans.) 1934, §401, p. 240 and the page opposite to this page		
	English translation (Wright)	facsimile (Wright)	English translation of the facsimile (pgs)
names of the planets	**colours**	ما لها من الألوان	**what of the colours (correspond) to them**
Saturn	jet-black also black mixed with yellow, lead colour, pitch-dark	السواد الحالك وما مازج سواده صفرة واللون الرصاصي والمظلم ^a	deep black, his black mingled with yellow, livid, murky
Jupiter	dust-colour and white mixed with yellow and brown, shining, glittering	الغبرة والبياض المشوب بصفرة ^b وسمرة ^c والضياء والبريق ^d	dust-colour, white blended with yellow and brown, bright and lustrous
Mars	dark red	الحمرة المظلمة	dark red
Sun	pungent, shining reddish-yellow, its colour is said to be that of the lord of the hour	الضياء والشقرة والصفرة وقيل أنّ لونها يكون ^e صاحب الساعة	bright, sorrel-coloured, yellow, it is said that her colour is (the colour of) the lord of the hour (?)
Venus	pure white tending to straw colour, shining, according to some greenish	البياض الناصع ولها الأدمة ^f والسمرة والضياء وقيل أنّ لها الخضرة	yellowish white, to her (belongs) skin-colour and brown, bright, and it is said that to her (belongs) green
Mercury	complex [...] colour, the latter sky-blue with a darker colour	ممتزج اللون وله يركّب ^g من أثنين بالدكنة ^h والأسمانجونية (؟)	mingled colour, to him fit two (colours) dark-coloured and sky-blue
Moon	blue and white or some deep colour not unmixed with reddish yellow, moderate brilliancy	الزرقة والبياض الذى لم يخلص من حمرة أو صفرة أو كمودة ⁱ وله الضياء القليلة ^j	blue and white that is not free of red or yellow or (dark-coloured and) swarthy, to him (belongs) little brightness

Table 1: The correspondences of planets and colours in al-Bīrūnī's *Kitāb al-Tafhīm*
(Wright (ed. and trans.) 1934, § 401, p. 240 and the page opposite to this page),
(slightly different in Caiozzo 2004, p. 296).
Keiji Yamamoto (Kyoto) kindly provided his preliminary edition of this paragraph.
The differences are given in this short critical apparatus.
a: either والظلام or والظلامى . b: or المنسوب . c: أو سمرة . d: والبروق . e: or يكون لون . f: السمرة والأدمة . g: or لونين .
h: either كالدكنة or كالدكونة . i: كدورة وكمودة . j: omitted.

Saturn corresponds to *"black"*, Mars to *"red"*, the Sun to *"transparent"* (*wa-lahā min al-alwān mā yashiffa*), Venus to white, Mercury to *"mixed(-coloured) and sky-blue"* (*al-āsmānjūnī*), and the Moon to yellow, Jupiter's corresponding colour is described in more detail by *"dust-coloured and green and whatever is like that"* (*wa-lahu min al-alwān al-ghubra wa-l-khuḍra aw mā shākalahā*).[23]

---

23 Burnett & Yamamoto & Yano 2004, p. 66–67.

The main source of al-Qabīsī's *Kitāb al-Mudkhal* was Abū Ma'shar (Baghdād, 9th c.), his Mukhtaṣar al-Mudkhal (*"Abbreviation of the Introduction"*) and his *al-Mudkhal al-kabīr fī 'ilm al-nujūm* (*"Great Introduction into Astrology"*).[24] The Mukhtaṣar is in many parts an abbreviated summary of the Mudkhal al-kabīr in particular concerning the descriptions containing the characteristics and qualities of the planets. Although Abū Ma'shar mentions the system of planetary natures and attributes – in chapter 5 of the *Mukhtaṣar* and in book 7, chapter 9 of the *Mudkhal al-kabīr* – he does not link them to colours.[25]

It is somewhat disappointing, that none of these examples describe the colours corresponding to the planets in more detail than al-Ashraf 'Umar and al-Bīrūnī do. And that, although planets and corresponding colours can be traced back with certainty at least to Greek Antiquity – if not, unproven but probable, to Mesopotamia,[26] and although these correspondences became common knowledge in Islamic societies at the latest in 10th century.

To provide some evidence to these two statements: Concerning traces in Greek Antiquity two examples might suffice.[27] In book 1, chapter 1 of his *Anthologia* Vettius Valens (Greece, 2nd c.) deals with natures and responsibilities of the planets. It comprises the corresponding colours though without any further details – with one exception. Vettius Valens links the Sun to yellow, the Moon to green, Saturn to castor-coloured, Mars to red, Venus to white, while Mercury is omitted.[28] Similar to al-Qabīsī, Jupiter's corresponding colour get a fuller description.[29] He corresponds to grey verging on white ("tē mèn chróa

---

24 Abū Ma'shar (ed. & trans. Burnett & Yamamoto & Yano) 1994, p. 7–8.

25 Abū Ma'shar (ed. & trans. Burnett & Yamamoto & Yano) 1994, chap. 5, p. 60–69 and the Latin translation by Adelard of Bath (Bath, France, Antioch, Sicily, fl. 1100), p. 124–127; Abū Ma'shar (ed. Lemay) 1995, vol. III, 7:9, p. 551–556 and the Latin translation by John of Seville (Toledo, 12th c.) according to the revision of Gerard of Cremona (Toledo, 1114–1187) vol. V, 7:9, p. 331–317.

   The example given in Caiozzo 2004, p. 290 by using a Paris manuscript (Bibliothèque Nationale de France, MS arabe 5902, fol. 45v) apparently describes a different correspondence. While al-Ashraf 'Umar links planets and colours, and also planets and the four elements, in her example Abū Ma'shar rather seems to provide first a correspondence of planets and elements and then of elements and colours. Accordingly, he only mentions four colours, black, red, white, and flame-colour that only indirectly correspond to the planets.

26 It is open to discussion when exactly the colours were linked to the planets (Caiozzo 2004, p. 280–281). A Mesopotamian origin, though, is probable (Panaino 1995, p. 211a-b; Pingree 1978, p. 248 and the literature mentioned there).

27 Cf. e. g. also Hübner 2011: *"Some parallels (of planets and other things and circumstances – pgs) were quite early, dating from the time of Sudines (Babylonia, Greece, 3rd c. BC), while others are attested only late."*

28 Vettius Valens (ed. Pingree), 1986, I:1, p. 1–5.

29 Three of the six examples taken from Western sources listed in Pingree 1978, p. 249, also provide the most details in describing the colour corresponding to Jupiter.

phaiòs kaì māllon leukós" = τῇ μὲν χρόᾳ φαιὸς καὶ μᾶλλον λευκός).[30] Most probably, Vettius Valens' *Anthologia* reached Islamic societies via Persia by a commentary of Buzurjmihr (Persia, 6th c.), though its Arabic version is only preserved in fragments by other authors.[31] Incidentally, Ptolemy (Alexandria, 2nd c.) deals with book 1, chapters 4–7, of his *Tetrabiblos* the powers and natures of the planets.[32] Only concerning Mars, there is an insinuation of colour that relates the nature of Mars to dry and to burn and its fiery colour ("pyrōdei toû chrōmatos" = πυρώδει τοῦ χρώματος).[33] In book 2, chapter 9, Ptolemy describes colours observed during the time of eclipses. These colours might be related either to the Sun and the Moon, or to celestial phenomena and bodies close to them. Black and livid colours observed during an eclipse point to the nature of Saturn, white to that of Jupiter, reddish to that of Mars, yellow to that of Venus, and mixed colours to that of Mercury.[34] The context, though, is slightly different to the examples mentioned before. Ptolemy does not speak of planets and their corresponding colours, but of colours observed during an eclipse that point to planetary natures. Ptolemy's *Tetrabiblos* was one of the most influential astrological treatises in Islamic societies. In early 8th century, it was for the first time translated into Arabic, for a second time in 9th century, and commented frequently. In 12th century, the first of three translations from Arabic into Latin took place.[35]

Concerning correspondences becoming common knowledge two examples taken from different genres of literature might exemplify. 'Irāqī contemporaries of al-Bīrūnī, the Ikhwān al-Ṣafā' (Baṣra, 10th c.), a group of scholars not yet properly identified, provide more general, propaedeutic information in their *"Letters of the Brethren of Purity"* (Rasā'il Ikhwān al-Ṣafā') including chapters on astronomy and astrology.[36] Referring to *"astrological treatises"* in general,[37] the Ikhwān al-Ṣafā' link planets and colours without any further details. Saturn corresponds to black, Jupiter to green, Mars to red, the Sun to yellow, Venus

30 Vettius Valens (ed. Pingree), 1986, I:1, p. 2.

31 Sezgin 1979, p. 38–41; Ullmann 1972, p. 281–282.

32 Manetho (ed. & trans.) 1956, p. 34-43; also Ptolemy (trans. Ashmand acc. Proclus) 1917, p. 19–24; Claudius Ptolemäus (trans. Winkel acc. trans. Melanchthon) 1923, p. 22–28.

33 Manetho (ed. & trans.) 1956, p. 36–37; also Ptolemy (trans. Ashmand acc. Proclus) 1917, p. 20; Ptolemaeus (trans. Winkel acc. trans. Melanchthon) 1923, p. 23.

34 Slightly different in Caiozzo 2004, p. 282; Pingree 1978, vol. 2, p. 249; also Goldstein 1997, p. 6; Bouché-Leclercq 1899, p. 314, n. 2. For further examples from Greek Antiquity Pingree 1978, vol. 2. p. 248–249, Caiozzo 2004, p. 280–281; Bouché-Leclercq 1899, p. 314, n. 2; also Cumont 2010, p. 59–60.

35 Ullmann 1972, p. 282–283; also Sezgin 1979, p. 41–42.

36 Cf. the title of Dieterici 1865 *"Die Propädeutik der Araber im zehnten Jahrhundert"*, a German translation of the Rasā'il Ikhwān al-Ṣafā', chapters 1–13.

37 Ikhwān al-Ṣafā' 1928, vol. 1, p. 92.

to blue, Mercury to multi-coloured, and the Moon to white.[38] To denote their
sources in such a non-specific way might point towards a common knowledge
of planets and their corresponding colours in tenth century ʿIrāq, and that this
knowledge is no longer, if it ever was, restricted to the astrological, technical or
specialist literature.[39] More than a century later in today Azerbaijan, Niẓāmī
Ganjawī (Ganja, 1141–1209) wrote his famous epic *Haft Peykar* (*"The Seven
Portraits"*). In his text, this Persian poet tells the story of seven princesses
housing in seven domes. Each of these buildings has a specific colour that
corresponds to a planet, the deep-black dome to Saturn, the yellow dome to
the Sun, the green dome to the Moon, the red dome to Mars, the turquoise
dome to Mercury, the sandal-coloured dome to Jupiter, and the white dome
to Venus.[40] Niẓāmī expects that his readership is familiar with the correspondences of planets and colours, and provides therefore further evidence, that
the correspondences of planets and colours were common knowledge in 12th
century Īrān.

Though known at the latest since Greek antiquity and becoming common
knowledge in Islamic societies, none of the examples mentioned describe in
such details the colours corresponding to the planets as al-Ashraf ʿUmar and
al-Bīrūnī do. In his *Kitāb al-Tafhīm* al-Bīrūnī provides another, incomplete
table comprising planets and colours.[41] He presents the planets as persons
wrapped in chromatic garments. These presentations might be used to prepare
astro-magical talismans and planetary amulets.[42] Though belonging rather to
a different genre, magic or astro-magic, a short excursus might be allowed to
look for more detailed information concerning colours and planets. According
to al-Bīrūnī, Jupiter is clad in robes of mixed colours, the robes of Mars are red,
and that of Venus green and yellow, Mercury is clad in green robes and yellow;
information on the other planets are omitted.[43] The difference between these
planetary representations wearing chromatic clothes and the correspondences
of planets and colours is obvious. The Ikhwān al-Ṣafāʾ in their encyclopaedic

---

38 Ikhwān al-Ṣafāʾ 1928, vol. 1, p. 92; Caiozzo 2004, p. 281 slightly different without mentioning where exactly in the Rasāʾil Ikhwān al-Ṣafāʾ; not in Dieterici 1999, p. 54.
39 Further examples in Caiozzo 2004, p. 294–295.
40 Niẓāmī 1934, esp. p. 120, p. 150, p. 163, p. 178, p. 196, p. 222, and p. 243; in the German
  translation by Gelpke 1959, esp. p. 64–65, p. 95, p. 127, p. 159, p. 211, and p. 249.
41 al-Bīrūnī's *Kitāb al-Tafhīm* (ed. & trans. Wright) 1934, §434, p. 253 and the page opposite
  to this page.
42 al-Ashraf ʿUmar deals with the making of planetary amulets in chapter xiv of his *Kitāb
  al-Tabṣira* (Schmidl 2011). He describes, though, no personalized presentations of the
  planets but magic squares of orders 3 to 9 corresponding to the planets from Saturn to
  the Moon. The square of order 10 corresponds to the zodiac.
43 al-Bīrūnī in his *Kitāb al-Tafhīm* (ed. & trans. Wright) 1934, §434, p. 253 and the page
  opposite to this page.

treatise, the Rasā'il, deal also with magical topics. They associate explicitly chromatic clothes belonging to the planets with the making of talismans. Again, the colours are given without any further details. Saturn is clad in black garment, Jupiter in white, Mars in red, the Sun in yellow, Venus in green, Mercury in multi-coloured. For the Moon *s-m-k-w-n* is given.[44] A colour adjective looking roughly similar – though improbable – is *samrā' – "brown"*.

41.6 Planets and colours in the *Kitāb al-Tabṣira* II: Explanations and comparisons

Finally, coming back to al-Ashraf 'Umar's description of the colours that corresponds to the planets, a few words on possible explanations and short comparisons shall be undertaken, to look for possible reasons to link planets and colours and to compare al-Ashraf 'Umar's description with al-Bīrūnī's – though not his incomplete table with the personalized representations of the planets wearing chromatic garments.

(c) Mars, the Sun, and the Moon

Having a look on the colours corresponding to the seven planets in al-Ashraf 'Umar's *Kitāb al-Tabṣira*, there are apparently two complementary methods to establish this correspondence. The first method refers to the observable appearance of the planets.[45] It becomes obvious in the basic colours corresponding to Mars, the Sun, and the Moon in the *Kitāb al-Tabṣira*, red, yellow, and white. Simple naked eye observation of these three planets reveals the dependence of their appearance in the sky and the colours corresponding to them. The details mentioned by al-Ashraf 'Umar are less clear to understand. None of them, though, contradicts the observable appearance of the planets. While al-Ashraf 'Umar links the Moon to white with a possible tinge of green, al-Bīrūnī mentions two colours if ignoring the tinges, white and blue. To speculate if white with a possible tinge of green developed to white and green and then to white and blue is not as far-fetched as it might seem.

First, although the *Kitāb al-Tabṣira* is written around three centuries later than

---

44 Ikhwān al-Ṣafā' 1928, vol. 4, p. 475. Another example in the *Picatrix*, a 10th century Andalusī anonymous treatise on magic and related topics (Arabic text in Ritter (ed.) 1933, p. 108–111; German translation of the Arabic text in Plessner & Ritter (trans.) 1962, p. 115–119; Latin version in Pingree (ed.) 1986, p. 65–68).

45 E. g. Campion 2008, I, 61 calling this method *"visual association"*; also Caiozzo 2004, p. 279; Cumont 2011, p. 172–173.

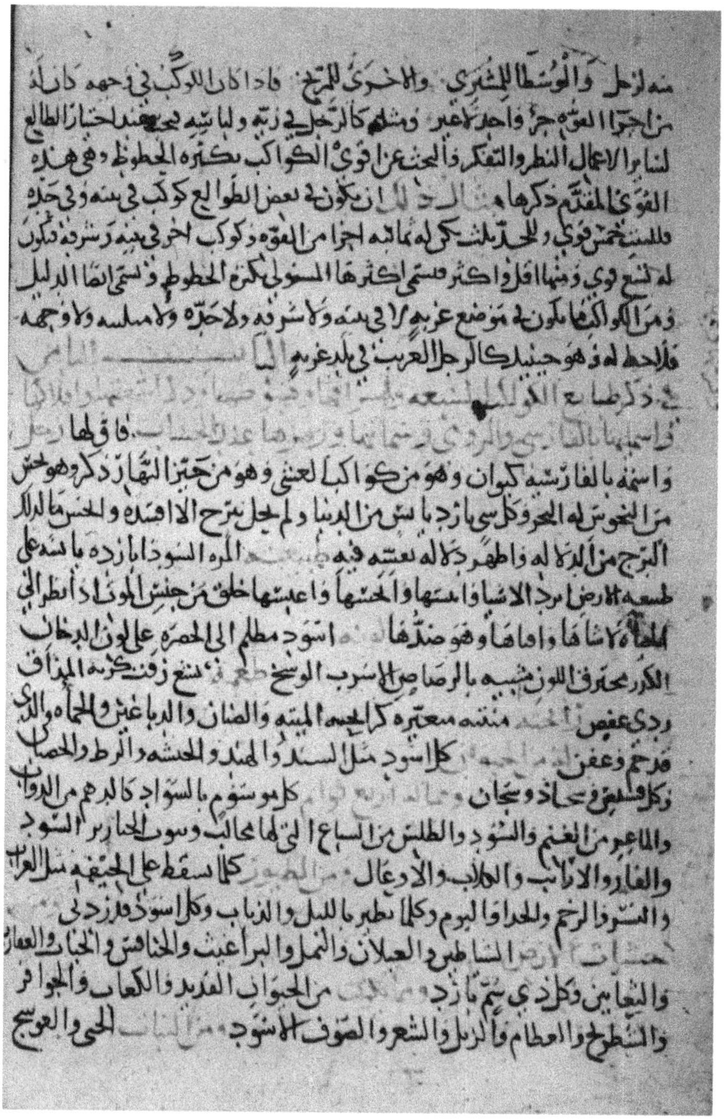

Figure 41.2:
al-Ashraf 'Umar's *Kitāb al-Tabṣira*

The beginning of chapter viii (H,16b). In this part of the *Kitāb al-Tabṣira* al-Ashraf 'Umar describes the natures, characteristics and colours of the planets starting here with Saturn.

Photo courtesy of the Bodleian Library in Oxford.

the *Kitāb al-Tafhīm*, it might yet present an earlier stage of correspondences of planets and colours. Yemeni texts do have tendencies to preserve earlier traditions no longer known in other parts of the Muslim world (see above).

Second, green can denote more than green. In this context, it might have the meaning of dark-coloured. Further, there is a progressive junction between green and blue.[46]

Third, Khwāndamīr (India, d. 1534/35) explains in his *Qānūn-i Humāyūnī* (*"Humāyūnic Canon"*) or *Humāyūn-nāma* (*"Humāyūnic Treatise"*), a very late example of Moghul India, white and green corresponding to the Moon by the lunar phase.[47]

(d) Saturn, Jupiter, Venus, and Mercury

The second method takes into account the characteristics of the deities, to whom the planets are allocated.[48] It might explain the colours that al-Ashraf 'Umar links to Saturn, Jupiter, Venus, and Mercury. To make a long story short: Although in modern Western languages the planets bear vernacular or translated names of Roman gods, the wandering stars have first allocated to deities in Mesopotamia, apparently according to their godly characteristics, responsibilities, preferences and reluctances.[49] Later, the Greeks adopted this allocations and adapted it to their pantheon.[50] In this process, the basic characters of the Mesopotamian deities linked with the planets have mainly kept.[51] The Greek gods were then identified with Roman counterparts, and accordingly with the planets, too.[52] All these gods have their attributes and favourites, in particular animals and plants. Based on these characteristics, responsibilities, preferences and reluctances, they developed their astrological character, mainly by analogy and resemblance.[53] In Islamic societies, the mythological

---

46 Morabia 1989, p. 700b mentioning that *al-khuḍra* – *"green"* – is also used to describe the sky; Fischer 1965, p. 9 translating *akhḍar* with *"grün, graublau"*, and *azraq* with *"blau, blaugrau"*, and the scheme in p. 237 subsuming below green black, and blue.

47 Orthmann 2008, p. 301.

48 E. g. Campion 2008, I, p. 61 calling this method *"theological (association)"*; also von Stuckrad 2003, p. 45; Britton & Walker 1996, p. 43–44.

49 E. g. Campion 2008, I, p. 52–55; Cumont 1912, 15; cf. Bouché-Leclercq 1899, p. 312.

50 Campion 2008, I, p. 153; also Caiozzo 2004, 278–279; von Stuckrad 2003, 45; Cumont (repr.) 2010, p. 15. Hübner 2011 mentions *"attempts to name the planets scientifically to their colour"* and refers to Cumont 1935, p. 5–43; also in Cumont 2010, p. 21–22.

51 Contradictory Cumont 2011, p. 175.

52 Cumont 2010, p. 22: *"Thus the names of the planets which we employ to-day, are an English translation of a Latin translation of a Greek translation of a Babylonian nomenclature."*

53 Cumont 2010, p. 60.

background got lost,[54] although Mercury and Saturn got cognomens remembering of this origin, 'Uṭārid and al-kātib – "the writer" – were used for Mercury, Zuḥal and al-muqātil – "the war like" – for Saturn.[55] The system of corresponding attributes, though, was extended according to their astrological characters. Describing today people as behaving "martial", "jovial" or "lunatic" reflects these astrological characters.[56]

In the Kitāb al-Tabṣira, Saturn corresponds in general to black. Although less bright than the other planets, Saturn still have an apparent magnitude – depending on its position – similar to the brightest fixed stars Sirius and Canopus. Therefore, it appears improbable that its visible appearance is the reason behind this corresponding attribute. In Greek mythology, though, to Kronos belongs a dark personal story. He is most notorious for having devoured his children, because a prediction said, that one of them would deprive him of his power. "Murky black" seems to be very well suitable to a star bearing the name of such a deity.[57]

In contrary to Saturn, Jupiter's correspondence to white and dust-colour – with embedded particles of other colours – is more difficult to explain according to this method. For most powerful and mightiest, father of gods and men, light bringer, and ruler over lightning and thunder, a bright colour appears to be appropriate, although it is shaded. A detailed description of his corresponding colour even appears to be suitable for a god with so many responsibilities. Both explanations, though, are hardly satisfactory.

Venus, the goddess of beauty and sexuality, protector of communities of citizens corresponds to a bright yellow that al-Ashraf 'Umar compares to smooth and beautiful things. The shells mentioned, even point to her origin, to be risen from the foam. "Whitish yellow" appears to be appropriate to a star allocated to such a lovely deity.[58] Obviously, al-Ashraf 'Umar and al-Bīrūnī link Venus to white with a tinge of yellow, although their concrete description differs in details. Apart from this colour, the Kitāb al-Tafhīm mentions a second colour corresponding to Venus, this time green. al-Bīrūnī's remark "and it is said" points to a second opinion he refers to. While Venus' correspondence to white

---

54 Ullmann 1972, p. 348. The Kitāb al-Tabṣira itself provides a minor indication of this lost understanding of the Greek mythological background. In chapter viii, al-Ashraf 'Umar mentions the Greek names of the planets. Because of their writing, though, it becomes obvious, that he used an Arabic source for this information.
55 Hartner (Ragep) 2002a, p. 555a.
56 Cumont 2010, p. 60.
57 Fischer 1965, p. 275–276 providing examples that aswad – "black" – is used to describe people who are mean and coward.
58 Bouché-Leclercq 1899, p. 314 even speaks of "la blonde Aphrodite"; Fischer 1965, p. 244 and 247–248 provide examples that abyaḍ – "white" – denotes noble and beautiful women.

with a tinge of yellow matches her mythological and astrological character, green might mean again dark and points to her behaviour as a morning and evening start, that disappears from time to time.

Mercury shows at its best that the godly character slips in the astrological characteristics that, again, influence the corresponding colour. Hermes, trickster and bringer of culture, is the god of the border stone that marks the transition from private to public sphere, and the messenger of goddesses, that moves between heaven and earth. His astrological characteristics mirrors his unsteady godly personality, Mercury is neither diurnal nor nocturnal, neither beneficiant nor maleficiant, neither male nor female. Such a volatile personality and his allocated planet cannot correspond to a single colour. He is too colourful and requires *"mingled colours"* (H,20a,10–11). Mercury's correspondence to violet might have similar reasons. Bringing messages from Gods to humans, he cannot stay only on one side, and cannot decide for one colour. Does he therefore correspond to purple, neither being red nor blue? To explain his correspondence to sky-blue seems more difficult. First *asmanjūnī* – *"violet"* or *"sky-blue"* – can be translated with two different colour adjectives. If it means violet, there is no problem at all. Second, the colour blue is related to magic and metaphysics,[59] while Hermes is considered to be endowed with universal knowledge.

Although these short explanations convey the impression of a clear distinction between colours corresponding according to the observable appearance of the planets and according to the characteristics of the deities, to speak of a progressive junction appears to be more appropriate. Recalling the reasons for allocating Mesopotamian deities and planets it is not surprising that these two explanations intersect. Observed appearance and behaviour of planets might have delivered reasons to allocate them with a specific deity. Although the black of Saturn matches with his godly character, nevertheless it remains the faintest – or blackest, and darkest – of the seven planets. The white and dust-colour of Jupiter might refer to the prominent role of this deity, the ruler over the Olympians, and to his planetary appearance as one of the brightest celestial bodies of the nightly sky. This holds for Venus, too. Although whitish yellow matches with her godly character, nevertheless the morning and evening star is the brightest of the celestial bodies – apart from Sun and Moon. Even the volatile godly character of Mercury corresponding to its polychromatism matches to an unsteady wandering star, seen once in the morning, once in the

---

59 Morabia 1989, p. 706a.

evening. On the other hand, to link a prominent red celestial body to the god of war is not farfetched just to think of the colour of blood and iron weaponry.[60]

This association brings to mind – though only on the first sight – a third method that offers another possible origin of the correspondence of planets and colours. Do have the metals corresponding to the planets influenced the link of the colours to the planets? Obviously, the correspondence of planets and metals is related closely to their correspondence to the colours. The possible observational and mythological reasons presented for the correspondences of planets and colours work, too, for the metals. They go hand in hand. Mars' corresponds to iron whose oxide is of rusty-red colour, and represents his harsh and warlike characteristics. Golden Sun and silver Moon describe their observed colours, not their properties, and are established phrasings. Saturn's correspondence to lead might be explained by the dark, blackish colour of this metal, and by its heaviness corresponding to the planet's ponderous revolution. Jupiter first corresponded to electrum ("ēlektron" = ἤλεκτρον), a partly naturally occurring, partly artificially, alloy of gold and silver with trace amounts of copper and other metals thought to be a metal of its own. Later tin became the metal corresponding to Jupiter[61] – as it is in al-Ashraf 'Umar's *Kitāb al-Tabṣira* and in al-Bīrūnī's *Kitāb al-Tafhīm*.[62] Electrum might gleam in yellowish, it is, though, rather silvery – similar to tin. Venus' correspondence to green according to the second opinion al-Bīrūnī refers to, might fit to her corresponding metal, brass, an alloy of copper and zinc gleaming in yellow, or copper. The correspondence of Venus and copper is known since Greek antiquity and established by the birthplace of Aphrodite in Cyprus.[63] Therefore, green might be related to copper green patina or to copper salts.[64] Finally, Quicksilver fits perfect to the volatile character of Mercury, and to the rapid revolution of that planet. In many European vernaculars, mercury is synonymous to quicksilver.

This explanation, though, has to be regarded with suspicion. The astrological character of the planets is formed by observing the celestial body, its appearance and behaviour, as well as in taking into consideration the characteristics, responsibilities, preferences and reluctances of the allocated deities. This system of correspondences was extended by resemblance and analogy. Consequently, the reasons to link planets to colours and to metals overlap. They, though, also overlap concerning other sub-lunar materia, e. g. gems, countries,

---

60 If there is any relation between Greek colour theories in general, goes far beyond the scope of this paper.
61 E. g. Strunz 1928, p. 36–37.
62 Schmidl 2012; al-Bīrūnī's *Kitāb al-Tafhīm* Wright (ed. & trans.) 1934, § 409, p. 243.
63 Aphrodite is referred to in literate as the Cypriot (e. g. Pirenne-Delforge 2011).
64 Strunz 1928, p. 34–40, esp. p. 35.

plants, and others. The whole discussion reminds a little bit of the old problem of *"which came first, the chicken or the egg?"* Although at the moment,
evidence appears to incline in favour of the metals. Their correspondence to
the planets has known since Greek antiquity.[65] No to forget, in alchemy, this
correspondence played a major role.

(e) Summary

In al-Ashraf ʿUmar and al-Bīrūnī in general all planets keep their corresponding
colours if ignoring the tinges and details. Saturn corresponds to black, Jupiter
to dust-colour, Mars to red, the Sun to yellow, Venus to white with a tinge
of yellow, Mercury to mixed colours, and the Moon to white with a tinge of
green. The most obvious difference between the *Kitāb al-Tabṣira* and the *Kitāb
al-Tafhīm* concerns al-Bīrūnī who mentions two different colours corresponding
to Venus, yellowish white and green.

The colours corresponding to Mars and the Sun raise suspicion, that colours
linked according to observation are more resistant to changes than colours
linked according to mythology. This does not fit, though, to the consistent
correspondence of Saturn to black and Mercury to mixed colours.

41.7 Conclusion

In 13th century Yemen al-Ashraf ʿUmar wrote his Kitab al-Tabṣira for *"begin-
ners in the science of the stars"* (H,3b,5). In chapter viii he deals with the
planets, their names in different languages, their natures, their characteristics,
and humours, and links them to sub-lunar materia and circumstances. al-
Ashraf ʿUmar describes the colours that correspond to the planets with many
details. Around three centuries earlier, al-Bīrūnī presents a similar detailed
description.

Probably correspondences of planets and colours go back to Ancient Mesopotamia though clear evidence is missing. They are wide spread in Greek
antiquity though in these Western sources only Jupiter deserves a more detailed description. Transmitted to India and directly and indirectly to Islamic
societies they enter less scholarly and more popular culture, though without
detailed descriptions, In Arabic astrological sources they are not as common

---

65 Strunz 1928, p. 33–40; Bouché-Leclerque 1899, p. 312–316; slightly contradictory Bouché-
  Leclercq 1899, p. 313: *"La répartition des métaux s'est faite principalement d'après leurs
  couleurs, comparée a celle des planètes."*

as suspected. Neither Abū Ma'shar nor Kūshyār b. Labbān mention them in their chapters on the attributes of the planets.

Having a closer look on what planet corresponds to what colour it becomes obvious that there are two explanations conceivable. In the first case, the observed appearance of the planets leads to a corresponding colour, e. g. Mars corresponds to red, the Sun to yellow. Despite of this *"observational method"*, there are also mythological reasons to link planet and colour. The characteristics of the deity that is allocated to a planet, his or her responsibilities, preferences and reluctances form the basis of the later astrological character. Sinister Saturn corresponds to black, volatile Mercury to multi-colour.

The basic colours corresponding to most of the planets demonstrate a remarkable consistency. In all sources introduced in this paper, Saturn corresponds to black, Mars to a hue of red, the Sun to a hue of yellow, Mercury to multi-colour, and the Moon to white. Despite of pure white, the Moon corresponds either to white with an admixture of green or white and green. It is not clear, if these additions take into consideration the lunar phases and their different colours or result from problems in textual transmission, when white with green became white and green. Concerning Jupiter, the variants in its colour also might be explained by the imponderability of textual transmission, although they might be yet result of two different traditions, as it is obvious concerning Venus. This planet is either associated with yellowish white or green. Probably the first correspondence reflects the mythological background, while the second points towards the metal corresponding to Venus, copper, and its salts. Even further reasons are conceivable, they, though, need more research.

Acknowledgments

This article – and the talk on which it is based – is a spin-off of a research project called *"The Sultan and the Stars"* generously supported by the Fritz-Thyssen-Stiftung in Düsseldorf, Germany, during 2008–2009. I am very grateful for the grant that enabled me to learn so many things by the *Kitāb al-Tabṣira* of al-Ashraf 'Umar. The work is intended to lead to an edition and translation of the introduction and the table of contents, accompanied by a commentary. This research will take into account the specific role of al-Ashraf 'Umar.

I wish to thank all my colleagues who helped me in preparing this paper, in particular Josef Hainz, Mónica Herrera Casais, Maribel Fierro, Moḥammad Karīmī Zanjānī Aṣl, David A. King, Eva Orthmann, Noha Sadeq, Keiji Yamamoto, Michio Yano, my family to back me up, and the organizing team in Hamburg led by Gudrun Wolfschmidt for her spontaneous and generous invitation to such an informative symposium in Hamburg.

41.8 Bibliography

Abū Ma'shar's *al-Mudkhal al-kabīr*: see Lémay 1995.

Abū Ma'shar's *Mukhtaṣar al-Mudkhal*: see Burnett & Yamamoto & Yano 1994.

al-Afḍal al-'Abbās' *Anthology*: see Smith & Varisco 1998.

Ashmand, J. M.: *Ptolemy's Tetrabiblos or Quadripartite. Being four books on the influence of the stars.* Newly translated from the Greek paraphrase of Proclus ... and the whole of his Centilocuy. Cambridge: W. Foulsham & Co., Ltd. 1917.

Bäbler, Balbina; Henrichs, Albert: *Zeus*. In: Cancik & Schneider 2011.

Baudy, Gerhard; Ley, Anne: *Hermes*. In: Cancik & Schneider 2011.

-: *Kronos*. In: Cancik & Schneider 2011.

al-Bīrūnī's *Kitāb al-Tafhīm*: see Wright 1934.

Bos, Gerrit; Burnett, Charles: *Scientific Weather Forecasting in the Middle Ages: The Writings of al-Kindi: Studies, Editions, and Translations of the Arabic, Hebrew and Latin texts.* (The Sir Henry Wellcome Asian Series). London et al.: Paul International 2000.

Bouché-Leclercq, Auguste: *L'astrologie grecque*. Paris: Leroux 1899.

Britton, John; Walker, Christopher: Astronomy and Astrology in Mesopotamia. In: Walker, Christopher (ed.): *Astronomy before the Telescope*. London: British Museum Press 1996, p. 42–67.

Brown, David: *Mesopotamian Planetary Astronomy-Astrology.* (Cuneiform Monographs 18). Groningen: Styx Publications 2000.

Burnett, Charles; Yamamoto, Keiji; Yano, Michio: *Abū Ma'shar: The Abbreviation of the Introduction to Astrology. Together with the Medieval Latin Translation of Adelard of Bath.* Edited and Translated (Islamic Philosophy, Theology and Science. Texts and Studies ed. by H. Daiber and D. Pingree; 15). Leiden: E. J. Brill 1994.

-; -; - (eds.): al-Qabīsī (Alcabitius): *The Introduction to Astrology. Edition of the Arabic and Latin Texts and an English Translation.* London: The Warburg Institute, and Turin: Nini Aragno Editore 2004.

-: Astrology. In: *The Encyclopaedia of Islam, three.* E. J. Brill: Leiden (Brill online, Universitätsbibliothek Frankfurt am Main, 23. Februar 2009, http://www.brillonline.nl.proxy.ub.uni-frankfurt.de/subscriber/.

Cancik, Hubert; Schneider, Hellmuth (eds.): *Brill's New Pauly, Antiquity volumes.* Leiden: E. J. Brill 2011 (Brill online, Universitätsbibliothek Frankfurt am Main, 7. April 2011, http://www.brillonline.nl.proxy.ub.uni-frankfurt.de/subscriber/.)

Caiozzo, Anna: Le temple de la lune. In: *Der Islam* **81** (2004), p. 270–302.

Campion, Nicholas: *A History of Western Astrology. Volume 1: The Ancient World. Volume 2: The Medieval and Modern Times.* London, New York: Continuum 2008/2009.

Catalogue Oxford 1787 – Bibliothecae Bodleianae Codicum Manuscriptorum Orientalium Catalogus. Pars I [a J. Uri]. Oxford: Clarendon 1787.

CLAUDIUS PTOLEMÄUS: *Tetrabiblos. Buch I und II. Die 100 Aphorismen. Nach der von* PHILIPP MELANCHTHON *besorgten und mit einer Vorrede versehenen Ausgabe aus dem Jahr 1553 griechisch und lateinisch.* Ins Deutsche übertragen von M. ERICH WINKEL. Berlin-Pankow: Linser 1923. Reprint: Mössingen: Chiron [1]1995, [2]2000.

CUMONT FRANZ: Les noms des planètes et l'astrolatrie chez les Grecs. In: *L'antiquité classique* **4**:1 (1935), p. 5-43.

-: *Astrology and religion among the Greeks and Romans.* (American Lectures on the History of Religions 8). New York: Putnam 1912. Reprint: New York: Dover 1960, and Memphis, Tennessee: General Books 2010 (the copy used in this article).

-: *Astrology and Magic. Extracted from the Book: Oriental Religions and Paganism by Franz Cumont.* (ISBN 1564595374) (Kessinger Legacy Reprints). Breinigsville, Pennsylvania: Kessinger 2011.

DALEN, BENNO VAN: al-Shams 2. In astronomy. In: *EI²* 1997.

DIETERICI, FRIEDRICH: *Die Philosophie bei den Arabern im X. Jahrhundert n. Chr. Gesamtdarstellung und Quellenwerke III. Die Propädeutik der Araber im zehnten Jahrhundert.* Berlin: E. S. Mittler und Sohn 1865. Repr. Hildesheim: Olms 1969, and in the series: *Islamic Philosophy* **22**, Frankfurt: Institut für die Geschichte der arabisch-islamischen Wissenschaften 1999.

EI² – The Encyclopaedia of Islam. New Edition. 12 volumes and indices. Leiden: E. J. Brill 1960–2004.

FIERRO, MARIBEL: al-Aṣfar again. In: *Jerusalem Studies in Arabic and Islam* 22 (1998), p. 196–213.

FISCHER, WOLFDIETRICH: *Farb- und Formbezeichnungen in der Sprache der altarabischen Dichtung. Untersuchungen zur Wortbedeutung und Wortbildung.* Wiesbaden: Otto Harrassowitz 1965.

GELPKE, RUDOLF: *Die sieben Geschichten der sieben Prinzessinnen.* Zürich: Manesse 1959.

GETTINGS, FRED: *The Arkana Dictionary of Astrology.* London: Arkana 1985.

GOLDSTEIN, BERNARD R.: Saving the phenomena. The background to Ptolemy's planetary theory. In: *Journal for the History of Astronomy* **28** (1997), p. 1–12.

GORDON, RICHARD L.; LEY, ANNE: *Mars.* In: CANCIK & SCHNEIDER 2011.

-; -: *Luna.* In: CANCIK & SCHNEIDER 2011.

-: *Selene.* In: CANCIK & SCHNEIDER 2011.

-; WALLRAFF, MARTIN: *Sol.* In: CANCIK & SCHNEIDER 2011.

GRAF, FRITZ; LEY, ANNE: *Iuppiter.* In: CANCIK & SCHNEIDER 2011.

HARTNER, W.: al-Mushtarī. In: *EI²* 1993.

- (RAGEP, J.) A: Zuḥal. In: EI^2 2002.

- (-) B: al-Zuhara. In: EI^2 2002.

-: *Planets, 2. Astrology and Mythology.* In: CANCIK & SCHNEIDER 2011.

IKHWĀN AL-ṢAFĀ': *Rasā'il. 4 volumes.* Cairo 1347H / 1928: Maktabat al-tijjariyya al-kubra (in Arabic).

JORI, ALBERTO: *Planets, 1. Astronomy.* In: CANCIK & SCHNEIDER 2011.

KENNEDY, EDWARD S.: *A Survey of Islamic Astronomical Tables.* (Transactions of the American Philosophical Society. New Series 46:2). Philadelphia: The American Philosophical Society 1956. Reprint: Philadelphia: The American Philosophical Society. No Year.

AL-KINDĪ: see BOS & BURNETT 2000.

KING, DAVID A.: *Mathematical Astronomy in Medieval Yemen. A Biobibliographical Survey.* (American Research Center in Egypt). Malibu: Udena Publications 1983.

-: The Medieval Yemeni Astrolabe in the Metropolitan Museum of Art in New York City. In: *Zeitschrift für Geschichte der arabisch-islamischen Wissenschaften* **2** (1985), p. 99–122. With a supplement in: *Zeitschrift für die Geschichte der Arabisch-Islamischen Wissenschaften* 4 (1987/88), p. 268–269. Reprint in KING, DAVID A.: *Islamic Astronomical Instruments.* London: Variorum 1987, II. Revised and extended in KING, DAVID A.: *In Synchrony with the Heavens. Studies in Astronomical Timekeeping and Instrumentation in Medieval Islamic Civilization. Volume 2: Instruments of Mass Calculation.* (Studies X–XVIII) (Islamic Philosophy, Theology and Science. Texts and Studies ed. by H. DAIBER AND D. PINGREE 55). Leiden: E. J. Brill 2005, XIVa.

KŪSHYĀR IBN LABBĀN's *Introduction to Astrology,* see YANO 1997.

LÉMAY, RICHARD: *Abū Ma'shar al-Balkhī (Albumasar): Kitāb al-Madkhal al-kabīr ilā 'ilm aḥkām al-nujūm – Liber introductorii maioris ad scientiam judiciorum astrorum. 10 volumes.* Napoli: Istituto Universitario Orientale 1995.

LEY, ANNE; SCHACHTER, ALBERT: *Ares.* In: CANCIK & SCHNEIDER 2011.

MANETHO with an English translation by W. G. WADDEL and including *Ptolemy's Tetrabiblos* (The Loeb Classical Library 294). Cambridge, Massachusetts: Harvard University Press, and London: William Heinemann Ltd. 1956.

MORABIA, A.: Lawn. In: EI^2 1986.

MASTROCINQUE, ATTILIO: *Saturnus.* In: CANCIK & SCHNEIDER 2011.

NALLINO, C. A.: Astrology. In: *The Encyclopaedia of Islam. First Edition. 4 volumes.* Leiden, London: E. J. Brill 1913–1936. Photomechanical reprint in 9 volumes. Leiden: E. J. Brill 1987.

NIẒĀMĪ GANJA'Ī: *Kitāb Haft Paykar.* Istanbul: Maṭba'a Dawlat 1934 (in Persian).

ORTHMANN, EVA: Sonne, Mond und Sterne. Kosmologie und Astrologie in der Inszenierung von Herrschaft unter Hūmayūn. In: KORN, LORENZ; ORTHMANN,

Eva; Schwarz, Florian (eds.): *Die Grenzen der Welt. Arabica et Iranica ad honorem Heinz Gaube*. Frankfurt: Reichert 2008, p. 297–306.

Panaino, A.: The Three Heavens in the Zoroastrian Tradition and the Mesopotamian Background. In: Gyselen, Rika (ed.): *Au carrefour des religions, Mélanges offerts à Philippe Gignoux* (Res orientales 7). Bures-sur-Yvette: Groupe pour l'étude de la civilisation du Moyen-Orient 1995, p. 205–226.

Pingree, David: Representations of the planets in Indian Astrology. In: *Indo-Iranian Journal* 8 (1965), p. 249–267.

-: *The Yavanajātaka of Sphujidhvaja. 2 volumes*. (Harvard Oriental Series 48). Cambridge, Massachusetts, London: Harvard University Press 1978.

-: *Picatrix. The Latin Version of the Ghāyat al-Ḥakīm. Text, Appendices, Indices*. (Studies of the Warburg Institute; 39). London: The Warburg Institute 1986.

- (ed.): *Vettii Valentis Antiocheni Anthologiarum libri novem*. (Bibliotheca scriptorum Graecorum et Romanorum Teubneriana). Leipzig: Teubner 1986.

-: Indian Planetary Images and the Tradition of Astral Magic. In: *Journal of the Warburg and Courtauld Institutes* **52** (1989), p. 1–13.

Pirenne-Delforge, Vinciane; Ley, Anne: *Aphrodite*. In: Cancik & Schneider 2011.

Plessner, Martin; Ritter, Hellmut: *Picatrix. Das Ziel der Weisen von Pseudo-Magrīṭī. Translated into German from the Arabic*. (Studies of the Warburg Institute; 27). London: The Warburg Institute 1962.

Ptolemy's *Tetrabiblos*: see Ashmand 1917.

al-Qabīṣī's *Introduction to Astrology*, see Burnett & Yamamoto & Yano 2004.

Ritter, Hellmut (ed.): *Pseudo-Maǧrīṭī: Das Ziel des Weisen. 1. Arabischer Text*. (Studien der Bibliothek Warburg. Herausgegeben von Fritz Saxl 12). Leipzig, Berlin: Teubner 1933.

Rives, James B.: Venus. In: Cancik & Schneider 2011.

Rochberg-Halton, Francesca: Elements of the Babylonian Contribution to Hellenistic Astrology. In: *Journal of the American Oriental Society* **108**:1 (1988), p. 51–62.

Rodison, M.: al-Ḳamar. In: *EI²* 1978.

Ruska, Julius: al-Mirrīkh. In: *EI²* 1993.

Samsó, Julio: ʿUṭārid. In: *EI²* 2002.

Schmidl, Petra G.: Two Early Arabic Sources on the Magnetic Compass (revised translation of the Master thesis 1994). In: *Journal of Arabic and Islamic Studies* 1 (1997), p. 81–132 (`www.uib.no/jais/v001ht/01-081-132schmidl1.htm`).

-: al-Ashraf. In: Hockey, Thomas et alii (eds.): *Biographical Encyclopedia of Astronomers*. New York: Springer 2007, p. 66–67.

-: Magic and Medicine in a Thirteenth-century Treatise on the Science of the Stars. To appear in: Hehmeyer, Ingrid; Regourd, Anne; Schönig, Hanne (eds.):

Herbal Medicine in Yemen: Traditional Knowledge and Practice in Cultural Context. (Islamic History and Civilization, ed. by WADAD KADI AND SEBASTIAN GÜNTHER). Leiden: E. J. Brill 2012.

SEZGIN, FUAT: *Geschichte des arabischen Schrifttums. Band VII: Astrologie – Meteorologie und Verwandtes.* Leiden: E. J. Brill 1979.

SMITH, G. REX; VARISCO, DANIEL MARTIN (eds.): *The Manuscript of al-Malik al-Afḍal al-'Abbās b. 'Alī b. Dā'ūd b. Yūsuf b. 'Umar b. 'Alī Ibn Rasūl (d. 778/1377). A Medieval Arabic Anthology from the Yemen.* (E. J. W. Gibb Memorial Trust). Warminster: Aris & Phillips 1998 (in Arabic).

SPHUJIDHVAJA's *Yavanajātaka*: see PINGREE 1978.

STRUNZ, FRANZ: *Astrologie, Alchemie, Mystik. Ein Beitrag zur Geschichte der Naturwissenschaften.* München: Otto Wilhelm Barth 1928.

STUCKRAD, KUCKO VON: *Geschichte der Astrologie. Von den Anfängen bis zur Gegenwart.* München: C. H. Beck 2003.

SUTER, HEINRICH: Die Mathematiker und Astronomen der Araber und ihre Werke. In: *Abhandlungen zur Geschichte der Mathematischen Wissenschaften mit Einschluß ihrer Anwendungen* **10** (1900). Reprint in: SEZGIN, FUAT (ed.): *Beiträge zur Geschichte der Mathematik und Astronomie im Islam. Nachdruck seiner Schriften aus den Jahren 1892–1922.* 2 volumes. Frankfurt: Institut für Geschichte der Arabisch-Islamischen Wissenschaften 1986, vol. 1, p. 1–285, and repr. in the series: *Islamic Mathematics and Astronomy* **82**, Frankfurt: Institut für Geschichte der Arabisch-Islamischen Wissenschaften 1998, p. 1–288.

-: Nachträge und Berichtigungen zu "Die Mathematiker und Astronomen der Araber und ihre Werke." In: *Abhandlungen zur Geschichte der Mathematischen Wissenschaften mit Einschluß ihrer Anwendungen* **14** (1902), p. 157–185. Reprint in: SUTER, HEINRICH: *Beiträge zur Geschichte der Mathematik und Astronomie im Islam. Nachdruck seiner Schriften aus den Jahren 1892–1922.* Ed. by FUAT SEZGIN. 2 volumes. Frankfurt: Institut für Geschichte der arabisch-islamischen Wissenschaften 1986, vol. 1, p. 286–314, and in the series: *Islamic Mathematics and Astronomy* **82**. Frankfurt: Institut für Geschichte der arabisch-islamischen Wissenschaften 1998, p. 289–317.

ULLMANN, MANFRED: *Die Natur- und Geheimwissenschaften im Islam.* (Handbuch der Orientalistik 1. Abt., VI:2). Leiden: E. J. Brill 1972.

VARISCO, DANIEL MARTIN: *Medieval Agriculture and Islamic Science. The Almanac of a Yemeni Sultan.* Seattle: University of Washington Press 1994.

VETTIUS VALENS: see PINGREE 1986.

WRIGHT, R. RAMSEY: *The Book of Instruction in the Elements of the Art of Astrology by al-Bīrūnī.* London: Luzac & Co. 1934. Repr. in the series: *Islamic Mathematics and Astronomy* **29**. Frankfurt: Institut für Geschichte der arabisch-islamischen Wissenschaften 1998.

YANO, MICHIO (ed.): *Kūshyār Ibn Labbān's Introduction to Astrology.* Tokyo: Institute for the Study of Languages and Cultures of Asia and Africa 1997.

Figure 42.1:
Flags in the UN-Office in Vienna

National Flags – Reflections on Symbolic Means of Colours

Leif Gütschow (Hamburg)

The national flag is a symbol of representation which can be understood as a tangible object in the Durckheimian sense. A collective feeling can manifest – and by this become conscious of – itself in such an object which has the ability to serve as a foil for feelings of (national) identity and solidarity as seen, for example, in the recent event of the soccer world championships.

But which cultural self-attributions constitute the character of the national flag as a tangible object? This article discusses symbolic meanings of national flags and colours, focusing on the vertical tricolours, a family of flags modelled after the first vertical tricolour of France. Three national flags – France, Italy and Ireland – are discussed in more detail, starting with their histories and concluding with the (popular) traditions of meaning considering the singular colours as well as the colour composition as a whole. Furthermore it is discussed how these traditional symbolic meanings and attributions of national flags and their colours can be understood through an actor-centred perspective in cultural anthropologic research.

42.1 Bibliography

Gütschow, Leif: Flaggen und Nationalfarben – Überlegungen zur Farbsymbolik. In: WOLFSCHMIDT, GUDRUN (Hg.): *Farben in Kulturgeschichte und Naturwissenschaft*. Begleitbuch zur Ausstellung in Hamburg 2010–2012 zum 50jährigen Jubiläum des IGN. Hamburg: tredition science (Nuncius Hamburgensis – Beiträge zur Geschichte der Naturwissenschaften; Band 18) 2011, S. 410/411–419.

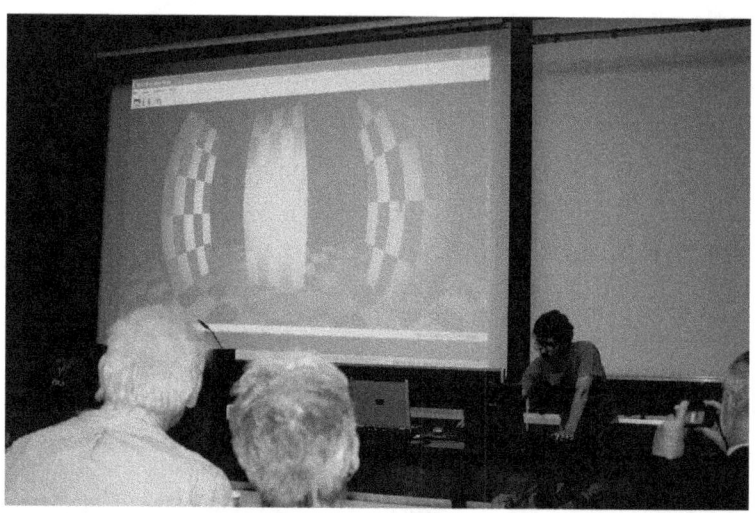

Abbildung 43.1:
Demonstrationen zu Farben in der theoretischen Astrophysik:
Oben: Computerspiel zum relativistischen Dopplereffekt
(Christoph Keller, Physikdidaktik, Universität Hildesheim);
Unten: Spektralklassen der Stellarphysik (Gudrun Wolfschmidt, IGN, UHH)

... und die Welt wird bunt! Thesen und Analysen zum inter- und transdisziplinären Diskurs beim Hamburger Farbensymposium, 12.–15. Oktober 2010

Susanne M. Hoffmann (Hildesheim) and Timo Engels (Flensburg)

Vom 12. bis 15. Oktober 2010 fand am *Bereich Geschichte der Naturwissenschaften, Mathematik und Technik* (IGN) der Universität Hamburg ein interdisziplinäres und internationales Symposium unter dem Titel *Colours in culture and science* statt. Das von Frau Professor Dr. Gudrun Wolfschmidt initiierte und organisierte Symposium hatte die Zielsetzung, allen Bereichen der Wissenschaften, die sich mit Farben und Farbwahrnehmung im weitesten Sinne befassen, einen Dialog miteinander zu ermöglichen. So spannten die diskutierten Themen einen Raum auf, der zeitlich von der Wiege der Menschheit bis ins 21. Jahrhundert reichte, und sich thematisch von den modernen Naturwissenschaften seit der Neuzeit hin zur Physiologie der Farbwahrnehmung und der Farbpsychologie erstreckte. Es trafen Physiker, Mediziner, Psychologen, Historiker, Germanisten, Philosophen, Archäologen, Künstler und Kunsthistoriker und auch interessierte Laien aufeinander. Anders als auf reinen Fachtagungen entstand so durch die unterschiedliche Sprache, Denkgewohnheiten und Sozialisationen der Beteiligten eine Spannung, die sich inhaltlich als sehr fruchtbar erweisen sollte – die zu tragen der Organisation einer solchen Veranstaltung aber sicher auch einiges abverlangt haben wird.

Der Anlass dieses Symposium war das zweihundertste Jubiläum das die Goethesche Farbenlehre feiern konnte. So kann es nicht verwundern, dass dieses Symposium nicht das einzige war, das sich mit Farbe, Farbtheorie und Farbwahrnehmung befasste. Die aus unserer Sicht wichtigsten Veranstaltungen aus dem deutschen Sprachraum seien daher im folgenden aufgeführt.

Vom 06. bis 09. Juli fand am Goetheaneum in Dornach (Schweiz) eine Tagung unter dem Titel *„Farbenleben – Lebensfarben. 200 Jahre Goethes Farbenlehre"* statt. Eine Ausstellung und ein Workshop zur Farbenlehre von Geothe konnte im September Lichthof der Humboldt-Universität in Berlin besucht werden. Die Ausstellung unter dem Titel „experimentum lucis" hatte die Verbindung der optischen Experimente Goethes mit denen Newtons zum Thema. Entsprechend stand der dazugehörige Workshop unter dem Titel „On Generalizations of Newton's Experimentum Crucis". Als Drittes soll die internationale Konferenz „Farbe in der Bildung" Erwähnung finden, die von dem „Deutschen Farbzentrum" und dem „Bereich Gestalten" an der Martin-Luther-Universität Halle Wittenberg organisiert und kurz nach diesem Symposium durchgeführt wurde. Diese Aufzählung erhebt natürlich keinen Anspruch auf Vollzähligkeit.

Wir, die Autoren dieses Berichtes, führten zahlreiche Interviews mit Konferenzteilnehmenden und Pausengespräche, die ein Bild von der allgemeinen Stimmung auf der Tagung zeichnen. Dieses Bild möchten wir hier wiedergeben. Die Inhalte der Vorträge werden in einem ausführlichen Tagungsband veröffentlicht; abstracts sind auf der Webseite der Universität Hamburg im weltweiten Netz einsehbar.[1]

Doch nicht nur bei den Wissenschaftlern der verschiedenen Fächer, auch in der Öffentlichkeit fand das Symposium Beachtung und Resonanz. Dies belegt nicht nur das zahlreich vertretene Laienpublikum, sondern auch der ausführliche Bericht in der Frankfurter Allgemeinen Zeitung.[2] Die Anwesenheit des Journalisten Herr Krischke während der gesamten Tagung und der ausführliche Artikel mit einer Länge von etwa 1 000 Worten spricht für die Wahrnehmung des Symposiums eine deutliche Sprache.

Herr Krischke verweist in seinem Artikel darauf, dass das Thema Farbenlehre im Zeitgeist liege, und das nicht nur wegen des 200-jährigen Jubiläums der Goetheschen Farbenlehre, die ja nicht allein Thema dieses Symposiums gewesen sei. Der Artikel nimmt sich dreier Themenbereiche des Symposium näher an. Das erste ist die Synästhesie, die Verknüpfung der Farbwahrnehmung im

---

1 http://www.math.uni-hamburg.de/spag/ign/events/farben-symp2010.htm.
2 Frankfurter Allgemeine Zeitung vom 03. 11. 2010, Natur und Wissenschaft, S. N4

Gehirn mit anderen Sinneseindrücken, deren Erforschung mit den Farbe-Ton Kongressen im Hamburg der 20er und 30er Jahren einen Höhepunkt erlebte. Auch die Umwelt und Wahrnehmungstheorien Jakob von Uexkülls, das zweite Thema dem sich Herr Krischke annahm, ist in Hamburg verortet. Zuletzt kommt er wieder auf den Anlass des Symposiums zurück und fasst den Diskurs über die Goethesche und Newtonsche Farbtheorien zusammen.

43.1 Thesen und Analysen zur Interdisziplinarität

Unser Abschlussbericht wird ein besonderes Augenmerk auf den Dialog der verschiedenen Fachrichtungen legen. In diesem Kontext möchten wir auch Ablauf und Organisation der Tagung diskutieren. Im Zeitgeist dieser Diskussion um den inter- und transdisziplinären Dialog liegen auch Fragen nach dem Ausmaß, dem Wert und der Praktikabilität eines interdisziplinären Diskurses auf wissenschaftlicher Ebene, der ja speziell von der Andrea-von-Braun-Stiftung gefördert wird.

Die große Chance einer Veranstaltung mit einem solch allgemeinen Thema liegt zweifelsohne in der Zusammenkunft mehrerer Fächer; wenn also z. B. verschiedene Fachleute ihre jeweilige Sicht auf das Thema Farben vortragen. Sobald die Herausforderung, eine gemeinsame Sprache zu finden geglückt ist, können aus der Vereinigung von (scheinbaren) Gegensätzen, *coincidentia oppositorum*[3], neue Erkenntnisse geboren werden.

Wir möchten diese These am Beispiel der Philosophie vor Augen führen: In der Philosophie wird oftmals das übergreifende Bücherregal konstruiert, in das die anderen Fächer ihre Erkenntnisse stellen, d. h. die Philosophie ist eigentlich schon immer diejenige Wissenschaft und Kunst des Zusammenfassens, die einen roten Faden durch mehrere Fächer zu weben versucht. Der Preis dafür ist die Detailtreue. Die Philosophie versteht vielleicht nicht in jedem Detail, wieso es einen Farbumschlag in einem bestimmten chemischen Reagenz gibt, sobald man dieses schüttelt. Sie versteht auch nicht unbedingt jedes physikalische Detail der Entstehung farbiger Schatten oder des relativistischen Doppler-Effekts. Allerdings lässt sie sich all diese *Ludi naturae* vorführen, beobachtet sie und ihre Erklärenden haargenau und stellt sie in der Galerie der Wissenschaften neben die Gemälde und Fotografien menschlicher Künstler, um dann in einem gigantischen analytischen Bogen die verschiedenen Diskussionsebenen zu resümieren und Interpretationen und Übersetzungen zu einer umspannenden These zu vereinen.

---

3 Begriff von Cusanus

Bei unserem Symposium erlebten wir diese dreistufige Dialektik unmittelbar in der Podiumsdiskussion zum historischen Farblehren-Streit: Die meisten Physiker vertreten die modellhafte Lehre Newtons, während den meisten Künstlern der phänomenologische Ansatz Goethes jedoch eingängiger ist. Zeitgenössische Betrachtungen stellten diese Meinungen als konträre These und Antithese vor, während es jedoch der modernen analytischen Philosophie (genauer: der Wissenschaftstheorie) gelingen kann, diese beiden in der Synthese scharfsinnig zu kombinieren: Newton und Goethe haben beide Recht, d. h. beide Betrachtungen sind im Grunde korrekt, weil sie auf korrekten und genauen Naturbeobachtungen basieren. Einzig die verschiedenen Sprachstile können kritisiert werden. Die Spektralversuche von Goethe und Newton sind aber experimentell und theoretisch ineinander überführbar und keineswegs derart gegensätzlich, wie es auf den ersten Blick evtl. scheinen mag. Das ändert natürlich nichts daran, dass Goethes Zugang für die Fragen der modernen Physik nicht hilfreich ist.

43.2 Themen und Inhalte der Tagung, kondensiert aus Pausengesprächen

Aus der Sicht der klassischen Physik sind Farben darstellbar als die Wellenlänge des jeweils beobachteten Lichtes. Man kann einfach definieren „grün" := $520 - 565$ nm von elektromagnetischer Strahlung. Dennoch sind im alltäglichen Sprachgebrauch unsere Farbeindrücke subjektiv, d. h. die Aussage, dass ein *Objekt* „grün" oder „orange" sei, wird möglicherweise nicht jeder Mensch unterschreiben, da wir die Zuordnungen der Farbadjektive zu den Dingen erstens verschieden lernen, zweitens dasselbe Ding in verschiedenen Beleuchtungszuständen betrachten könnten (z. B. aus einem anderen Blickwinkel) und drittens jeder Sehapparat als Kombination aus Auge, Hirn und Seherfahrung geringfügig verschieden arbeitet. Physiologisch betrachtet, ergeben sich also große Herausforderungen an eine „Farbenlehre für den Alltagsgebrauch", beispielsweise, wenn man die Farbkonstanz betrachtet, mit der wir das gleiche Objekt unter verschiedener Beleuchtung sehen können. Im Laufe der Menschheitsgeschichte wurden daher in der Naturphilosophie und in den Künsten zahlreiche verschiedene Modelle zur Definition und Erklärung der Farben zur Diskussion gestellt: Sie unterscheiden sich in ihrer Methodologie, ob sie analytisch oder phänomenologisch arbeiten. Je nachdem, mit welchen Prämissen man startet und mit welchen Erkenntniszielen man eine Theorie der Farben aufstellt, ergeben sich verschiedene Farblehren.

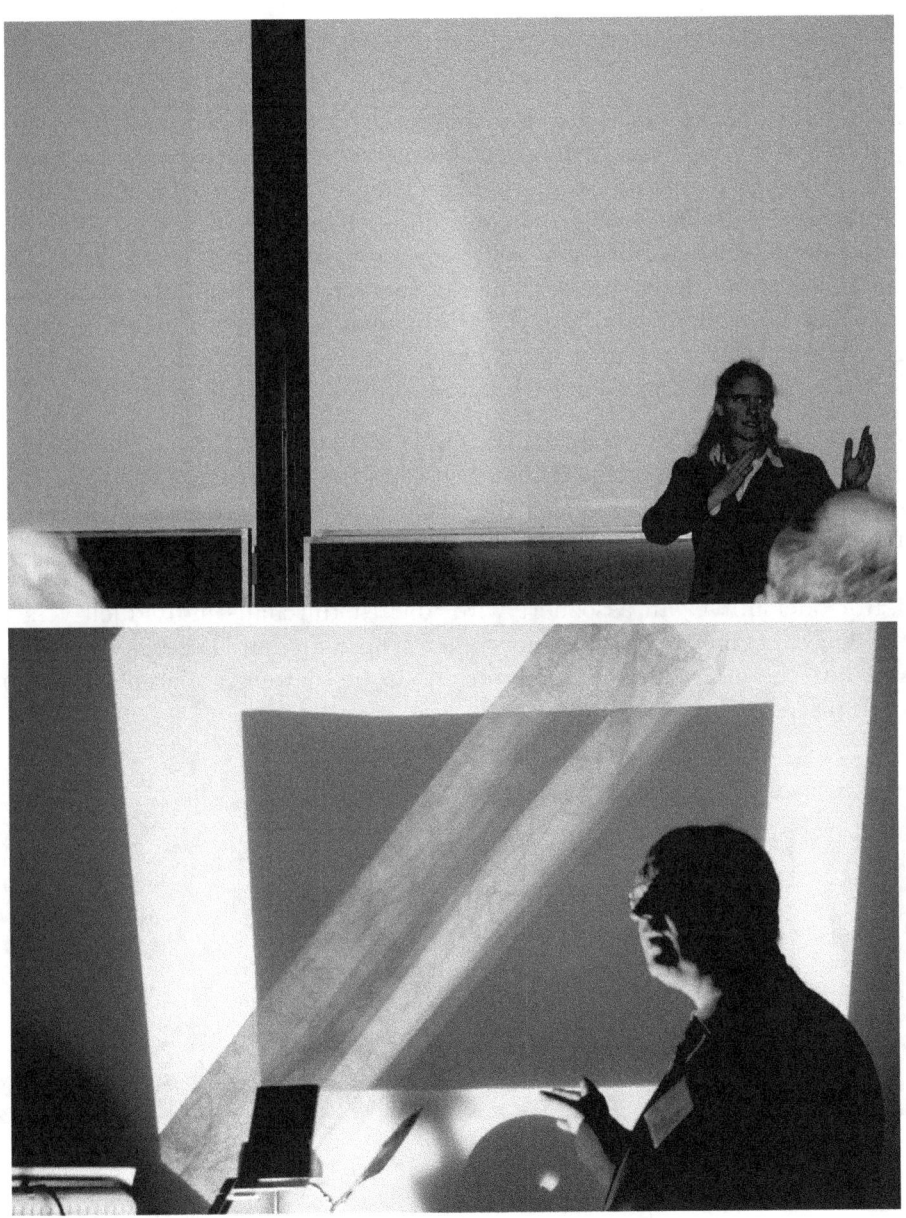

Abbildung 43.2:
Physikalische Experimente mit Farbwechsel
(links: Nora Löbe, Öhningen, rechts: Michael Kiupel, Universität Flensburg)

43.2.1 Synästhesie

Farben und Farbigkeit werden von den meisten Menschen zuerst in der visuellen Kunst verortet, doch findet man sie bei genauerer Betrachtung auch in der Musik: Wir sprechen von Klangfarben, hellen und dunklen Tönen; Begriffe, die nicht nur eine zufällige Synästhesie im Deutschen aufzeigen, sondern sich durch alle indogermanischen Sprachen seit dem Altgriechischen ziehen. Aus diesem Grunde reichte das Spektrum der Vortragsthemen beim Hamburger Symposium von Musik bis Malerei und von den Höhlenmalereien des Paläolithikums bis hin zu Vergleichen von Kunstmalerei und Fotografie der Moderne und von der Musik des Barock bis hin zur Farblichtmusik des 20. Jahrhunderts.

Aus diesem Grund durften natürlich auf einer solchen Tagung auch Betrachtungen zur Synästhesie nicht fehlen. Seit Aristoteles werden Farben in Klänge und Töne in Farben übersetzt. Allerdings sind die Moden der Übersetzung durchaus sehr verschieden: Einig scheinen sich Menschen zwar im Allgemeinen über „helle und dunkle" Töne zu sein, aber ob ein Wohlklang beispielsweise mit Rot oder mit Cyan assoziiert wird, das ist durchaus individuell verschieden. Die Teilnehmer und Teilnehmerinnen trugen zu den Diskussionen überaus konstruktiv bei und nahmen Anregungen aus den jeweils anderen Fächern mit nach Hause.

 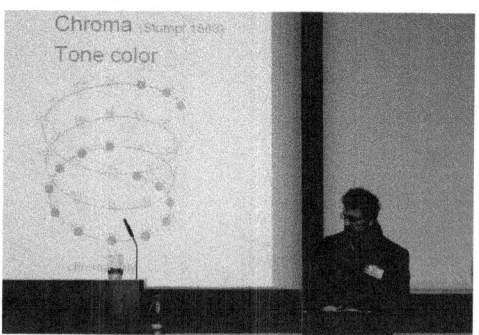

Abbildung 43.3:
Doktorand Jürgen Gottschalk (IGN) bei seiner Präsentation zu
Klangfarben im Barock, rechts: Rolf Bader (Institut für Musikwissenschaften, UHH)

43.2.2 Newton versus Goethe: ein Dialog

Nachdem diese Grundlagen an historischen, kunst- und kulturwissenschaftlichen Fakten auf der Tagung durch entsprechende Experten aus Kunst und Wissenschaft präsentiert worden waren, wurden auch chemische und physikalische Experimente vorgeführt, um Farbveränderungen und Farbeffekte live zu demonstrieren. Mit diesen direkten Darstellungen der Natur konnten auch die physikalischen Modelle zur Beschreibung von Licht diskutiert werden. Dies kulminierte in einer Podiumsdiskussion zu dem fundamentalen, jahrhundertelang präsenten Streit über die Farbtheorien des analytischen Naturforschers Isaac Newton und des Phänomenologen Johann Wolfgang Goethe. Selbstverständlich zog sich die Thematik dieses Streits als historischer Gegenstand und in Gestalt von Experimenten und wissenschaftshistorischen Betrachtungen als omnipräsentes Leitbild durch die gesamte Tagung.

Der Physiker Matthias Rang, der Wissenschaftsphilosoph Timm Lampert, der Wissenschaftshistoriker Gábor Á Zemplén und die Künstlerin Nora Löbe legten unter der Leitung des Journalisten und Wissenschaftshistorikers Sebastian Witte ihre Anschauungen und Präferenzen dar. Zu Beginn hob Frau Löbe hervor, dass sie als Künstlerin die Goethesche Farbenlehre bevorzuge, weil sie von praktischem Nutzen unmittelbarer sei. Herr Rang dagegen konstatierte, dass er wissenschaftlich bevorzugt mit der Newtonschen Beschreibung umzugehen pflege, da der Formalismus einfacher handhabbar sei. Timm Lampert hatte bereits vor zehn Jahren in seinem Buch „Zur Wissenschaftstheorie der Farbenlehre" (Bern, 2000) die wichtigsten Argumente von Newton, Goethe und Helmholtz als deren prominenter Rezipient im Original zitiert und kritisch diskutiert. Herr Zemplén und Herr Lampert resümierten also nochmals verschiedene historische Diskurse des Themas in der Physik und der Philosophie. Sie vermittelten in Zitaten der Genannten sowie von Fechner über Wittgenstein bis hin zur Inklusion eigener Arbeiten der Disputanden und anderer Gegenwartsphilosophen einen langen Prozess der Wahrheitsfindung, in dem es kein klares „falsch" gibt. Herr Rang bestätigte im Laufe der Tagung die grundsätzliche Nachvollziehbarkeit der Goetheschen Farbenlehre durch eigene Demonstrationsexperimente. Als Ausgangspunkt nimmt Goethe die Phänomene in der Natur, erstellt ein Modell, d. h. ein didaktisches Kalkül, mit dem man Vorhersagen treffen kann. Goethes Modell funktioniert *in praxi*, denn er kann die Mischung von Farben additiv bzw. subtraktiv korrekt vorhersagen und gibt mithin der Kunst ein adäquates Werkzeug in die Hand. Im Sinne der modernen Wissenschaftstheorie (z. B. bei Lucio Russo) ist daher die Goethesche Farbenlehre unbedingt als wissenschaftliche korrekte Theorie aufzufassen, denn sie trifft korrekte Vorhersagen. In das Weltbild der modernen Physik lässt sie sich dennoch nicht einbauen, denn die Physik verfolgt ganz andere Erkenntnisziele. Die Physik geht den umgekehrten Weg, denn sie sucht keine holistische Weltsicht, sondern eine analytische: sie analysiert die Phänomene in der Natur, d. h. sie trennt sie in so viele Elemente wie möglich, anstatt im Goetheschen Sinn alles zusammenzufassen. Wo Goethe Licht und Luft als aristotelisches Pneuma (Transmittiertes und Transmittierendes) zusammenschaut, Beleuchtung und Reflexion stets untrennbar zusammendenkt, trennt die Physik das Szenario in mehrere Modelle für die einzelnen Teile: ein Modell für Licht, ein weiteres für Luft, ein Gesetz für die Reflexion usw. Die Mischung der Künstlerfarben im kleinteiligen physikalischen Modell zu betrachten wäre *in praxi* viel zu umständlich. Dennoch wird die Berechtigung des physikalischen Weltbildes mit Blick auf die Fragestellungen der Physik natürlich auch von Frau Löbe anerkannt, für deren Anforderungen sich die Goethesche Theorie als fruchtbarer erweist.

Als Konsens der Podiumsdiskussion forcierte insbesondere Herr Lampert, dass man am Anfang einer Diskussion stets genau klären sollte, was die einzelnen Parteien meinen und dass sich danach oftmals der Streit selbst als überflüssig erweise. So haben z. B. Goethe und Newton unterschiedliche Erkenntnisziele. Klärt man aber beispielsweise zu Beginn einer Definition ihren Zweck, so kann sich eine etwas umständlichere phänomenologische Definition als adäquat erweisen und sogar einer einfacheren, aber nur unter Spezialbedingungen bei isolierten Laborversuchen ermittelten Definition vorzuziehen sein. Der physikdidaktische Diskurs zum gleichen Thema wurde dabei leider nicht im Plenum behandelt, fand aber in Pausengesprächen häufige Erwähnung.

43.2.3 Herausforderungen und Praktikabilität einer interdisziplinären Wissenschaft

Bei einem derartigen Feuerwerk unterschiedlichster Themen, ist es unerlässlich immer wieder einführende Vorträge bzw. Sektionen, für die in dem jeweiligen Gebiet Fachfremden anzubieten. Als Beobachter sehen wir dies als eine sehr sinnvolle Strategie der Tagungsorganisation, damit alle Beteiligten optimal verstehen, worum es geht und konstruktive Diskussionsbeiträge liefern können. Dabei ist es erforderlich, verschiedene historische Meinungen oder neue Lesarten kurz zu umreißen, damit die fachliche Diskussion nicht auf dem Level des allgemeinen Schulwissens oder Halbwissens stehen bleibt, sondern ein fachliches Niveau erreicht. Es bietet sich daher an, diese kompilatorischen Einführungsvorträge von fortgeschrittenen Studierenden halten zu lassen. Diese sollten die nötige Kompetenz in ihrem Fach bereits besitzen. In Absprache mit ihren Leh-

Abbildung 43.4:
Podiumsdiskussion

renden kann so problemlos das erforderliche Niveau für eine Tagung garantiert werden.

Im Vergleich zu anderen Fachtagungen mag allerdings diese verhältnismäßig lange Anlaufphase für viele der versierteren Beteiligten ernüchternd erscheinen. Für Beobachtende und Referierende könnte sogar der Eindruck von Desinteresse entstehen, weil man typischerweise die Tatsache, dass keine oder wenige Fragen gestellt werden als Kritik am eigenen Vortrag zu werten angehalten ist. Im Falle unserer interdisziplinären Tagung konnte die Ursache für beredtes Schweigen nach einem Vortrag jedoch auch sein, dass der Vortrag sehr gut und beeindruckend war, es sich jedoch zunächst lediglich um eine Tatsachen feststellende Feldstudie handelte. Es liegt in der Natur der Sache, dass in solch einem Fall wenig oder gar nicht kommentiert wird, denn die Alternative zum Schweigen wären Gegendarstellungen aus dem jeweils eigenen Fach von Zuhörenden, bei denen sich nachweisen ließe, dass die Kontrahenten dann aneinander vorbei redeten. Auch hier können wir wieder auf Timm Lamperts Plädoyer aus der Podiumsdiskussion für eine anfängliche, präzise Klärung der Fragestellung verweisen.

Chancen aufgrund verschiedener Methoden

Das Verhältnis von Philosophie und Naturwissenschaften möchten wir nach diesen Gesprächen folgendermaßen metaphorisch umreißen: In der Philosophie beschreibt bereits jedes forschende Individuum ein gewaltiges Weltgebäude; es stellt sich auf eine Metaebene, von der aus es Prozesse in der Welt allumfassend beschreibt. Die Philosophie versucht also, den Überblick zu wahren und große Zusammenhänge festzuhalten. Nicht selten verstricken sich aber die Geisteswissenschaften im sprachlichen Detail einer Formulierung, während ihnen möglicherweise ein relevanter Fakt im fehlt. In der Naturwissenschaft hingegen erforscht das Individuum ein Detail der Welt, sozusagen einen einzelnen Stein im Weltgebäude oder sogar „nur" ein Stückchen Mörtel zwischen zwei Steinen des Weltgebäudes, wenn wir das faustische Bild des Verständnisses aufgreifen, „was die Welt im Innersten zusammenhält". Naturgemäß muss in der Philosophie auf das eine oder andere Detail der naturwissenschaftlichen Forschungen verzichtet werden, während andererseits der Naturwissenschaft in ihrer Liebe zum Detail bisweilen die Gesamtsicht abhanden kommt oder sogar bereits der Einblick in ein Nachbarfach fehlt, in dem möglicherweise sogar ähnliche Fragen zur Diskussion stehen.

Abbildung 43.5:
Chemische Experimente mit Farbwechsel (Solveig Binder, UHH)

Gerade bei dieser Diskrepanz setzen interdisziplinäre Projekte und Tagungen an: Da die Interdisziplinarität der Tagung den Individuen die große Chance bietet, fachlich fundierten Input aus anderen Fächern zu bekommen, halten wir die Experimental- und Überblicksvorträge für wünschenswert und eine allgemeinverständliche Formulierung bei allen Beteiligten für unumgänglich. Damit ein Diskurs zwischen den Fächern und Fakultäten zustande kommen kann, müssen die Menschen, die ihn ausführen, einander schließlich verstehen. Es kann dabei nicht schaden, sich weitergehende Gedanken über die Kommunikation zu machen. Fachworte zu umschreiben reicht oftmals nicht aus. Die Gedankenstrukturen und gedanklichen Voraussetzungen der einzelnen Disziplinen unterscheiden sich oftmals sehr stark. Die Kommunikationswissenschaften und Medienwissenschaften bieten hier Lösungen an, die zu einem tieferen Verständnis des Diskussionspartners führen. Beispielsweise gilt eine stark *aisthetische* Artikulierung der eigenen Gedanken, also den Sinnen unmittelbar (d. h. ohne monofachliches Vokabeltraining) einsichtig, als unverzichtbares Werkzeug der Interdisziplinarität.

Glückt diese Akrobatik, kann man als Philosoph diese Gelegenheiten nutzen, das weltenumspannende Gedankengebäude der eigenen Theorien mit Beispielen aus verschiedenen Fachwissenschaften zu bereichern und von fundierten Säulen tragen zu lassen. Es ist eine gewaltige Chance zur Korrektur der populärwissenschaftlich kursierenden Ungenauigkeiten oder Präzisierung von Theorien im Diskurs mit den entsprechenden Fachleuten. Als Historiker könnte man den Diskurs z. B. für vergleichende Studien eines Themas in verschiedenen Epochen nutzen und in jedem Fall lernt man als Fachwissenschaftler und mithin Detailexperte aus dem Vergleich mit anderen Fächern oder mit Hilfe des philosophischen Bogens in einer Metaebene, sich selbst besser in die gesamte Wissenschaftslandschaft einzuordnen.

Ergebnis-Orientiertheit der Interdisziplinarität

Konnte das Symposium nun dem Anspruch der Interdisziplinarität gerecht werden? Ließen sich die Schwierigkeiten in der fachlichen Verständigung der Teilnehmer beseitigen und kam es zu einem lebendigen Dialog zwischen den einzelnen Fächern?

Im Vorgriff auf die ausführliche Diskussion sei an dieser Stelle festgehalten, dass wir die Tagung insgesamt für gelungen halten. Die Teilnehmenden der verschiedenen Disziplinen fanden nach unseren Beobachtungen zu einem fruchtbaren Gedankenaustausch. Diese ersten persönlichen Eindrücke fanden wir in zahlreichen Einzelgesprächen mit den Referierenden und sonstigen Teilnehmenden bestätigt.

Für den fachübergreifenden Dialog zentral war sicher die bereits oben erwähnte Podiumsdiskussion über die Newtonsche und die Goethesche Farbenlehre, die etwa die Halbzeit des Symposiums markierte. Hier wurde klar, dass und weshalb die Frage „Wer hatte Recht?" keinen Sinn ergibt und wo die Unterschiede in der Herangehensweise Newtons und Goethes liegen. Die harmonische und anregende Podiumsdiskussion zwischen den vier Wissenschaftsvertretern unterschiedlicher Fakultäten wurde von dem Wissenschaftshistoriker und Journalisten Sebastian Witte souverän moderiert. Es wäre jedoch nach der allgemeinen Stimmung möglicherweise geschickter gewesen, die Diskussion nicht im fensterlosen Symposiumshörsaal stattfinden zu lassen, da dieser aufgrund seiner Architektur zwischen dem Vorbereitungstisch und der ersten Zuschauerreihe kaum genug Raum für die Debattierenden und den Moderator bot. Es wurde geäußert, die Stimmung sei aufgrund dieser architektonisch ungeschickten Konstruktion möglicherweise nicht so gelöst gewesen, wie sie es in einem geräumigen, hellen Seminarraum gewesen wäre. Glücklicherweise gab es ja noch die Pausen, in denen sich lebhafte Gespräche entfalteten. Als Beobachter gewann man jedoch nicht selten den Eindruck, dass aus genanntem Grund viele Fragen bewusst in die Pausen mitgenommen wurden. Gerade für die Podiumsdiskussion war dies wohl am wenigstens erwünscht. Die lebhaften Pausengespräche zeigen jedoch den unbedingten Bedarf an den Diskursen zum Thema und so sei uns neben allem Lob der allgemein konstruktiven Stimmung auch diese kleine Kritik erlaubt.

Natürlich wird der interdisziplinäre Charakter einer solchen Veranstaltung nicht bloß von Einzelereignissen wie einer Podiumsdiskussion bestimmt. Die Gesamtkonzeption ist es, die das Zustandekommen eines Dialogs der Fächer begünstigen oder auch behindern kann. In dieser Hinsicht halten wir die drei Experimentalvorträge für sehr wichtige Einschübe. Dabei konnten die Teilnehmenden gemeinsam die Faszination Farbe erleben und über ihre Neugier, ihre *Curiositas* hinsichtlich der Farben-Thematik diskutieren. An den, durch die unmittelbaren Sinneseindrücke entzündeten Fragen und Diskussionen, ließen sich die jeweils unterschiedlichen Denkgewohnheiten sehr gut erkennen.

Besonders erwähnenswert ist, dass die Tagungsorganisation nicht nur etablierte Fachwissenschaftler, sondern auch Studierende als Vortragende einlud. Die Partizipation von Studierenden an wissenschaftlicher Praxis bewerten wir als sehr positiv. So kann die Lust auf die Forschung geweckt werden, die über einen bloßen Studienabschluss an einer Universität hinausgeht. Das Symposium stellt sich mithin neben seiner eigentlichen Zielsetzung als Plattform für den interdisziplinären Diskurs auch als Instrument der Nachwuchsförderung dar. Die studentischen Vorträge, die zumeist kompilatorischen Charakter hatten und naturgemäß keine eigenen Forschungsergebnisse brachten, boten Fachfremden eine Möglichkeit, sich in die jeweilige Fachsprache einzuhören. Für didaktisch gewagt halten wir allerdings, dass diese Vorträge bei keiner der Sektionen am Anfang standen, so dass sie ihre edukative Wirkung möglicherweise nur eingeschränkt entfalten konnten. Dennoch sahen die von uns befragten Teilnehmenden des Symposiums die Einbeziehung von Studierenden und Nachwuchswissenschaftlern einstimmig als außerordentlich positiv an.

Bezüglich der Ergebnis-Orientiertheit möchten wir also festhalten, dass nach unserem Eindruck dieses Symposium als große Zusammenschau wirkte und sich jeder Mensch diejenigen Aspekte heraussuchen konnte, die für ihn neu waren.

43.3 Nachwort

Neben der gelungenen Komposition von eingeladenen Vertretern verschiedener Fachrichtungen durch die Organisation möchten wir von dem Symposium vor allem den manche überraschenden Aspekt der Breite des Themenkanons über „Farben" in Wissenschaften und Künsten hervorheben. Nicht nur die inhaltlichen Darbietungen boten Chancen zu dieser Bemerkungen, sondern auch deren methodische Vielfalt. Neben abwechslungsreichen und nett gestalteten Experimentalvorträgen erlebte man auch eine Vorab-Schau einer „Farben"-Ausstellung in den Räumen des Hamburger Landesinstituts für Lehrerbildung und Schulentwicklung, die von Frau Wolfschmidt kuratiert worden ist. Viel beachtet wurden die Darbietungen zur Synästhesie. Gleich am Anfang der Tagung trat der Hamburger Doktorand Jürgen Gottschalk mit einer besonderen Inszenierung auf: In einem barocken Kostüm und gekrönt von einer Lockenperrücke trug er über Klangfarben und farbliche Codierung von Musikstücken vor. Seine sachlichen Textpassagen unterbrach er von Zeit zu Zeit durch ein paar Griffe auf einem eigens ausgeliehenen originalen barocken Cembalo. Ähnlich imposant war die Darbietung eines späteren Vortrags von Myriam Richter, bei dem die Referentin vorne am Rednerpult stand und einen scheinbar typischen wissenschaftlichen Vortrag hielt. Allerdings hatte sie eine Co-Leserin bestellt, deren Stimme sich zur Abwechslung ab und zu aus der Mitte des Auditoriums erhob und einzelne Zitate vortrug. Durch diese und andere Beiträge erhielt das Symposium neben der wissenschaftlichen Diskussion auch ästhetische Aspekte. Ästhetisch meinen wir hier im wortwörtlichen Sinne der *aisthesis*, also der sinnlichen Wahrnehmung.

Nelson Goodman unterscheidet in seinem Buch über die „Languages of Art" allographische und autographische Künste, also Künste wie Musik, die zwei Interpretationsebenen haben (das Schreiben der Partitur durch den Komponisten und deren Umsetzung in Klang durch den Sänger oder Instrumentalisten) und solche mit nur einer wie die Malerei. Ein Gemälde wird vom Maler gemalt und ist damit für alle Zeiten fertig. Letztlich ist das also eine Unterscheidung zwischen raumdimensionalen und raumzeitdimensionalen Künsten, hinsichtlich ihrer Notation, Lesung und Interpretation. Goodman selbst konstatiert, dass die Musik sehr viel umfassender beschreiben kann als die natürliche Sprache und schlussfolgert daher: „... die Musiknotation scheint so viel weniger Gelegenheit zu konfusem Geschwätz über Analytizität zu bieten als das Englische [als eine verschriftlichte Verbalsprache, Anm. SMH], dass einige Philosophen daher gut daran täten, mit dem Schreiben aufzuhören und stattdessen mit dem Komponieren anzufangen." (S. 194 der Suhrkamp-Ausgabe) oder mit den Worten des Volksmundes formuliert „der Ton macht die Musik", d. h. die Aneinandersetzung von Worten zu Sätzen ist oft noch nicht die volle Aussage. Die dargebotenen Konferenzbeiträge nutzten diese Erkenntnis eindrucksvoll. In diesem Sinne wurde auch das bunte Programm des Symposiums für alle Sinne illuster bereichert: Es gab Musik-Einspielungen, chemische und physikalische Experimente und lebhafte Diskussionen über künstlerische Darstellungen.

Die größte Herausforderung für einen echten Diskurs bei einem nicht nur interdisziplinären, sondern sogar interfakultären Symposium ist das Finden einer gemeinsamen Sprache und ein Abgleich des Hintergrundwissens bzw. des Erfahrungswissens. Diesen Herausforderungen wurde auf mehreren Ebenen begegnet: Durch Experimente, die der unmittelbaren Sinneswahrnehmung dienen, durch künstlerische Darbietung und durch edukative Interventionen im Programm. Wir finden, dass genau diese Herausforderung von den Organisatoren und den Anwesenden in Hamburg *par excellence* gelöst wurde! Wir denken aber, dass auch die Zusammenstellung der Themen und der verschiedenen Vortragsniveaus eine geeignete Mischung ergab, die der allgemeinen Verständlichkeit zuträglich war. Auch für Fachfremde blieben die Vorträge gut nachvollziehbar und man konnte allgemein mitdiskutieren.

Zusammenfassend kann man feststellen, dass es Frau Prof. Dr. Gudrun Wolfschmidt gelungen ist, nicht nur ein multidisziplinäres Symposium auszurichten, bei dem die Beiträge der einzelnen Fachrichtungen nebeneinanderstehen und gegenseitig nicht wahrgenommen werden. Vielmehr traten die Teilnehmer in einen lebendigen Dialog zueinander. Es herrschte eine angenehme Atmosphäre, in der nicht nur die Vertreter einzelner Fachwissenschaften untereinander ins Gespräch kamen, sondern auch Studierende einbezogen wurden und ein inspirierender Dialog mit interessierten Laien entstand.

43.4 Bibliography

[Lampert, 2000] Lampert, Timm: *Zur Wissenschaftstheorie der Farbenlehre.* Bern 2000.

[FAZ, 2010] Krischke, Wolfgang: Und wenn die Sonne schwarz wäre? Der Schattenstrahl und andere empirisch-überempirische Naturanschauungen: Eine Hamburger Diskussion über Goethes Farbenlehre nach zweihundert Jahren. In: *Frankfurter Allgemeine Zeitung* vom 03.11.2010, Natur und Wissenschaft, S. N4.

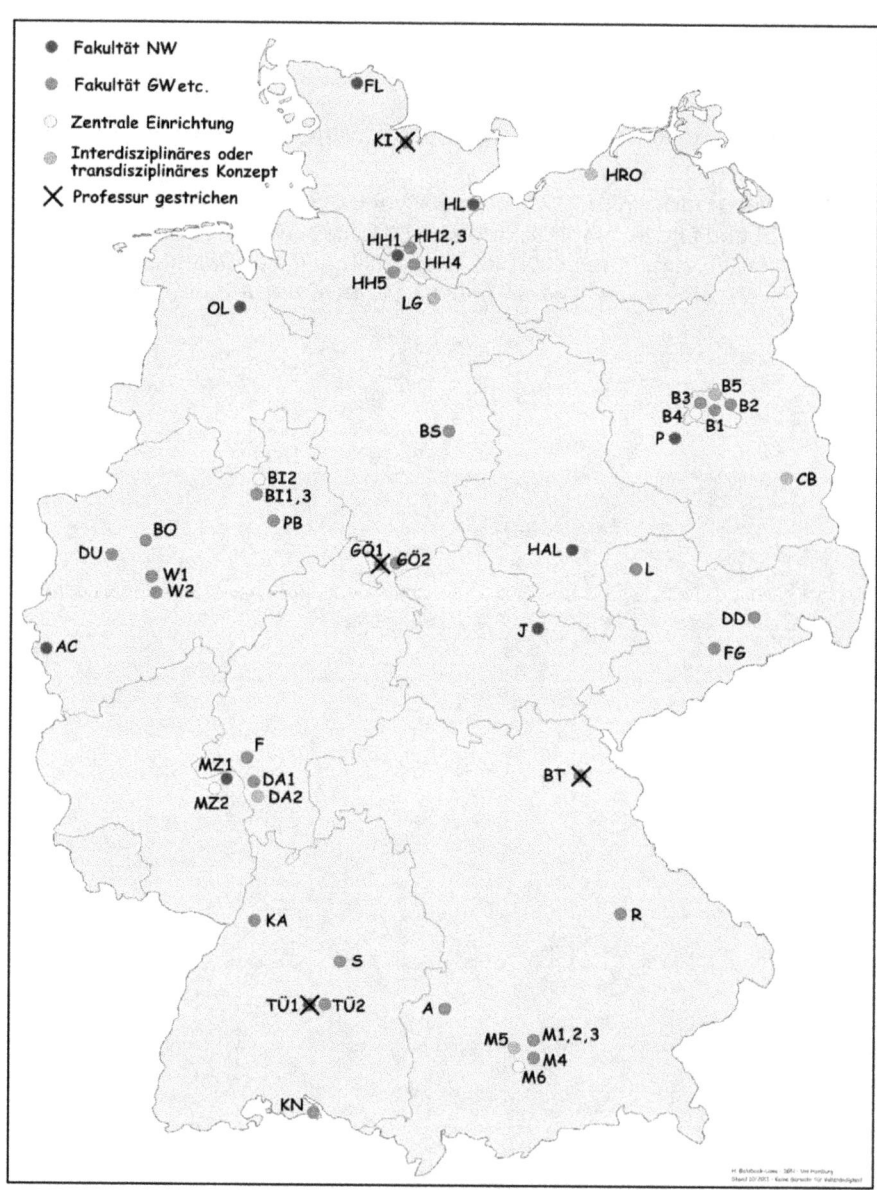

Abbildung 44.1:
Geschichte und Theorie der Naturwissenschaften und Technik
Zuordnung der Institute und Lehrstühle bzw. Professuren an deutschen Hochschulen
Untersuchungszeitraum: ca. 2005 – 2010/11. Details und Erklärungen im Anhang.

Grafik: Harald Goldbeck-Löwe; Quelle der Kartenschablone: Statistisches Bundesamt.

Interdisziplinarität und Transdisziplinarität in der Geschichte der Naturwissenschaften

Harald Goldbeck-Löwe (Hamburg)

*Thesen zu interdisziplinärer Forschung zur Naturwissenschaftsge-
schichte, Wissenschaftstheorie und Technik mit einzelnen Beispielen aus dem Symposium „Colours in Culture and Science. 200 Years
Goethe's Colour Theory" 2010 in Hamburg*

> *Um an die Quelle zu kommen,*
> *muss man gegen den Strom schwimmen.*
> Stanislaw Jerzy Lec (1909–1966), polnischer Satiriker.

44.1 Einleitung

Das Symposium „Colours in Culture and Science. 200 Years Goethe's Colour
Theory", 12. bis 15. Oktober 2010, am *Bereich Geschichte der Naturwissenschaften* der Universität Hamburg, vormals *Institut für Geschichte der Naturwissenschaften*, IGN, war schon von vornherein interdisziplinär konzipiert. Mit
diesem Ansatz wurde es der ursprünglichen Aufgabenstellung des Instituts im
besonderen Maße gerecht. Gleichzeitig feierte der Bereich mit einer während des
Symposiums eröffneten gleichnamigen Ausstellung das 50jährige Bestehen des
Instituts für Geschichte der Naturwissenschaften an der Universität Hamburg.

Bei insgesamt 12 Disziplinen, geordnet in sieben Themenbereichen, waren inhaltliche Überschneidungen von der Initiatorin und Organisatorin Prof. Dr. Gudrun Wolfschmidt, Koordinatorin des Bereichs, gewollt und vorprogrammiert.

Für viele Teilnehmer wurden deshalb gerade die inhaltlichen Schnittmengen der Vorträge und Demonstrationen, wie sie sich in manchen Diskussionsrunden offenbarten, zu Highlights dieser Tagung. Bedeuteten sie doch, dass hier bestimmte Probleme und Fragestellungen von verschiedenen Seiten angegangen wurden. Daher bot die Tagung durch ihre Vielfalt reichlich Anregung und Motivation zu interdisziplinärem Arbeiten nach der Rückkehr in den Alltag der eigenen Institution. Die Fragen: „Was machen die anderen?" oder auch „Wie machen's die anderen?" und die Antworten darauf motivieren ja oft, die konventionellen Grenzen des eigenen Forschungsgebietes zu überschreiten.

Anders als der Beitrag zur Gesamtwertung des Symposiums (Hoffmann und Engels, in diesem Band, Kapitel 43, S. 577 ff.) wird sich dieser Beitrag allgemein mit der Möglichkeit interdisziplinärer Forschung und Lehre in der Geschichte der Naturwissenschaften befassen und sich dabei nur auf einzelne Beispiele von Disziplinüberschneidungen während der Tagung beziehen. An ihnen kann gerade durch die Beschränkung deutlicher werden, welch große gesellschaftliche Bedeutung die naturwissenschaftshistorische Forschung und Lehre haben.

Dieser Bereich wurde ein halbes Jahrhundert lang an der Universität Hamburg durch das IGN, das Institut für Geschichte der Naturwissenschaften, repräsentiert. Das wird in der gewohnten Form nun nicht mehr möglich sein. An diesem Beispiel möchte ich in mehreren Thesen und Vorschlägen zeigen, welche Möglichkeiten interdisziplinärer oder auch transdisziplinärer Forschung in dem Kleinen Fach *Naturwissenschaftsgeschichte und –theorie* denkbar sind, organisierbar erscheinen und effektiv im Hinblick auf die Lösung drängender Fragen zur gesellschaftlichen Rolle von Technik und Naturwissenschaft sein können.

Der „Rückbau" des IGN ist u. a. als eine der Folgen des gesteigerten Raumbedarfs im Bologna-Prozess zu sehen, vor allem in Verbindung mit der Schwerpunktsetzung der Universität Hamburg, die im Struktur- und Entwicklungsplan STEP 2012 niedergelegt ist.[1] Der ganze Prozess, dessen Ursachen sicher sehr vielschichtig sind, folgt darüber hinaus aber auch einem bundesweit zu beobachtendem Trend einer veränderten Zuordnung der Geschichte der Naturwissenschaften aus den naturwissenschaftlichen in die geistes- oder sozialwissenschaftlichen Fakultäten oder Fachbereiche.

Ich werde auch, gestützt auf Erfahrungen dieses Symposiums, auf Probleme und Schwierigkeiten hinweisen, denen sich ein interdisziplinär arbeitendes Forscherteam ausgesetzt sieht. Das bezieht sich hier nicht auf die Naturwissenschaften selber, sondern ausschließlich auf den Bereich ihrer Geschichte und Theorie.[2] Zu diesem Zweck ziehe ich mehrfach meinen eigenen Syposiumsbei-

---

1 STEP 2012, S. 5–8.

2 Diese Beschränkung ist schon deshalb nötig, weil in anderen Fächerkombinationen und besonders in naturwissenschaftlichen Fachbereichen längst interdisziplinär gearbeitet und

trag „Der Farbenstreit Goethe – Newton" (Kapitel 17 in diesem Band, S. 225 ff) heran, in der Hoffnung, eigene Erfahrungen einbringen zu können, ohne die mir aufgefallenen Probleme von übergeordneter Bedeutung in allzu engem persönlichen Bezug darzustellen. Goethes Polemik gegen Newton ist vollständig nur zu verstehen, wenn man die konventionell üblichen Grenzen der Einzelwissenschaft überschreitet, also interdisziplinär forscht. Das habe ich in Rahmen meiner Möglichkeiten als Einzelperson bei meinem Thema versucht. Daneben werde ich gelegentlich aber auch auf andere, im Einzelfall prägnantere, Beispiele des Symposiums zurückgreifen.

Die wissenschaftliche Relevanz des *Farbenstreits Goethe – Newton*, der leicht umformuliert auch Thema der Podiumsdiskussion war, wird durch die anwachsende Flut von Publikationen belegt, deren Bestand sich seit etwa 25 Jahren vervielfacht hat, nachdem man um 1985 schon über 250 Veröffentlichungen zählte. Seine ständig zunehmende soziale Relevanz entsteht aus dem längst etablierten – oft fruchtbaren – Nebeneinander zweier Einstellungen der Menschen zur Natur im weitesten Sinne. Gerade in der Zeit des Symposiums offenbarte sich die scheinbare Unvereinbarkeit dieser Einstellungen in der politischen Öffentlichkeit – Stichwort: Stuttgart 21.[3] Im Kern konkurrieren zwei grundverschiedene epistemologische Ansätze miteinander: *reduktionistisch analysierend vs. ganzheitlich beschreibend*.

Diese Ansätze korrelieren eng mit zwei ebenso grundverschiedenen Einstellungen zur Natur: *man will Natur kenntnisreich nutzen vs. man will bedrohte Natur verstehend beschützen*.

In Goethes Polemik gegen Newton kondensiert sich auf besonders aggressive Weise die letztere der beiden genannten Einstellungen. Goethe setzte sich damit in krassen Gegensatz zu der allgemein anerkannten Einstellung aller zeitgenössischen Physiker. Er fand aber auch viele Anhänger seiner Farbenlehre, besonders unter Künstlern. Heute wirkt Goethes Einstellung besonders stark im Konzept der anthroposophisch orientierten Waldorfpädagogik, die seit dem Ende des Zweiten Weltkriegs und damit nach dem Ende der Nazidiktatur in Deutschland an Bedeutung zunimmt. In den großen sozialen Debatten über die Einführung moderner Techniken und ihre Beherrschbarkeit sowie eine nach-

---

geforscht wird und dabei Organisationsstrukturen und Arbeitsmethoden eingeübt und bestens bewährt sind. Beispielsweise wären die großen Forschungsprojekte bei DESY und CERN oder im LaserLab ohne interdisziplinäre Arbeit von ganzen, international besetzten Teams gar nicht denkbar. Hier geht es aber um solche Fächer und Fachkombinationen, in denen Interdisziplinarität noch ein Fremdwort ist.

3 Nicht einmal ein halbes Jahr später wurden unter dem Eindruck der Katastrophe von Fukushima noch weit extremere Einstellungen deutlich und führten in diesem Fall sogar zu einer politischen Kehrtwende.

haltige, schonende Ressourcenwirtschaft gewinnt diese Einstellung, allerdings ohne direkten Bezug auf den Dichter, ständig an Gewicht.

44.2 Eignung der Geschichte der Naturwissenschaften zur Interdisziplinarität

Die Gegenstände der Disziplin Geschichte der Naturwissenschaften und Technik sind naturwissenschaftlicher Art, ihre wesentlichen Methoden sind dagegen historische, also geisteswissenschaftliche. Allein schon wegen dieser nahezu unvermeidbaren inneren Dichotomie ist das Fach Geschichte der Naturwissenschaften genuin besonders prädestiniert für richtig verstandene interdisziplinäre Forschung. Wenn Naturwissenschaftshistoriker sich von diesem Forschungsprinzip und nicht nur von Einschränkungen historisch bedingter Disziplingrenzen leiten lassen, kann sich das Fach über den Status einer kumulativ beschreibenden Geschichtswissenschaft zu einer modernen, theoriebildenden Wissenschaft entwickeln. Ihre Modelle können dann ein vertieftes Verständnis für die zivilisatorisch bedingte soziale Interdependenz von Technik, Kultur und Gesellschaft vermitteln. Interdisziplinär forschende Geschichte der Naturwissenschaft kann auf diese Weise normativ wirksam sein und so beispielsweise in Politikberatung und Wirtschaftsplanung zur Konfliktvermeidung und -lösung beitragen.

In manchen Bereichen ist die Bildung von effizient interdisziplinär arbeitenden Teams längst selbstverständlich. Beispiele für erfolgreiche Kooperation über Fachgrenzen hinweg findet man heute im Gesundheitswesen, in dem sich eine ganzheitliche Sicht auf den Menschen und die Störungen seiner Gesundheit durchsetzt, und im Produktengineering, einem noch jungen Ansatz zu nachhaltiger, ressourcenschonender Produktentwicklung. Interdisziplinarität entspringt „... *einem Diskrepanzerleben zwischen Anspruch und Wirklichkeit: Wissenschaft soll Wahrheit produzieren und Problemlösungen erarbeiten, die (zunehmende) Spezialisierung erzeugt jedoch Wahrnehmungseinschränkungen und Wirksamkeitsverlust.*"[4] Interdisziplinarität ist in diesen Fällen stets die Antwort auf die Frage nach den Möglichkeiten, Einseitigkeit und gedankliche Enge, z. B. in der Diagnostik oder bei der Bewältigung bedrohlicher Krisen, und sinnlose Verschwendung von Material und menschlicher Arbeitskraft in der Industrie zu vermeiden. Interdisziplinarität ‚richtig verstehen' soll heißen, nicht nur die Forschung mehrerer betroffener Disziplinen institutionell zu addieren, sondern bedeutet, dass Fragestellungen und Antwortformulierungen der

---

4 Schaller 2004, 35.

einzelnen Fachdisziplinen ständig kommuniziert werden und sich so gegenseitig beeinflussen. So argumentiert schon 2003 Jürgen Mittelstraß in einer Konstanzer Universitätsrede.[5] Er legt Wert darauf, dass nicht die Grenzen der Fachdisziplinen aufgelöst werden, sondern durchlässiger für Informationen werden. In der Geschichte und Theorie der Naturwissenschaften kann interdisziplinäres Arbeiten vor dem Tradieren monokausaler Erklärungen bewahren.

Die möglicherweise für das Gelingen entscheidende Herausforderung an ein interdisziplinär arbeitendes Team stellt dabei die manchmal babylonisch anmutende Verwirrung der Fachsprachen dar. In der Wochenzeitung *DIE ZEIT* erschien im April 2006 der journalistisch aufgemachte Bericht des Sozialpsychologen Harald Welzer über seine interdisziplinäre Zusammenarbeit mit einem Neurophysiologen.[6] Außerordentlich pessimistisch werden dort solche Bemühungen beurteilt, solange es um die Grundbegriffe der jeweiligen Wissenschaften geht. Da das Team aber die selbstgesetzte Grundregel „Nie über Grundsätzliches sprechen!" beachtete, kamen in diesem Fall ganz beachtliche Ergebnisse zustande. Will man ausschließlich ergebnisorientiert arbeiten, so unterstützt dieses Tabu sicherlich hilfreich die Effektivität des Teams. Für eine Grundlagenforschung wird das aber nicht ausreichen, weil es hierbei ja gerade auch um die Grundbegriffe geht. Deren unterschiedliche Konnotationen können natürlich die Kommunikation sehr erschweren. Die Bedeutungsinhalte solcher Grundbegriffe sind historisch entstanden und gewachsen. Selbst wenn sie einmal einen gemeinsamen Ursprung in der Umgangssprache gehabt haben mögen, so behindert ein ganzer „Kometenschweif" an Literatur und in dieser Fachsprache heimischer Wissenschaftler die fachgrenzenüberschreitende Kommunikation. Das lässt sich wohl vermeiden, wenn das Problem von vornherein bekannt und als Aufgabe akzeptiert ist und wenn jeder Einzelne bereit ist, bisher als unabdingbar angesehene Denkgewohnheiten von anderen in Frage stellen zu lassen, ohne sich als Forscherpersönlichkeit desavouiert zu sehen. Für interdisziplinär arbeitende Gruppen aus wesensverwandten Disziplinen ist das sowieso kaum ein echtes Problem.[7]

Andere Kombinationen fachgrenzensprengender Tätigkeiten sind noch immer selten, gelten nach weitgehend übereinstimmender Meinung als ungewöhnlich oder sogar als exotisch und werden, jedenfalls im universitären Wissenschafts-

---

5 Mittelstraß 2003, S. 6–8.

6 Welzer 2006, zitiert in: Harald Goldbeck-Löwe, *Modelle in der Physik – Symbole in der Kunst.* Dissertationskonzept, 2009, unveröffentlicht.

7 Das Problem verschiedener Fachsprachen spielt z. B. bei den sich seit einigen Jahren vermehrt bildenden und außerordentlich effektiv arbeitenden Ärzteteams in Kliniken und sog. Ärztehäusern keine Rolle. Ich konnte allerdings auch gerade selber vor kurzem hören: „Na ja, diese Neurologen mit ihrer internistischen Halbbildung!" Das scheint mir dann aber eher auf ein allgemein menschliches oder sogar charakterliches Problem hinzuweisen.

betrieb, nicht nur nicht gefördert, sondern eher behindert. Ein *studium generale* scheint mit dem europäischen Bologna-Prozess nicht vereinbar zu sein. Wo es dennoch als nicht obligatorische Alternative angeboten wird, findet es seine Teilnehmer häufig eher unter älteren Menschen, deren Lebensplanung nicht mehr von den Zwängen der Arbeitswelt bestimmt wird. Will man erreichen, dass derartige Zwänge den Erfolg wissenschaftlicher Forschung und Problemlösung nicht behindern, dann muss man schon in der Schulbildung früh ansetzen und den Schülern zeigen, dass Grenzen nicht sakrosankt zu sein brauchen. Ein kleines Beispiel: Ich habe in meinem Physik- und Mathematikunterricht dazu häufig eine Denksportaufgabe genutzt (siehe Abb. 44.2). Es geht darum, neun in einem quadratischen Feld regelmäßig angeordnete Punkte mit nur vier geraden Linien zu verbinden, ohne den Stift abzusetzen.

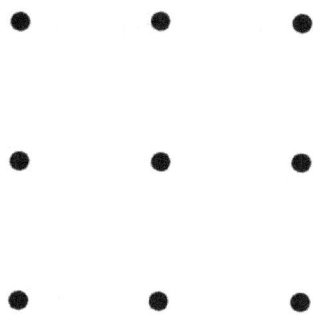

Abbildung 44.2:

Denksportaufgabe

Grafik: Harald Goldbeck-Löwe

Die Lösung dieser bekannten Aufgabe,[8] erfordert ein Hinausdenken über die strenge, in sich geschlossene Punkteanordnung. Die eigentliche Leistung besteht also in der rationalen Auflösung der selbst erzeugten (!), mit der Punktefigur zusammen gedachten Gestaltbegrenzung. Genau mit dieser Auflösung wird eine Geistestätigkeit gegen alle Denkgewohnheiten ausgeübt. Didaktisch

---

8 Die Lösung sei hier nicht verraten. Man findet sie zusammen mit der Aufgabe aber leicht im Internet, z. B. unter der `http://www.poeschel.net/raetsel/1/1006.php`.

gut überlegt zum „richtigen" Zeitpunkt eingesetzt kann das Erlebnis des Lösungsprozesses geradezu prägend auf junge Menschen wirken.[9]

Nicht nur die neuere Geschichte der Physik zeigt, dass gerade in Krisensituationen einer Wissenschaft, wie beispielsweise während der Entwicklung der Quantentheorie, die beteiligten Naturwissenschaftler geradezu begierig sind, über die plötzlich als beengend empfundenen Grenzen ihres Spezialwissens hinaus sich zu bilden und sich geistig und kreativ zu betätigen.

Auch die Rückbesinnung auf die geistigen Wurzeln kann ein möglicher Weg sein, die Enge der aktuellen Position zu überwinden. Das Verstehen moderner naturwissenschaftlicher Theorien kann man dadurch erleichtern, dass man sie in einem Kontrastzusammenhang darstellt, indem man zu ihrer Erklärung die historisch-genetische Methode wählt. Deshalb wohl greifen Wissenschaftler häufig auf geistige Wurzeln ihrer Überlegungen bis in die Antike zurück. Die damalige Wissenschaft kann aus heutiger Sicht als interdisziplinär auf eine natürliche, selbstverständliche Art bezeichnet werden. Das noch nicht so umfangreiche Wissen und Können mehrerer Disziplinen war oft in einer Person vereinigt. Erst mit der Entstehung der exakten, empirischen Wissenschaften nach Francis Bacon (1561–1626), René Descartes (1596–1650), Johannes Kepler (1571–1630), Galileo Galilei (1564–1642) und Isaac Newton (1642/43–1726/27)[10] und dem anwachsenden Wissensbestand begann mit zunehmender Spezialisierung die Aufspaltung der Wissenschaft in Einzelfächer. Die deutliche Unterscheidung von Geistes- und Naturwissenschaften ist demgegenüber noch viel jünger, sie wird in voller Prägnanz zuerst Wilhelm Dilthey (1833–1911) zugeschrieben. Zu den exakten Naturwissenschaften zählt man seitdem Astronomie, Physik und Chemie, während die Naturwissenschaft Biologie heute zu den Bio- oder Lebenswissenschaften gerechnet wird. Mathematik wird oft als Geisteswissenschaft gewertet, soll aber hier in ihrer Eigenschaft als Grundlagenwissenschaft für alle modernen Naturwissenschaften zu diesen gerechnet werden. Dazu kommen in neuerer Zeit grenzübergreifende Disziplinen wie Astrophysik, Biochemie, Geophysik, Meteorologie, Meereskunde und ähnliche. Diese neueren Fächer sind ohne interdisziplinäres Arbeiten überhaupt nicht denkbar. Jeder Biochemiker muss eben in Biologie und Chemie ausgebildet sein, um die Grenze überschreiten zu können, die im konventionellen Verständnis der Fächer immer noch besteht. Es hat sich aber dadurch eine Selbstverständlichkeit interdiszi-

---

9 Ein unabdingbares Kriterium für den „richtigen" Zeitpunkt war für mich, dass ich die Fähigkeit meiner Schüler zu kritischer Selbstreflexion beobachten konnte, der Test dazu ihre Antworten auf meine im normalen Unterrichtsgespräch gestellte Frage: „Was haben wir da eigentlich gemacht?"

10 Seit 1582 galt in vielen Ländern Europas der Gregorianische Kalender, während England noch bis 1752 nach dem älteren Julianischen Kalender rechnete.

plinärer Arbeit bestimmter Fächer entwickelt, die beispielhaft für bisher unge-
wohnte Grenzüberschreitungen wirken kann. Jedermann kann sehen, dass „es"
in Biophysik oder Biochemie funktioniert. Entsprechendes gilt für die Technikgeschichte und die technischen Methoden und Verfahren sowie für die Medizin
und ihre Heilverfahren. Übrigens wird dieser Gewöhnungsprozess heute auch
durch die Gesamtschulpädagogik unterstützt, die die drei Schulfächer Biologie, Chemie und Physik längst durch das eine Fach *NaWi*, Naturwissenschaft,
ersetzt hat. Im Hintergrund steht hier allerdings nicht der interdisziplinäre,
sondern der davon verschiedene ganzheitliche Ansatz.

> Beispiel 1: Goethes Polemik gegen Newtons Farbenlehre kann nur in Kenntnis
> seiner eigenen Farbenlehre angemessen gewertet werden. Während New-
> tons Farbenlehre fast ausschließlich auf physikalischer Begriffsbildung
> aufbaut, enthält Goethes Lehre außerdem noch physiologische, psycholo-
> gische, theologische und ästhetische, also lauter humanwissenschaftliche
> Elemente. In seiner Polemik gegen Newton „argumentiert" Goethe au-
> ßerdem immer wieder mit Kritik an rhetorischen „Tricks" Newtons. Man
> muss schon Kenntnisse etlicher Disziplinen mobilisieren, um überhaupt
> Goethes Argumentation durchschauen und verstehen zu können. Fehlen
> diese, dann ist der Leser der Polemik auf puren Glauben angewiesen.

Das Programm des Symposiums enthielt weitere wegweisende Beispiele für interdisziplinäre Behandlung wissenschaftshistorischer Themen. Solche sind beispielsweise: Barockmusik und Farbe; Colours from a logical point of view;
Changing colours in paintings; Röntgen Rays, Becquerel Rays and Colours;
Multidimensional Perception of Musical Timbre; Farbenhören, Tonsehen, Visualisierung synästhetischer Phänomene – und eine neue Synthese des Geistes;
Investigators of Colour Signs – Physiology, Psychology and Biosemiotics of Colour Perception in the legacy of Jakob von Uexküll; Colours in Religion.

44.3 Geschichte und Theorie der Naturwissenschaften gehören zusammen

*Die Geschichte der Naturwissenschaften beschäftigt sich neben rein historischen
Untersuchungen fast immer auch mit der Analyse und Beschreibung von Theorien. Die Wissenschaftstheorie, die Meta-Theorie der Theorien, spielt daher in
der Geschichte der Naturwissenschaften als Basiswissenschaft eine entscheidende Rolle. Besonders diese beiden Fächer sollten daher dauerhaft kooperie-
ren, vorteilhaft mit noch weiteren Disziplinen in speziellen Zentren. Sie könn-*

ten auf diese Weise Beispiel und Keimzelle effektiver Interdisziplinarität und Transdisziplinarität auch in weiteren Forschungsbereichen werden.

Die Wahrheit von Aussagen über die Natur wird nach moderner Übereinkunft dadurch garantiert, dass die den Aussagen zugrunde liegenden Beobachtungen für jedermann nachvollziehbar, also mitsamt ihren experimentellen Bedingungen vollständig dokumentiert sind, dass diese Dokumentation der Öffentlichkeit zugänglich gemacht, publiziert wurde und dass sie früher gemachten Beobachtungen und den aus ihnen gezogenen logisch zulässigen Folgerungen nicht widersprechen. Dieses Verfahren wird *faktengebundenes Konsensprinzip* genannt.[11] Sinngemäß ähnlich, allerdings nur auf den einzelnen Forscher, nicht aber auf die Personenvielfalt einer Forschergemeinschaft bezogen, hat Heinrich Hertz (1857–1894) formuliert:

> *„Wir machen uns innere Scheinbilder oder Symbole der äußeren Gegenstände, und zwar machen wir sie von solcher Art, daß die denknotwendigen Folgen der Bilder stets wieder die Bilder seien von den naturnotwendigen Folgen der abgebildeten Gegenstände. [...] Ist es uns einmal geglückt, aus der angesammelten bisherigen Erfahrung. Bilder von der verlangten Beschaffenheit abzuleiten, so können wir an ihnen, wie an Modellen, in kurzer Zeit die Folgen entwickeln, [...]“*[12]

Auch Heinrich Hertz spricht von logischer Folgerung, *„denknotwendigen Folgen"* einmal gemachter Beobachtungen, die in den exakten Naturwissenschaften fast immer in mathematischer Beschreibung der beobachteten Größen und ihrer funktionalen Zusammenhänge bestehen. Damit ist präzise eine wissenschaftliche Theorie beschrieben. Also nur, wenn eine Aussage über die Natur in eine bestehende, von der Wissenschaftsgemeinschaft akzeptierte Theorie über die Natur widerspruchsfrei passt, kann sie als wahr anerkannt werden.[13] Da sich

---

11 Hering 2007, S. 36. Zum faktengebundenen Konsensprinzip kommt als Kontrollverfahren noch das *peer review* hinzu. Darunter versteht Hering den Vorgang, dass jeder wissenschaftliche Text vor seiner Veröffentlichung von einem oder besser mehreren erfahrenen Wissenschaftlern oder wissenschaftlich gebildeten Redakteuren geprüft wird. Die gravierenden Folgen des natürlich auch möglichen Versagens dieser Kontrolle konnte die Öffentlichkeit um die Jahreswende 2010/11 in dem quälenden Prozess der totalen politischen Demontage eines Bundesministers erleben. Dabei wurde wahrhaft handgreiflich deutlich, dass das Anerkennen der Wahrheit einer wissenschaftlichen Aussage wesentlich auf der Glaubwürdigkeit der bei der Publikation beteiligten Personen beruht.

12 Hertz, Heinrich 1910, S. 1.

13 Die Fälle, in denen Aussagen, die nachweislich nicht falsch sind, bestehenden Theorien doch widersprechen, können wissenschaftliche Revolutionen einleiten, wie Thomas S. Kuhn sie beschrieb (Kuhn 1996, S. 65–78).

die Geschichte der Naturwissenschaft mit der historischen Folge naturwissenschaftlicher Aussagen, ihren logischen Zusammenhängen und ihren sozialen Bedingungen befasst, kommt sie niemals um die Betrachtung von Theorien herum. Man kann davon ausgehen, dass selbst solchen abenteuerlichen Unternehmungen wie z. B. einer reinen Entdeckungsreise, die sich in der Wissenschaftshistorie nur in einer Reisebeschreibung niederschlägt, eine Theorie zugrunde liegt.

Hans Michael Baumgartner betonte schon 1974 ganz allgemein den engen Zusammenhang von Geschichte und Theorie der Wissenschaften. Er bezog sich auf die „Analyse der Paradigmenstruktur der Wissenschaften von Thomas S. Kuhn"[14] und wies darauf hin, dass auch jede Theorie über wissenschaftliche Theorien paradigmenabhängig ist, beispielsweise auch Kuhns eigene Theorie.

> „Die Paradigmenabhängigkeit der Wissenschaftstheorie ist eine Konsequenz der Auffassung von Thomas S. Kuhn; die andere Konsequenz ist, daß natürlich der Fortgang der Wissenschaftsgeschichte nicht mehr wie im Induktivismus als durch Verifikation bzw. wie im Fallibilismus als durch Falsifikation, geschehend aufgefaßt werden darf, sondern notwendigerweise als eine vom Wissenschaftskonzept unabhängige, ihm externe Umstrukturierung der scientific community [...] interpretiert werden muß."[15]

So sind also insbesondere die Theorien, die die Disziplin *Theorie der Naturwissenschaft* aufstellt, paradigmenabhängig und daher historisch veränderlich. Das ist als Umkehrung meiner ersten Aussage zu werten: auch die *Theorie der Naturwissenschaft* bedarf zu ihrer Arbeit der Geschichte der Naturwissenschaft, wenn sie nicht unverwurzelt frühere Fehler wiederholen und perpetuieren will. Beide Disziplinen gehören zusammen.

Beispiel 2: Das Symposium trug dieser Aussage bereits Rechnung. In mehreren Beiträgen analysierten Referenten Teilfragen des Phänomens Farbe in wissenschaftstheoretischer Hinsicht. Mein eigener Beitrag sollte beispielsweise zeigen, dass die Polemik gegen Newton und seine Farbentheorie ohne volle Kenntnis beider Theorien wissenschaftstheoretisch nicht korrekt eingeordnet werden kann, wie im Beispiel 1 bereits hervorgehoben. Es ist heute allgemein üblich, beiden Theorien zuzustimmen, obgleich sie sich widersprechen, und zur scheinbaren Auflösung der Widersprüche die verschiedenen Ansätze Newtons und Goethes heranzuziehen: für Physiker gelte Newtons, für Künstler Goethes Farbentheorie. Manchmal wird auch die Widersprüchlichkeit der beiden Theorien überhaupt geleugnet.

---

14 Baumgartner 1977, S. 30.
15 Baumgartner 1977, S. 30–31.

Ich halte diese Einstellungen für falsch, weil sie wesentliche Eigenschaften von Theorien übersehen. Hertz schreibt nämlich weiter:

> *„Was den Bildern zukommt um ihrer Richtigkeit willen, ist enthalten in den Erfahrungstatsachen, welche beim Aufbau der Bilder gedient haben.“*[16]

Damit ist gemeint, dass die „Bilder der Gegenstände", das sind die begrifflichen Vorstellungen der experimentellen Beobachtungen, geeignet aufgebaut und notfalls angepasst werden müssen, damit diese Bilder richtig sind. Das Kriterium für die Richtigkeit der Bilder und damit für das Gelingen ihres Aufbaus ist aber die experimentelle Beobachtung einer denknotwendigen, logischen Folge und ihre widerspruchsfreie Einordnung in die bestehende Theorie, was durch die zutreffende Vorhersage zukünftiger Ereignisse zu verifizieren ist. Wenn das nicht möglich ist, dann muss nach Hertz der Aufbau der Bilder geändert, angepasst werden, so dass der Widerspruch nicht mehr auftritt. Sollte auch das nicht möglich sein, dann ist die gesamte Theorie desolat und muss für diesen Fall verworfen werden. Sie ist falsifiziert. Prominentes Beispiel dafür ist der um 1850 stets misslungene Versuch, die Theorie der Strahlung Schwarzer Körper für hohe und niedrige Temperaturen innerhalb der klassischen physikalischen Theorien zu vereinheitlichen, was erst durch die Quantentheorie möglich wurde, indem eine der Grundannahmen von Max Planck (1858–1947) radikal geändert, sozusagen neu erfunden wurde.

In unserem Beispiel 1 kann man feststellen, dass Goethes Theorie der Farben dadurch bestimmt ist, dass er die Unteilbarkeit, die Unverletzlichkeit des farblosen, weißen Lichts als absolut sicher voraussetzte. Sein Glaube, dass dieses Licht, das Licht der Sonne, wesenhaft sei und göttliche Eigenschaft habe, machte eine Anpassung oder Änderung dieser Grundannahme unmöglich.[17] Nichts ist für ein Individuum so sicher wahr wie das religiös Geglaubte. Demgemäß war Goethe unfähig, seine Grundannahmen zu verändern, was allerdings z. B. bei der Erklärung des Himmelsblaus und des roten Morgen- und Abendhimmels notwendig gewesen wäre. Hier steht seine Annahme der Farbe Blau als Grundfarbe, ursprünglich für ihn sogar die einzige Grundfarbe, zusammen mit den Prinzipien der Steigerung und der Polarität den heutigen Theorien der Rayleigh-Streuung,[18] des Photoeffekts und des Absorptionsverhaltens des Ozon gegenüber.

Ein Naturwissenschaftshistoriker, der – wie Goethe – nicht in der Lage ist, eine von ihm in historischem Zusammenhang erwähnte oder sogar dargestellte

---

16 Hertz 1910, S. 3.
17 Vgl. Kapitel 17 in diesem Band, S. 229 f.
18 John William Strutt, 3. Baron Rayleigh (1842–1919).

Theorie mit naturwissenschaftlichen Methoden richtig zu analysieren und zu werten, kann demnach seiner Aufgabe als Historiker nicht gerecht werden. Das ist vielen Naturwissenschaftshistorikern bewusst und wahrscheinlich der einzige Grund dafür, dass auch heute immer noch an manchen Universitäten die Geschichte der Naturwissenschaft in der naturwissenschaftlichen Fakultät angesiedelt ist, um durch die institutionelle Nähe zu ihren Stammwissenschaften die Notwendigkeit hoher wissenschaftlicher Kompetenz hervorzuheben.

Auf der anderen Seite bleibt zu bedenken, dass die Geschichte der Naturwissenschaft aus methodologischer Sicht eine historische Wissenschaft, also in Teilen eine Geisteswissenschaft ist. Und um die Komplexität der Beziehungen noch deutlicher zu machen: seit die Technik als Anwendung der Naturwissenschaft zur Befriedigung wirtschaftlicher Wachstums- und menschlich verständlicher Bequemlichkeitswünsche spätestens 1968 mit den ersten Arbeiten des Club of Rome ihr allgemein verbreitetes Ansehen als zivilisatorische Heilsbringerin verlor und als eine Quelle der durch sie verursachten gesellschaftlichen und ökologischen Probleme die Naturwissenschaften ausgemacht worden waren, gewinnt die Überzeugung ständig an Gewicht, dass auch die Soziologie,[19] eine Verhaltenswissenschaft, als dritte Universitätsdisziplin in dieses Gefüge gehört. Daher leuchtet ein, dass wissenschaftliche Forschungen zur Geschichte und Theorie der Naturwissenschaften und der Technik in Deutschland zunehmend in interdisziplinär arbeitenden und daher nicht mehr fakultätsgebundenen Zentren stattfinden, die meistens dann auch die Lehraufgaben übernehmen. Ein solches Zentrum wurde z. B. auch für die Universität Hamburg aus dem Institut für Geschichte der Naturwissenschaften heraus geplant.[20] Die Idee wird in einem späteren Abschnitt wieder aufgegriffen und in heute zeitgemäßer Modifikation kurz vorgestellt werden.

Seit Helmut Schelsky 1963 das Konzept der Interdisziplinarität vorstellte,[21] hat die andauernde Diskussion um diesen Begriff eine erhebliche Entwicklung bewirkt. Die Begeisterung für das Konzept war bald so groß, dass der Begriff 25 Jahre später weitgehend zum Modewort verkommen war. Jürgen Kocka kennzeichnete diesen Zustand so:

> *„Es scheint, daß die Begeisterung, mit der vor etwa 20 Jahren von Interdisziplinarität gesprochen wurde, der Vergangenheit angehört. Der Glanz des Begriffs ist ein wenig verblaßt. Er eignet sich heute*

19 Schelsky 1963, S. 331. Helmut Schelsky, der die Bezeichnung interdisziplinär 1963 zuerst benutzte und sich dabei auf Anregungen des Wissenschaftsrates bezog, war von 1953 bis 1960 Inhaber des Lehrstuhls für Soziologie an der Universität Hamburg und ab 1963 Ordinarius für Soziologie an der Universität Münster/Westfalen.

20 Kirschner/Wolfschmidt, 2006.

21 Schelsky, 1963, S. 314–315.

*wohl etwas weniger gut als vor ein bis zwei Jahrzehnten zur Legiti-
mierung von Projektanträgen bei Stiftungen und dergleichen."[22]*

Völker erwähnt einen Vortrag, den Jürgen Mittelstraß 1991 in Hannover hielt.
Mittelstraß habe darin „einen großen Teil der realexistierenden Interdisziplinarität zur Multidisziplinarität"[23] herabgestuft. War schon die Erfindung der
Interdisziplinarität der Versuch eines Auswegs aus einer Krisensituation der
wissenschaftlichen Forschung, so hatte der inflationäre Rückgriff auf dieses Konzept und seine ängstlich, nachlässige Anwendung unter dem Zwang der wegen
Geldverknappung immer drängender geforderten Rechtfertigung des Finanzie-
rungsbedarfs komplexer Forschungsvorhaben die Entstehung einer neuen Krise
zur Folge. Als Ausweg propagierte seit 1986 Jürgen Mittelstraß ein modifizier-
tes Konzept der grenzüberschreitenden Kooperation verschiedener Disziplinen,
die Transdisziplinarität.

44.4   Transdisziplinäre Forschung zur Geschichte der Naturwissenschaften

*Transdisziplinäre Forschung kann als Strukturfindung für interdisziplinäre For-
schung verstanden werden, indem ein unter dieser Vorgabe und Zielsetzung
temporär gebildetes Team ein Problem, immer lebensweltlichen, meist sozialen Ursprungs, identifiziert und zu Forschungsthemen formuliert, deren Bearbeitung organisiert, später die Teilergebnisse in lebensweltliches Verständnis
umgesetzt und es in dieser Form zum Ursprung der Problemstellung zurück
vermittelt, also transferiert und integriert.*

Transdisziplinarität ist ein noch recht junger Begriff, dessen Bedeutung noch
nicht allgemein übereinstimmend festgelegt ist.[24] Schaller unterscheidet grundsätzlich zwei Lesarten der Definitionen: Transdisziplinarität als innerwissen-
schaftliches Phänomen und Transdisziplinarität als Überschreiten der Außen-
grenzen von Wissenschaft.[25] Hier soll nur die zweite Lesart betrachtet werden,
weil die Grenzüberschreitung nach außen zwar das größte Konfliktpotenzial
in sich trägt, aber gleichzeitig auch ein neues Verständnis von Außenwirkung

---

22 Kocka 1987, zitiert bei Völker 2004, S. 11.

23 Völker 2004, S. 12. Mit dem Terminus Multidisziplinarität wird das Nebeneinanderherar-
beiten mehrerer Disziplinen an der gleichen Fragestellung ohne jegliche Kommunikation
untereinander bezeichnet.

24 Einen recht vollständigen Überblick über die momentan verwendeten Definitionen des
Begriffs Transdisziplinarität und ihre gegenseitigen Übereinstimmungen und Unvereinbar-
keiten gibt Harald Völker in: Völker 2004, S. 13–22.

25 Schaller 2004, S. 34–35.

naturwissenschaftshistorischer Forschung und ihrer technischen Anwendung erlaubt.

Konflikte können aus zwei Quellen entstehen, dem „reduzierten Theorieniveau"[26] und der Verletzung des *faktengebundenen Konsensprinzips* durch unvollkommenes *peer review*.[27] Die Vermutung eines reduzierten Theorieniveaus oder, griffiger ausgedrückt, der zwangsläufig mangelnden Wissenschaftlichkeit interdisziplinärer oder transdisziplinärer Forschung ist ein Gegenargument von Kritikern interdisziplinärer Arbeit, seit es diese Begriffe gibt. Helmut Heid führt etliche negative Einschätzungen verschiedener Autoren an:

> „*Überschreitungen fachwissenschaftlicher Grenzen geraten in quantitativer (enzyklopädischer Dilettantismus) und qualitativer Hinsicht (fachliche Inkompetenz, Scharlatanerie, Außenseitertum) in (Ver-) Ruf oder zumindest Verdacht der Unwissenschaftlichkeit oder wissenschaftlichen Unseriosität, von anders motivierten Zuständigkeitskonflikten hier noch abgesehen [...].*[28]

Der zweite Konflikt des mangelnden *peer review* wird besonders gegen die Transdisziplinarität erhoben und mit der Vermutung begründet, dass wissenschaftsfremde Zielvorstellungen, Werte und Beurteilungskriterien interne Kontrollfunktionen der *science community* außer Kraft setzen könnten.

Bedenken beider Art greift Mittelstraß auf, indem er unter Transdisziplinarität ein Ordnungsprinzip wissenschaftlicher Forschung versteht, das zwar Überschreitungen von Disziplingrenzen für Kommunikationsprozesse regelt, diese Grenze aber nicht auflöst.[29] Wissenschaftliche Disziplinen behalten ihre Zuordnungen und durch den Erhalt ihrer Fachgrenzen ihre Eigenarten, um nicht zu sagen ihre Exklusivität, aber eben ihre natürliche. Insofern ist Transdisziplinarität als Ergänzung der – richtig verstandenen – Interdisziplinarität aufzufassen. Wenn diese Erweiterung die Probleme lösen soll, die selbst noch bei interdisziplinärer Arbeit auftraten, dann muss genau untersucht werden, was diesen Begriff von dem der Interdisziplinarität unterscheidet, welche zusätzliche Eigenschaft er also hat. Hier interessiert nun besonders, welche dieser Eigenschaften ihn für die Forschungen zur Geschichte der Naturwissenschaften relevant machen könnten. Deshalb beschäftige ich mich hier nicht mit den Eigenschaften und Problem- bzw. Konfliktquellen, für die eine spezielle Fachzuordnung irrelevant ist, also beispielsweise nicht mit gruppendynamischen Prozessen oder Fragen des Machtgefüges innerhalb solcher Teams.

---

26 N. Luhmann 2002, S. 642. Zitiert in Schaller 2004, S. 36.
27 vgl. Anm. 11.
28 Heid 1989, S. 781–782.
29 Mittelstraß 2000, S. 14–15 und ders. 2003, S. 10–11.

Transdisziplinarität naturwissenschaftlicher Forschung verstehe ich als Antwort auf den Vorwurf weltfremden, unreflektiert positivistisch-materialistischen Forschens ohne Rücksicht auf gesellschaftliche Relevanz, also auf drängende Probleme und Fragestellungen, die aus dem öffentlich-politischen Alltagsleben entstehen. Hanschitz beschreibt 2009 transdisziplinäre Forschung als „[...] die *Erweiterung des demokratiepolitischen Repertoires durch partizipative Verfahren* anhand der Beschreibung transdisziplinärer Modelle, samt ihrer Settings und ihrer methodischen Umsetzung, die der kollektiv angelegten Problem- oder Konfliktbearbeitung dienen."[30] Hier wird deutlich, dass die Aufgaben und Themen moderner Forschung nicht mehr nur durch die Forscher gestellt werden, sondern vermehrt durch die Gesellschaft, die in all ihren Facetten eben diese Forschung finanziert und praktikable Antworten erwartet.

Transdisziplinarität in naturwissenschafts-*historischer* Forschung muss immer diesen Aspekt im Blick haben und behalten, wegen der wesensfremden Natur von Methode und Gegenstand aber ihre ganz eigene Antwort finden. Grundsätzlich ist zunächst also festzuhalten, dass mit diesem Begriff Tätigkeiten und Organisationsstrukturen beschrieben werden, die die Interdisziplinarität als Teil bereits enthalten. Während diese Art zu forschen aber auch „im Elfenbeinturm" der reinen, von Einzelinteressen geleiteten Wissenschaft möglich ist, greift transdisziplinäre Forschung immer Probleme und Fragestellungen aus der Gesellschaft auf und bearbeitet sie, wenn nötig interdisziplinär, mit Blick darauf, dass die Ergebnisse wieder in der Gesellschaft und durch sie verwendet werden sollen. Recht verstandene Transdisziplinarität enthält also immer eine starke soziale Komponente.[31]

Die Frage ist also, welche Probleme die Gesellschaft der naturwissenschafts-historischen Forschung vorlegt. Ihre Beantwortung könnte möglicherweise sogleich die Nachfrage provozieren, ob denn die Gesellschaft überhaupt derartige Fragen an unser Fach richtet, und könnte damit eine Neuorientierung der Universitätsdisziplin „Geschichte der Naturwissenschaften" erfordern.

Die letztere der beiden Fragen glaube ich ohne Umstände verneinen zu können. Die Gesellschaft stellt an die rein wissenschaftshistorische Forschung nur selten Fragen in irgendeiner Funktion als Auftraggeber. Die einzelnen Forschungsthemen legt bis heute jeder Wissenschaftler allein für sich fest und besteht auf dem alten Recht der „Freiheit der Forschung". In der naturwissenschaftlichen, anwendungsorientierten Forschung funktioniert das aber anders,

---

30 Hanschitz 2009, S. 15. Hervorhebung im Original.

31 Eine andere Bedeutung hat der Begriff in der Kunstwissenschaft, wo er u. a. einfach die Zusammenarbeit verschiedener Kunstgattungen bezeichnet. Quelle: Wikipedia, Stichwort Transdisziplinarität. http://de.wikipedia.org/wiki/Transdisziplinarität (Zugriff: 31.3.2011).

nicht zuletzt, weil ihr finanzieller Aufwand unvergleichlich viel höher ist. Die Gefahr ist dort daher groß, dass universitätsfremde Sponsoren aus Wirtschaft, Politik oder Militär die Forschungsthemen nach ihren Eigeninteressen bestimmen und die Macht über die Verwendung der Ergebnisse beanspruchen. Die Gesellschaft nimmt die Ergebnisse naturwissenschaftlicher Forschung entgegen und kann im Allgemeinen die Unabhängigkeit der Forscher nicht beurteilen. Genau für diesen Fall hat das Universitätsfach „Geschichte der Naturwissenschaft" eine genuine Aufgabe. Das Studium der Geschichte der Naturwissenschaft kann helfen, die Fehler der Vergangenheit zu vermeiden, gemäß dem – fälschlich Bertold Brecht zugeschriebenen – Ausspruch des amerikanischen Philosophen George Santayana (1863–1952) *„Those who cannot remember the past are condemned to repeat it."* Aktive naturwissenschaftliche Forscher agieren in der Gegenwart mit Blick auf die Zukunft. Die Ergebnisse ihrer Arbeit werden von Finanziers technisch genutzt, deren Motive wesentlich durch ökonomische Überlegungen bestimmt werden, manchmal oder sogar oft auch durch politische und militärische Motive. Fehlentwicklungen der Vergangenheit sind in diesem Zusammenhang nur dann interessant, wenn sie das Erreichen der aktuellen ökonomischen Zielsetzung behindern oder unmöglich machen. Eine wie auch immer geartete gesellschaftlich motivierte Wächterfunktion kann die Naturwissenschaft selber nicht ausüben, selbst wenn auch für ihre Forscher katastrophale Folgen ihres Forschens offenbar werden. Die überlieferte Suizidgefährdung Otto Hahns nach den Atombombenabwürfen über Hiroshima und Nagasaki ist dafür das treffendste Beispiel.

Solche auf historischer Forschung basierende Warner- und Wächterfunktion, bestimmt und geregelt durch ethische Grundsätze, die allzu oft politischen, ökonomischen oder auch gesellschaftlichen Grundsätzen widersprechen, ist *per se* unbeliebt. Gerade deshalb muss die Institution, die diese Funktion ausüben soll, unabhängig von Zeitströmungen sein. Beim Lernen im Lehrwerk *Grundlagen der Quantenmechanik* von Dmitri I. Blochinzew (1908–1979)[32] vor über 50 Jahren staunten wir Physikstudenten über den Hinweis im wissenschaftshistorischen Nachwort, dass nur auf der Grundlage der kommunistischen Lehre des Großen Lenin diese wunderbaren Ergebnisse zu erzielen gewesen seien. Derartige Inanspruchnahme schadet dem physikalischen Inhalt keineswegs, weshalb unsere Kenntnis über Quantenmechanik damals nicht unbedingt falsch war. Anders sah es aus, als Philipp Lenard (1862–1947) mit Max Wien (1866–1938) und anderen zusammen aus antisemitischen Gründen die Einsteinsche Relativitätstheorie ablehnte und so die physikalische Forschung rassistischen Kriterien unterordnete. In diesem Fall wäre eine wahrhaft unabhängige Kontrollinstanz

---

32 Blochinzew 1961.

Zur primären Gewinnung dieser Erkenntnis über Goethes Orientierung sind für uns Heutige vornehmlich geisteswissenschaftliche Forschungsmethoden nötig wie etwa das kritische Studium von Autographen. Dabei ist die Notwendigkeit zum kritischen Hinterfragen aller Ergebnisse unbedingt notwendig. So lässt sich durch Zeitenvergleich bzw. Datierungsuntersuchungen nachweisen, dass Goethes Geschichte vom ersten Blick durch das Prisma, mit der er seine Gegnerschaft zu Newton begründet und die Quelle seiner Farbentheorie behauptet, mindestens seinem schon bestehenden Argumentationsbedarf angepasst und geschönt, wenn nicht gar teilweise frei erfunden ist. Diese Geschichte diente Goethe als (Schein-) Argument gegen seine physikalisch gebildeten Kontrahenten und dient auch heute immer noch dem gleichen Zweck.[35]

Wir können also konstatieren, dass in vielen Fällen Grundkenntnisse nicht ausreichen, um historische Erkenntniswege präzise und in sich schlüssig nachvollziehen zu können. Richard Fichtner beschreibt sehr deutlich, was den Unterschied in den Verstehensweisen des Fachmannes (Berufsphysikers) und des (physikalischen) Laien ausmacht und warum sich Physiker und Geisteswissenschaftler gegenseitig „nicht recht verständlich machen" können.[36] Er bezieht sich auf den Naturwissenschaftler und Schriftsteller Charles Percy Snow, der 1959 in einem Vortrag „The Two Cultures and the Scientific Revolution" eine literarisch-geisteswissenschaftliche und eine naturwissenschaftlich-technische Intelligenz beschrieb.[37] Fichtner fasst zusammen:

> *„Nach meiner Erfahrung [...] sind die tieferen Ursachen für das Nicht-Verstehen darin zu suchen, daß sich hinter >Physik verstehen< zwei verschiedene Interessen – entsprechend den genannten Motiven des pragmatischen und philosophischen Verstehens verbergen: Der Fachmann muß und will die Physik von „innen" – als Pragmatiker – verstehen, der Laie von „außen" – als Interpret – und das Problem entsteht dadurch, daß der* **Fachmann** *sein >***Verstehen von Physik***< aus dem* **Physik-Machen***, während der interessierte physikalische* **Laie** *sein >Verstehen v[o]n Physik< letztlich aus der* **Reflexion über Physik** *herleitet – sei es, daß er selbst reflektiert oder daß er sich die Reflexionen anderer aneignet. Verstehen aus >Physik machen< und Verstehen aus >Physik interpretieren< sind heute praktisch verschiedene „Kulturen".*[38]

---

35 Goldbeck-Löwe 2011, S. 185–190.
36 Fichtner 1996, S. 1–25.
37 Snow 1959.
38 Fichtner 1996, S. 5. (Die verschiedenartigen Hervorhebungen im Originaltext.)

Fichtner analysiert die Kompetenz des (physikalischen) Fachmannes, Physik verstehen zu können, als das anwendbare Wissen von „Text" und „Kontext". Mit „Text" bezeichnet er „alle die Teile des physikalischen Wissensbestandes, wie sie explizit in Form von (schriftlichen) Aussagen, sei es in natürlichsprachlicher (umgangssprachlicher) Form oder in formalsprachlicher (mathematischer) Form vorliegen". „Kontext" besteht demgegenüber „wesentlich aus unausgesprochenen Konventionen der Physiker im weitesten Sinne: den Motiven, Hintergrundannahmen, Konzeptionen, Prozessen und Normen des wissenschaftlichen Arbeitens und Urteilens."[39] Damit ist in etwa die Rolle der Paradigmata von Wissenschaftlergemeinschaften beschrieben, die Thomas S. Kuhn zum Schlüsselbegriff seiner Untersuchung über das Funktionieren normaler Wissenschaft machte.[40] Nach außen, aus der Gemeinschaft hinaus, dringt als Mitteilung physikalischen Wissens fast ausschließlich das in sprachlicher Form Vermittelbare, also das, was Fichtner als Text bezeichnet. Der Kontext ist dagegen das, was den Fachleuten die Kompetenz zum Verstehen von Physik gibt. Diese Kompetenz zu erwerben bedarf es der üblichen Ausbildung zum Fachmann, zuerst im schon differenzierenden Schulunterricht, danach im interessengeleiteten Studium der Physik.

Damit steht für uns fest: Geschichte der Naturwissenschaft ist in ihrem Wesen keine geisteswissenschaftliche Disziplin. Sie sollte von akademisch ausgebildeten Naturwissenschaftlern betrieben werden, die eine Zusatzausbildung in Methodik der Geschichtsforschung oder sogar ein Zweitstudium in Geschichte absolviert haben. Entsprechend gehören Institute bzw. Professuren für die Geschichte der Naturwissenschaften in die naturwissenschaftlichen Fakultäten. Die bundesrepublikanische Wirklichkeit sieht anders aus.

Beispiele 4: Die Kartierung der mit Geschichte und Theorie der Naturwissenschaften befassten und der interdisziplinär arbeitenden deutschen universitären Einrichtungen in der Abb. 44.1 zeigt, dass einer Anzahl von 8 den Naturwissenschaften zugeordneten Instituten und Professuren eine fast dreieinhalb mal so große Anzahl gegenübersteht, die den Geisteswissenschaften zugeordnet sind.

Eberhard Knobloch konstatiert in seinem Resümee „Zur Lage der Fachgebiete", mit dem er die für das *Nationalkomitee der Bundesrepublik Deutschland* der *International Union of the History and Philosophy of Science – Division of History of Science* zusammengestellte Übersicht aller Institutionen und Personen einleitet, die sich 2005 mit der Geschichte der Naturwissenschaft, der Technik und der Medizin in Deutschland befassen, zwar:

---

39 Fichtner 1996, S. 17.
40 Kuhn 1996, S. 37–48.

„Soweit Europa betroffen ist, kann es keinen Zweifel geben, dass es auf europäischer Ebene ein wachsendes Interesse an Wissenschafts- und Technikgeschichte gibt."[41]

Er muss aber auch einräumen:

„Die Situation von Wissenschafts- und Technikgeschichte als Universitätsdisziplin ist freilich schwieriger als jemals zuvor und zweifellos noch schwieriger, als ich sie im Jahre 2000 beschrieben habe. Der wissenschaftliche Nachwuchs ist zunehmend gezwungen, Deutschland zu verlassen, um eine geeignete universitäre Arbeitsstelle in Wissenschafts- oder Technikgeschichte zu finden."[42]

Das hat sich seither nicht gebessert, der oben erwähnte Trend setzt sich fort. Die Abbildung 1 zeigt im Detail: etwa seit der Mitte der 90er Jahre werden in Deutschland immer öfter Professuren für Geschichte der Naturwissenschaft nicht mehr besetzt und ganze Institute aufgelöst. Ein Grund dafür ist außer den genannten in dem gesteigerten Raum- und Finanzbedarf der Universitäten wegen der durch die Einführung des Bologna-Prozesses ganz erheblich verstärkten Bürokratisierung aller auf die Lehre bezogenen Verwaltungsvorgänge zu sehen. All diese Probleme verschärfend wirkt sich für alle Universitäten die generelle relative Verknappung der Finanzierungsmittel aus. Kaum offen ausgetragene Verteilungskämpfe bestimmen sehr negativ die Entwicklung der Forschung und der Lehre.

Gleichzeitig ist aber auch aus den gleichen Gründen eine andere Entwicklung erkennbar: die Zusammenfassung nicht nur wesensverwandter Forschungsbereiche einzelner oder mehrerer benachbarter Hochschulen zu Wissenschaftszentren, in denen interdisziplinär, teilweise auch transdiziplinär gearbeitet wird. In Berlin und München arbeiten solche Zentren erfolgreich, als Kandidat für eine Neugründungen scheint vor allem Hamburg mit seiner Konzentration auf eine Stadt mit einem Träger der Universitäten geeignet zu sein. Die *Potsdamer Arbeitsstelle Kleine Fächer*[43] untersucht diese Entwicklungen im Auftrag der

---

41 Knobloch 2000, S. 49–57.
42 Knobloch 2000, S. 49–57.
43 Franz 2008. Homepage der Arbeitsstelle `http://www.kleinefaecher.de/index.html`. Nach den in dieser Arbeitsstelle für einzelne Fächer entworfenen Vorbildern wurde die Grundstruktur der Abb. 44.1 entwickelt, hier für die Fächer Geschichte der Naturwissenschaft, Technikgeschichte, Wissenschaftstheorie, für interdisziplinär arbeitende Forschung und für einschlägig orientierte Forschungszentren. Mit der Gefährdung der Kleinen Fächer besonders der geisteswissenschaftlichen Fakultäten beschäftigt sich Horst Haider Munske. Der Artikel ist unter `http://www.kleinefaecher.de/pdf/ful_12_2001_munske.pdf` zum Lesen aufrufbar.

Hochschulrektorenkonferenz. Aus dieser Quelle stammt auch der größte Teil der Informationen, die in der Tabelle im Anhang zusammengefasst und in der Abb. 44.1 visualisiert sind.

Im Frühjahr 2011 fanden in Potsdam Workshops zu den Themen „Die kleinen Fächer im Bachelor- und Masterstudium" und „Forschungssituation der kleinen Fächer im Strukturwandel der Universitäten" statt.[44] Die Diskussionsergebnisse sind auf der Homepage der Arbeitsstelle abrufbar.

44.6 Rechtsgrundlagen und Organisationsstrukturen

Interdisziplinäre und besonders transdisziplinäre Forschung bringt als komplexe Forschungsmethode außer höheren finanziellen Forderungen zwangsläufig zusätzliche Belastungen aller Beteiligten mit sich. Für das Gelingen dieser Forschung bedarf es solcher Rechtsgrundlagen und Organisationsstrukturen, die diesen notwendigen Mehraufwand kompensieren. Auch für Studierende, z. B. Doktoranden, sollte frühzeitiges interdisziplinäres Forschen angeregt und nicht z. B. durch restriktive Verwaltungsvorschriften unnötig erschwert werden.

Höhere zeitliche Belastungen inter- und transdisziplinärer Forschung und Lehre zu Geschichte und Theorie der Naturwissenschaften gegenüber rein fachorientiertem Arbeiten entstehen durch vermehrten Kommunikations- und Organisationsaufwand. Diese Tatsache ist jedem bekannt, der schon Symposien, Ringvorlesungen oder Workshop-Projekte organisiert hat oder ganz allgemein in Gremienarbeit Erfahrungen sammeln konnte. Zwar kann der Mehraufwand durch Verabredung sinnvoller Arbeitsteilung und Regeln für die Zusammenarbeit reduziert werden, es bleibt aber ein Rest, der nicht zu vernachlässigen ist. Will man die Qualität der Forschung nicht mindern, dann lässt sich dieser Rest nur durch erhöhten finanziellen Aufwand für Personalausgaben auffangen. Weitere hohe Kosten entstehen durch Tagungen, insbesondere solche mit internationalem Referententeam und Gastvorträge auswärtiger Dozenten. Die Erfahrungen der großen Einrichtungen, etwa der Max-Planck-Institute, rechtfertigen aber diese Ausgaben. Sie gehen natürlich zu Lasten der Gesamtfinanzierung der Universität und müssen deshalb solidarisch von anderen Bereichen mitfinanziert werden, für die eher Sponsoren zu finden sind. Das ist auch der Grund dafür, dass die Finanzierung der Forschung und Lehre zur Geschichte und Theorie der Naturwissenschaften in der Satzung der Universität fest

---

[44] http://www.kleinefaecher.de/pdf/ArbeitsstelleKleineFaecher_
Diskussionsergebnisse_WorkshopLehre_2011.pdf und
http://www.kleinefaecher.de/pdf/ArbeitsstelleKleineFaecher_
Diskussionsergebnisse_WorkshopForschung_2011.pdf.

verankert sein muss, um sie nicht zufällig wechselnden wissenschafts- oder finanzpolitischen Strömungen auszuliefern.

Wer öffentliche Gelder für seine Arbeit ausgibt, muss sich seiner hohen Verantwortung bewusst sein. Das trifft insbesondere für Leitung und Kollegium solcher Einrichtungen zu, denen eine Warner- oder Kontrollfunktion übertragen wurde. Die Effektivität ihrer Arbeit ist der Öffentlichkeit in den meisten Fällen nicht sofort einsichtig, sondern wird oft sogar im Gegenteil als bremsend oder den Fortschritt behindernd angesehen. Bewusst übernommene Verantwortung kann sich auf diesem Gebiet dadurch zeigen, dass Leerlauf und unsinnige Paralleltätigkeit durch klare Organisationsstrukturen minimiert werden. Klar soll in diesem Fall heißen, dass die innerhalb des Forscherteams wirkenden Bindungen mit deutlichem Bekenntnis allgemein akzeptiert werden und die Struktur der bindenden Regelungen nach außen hin durchschaubar gestaltet werden müssen. Es lässt sich eine Entwicklung beobachten, die ähnlich dem Bologna-Prozess im Bereich der Lehre auch für die Forschung eine stärker gesellschaftlich induzierte Steuerung beansprucht, ohne die transdisziplinäres Arbeiten unmöglich ist.

Auf der anderen Seite bewirkt gerade der Bologna-Prozess durch die exakten Definitionen von Belegverpflichtungen und Leistungsanforderungen, dass Studierende bis hin zur Promotion ihre Ausbildung in weitgehend vorgeschriebenen Studiengängen absolvieren müssen, die nur wenig Möglichkeiten zulassen und Anreize bieten, über die Grenzen der eigenen Fachdisziplin hinaus zu schauen. Damit wird schon in den Grundstudien der hergebrachte Trend der Inselbildung nur noch verstärkt, anstatt aufgelockert und überwunden zu werden. Aber auch mein eigenes (spätes!) Studium mit dem Ziel einer Promotion über ein wissenschaftshistorisches und -theoretisches Thema aus Physik, Kunstgeschichte und Mathematik bietet etliche Beispiele dafür, dass eine Verwaltung, die interdisziplinäre Lehre nicht als normale und noch nicht einmal als mögliche Methode anerkennt, den speziellen Anforderungen kaum gewachsen ist. Es ist zu wünschen, dass die Universität Hamburg mit Hilfe des Projekts „Zukunftskonzept Universitätsverwaltung" in die Richtung zu mehr Offenheit und Flexibilität steuert.

Veränderungen in diesem Sinne sind immer mühsam, weil erst alte Strukturen aufgegeben werden müssen, die – durchaus positiv zu sehen – Sicherheiten boten, Rechts- und Verfahrenssicherheit. Für Neugründungen von Instituten oder ganzen Universitäten ist es sehr viel einfacher, unbelastet von hinderlichen Vorstellungen eigene Konzepte zu entwickeln. Dabei können außerordentlich wirksam Organisationen helfen, die nicht nur Anschubfinanzierungen geben und durch Förderpreise Anreize schaffen, sondern als Diskussionsforen auch Erfahrungen sammeln, bündeln und allgemein zugänglich machen.

Beispiele: Aus den vielen Beispielen, in denen seit den neunziger Jahren an deutschen Hochschulen interdisziplinäres und transdisziplinäres Arbeiten konzipiert, versucht, organisiert und erprobt wurde, habe ich für die gerade angesprochenen Fälle nur wenige ausgewählt, ohne für volle Repräsentativität garantieren zu können.

Die Universität Hannover bot schon 1999 unter der Bezeichnung „KPE – Kooperatives Produkt Engeneering" ein Modell fächerübergreifender Kooperation an.[45] In Berlin und München wurden einzelne Fachbereiche mehrerer Universitäten zu Zentren mit interdisziplinären Arbeitskonzepten verbunden. An den Universitäten Cottbus (TU), Darmstadt (U) und Rostock (U) wurden ganze Fakultäten für interdisziplinäre Forschung und Lehre gegründet.

Die noch relativ junge Universität Leuphana in Lüneburg hat wohl als bisher einzige deutsche Hochschule Interdisziplinarität und Transdisziplinarität zu Grundprinzipien ihres gesamten Lehrprogramms gemacht. Sie bietet ihren Studenten im ersten Studienjahr, dem „Leuphana-Jahr", ein im Wortsinn breit gefächertes Programm an und macht danach im sog. Komplementärstudium den Studenten zur Pflicht, sich mit Lerninhalten zu beschäftigen, die erkennbar außerhalb des Fächerkanons ihres gewählten Abschlusses liegen. Diese Forderung gilt für alle Studienziele, auch für die Geschichte und Theorie der Naturwissenschaften. Die Ernsthaftigkeit dieses Konzepts ist durch vorgeschriebene Prüfungen und Kreditpunkte-Verpflichtungen gewährleistet.[46] Als Selbstverständlichkeit sehe ich an, dass die Lehrenden der Leuphana ihrerseits gewohnt sind, interdisziplinär und – mit allen Konsequenzen – transdisziplinär zu arbeiten. So betreibt die Universität in der Fakultät Nachhaltigkeit ein Institut für Ethik und transdisziplinäre Nachhaltigkeitsforschung.[47]

Allgemeine Hilfestellung zur „... *Förderung der grenzüberschreitenden Zusammenarbeit und gegenseitigen Befruchtung unterschiedlicher Fach- und Wissensgebiete"* leistet die aus München stammende Andrea von Braun Stiftung mit Verwaltungssitz in Düsseldorf, die auch das hier besprochene Hamburger Symposium gefördert hat.[48] Diese Stiftung bezieht nicht nur Hochschuldisziplinen in ihre Tätigkeiten ein, sondern wendet sich gerade auch an Kunst und Handwerk und sogar allgemein an „... *traditionelles und überliefertes Wis-*

---

45 Quelle: `http://idw-online.de/pages/de/news?print=1&id=11875` (Zugriff: 16.4.2011).
46 Auf der Website der Leuphana (Zugriff: 2.6.2011): `http://www.leuphana.de/college/bachelor/leuphana-semester.html` sowie `http://www.leuphana.de/college/bachelor/komplementaerstudium.html`.
47 `http://www.leuphana.de/institute/ietsr.html` (Zugriff: 2.6.2011).
48 Als Autor möchte ich der Andrea von Braun Stiftung für diese Förderung, die ja auch mir zugute kam, meinen Dank aussprechen.

sen und Können."[49] Unter dem unprätentiösen Motto ,von einander wissen' wurde hier 2001 ein Dialogforum geschaffen, das seit 2008 in der Publikation „Briefe zur Interdisziplinarität" schwerpunktmäßig geordnet Erfahrungen und Konzepte öffentlich verbreitet.[50] Finanziell gefördert werden insbesondere Projekte und Forschungsvorhaben, die aus *„... traditionell vorhandenen Handels-, Denk- und Arbeitsweisen Modelle für neue Methoden, Techniken und Denkansätze [...] entwickeln."*[51]

Hilfestellung für Doktoranden oder Promovierte bietet das interdisziplinäre Netzwerk THESIS für Nachwuchswissenschaftler, das 2001 gegründet wurde, in sechs Regionen arbeitet, die teilweise mehrere Bundesländer umfassen, und (Stand 2008) in 25 Universitätsstädten der Bundesrepublik vor Ort vertreten ist. Thesis beschreibt in seiner Internetpräsenz[52] den Anstoß zur Gründung des Vereins:

> *„Wer heute promovieren will und vielleicht eine Hochschulkarriere anstrebt, lässt sich auf einen langen Weg ein und ist oft auf sich alleine gestellt. Probleme fachlicher und allgemeiner Art lassen sich nicht vermeiden. [...]*
>
> - *Wer bearbeitet angrenzende Gebiete?*
>
> - *Welche Veränderungen bringt die nächste Hochschulreform?*
>
> - *Mit wem kann ich mich über mein Thema austauschen?*
>
> - *Wie kann ich meine Arbeit finanzieren?*
>
> *Solche und andere Fragen können oft schon allein durch Kommunikation mit anderen Promovierenden oder Promovierten gelöst werden – und hier setzt die Idee von THESIS an. Unser Netzwerk ist dazu da, wissenschaftlich Arbeitende zum gegenseitigen Nutzen und zum Nutzen der Wissenschaft miteinander ins Gespräch bringen. Das interdisziplinäre Miteinander über Fachgrenzen hinweg ist dabei unser zentrales Prinzip. Von der Anthropologie bis zur Zoologie sind zurzeit über 70 Fachgebiete im THESIS-Netzwerk vertreten."*

Es ist sehr zu wünschen, dass das Symposium 2010 zur 200sten Wiederkehr des Erscheinungsjahres von Goethes Farbenlehre, der 109ten Wiederkehr der

---

49 http://www.avbstiftung.de (Zugriff : 18.5.2011). Weitere Informationen und Literatur auf der Website der Stiftung.
50 AvBStiftung 2008.
51 Flyer der Andrea von Braun Stiftung.
52 http://www.thesis.de (Zugriff: 30.6.2011).

Gründung der *Deutschen Gesellschaft für Geschichte der Medizin, Naturwissenschaft und Technik e. V.* (DGGMNT) mit Sitz in Hamburg und der 50. Wiederkehr des Gründungsjahres des IGN an der Universität Hamburg zum Stein des Anstoßes würde. Angestoßen werden sollte ein Diskurs über den Wert einer wissenschaftshistorischen Forschung und Lehre, die selber gewohnt ist und dies auch lehrt, über den Tellerrand der liebgewordenen, durch Spezialisierung zwar mit hoher Kompetenz versehenen, aber doch auch eng gewordenen Fachdisziplin hinauszuschauen auf die Bedürfnisse einer aufgeklärten Massengesellschaft.

Der Diskurs sollte dazu führen, die Gründung eines an der Universität Hamburg angesiedelten *Interdisziplinären Zentrums für Geschichte und Theorie der Naturwissenschaften und Technik* vorzubereiten, in dem alle einschlägigen Forschungs- und Lehraktivitäten der drei Hamburger Universitäten zusammengefasst werden. Während der Planungs- und Vorbereitungsphase könnten die betreffenden Professuren für eine Übergangszeit rein organisatorisch zusammengefasst werden, um Strukturen einer zukünftigen effektiven Kooperation zu entwickeln und auszutesten sowie Möglichkeiten von Sponsorenunterstützung auszuloten. Es gibt mittlerweile genügend Erfahrungsberichte über derartige Gründungen und transdisziplinäres Arbeiten,[53] so dass man auf einen Erfolg gegen den Trend hoffen kann. Obgleich ...

> *Schwimmer gegen den Strom dürfen nicht erwarten,*
> *dass dieser seine Richtung ändert.*
> Stanislaw Jerzy Lec (1909–1966), polnischer Satiriker.

Erwarten zwar nicht, aber doch hoffen!

---

53 Z. B. Blanckenburg 2005, Defila 2006 und Schophaus 2004.

Code	Stadt Bundes-land	Hoch-schule	Fakultät oder Fachbereich	Zuord-nung	Institut Einrichtung
AC	Aachen NW	RW TH	Elektrotechnik u. Informations-technik	NW	Lehrstuhl für Geschichte der Technik www.histech.rwth-aachen.de
A	Augs-burg BY	Uni	Philosophisch-Sozialwissen. Fak.	GW	Lehrstuhl für Philosophie mit Schwerpunkt Analytische Philosophie / Wissenschaftstheorie www.philso.uni-augsburg.de/ lehrstuehle/philosophie/philosophie2
B1	Berlin BE	FU	FB für Philoso-phie und Geisteswiss.	GW	Institut für Philosophie, Arbeitsbereich Logik und Wissenschaftstheorie www.geisteswissenschaften.fu-berlin.de/ we01/arbeitsbereiche/index.html
B2	Berlin BE	HU	Philosophische Fak. I	GW	Institut für Geschichtswissenschaften, Lehrstuhl Wissenschaftsgeschichte www.geschichte.hu-berlin.de/site/ lang__de/3492/Default.aspx
B3	Berlin BE	TU	Fak. I, Geistes-wissen.	GW	Institut für Philosophie, Literatur-, Wissenschafts- und Technikgeschichte www.philosophie.tu-berlin.de/wtg/menue/home
BT	Bay-reuth BY	Uni	Kulturwissen. Fak.	(GW)	Fachgruppe Geschichte
BI1	Biele-feld NW	Uni	Fak. f. Geschichts-wissen., Philosophie u. Theologie, Abt. Geschichtswiss.	GW	Inst. F. Wissenschafts- und Technikforschung (IWT) www.uni-bielefeld.de/iwt/personen/reinhardt/kontakt.html
BI2			Zentrale wissen. Einrichtung	IF	Zentrum für interdisziplinäre Forschung - ZiF www.uni-bielefeld.de/ZIF/
BI3			Einrichtung im wissen. Bereich	GW	Bielefeld Graduate School in History and Sociology www.uni-bielefeld.de/bghs/
BO	Bo-chum NW	Uni	Fak. für Geschichtswissen.	GW	Historisches Institut Professur für Technik- und Umweltgeschuichte www.ruhr-uni-bochum.de/tug/
BS	Braun-schwg. NI	TU	Fak. für Geistes- und Erziehungswissen.	GW	Historisches Seminar, Lehrstuhl für Wissenschafts- und Technikgeschichte www.historisches-seminar-braunschweig.de/index.php?id=600
CB	Cott-bus BB	TU	Fak. Mathematik, Naturwissen., Informatik	NW	Lehrstuhl Technikgeschichte www.tu-cottbus.de/fakultaet1/ de/technikgeschichte/
DA1	Darm-stadt HE	TU	Fachber. 2 - Gesellschafts- und Geschichtswissen.	GW	Institut für Geschichte - Fachber. Technikgeschichte www.geschichte.tu-darmstadt.de/ index.php?id=ifg_technikgeschicht

Tabelle 44.1:
Geschichte und Theorie der Naturwissenschaften und Technik
Zuordnung der Institute und Lehrstühle bzw. Professuren an deutschen Hochschulen

Code	Stadt Bundesland	Hochschule	Fakultät oder Fachbereich	Zuordnung	Institut Einrichtung
DA2	Darmstadt HE	TU	Fachbereiche der Natur-, Ingenieur- und Geisteswissen.	NW GW	IANUS - Interdisziplinäre Arbeitsgruppe Naturwissen., Technik und Sicherheit ianus.tu-darmstadt.de/
FL	Flensburg SH	Uni	Dep. IV	NW	Institut für Physik und Chemie und ihre Didaktik www.uni-flensburg.de/science
F	Frankfurt aM HE	Uni	FB 8 Philosophie und Geschichtswissen.	GW	Historisches Seminar Arbeitsgruppe Wissenschaftsgeschichte wg.geschichte.uni-frankfurt.de
FG	Freiberg SN	TU Bergakad.	Fak. für Wirtschaftswissen. (Fak. 6)	WW	Institut für Industriearchäologie, Wissenschafts- und Technikgeschichte (IWTG), Lehrstuhl für Technikgeschichte und Industriearchäologie fak6.tu-freiberg.de/industrial-archaeology/? L=1%20and%200%3D1%20union%20select
GÖ1	Göttingen NI	Uni	Philosophische Fak.	(GW)	Institut für Wissenschaftsgeschichte
GÖ2	Göttingen NI	Uni	Philosophische Fak.	GW	Philosophisches Seminar Schwerpunkt Wissenschaftsphilosophie www.uni-goettingen.de/de/muehlhoelzer-felix-prof-dr/70292.html
HAL	Halle SN	Uni	Naturwiss. Fak. II	NW	Institut für Physik, Fachgruppe Geschichte der Naturwissenschaften und der Technik www.physik.uni-halle.de/Fachgruppen/history/index.html
HH1	Hamburg HH	UHH	MIN-Fak. Fachber. Mathematik	NW	Bereich Geschichte der Naturwissenschaften, Mathematik und Technik www.math.uni-hamburg.de/spag/ign/w.htm
HH2	Hamburg HH	UHH	Fak. für Geisteswissen., FB Philosophie	GW	Philosophisches Seminar Arbeitsbereich 2: Theoretische Philosophie (Wissenschaftstheorie) www.philosophie.uni-hamburg.de/Team/Gaehde/index.html
HH3	Hamburg HH	UHH	Fak. für Geisteswissen., FB Kulturgeschichte und Kulturkunde	GW	Institut für Volkskunde/Kulturanthropologie Forschungskolleg Kulturwissen.Technikforschung www.kultur.uni-hamburg.de/technikforschung/index.html
HH4	Hamburg HH	TUHH UHH und HCU	TU: Humanities, UHH: FB07 Sprach-, Literatur- und Medien-wissen., HCU: Fachgebiet: Architektur und Städtebaulicher Entwurf	GW	Graduiertenkolleg "Kunst & Technik" www.tu-harburg.de/kunstundtechnik/site/de/index.html

Tabelle 44.1: (1. Fortsetzung)
Geschichte und Theorie der Naturwissenschaften und Technik
Zuordnung der Institute und Lehrstühle bzw. Professuren an deutschen Hochschulen

Code	Stadt Bundes-land	Hoch-schule	Fakultät oder Fachbereich	Zuord-nung	Institut Einrichtung
HH5	Ham-burg HH	HSU	Fak. f. Geistes- u. Sozialwissen. Abt. Geschichte	GW	Professur für Neuere Sozial-, Wirtschafts und Technikgeschichte www.hsu-hh.de/histec/ index_8ngeehUVIU1pkbBn.html
J	Jena TH	Uni	Biologisch-Pharmazeutische Fak.	NW	Institut für Geschichte der Medizin, Naturwissenschaften un Technik, Ernst-Haeckel-Haus www.ehh.uni-jena.de/
KA	Karls-ruhe BW	KIT	Fak. f. Geistes- u. Sozialwissen.	GW	Institut für Geschichte Abt. II: Technikgeschichte www.kit.edu/index.php
KI	Kiel SH	Uni	Philosophische Fak.	(GW)	Institut für Philosophie
KN	Kon-stanz BW	Uni	FB Philosophie	GW	Professur für Philosophie und Wissenschaftstheorie unter besonderer Berücksichtigung der Logik, der Erkenntnistheorie und der Theorie der exakten Wissenschaften. www.uni-konstanz.de/FuF/Philo/ Philosophie/philosophie/25-0-Spohn-Wolfgang.html
L	Leipzig SN	Uni	Fak. für Sozialwiss	GW	Institut für Philosophie Abteilung Logik und Wissenschaftstheorie www.uni-leipzig.de/~logik/index.php?to_do=0-0
HL	Lübeck SH	MH	Sekt. Naturwissen.	NW	Institut für Medizingeschichte und Wissenschaftsforschung www.imgwf.uni-luebeck.de/_rubric/
LG	Lüne-burg NI	Uni	Leuphana College und Fak. Nachhaltigkeit	NW GW	"Leuphana"-Semester Wissenschaft macht Geschichte Institut für Ethik und Transdisziplinäre Nachhaltigkeits-forschung www.leuphana.de
MZ1	Mainz RP	Uni	FB 8: Physik, Mathemastik und Informatik	NW	Institut für Mathematik, Arbeitsgruppe Geschichte der Mathematik und der Naturwissenschaften www.mathematik.uni-mainz.de/arbeitsgruppen/geschichte
MZ2			Zentrale wissensch. Einrichtung	IF	Gutenberg Forschungskolleg GFK www.gfk.uni-mainz.de/index.php
M1	Mün-chen BY	LMU	Fak. f. Philoso-phie, Wissen-schaftstheorie u. Religionswissen.	GW	Lehrstuhl für Philosophie, Logik und Wissenschaftstheorie www.philosophie.uni-muenchen.de/lehreinheiten/logik/index.html
M2	Mün-chen BY	LMU	Zentrale wissenschaftliche Einrichtung	GW	ArchaeoBioCenter www.archaeobiocenter.uni-muenchen.de/index.html

Tabelle 44.1: (2. Fortsetzung)
Geschichte und Theorie der Naturwissenschaften und Technik
Zuordnung der Institute und Lehrstühle bzw. Professuren an deutschen Hochschulen

Code	Stadt Bundes- land	Hoch- schule	Fakultät oder Fachbereich	Zuord- nung	Institut Einrichtung
M3	Mün- chen BY	LMU	Zentrale wissen. Einrichtung	GW	Rachel Carson Center for Environment and Society www..carsoncenter.uni- muenchen.de/index.html
M4	Mün- chen BY	Uni BW	Fak. für Staats- und Sozialwissen.	GW	Historisches Institut, Professur für Wirtschafts-, Sozial- und Technikgeschichte www.unibw.de/interdependenz/professur/
M5	Mün- chen BY	TU (s. M6)	Fachgebiet Technik geschichte	IF	TUM School of Education c/o Deutsches Museum, M6 www.fggt.edu.tum.de/tg/
OL	Olden- burg NI	Uni	Fak. V - Mathematik u. Naturwissen.	NW	Institut für Physik, Arbeitsgruppe Didaktik und Geschichte der Physik www.histodid.uni-oldenburg.de/
PB	Pader- born NW	Uni	Fak. für Kulturwissen.	GW	Institut für Humanwissen.: Philosophie, Professur für Wissenschaftstheorie und Philosophie der Technik kw.uni-paderborn.de/en/institute-einrich tungen/institut-fuer-humanwissenschaften/ philosophie/personal/peckhaus/
R	Regens- burg BY	Uni	Fak. Philosophie, Kunst-, Ge-schichts- u. Ge- sellschaftswissen.	GW	Institut für Philosophie, Lehrstuhl für Wissenschafts-geschichte www.uni-regensburg.de/philosophie-kunst- geschichte-gesellschaft/wissenschafts geschichte/personen/index.html
HRO	Ros- tock MV	Uni	Interdisziplinäre Fak.	NW GW	Department Maritime Systems www.inf.uni-rostock.de/departments/maritime- systeme/
S	Stutt- gart BW	Uni	Fak. 9: Philosophisch- Historische Fak.	GW	Historisches Institut, Abt. für Geschichte der Naturwissen- schaften www.uni-stuttgart.de/hi/gnt/index.htm
TÜ1	Tübin- gen BW	Uni	Mathematisch- Naturwissen. Fak., FB Physik	(NW)	Abteilung für Geschichte der Naturwissenschaften
TÜ2	Tübin- gen BW	Uni	Philosophische Fak.	GW	Philosophisches Seminar Forschungsgebiet Wissenschaftstheorie und Erkenntnistheorie www.uni-tuebingen.de/fakultaeten/ philosophische-fakultaet/Fachber.e/ philosophie-rhetorik-medien/ philosophisches-seminar/mitarbeiter/prof-dr- michael-heidelberger.html

Tabelle 44.1: (3. Fortsetzung)
Geschichte und Theorie der Naturwissenschaften und Technik
Zuordnung der Institute und Lehrstühle bzw. Professuren an deutschen Hochschulen

Code	Stadt Bundes-land	Hoch-schule	Fakultät oder Fachbereich	Zuord-nung	Institut Einrichtung
W1	Wup-per-tal NRW	Uni	Fak. 1: Geistes- und Kulturwissen.	GW	Interdisziplinäres Zentrum für Wissenschafts- und Technik-forschung. Normative und historische Grundlagen (IZWT) www.izwt.uni-wuppertal.de/de
W2					Lehrgebiet: Wissenschafts- und Technikgeschichte www.geschichte.uni-wuppertal.de/lehrgebiete/ wissenschafts-und-technikgeschichte.html
Weitere Einrichtungen und Kooperationen					
B4	Berlin BE	Max-Planck-Institut für Wissen-schafts-ge-schichte		IF	6 Abteilungen und 5 Forschungsgruppen www.mpiwg-berlin.mpg.de/de/index.html
B5	Berlin BE	Zen-trum für Wis-ens-ge-chichte	Kooperation aller 13 Berliner wissen. Institutionen	IF	im Aufbau www.wissensgeschichte-berlin.de/
M6	Mün-chen BY	Deut-sches Muse-um (siehe M5)	Fachgebiet Technikge-schichte	NW	Münchner Zentrum für Wissenschafts- und Technikgeschichte www.fggt.edu.tum.de/tg/

Tabelle 44.1: (4. Fortsetzung)
Geschichte und Theorie der Naturwissenschaften und Technik
Zuordnung der Institute und Lehrstühle bzw. Professuren an deutschen Hochschulen

44.7 Anhang: Tabellen – Institute und Lehrstühle an deutschen Hochschulen

Zweck dieser Untersuchung war ausschließlich die nachprüfbare Feststellung darüber, welchen Fakultäten die Fächer *Wissenschaftsgeschichte* (einschließlich *Geschichte der Naturwissenschaften*), *Technikgeschichte* und *Wissenschaftstheorie* derzeit zugeordnet sind, beschränkt auf Universitäten der Bundesrepublik Deutschland. Weitere Informationen wie z. B. individuelle Forschungs- und Lehrprofile etc. sind über die Weblinks erreichbar, wurden in diese Übersicht aber nicht aufgenommen. Nachträglich wurden aber Professuren, Institute und Zentren mit interdisziplinärem Konzept aufgenommen.

Erläuterungen

Letzte Zugriffe erfolgten einzeln auf alle Weblinks zwischen 22.10.2011 und 24.10.2011. Zur Arbeitserleichterung wurde eine Datei aller Weblinks mit aktiven Hyperlinks angelegt.

Als *Quellen* wurden benutzt:

WOLFSCHMIDT, GUDRUN: Wissenschaftsgeschichte im deutschsprachigen Raum. `http://www.math.uni-hamburg.de/spag/ign/Wissges/komplett.html` (Stand August 2010).

Potsdamer Arbeitsstelle Kleine Fächer (Untersuchung ab 2009 bis Dezember 2011, Veränderungen nach Oktober 2007). Aus dieser Quelle stammen alle Informationen über gestrichene Professuren.

Deutsche Gesellschaft für die Geschichte der Medizin, Naturwissenschaft und Technik e.V. (DGGMNT): Institutionsberichte 2011.

Abkürzungen

NW – Naturwissenschaften;
GW – Geisteswissenschaften;
WW – Sozial- und / oder Wirtschaftswissenschaften;
IF – Interdisziplinäres Forschungskonzept;
NW – Professur gestrichen.

44.8 Literatur

Zitierte Literatur

BAUMGARTNER, HANS MICHAEL: Hat der Disput um die Wissenschaftsgeschichte das Selbstverständnis der Wissenschaften und der Wissenschaftstheorie verändert? Ein Diskussionsbeitrag. In: *Die Bedeutung der Wissenschaftsgeschichte für die Wissenschaftstheorie.* Tagungsband zum Symposium der Leibnitz-Gesellschaft 1974. Wiesbaden (Reihe Studia Leibnitiana; Sonderheft 6) 1977.

BERGER-KNECHT, RUTH: Gestalttheoretische Psychotherapie unter besonderer Berücksichtigung meiner Arbeit in einer nervenärztlichen Praxis. In: *ÖAGP-Informationen* **9** (2000), Thementeil 2/00. Hg. von der Österreichischen Arbeitsgemeinschaft für Gestalttheoretische Psychotherapie, `http://www.oeagp.at/cms/` (Zugriff: 17.8.2010).

BLANCKENBURG, CHRISTINE VON; BÖHM, BIRGIT; DIENEL, HANS-LUIDGER UND HEINER LEGEWIE: *Leitfaden für interdisziplinäre Forschergruppen: ÖProjekte initiieren – Zusammenarbeit gestalten.* Stuttgart: Steiner 2005.

BRAND, FRANK; FRANZ SCHALLER; HARALD VÖLKER (Hg.): *Transdisziplinarität. Bestandsaufnahme und Perspektiven.* Göttingen: Universitätsverlag 2004.

DARWIN, CHARLES: *Über die Entstehung der Arten im Thier- und Pflanzen-Reich durch natürliche Züchtung, Erhaltung der vervollkommneten Rassen im Kampfe um's Daseyn.* Dt. Erstausgabe. Stuttgart 1860. Quelle: `http://www.BioLib.de`, `http://caliban.mpiz-koeln.mpg.de/darwin/arten2/index.html` (Zugriff: 17.4.2011).

DEFILA, RICO; DI GIULIO, ANTONIETTA UND MICHAEL SCHEUERMANN: *Forschungsverbundmanagement. Handbuch für die Gestaltung inter- und transdisziplinärer Projekte.* Zürich 2006.

FICHTNER, RICHARD: *Physik verstehen. Das didaktische Potential einer hermeneutischen Betrachtungsweise.* Dissertation, Universität Gießen 1996.

FRANZ, NORBERT UND CORNELIA SOLDAT: *Die Kleinen Fächer an den deutschen Universitäten. Bestandsaufnahme und Kartierung.* Bonn 2008.

GOLDBECK-LÖWE, HARALD: *Der „Farbenstreit" Goethe – Newton.* In: WOLFSCHMIDT 2011a, S. 175–217.

HANSCHITZ, RUDOLF-CHRISTIAN: Einleitung. In: HANSCHITZ, RUDOLF-CHRISTIAN; SCHMIDT, ESTHER UND GUIDO SCHWARZ (Hg.): *Transdisziplinarität in Forschung und Praxis. Chancen und Risiken partizipativer Prozesse.* Wiesbaden: Verlag für Sozialwissenschaften 2009.

HEID, HELMUT: *Interdisziplinarität.* In: LENZEN 1989, S. 781–798.

HERING, WILHELM TIM: *Wie Wissenschaft ihr Wissen schafft. Vom Wesen naturwissenschaftlichen Denkens.* Reinbek bei Hamburg: Rowohlt 2007.

HÜNEMÖRDER, CHRISTIAN: *Das Institut für Geschichte der Naturwissenschaften, Mathematik und Technik der Universität Hamburg. 1960–1985.* Hamburg 1985.

HÜNEMÖRDER, CHRISTIAN: *Das Institut für Geschichte der Naturwissenschaften, Mathematik und Technik der Universität Hamburg. 1960–2000.* Hamburg 1985.

HÜNEMÖRDER, CHRISTIAN (Hg.): *Wissenschaftsgeschichte heute. Ansprachen und wissenschaftliche Vorträge zum 25jährigen Bestehen des Instituts für Geschichte der Naturwissenschaften, Mathematik und Technik der Universität Hamburg.* Stuttgart 1987.

KIRSCHNER, STEFAN UND GUDRUN WOLFSCHMIDT: *Zentrum für Geschichte der Naturwissenschaften, Mathematik und Technik (ZGN).* Hamburg 2006. Quelle:

Bereich Geschichte der Naturwissenschaften, Mathematik und Technik. `http://www.math.uni-hamburg.de/spag/gn/aktuell/zgn.htm` (Zugriff: 30.5.2011).

KNOBLOCH, EBERHARD: Die Kleinen Fächer am Beispiel des Faches Geschichte der Naturwissenschaften und der Technik. In: *Nischen der Forschung? Zur Situation und Perspektive der Kleinen Fächer in Deutschland.* Hg. von der Union der Deutschen Akademien der Wissenschaften / Sächsische Akademie der Wissenschaften zu Leipzig. Lampertsheim 2000.

KUHN, THOMAS S.: *Die Struktur wissenschaftlicher Revolutionen.* (1. Auflage) 1973. Frankfurt a. M.: Suhrkamp (13. Auflage) 1996.

LEC, STANISLAW JERZY: *Unfrisierte Gedanken.* Herausgegeben und aus dem Polnischen übersetzt von KARL DEDECIUS. Bilder von HERBERT POTHORN. München: Hanser 1959, 1968.

LENZEN, DIETER (Hg.); ROST, FRIEDRICH: *Pädagogische Grundbegriffe.* Band 1: Aggression – Interdisziplinarität. Reinbek bei Hamburg: Rowohlt (6. Auflage) (rowohlts enzyklopädie) 1989.

LUCHINS, ABRAHAM S. AND EDITH H. LUCHINS: Isomorphism in Gestalt Theory: Comparison of Wertheimer's and Köhler's Concepts. 3 Teile. (1999). In: *The Gestalt Archive.* Online-Dokumentation der Internationalen Gesellschaft für Gestalttheorie und ihre Anwendungen. `http://gestalttheory.net/archive/luch_iso1.html` (Zugriff: 16.8.2010).

MEINEL, CHRISTOPH UND WOLFHARD WEBER (Hg.): *Geschichte der Naturwissenschaft, der Technik und der Medizin in Deutschland.* Bochum / Regensburg 2005.

MITTELSTRASS, JÜRGEN: *Zwischen Naturwissenschaft und Philosophie. Versuch einer Neuvermessung des wissenschaftlichen Geistes.* Konstanz: Universitätsverlag Konstanz (Konstanzer Universitätsreden) 2000.

MITTELSTRASS, JÜRGEN: *Transdisziplinarität – wissenschaftliche Zukunft und institutionelle Wirklichkeit.* Konstanz: Universitätsverlag Konstanz (Konstanzer Universitätsreden) 2003.

SCHALLER, FRANZ: *Erkundungen zum Transdisziplinaritätsbegriff.* In: BRAND ET AL. 2004, S. 33–45.

SCHELSKY, HELMUT: *Einsamkeit und Freiheit: zur sozialen Idee der deutschen Universität.* Münster, Westfalen 1960.

SCHELSKY, HELMUT: *Einsamkeit und Freiheit: Idee und Gestalt der deutschen Universität und ihrer Reformen.* Reinbek bei Hamburg: Rowohlt 1963.

SCHOPHAUS, MALTE (Hg.): *Transdisziplinäres Kooperationsmanagement: neue Wege der Zusammenarbeit zwischen Wissenschaft und Gesellschaft.* München 2004.

SCHÜTT, HANS-WERNER UND BURGHARD WEISS (Hg.): *Brückenschläge. 25 Jahre Lehrstuhl für Geschichte der exakten Wissenschaften und der Technik an der Technischen Universität Berlin, 1969–1994.* Berlin 1995.

SNOW, CHARLES PERCY: *The Two Cultures and the Scientific Revolution.* Cambridge 1959.

STICKER, BERNHARD: *Institut für die Geschichte der Naturwissenschaften der Universität Hamburg, 1960–1970.* Hamburg 1970.

UNIVERSITÄT HAMBURG, PRÄSIDIUM (Hg.): *Struktur- und Entwicklungsplan 2012, STEP 2012.* Online-Version der Kurzfassung: `http://www.uni-hamburg.de/ UHH/STEP2012_Kurzfassung.pdf` (Zugriff: 2.5.2011).

VÖLKER, HARALD: Von der Interdisziplinarität zur Transdisziplinarität? In: BRAND, FRANK; FRANZ SCHULLER UND HARALD VÖLKER (Hg.): *Transdisziplinarität. Bestandsaufnahme und Perspektiven. Beiträge zur THESIS-Arbeitstagung im Oktober 2003 in Göttingen.* Göttingen: Universitätsverlag 2004.

WOLFSCHMIDT, GUDRUN: *Nachrichten aus dem Institut für Geschichte der Naturwissenschaften Mathematik & Technik.* Nr. 37 (April 2007). Hamburg 2007.

WOLFSCHMIDT, GUDRUN (Hg.): *Farben in Kulturgeschichte und Naturwissenschaft.* Begleitbuch zur Ausstellung in Hamburg 2010–2012 zum 50jährigen Jubiläum des IGN. Hamburg: tredition (Nuncius Hamburgensis – Beiträge zur Geschichte der Naturwissenschaften; Band 18) 2011a.

WOLFSCHMIDT, GUDRUN (Hg.): *Colours in Culture and Science. 200 Years Goethe's Colour Theory.* Proceedings of the Interdisciplinary Symposium in Hamburg, Oct. 12–15, 2010. Hamburg: tredition (Nuncius Hamburgensis –Beiträge zur Geschichte der Naturwissenschaften; Band 22) 2011b.

Ergänzende und weiterführende Literatur

ANDREA VON BRAUN STIFTUNG (Hg.): *Briefe zur Interdisziplinarität.* 1/2008 – 6/2010. München: Oekom-Verlag 2008.

BOGNER, ALEXANDER; KAREN KASTENHOFER; HELGE TORGERSEN (Hg.): *Inter- und Transdisziplinarität im Wandel? – Neue Perspektiven auf problemorientierte Forschung und Politikberatung.* Baden-Baden: Nomos Verlagsgesellschaft 2010.

FEYNMAN, RICHARD P.: *Vom Wesen physikalischer Gesetze.* (1993), München: Piper (10. Auflage) 2008.

FICHTNER, RICHARD: *Physik verstehen. Das didaktische Potential einer hermeneutischen Betrachtungsweise.* Dissertation. Gießen 1996.

SCHAVAN, ANNETTE (Hg.): *Keine Wissenschaft für sich. Essays zur gesellschaftlichen Relevanz von Forschung.* Hamburg: edition Körber-Stiftung 2008.

VESTER, FREDERIC: *Leitmotiv vernetztes Denken. Für einen besseren Umgang mit der Natur.* München: Heyne 1988.

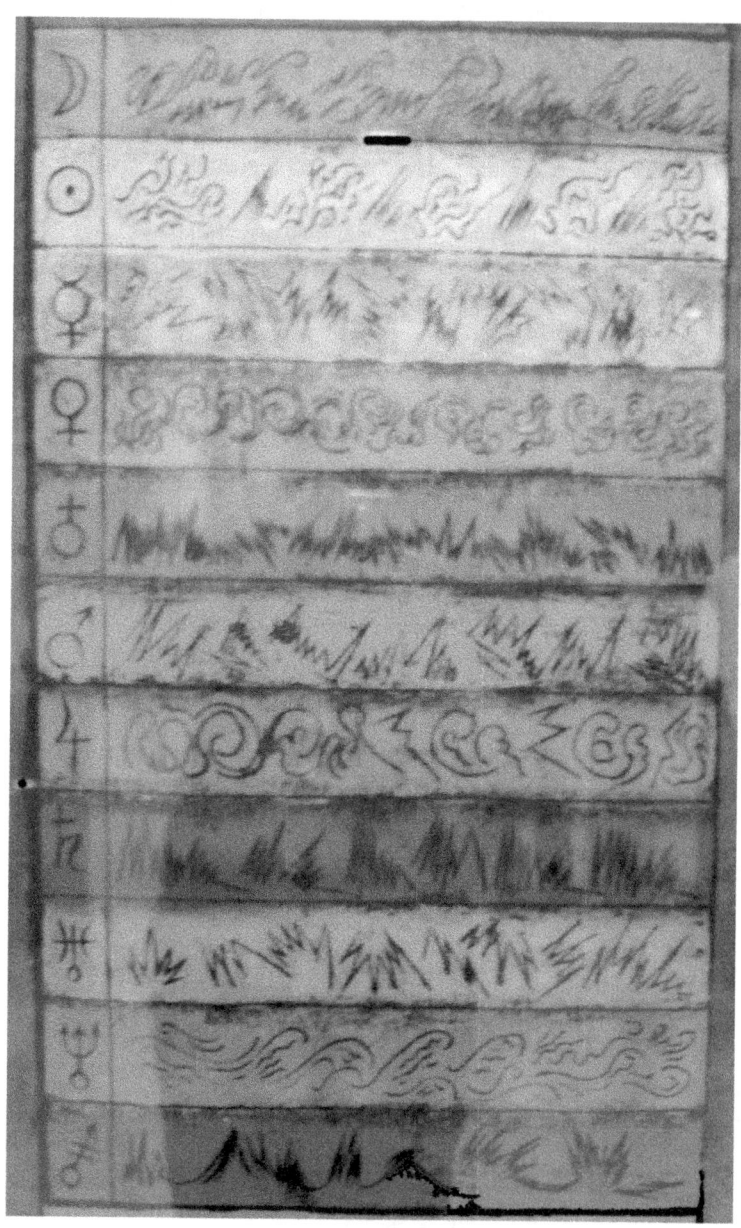

Abbildung 45.1:
Janina Kraupe: *Planetary Music* – Relations between Colours and Planets

Photo: Gudrun Wolfschmidt in Krakau/Kraków (2006)

Abbildungsverzeichnis

Programme – Symposium 2010 – Colours in Culture and Science

Tuesday, 12. October 2010 – Evening 19 h

Get together party in the Palaeontological Museum
Geomatikum, Institute for Gistory of Science

Wednesday, 13. October 2010 – Lecture Room 6

1. Opening of the symposium – Eröffnung des Symposiums

09.00	Eröffnung des Symposiums
	Grußworte (Welcome address)
	Vize-Präsident Uni Hamburg
	Prof. Dr. Holger Fischer
09.15	*Grußworte (Welcome address)*
	Prof. Dr. Gudrun Wolfschmidt
09.30	Dr. cand. Dipl.-Ing. Jürgen Gottschalk:
	Johann Mattheson (1681–1764) –
	Barockmusik und Farbe

Wednesday, 13. October 2010 – Morning

2. Colours in Philosophy and Epistemology – Farben in Philosophie und Erkenntnistheorie

Chairperson: Prof. Dr. Rolf Bader, M.A.

10.00	Prof. Dr. Timm Lampert (Berlin):
	Colors from a logical point of view
10.25	Prof. Dr. Jakob Steinbrenner (München):
	Der Ort der Farben
10:50–	Coffee Break

3. Colours in Cultural History – Pigments and Dyes – Farben in der Kulturgeschichte – Pigmente und Farbstoffe

Chairperson: Prof. Dr. Gudrun Wolfschmidt

11.15	Dr. Michael Rappenglück (München):
	The Palaeolithic Colour Palette and Charm of Hues:
	Pigments in Earlier Prehistory (800 ka–10 ka BP)
11.40	Dr. cand. Heidi Tauber, M.A.:
	Pigments in Antiquity – coloured statues and reliefs
12.05	Dipl.-Restauratorin Beatrix Alscher (Berlin):
	Colour in the Field of Conservation of Objects
	of Technical and Industrial Heritage
12.30–	Lunch Break

Poster

Ulrike Schuh: 1. *Höhlenmalereien – Malereien der Steinzeit* (Poster)
2. *Die Kunst der Tätowierung (Tatauierung)* (Poster)

Solveig Binder: *Farben bei Plinius* (Poster)

Johannes Jeglinski: *Colours at Bauhaus / Farben am Bauhaus* (Poster)

Wednesday, 13. October 2010 – Afternoon

4. Colours in Cultural History –
Farben in der Kunst und Kulturgeschichte

Chairperson: Dr. Cornelius Steckner (Köln)

14.00	Dr. Oliver Jehle (Regensburg):
	"Soak and stain" – on the dislimitation of colour
14.25	Prof. Dr. Constantin Canavas:
	On inks and colours in Islamic calligraphy
14.50	Claudia Schmidt:
	Changing colours in paintings

15.15	Coffee Break

15.40	Dr. Robin Rehm (Zürich):
	"A concise image of colour system"
	Paul Klees watercolors 1921–23 and Michel-Eugène Chevreul
16.05	Cosima Schwarke:
16.30	*A subversive play of colours – how reality is reversed in Pop Art*

5. Opening of the Exhibition "Colours" –
Eröffnung der Ausstellung "Farben"

16.30	Nora Löbe (Öhningen):
	Experimente zu Goethes Farbenlehre
16.50	Christoph Keller (Lüneburg):
	Farben bei Simulationen in der Relativitätstheorie
17.10	Prof. Dr. Gudrun Wolfschmidt:
	Einführung zur Ausstellung "Farben"

17.10	"Preview" der Ausstellung "Farben" – Reception

19.00	Solveig Binder:
	Experimentalvortrag zur Chemie der Farben

Abbildung 45.2:
Podium discussion about Newton's versus Goethe's colour theory,
International Symposium "Colours in Culture and Science", Hamburg, Oct. 2010

Photo: Gudrun Wolfschmidt (2010)

Thursday, 14. October 2010 – Morning

6. Light and Colour – Colour Theory: Newton's Physics versus Goethe –
Licht und Farbe – Newtons und Goethes Farbenlehre

Chairperson: Dr. Robin Rehm

09.00	Prof. Dr. Gudrun Wolfschmidt:
	Colours in Astronomy – Spectra and False-colour images
09.25	Prof. Dr. Gábor Á. Zemplén (Budapest):
	Goethe and the history of modificationism –
	how is Goethe's Farbenlehre related
	to the 2000 year-old modificationist tradition?
09.50	Dr. cand. OStR a. D. Harald Goldbeck-Löwe:
	Der "Farbenstreit" Goethe – Newton
	Versuch einer wissenschaftstheoretischen Einordnung
	von Goethes Farbenlehre
10.15	Dipl.-Phys. Matthias Rang (Dornach, Schweiz):
	Goethes Farbenlehre und ihre technische "Aufrüstung"
	nicht gegen Newton, sondern mit Newtonscher Optik
10.40	Coffee Break
11.10	Podiumsdiskussion
	zum Problem der Interdisziplinarität
12.10	*Newtons und Goethes Farbenlehre –*
	Wer hatte "recht"?
	Sebastian Witte (Hamburg) – Moderation
	Gábor Á. Zemplén (Budapest, Ungarn)
	Timm Lampert (Berlin)
	Matthias Rang (Dornach, Schweiz)
	Sebastian Witte (Hamburg) – Moderation
	Nora Löbe (Öhningen)
12.10–	Lunch Break

Thursday, 14. October 2010 – Afternoon

7. Colour Theories, Colour Systems, Colour Chemistry – Farbtheorien und Farbsysteme

Chairperson: Dr. Petra G. Schmidl

14.00	Dr. cand. Vasiliki Papari:
	Colour theories in ancient writings – Presocratics, Plato, Aristotle
14.25	Prof. Dr. Stefan Kirschner:
	The phenomenon of the rainbow in medieval natural philosophy
14.50	Dr. Henning Schweer:
	Chromolithography, Trade Cards, Popularization –
	Lithography as a starting point for new forms of knowledge transfer
15.15	Coffee Break
15.40	PD Dr. Cornelia Lüdecke (München):
	Water colours versus black an white photographs –
	Souvenirs from World War II
16.05	Dr. Katrin Cura:
	Tar colours and "Professorenklekse" – the forgotten chemist
	Runge (1794–1867) from Billwerder near Hamburg
16.30–	Dipl.-Phys. Simone Gleßmer:
16.55	*Röntgen Rays, Becquerel Rays and Colours*

Poster

Prof. Dr. Armin Hüttermann (Marbach am Neckar):
Farbsystem von Tobias Mayer: "De affinitate colorum", 1775 (Poster)

PD Dr. Karl Heinrich Wiederkehr und Prof. Dr. Gudrun Wolfschmidt
Über Farbtheorien von Newton bis heute (Poster)

8. Experimental Lecture (Experimentalvortrag)

| 19.00 | Dr. Michael Kiupel: |
| | *Colours seen in the light of physics* |

Abbildung 45.3:
BBC Film: *Colourful Notions* (1984)

Friday, 14. October 2010 – Morning

9. Colour Perception and Colour Vision – Farbwahrnehmung und Farbempfinden

Chairperson: Prof. Dr. Stefan Kirschner

09.00	Prof. Dr. Rolf Bader, M.A.:
	Multidimensional Perception of Musical Timbre
09.25	Myriam Richter, M.A.:
	Farbenhören, Tonsehen, Visualisierung synästhetischer
	Phänomene – und eine neue Synthese des Geistes.
	Grenzgebietsfragen auf den Hamburger Farbe-Ton-Kongressen
	(1927, 1930, 1933, 1936)
09.50	Präsentation des BBC Films:
	Colourful Notions – Woher kommen die Farben?
10.40	Coffee Break
11.05	Dr. Torsten Rüting:
	Investigators of Colour Signs – Physiology, Pychology
	and Biosemiotics of Colour Perception
	in the legacy of Jakob von Uexküll
11.30	Dr. Cornelius Steckner (Köln):
	Uexküll's "form-giving melody", Weimar and the Pasadena
	Light-Machine – The Beginning of Computer Graphics
11.55	Ralph Brückner, M.A.:
	Wilhelm Ostwald, the Brain's Dark Energy,
	and the Science of Colour
12.20	Prof. Dr. Semir Zeki (London):
	The generation of colours by the brain
12.45-	Lunch Break

Friday, 14. October 2010 – Afternoon

10. Cultural Meaning of Colours – Kulturgeschichtliche Bedeutung von Farben

Chairperson: Prof. Dr. Timm Lampert

14.00	Dipl.-Theologin Birgit Brunner, M.A. (Berlin): *Colours in Religion*
14.25	Dr. Petra G. Schmidl (Bonn): *Colours in Astrology* *Goldenes Mondlicht? – Farben in der Astrologie*
14.50	Closing of the Symposium and Coffee Break

Poster

Yasmin Bomberka: *Kulturelle Bedeutung von Farben* (Poster)

Yang-Hyun Choi: *Die Geschichte der koreanischen Farben* (Poster)

Leif Gütschow:
National Flags – Reflections on Symbolic Means of Colours /
Flaggen und Nationalfarben – Überlegungen zur Farbsymbolik (Poster)

Abbildung 45.4:
Cover des Buches *Farben in Kulturgeschichte und Naturwissenschaft*
Nuncius Hamburgensis; Band 18 (2011)

Autors

Dipl.-Restauratorin Beatrix Alscher (Berlin)

Diplom-Conservator (Diploma 2006, University of Applied Sciences, Berlin), specialized in conservation of objects of technical heritage as well as the conservation of metal-objects of art. Scientific interests are documentation, surface treatment of objects of non-ferrous metal and climate control for the museums environment.

Hochschule für Wirtschaft und Technik Berlin,
FB 5 Gestaltung, Konservierung und Restaurierung
e-mail: alscherb@online.de

Prof. Dr. Rolf Bader, M.A. (Hamburg)

Rolf Bader studied Systematic Musicology, Physics, Ethnology, and Historical Musicology in Hamburg and worked about Musical Acoustics and Music Psychology in his PhD and his Habilitation. After teaching at Stanford University, USA, as a Visiting Scholar he became Professor for Systematic Musicology in Hamburg since 2007. He is also a musician and composer in the fields of free improvised and electronic music, as well as Fusion and Rock, and published several CDs here. His main research interests are Physical Modeling of Musical Instruments, Timbre and Rhythm Perception, Musical Signal Processing, and Room Acoustics. He is a patent holder for the world-wide first real-time Physical Modeling implementation of whole musical instruments on FPGA hardware (DFG Project). Currently, he works on a text book about Musical Instruments and Music Perception as Self-organized and Synergetic systems. Another of his current projects is solving the Inverse Problem of determining the construction of a classical guitar starting from a desired sound (DFG Project).
He published several books and numerous papers and book chapters in this field, like *Computational Mechanics of the Classical Guitar* (Springer 2005) or *Physical Modeling of Musical Instruments* as chapter of the *Springer Handbook of Signal Processing in Acoustics (Ed.:* Havelock, Vorländer, Kuwano). He also published as an editor (*Studies in Systematic Musicology,* and *Musical Acoustics, Neurocognition and Psychology of Music Current Research at the Institute of Musicology, University of Hamburg*). Several of his peer-reviewed papers were published in international journals (e.g. *Journal of the Acoustical Society of America, Acta Acustica united with*

Acustica, Journal of New Music Research).
He also works as an Ethnomusicologist mainly in Southeast Asia (Bali, Nepal, Thailand, Cambodia) and published several works here, too. His interest in Music Theory lead to a Syllogistic Music Theory founding Tonal Systems on Logic, as well as Music Semantics and Musical Ethics founded on the Sentence of Reason (*Zur Herleitung musikalischer Bedeutung und musikalischer Ethik.* Peter Lang Verlag, 2006). He is member of several scientific societies and on the Technical Committee Board of Musical Acoustics of the American Acoustical Society and co-chair of Musical Acoustics section of the German Acoustical Society and participates in many international work groups also organizing the *International Summer School for Systematic Musicology* in Hamburg (EU Erasmus Program) from 2012 on.

Institute of Musicology, University of Hamburg
Neue Rabenstr. 13, D-20354 Hamburg, Germany
e-mail: R_Bader@t-online.de

Solveig Binder (Hamburg)

geboren 1981 in Kiel; studierte von 2000 bis 2003 an der Universität Kiel Chemie-Diplom, seit 2003 an der Universität Hamburg und Wechsel zum Studiengang Lehramt Oberstufe mit den Unterrichtsfächern Latein und Chemie im Sommersemester 2007. Abgabe der Examensarbeit mit dem Titel: *Farben bei Plinius – Highlights in der Entwicklung von der Antike bis zum Mittelalter.*
Angestrebte Abschlüsse sind 1. Staatsexamen Lehramt Chemie und Latein und das Diplom in Geschichte der Naturwissenschaften. Interessen: Chemie in der Antike.

Institut für Griechische und Lateinische Philologie, Universität Hamburg
Von-Melle-Park 6, D-20146 Hamburg
e-mail: solveigbinder@gmx.de

Ralph Brückner, M.A. (Hamburg)

geboren in Soltau, studierte Philosophie, Neuere deutsche Literatur und Linguistik in Hannover, Göttingen und Hamburg. Nach der Zwischenprüfung drei Monate Auslandsaufenthalt in den USA (Boston, San Francisco, San Diego). Magisterexamen in Hamburg über die Irrtumslehre des Descartes. Weiterführende Studien zur Künstlichen Intelligenz. Zahlreiche Kongressbesuche und Fortbildungen u. a. an der Hamburger Akademie für Publizistik und den internationalen Interdisciplinary Colleges des Fraunhofer Instituts und der Gesellschaft für Kognitionswissenschaft; Themen seiner Poster-Präsentationen: *The Mind-Body-Problem in the Age of Virtual Reality* (2004), *Neurophilosophy of Cognitive Fitness* (2006).

Berufliche Tätigkeit als Korrektor in der Hamburger Agentur für Marketing und Werbung Economia, dann selbständige Tätigkeit als Lektor, Schlussredakteur und Journalist u. a. für die Hamburger Beiersdorf AG sowie für Agenturen und Verlage im Raum Hamburg-Schleswig-Holstein. Promotionsstudium am Philosophischen Seminar der Universität Hamburg mit Gründung der Arbeitsgruppe Neurophilosophie. Zusammenarbeit mit dem von Torsten Rüting begründeten *Jakob von Uexküll-Archiv für Umweltforschung und Biosemiotik* des Instituts für Geschichte der Naturwissenschaften, Mathematik und Technik. Organisation zahlreicher Poster-Aktionen. Unter der Leitung von Torsten Rüting gemeinsam mit Hans zur Oeveste Veranstaltungen zur *Geschichte und Aktualität der Neurophilosophie.*

Arbeitsgruppe Neurophilosophie, Universität Hamburg,
Lektorat Brueckner
Walderseestr. 50, D-22605 Hamburg
e-mail: RBruec4579@aol.com

Dipl.-Theologin Birgit Brunner, M. A. (Berlin)

After a commercial apprenticeship Birgit Brunner studied Theology (Diploma), Philosophy (Baccalaureate) and Social Sciences (M.A.) in Munich, Benediktbeuern, Osnabrück, Würzburg and Berlin. She spent time abroad for academic purposes in Istanbul, London, Jerusalem, Rome, Zurich, Dubrovnik and Avila. She has completed several projects in education, culture and the media and holds a qualification as mediator. Her main research interests are pictorial cultures, health education and time study.

e-mail: Birgit-Brunner@arcor.de

Prof. Dr. rer. nat. habil. Peter Bussemer (Gera)

Diplom-Physiker, Jahrgang 1942, Studium, Promotion und Habilitation an der Universität Jena. Langjährige Lehr- und Forschungstätigkeit an der dortigen Physikalischen Fakultät auf den Gebieten der Optik und Festkörperphysik. Gastprofessuren an der Lomonossow-Universität Moskau und der Technischen Hochschule Prag. Zuletzt als Dozent für Physik und Theoretische Informatik an der Studienakademie Thüringen, University of Cooperative Education, in Gera tätig.
Gegenwärtige wissenschaftliche Interessen: Anwendungen der Quantentheorie auf die Informatik (Quanteninformation, Quantenrechnen), künstliche neuronale Netze sowie Geschichte der Physik mit lokalen Bezügen (Otto-Lummer Kolloquium mit Ausstellung 2010 in Gera, Physikalisch-Technische Reichsanstalt in Weida 1943–1947 u. a.), Internet: http://www.otto-lummer.de.

Weg der Freundschaft 4 A, D-07546 Gera
e-mail: peter.bussemer@ba-gera.de

Dr. Katrin Cura (Hamburg)

Dr. rer. nat. Katrin Cura, Jahrgang 1968, Chemielaborantin, Abitur, Studium Chemietechnik und Biologie für das Berufsschullehramt sowie Geschichte der Naturwissenschaften in Hamburg. Studienrätin in Hamburg, Promotion 2010: *Vom Hautleim zum Universalklebstoff. Zur Geschichte der Klebstoffe* (GNT-Verlag).
Dozentin für Chemiegeschichte an der Universität Hamburg, Lehrbeauftragte für Chemiedidaktik an den Universitäten Flensburg und Hamburg. Kuratorin der Ausstellung *Kleben verbindet* im Deutschen Museum München (1995). Chemiehistorische Beratung für das Schlossbergmuseum Chemnitz (2005), das Museum der Arbeit in Hamburg (2006) und die Albrechtsburg Meißen (2010).

Institute for History of Science, Hamburg University
Faculty of Mathematics, Informatics and Natural Sciences,
Bundesstrasse 55 Geomatikum, D-20146 Hamburg
e-mail: katrincura@aol.com

Dipl.-Wiss.Hist. Timo Engels (Flensburg)

Reinhard Woltman (1757–1837) – Ein Wasserbauer auf dem Weg ins 19. Jahrhundert, Diploma thesis, Institute for History of Science, Hamburg University, 2010. For further details see http://www.uni-flensburg.de/?3048.

Institut für Physik und Chemie und ihre Didaktik, Universität Flensburg
Auf dem Campus 1, D-24943 Flensburg
e-mail: timo.engels@web.de, timo.engels@uni-flensburg.de

Dipl.-Phys. Simone Gleßmer (Hamburg)

Simone Glessmer, born in Hamburg in 1987, participated already as a student in science competitions. From 2005 to 2010, she studied physics at the University of Hamburg, with minors in biophysics and history of science.
Since completing her dilpoma thesis on medical physics, she works as a medical physicist for radiotherapy. She also is a Ph.D. student at the Institute for History of Science of Hamburg University. Simone Glessmer's main areas of interest apart from medical physics are the history of dosimetry and of women in science.

Institute for History of Science, Hamburg University
Faculty of Mathematics, Informatics and Natural Sciences,
Bundesstrasse 55 Geomatikum, D-20146 Hamburg
e-mail: `simone.glessmer@gmx.net`

OStR a. D. Harald Goldbeck-Löwe (Großhansdorf/Hamburg)

1938 born in Hanover. Exams in physics and mathematics with a paper on experimental nuclear physics. For 34 years teacher in Schleswig-Holstein highschools in physics, mathematics, computer science and philosophy. Conceptual, project oriented collaboration to the reform of higher level classes and to the teacher training. Several study trips with scientific, historic and art-historical topics. One year teaching at a *Lizeum* in Breslau, Poland, as a project teacher for the development of bilingual instruction. Care for the artist's estate of the painter Helene Gries-Danican. After the retirement study of art history and the history of the sciences. Research-topic "Models in the physics – Symbols in the art ". Member the German society for history the medicine, science and technology DGGMNT.
Publications: Physics textbook for German-Polish bilingual instruction of the 8. classes at Polish Lizeen. Essays to ethical, physics-didactic and – methodical as well as physics – and art-historic topics in relevant magazines and collective publications.

Institute for History of Science, Hamburg University
Faculty of Mathematics, Informatics and Natural Sciences,
Bundesstrasse 55 Geomatikum, D-20146 Hamburg
e-mail: `hgoldbeck@online.de`

Dipl.-Ing. Jürgen Gottschalk (Hamburg)

Schulbesuch in Hamburg, anschließend Lehre im Zimmererhandwerk. Studium in der Fachrichtung Bauwesen (Hoch- und Tiefbau) in Hamburg und Erlangung der Hochschulreife. Baumeisterprüfung an der Handwerkskammer Hamburg. Tätigkeit in Ingenieurbüros und im Techn. Büro einer Baufirma mit Schwerpunkt Statik und Konstruktion. Von 1968 bis 1998 in der Baubehörde tätig, zunächst bei der Stadtentwässerung später bei der Abteilung Schnellbahnen und Großtunnelbau u. a. Mitarbeit beim Bau der 4. Röhre Elbtunnel. 1974–1976 und 1978–1980 DFG-Forschungsauftrag gemeinsam mit Dr.-Ing. U. Horst (Hannover) über Leibniz' technische Leistungen, insbesondere für den Oberharzer Bergbau.
Technikhistorische Arbeiten (G. W. Leibniz, Johann Beckmann), Mitverfasser der Dokumentation: Die 4. Röhre des Elbtunnels in Hamburg.

Institute for History of Science, Hamburg University
Faculty of Mathematics, Informatics and Natural Sciences,
Bundesstrasse 55 Geomatikum, D-20146 Hamburg
e-mail: j.gottschalk1@gmx.net

Leif Gütschow (Hamburg)

geboren 1983 in Hamburg. Studium der Volkskunde/Kulturanthropologie in Hamburg seit 2007 mit den Nebenfächern Kunstgeschichte und Geschichte der Naturwissenschaften. Studienschwerpunkte und Interessen sind u. a. die Kulturgeschichte der Technik, Formen des kulturellen Gedächtnisses sowie Konstruktionen und Wahrnehmungen von Alterität, Exotismus und Nationalismus.

Institut für Volkskunde/Kulturanthropologie
Fachbereich Kulturgeschichte und Kulturkunde, Universität Hamburg
Edmund-Siemers-Allee 1, D-20146 Hamburg
e-mail: Leif.Guetschow@gmx.net

Dipl.-Wiss.Hist. Dipl.-Phys. Susanne M. Hoffmann (Berlin, Hildesheim)

Sie studierte Physik in Potsdam (Diplomarbeit: Exoplaneten & Microlensing) und Wissenschafts- und Technikgeschichte an der TU und FU Berlin sowie in Hamburg (Diplomarbeit: Teleskopgeschichte), sie arbeitet derzeit an der Universität Hildesheim als Dozentin für Physik und Mitarbeiterin im Schülerlabor zur Relativitätstheorie. Neben Astronomie und Astrophysik sowie ihrer Wissenschafts-, Technik-, und Kulturgeschichte liegen weitere Arbeits- und Forschungsinteressen in denjenigen Metawissenschaften, die zur Vermittlung der genannten Wissenschaften in der Öffentlichkeit dienlich sind: z. B. Kultur- und Medienwissenschaften, Philosophie der Sprache, Physikdidaktik, Kommunikationswissenschaften und Künste. Als jahrelang freiberufliche Astronomin lebte die Autorin auch viel auf Reisen, in Portugal, Mauretanien u. a. Ländern. Sie war mit zahlreichen Ehrenämtern betraut (4 Jahre Vorstandstätigkeit in der VdS e. V., 3 Jahre Förderverein der Archenhold-Sternwarte und des Zeiss-Großplanetariums Berlin e. V., 8 Jahre Jugendreferentin der VdS, Initiierung und Gründung eines eigenen VdS-Untervereins für astronomische Jugendarbeit: VEGA e. V., aktuell noch Erste Vorsitzende der Fördergemeinschaft für naturwissenschaftliche Jugendarbeit (FNJ) e. V.).
Buchpublikation: *Der Große Himmelsatlas* (zus. m. Bildautor Axel Mellinger), erschien in den Verlagen Franckh Kosmos und Reader's Digest, übersetzt ins Englische (Firefly 2005), Tschechische und Slowakische (2010).

Monografien & Lehr-Booklets zu eigenen Kursen zu Themen der Astronomie: *Griechische Nächte – Wissenschaftsgeschichte und Orientierung am Sternhimmel*, Publ. Nr. 1 in der Reihe, Archenhold-Sternwarte Berlin, 2000, als Hg.: *Augen des Astronomen – Teleskope: Funktion, Geschichte, Benutzung in der Hobbyastronomie* (Publ. Nr. 5, Archenhold-Sternwarte Berlin 2003), *Karawane der Astronomie – Lektion in 7 Abenden* (Berlin 2005), *Himmel über der Wüste* (Leonberg 2007).
Zu ihrem Repertoir gehören auch astronomiedidaktische Stücke (Theater, Hörspiel) für Planetarien, weiters zahlreiche populärwissenschaftliche und didaktische Publikationen im Bereich der Naturwissenschaften, auch als Online-Journalistin, z. B.: Blog beim Verlag *Spektrum der Wissenschaft*. Eine aktuelle Publikationsliste auf den Webseite: http://www.urania-uhura.de und http://exopla.net.

Marie-Curie-Allee 90 (Büro), 10315 Berlin
Ernst-Abbe-Str. 4, 31141 Hildesheim
e-mail: akademeia@exopla.net.

Prof. Dr. Armin Hüttermann (Marburg)

President of the Tobias-Mayer-Society in Marbach am Neckar, Tobias Mayer's Birthplace, and Professor of Geography and Didactics of Geography at the Pädagogische Hochschule in Ludwigsburg.
He studied Geography and English at the Universities of Göttingen (1964–1967) and Tübingen (1969–1972). 1974 PhD Dissertation in Göttingen, 1979 Habilitation at the University of Vechta/Osnabrück. Professor in Ludwigsburg since 1980.
Publications on cartography, map use, map interpretation and the teaching of cartography. He received the Silver Medal of Honour of the Deutsche Gesellschaft für Kartographie in 2007. Several publications on Tobias Mayer, in particular on his cartographical work. Regional emphasis of publications on New Zealand and Ireland.

PH Ludwigsburg
Tobias-Mayer-Museum in Marbach am Neckar
e-mail: huettermann@ph-ludwigsburg.de

Johannes Jeglinski (Hamburg)

geboren 1980 in Hamburg; ist Magisterstudent an der Universität Hamburg am Institut für Volkskunde / Kulturanthropologie mit den Nebenfächern Ethnologie und Geschichte der Naturwissenschaften. Sein gegenwärtiger Studienschwerpunkt liegt in der kulturwissenschaftlichen Klangforschung und Medienarchivierung. In diesem Zusammenhang steht auch seine Mitarbeit an dem Forschungsprojekt Klangwelt der Technik am Hamburger Institut für Volkskunde / Kulturanthropologie.

Institut für Volkskunde/Kulturanthropologie
Fachbereich Kulturgeschichte und Kulturkunde, Universität Hamburg
Edmund-Siemers-Allee 1, D-20146 Hamburg
e-mail: `herr-Jeglinski@gmx.de`

Prof. Dr. Oliver Jehle (Regensburg)

Oliver Jehle is Assistant Professor of Art History at the University of Regensburg, Germany. He studied Art History, Literature, Medieval History, and Philosophy in Freiburg, Basel, London, Frankfurt am Main and Berlin.
He published *Forma moralis: Laurence Sterne und die Freiheit der Linie* (2008), and co-edited *Randgänge der Zeichnung* (2007); *Vermessen: Landschaft und Ungegenständlichkeit* (2007), and *Farben in Kunst und Geisteswissenschaften* (2011).
His research interests focus on the theory and practice of color and drawing acts and on eigheenth- and nineteenth-century art. He also worked at the Collaborative Research Center *Aesthetic Experience and the Dissolution of Artistic Boundaries* at the Free University of Berlin (2003–2007), where he pursued a project on art and science in the age of enlightenment.

Institut für Kunstgeschichte, Universität Regensburg
Universitätsstrasse 31, D-93053 Regensburg
e-mail: `oliver.jehle@psk.uni-regensburg.de`

Dipl.-Math. Christoph Keller (Hildesheim)

Homepage: `http://www.uni-hildesheim.de/index.php?id=4773`.

Institut für Physik, Universität Hildesheim
Marienburger Platz 22, 31141 Hildesheim
e-mail: `christoph-keller@web.de`

Prof. Dr. Ruth Keller (Berlin)

is professor for the conservation and restoration of Industrial Heritage and Modern Materials at HTW, University of Applied Sciences, Berlin. She was trained as a paper conservator in Zurich, Bern and at the Academy of Fine Arts in Vienna. She received a degree in History of Art and Chemistry at the Free University Berlin after having started her studies in Zurich. She had a position as paper conservator in Heidelberg at the Prinzhorn Collection (1979) before she started her own workshop in Berlin. Moving slowly from art conservation to modern materials and industrial heritage she had the position of the head of conservation of the Technical Museum in Berlin (1986) before getting the position at the university.

Her main interest lies in the conservation of cultural heritage as important testimony of history just as much as in its authentic aesthetic. In that context new methods of conservation for modern materials and the archaeometry of modern times are her main interest in research. Together with other partners she is about to build up a database of reference materials developed mainly from 1860 to 1960.

Hochschule für Technik und Wirtschaft (HTW) Berlin
Fachbereich 5: Konservierung und Restaurierung / Grabungstechnik
Wilhelminenhofstraße 75a, D-12459 Berlin
http://www.htw-berlin.de/Die_HTW/Fachbereiche/FB_Gestaltung.html
e-mail: Ruth.Keller@HTW-Berlin.de

Prof. Dr. Stefan Kirschner (Hamburg)

Stefan Kirschner is Professor of History of Science at the University of Hamburg. His current research focuses on medieval natural philosophy, especially Nicole Oresme. Further research interests concern the early debates on Copernicus's cosmology and astronomy in the second half of the 16th century. For further information see http://www.math.uni-hamburg.de/home/kirschner/.

Institute for History of Science, Hamburg University
Faculty of Mathematics, Informatics and Natural Sciences,
Bundesstrasse 55 Geomatikum, D-20146 Hamburg
e-mail: Stefan.Kirschner@math.uni-hamburg.de

Rebecca Kittel (Berlin / Australien)

geboren 1979 in Berlin, studierte in Braunschweig, Uppsala und Tübingen, wo sie den Studiengang der Diplom-Biologie abschloss. Von 2008 bis 2010 arbeitet sie als wissenschaftliche Volontärin im *Landesmuseum Natur und Mensch* in Oldenburg. Neben der Betreuung der entomologischen Sammlung, verfasste sie in dieser Zeit einige Katalogbeiträge zu den in Oldenburg gezeigten Ausstellungen und präsentierte eine eigene Ausstellung *Schmetterlinge – Boten der Götter*. Seit dem Volontariat interessiert sie sich für die Geschichte der Naturwissenschaften, vor allem für das Verhältnis von Charles Darwin zu den deutschen Entomologen. Zur Zeit ist sie als Promotionsstudentin in Adelaide, Australien, und erforscht parasitische Wespen.

Katalogbeiträge: Schmetterling des Jahres 2009 – Das Tagpfauenauge (Aglais io); Schmetterlinge – Die Verwandlungskünstler; Geschichte der Schmetterlingskunde und ihre Darstellung; Die Seidenspinner; Die Geschichte der Physik; Infektionen auf dem Vormarsch: Der Klimawandel und die Verbreitung von Krankheitsüberträgern; Prähistorischer Faunenwandel durch Klimaänderungen.

Ecology and Evolutionary Biology
University of Adelaide
Adelaide, 5000, Australia e-mail: `Rebecca.Kittel@gmx.de`

Dr. Michael Kiupel (Flensburg)

Jahrgang 1956, Lehramtsstudium (Physik / Mathematik). Langjährige Tätigkeit als Lehrer. Promotion zum Thema *Lernen im Science Center* (1996).
Akademischer Direktor am Institut für Physik und Chemie und ihre Didaktik der Universität Flensburg. Vorsitzender des Trägervereins der *Phänomenta* in Flensburg. Wissenschaftliche Schwerpunkte: Weiterentwicklung von Physikunterricht sowie Entwicklung interaktiver Experimenticrstationen und Ausstellungen für Science Center.

Universität Flensburg
Institut für Physik und Chemie und ihre Didaktik (IPCD), Phänomenta
Auf dem Campus 1, 24943 Flensburg
e-mail: `kiupel@uni-flensburg.de`

Prof. Rolf G. Kuehni (Charlotte, NC, USA)

Rolf G. Kuehni, born in Switzerland, Textilingenieur, Fachhochschule Niederrhein, Krefeld, transferred to USA in 1963, various positions at wholly owned subsidiaries of Bayer AG culminating in vice president responsible for marketing of textile colorants in the USA. On retirement in 2001 named adjunct professor of color science at North Carolina State University in Raleigh, NC.; editor of the journal *Color Research and Application* 1987–1989. Godlove Award winner of the Inter-Society Color Council in 2003; Olney Medal award of the American Society of Textile Chemists and Colorists in 2005.
Author (co-author) of six books on color, including

Computer colorant formulation, Lexington Books, 1975,

Color, an introduction to practice and principles, Wiley, 2nd. Edition, 2005,

Color ordered (with Dr. Andreas Schwarz), Oxford University Press, 2008.

Circa 75 peer-reviewed scientific and technical papers and encyclopedia articles on color science and technology.

4112 Blaydes Court
Charlotte, NC 28226 USA
e-mail: `rkuehni@carolina.rr.com`

Prof. Dr. Timm Lampert (Berlin)

Timm Lampert (born 1969), studied philosophy, theology, religious studies and education at Hamburg and Marburg. He was research assistent at the University of Hamburg from 1996–99. He finished his dissertation on Wittgenstein's *Tractatus* 1999, published as "Wittgensteins Physikalismus", Mentis 2000. From 1999 to 2007, Lampert was assistent professor for History and Philosophy of Science at the University of Berne. In 2008 he got the postdoctorial lecture qualification from the University of Berne. From 2008–2010 he hold a research fellowship from the Swiss National Fond at Carnegie Mellon University (Pittsburgh) and Kopernikus University (Toruń). Since 2010 Lampert teaches philosophy as professor at the Humboldt University of Berlin. Lampert published several monographs and articles on logic, color-theory, foundations of mathematics, Wittgenstein and other topics. His main areas of interest are history and philosophy of sciences, logic, foundations of mathematics and philosophy of language.

Humboldt-Universität zu Berlin
Institut für Philosophie
Unter den Linden 6, D-10099 Berlin
e-mail: `timm.lampert@staff.hu-berlin.de`

Nora Löbe (Öhningen)

1972 in Konstanz geboren, aufgewachsen in Radolfzell; 1991–94 Studium der Malerei in Frankreich, Dortmund, Kamp-Lintford und Dornach. Seit 1997 freischaffend tätig, Kurse für Kinder, Jugendliche und Erwachsene. Seit 2000 unterwegs mit einem Projekt zur Farbenlehre Goethes: Interaktive Ausstellungen und Workshops zu Licht und Farbe in Schulen, Museen, Bildungsstätten und Kliniken.

Bachgasse 1, 78337 Öhningen
e-mail: `Nora.Loebe@goethe-experimental.de`, `nora.loebe@gmx.de`

PD Dr. Cornelia Lüdecke (München)

Cornelia Lüdecke has a diploma in meteorology and a PhD in history of natural sciences from the Ludwig Maximilians University in Munich. She finished her second degree ("Habilitation") at the University of Hamburg, where she now teaches as "Privatdozent". Her research focuses on history of German polar research and on history of meteorology. Since 1991 she chairs the History of Polar Research Study Group of the German Polar Society and the History of Meteorology Specialist Group of the German Meteorological Society. 2001-2005 she had been vice-president, 2006-2008 president and since 2009 past president of the International Commission on History of Meteorology. Besides she founded and chairs the Action Group on History of Antarctic Research within the Scientific Committee of Antarctic Research since 2004. 2010 she was awarded with the Reinhard-Süring-Medaille of the German Meteorological Society.

Books: Barr, Susan and Lüdecke, Cornelia (eds.): *The History of the International Polar Years (IPYs)*. Berlin, Heidelberg: Springer-Verlag, 2010. Lüdecke, Cornelia (ed.): *2nd SCAR Workshop on the History of Antarctic Research. Multidimensional exploration of Antarctica around the 1950s*. Punta Arenas: Instituto Antártico Chileno, 2009. Tetzlaff, Gerd, Lüdecke, Cornelia und Hein-Dieter Behr (Hg.): *125 Jahre Deutsche Meteorologische Gesellschaft*. Annalen der Meteorologie 43 (2008). Lüdecke, C. (ed.): *Steps of Foundation of Institutionalized Antarctic Research*. Bremerhaven: Alfred Wegener Institute of Polar and Marine Research. 560 (2007). Emeis, Stefan and Cornelia Lüdecke (eds.): *From Beaufort to Bjerknes and Beyond. Critical Perspectives on Observing, Analysing, and Predicting Weather and Climate*. Augsburg: Erwin Rauner 2005. Lüdecke, Cornelia: *Carl Ritters Lehrtätigkeit an der Allgemeinen Kriegsschule in Berlin (1820- 1853)*. Berlin Verlag für Wissenschafts- und Regionalgeschichte Dr. Michael Engel 2002. Lüdecke, Cornelia: *Die deutsche Polarforschung seit der Jahrhundertwende und der Einfluß Erich von Drygalskis*. Bremerhaven, Berichte zur Polarforschung 158 (1995).

Fernpaßstraße 3, D-81373 München

http://www.math.uni-hamburg.de/home/wolfschmidt/luedecke/c-index.htm
e-mail: C.Luedecke@lrz.uni-muenchen.de

Dr. cand. Vasiliki Papari (Hamburg)

geboren 1979 in Veroia, Griechenland, schloss ihr Studium der Klassischen Philologie an der Aristoteleion Universität in Thessaloniki ab und promoviert am *Institut für Klassische und Lateinische Philologie* der Universität Hamburg über das Thema *Der Kommentar des Michael von Ephesos zur ps.-aristotelischen Schrift De coloribus. Editio princeps und Erläuterungen*. Sie war als wissenschaftliche Mitarbeiterin,

Tutorin und Lehrbeauftragte am *Institut für Klassische und Lateinische Philologie* tätig, außerdem war sie wissenschaftliche Mitarbeiterin am *Institut für Anglistik und Amerikanistik* der Universität Hamburg, im DFG-geförderten Projekt zu „ Alexander Popes Homer-Übersetzungen (1715–1726) und die Herausbildung eines historischen Bewusstseins im Augustan Age".

Institut für Griechische und Lateinische Philologie
Fakultät für Geisteswissenschaften, Universität Hamburg
Von-Melle-Park 6, D-20146 Hamburg
e-mail: `vassipap@hotmail.com`, `vasiliki.papari@uni-hamburg.de`

Dipl.-Phys. Matthias Rang (Dornach, Switzerland)

geboren 1973 in Freiburg im Breisgau. Studium der Physik, Mathematik und Didaktik der Physik in Freiburg und Berlin. Diplomarbeit über Kontrastmechanismen der Streulicht-Nahfeldmikroskopie ohne optische Auflösungsgrenze am Max-Born-Institut für Nichtlineare Optik und Kurzzeitspektroskopie in Berlin. Anschließend Aufenthalt als Gastwissenschaftler im Bereich der Nahfeldspektroskopie an der University of Washington in Seattle, USA. Seit 2007 als Wissenschaftlicher Mitarbeiter am Forschungsinstitut am Goetheanum (Naturwissenschaftliche Sektion) tätig und seit 2008 promoviert Matthias Rang bei Johannes Grebe-Ellis, Bergische Universität Wuppertal, über phänomenologische Zugänge zu komplementären Spektren.
2010 Konzeption neuer Exponate zur Farbenlehre Goethes und newtonscher Optik und Kuratorentätigkeit für die Ausstellung *Experiment Farbe*, die an verschiedenen Orten gezeigt wurde, und 2011 als Teil von *See! Colour!* in Schweden zu sehen ist. Zusammen mit Johannes Grebe-Ellis Entwicklung eines verallgemeinerten experimentum crucis als Exponat für die Veranstaltung *experimentum lucis* (`http://www.experimentum-lucis.de`) an der Humboldt-Universität zu Berlin 2010.

Forschungsinstitut am Goetheanum
Naturwissenschaftliche Sektion
e-mail: `matthias.rang@goetheanum.ch`

Dr. Michael Rappenglück (Gilching bei München)

Study of philosophy, logic, theory of science, Christian philosophy, and theological propaedeutic at the Ludwig-Maximilian University, Munich; 1984 Master of Arts thesis in Philosophy at the Ludwig-Maximilian University, Munich; Supplementary study of the history of science with subsidiary subjects astronomy and systematic theology, at the Ludwig-Maximilian-University, Munich; 1998 Ph.D. thesis (Dr. rer. nat.) in history of sciences, history of astronomy at the Ludwig-Maximilian-University, Munich (Thesis about *Eine Himmelskarte aus der Eiszeit?* (1999). Since 1990 Executive director and headmaster of the Adult Education Center, Gilching (close to Munich). Teacher in philosophy, astronomy, history of sciences, history of technology, ethics, religious studies, symbolic communication, extracurricular studies, and interdisciplinary issues. Scheduling of special programs to communicate science to different clientele and age classes; Head of the public observatory of the Adult Education Center Gilching. Scientific appointments: 1996 Member of the working group of history of astronomy in the Astronomical Society, Germany, 2001–2009 Vice president of the German Society for the Scientific Research of Symbols, 2005 Member of ISAAC, the International Society for Archaeoastronomy and Astronomy in Culture, 2006 Secretary of the European Society for Astronomy in Culture (SEAC), 2007 Member of the Astronomical Society, Germany, 2009 Member of the Working Group on Astronomy and World Heritage (IAU, UNESCO).

Scientific interests: Archaeo- and Ethnoastronoy, Paleolithc Roots of Sciences, Philosophy, Sciences of Mythology and Symbolism, Impact Research

Selected scientific publications of the last three years:

Weltgehäuse, Zur kosmographischen Symbolik von Höhle, Heiligtum und Haus. In: Symbolon XIX (Beinhauer-Köhler, Bärbel und Jung, Hermann, eds.), 17 pages (in print 2011). Earlier prehistory. In: Heritage Sites of Astronomy and Archaeoastronomy in the context of the UNESCO World Heritage Convention. A Thematic Study. (Ruggles, Clive and Cotte, Michel, eds.), International Council on Monuments and Sites, ICOMOS/IAU, 2010, p. 13–27 (eBook). (mit Barbara Rappenglück, Ernstson, Kord, Mayer, Werner, Neumair, Andreas , Sudhaus, Dirk and Liritzis, Ioannis): The fall of Phaethon: a Greco-Roman geomyth preserves the memory of a meteorite impact in Bavaria (south-east Germany). – Antiquity 84 (2010), p. 428–439. (mit Ernstson, Kord, Mayer, Werner, Neumair, Andreas, Rappenglück, Barbara, Sudhaus, Dirk and Zeller, Kurt W.): The Chiemgau Crater Strewn Field: Evidence of a Holocene Large Impact Event in Southeast Bavaria, Germany. Journal of Siberian Federal University. Engineering & Technologies 1 (2010 3), p. 72–103. Constructing Worlds, Cosmovisions as Integral Parts of Human Ecosystems. In: Cosmology across Cultures (= ASP Conference Series, Vol. 409), Rubifio-Martin, Jose Alberto, Belmonte, Juan Antonio, Prada, Francisco and Alberdi, Antxon (eds.), San Francisco 2009, p. 107–115. Astronomische Ikonographie im Jüngeren Paläolithikum. Acta Praehistorica et Archaeologica 40 (2008), p. 179–203. Heavenly Messengers: The Role of Birds in the Cosmographies and the Cosmovisions of Ancient Cultures. In: Cosmology across Cultures (= ASP Conference Series, Vol. 409), Rubifio-Martin, Jose Alberto, Belmonte, Juan Antonio, Prada, Francisco and Alberdi, Antxon (eds.), San Francisco 2009, p. 145–150. Sternenkompaß, Stabkarte und Heilige Kalebasse – Navigation in Ozeanien. In: Sterne weisen den Weg. Geschichte der Navigation, Katalog zur Ausstellung in Hamburg und Nürnberg 2008–2010 (= Nuncius Hamburgensis, Beiträge zur Geschichte der Naturwissenschaften 15), Wolfschmidt, Gudrun and Wiederkehr, Heinrich, Norderstedt 2009, p. 166–167. The "Domestication" of the World into a

House and a Home: Cosmographic Symbolism as a Basic Expression of the Human Mind. In: Cognitive Archaeology as Symbolic Archaeology (Coimbra, Fernando and Dimitriades, George, eds.), UISPP, Proceedings of the XV World Congress (Lisbon, 4–9 September 2006), Session C 52, Series Editor: Louiz Osterbeek, Vol. 23, BAR International Series 1737, 2008, p. 21–26. The Pleiades and Hyades as celestial spatiotemporal indicators in the astronomy of archaic and indigenous cultures. In: Prähistorische Astronomie und Ethnoastronomie (= Nuncius Hamburgensis - Beiträge zur Geschichte der Naturwissenschaft 3, Wolfschmidt, Gudrun, ed.), 2008, p. 12–29.

Director of the Adult Education Centre and Observatory Gilching
vhs Gilching, Landsberger Str. 17 a, D-82205 Gilching, Germany
e-mail: rappenglueck@vhs-gilching.de, mr@infis.org

Dr. Robin Rehm (Zürich, Switzerland)

1992–1997 Study of the art history, classical archeology and theory of drama at the Freie Universität Berlin; 1997 Masters Artium in Art history; 2001 doctorate in the art-historical institute of the Freie Universität Berlin, subject: *The bauhaus building in Dessau. The aesthetic categories function – form – contents*; 2000–2001 foreign scholarship in the Centre Allemand d'Histoire l'Art in Paris; 2001–2005 assistant in the chair of modern and contemporary art (Prof. Dr. Stanislaus von Moos) at the art-historical institute of the Universität Zürich; from September, 2005–2008 habilitation scholarship of the Universität Zürich; since 2009 scientific employees of the Institute of Historical Building Research and Conservation Zürich ETH; 2011: proceeding of habilitation at the Universität Basel, subject: *"The world of the eye". Art and science in 1790–1930.*
Fields of research: Painting, architecture, and design of 18th, 19th and 20th century, aesthetics, chromatics, history of the physiological optics and psychology of the 19th century, iconic criticism, phenomenology of Maurice Merleau-Ponty.
Books: – *"Die Welt des Auges".* Kunst und Wissenschaft 1790–1930, in preparation. – *Das Bauhausgebäude in Dessau. Die ästhetischen Kategorien Zweck Form Inhalt.* Berlin: Gebr. Mann-Verlag 2005. – *SvM. Die Festschrift für Stanislaus von Moos,* hg. v. Karin Gimmi, Bruno Maurer, Robin Rehm et al. Zürich: gta Verlag 2005. – *Max Taut. Das Verbandshaus der Deutschen Buchdrucker.* Berlin: Gebr. Mann-Verlag 2002.

Institut für Denkmalpflege und Bauforschung
ETH Hönggerberg, HIT H 21.4
Wolfgang-Pauli-Str. 27, CH - 8093 Zürich
Website: http://www.idb.arch.ethz.ch
e-mail: rehm@arch.ethz.ch

Myriam Richter, M. A. (Hamburg)

Universität Hamburg
Institut für Germanistik II, Neuere deutsche Literatur
Von-Melle-Park 6, D-20146 Hamburg
e-mail: myriam.richter@uni-hamburg.de

Dr. Torsten Rüting (Hamburg)

Jakob von Uexküll-Archiv für Umweltforschung und Biosemiotik
Institute for History of Science, Hamburg University
Faculty of Mathematics, Informatics and Natural Sciences,
Bundesstrasse 55 Geomatikum, D-20146 Hamburg
http://www.math.uni-hamburg.de/home/rueting/Projekte.htm
e-mail: rueting@math.uni-hamburg.de, rueting@googlemail.com

Dr. Petra G. Schmidl (Bonn)

Since August 2009, Petra G. Schmidl is research assistant at the Institute of Oriental and Asian Studies (IOA), Department of Islamic Studies at the Rheinische-Friedrich-Wilhelms-University in Bonn, Germany. Together with Eva Orthmann and Moḥammad Karīmī Zanjānī Aṣl and supported by the German Research Foundation she is investigating the *Dustūr al-Munajjimīn* as a source for the history of the Ismā'īliyya and the astronomical and astrological concepts of this branch of the Shi'a. After studying History, History of Science, and Ethnology at the Johann-Wolfgang-Goethe-University in Frankfurt Petra G. Schmidl specialised in pre-modern astronomy in Islamic societies. She wrote her final master's examination in June 1995 on two treatises on the magnetic compass as a religious device, one originating from Yemen (13th c.) and the other from Egypt ($13^{th}/14^{th}$ century). In her doctoral thesis on three folk-astronomical texts from 11th c. Ḥijāz and 13th c. Yemen, she focused on those parts related to Muslim prayer times and the direction towards Mecca (arabic *qibla*). Her final doctoral examination took place in November 2005. Petra G. Schmidl has worked as research assistant at the Institute for the History of Science at the Johann-Wolfgang-Goethe-University in Frankfurt, Germany, and has been engaged in several research projects.

Book publications: Schmidl, Petra G.: Volkstümliche Astronomie im islamischen Mittelalter. Zur Bestimmung der Gebetszeiten und der Qibla bei al-Aṣbaḥī, Ibn Raḥīq und al-Fārisī (Islamic Philosophy, Theology and Science. Texts and Studies, ed. by H. Daiber and D. Pingree; 68). Leiden: E. J. Brill 2007.

Institute of Oriental and Asian Studies (IOA), Department of Islamic Studies
Rheinische Friedrich-Wilhelms University, Bonn
Regina-Pacis-Weg 7, 53113 Bonn, Germany
e-mail: schmidlp@onlinehome.de

Claudia Schmidt (Hamburg)

geboren 1980 in Neubrandenburg, blieb nach der Ausbildung zur Sozialversicherungs-fachangestellten bis 2010 im Bereich Kranken- und Pflegeversicherung tätig. Nach dem Abitur auf dem zweiten Bildungsweg seit 2004 Studentin der Kunstgeschichte mit den Nebenfächern Volkskunde und Geschichte der Naturwissenschaften. Interessenschwerpunkte sind Theorie und Technik der Malerei.

Kunstgeschichtliches Seminar, Universität Hamburg
Fachbereich Kulturgeschichte und Kulturkunde
Edmund-Siemers-Allee 1, D-20146 Hamburg
e-mail: ClaudiaSchmidt7@gmx.net

Ulrike Schuh (Hamburg)

Ulrike Schuh studies Prehistoric and Protohistoric Archaeology, History of Natural Sciences and Protestant Theology at the University of Hamburg.

Vor- und Frühgeschichtliche Archäologie, Universität Hamburg
Fachbereich Kulturgeschichte und Kulturkunde
Edmund-Siemers-Allee 1, D-20146 Hamburg
e-mail: uschuh@aol.com

Cosima Schwarke (Hamburg)

geb. 1987 in Heidelberg, B. A. Kunstgeschichte und Klassische Philologie, studiert Griechische und Lateinische Philologie an der Universität Hamburg.
Publikation: COSIMA SCHWARKE UND ALEXANDER ESTIS: Welt, Sinn, Bild. Einige Worte zur naturkundlichen und alchemistischen Emblematik-Artikel zu Michael Maier, Atalanta fugiens, Daniel Stolcius, Hortulus Hermeticus, Joachim Camerius d. J., Symbola et Emblemata und Christophorus Weigelius, Ethica Naturalis. In: *Emblemata Hamburgensia: Emblembücher und angewandte Emblematik im frühneuzeitlichen Hamburg*. Hg. von ANTJE THEISE UND ANJA WOLKENHAUER. Begleitband zur Ausstellung der Emblembuchsammlung der Staats- und Universitätsbibliothek Hamburg Carl von Ossietzky. Hamburg 2009, S. 170–195.

Kunstgeschichtliches Seminar, Universität Hamburg
Fachbereich Kulturgeschichte und Kulturkunde
Von-Melle-Park 6, D-20146 Hamburg
e-mail: `C.Schwarke@yahoo.de`

Dr. Andreas Schwarz (Essen)

Andreas Schwarz, Dr. phil., born in 1963, lecturer in art and English. Since 2010 for purposes of additional scientific qualification delegated to Universität Duisburg-Essen in the field of pedagogy of art. Member of the executive committee of Landesverband NRW of BDK e. V. Fachverband für Kunstpädagogik, Department Continuing Education. Member of the Board of Trustees of DFZ (Deutsches Farbenzentrum), responsible for the field of pedagogy of art. Lectureships at Fachhochschule Düsseldorf from 1993–1996 (Design foundation: color and form); Bergische Universität Wuppertal since 2005 (Color: perception – order – theory – design).
Main focus of work: Didactics of color; history of pedagogy of art; qualitative-empirical research on the subject of use of color in art education.
Selected publications:

Die Lehren von der Farbenharmonie. Göttingen: Musterschmidt 1999.

Color Ordered – A Survey of Color Order Systems from Antiquity to the Present. (together with R. G. Kuehni). New York: Oxford University Press 2008.

Color trilogy of BDK-NRW:
  Immer wieder Itten? Neue Ansätze um Umgang mit Farbe im Kunstunterricht. (Together with F. Seitz und F. Schmuck). Düsseldorf: BDK-NRW 2003.
  Farbsysteme und Farbmuster – Die Rolle der Ausfärbung in der historischen Entwicklung der Farbsysteme. Hannover: BDK 2004.
  Farbe sehen lernen! Mischkurs, Bildanalyse und kritische Betrachtung der Theorien von Itten und Küppers. (Together with F. Schmuck). Düsseldorf: BDK-NRW 2008.

Universität Duisburg-Essen
Fachbereich Geisteswissenschaften
Institut für Kunst und Kunstwissenschaft
Universitätsstraße 12, 45141 Essen
Homepage: `http://www.dr-andreas-schwarz.de`
e-mail: `andreas.schwarz@uni-due.de`

Dr. Henning Schweer (Hamburg)

Henning Schweer studied the History of Science and Higher Education at the University of Hamburg. In 2010 he received his doctorate with his thesis on the history of the popularization of science and technology in popular visual media. In addition, he taught at the HafenCity University of Hamburg (HCU) and the Leuphana University of Lüneburg in the history of science and scientific research methodology.

His main interests are history of chemical arms, historical visual media science, history of the popularization and the University Teaching of the Humanities.

Institute for History of Science, Hamburg University
Faculty of Mathematics, Informatics and Natural Sciences,
Bundesstrasse 55 Geomatikum, D-20146 Hamburg
e-mail: H.Schweer@web.de

Dr. Cornelius Steckner (Köln)

Cornelius Steckner studierte Kulturwissenschaften an der Christian-Albrechts-Universität Kiel, der Universität Münster sowie Geschichte der Naturwissenschaften an der Universität Hamburg, wo er 1981 im Fachbereich Kulturwissenschaften über einen Aspekt der ästhetischen Ökonomie promoviert wurde. Er lehrte zwischen 1982 und 1992 fachübergreifend an den Universitäten Hamburg, Gießen, Kiel, Köln und Marburg.

Seine Forschungen konzentrieren sich auf die Erkenntnis-, Wahrnehmungs- und Technologiegeschichte seit der Antike, begleitet von der experimentellen Erforschung biokommunikativer Systeme als langjähriger Teilnehmer der Tübinger Wahrnehmungskonferenz.

Er verfasste über 150 Monographien und Aufsätze und weitere Veröffentlichungen in anderen Medien. Begleitend entstanden über 20 Ausstellungen zur Kunst- und Kulturgeschichte.

Etruskerstr. 22, D-50996 Köln
e-mail: csteckner@hotmail.com

Prof. Dr. Jakob Steinbrenner (München)

Jakob Steinbrenner was born in Frankfurt am Main. He received his Ph. D. in Philosophy in 1994 at the LMU with a dissertation on the role of knowledge in aesthetics. From 1998 to 2000 he worked on a DFG-Project at the Ludwig-Maximilian University in Munich on the concept of reference and continued the same subject from 2000 to 2001 at the Department of Philosophy at the Rupprecht Karls-University

Heidelberg. He did his Habilitation in 2002 at the LMU. His thesis was on meta-languages. He then received a Guest Professorship for Analytic Philosophy at the Ludwig-Maximilian University in Munich. Since summer term 2005 until 2007 he worked as Guest Professor for Aesthetics and Cultural Studies at the Westfälischen Wilhelms-University in Münster. During winter semester 2010–2011 he filled in for the Chair for the Philosophy of Science and Technology at the University of Stuttgart. From summer semester 2011 he will again fill in for the Chair for Aesthetics and Cultural Studies at the Westfälischen Wilhelms-University in Münster.

His research interest lies in the Philosophy of Language, Ontology, Semiotic and Theory of Art.

Selected Publications:

Farben: Betrachtungen aus Philosophie und Naturwissenschaften, Frankfurt a. M.: Suhrkamp (stw) 2007 (zus. mit S. Glasauer).

Farben: Betrachtungen aus Kunst- und Geisteswissenschaften, Regensburg: Schnell & Steiner, erscheint 2011 (zus. mit C. Wagner).

Ludwig-Maximilians-Universität München,

Fakultät für Philosophie, Wissenschaftstheorie und Religionswissenschaft

http://www.philosophie.uni-muenchen.de/lehreinheiten/philosophie_4/personen/steinbrenner/index.html

e-mail: info@prof-steinbrenner.de

Heidi Tauber, M. A. (Hamburg)

geboren 1944 in Hannover, studierte seit 1995 an der Universität Hamburg. 2003 schloss sie ihr Studium der Klassischen Archäologie mit den Nebenfächern Geschichte der Naturwissenschaften und Alte Geschichte mit der Prüfung zur Magistra Artium ab. Thema der Arbeit: *Speiseräume spätklassischer und hellenistischer Zeit in ausgewählten Heiligtümern in Griechenland.*

In ihrem jetzigen Dissertations-Forschungsprojekt am Institut für *Geschichte der Naturwissenschaften, Mathematik und Technik* in Zusammenarbeit mit dem *Archäologischen Institut* beschäftigt sie sich mit dem Mithraskult und seine Beziehung zur Astronomie.

Publikationen: Aufsätze zu wissenschaftshistorischen Themen in Büchern und Sammelwerken, insbesondere zur antiken Nautik.

Archäologisches Institut, Klassische Archäologie

Fachbereich Kulturgeschichte und Kulturkunde, Universität Hamburg

Edmund-Siemers-Allee 1, D-20146 Hamburg

e-mail: fm9a032@math.uni-hamburg.de

PD Dr. Karl Heinrich Wiederkehr (Hamburg)

Zusammen mit meinem Zwillingsbruder Hans Konrad wurde ich am 1. Februar 1922 in Oftersheim geboren. An der Hebelschule in Schwetzingen (Realgymnasium) machte ich 1941 das Abitur. Ich meldete mich freiwillig zur Kriegsmarine und wurde als Ingenieuroffizier ausgebildet. Nach dem Kriege studierte ich an der Universität Hamburg Physik, Mathematik, Chemie und Philosophie und machte 1949 das Staatsexamen für das Lehramt an Gymnasien. Von 1950 bis 1984 war ich im Hamburger Schuldienst tätig, zuletzt als Studiendirektor und Oberstufenkoordinator. 1962 promovierte ich in Hamburg mit dem von Hans Schimank mir gegebenen Thema über Wilhelm Webers Elektrodynamik.

1967 erschien von mir die Biografie zu Wilhelm Eduard Weber (1804–1891), Bd. 32 der Reihe Große Naturforscher, 1970 erschien gemeinsam mit H.-J. Bersch das Begleitbuch Klassische Experimente der Physik, rororo tele (13teilige Sendereihe im NDR). 1974 habilitierte ich mit einem Thema zu René-Just Haüy aus der Kristallographie und erwarb den Status eines Privatdozenten für Geschichte der Naturwissenschaften. Die Habilitationsschrift erschien, aufgegliedert in vier Teilen, in *Centaurus* 1977 und 1978. Für das *Lexikon Große Naturwissenschaftler*, hrsg. von Fritz Krafft, wurden von mir 85 Kurzbiographien geschrieben, für *Die Großen Physiker*, hg. von K. v. Meyënn 1997 vier längere Biographien.

Des weiteren verfaßte ich zahlreiche Artikel für wissenschaftliche Zeitschriften, hauptsächlich zur Elektrodynamik, Kristallographie und Geophysik.

Bereich Geschichte der Naturwissenschaften
MIN-Fakultät, Universität Hamburg
Bundesstr. 55 Geomatikum, D-20146 Hamburg, Germany
Private address: Birkenau 24,
D-22087 Hamburg, Germany
e-mail: -

Dipl.-Wiss.Hist. Sebastian Witte (Hamburg)

Paul Forman und die Kausalitätsdebatte in der Weimarer Republik (Diploma thesis, Bereich Geschichte der Naturwissenschaften, Universität Hamburg, 2010).

Gruner + Jahr AG & Co KG
Druck- und Verlagshaus
Am Baumwall 11, D-20459 Hamburg
e-mail: Sebastian-Witte@t-online.de

Prof. Dr. Gudrun Wolfschmidt (Hamburg, Germany)

Dissertation *Analysis of close binary systems*, Dr. Remeis Observatory Bamberg, Astronomical Institute of the Friedrich-Alexander University Erlangen-Nuremberg, 1st and 2nd State Examination (physics and mathematics), high school teacher (Gymnasium).

Since 1987 research in history of science in the *Deutsches Museum* in Munich; conception and realisation of the permanent exhibition "Astronomy and Astrophysics" in the Deutsches Museum (1992, catalogue 1993). From 1992 to 1995 scientific assistant in the research institute for history of science and technology in the Deutsches Museum, different exhibitions (e. g. Copernicus 1994), university teaching and habilitation *Genesis of Astrophysics* (1997) at the Ludwig-Maximilians University in Munich; since 1997 Professor at the Institute for History of Science, Mathematics and Technology of Hamburg University.

Focus of research: History of astronomy and astrophysics (Early Modern Period and $19^{th}/20^{th}$ century) as well as scientific instruments, history of physics, chemistry and technology.

Some book publications/monographs: *Copernicus – Revolutionär wider Willen* (1994), *Milchstraße – Nebel – Galaxien. Strukturen im Kosmos von Herschel bis Hubble* (1995), *Popularisierung der Naturwissenschaften* (2000, 2002), *Vom Magnetismus zur Elektrodynamik* (2005), *Development of Solar Research. Entwicklung der Sonnenforschung* (with Axel Wittmann and Hilmar Duerbeck) (2005), *Astronomy in and around Prague* (with Martin Šolc) (2005), *Von Hertz bis Handy* (2007), *Heinrich Hertz (1857–1894) and the Development of Communication* (2008), *Prähistorische Astronomie und Ethnoastronomie* (2008), *"Navigare necesse est" – Geschichte der Navigation* (2008), *Astronomisches Mäzenatentum* (2008), *Hamburgs Geschichte einmal anders – Entwicklung der Naturwissenschaften, Medizin und Technik, Teil 1* (2007), *Teil 2* (2009) and *Teil 3* (2011), *"Sterne weisen den Weg" – Geschichte der Navigation* (2009), *Weber's Planetary Model of the Atom* (with Andre Koch Torres Assis and Karl Heinrich Wiederkehr, 2011), the Proceedings of the International ICOMOS Symposium *Cultural Heritage of Astronomical Observatories – From Classical Astronomy to Modern Astrophysics* (2009) and *Astronomie in Nürnberg* (2010), *Farben in Kulturgeschichte und Naturwissenschaft* (2011), *Entwicklung der Theoretischen Astrophysik* (2011); Editor of the series *Nuncius Hamburgensis*, cf. http://www.math.uni-hamburg.de/spag/ign/research/nuncius.htm.

Institute for History of Science, Hamburg University
Faculty of Mathematics, Informatics and Natural Sciences,
Bundesstrasse 55 Geomatikum, D-20146 Hamburg
http://www.math.uni-hamburg.de/home/wolfschmidt/,
http://www.math.uni-hamburg.de/spag/ign/w.htm,
e-mail: gudrun.wolfschmidt@uni-hamburg.de

PD Dr. Gábor Á. Zemplén (Budapest, Hungary)

studied Biology, Chemistry, and English at ELTE (Budapest). He received his PhD and Dr. habil. from the Budapest University of Technology and Economics (BME). Following a guest lectureship at the University of Bern, Switzerland, and a postdoctoral fellowship at the Max Planck Institute for History of Science, Berlin, Zemplén is currently teaching at the BME and ELTE. He works on the history of optics and theories of colour (16th to 19th c.), on models of argumentation (as member of the Editorial Board of Argumentation), and on the history of methodology and philosophy of science (currently co-organizer of the 2010 HOPOS conference in Budapest). He is exploring ways of using models of argumentation for the analysis of scientific controversies, and the ways argumentative practices changed in the natural sciences. He is editor of the book series *History and Philosophy of Science* published by L'Harmattan, Hungary, where he co-edited four volumes. He is interested in the educational uses of history and philosophy of science: he is the Hungarian partner for the EU 7th framework HIPST project; his publications include *The History of Vision, Colour, & Light Theories – Introductions, Texts, Problems* (2005) and *The boundaries of science* (in Hungarian: *A tudomány határai*) co-authored with Gábor Kutrovátz and Bendek Láng (2008). His current project is a book on the 17th century optical controversies.

Department of Philosophy and History of Science
University of Technology and Economics (BME)
Budapest, Hungary
http://www.filozofia.bme.hu/people/Zemplen-Gabor
e-mail: zemplen@filozofia.bme.hu

Nuncius Hamburgensis
Beiträge zur Geschichte der Naturwissenschaften

Norderstedt: Books on Demand (nur Bd. 2, 6, 7, 8, 10, 11, 14 und 15)

Hamburg: tredition Verlag **tredition**® (alle anderen Bände).

Hg. von Gudrun Wolfschmidt,
Bereich Geschichte der Naturwissenschaften, Fachbereich Mathematik,
Fakultät für Mathematik, Informatik und Naturwissenschaften (MIN),
Universität Hamburg – ISSN 1610-6164

*Diese Reihe „Nuncius Hamburgensis" wird gefördert von
der Hans Schimank-Gedächtnisstiftung. Dieser Titel wurde inspiriert
von „Sidereus Nuncius" und von „Wandsbeker Bote".*

- Band 1 (2009):
  Hans Schimank (1888–1979) Ausgewählte Schriften.
  Mit einem Beitrag ‚Hans Schimanks Otto von Guericke' von Fritz Krafft.
  Bearbeitet von Timo Engels und Igor Abdrakhmanov.

- Band 2 (2007):
  Wolfschmidt, Gudrun (Hg.): *Hamburgs Geschichte einmal anders –
  Entwicklung der Naturwissenschaften, Medizin und Technik – Teil 1.*

- Band 3 (2010):
  Wolfschmidt, Gudrun (Hg.): *Astronomie in Nürnberg.*
  Proceedings der Tagung vom 2.–3. April 2005 in Nürnberg anläßlich
  des 500. Todestages von Bernhard Walther (1430–1504)
  und des 300. Todestages von Georg Christoph Eimmart (1638–1705).

- Band 4 (2011):
  Wolfschmidt, Gudrun (Hg.): *Entwicklung der Theoretischen Astrophysik.*
  Proceedings des Kolloquiums des Arbeitskreises Astronomiegeschichte
  in der Astronomischen Gesellschaft am 26. September 2005 in Köln.

- Band 5 (2012):
  Wolfschmidt, Gudrun (Hg.):
  Anfänge der Theoretischen Physik in Hamburg.
  Vorwort von Kurt Scharnberg und Klaus Fredenhagen.

- Band 6 (2007):
  Wolfschmidt, Gudrun (Hg.): *Von Hertz zum Handy –*
  Entwicklung der Kommunikation. Begleitbuch zur Ausstellung
  zum 150. Geburtstag von Heinrich Hertz (1857–1894).

- Band 7 (2009):
  Wolfschmidt, Gudrun (Hg.): *Hamburgs Geschichte einmal anders –*
  Entwicklung der Naturwissenschaften, Medizin und Technik,
  Teil 2.

- Band 8 (2008):
  Wolfschmidt, Gudrun (Hg.):
  Prähistorische Astronomie und Ethnoastronomie.
  Proceedings des Kolloquiums des Arbeitskreises Astronomiegeschichte
  in der Astronomischen Gesellschaft am 24. September 2007 in Würzburg.

- Band 9 (2013):
  Wolfschmidt, Gudrun (Hg.):
  Naturwissenschaft, Technik und Kultur in London.

- Band 10 (2008):
  Wolfschmidt, Gudrun (ed.): *Heinrich Hertz (1857–1894)
  and the Development of Communication.* Proceedings of the
  International Scientific Symposium in Hamburg, Oct., 8–12, 2007.

- Band 11 (2008):
  Wolfschmidt, Gudrun (Hg.):
  Astronomisches Mäzenatentum.
  Proceedings des Symposiums in der Kuffner-Sternwarte in Wien,
  „Astronomisches Mäzenatentum in Europa", 7.–9. Oktober 2004.

- Band 12 (2012):
  Wolfschmidt, Gudrun (Hg.):
  Astronomie in neuen Wellenlängen – Astronomy in New Wavelength.
  Proceedings des Kolloquiums des Arbeitskreises Astronomiegeschichte
  in der Astronomischen Gesellschaft am 24. September 2007 in Würzburg.

- Band 13 (2012):
  Cura, Katrin: *Alchemie im Deutschen Museum.*
  Bearbeitet von Gudrun Wolfschmidt.

- Band 14 (2008):
  Wolfschmidt, Gudrun (Hg.):
  „Navigare necesse est" – Geschichte der Navigation.
  Begleitbuch zur Ausstellung 2008/09 in Hamburg und Nürnberg.

- Band 15 (2009):
  Wolfschmidt, Gudrun:
  „Sterne weisen den Weg" – Geschichte der Navigation.
  Katalog zur Ausstellung 2008/10 in Hamburg und Nürnberg.

- Band 16 (2011):
  Wolfschmidt, Gudrun (Hg.):
  Simon Marius, der fränkische Galilei,
  und die Entwicklung des astronomischen Weltbildes.

- Band 17 (2012):
  Cura, Katrin:
  Auf den Leim gehen – Geschichte der Klebstoffe.
  Hg. von Gudrun Wolfschmidt.

- Band 18 (2011):
  Wolfschmidt, Gudrun (Hg.):
  Farben in Kulturgeschichte und Naturwissenschaft.
  Begleitbuch zur Ausstellung in Hamburg 2010.

- Band 19 (2011):
  Andre Koch Torres Assis und Karl Heinrich Wiederkehr
  und Gudrun Wolfschmidt:
  Weber's Planetary Model of the Atom.
  Ed. by Gudrun Wolfschmidt.

- Band 20 (2011):
  Wolfschmidt, Gudrun (Hg.):
  Hamburgs Geschichte einmal anders –
  Entwicklung der Naturwissenschaften,
  Medizin und Technik, Teil 3.

- Band 21 (2013):
  Wolfschmidt, Gudrun (Hg.):
  Vom Abakus zum Computer – Geschichte der Rechentechnik.
  Begleitbuch zur Ausstellung in Hamburg.

- Band 22 (2011):
  Wolfschmidt, Gudrun (ed.):
  Colours in Culture and Science. 200 Years Goethe's Colour Theory.
  Proceedings of the Interdisciplinary Symposium in Hamburg,
  October 12–15, 2010.

Web-Seite zur aktuellen Information

http://www.math.uni-hamburg.de/spag/ign/research/nuncius.htm

Personenregister

A

Abendroth, William (1838–1908), 229, 243

Abney, William de Wiveleslie (1843–1920), 324

Abū ʿAlī al-Ḥasan Ibn al-Haiṯham → Alhazen [Ibn al-Haiṯham]

Abū Maʿshar (9th c.), 555, 558, 568, 569, 571

Adelard of Bath (1080–1160), 569

Aguilon, François d' → Aguilonius, Franciscus

Aguilonius, Franciscus (1567–1617), 395, 396, 414

al-Ashraf ʿUmar (†1296), 549–556, 558, 560–564, 566–568

al-Bīrūnī (973–1048), 548, 550, 555–561, 564, 566, 567, 569, 573

al-Malik al-Afḍal al-ʿAbbās b. ʿAlī b. Dāʾūd b. Yūsuf b. ʿUmar b. ʿAlī Ibn Rasūl (†778/1377), 573

al-Qabīṣī [Alcabitius] (†967), 555, 556, 558, 569, 572

al-Tusi → Naṣīr al-Dīn aṭ-Ṭûsī

Albers, Josef (1888–1976), 131, 138–140, 142, 143, 146–148, 307, 309, 311

Albertus Magnus (∼1200–1280), 218

Albumasar → Abū Maʿshar (9th c.)

Alcabitius → al-Qabīṣī

Alexander der Große → Alexander the Great

Alexander the Great (356–323 BC), 73, 83, 85, 87–89, 91

Alhazen [Ibn al-Haiṯham] (965–∼1040), 182, 206, 207, 373, 379, 380

Ampère, Andrè Marie (1775–1836), 151

Anaxagoras (499–428 BC), 357

Anschütz, Georg (1886–1953), 480, 484, 486, 488, 508, 512–517, 519–521

Apel, August (1771–1816), 465

Apelles (4th century BC), 79

Aquinas, Thomas → Thomas Aquinas

Arago, Dominique François Jean (1786–1853), 195, 199

Aristoteles (384–322 v.Chr.) → Aristotle

Aristotle (384–322 BC), 23, 210–212, 215, 216, 220, 222, 356–359, 361–363, 365–369, 378, 379, 395, 414, 455, 456, 479, 481, 485, 582, 642, 658

Arrhenius, Svante August (1859–1927), 523, 524

Avenarius, Richard (1843–1896), 316

Averroës [Ibn Rushd] (1126–1198), 365, 367, 379

H

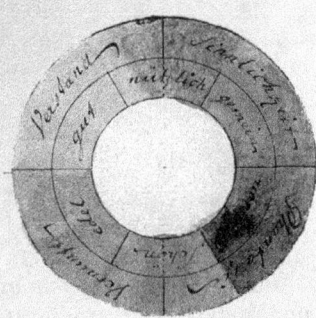

Abbildung 45.5:
Poster des Symposiums *Colours in Culture and Science* (2010)
http://www.math.uni-hamburg.de/spag/ign/events/farben-symp2010.htm

www.ingramcontent.com/pod-product-compliance
Lightning Source LLC
Chambersburg PA
CBHW080555030726
47589CB00003B/137